192个
384个
1522个素材文件
576分钟超长视频讲解

多媒体教学光盘使用说明

Flash CS5

以看到三个文件夹：附赠文件、视频和源文件。双击“视频”文件夹，打开如图所示的窗口，可双击其中任一文件夹，打开自己想要查看的视频。

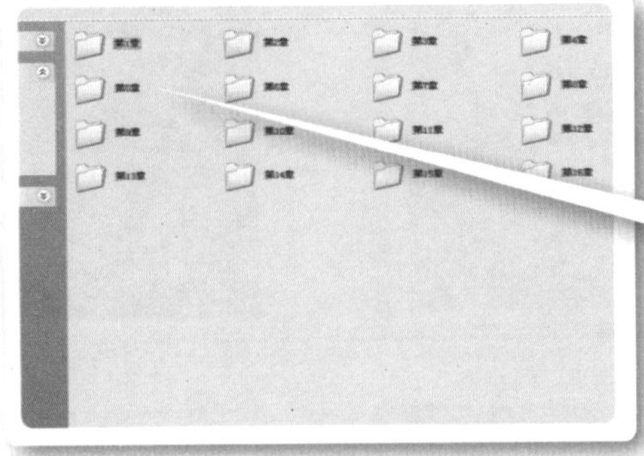

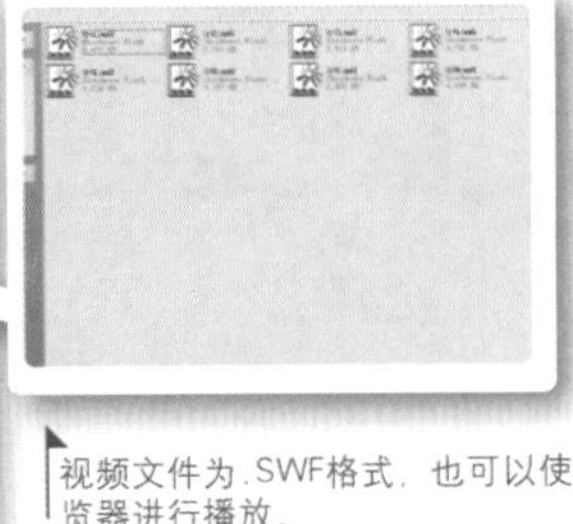

视频文件为.SWF格式，也可以使用IE浏览器进行播放。

双击“源文件”文件夹，打开如图所示的窗口。双击某一章，进入下一个窗口，其中除了源文件（.PSD）外，还包括“素材”文件夹。

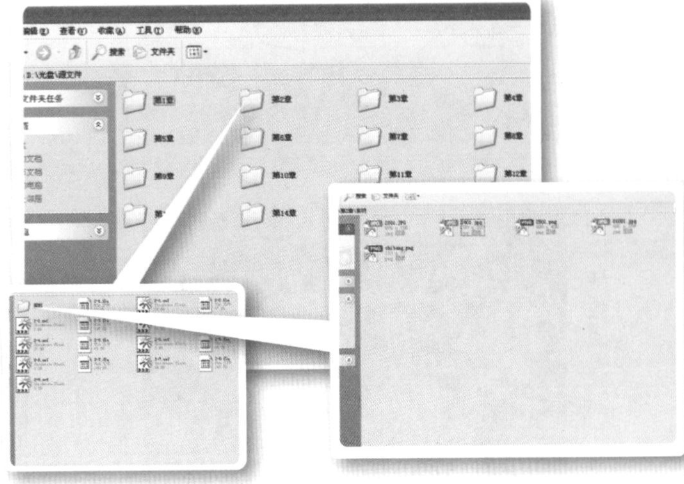

双击“素材”文件夹，即可查看该章所有素材。

双击“附赠文件”文件夹，可打开如图所示的窗口，其中包括与本书案例所需相同的视频和源文件。

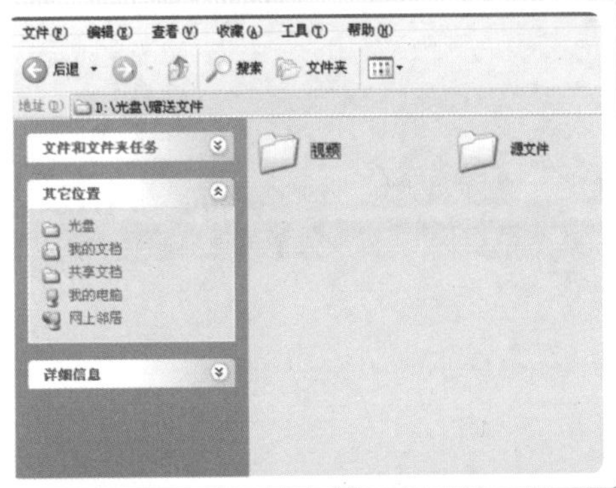

实战教学画面

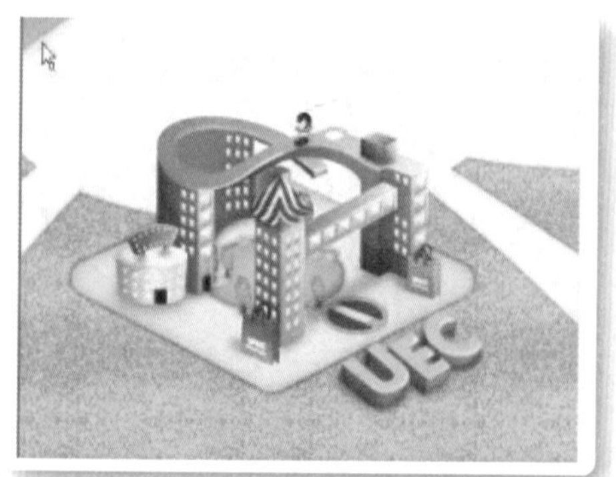

制作过山车动画

制作艳阳高照跟随动画

制作空中城堡动画

制作浪漫贺卡

制作游戏怪兽动画

制作蝴蝶飞舞动画

制作翩翩起舞动画

制作兔子跳跃动画

祝福我爱的人和爱我的人

comfor
温馨舒适

An Original

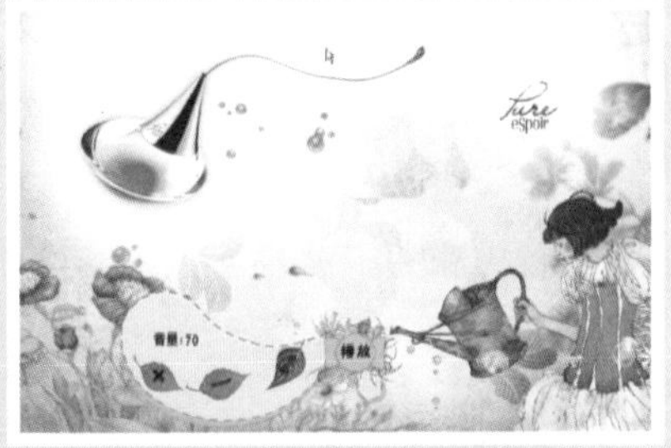
音量:70
播放

音量:50

Flash

   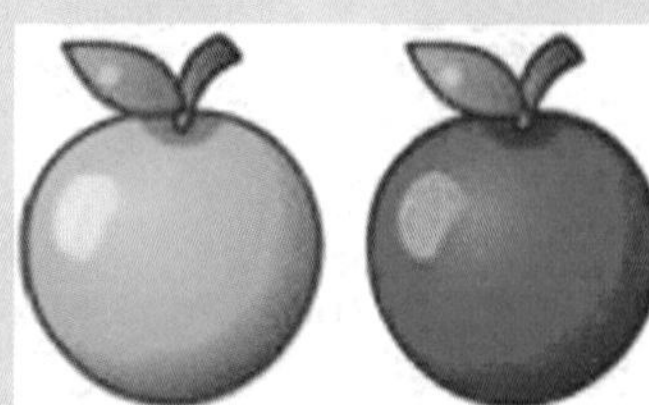 

   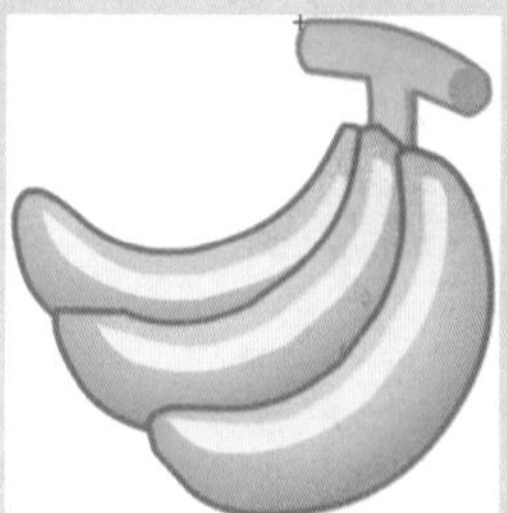

LOADING...

Flash

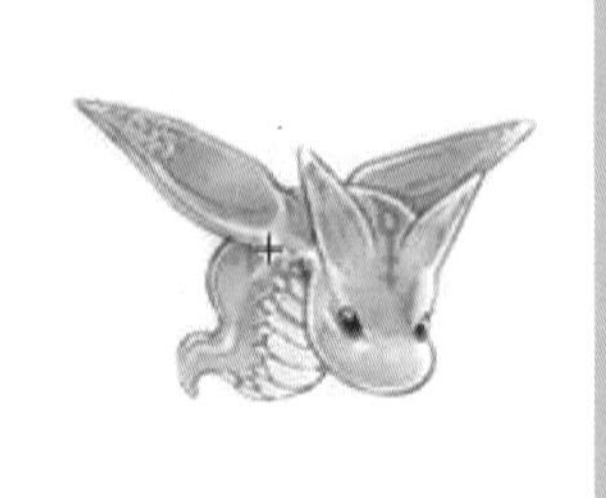

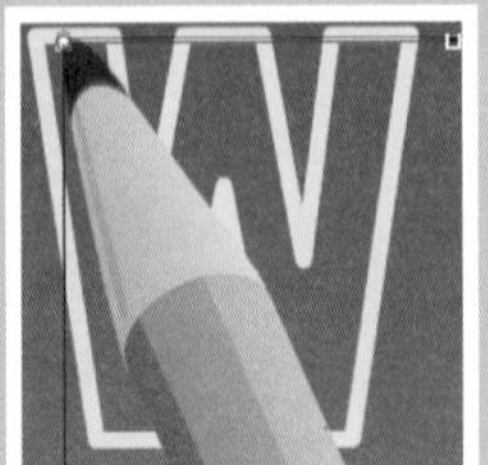

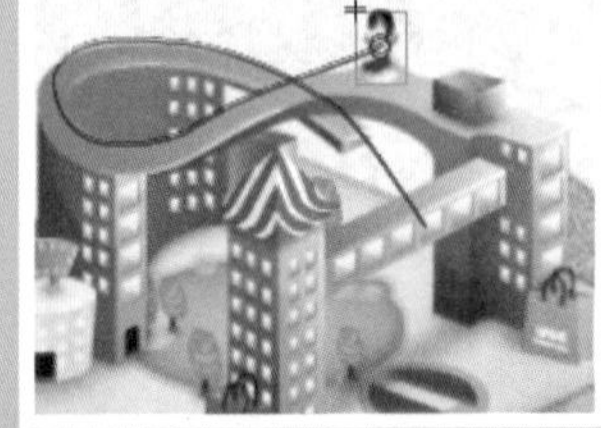

SAMPLE TEX
HERE

CROWN.
OASIS.

落英缤纷

倒计时 141 天

Flash

完全掌握

Flash

CS5网站动画设计超级手册

戴时颖　周　莉　刘绍婕　等编著

多媒体范例教学

机械工业出版社
China Machine Press

本书是一本介绍Flash CS5动画制作的全实例教程，以通俗易懂的讲解、精美的实例和新颖的版式讲解各种类型Flash动画的制作技巧，突出了Flash动画制作的华美效果与良好的交互功能，让读者易学易用，快速掌握Flash动画制作方面的知识。

本书通过多种类型的Flash动画设计制作，从基础出发，从简单出发，到各种专业动画的制作，并且讲解了Flash的各个知识点，深入浅出，让读者轻松地在最短的时间内掌握各种类型Flash动画的制作流程和方法。全书分为16章，包括角色、动画场景、逐帧动画、补间动画、路径跟随动画、遮罩动画、Flash文本动画、按钮的应用、鼠标特效、音效的应用、视频的应用、导航和菜单的制作、开场和片头动画、制作贺卡、ActionScript 3.0的应用等相关内容。

本书提供了丰富的练习素材、源文件，并且为书中所有实例配备了多媒体语音视频教学，特别适合初级网页设计人员及Flash动画爱好者阅读，是广大网页设计从业人员不可多得的多功能速学手册和案头工具书。

图书在版编目（CIP）数据

完全掌握Flash CS5网站动画设计超级手册 / 戴时颖，周莉，刘绍婕等编著. -北京：机械工业出版社，2011.8

ISBN 978-7-111-35379-9

I. ①完… II. ①戴… ②周… ③刘… III. ①动画制作软件，Flash CS5 IV. ①TP391.41

中国版本图书馆CIP数据核字（2011）第138350号

机械工业出版社（北京市西城区百万庄大街22号　邮政编码100037）
责任编辑：夏非彼　迟振春
中国电影出版社印刷厂印刷
2012年3月第1版第2次印刷
188mm×260mm・28.75印张（含0.5印张彩插）
标准书号：ISBN 978-7-111-35379-9
ISBN 978-7-89433-060-4（光盘）
定价：59.00元（附1DVD）

凡购本书，如有缺页、倒页、脱页，由本社发行部调换
客服热线：（010）88378991；82728184
购书热线：（010）68326294；88379649；68995259
投稿热线：（010）82728184；88379603
读者信箱：booksaga@126.com

前　　言

Flash CS5是一种交互式动画设计制作工具，利用它可以将音乐、声效、动画及富有创意的界面融合在一起，制作出高品质的Flash动画。越来越多的人已经把Flash作为网页动画设计制作的首选工具，并且创作出了许多令人叹为观止的动画效果。经过几年的发展，Flash动画的应用空间越来越广阔，除了可以应用于网络，还可以应用于手机等其他媒体领域，是设计师必备的技能之一。

本书向读者详细介绍了各种类型Flash动画的设计与制作方法。全书分为16章，每章全面而细致地讲解了Flash CS5软件的知识点及Flash动画设计制作的技巧，并配有大量的图片说明，让初学者很容易掌握Flash动画设计制作的规律。

本书主要内容

通过本书的学习，读者完全可以领悟使用Flash CS5软件进行各种类型Flash动画制作的方法和技巧。本书从商业应用的角度出发，内容全面，实例类型覆盖了各种风格网站的应用领域。

- 第1~3章，主要介绍了如何在Flash中绘制矢量图形，包括物体、角色和场景的绘制，读者将接触到Flash CS5中几乎所有绘图工具的使用方法，以及各种绘图工具的相关属性。通过大量的实例练习，读者能够熟练地使用Flash中的绘图工具绘制矢量图形。
- 第4章，主要介绍了Flash中逐帧动画的设计制作，通过多个不同类型的逐帧动画的设计制作，讲解了Flash中制作逐帧动画的多种方法。
- 第5章，主要介绍了Flash中补间动画的设计制作，包括补间动画、形状补间动画和传统补间动画的设计制作。补间动画是Flash动画的基础，读者通过大量补间动画实例的练习能够充分理解补间动画的原理。
- 第6章和第7章，主要介绍了Flash中两种重要的动画类型：路径跟随动画和遮罩动画的制作方法和技巧，通过使用这两种动画类型可以制作出许多特殊的动画效果。
- 第8章，主要讲解了Flash文字动画的设计制作。通过多个具有代表性的文字动画实例，带领读者了解和学习不同类型的Flash文字动画的设计制作。
- 第9章，主要介绍了各种Flash按钮动画的制作方法和技巧，通过各种类型的Flash按钮动画的设计制作，使读者对Flash中的按钮元件有更深入的理解。
- 第10章，主要介绍了鼠标特效的制作方法，在许多Flash动画中常常会加入一些鼠标特效以增加Flash动画的亮点，本章介绍了多个鼠标特效实现的方法。
- 第11章和第12章，主要讲解了如何在Flash动画中加入音效以及插入视频，包括声音和视频在Flash软件中的编辑和使用方法，并通过多个实例的制作讲解，帮助读者掌握在Flash动画中对声音和视频的使用和控制方法。
- 第13章，主要讲解了各种类型的Flash导航菜单的设计制作，以及不同类型网站导航的制作方法，使读者对Flash导航菜单动画的形式有所了解和认识。
- 第14章，主要讲解了Flash开场、片头和片尾动画的制作，通过多种类型的开场、片头和片尾动画的制作，使读者对Flash开场、片头和片尾动画有更加深入的了解，并能够举一反三应用到相关的商业设计制作领域中。

- 第15章，主要讲解了Flash贺卡的设计制作，通过不同类型的贺卡的设计制作，使读者能够熟练地掌握Flash贺卡设计制作的方法和技巧。
- 第16章，主要讲解了Flash CS5中的ActionScript 3.0在Flash动画中的应用，通过使用ActionScript 3.0脚本代码可以实现很多特殊的动画效果。

本书特点

- 实例涉及面广，几乎涵盖了Flash动画设计制作的各个方面，力求让读者通过不同的实例掌握不同的知识点。
- 在对实例的讲解过程中，手把手地解读如何操作，直至得出最终效果。
- 注重技巧的归纳和总结，在本书知识点和实例的讲解过程中穿插着大量的提示、技巧，使读者更容易理解和掌握，方便知识点的记忆。
- 本书实例的制作过程配有相关的视频教程，使得每一个步骤都明了易懂，操作一目了然。

本书读者对象

本书适合爱好Flash动画设计制作的初、中级读者阅读，也可以作为商业Flash动画设计制作人员及相关专业师生的参考用书。

本书配套光盘中提供了书中所有实例的源文件和素材文件，以及所有实例的视频教程，方便读者制作出与实例同样精美的效果。

本书由戴时颖、周莉、刘绍婕主持编写，参与本书编写的人员还有王红蕾、时延辉、陆沁、刘冬美、尚彤、王梓力、刘爱华、陆鑫、刘智梅、齐新、蒋岚、蒋玉、蒋立军、王海鹏、王君赫、张杰、张猛、周荥、吕亚鹏、商红斐、苏丽荣、谭明宇、曹培强、吴春艳、陶伟峰、李岩、吴承国、孟琦、曹培军等。书中难免有错误和疏漏之处，希望广大读者批评指正。

编者

2011年6月

目　　录

第 1 章

绘制物体

制作Flash动画之前，首先就需要对Flash动画中的物体、场景、角色进行设计和绘制，在本章中，将通过实例讲解在Flash中绘制物体的方法和技巧。通过本章的学习可以使读者基本掌握在Flash中绘图的基本方法，并能够充分掌握软件中各种工具的使用和设置方法。

1.1 绘制苹果

案例文件 光盘\源文件\第1章\1-1.fla

视频文件 光盘\视频\第1章\1-1.swf

学习时间 15分钟

★★☆☆☆

制作要点

使用“椭圆工具”绘制椭圆形，再使用“部分选取工具”对所绘制的椭圆形进行调整，并为所绘制的椭圆形填充渐变颜色。

思路分析

本实例讲解如何在Flash中绘制苹果，在实例的绘制过程中，主要应用“椭圆工具”进行绘制，再通过使用“部分选取工具”对所绘制的椭圆进行调整，将其调整为苹果的形状，再通过渐变颜色填充，使所绘制的苹果更具质感，本实例的最终效果如图1-1所示。

图1-1 最终效果

制作步骤

1 执行“文件>新建”命令，新建一个Flash文档，如图1-2所示。新建文档后，单击“属性”面板上“属性”标签下的“编辑”按钮 编辑... ，在弹出的“文档设置”对话框中进行设置，如图1-3所示，单击“确定”按钮。

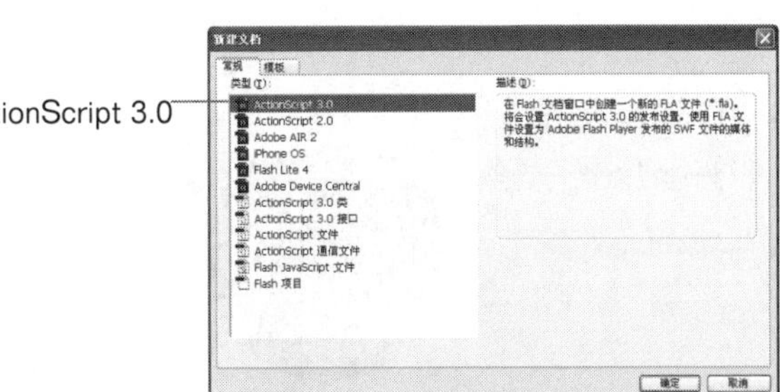

图1-2 “新建文档”对话框

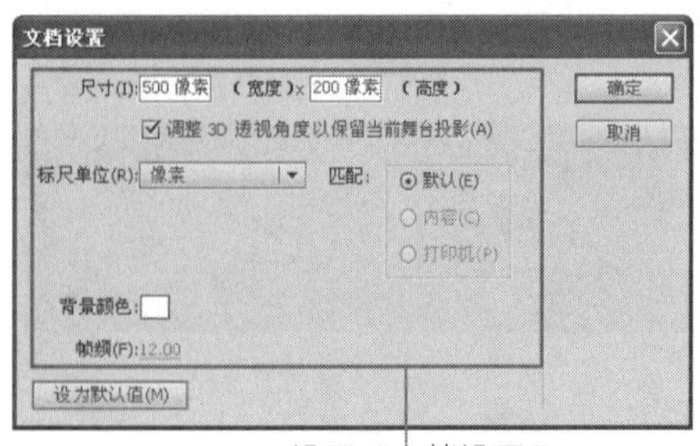

图1-3 "文档设置"对话框

提 示

在绘制图形时，对Flash的ActionScript没有版本要求。可根据制作动画使用到的脚本选择不同的ActionScript版本。

2 执行"插入>新建元件"命令，新建"名称"为"红苹果"的"图形"元件，如图1-4所示。单击工具箱中的"椭圆工具"按钮，在"属性"面板上设置"笔触高度"为3，"笔触颜色"为#7E0101，"填充颜色"为#FF3300，绘制一个椭圆形，如图1-5所示。

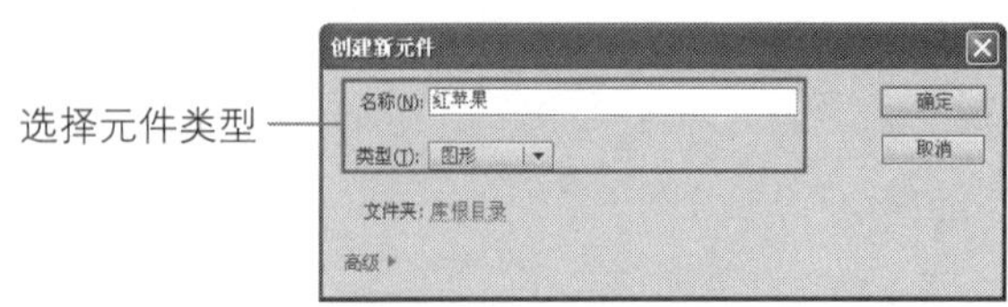

图1-4 "创建新元件"对话框

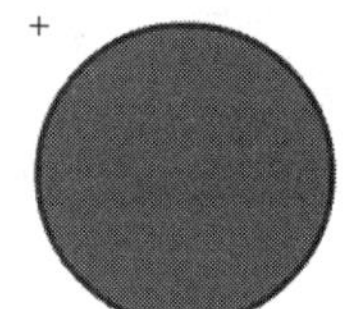

图1-5 绘制椭圆形

技巧

绘制正圆时，可以按下键盘上的Shift键，从而确保绘制出正圆形。绘制完成后可以通过修改"属性"面板上的"宽度"和"高度"的数值来调整其大小。

3 单击工具箱中的"部分选取工具"按钮，调整刚刚绘制的椭圆形，如图1-6所示。使用"选择工具"选中图形，执行"窗口>颜色"命令，打开"颜色"面板，设置"填充颜色"值为#FF8A15→#FF0000→#540101→#C90101的"径向渐变"，如图1-7所示。

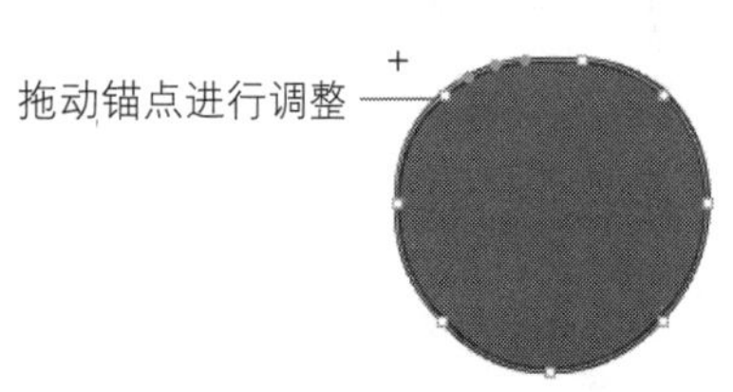

图1-6 调整图形

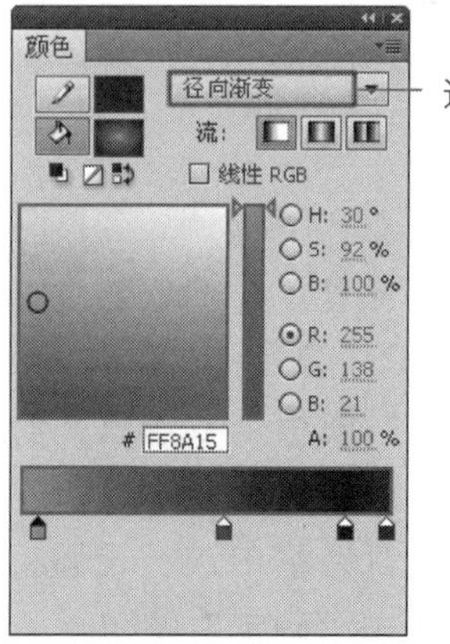

图1-7 设置"颜色"面板

4 单击工具箱中的“渐变变形工具”按钮，调整渐变的角度，如图1-8所示。新建“图层2”，设置“笔触颜色”为无，“填充颜色”为#333333，使用“椭圆工具”在场景中绘制一个椭圆形，如图1-9所示。

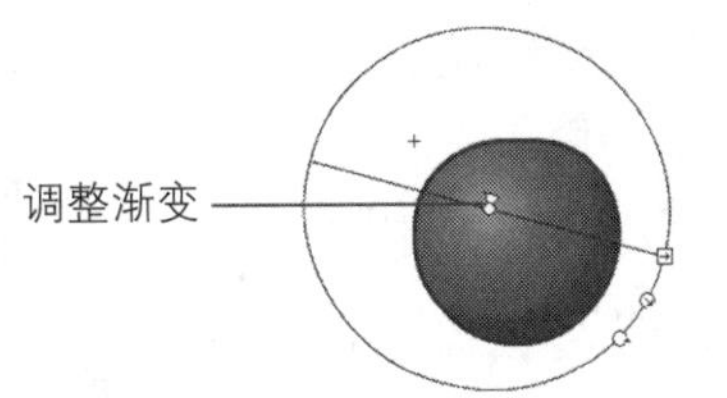

图1-8 调整渐变角度

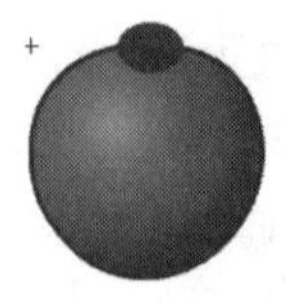
图1-9 绘制椭圆形

提 示

对于填充完成的渐变效果，可以使用“渐变变形工具”调整渐变的范围、角度等，以达到更自然的图形效果。

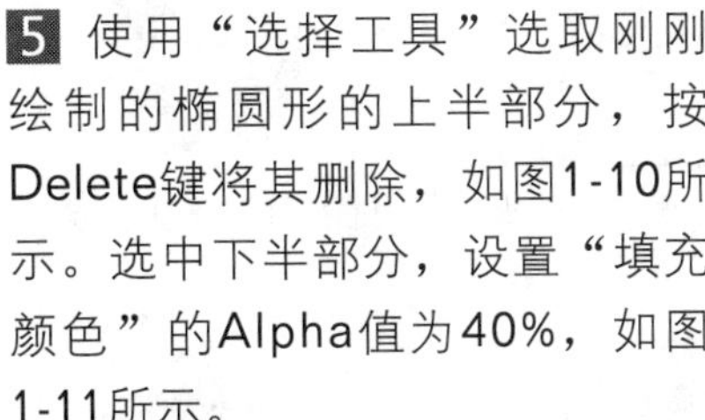

5 使用“选择工具”选取刚刚绘制的椭圆形的上半部分，按Delete键将其删除，如图1-10所示。选中下半部分，设置“填充颜色”的Alpha值为40%，如图1-11所示。

图1-10 图形效果

图1-11 图形效果

6 新建“图层3”，使用“椭圆工具”，设置“笔触颜色”为无，“填充颜色”为#FFAA44，在场景中绘制一个椭圆形，并使用“部分选取工具”对其进行调整，如图1-12所示。单击工具箱中的“矩形工具”按钮，在“属性”面板上设置“笔触高度”为3，“笔触颜色”为#50371B，“填充颜色”为#FFAA44，“矩形边角半径”为8，如图1-13所示。

提 示

使用“矩形工具”时，可以通过在“属性”面板上设置“矩形边角半径”的值来绘制圆角矩形，可以将4个圆角的角度设置为不同的值，也可以设置为相同的值。

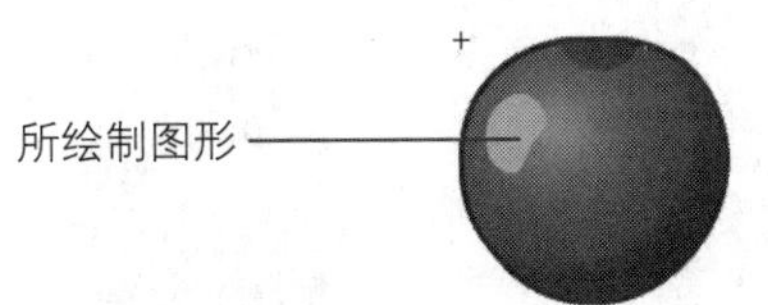

图1-12 图形效果

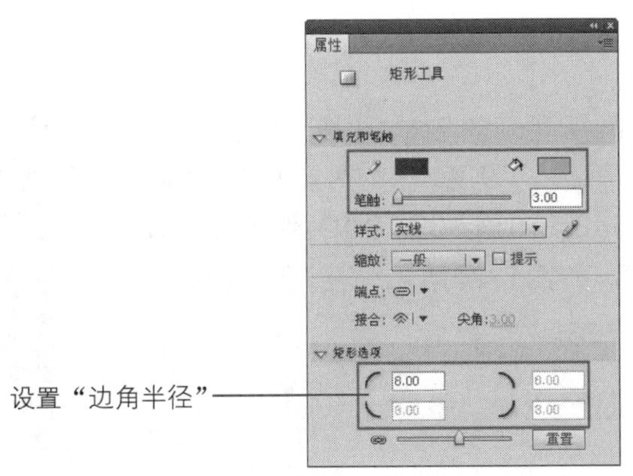

图1-13 设置“属性”面板

7 新建“图层4”，在场景中绘制一个圆角矩形，如图1-14所示。使用“选择工具”和“部分选取工具”对刚刚绘制的圆角矩形进行调整，如图1-15所示。

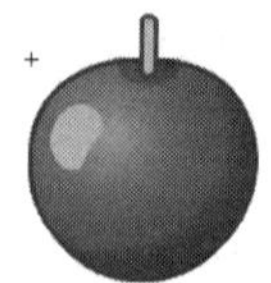

图1-14 绘制圆角矩形

图1-15 调整图形

8 选择刚刚绘制的图形，打开“颜色”面板，设置“填充颜色”的值为#E0974E到#6C4013的“线性渐变”，如图1-16所示，图形效果如图1-17所示。

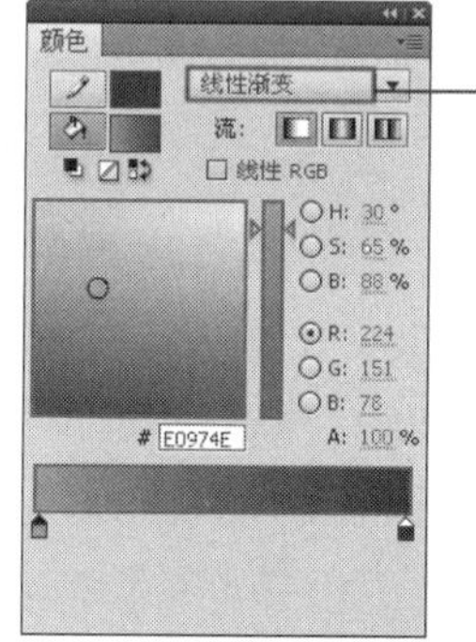

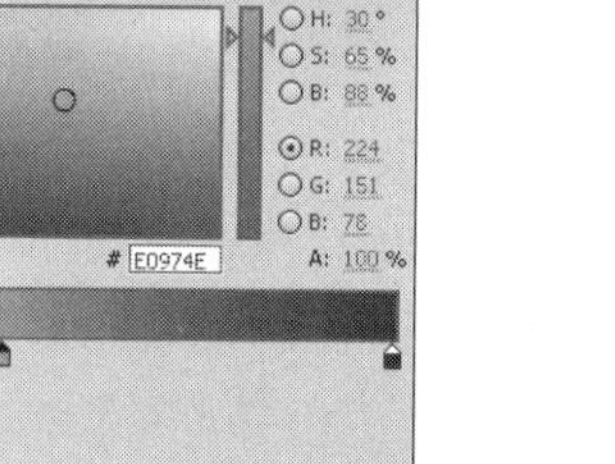

图1-16 设置“颜色”面板

图1-17 图形效果

9 新建“图层5”，使用“椭圆工具”，在“属性”面板上设置“笔触高度”为3，“笔触颜色”为#025801，“填充颜色”为#00FF00，在场景中绘制一个椭圆形，如图1-18所示。使用“转换锚点工具”和“部分选取工具”对刚刚绘制的椭圆形进行调整，对调整后的图形进行旋转并移至合适的位置，如图1-19所示。

图1-18 绘制椭圆形

图1-19 调整图形

提 示

使用“转换锚点工具”单击椭圆形上的锚点，可以将该锚点转换为直角，再使用“部分选取工具”对该锚点的位置进行调整。

10 选择刚刚绘制的图形，打开“颜色”面板，设置“填充颜色”的值为#54D515到#377D0D的“线性渐变”，如图1-20所示，图形效果如图1-21所示。

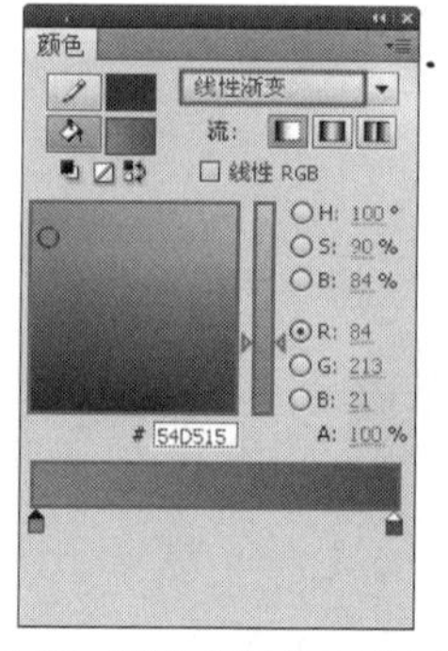

图1-20 设置“颜色”面板

图1-21 图形效果

11 新建"图层6"，使用"椭圆工具"，设置"笔触颜色"为无，"填充颜色"为#BDFD51，在场景中绘制一个椭圆形，如图1-22所示。利用相同的绘制方法，还可以绘制出其他颜色的苹果图形，如图1-23所示。

图1-22 绘制椭圆形

图1-23 绘制其他颜色的苹果

12 单击"编辑栏"上的"场景1"文字，返回到"场景1"的编辑状态，将刚刚绘制的不同颜色的苹果元件拖入到场景中，如图1-24所示。完成苹果的绘制，执行"文件>保存"命令，将文件保存为"1-1.fla"，测试动画效果，如图1-25所示。

图1-24 拖入元件

图1-25 测试动画效果

实例小结

本实例主要讲解如何使用Flash中基本的绘图工具绘制苹果图形，在本实例的制作过程中注意对基本图形的变形操作，以及如何调整渐变颜色进行填充。

1.2 绘制香蕉

案例文件 光盘\源文件\第1章\1-2.fla
视频文件 光盘\视频\第1章\1-2.swf
学习时间 10分钟

★☆☆☆☆

制作要点

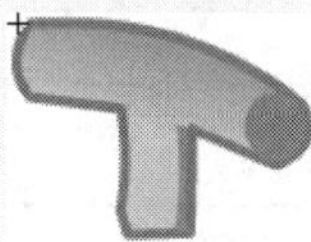

1. 应用"矩形工具"绘制矩形，使用"部分选取工具"调整图形，并且填充渐变颜色。

2. 使用"矩形工具"绘制矩形，调整矩形的形状并填充渐变颜色。

3. 利用相同的绘制方法，可以绘制出其他的图形。

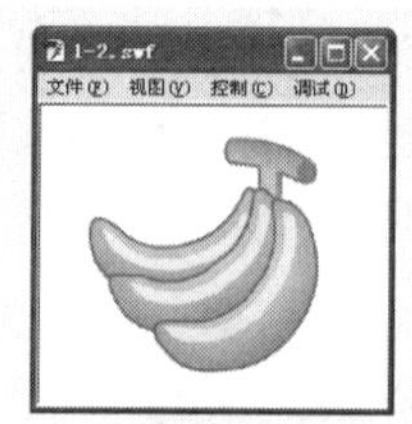

4. 完成香蕉的绘制，得到最终效果。

1.3 绘制方块表情

案例文件 光盘\源文件\第1章\1-3.fla

视频文件 光盘\视频\第1章\1-3.swf

学习时间 10分钟

★☆☆☆☆

制作要点

主要使用“矩形工具”、“椭圆工具”和“线条工具”绘制方块表情，并且为所绘制的图形填充渐变颜色。

思路分析

本实例主要讲解如何使用基本绘图工具绘制卡通方块表情，在绘制的过程中注意学习圆角矩形的绘制方法，以及等比例缩放和渐变填充的方法，本实例的最终效果如图1-26所示。

图1-26 最终效果

制作步骤

1 执行“文件>新建”命令，新建一个Flash文档，如图1-27所示。新建文档后，单击“属性”面板上的“编辑”按钮 编辑... ，在弹出的“文档设置”对话框中进行设置，如图1-28所示，单击“确定”按钮。

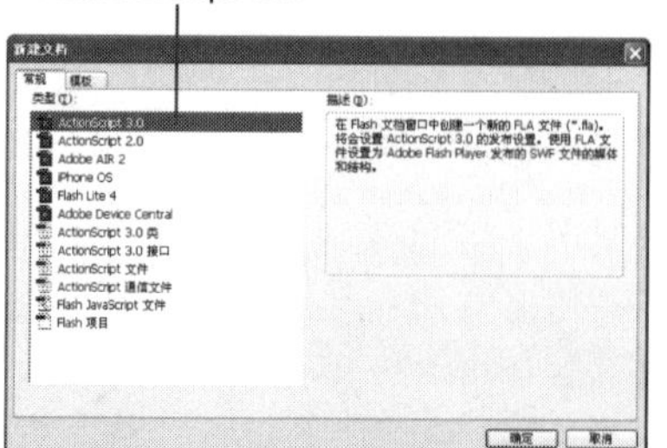

图1-27 “新建文档”对话框

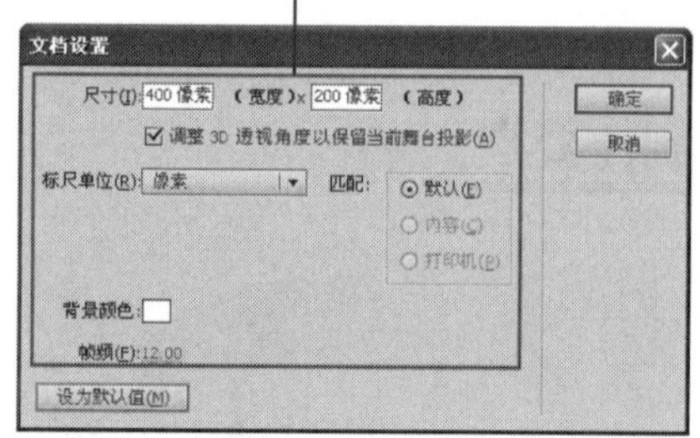

图1-28 “文档设置”对话框

2 执行“插入>新建元件”命令，新建“名称”为“方块表情1”的“图形”元件，如图1-29所示。单击工具箱中的“矩形工具”按钮，设置“笔触颜色”为无，“填充颜色”为#955E04，按住Alt键在场景中单击鼠标左键，弹出“矩形设置”对话框，设置如图1-30所示。

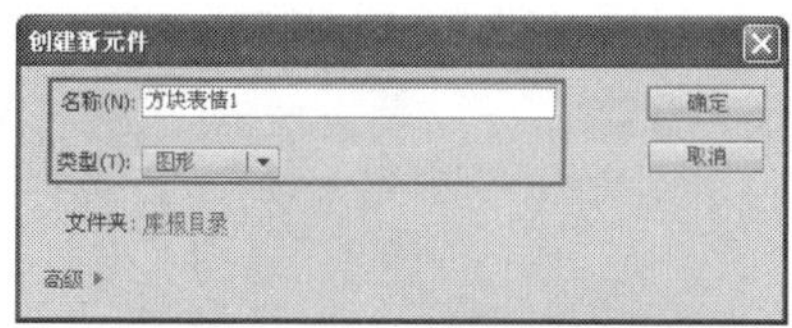

图1-29 “创建新元件”对话框

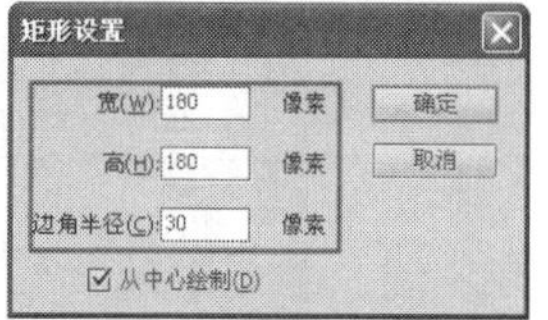

图1-30 “矩形设置”对话框

技巧 通过在“矩形设置”对话框中设置固定值，可以绘制出一个固定宽度和高度的矩形。在“矩形设置”对话框上有一个“从中心绘制”复选框，可以帮助用户轻松控制图形的插入位置。

3 单击“确定”按钮，在场景中绘制一个圆角矩形，如图1-31所示。选中刚刚绘制的圆角矩形，按快捷键Ctrl+C复制图形，新建“图层2”，执行“编辑>粘贴到当前位置”命令，粘贴图形，单击工具箱中的“任意变形工具”按钮，按住Shift+Alt键，以图形的中心点为中心将图形进行等比例缩小，如图1-32所示。

图1-31 绘制圆角矩形

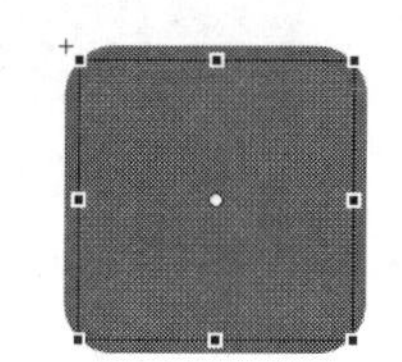

图1-32 等比例缩小图形

提 示

Flash中提供了“粘贴到当前位置”和“粘贴到中心位置”两种粘贴方式。“粘贴到当前位置”是将复制的对象粘贴到文件原来的位置，“粘贴到中心位置”则是将对象粘贴到场景的中心位置。

4 选中复制得到的图形，打开“颜色”面板，设置“填充颜色”的值为#FFFF00到#FAC165的“径向渐变”，如图1-33所示，使用“渐变变形工具”调整渐变角度，如图1-34所示。

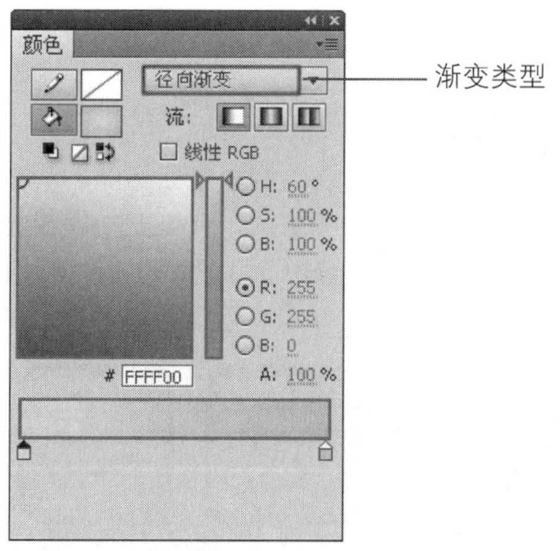

图1-33 “颜色”面板

图1-34 渐变颜色填充

5 选中刚刚填充渐变颜色的图形，复制图形，新建“图层3”，并粘贴到当前位置，打开“颜色”面板，设置“填充颜色”的值为：Alpha为100%的#FFFFFF到Alpha为0%的#FFFFFF的“径向渐变”，如图1-35所示，使用“渐变变形工具”调整渐变角度，使用“任意变形工具”将图形等比例缩小，如图1-36所示。

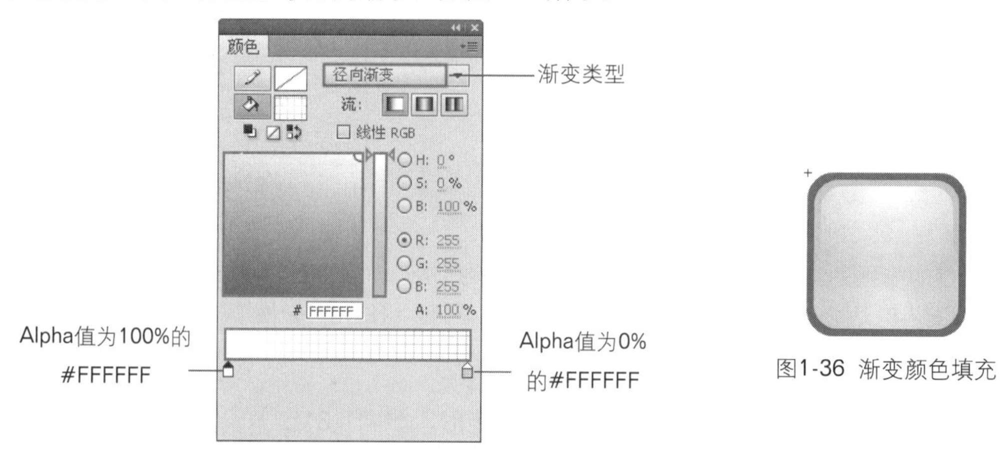

图1-35 “颜色”面板

图1-36 渐变颜色填充

6 新建“图层4”，单击工具箱中的“椭圆工具”按钮，设置“笔触颜色”为无，“填充颜色”为#C47C06，按住Shift键在场景中绘制一个正圆形，如图1-37所示。利用相同的制作方法，新建“图层5”和“图层6”，再分别绘制“填充颜色”为#FFFFFF的正圆形，如图1-38所示。

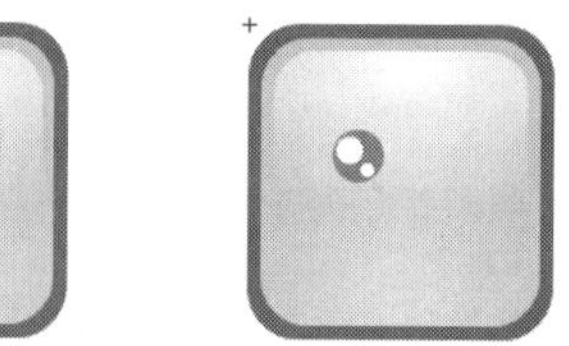

图1-37 绘制正圆形　图1-38 绘制正圆形

7 利用相同的制作方法，可以绘制出另外一只眼睛图形，如图1-39所示。单击工具箱中的“线条工具”按钮，设置“笔触颜色”为#C47C06，“笔触高度”为6，新建“图层10”，在场景中绘制一条直线，如图1-40所示。

图1-39 图形效果　图1-40 绘制直线

8 单击工具箱中的“选择工具”按钮，将光标移至刚绘制的直线下方，当光标变为形状时向下拖动鼠标，将直线调整为曲线，如图1-41所示。利用相同的绘制方法，还可以绘制出相似的表情图标，如图1-42所示。

提 示

在绘制表情图标时，读者可以充分发挥想象，只需要在表情上进行简单的修改，即可表现出不同的表情。

图1-41 调整线条

图1-42 图形效果

9 单击“编辑栏”上的“场景1”，返回到“场景1”的编辑，将刚刚绘制的各方块表情元件拖入到场景中，如图1-43所示。完成方块表情的绘制，执行“文件>保存”命令，将文件保存为“1-3.fla”，效果如图1-44所示。

图1-43　拖入元件

图1-44　测试动画效果

实例小结

本实例主要讲解Flash中基本绘图工具的使用，使用这些简单的基本绘图工具同样可以绘制出精美的表情图标，在绘制的过程中注意各部分图形的对齐，以及渐变颜色填充的操作方法。

1.4　绘制卡通图标

★☆☆☆☆

案例文件	光盘\源文件\第1章\1-4.fla
视频文件	光盘\视频\第1章\1-4.swf
学习时间	15分钟

制作要点

1. 使用“椭圆工具”绘制椭圆形，再使用“选择工具”和“部分选取工具”对所绘制的椭圆形进行调整。

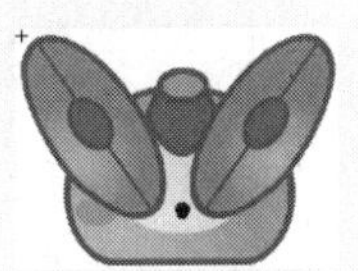

2. 利用相同的绘制方法，新建图层，绘制耳朵和其他图形。

3. 调整图层的叠放顺序，完成卡通图标的绘制。

4. 完成卡通图标的绘制，得到最终效果。

1.5 绘制卡通饼干人

案例文件 光盘\源文件\第1章\1-5.fla
视频文件 光盘\视频\第1章\1-5.swf
学习时间 15分钟

★★☆☆☆

制作要点

使用基本的圆形工具和矩形工具绘制可爱的动画人物，使用扩充填充和收缩填充处理图形。

思路分析

本实例使用Flash中基本的椭圆工具和矩形工具绘制规则图形，并使用了钢笔工具绘制完成不规则的图形。还简述了如何使用“扩展填充”命令完成立体效果的制作，本实例的最终效果如图1-45所示。

图1-45 最终效果

制作步骤

1 执行“文件>新建”命令，新建一个Flash文档，如图1-46所示。新建文档后，单击“属性”面板上的“编辑”按钮，在弹出的“文档设置”对话框中进行设置，如图1-47所示，单击“确定”按钮。

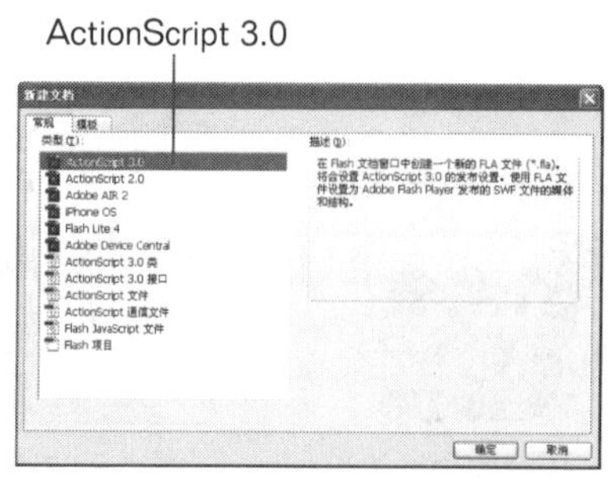

图1-46 “新建文档”对话框

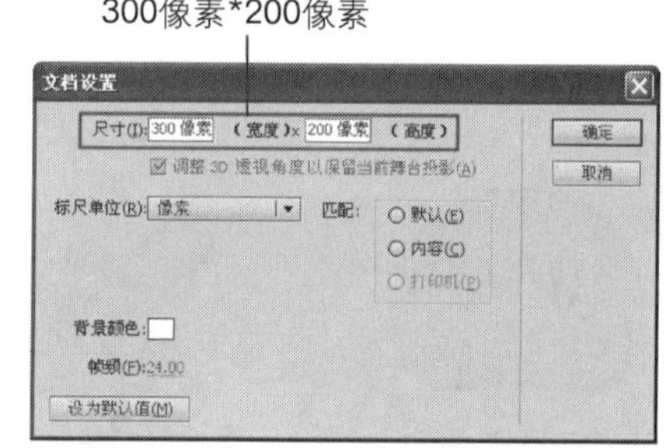

图1-47 “文档设置”对话框

2 执行“插入>新建元件”命令，新建一个“名称”为“饼干”的“图形”元件，如图1-48所示。单击工具箱中的“椭圆工具”按钮，设置“笔触颜色”值为无，“填充颜色”为#E4AC42，在场景中绘制如图1-49所示图形。

图1-48 “创建新元件”对话框

图1-49 绘制图形

3 单击工具箱中的“线条工具”按钮，设置“笔触颜色”为#E4AC42，“笔触高度”为6.75，在场景中绘制线条，如图1-50所示。单击工具箱中的“矩形工具”按钮，设置“属性”面板，如图1-51所示。

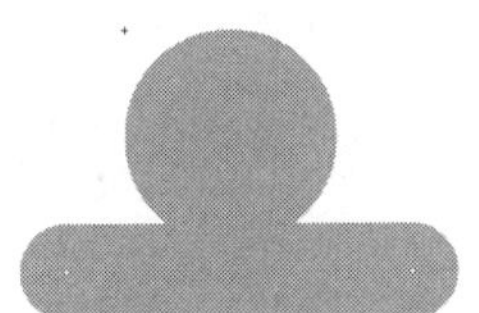

图1-50 绘制线条

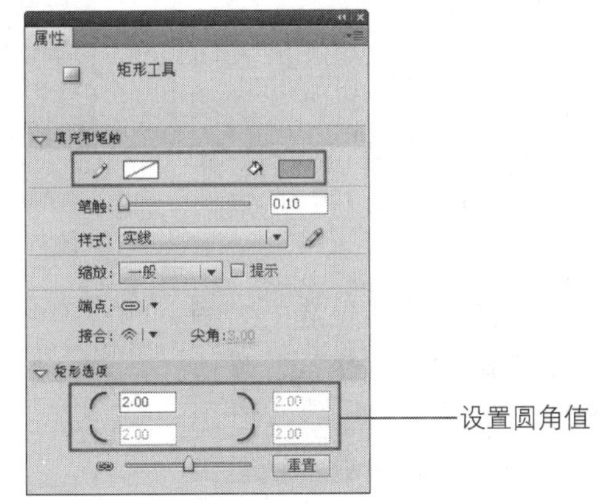

图1-51 设置圆角数值

技巧 使用“矩形工具”和“基本矩形工具”都可以完成圆角矩形的绘制。但是只有“基本矩形工具”可以在绘制的过程中多次调整圆角数值，而“矩形工具”则不可以。

4 在场景中分别绘制两个矩形，并使用“选择工具”调整成如图1-52所示效果。利用相同的方法，在场景中绘制如图1-53所示图形。

图1-52 绘制图形

图1-53 绘制图形

5 使用“选择工具”选择所有图形，执行“修改>分离”命令。选择路径，执行“修改>形状>将线条转换为填充”命令，如图1-54所示。新建“图层2”，执行“编辑>复制”命令，单击“图层2”的第1帧位置，执行“编辑>粘贴到当前位置”命令，“时间轴”面板如图1-55所示。

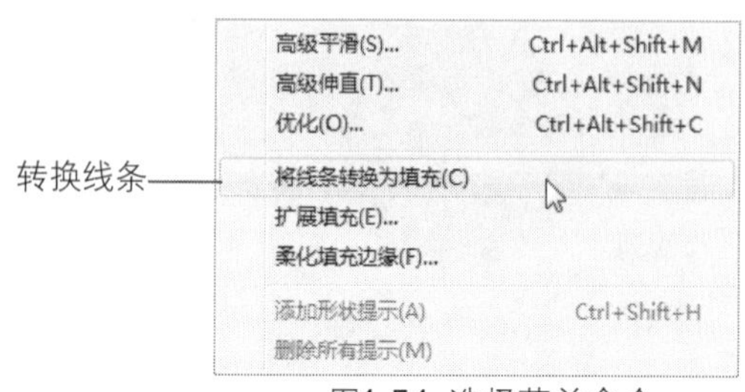

图1-54 选择菜单命令

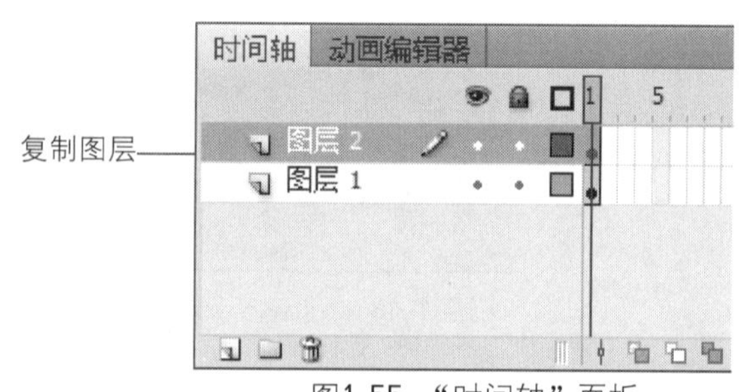

图1-55 “时间轴”面板

6 选择“图层1”上的元件，修改“填充颜色”为#A2571B，并执行“修改>形状>扩展填充”命令，对弹出的“扩展填充”对话框进行设置，如图1-56所示，扩展效果如图1-57所示。

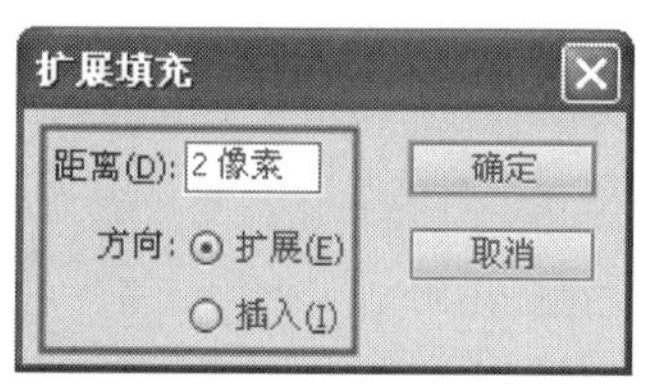

图1-56 “扩展填充”对话框

图1-57 绘制图形

7 使用“选择工具”选中“图层2”上的图形，调整其位置，如图1-58所示。新建“图层3”，单击工具箱中的“钢笔工具”按钮，设置“笔触颜色”的值为#A03F28，“笔触高度”为0.01，在场景中绘制路径，并填充#A03F28颜色，图形效果如图1-59所示。

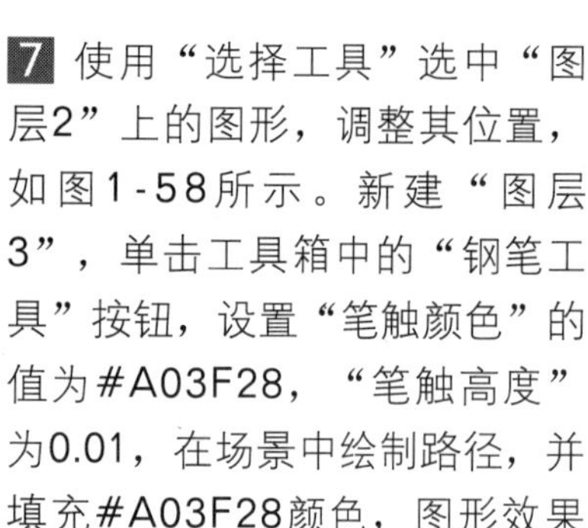

图1-58 调整图形

图1-59 图形效果

8 使用“椭圆工具”，设置“笔触颜色”的值为无，“填充颜色”为#A03F28，绘制如图1-60所示图形。执行“插入>新建元件”命令，新建一个“名称”为“心”的“图形”元件，如图1-61所示。

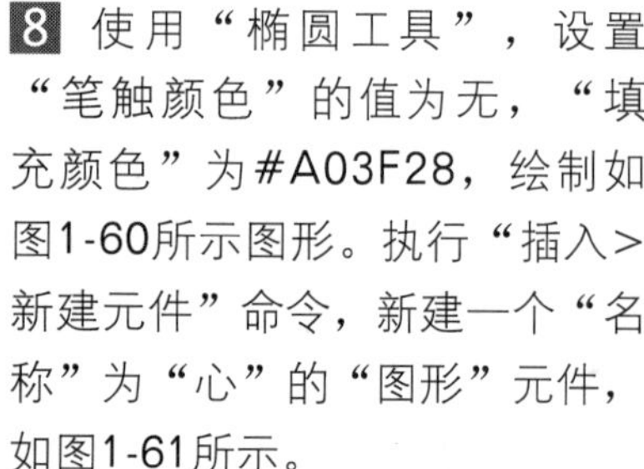

图1-60 绘制图形

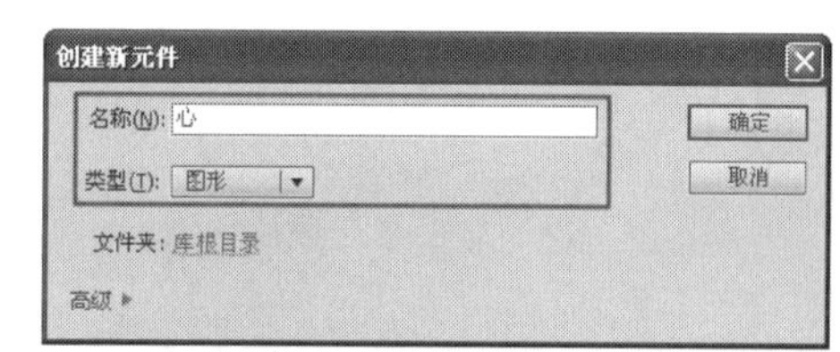

图1-61 “创建新元件”对话框

9 单击工具箱中的“钢笔工具”按钮，设置“笔触颜色”的值为#ED5E7E，“笔触高度”为0.01，在场景中绘制路径，并填充#ED5E7E颜色，图形效果如图1-62所示。新建“图层2”，设置“填充颜色”为从#EE6382到#EE8B9D的“线性”渐变，利用同样的方法绘制如图1-63所示效果。

技巧

也可以复制“图层1”上的图形到“图层2”上，执行“修改>形状>扩展填充”命令，选择“插入”方式复制图形。

图1-62 图形效果

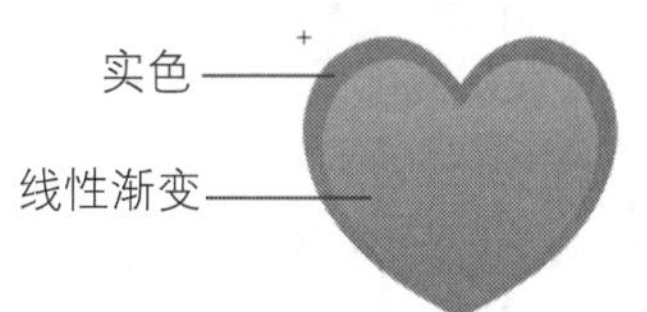

图1-63 绘制图形

10 单击工具箱中的“刷子工具”按钮，设置“填充颜色”为65%的#ECAFB8。新建“图层3”，绘制如图1-64所示的图形。单击“编辑栏”上的“场景1”，返回到“场景1”的编辑状态，将元件“心”从“库”面板中拖入到场景中，效果如图1-65所示。

图1-64 绘制图形

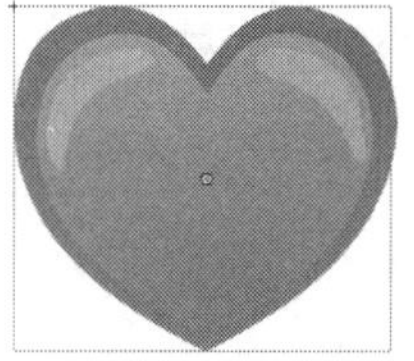
图1-65 拖入元件

11 选中元件，设置其“属性”面板上“样式”下的“色调”选项，如图1-66所示，元件效果如图1-67所示。

提 示

对于元件要修改其颜色，需要在“属性”面板上设置其“色调”得到。直接修改元件本身，会导致所有调用的同一个元件颜色全部改变。

图1-66 设置“色调”选项

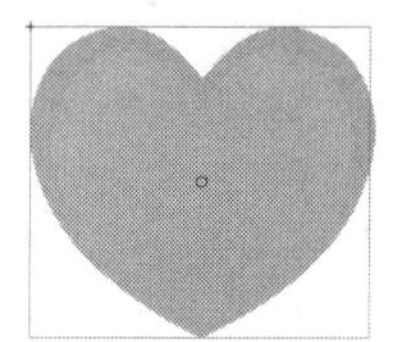
图1-67 元件效果

12 将元件“饼干”和“心”从“库”面板中拖入到场景中并进行排列，效果如图1-68所示，完成卡通饼干人的绘制，将动画保存为“1-5.fla”，按快捷键Ctrl+Enter测试动画，效果如图1-69所示。

图1-68 组合元件

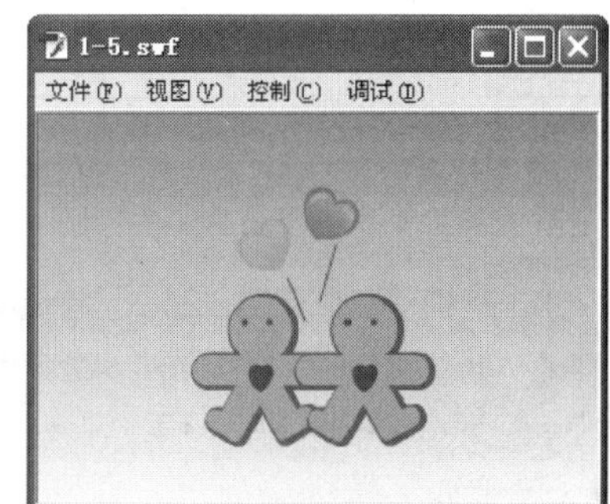

图1-69 测试动画效果

实例小结

本实例通过绘制饼干人的卡通效果，让读者了解使用基本绘图工具绘制动画元素的方法。掌握对图形使用不同的填充颜色的方法，以及如何将线条转换为图形，如何制作具有立体层次感的图形效果。

1.6 绘制可爱星星

案例文件 光盘\源文件\第1章\1-6.fla
视频文件 光盘\视频\第1章\1-6.swf
学习时间 10分钟

难易程度 ★☆☆☆☆

制作要点

1. 使用“多角星形工具”，在场景中绘制一个星形，再使用“转换锚点工具”和“部分选取工具”对其进行调整。

2. 使用“椭圆工具”绘制出星星的表情图形，利用同样的方法，可以绘制出另一个星星。

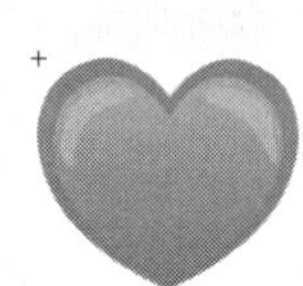

3. 使用“钢笔工具”绘制心形。

4. 完成可爱星星的绘制，得到最终效果。

1.7 绘制电视机

案例文件 光盘\源文件\第1章\1-7.fla
视频文件 光盘\视频\第1章\1-7.swf
学习时间 10分钟

难易程度 ★☆☆☆☆

制作要点

使用“矩形工具”绘制圆角矩形，再通过使用“选择工具”和“部分选取工具”对所绘制的图形进行调整，并填充渐变颜色。

思路分析

本实例主要讲解如何使用Flash中最基本的绘图工具“矩形工具”和“椭圆工具”绘制

电视机，在绘制的过程中需要结合“选择工具”和“部分选取工具”对所绘制的图形进行调整，在“颜色”面板中为图形应用渐变颜色，本实例的最终效果如图1-70所示。

图1-70 最终效果

制作步骤

1 执行“文件>新建”命令，新建一个Flash文档，如图1-71所示。新建文档后，单击“属性”面板上的“编辑”按钮，在弹出的“文档设置”对话框中进行设置，如图1-72所示，单击“确定”按钮。

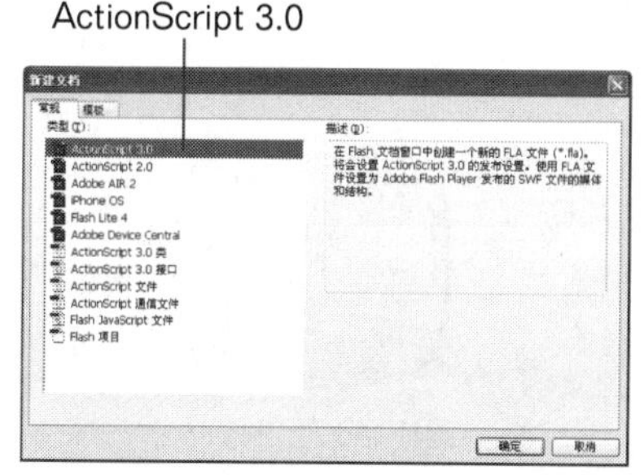

图1-71 “新建文档”对话框

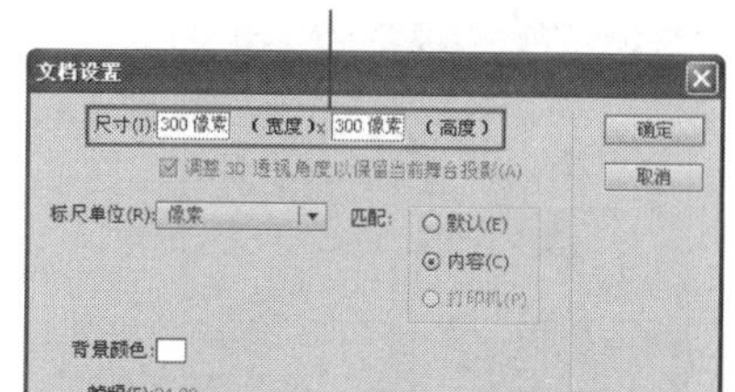

图1-72 “文档设置”对话框

2 执行“插入>新建元件”命令，新建一个“名称”为“电视机”的“图形”元件，如图1-73所示。单击工具箱中的“矩形工具”按钮，设置“笔触颜色”为无，“填充颜色”为#008800，“矩形边角半径”为30，在场景中绘制一个圆角矩形，如图1-74所示。

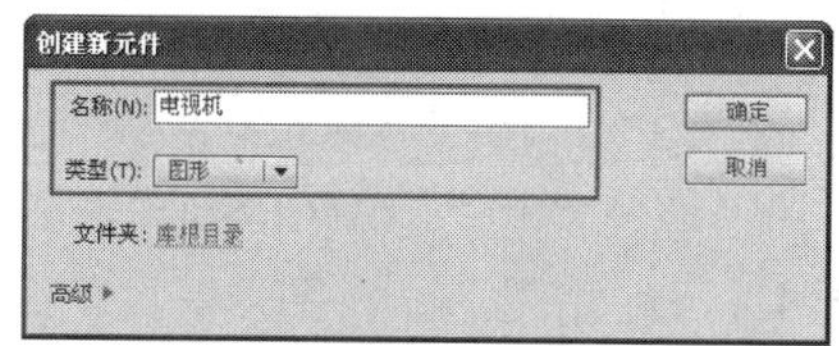

图1-73 “创建新元件”对话框

图1-74 绘制圆角矩形

技巧

在新建元件时，Flash 增加了一个新功能：可以将新建元件直接创建在一个独立的文件夹里，以方便对其进行管理。单击“创建新元件”对话框上的“库根目录”文字，可以在弹出的对话框中选择文件夹或新建文件夹。

3 使用“选择工具”和“部分选取工具”对刚刚绘制的圆角矩形进行调整，效果如图1-75所示。选中刚刚绘制的图形，复制图形，新建“图层2”，执行“编辑>粘贴到当前位置”命令粘贴图形，单击工具箱中的“任意变形工具”按钮，按住Shift+Alt键，将图形等比例缩小，如图1-76所示。

图1-75 调整图形

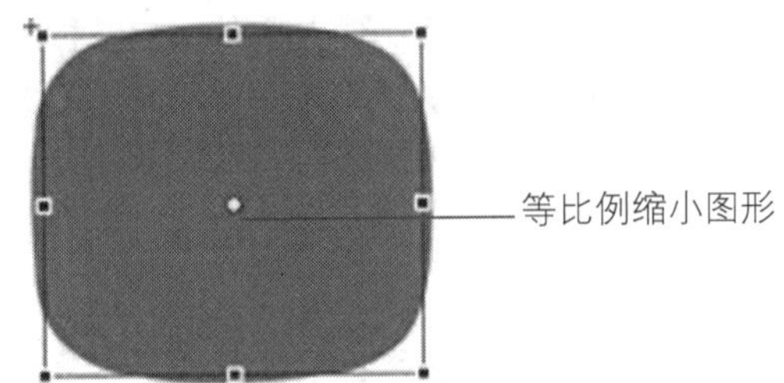

图1-76 等比例缩小图形

4 选中刚刚复制得到的图形，打开“颜色”面板，设置“填充颜色”的值为#FFFFFF到#A7F200的“径向渐变”，如图1-77所示，使用“渐变变形工具”调整渐变角度，如图1-78所示。

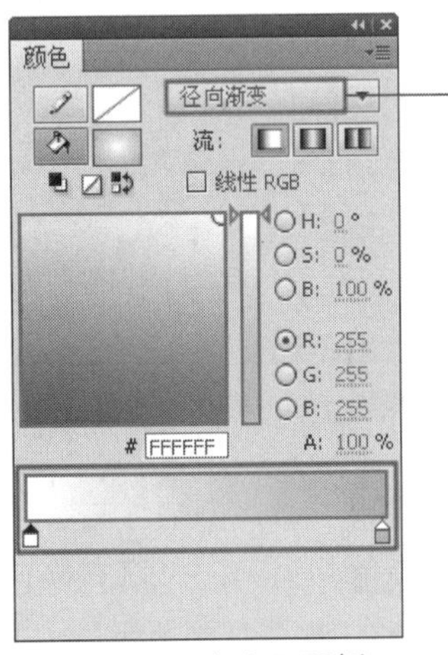

图1-77 “颜色”面板

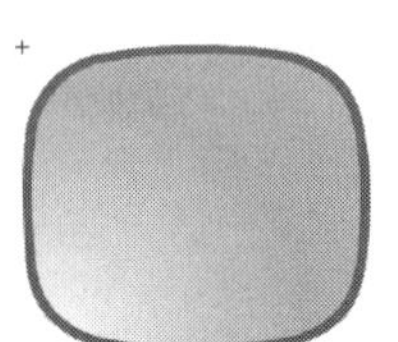
图1-78 图形效果

提 示

使用“渐变变形工具”调整图形渐变效果时，通过调整控制点，可以使填充效果过渡地更加自然。

5 选中填充渐变颜色的图形，复制图形，新建“图层3”，执行“编辑>粘贴到当前位置”命令，粘贴图形，将图形等比例缩小，并修改其“填充颜色”为#008800，如图1-79所示。利用相同的方法，再复制图形，新建“图层4”，粘贴图形，将图形等比例缩小，如图1-80所示。

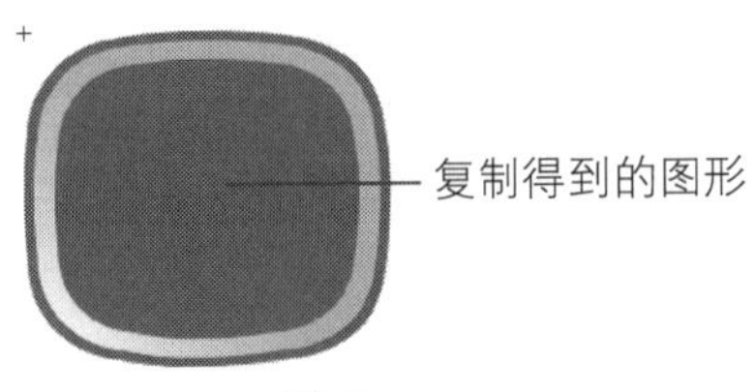

图1-79 图形效果

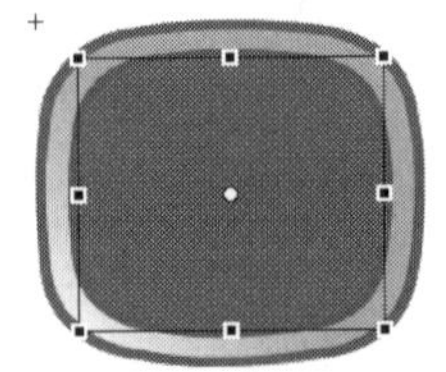
图1-80 调整图形

6 选中刚刚复制得到的图形，打开“颜色”面板，设置“填充颜色”的值为#FFFFFF到#FFFF00的“径向渐变”，如图1-81所示，使用“渐变变形工具”调整渐变角度，如图1-82所示。

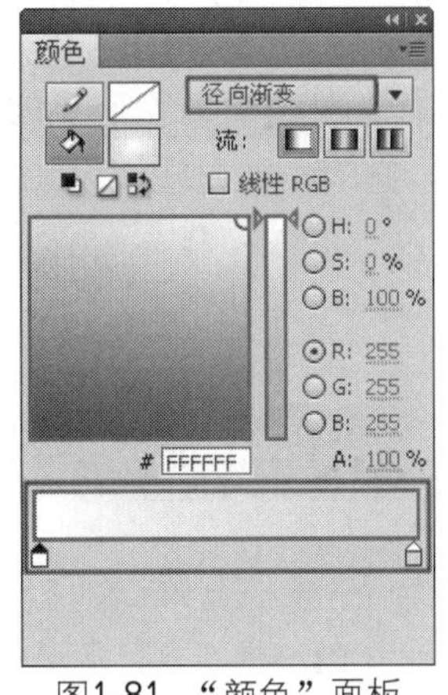

图1-81 “颜色”面板

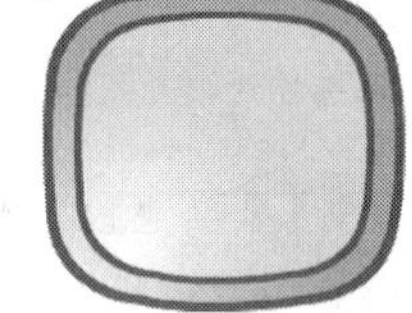
图1-82 图形效果

7 利用相同的绘制方法，可以绘制出组成电视机的其他图形，如图1-83所示。新建一个“名称”为“怪兽”的“图形”元件，根据前面电视机的绘制方法，完成该图形的绘制，效果如图1-84所示。

图1-83 图形效果

图1-84 绘制图形

8 新建一个“名称”为“卡通电视机”的“影片剪辑”元件，分别将“电视机”和“怪兽”元件从“库”面板中拖入到场景中，组合效果如图1-85所示。新建图层，为电视机绘制高光，如图1-86所示。

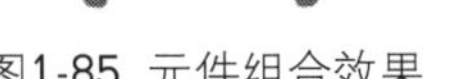
图1-85 元件组合效果

图1-86 绘制高光

提 示

绘制图形的高光部分时，高光部分通常都是半透明效果的，可以通过在“颜色”面板中为“填充颜色”设置Alpha值或在“填充颜色”的“拾色器”窗口中设置Alpha值来实现。

9 单击“编辑栏”上的“场景1”文字，返回到“场景1”的编辑状态，使用“矩形工具”在场景中绘制一个矩形并填充渐变颜色，将元件“卡通电视机”从“库”面板中拖入到场景中，如图1-87所示。完成电视机的绘制，将动画保存为“1-7.fla”，按快捷键Ctrl+Enter测试动画，效果如图1-88所示。

图1-87 场景效果

图1-88 测试动画效果

实例小结

本实例所绘制的卡通电视机图形比较简单，通过基本图形组合而成，在绘制的过程中注意学习渐变颜色填充的设置方法以及渐变角度的调整方法。

1.8　绘制小丑玩偶

★★☆☆☆

案例文件　光盘\源文件\第1章\1-8.fla

视频文件　光盘\视频\第1章\1-8.swf

学习时间　20分钟

制作要点

1. 使用“椭圆工具”和“多角星形工具”绘制小丑帽子。

2. 使用“椭圆工具”绘制小丑玩偶的头部，并应用渐变颜色填充。

3. 运用“椭圆工具”和“矩形工具”绘制出小丑的衣服，并将所绘制的三个部分组合起来。

4. 完成小丑玩偶的绘制，测试动画效果。

第 2 章 绘制角色

在Flash动画的设计制作过程中，人物和角色的设计绘制是非常重要的，也常常使Flash动画设计师感到头疼，本章将向读者介绍Flash中角色的绘制方法和技巧，读者只有掌握了Flash中角色的绘制，才能为后面的Flash动画设计制作打下坚实的基础。

2.1 绘制小蜜蜂

案例文件 光盘\源文件\第2章\2-1.fla
视频文件 光盘\视频\第2章\2-1.swf
学习时间 30分钟

★★★☆☆

制作要点

通过绘制多层图形完成立体感的绘制，使用各种命令对图形进行调整，并涉及创建不同类型元件的方法。

思路分析

本实例通过绘制一个蜜蜂角色，让读者了解在Flash动画中创建动画角色的方法。为了方便对动画角色的控制，在绘制图形时对角色采用了分开绘制再组合的方法。这样可以保证动画的多样性，本实例的最终效果如图2-1所示。

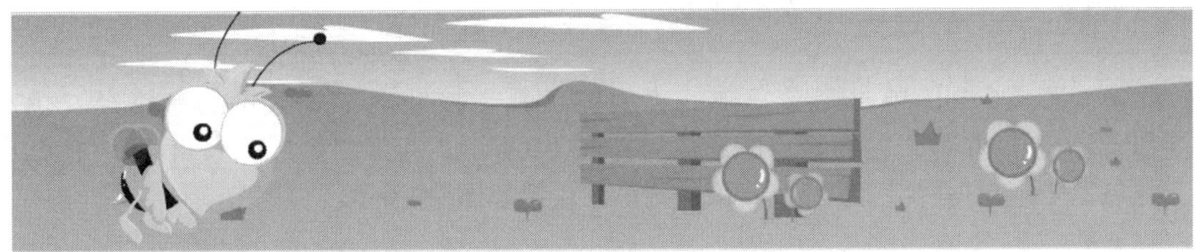

图2-1 最终效果

制作步骤

1 执行“文件>新建”命令，新建一个Flash文档，如图2-2所示。新建文档后，单击“属性”面板上的“编辑”按钮，在弹出的“文档属性”对话框中进行设置，如图2-3所示，单击“确定”按钮，完成“文档属性”的设置。

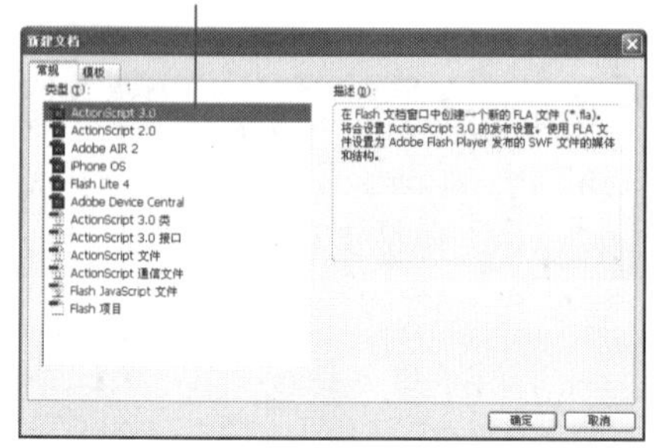

图2-2 “新建文档”对话框

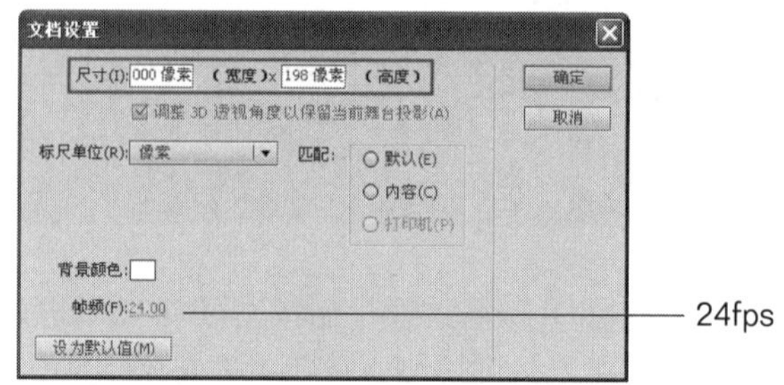

图2-3 “文档属性”对话框

2 执行“插入>新建元件”命令，新建一个“名称”为“头部”的“图形”元件，如图2-4所示。单击工具箱中的“椭圆工具”按钮，设置“填充颜色”为#FFC900，“笔触颜色”为无，在场景中绘制如图2-5所示的圆形。

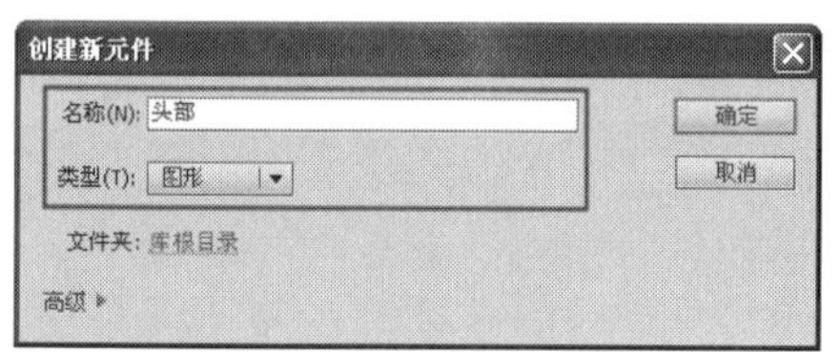

图2-4 “创建新元件”对话框

图2-5 绘制图形

3 单击工具箱中的“部分选取工具”按钮，配合“选择工具”调整图形，效果如图2-6所示。新建“图层2”，再次选择“椭圆工具”，设置“填充颜色”为#FFEB3E，利用同样的方法绘制如图2-7所示图形。

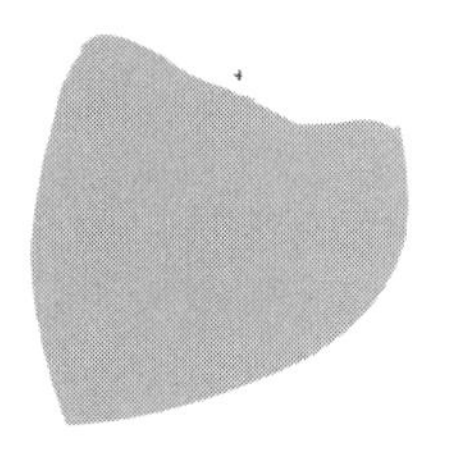

图2-6 创建新元件

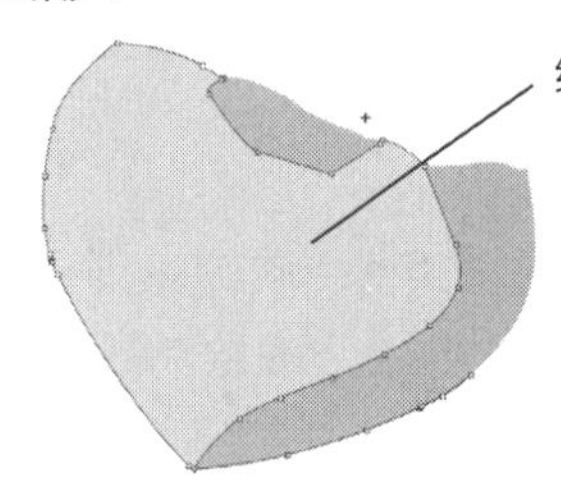

图2-7 绘制图形

> **技巧** 在绘制图形时，相同颜色的图形会自动相加，而不同的颜色图形会自动相减。所以在制作时要绘制在不同图层上。

4 新建“图层3”，单击工具箱中的“钢笔工具”按钮，在场景中绘制路径，填充#FFFF53颜色，并将路径删除，图形效果如图2-8所示。新建“图层4”，使用“椭圆工具”绘制2个“填充颜色”为#FFEB3E的圆形，效果如图2-9所示。

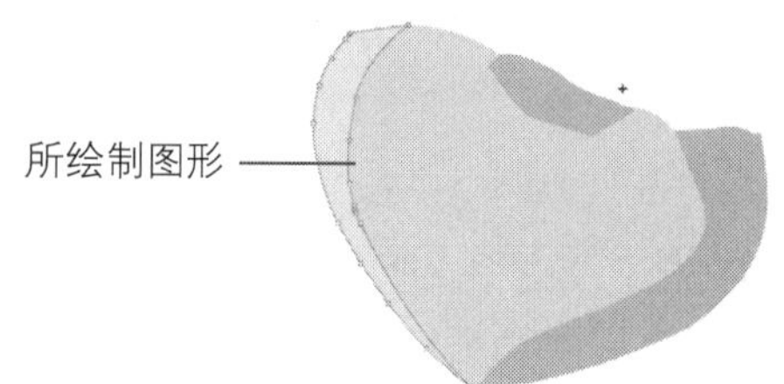

图2-8 图形效果

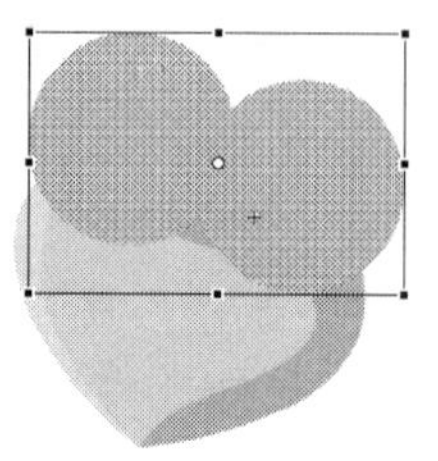

图2-9 绘制图形

5 新建图层，利用同样的方法，依次绘制如图2-10所示图形。单击工具箱中的“套索工具”按钮，调整图形效果如图2-11所示。

图2-10 绘制图形

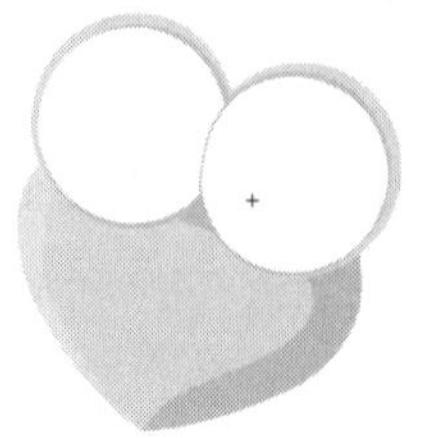

图2-11 绘制图形

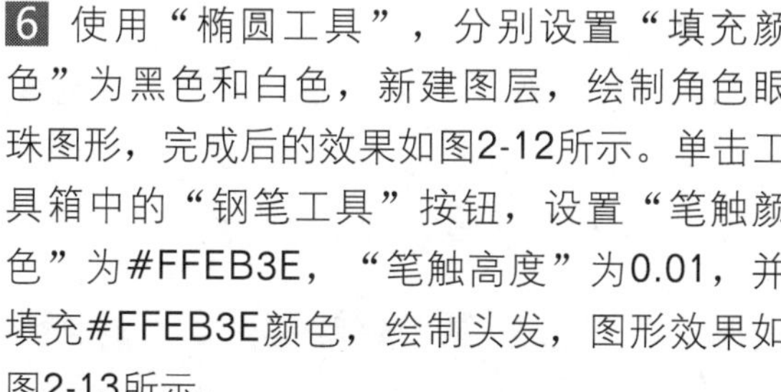

6 使用“椭圆工具”，分别设置“填充颜色”为黑色和白色，新建图层，绘制角色眼珠图形，完成后的效果如图2-12所示。单击工具箱中的“钢笔工具”按钮，设置“笔触颜色”为#FFEB3E，“笔触高度”为0.01，并填充#FFEB3E颜色，绘制头发，图形效果如图2-13所示。

图2-12 绘制眼睛

图2-13 绘制头发

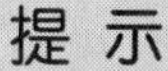

提 示

在绘制角色头发时，为了方便操作，可以将其他完成图层暂时隐藏或者锁定。等完成后再解除即可。

7 使用“钢笔工具”，分别为图形添加立体效果，如图2-14所示。调整“图层9”和“图层10”到所有图层下，图形效果如图2-15所示。

图2-14 制作阴影

图2-15 调整层次

8 新建“图层11”，单击工具箱中的“线条工具”按钮，设置其“属性”面板如图2-16所示。在场景中绘制线条，并使用“选择工具”调整形状，如图2-17所示。

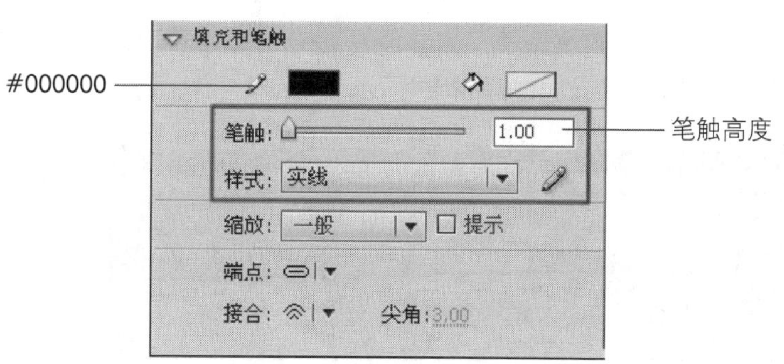

图2-16 设置线条属性

图2-17 绘制图形

9 单击工具箱中的“椭圆工具”按钮，设置“填充颜色”为#000000，在场景中绘制如图2-18所示的圆形。利用相同的方法制作另一边触角，并将“图层11”拖动到最下层，效果如图2-19所示，完成蜜蜂角色头部元件的绘制。

图2-18 绘制触角　　图2-19 绘制另一触角

10 再次新建一个“名称”为“身体”的“图形”元件。使用同样的方法绘制蜜蜂身体的其他部分，完成效果如图2-20所示。新建一个“名称”为“角色”的“影片剪辑”元件，如图2-21所示。

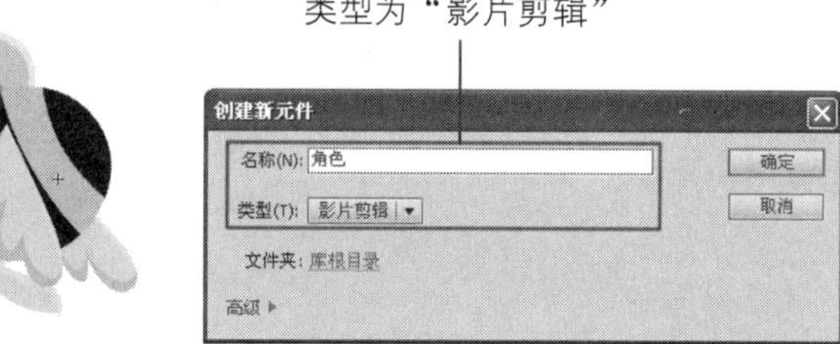

图2-20 绘制身体　　图2-21 创建元件

11 分别将“头部”元件和“身体”元件从“库”面板中拖入到场景中，组合效果如图2-22所示。返回到“场景1”的编辑状态，将背景图“光盘\源文件\第2章\素材\2101.jpg”导入到场景中，如图2-23所示。

图2-22 组合角色

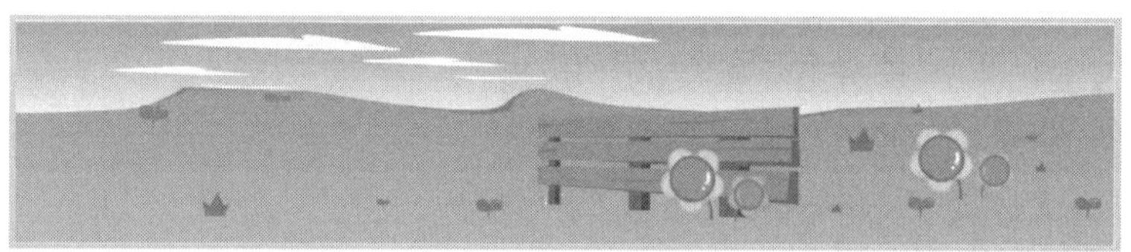

图2-23 导入背景

12 将“角色”元件从“库”面板中拖入到场景中，调整位置和大小。将动画保存为“2-1.fla”。按快捷键Ctrl+Enter测试动画，测试效果如图2-24所示。

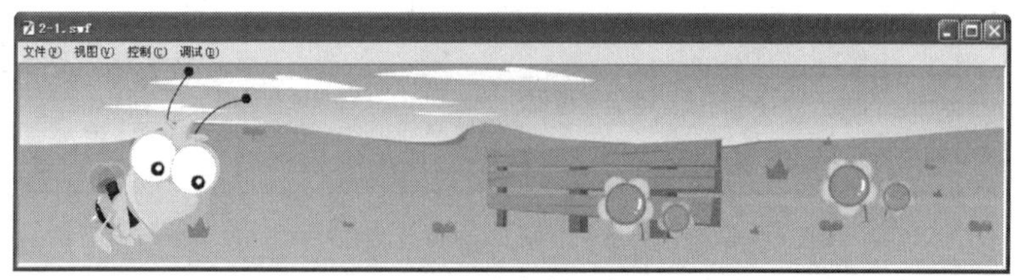

图2-24 测试动画效果

实例小结 ››››››››››

本实例通过绘制一个简单的动画角色，让读者了解并掌握使用标准绘图工具创建角色的方法和技巧，以及通过选择工具和直接选择工具对图形进行控制变形的方法。通过绘制读者要掌握绘制具有层次感图形的方法，并能熟练应用。

2.2　绘制卡通动物角色

案例文件	光盘\源文件\第2章\2-2.fla
视频文件	光盘\视频\第2章\2-2.swf
学习时间	15分钟

难易程度 ★★☆☆☆

制作要点 ››››››››››

1. 使用“椭圆工具”绘制椭圆形，使用“选择工具”和“部分选取工具”调整图形，并填充渐变颜色。

2. 使用“椭圆工具”和“线条工具”绘制出眼睛和眉毛等图形。

3. 使用“椭圆工具”绘制图形并进行调整。

4. 绘制背景，将卡通动物角色拖入场景中。

2.3 绘制卡通蜜蜂角色

案例文件 光盘\源文件\第2章\2-3.fla
视频文件 光盘\视频\第2章\2-3.swf
学习时间 10分钟

难易程度 ★☆☆☆☆

制作要点

使用“椭圆工具”和“铅笔工具”绘制图形，并对所绘制的图形进行调整，且填充渐变颜色。

思路分析

本实例主要使用Flash的基本绘图工具，绘制卡通蜜蜂角色，目的是让读者对Flash的基本绘图工具有所了解，并且掌握绘制图形的一些注意事项和技巧，以及渐变颜色填充的方法，本实例的最终效果如图2-25所示。

图2-25 最终效果

制作步骤

1 执行“文件>新建”命令，新建一个Flash文档，如图2-26所示。新建文档后，单击“属性”面板上的“编辑”按钮，弹出“文档设置”对话框，设置如图2-27所示。

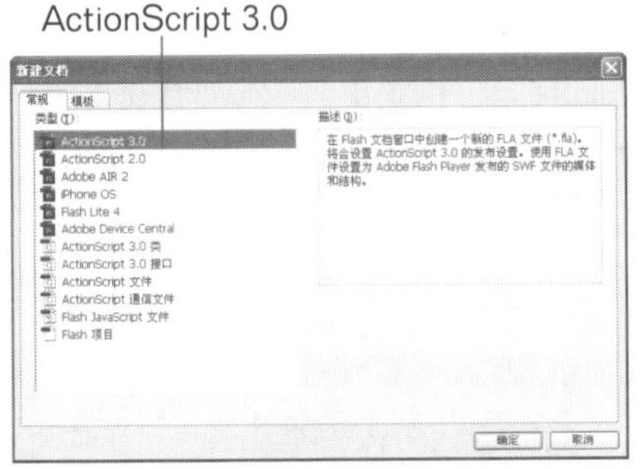

图2-26 “新建文档”对话框

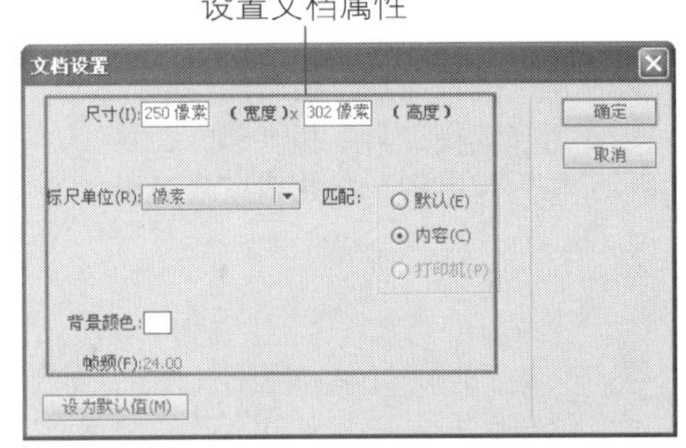

图2-27 “文档设置”对话框

2 新建“名称”为“头”的“图形”元件，如图2-28所示。单击工具箱中的“椭圆工具”按钮，设置“笔触颜色”为#000000，“填充颜色”为#DE5F01，“笔触高度”为1，在场景中绘制一个“宽度”为95像素、“高度”为75像素的椭圆，并使用“选择工具”调整椭圆的形状，如图2-29所示。

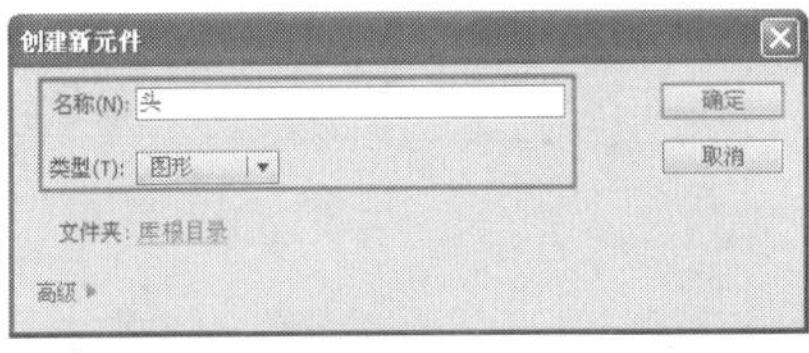

图2-28 “创建新元件”对话框

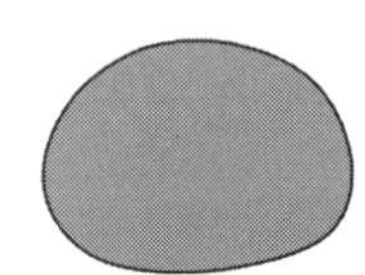

图2-29 椭圆效果

提 示

在调整椭圆的形状时，也可以使用“部分选取工具”进行锚点位置的调整，再配合使用“转换锚点工具”进行调整。

3 根据“图层1”椭圆的绘制方法，新建“图层2”，在场景中绘制椭圆并进行调整，如图2-30所示。单击工具箱中的“铅笔工具”按钮，在“属性”面板中设置“笔触颜色”为#000000，“笔触高度”为1，在场景中绘制线条，并使用“选择工具”调整线条，如图2-31所示。

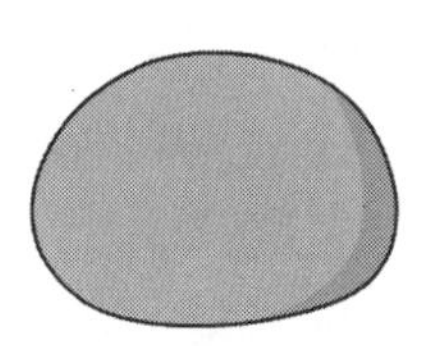

图2-30 椭圆效果

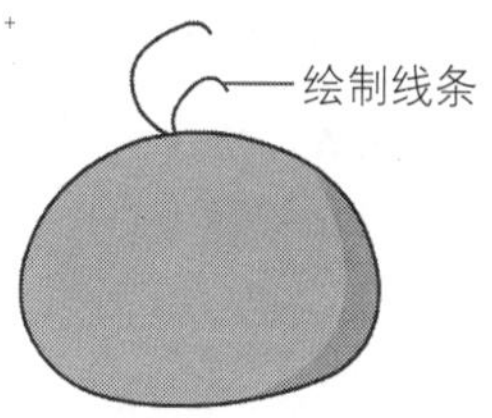

图2-31 线条效果

4 使用“椭圆工具”，设置“笔触颜色”为无，“填充颜色”为#FEBE81，在场景中绘制椭圆，如图2-32所示。使用“椭圆工具”，设置“笔触颜色”值为无，“填充颜色”值为#000000，在场景中绘制椭圆，如图2-33所示。

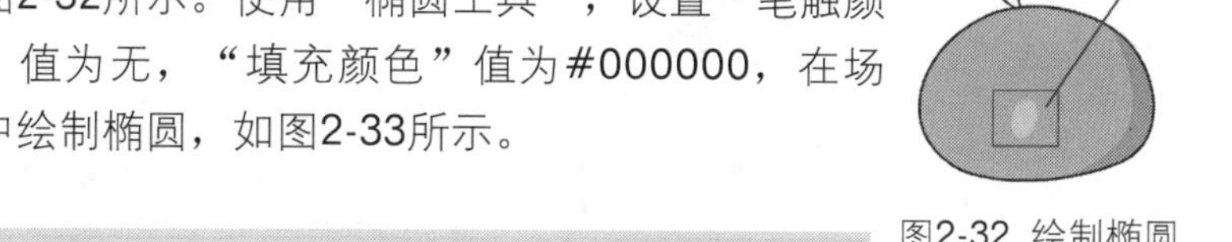

图2-32 绘制椭圆

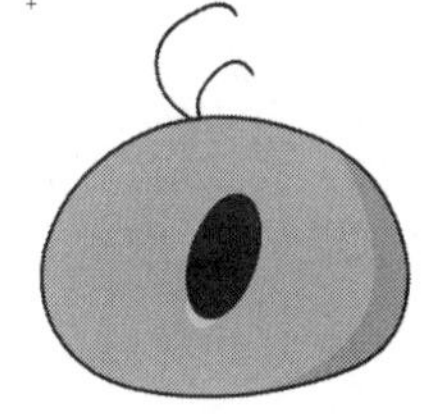

图2-33 绘制椭圆

提 示

在同一图层上绘制图形时，如果不希望将叠加的图形移动后删除，可以在绘制图形之前单击工具箱中的“对象绘制”按钮。

5 使用“选择工具”选择刚刚绘制的黑色椭圆，执行“编辑>清除”命令，将黑色椭圆删除，效果如图2-34所示。利用同样的制作方法，绘制出其他图形，如图2-35所示。

图2-34 删除部分图形

图2-35 图形效果

6 新建“图层8”，使用“椭圆工具”，在“颜色”面板上设置“笔触颜色”为无，“填充颜色”为#FF3300到#FE9A24的“径向渐变”，如图2-36所示。在场景中绘制椭圆，并使用“渐变变形工具”调整渐变的角度，如图2-37所示。

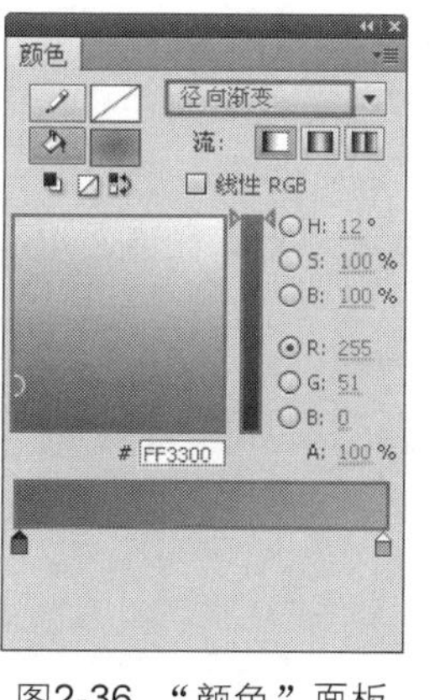

图2-36 “颜色”面板

图2-37 椭圆效果

7 根据前面的绘制方法，绘制出蜜蜂的眼睛和高光，如图2-38所示。根据“头”元件的绘制方法，绘制出“脖子”元件、“身体”元件和“手”元件。返回到“场景1”的编辑状态，分别将相应的元件拖入到场景中并调整好相应的位置，如图2-39所示。

图2-38 图形效果

图2-39 场景效果

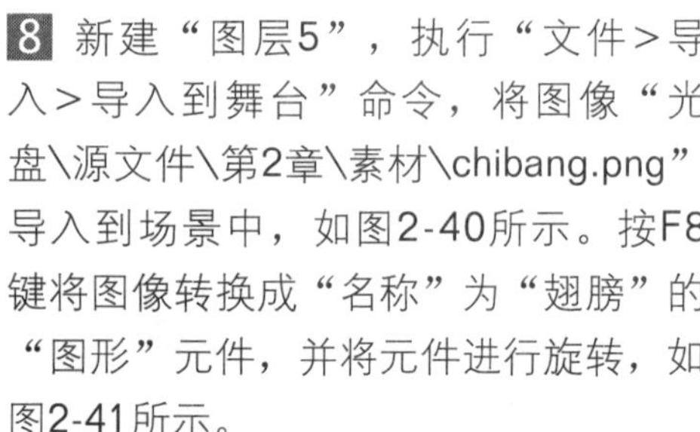

8 新建“图层5”，执行“文件>导入>导入到舞台”命令，将图像“光盘\源文件\第2章\素材\chibang.png”导入到场景中，如图2-40所示。按F8键将图像转换成“名称”为“翅膀”的“图形”元件，并将元件进行旋转，如图2-41所示。

图2-40 导入图像

图2-41 旋转元件

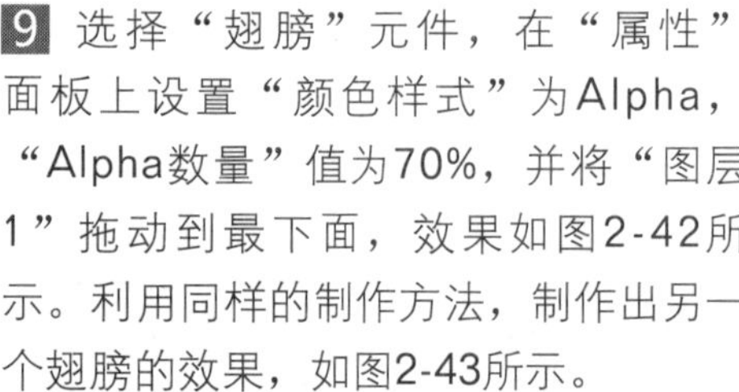

9 选择“翅膀”元件，在“属性”面板上设置“颜色样式”为Alpha，“Alpha数量”值为70%，并将“图层1”拖动到最下面，效果如图2-42所示。利用同样的制作方法，制作出另一个翅膀的效果，如图2-43所示。

图2-42 场景效果

图2-43 另一个翅膀

10 新建“图层6”，将图像2401.jpg导入到场景中，并将该图层移动到最下面，如图2-44所示，完成蜜蜂角色的绘制，将动画保存为“2-4.fla”。按快捷键Ctrl+Enter测试动画，效果如图2-45所示。

图2-44 场景效果

图2-45 测试动画效果

实例小结

本实例主要讲解如何绘制一个卡通蜜蜂角色，通过该实例的绘制讲解Flash中基本绘图工具的使用方法，以及渐变颜色填充的方法。在实例的绘制过程中，读者需要注意学习对图形的调整方法，以及图形质感的表现方法。

2.4 绘制猴子角色

★☆☆☆☆

案例文件	光盘\源文件\第2章\2-4.fla
视频文件	光盘\视频\第2章\2-4.swf
学习时间	20分钟

制作要点

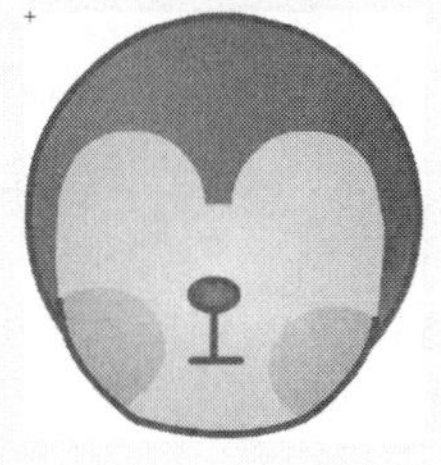

1. 使用“椭圆工具”绘制椭圆形，并使用“选择工具”和“部分选取工具”对所绘制的图形进行调整。

2. 使用“椭圆工具”和“线条工具”绘制图形，并对图形进行调整。

3. 利用相同的方法，可以绘制出猴子的身体和手臂，并组合成完整的猴子。

4. 完成猴子角色的绘制，得到最终效果。

2.5 绘制卡通女孩角色

案例文件	光盘\源文件\第2章\2-5.fla
视频文件	光盘\视频\第2章\2-5.swf
学习时间	30分钟

难易程度 ★★★☆☆

制作要点

使用基本绘图工具进行绘制，并使用颜色面板实现各种填充方式。

思路分析

本实例使用Flash中标准的绘图工具绘制一个卡通角色。角色的绘制将直接影响到后期动画的制作，所以在绘制时要对元件将来制作动画的流程有所规划。将元件的各个部分都单独绘制，有利于动画的制作，本实例的最终效果如图2-46所示。

图2-46 最终效果

制作步骤

1 执行“文件>新建”命令，新建一个Flash文档，如图2-47所示。新建文档后，单击“属性”面板上的“编辑”按钮，在弹出的“文档设置”对话框中进行设置，如图2-48所示，单击“确定”按钮，完成“文档属性”的设置。

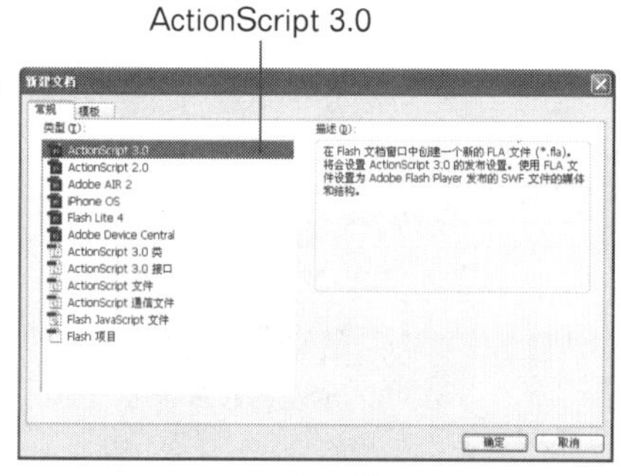

图2-47 “新建文档”对话框

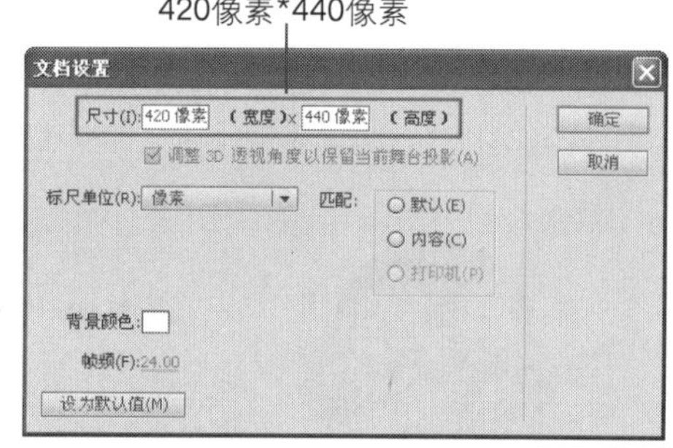

图2-48 “文档设置”对话框

2 执行“插入>新建元件”命令，新建一个“名称”为“头部”的“图形”元件，如图2-49所示。单击工具箱中的“椭圆工具”按钮，在“颜色”面板上设置“笔触颜色”为无，“填充颜色”为#303B74→#000000→#142153的“径向渐变”，如图2-50所示。

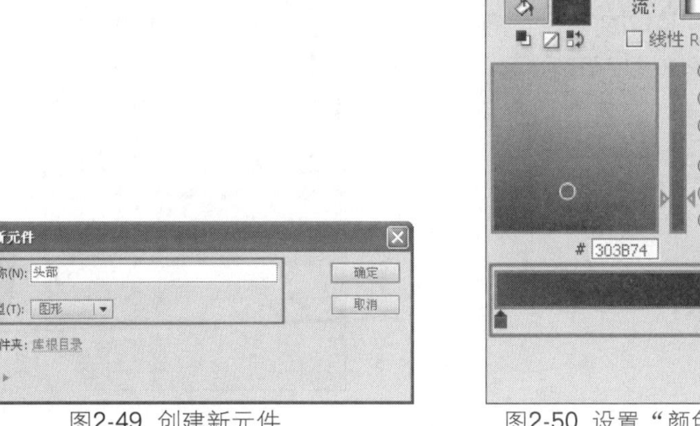

图2-49 创建新元件　　图2-50 设置“颜色”面板

3 在场景中绘制如图2-51所示圆形。使用“钢笔工具”为路径添加锚点，并使用“部分选取工具”调整图形效果，如图2-52所示。

图2-51 绘制图形

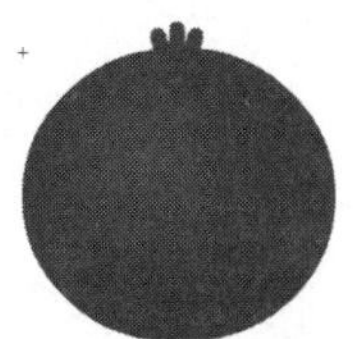
图2-52 绘制图形

> **技巧** 使用“钢笔工具”在路径上单击可为路径添加锚点，在锚点上双击可以删除路径上的锚点。

4 新建“图层2”，使用“椭圆工具”，在“颜色”面板上设置“笔触颜色”为#C23636，“填充颜色”为#FFFFF0→FEBAA5→#FFD3CE的“径向渐变”，在“属性”面板上设置“笔触颜色”为#C23636，“笔触高度”为1.5，“颜色”面板的设置如图2-53所示，在场景中绘制如图2-54所示图形。

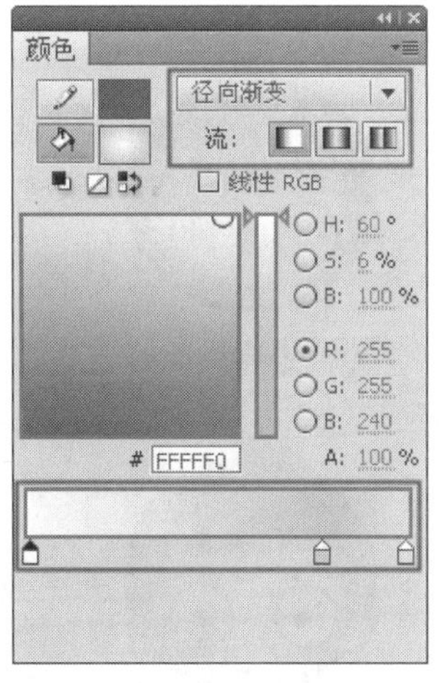

图2-53 设置“颜色”面板

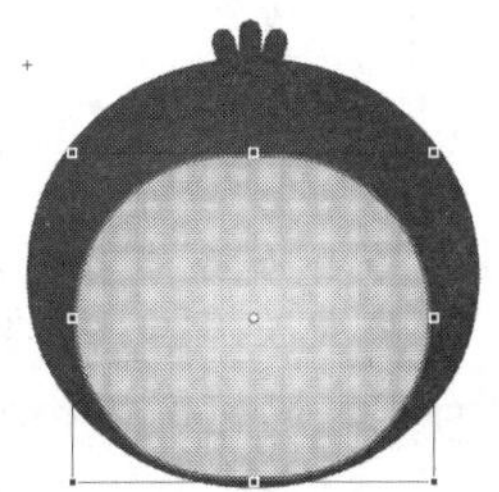
图2-54 绘制图形

5 新建“图层3”，设置“笔触颜色”为无，“填充颜色”为#FEE4E0→#FE85B4→#FECFDC的“径向渐变”，“颜色”面板的设置如图2-55所示。在场景中绘制圆形，并使用“套索工具”将多余部分删除，效果如图2-56所示。

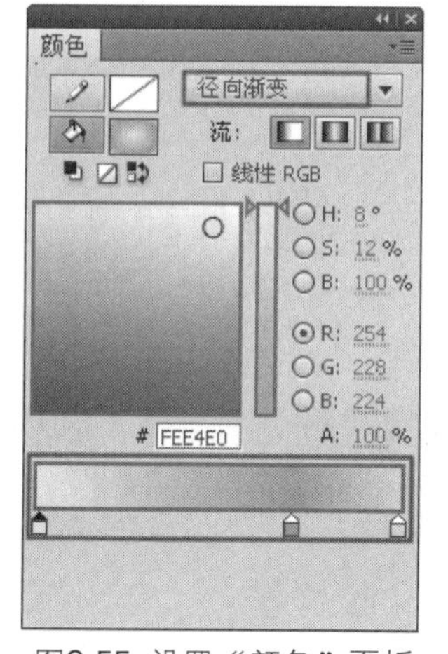

图2-55 设置“颜色”面板

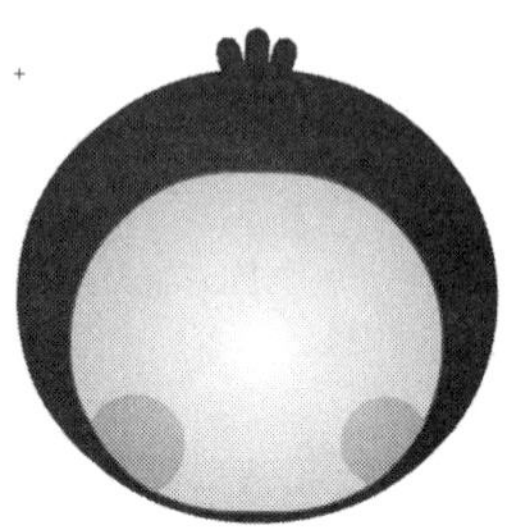

图2-56 绘制图形

6 使用“椭圆工具”，设置“笔触颜色”为无，“填充颜色”为#FEC5DB，绘制如图2-57所示图形。单击工具箱中的“钢笔工具”按钮，设置“填充颜色”与人物头发一致，绘制如图2-58所示图形。

提 示

在绘制角色头发时，为了方便操作，可以将其他图层暂时隐藏或者锁定，等完成后再解除即可。

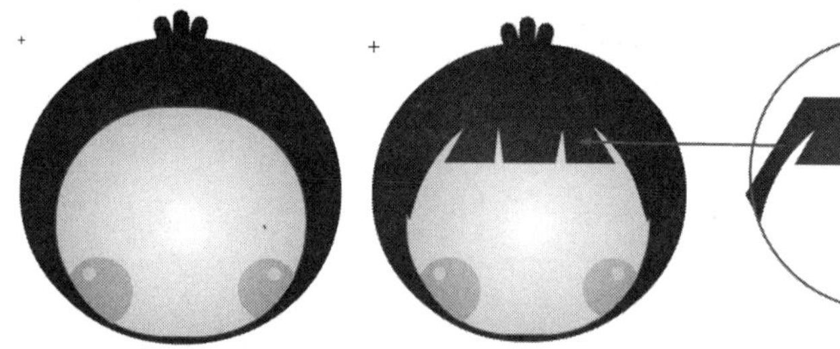

图2-57 绘制图形　　图2-58 绘制头发

7 新建“图层6”，单击“椭圆工具”按钮，设置“笔触颜色”为 #781F01，“填充颜色”为#FFFFFF，“笔触高度”为1.5，在场景中绘制如图2-59所示图形。使用“椭圆工具”和“线条工具”绘制如图2-60所示的图形。

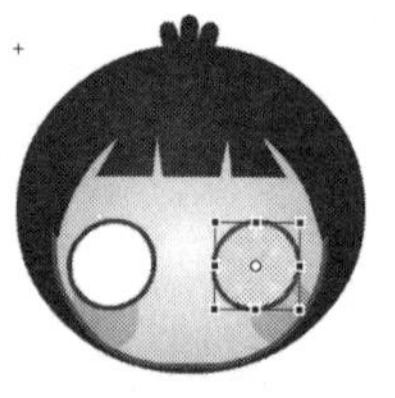

图2-59 绘制图形

图2-60 绘制眼珠和嘴

8 使用“椭圆工具”，设置“填充颜色”与面部颜色一致，在场景中绘制两个椭圆，并调整图层位置，耳朵的效果如图2-61所示。利用同样的方法绘制脖子，效果如图2-62所示。

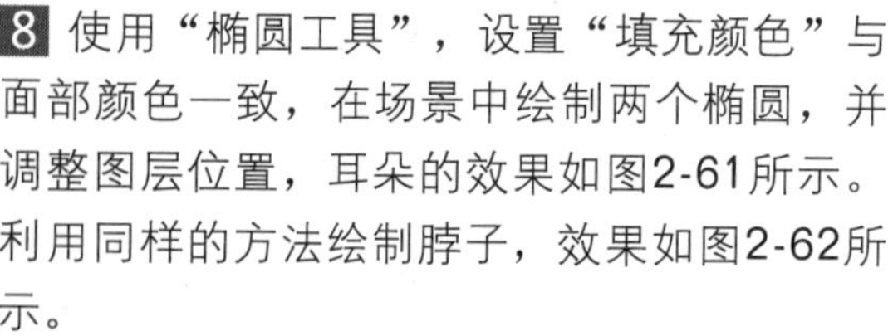

图2-61 绘制耳朵

图2-62 绘制脖子

9 新建图层，并调整到所有图层下，设置“笔触颜色”为#21328B，“填充颜色”为#FFFF00，绘制如图2-63所示的圆形。使用“钢笔工具”，再绘制如图2-64所示图形。

图2-63 绘制头花

图2-64 绘制辫子

10 新建一个“名称”为“躯干”的“图形”元件，使用同样的方法绘制女孩身体的部分，完成效果如图2-65所示。新建一个“名称”为“手臂”的“图形”元件，绘制的手臂效果如图2-66所示。

图2-65 绘制身体

图2-66 创建元件

提 示

绘制图形时，要将不同的元素绘制在不同的图层上。由于手臂可以通过复制翻转使用，所以只用绘制一个元件。

11 新建一个“名称”为“角色”的“影片剪辑”元件，分别将“头部”、“躯干”和“手臂”元件从“库”面板中拖入到场景中，组合效果如图2-67所示，返回到“场景1”的编辑状态，使用“矩形工具”在场景中绘制如图2-68所示图形。

图2-67 组合角色

图2-68 绘制图形

12 将元件“角色”从“库”面板中拖入到场景中，调整位置和大小，效果如图2-69所示。将动画保存为“2-5.fla”，按快捷键Ctrl+Enter测试动画，效果如图2-70所示。

图2-69 拖入元件

图2-70 测试动画效果

实例小结

本实例通过绘制一个动画女孩的角色，让读者了解绘制动画元件的基本步骤和流程，并且对于动画角色的绘制时元件的应用有所了解。通过绘制图形元件完成角色部件的绘制，再将部件制作成为影片剪辑元件。

2.6 绘制小女警角色

案例文件 光盘\源文件\第2章\2-6.fla
视频文件 光盘\视频\第2章\2-6.swf
学习时间 30分钟

难易程度 ★★★☆☆

制作要点

1. 使用“椭圆工具”绘制图形，并使用“选择工具”和“部分选取工具”对所绘制的图形进行调整。

2. 使用“多角星形工具”和“椭圆工具”绘制图形，并填充渐变颜色。

3. 完成“身体”和“衣服”元件的绘制，并将三部分组合成为一个整体。

4. 完成小女警角色的绘制，得到最终效果。

2.7 绘制可爱小女孩

案例文件 光盘\源文件\第2章\2-7.fla
视频文件 光盘\视频\第2章\2-7.swf
学习时间 30分钟

难易程度 ★★★☆☆

制作要点

使用Flash中的基本绘图工具绘制人物的基本形状，并通过使用“钢笔工具”绘制人物的头发。

思路分析

本实例将绘制一个可爱的小女孩，在本实例的绘制过程中主要是通过使用Flash中的基本绘图工具绘制人物的轮廓，并使用“选择工具”和“部分选取工具”对所绘制的图形进行调整，最终完成整个人物效果的绘制，本实例的最终效果如图2-71所示。

图2-71 最终效果

制作步骤

1 执行“文件>新建”命令，新建一个Flash文档，如图2-72所示。新建文档后，单击“属性”面板上的“编辑”按钮，弹出“文档设置”对话框，设置如图2-73所示。

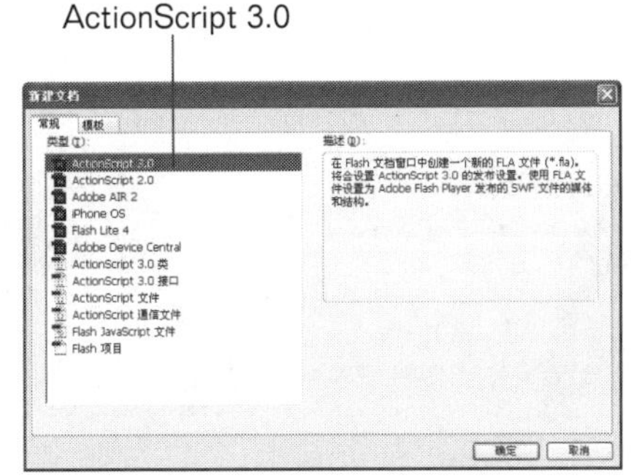

图2-72 “新建文档”对话框

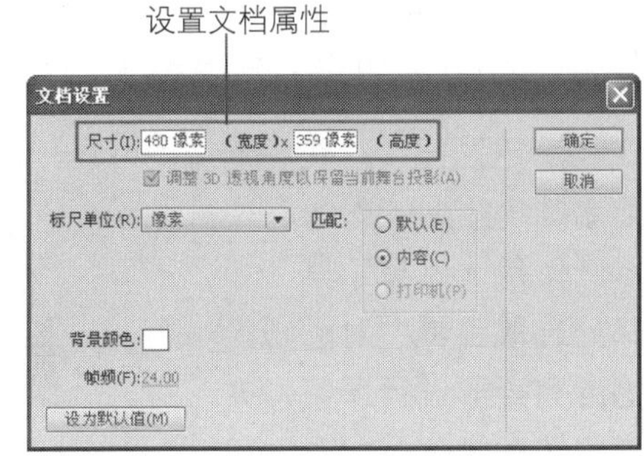

图2-73 “文档设置”对话框

> 技巧 执行“修改>文档”命令以及按快捷键Ctrl+J，都可以弹出“文档设置”对话框。

2 新建一个“名称”为“头部”的“图形”元件，如图2-74所示。使用“椭圆工具”，设置“笔触颜色”为无，“填充颜色”为#FF0000，在场景中绘制一个椭圆形，并使用“选择工具”对图形进行调整，如图2-75所示。

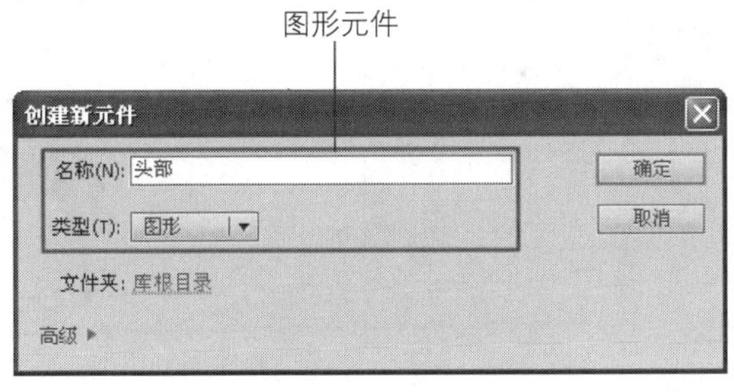

图2-74 “创建新元件”对话框

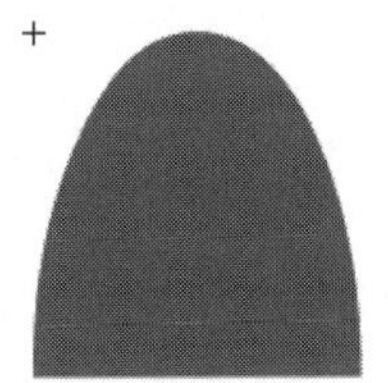
图2-75 绘制图形

3 新建“图层2”，利用相同的方法，使用“椭圆工具”，设置“笔触颜色”值为无，“填充颜色”为#CD0101，在场景中绘制椭圆形并进行调整，如图2-76所示。使用“矩形工具”，设置“笔触颜色”为#FF0000，“填充颜色”为#FFEFDF，“属性”面板如图2-77所示。

图2-76 绘制图形

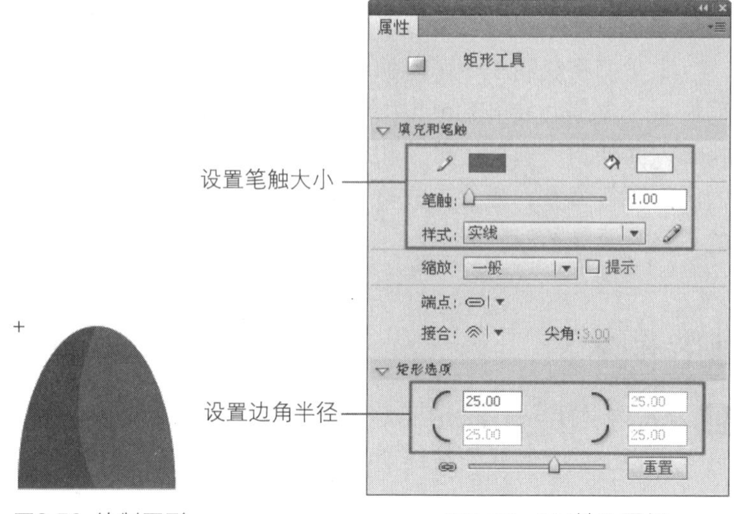

图2-77 “属性”面板

4 新建“图层3”，在场景中绘制圆角矩形，如图2-78所示。使用“选择工具”和“部分选取工具”对刚刚绘制的圆角矩形进行调整，并将部分笔触删除，如图2-79所示。

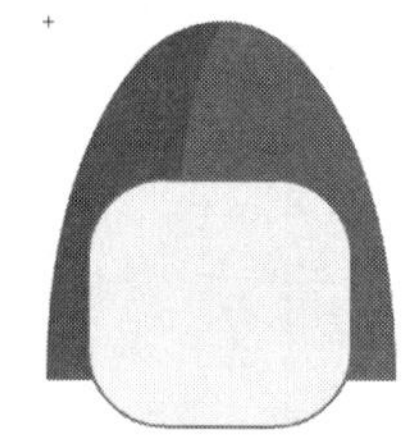

图2-78 绘制圆角矩形

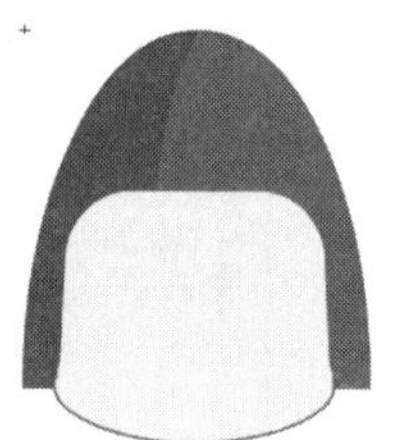

图2-79 调整图形

5 新建“图层4”，使用“椭圆工具”，在“颜色”面板上设置“笔触颜色”为无，“填充颜色”为100%的#FE7070到0%的#FF99CC的“径向渐变”，如图2-80所示，在场景中绘制椭圆，如图2-81所示。

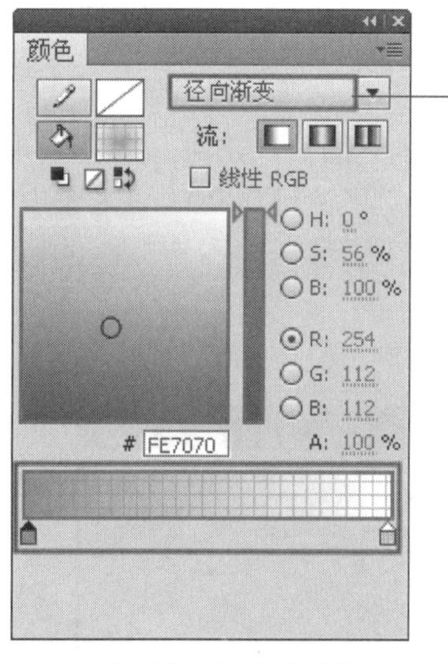

图2-80 “颜色”面板

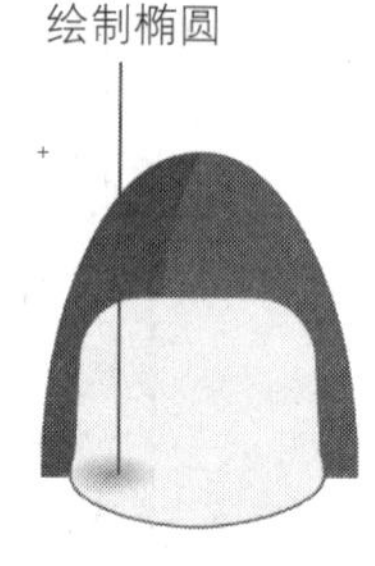

图2-81 绘制椭圆

6 选中刚刚绘制的椭圆形，复制图形，如图2-82所示。新建“图层5”，使用“椭圆工具”，设置“填充颜色”为#000000，在场景中绘制椭圆形，如图2-83所示。

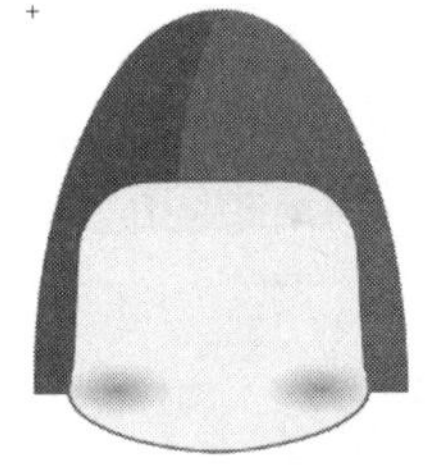
图2-82 复制图形

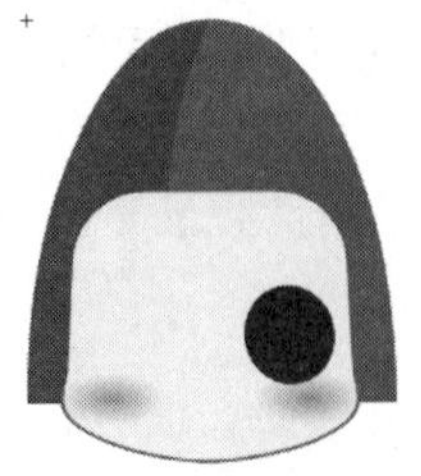
图2-83 绘制椭圆形

7 选择刚刚绘制的椭圆形，复制图形，新建“图层6”，原位粘贴该图形，修改复制得到图形的“填充颜色”为#FFFFFF，并适当调整图形，如图2-84所示。利用相同的绘制方法，可以绘制出小女孩的眼睛图形，如图2-85所示。

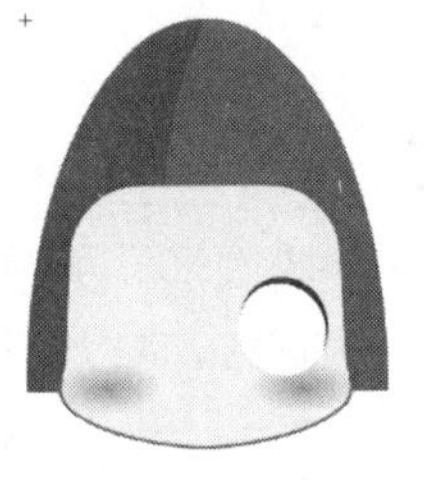
图2-84 图形效果

图2-85 绘制眼睛

> **提 示**
>
> Flash中在同一层中绘制图形时，如果两个图形相交的话，同样的颜色会相加在一起，不同的颜色会出现相减的情况。

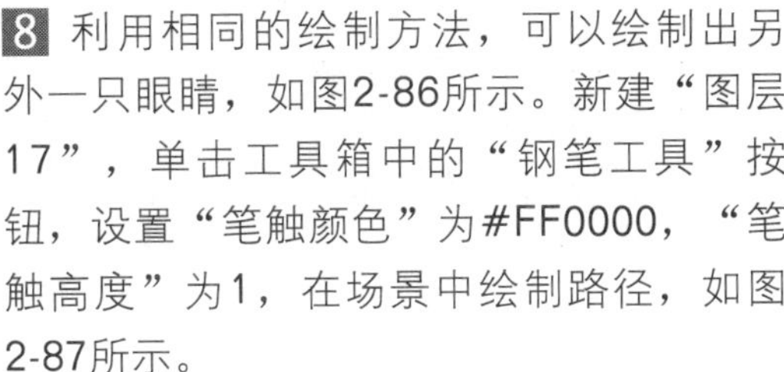

8 利用相同的绘制方法，可以绘制出另外一只眼睛，如图2-86所示。新建“图层17”，单击工具箱中的“钢笔工具”按钮，设置“笔触颜色”为#FF0000，“笔触高度”为1，在场景中绘制路径，如图2-87所示。

图2-86 图形效果

图2-87 绘制路径

9 设置“填充颜色”为#FFCC00，使用“颜料桶工具”，在刚刚绘制路径内部填充颜色，如图2-88所示。新建“图层18”和“图层19”，使用“钢笔工具”分别绘制头发部分的高光，如图2-89所示。

图2-88 图形效果

图2-89 绘制高光

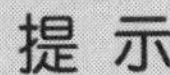

> **提 示**
>
> 如果在同一图层中绘制图形，不想把相连的图形拼合成为整体，可以在绘制图形之前，单击工具箱中的“对象绘制”按钮，就可以避免将相连的图形拼合成整体了。

10 利用相同的绘制方法，就可以完成小女孩头发部分的绘制，如图2-90所示。新建“图层27”，使用“线条工具”，设置“笔触颜色”为#000000，“笔触高度”为无，在场景中绘制直线，并调整该直线形状，利用相同的方法绘制出另外一边的眉毛，如图2-91所示。

图2-90 图形效果

图2-91 绘制眉毛

11 新建“图层28”，使用“椭圆工具”，设置“笔触颜色”为无，“填充颜色”为#FF0000，在场景中绘制一个椭圆形，并使用“选择工具”将椭圆形的上半部分删除，如图2-92所示。利用相同的绘制方法，可以绘制出人物的身体，如图2-93所示。

图2-92 图形效果

图2-93 绘制身体部分图形

提 示

在Flash场景中创建完成的元件会自动出现在“库”面板中，以供用户多次重复使用。

12 新建一个“名称”为“可爱小女孩”的“影片剪辑”元件，将刚刚绘制的“头部”和“身体”元件从“库”面板中拖入到场景中，调整好相应的位置，如图2-94所示。返回到“场景1”的编辑状态，将背景图“光盘\源文件\第2章\素材\21001.jpg”导入到场景中，如图2-95所示。

图2-94 图形效果

图2-95 导入背景素材

提 示

组合元件时，要通过使用图层来控制元件的层级关系。调整位置时，按下Shift键可以保证水平或者垂直移动元件。

13 将“可爱小女孩”元件从“库”面板中拖入到场景中，调整位置和大小，效果如图2-96所示。将动画保存为“2-7.fla”，按快捷键Ctrl+Enter测试动画，效果如图2-97所示。

图2-96 拖入元件

图2-97 测试动画效果

实例小结

本实例通过一个可爱小女孩的绘制，向读者讲解了Flash中基本绘图工具的使用，以及人物绘制过程中的表现方法，在绘制的过程中，读者需要注意学习人物质感的表现方法，以及“钢笔工具”的使用方法。

2.8 绘制武士角色

★★★☆☆

案例文件	光盘\源文件\第2章\2-8.fla
视频文件	光盘\视频\第2章\2-8.swf
学习时间	40分钟

制作要点

1. 使用“椭圆工具”绘制椭圆形，并使用“选择工具”和“部分选择工具”对所绘制的图形进行调整。

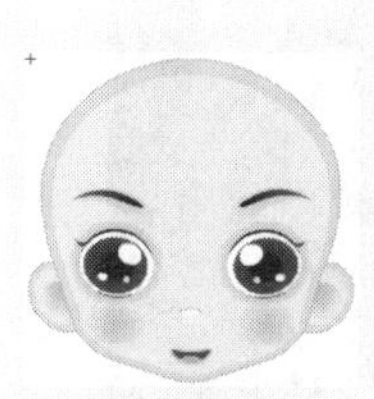

2. 使用“椭圆工具”绘制人物脸部的其他图形。

3. 绘制人物的身体部分和头发部分，将人物的各部分图形进行整合。

4. 完成武士人物角色的绘制，得到最终效果。

第 3 章

绘制动画场景

制作Flash动画时，除了需要动画角色参与动画外，常常还需要漂亮丰富的场景参与动画制作。好的场景动画可以更好地烘托动画意境，使得动画效果更加丰富，层次更加明确。本章将介绍Flash动画制作时常见的几种场景，通过学习，读者要掌握绘制不同类别动画场景的区别和技巧。

3.1 绘制朦胧动画场景

★★☆☆☆

案例文件 光盘\源文件\第3章\3-1.fla
视频文件 光盘\视频\第3章\3-1.swf
学习时间 15分钟

制作要点 >>>>>>>>>>

通过使用基本绘图工具绘制动画场景效果，掌握使用“柔化边缘”创建发光效果。

思路分析 >>>>>>>>>>

本实例使用基本绘图工具绘制云彩形状，再使用“柔和边缘”调整边缘效果。通过对不同图形设置不同的透明度来实现场景的层次感，并将场景制作成为元件，以方便动画的使用，本实例的最终效果如图3-1所示。

图3-1 最终效果

制作步骤

1 执行“文件>新建”命令，新建一个Flash文档，如图3-2所示。新建文档后，单击“属性”面板上的“编辑”按钮，在弹出的“文档设置”对话框中进行设置，如图3-3所示。

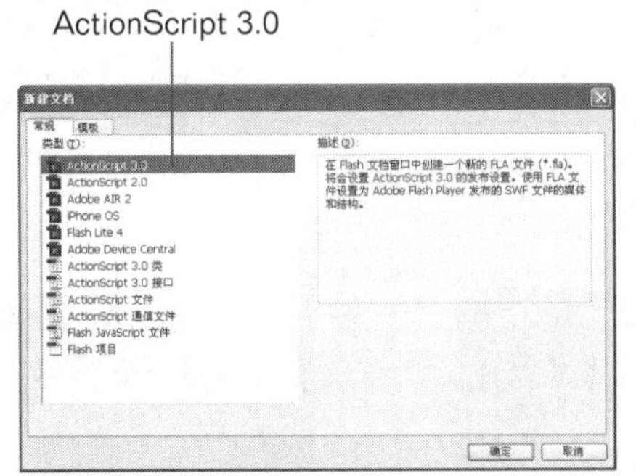

图3-2　“新建文档”对话框

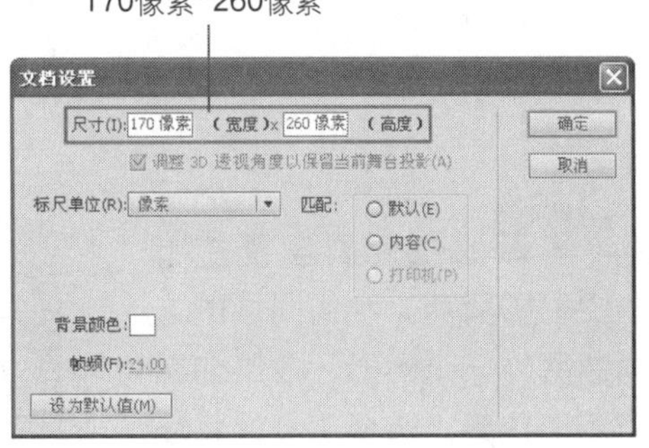

图3-3　“文档设置”对话框

2 执行“插入>新建元件”命令，新建“名称”为“背景”的“图形”元件，如图3-4所示。单击工具箱中的“矩形工具”按钮，在“颜色”面板上设置“填充颜色”为#0099FF到#003399的“径向渐变”，“颜色”面板的设置如图3-5所示。

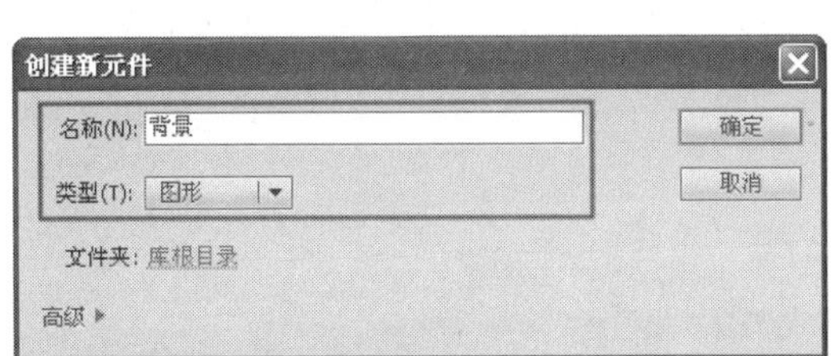
图3-4　“创建新元件”对话框

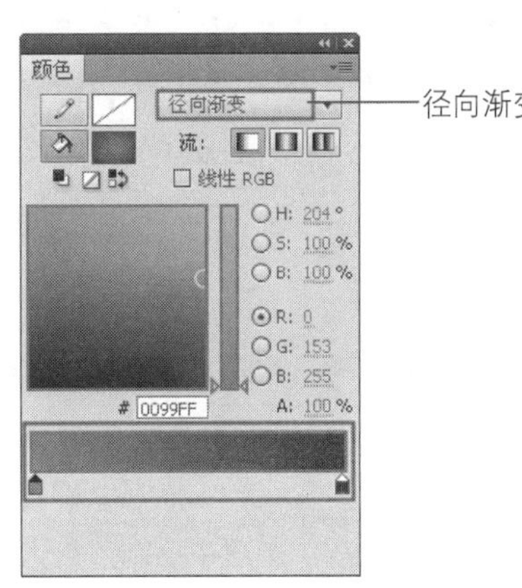

图3-5 设置“颜色”面板

3 在场景中绘制如图3-6所示矩形。新建“图层2”，设置“填充颜色”为30%的#FFFFFF，使用“椭圆工具”在场景中绘制如图3-7所示图形。

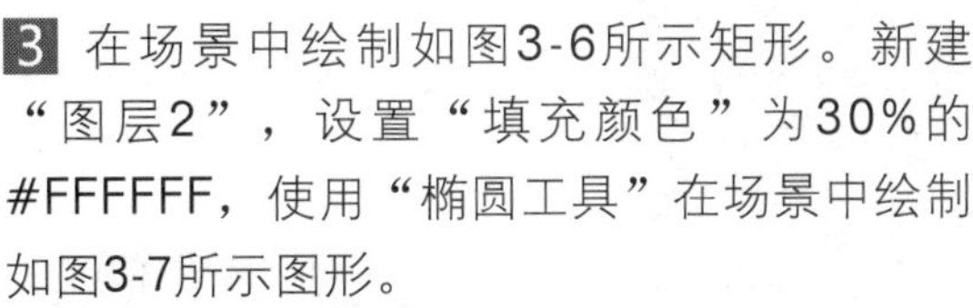

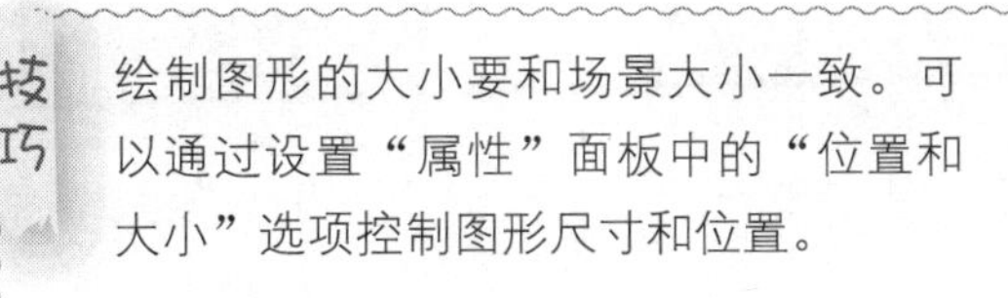

技巧 绘制图形的大小要和场景大小一致。可以通过设置“属性”面板中的“位置和大小”选项控制图形尺寸和位置。

图3-6 绘制图形

图3-7 绘制图形

4 选中图形，执行“修改>形状>柔化填充边缘”命令，设置弹出的“柔化填充边缘”对话框，如图3-8所示，图形柔化效果如图3-9所示。

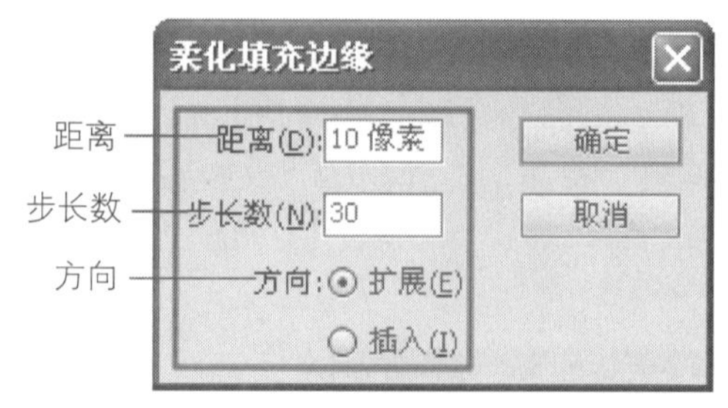

图3-8 设置柔化效果

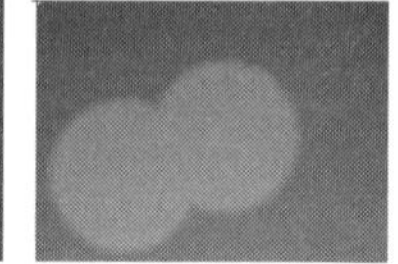

图3-9 柔化效果

5 调整图形的位置到场景左上角，如图3-10所示。利用同样的方法再绘制另外一个图形，效果如图3-11所示。使用“选择工具”将场景外图形选中，并按Del键删除。

图3-10 调整图形位置

图3-11 绘制图形

6 新建“图层3”，使用同样的方法绘制场景下侧的云彩，完成效果如图3-12所示。单击工具箱中的“多角星形工具”按钮，单击“属性”面板上的工具“选项”按钮，设置“工具设置”对话框，如图3-13所示。

图3-12 绘制图形

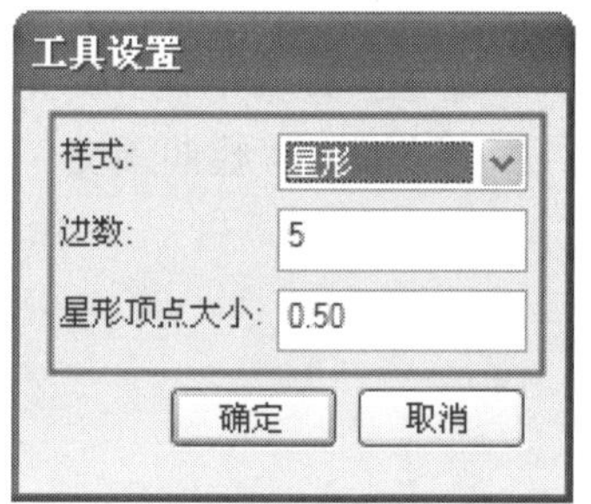

图3-13 “工具设置”对话框

提 示

在“样式”选项中可以设置“多边形”或者“星形”。在“边数”选项中设置边数。在“星形顶点大小”选项中控制顶点大小。

7 新建“图层4”，设置“填充颜色”和“笔触颜色”均为#FFFFFF，在场景中绘制如图3-14所示图形。单击选中图形的填充颜色部分，按Del键将其删除，效果如图3-15所示。

图3-14 绘制图形

图3-15 删除填充颜色

8 选中星形，设置其“颜色”面板上的“笔触颜色”的“透明度”为7%，如图3-16所示。利用同样的方法在场景中绘制多个类似的星形，效果如图3-17所示。

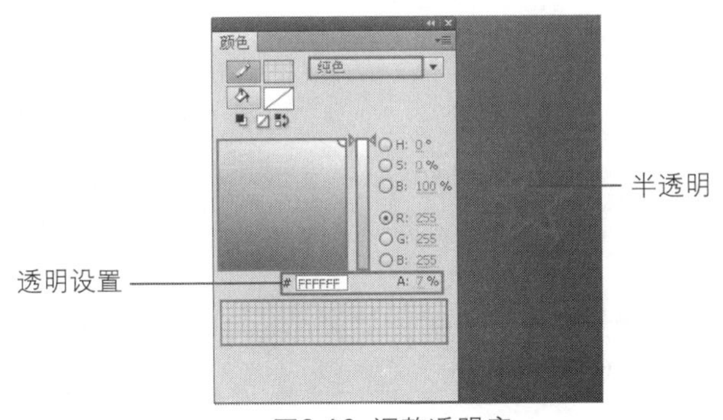

图3-16 调整透明度

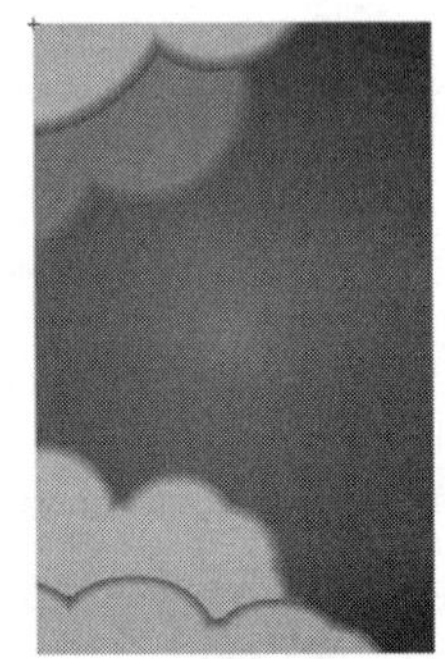

图3-17 绘制其他图形

9 新建图层，利用同样的方法绘制如图3-18所示的星形效果，并将各个图形设置不同的透明值，调整图形的尺寸，再次绘制如图3-19所示效果。

图3-18 绘制星形

图3-19 绘制星星

提 示

绘制场景时，要注意层次感，也就是要通过多种元素的叠加实现比较漂亮的场景效果，为以后的动画制作做准备。

10 完成“背景”元件的绘制，返回到“场景1”的编辑状态，将“背景”元件从“库”面板中拖入到场景中，调整位置，如图3-20所示。将动画保存为“3-1.fla”，按快捷键Ctrl+Enter，测试动画效果如图3-21所示。

图3-20 使用元件

图3-21 测试动画效果

技巧

也可以复制“图层1”上的图形到“图层2”上，执行“修改>形状>扩展填充”命令，选择“插入”方式复制图形。

实例小结

本实例通过绘制一个动画的基本场景，让读者了解绘制场景的基本方法和步骤，掌握绘制羽化效果的方法以及通过使用不同类型的图形，设置不同的透明度来完成层次分明场景的方法，要综合运用到实际的动画制作中。

3.2 绘制浪漫海滩场景

难易程度 ★★★★☆

案例文件 光盘\源文件\第3章\3-2.fla

视频文件 光盘\视频\第3章\3-2.swf

学习时间 30分钟

制作要点

1. 使用矩形工具、钢笔工具和画笔工具制作天空和大海的轮廓。

2. 使用画笔工具绘制场景中山崖的效果。

3. 使用矩形工具和画笔工具分别绘制栏杆和栏杆细节部分。

4. 使用钢笔工具和椭圆工具制作云彩效果，配合画笔工具绘制海鸥的效果。

3.3 绘制卡通建筑场景

案例文件 光盘\源文件\第3章\3-3.fla
视频文件 光盘\视频\第3章\3-3.swf
学习时间 30分钟

★★★☆☆

制作要点

绘制卡通场景时主要利用基本的绘图工具制作主体部分，再使用调整工具改变外形。

思路分析

本实例使用基本的绘图工具绘制卡通建筑和植物，制作时使用不同的颜色表现物体的立体感和空间感，并通过调整工具将图形的外形进行卡通类的变形，以达到较好的场景效果。这样的操作在实际工作中比较常用，本实例的最终效果如图3-22所示。

图3-22 最终效果

制作步骤

1 执行“文件>新建”命令，新建一个Flash文档，如图3-23所示。新建文档后，单击“属性”面板上的“编辑”按钮，在弹出的“文档设置”对话框中进行设置，如图3-24所示，单击“确定”按钮。

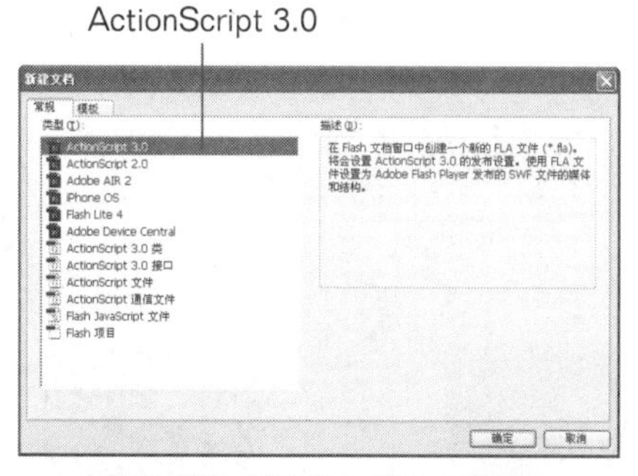

图3-23 “新建文档”对话框

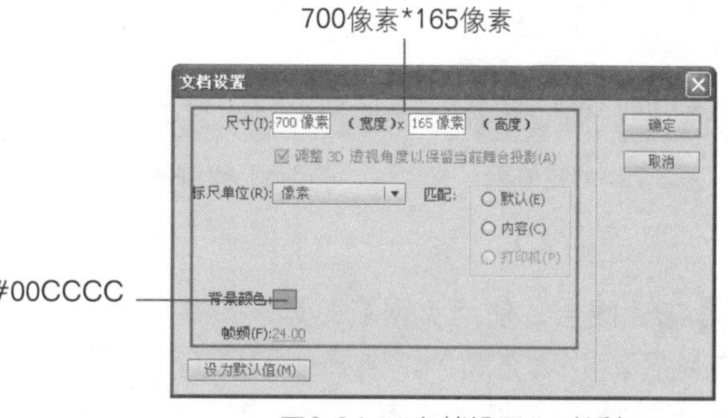

图3-24 “文档设置”对话框

2 新建“名称”为“城堡”的“图形”元件，如图3-25所示。单击工具箱中的“矩形工具”按钮，在“颜色”面板上设置“笔触颜色”为无，“填充颜色”为#EDB67E到#DC8010的“线性渐变”，在场景中绘制矩形，如图3-26所示。

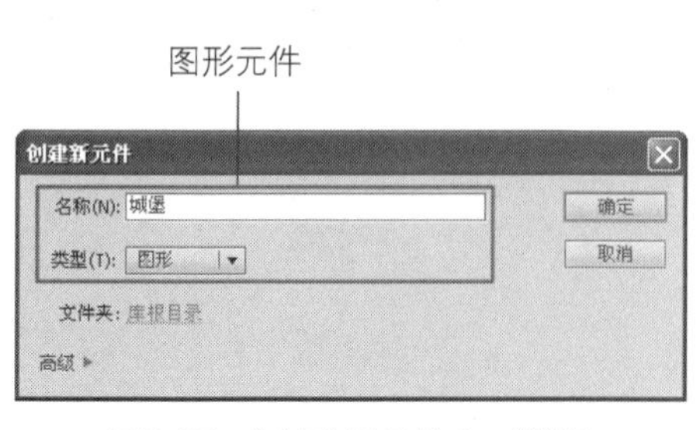

图3-25 “创建新元件”对话框

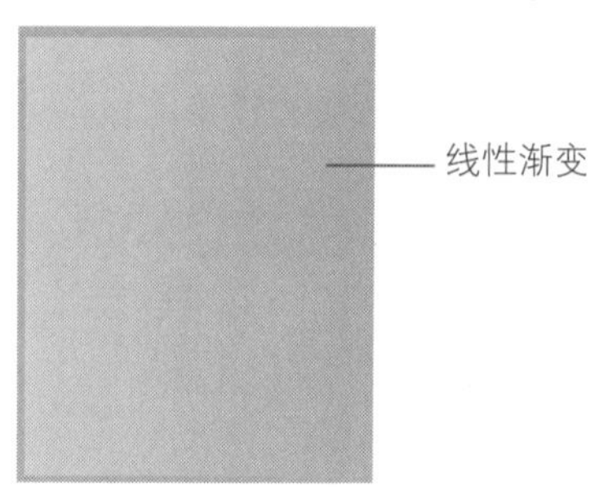

图3-26 绘制图形

3 使用“部分选取工具”调整图形路径，效果如图3-27所示。新建图层，使用“椭圆工具”，设置“填充颜色”为#EFBF8F到#F09F1A的“线性”渐变，在场景中绘制如图3-28所示图形。

图3-27 调整图形形状

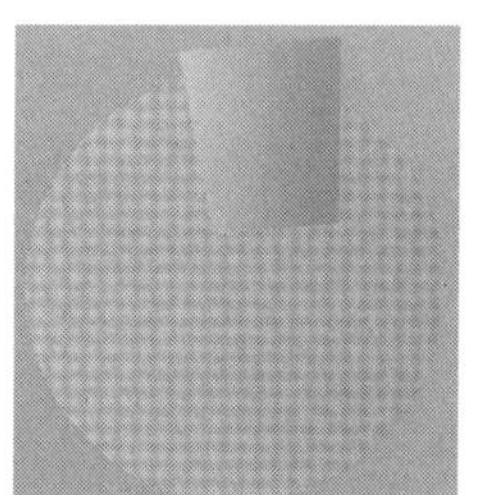

图3-28 实现图形加减

4 通过使用“套索工具”对图形进行调整，效果如图3-29所示。新建图层，使用“铅笔工具”，设置“笔触高度”为0.1，“笔触颜色”为#C5781B，在场景中绘制如图3-30所示图形。

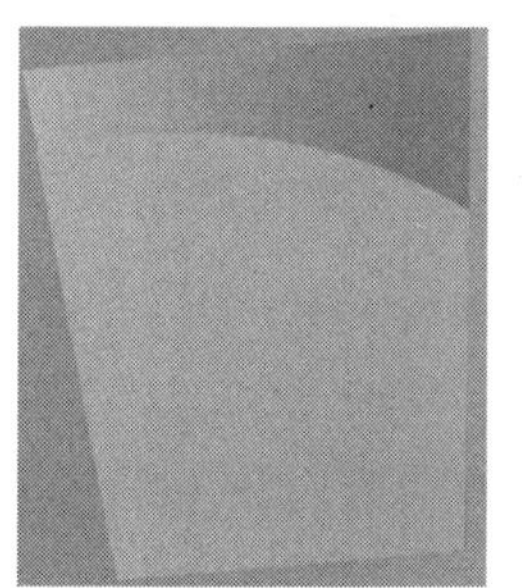

图3-29 加减效果

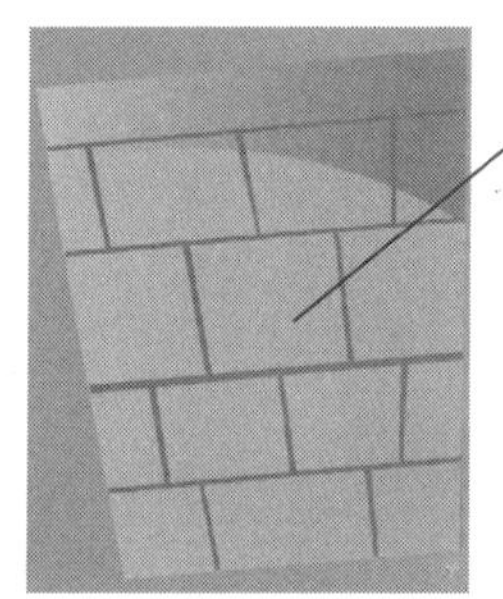

图3-30 绘制图形

> **技巧** Flash中直接绘制在同一图层中的图形会自动形成加减的操作。如果颜色相同则会加，不同的颜色则会实现减操作。

5 新建图层，使用“钢笔工具”，在场景中绘制路径，并填充颜色，选择刚刚填充的图形，在“颜色”面板中设置“笔触颜色”为无，“填充颜色”为#FAAFAF到#EF4545的“线性渐变”，并将路径删除，如图3-31所示，使用“选择工具”调整图形效果，如图3-32所示。

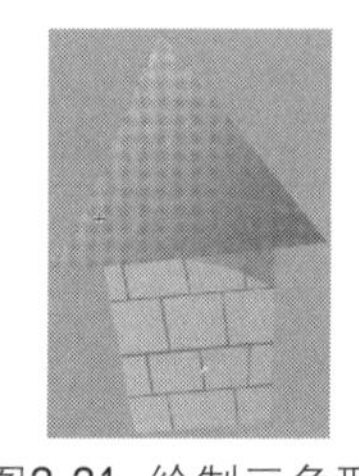

图3-31 绘制三角形

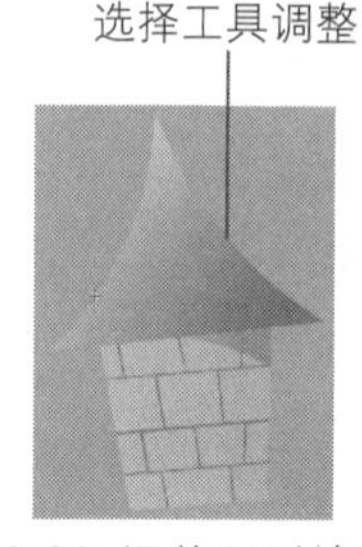

图3-32 调整图形效果

6 设置“填充颜色”为从白色到透明的“线性渐变”，利用同样的方法绘制如图3-33所示图形。再绘制其他图形，绘制效果如图3-34所示。

图3-33 绘制图形

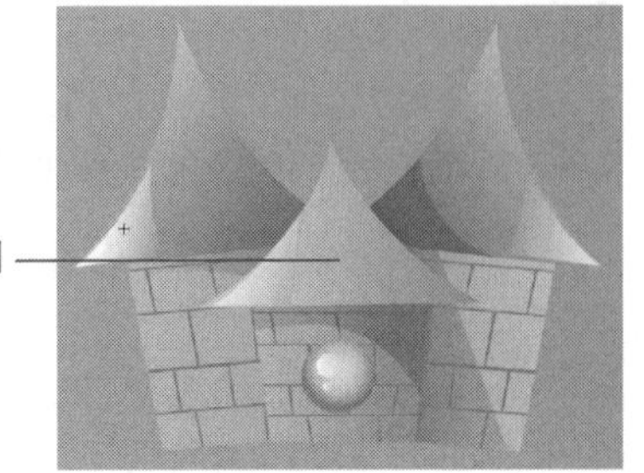

图3-34 绘制其他图形

7 新建“名称”为“植物”的“图形”元件，如图3-35所示。打开“颜色”面板，设置“笔触颜色”为无，“填充颜色”为#169133到#7BC221的“线性渐变”，如图3-36所示。

提 示

要绘制立体感较好的图形，较简单的方法就是通过设置不同的明暗度来实现，也可以使用增加阴影的方法来实现。

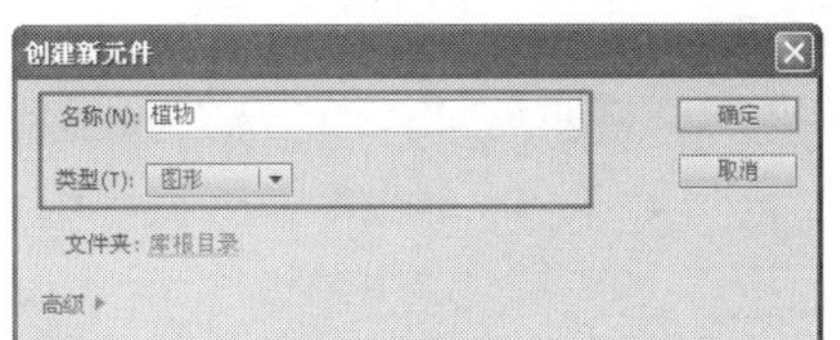

图3-35 新建元件

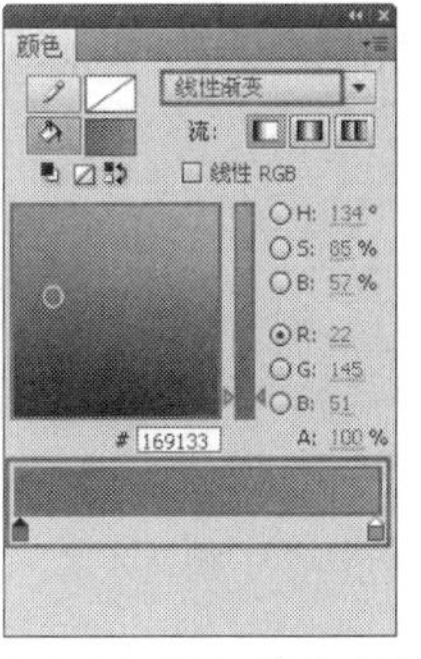

图3-36 设置填充颜色

8 使用“钢笔工具”绘制如图3-37所示图形。新建“图层2”，复制“图层1”上的图形，并将“填充颜色”设置为15%的黑色，使用“套索工具”删除多余部分，得到如图3-38所示效果。

图3-37 绘制图形

半透明

图3-38 删除填充颜色

9 新建“图层3”，拖动到所有图层下方，使用“矩形工具”，设置“笔触颜色”为无，“填充颜色”为#BB060A，绘制如图3-39所示图形。利用同样的方法制作如图3-40所示的图形元件“灌木”。

图3-39 绘制树干

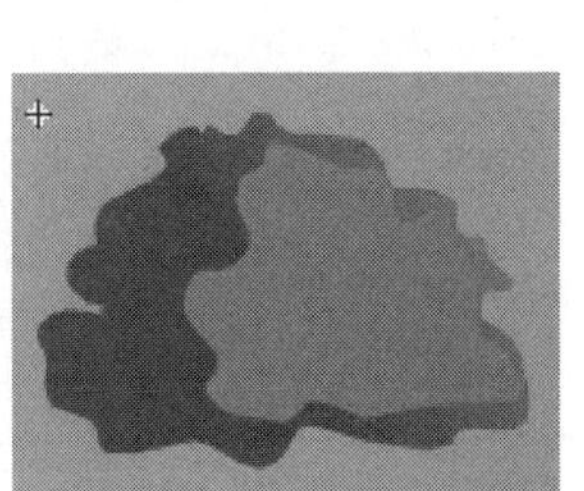

图3-40 绘制灌木图形

10 新建“名称”为“地面”的“图形”元件，如图3-41所示。使用“钢笔工具”，在场景中绘制路径并填充颜色，将路径删除，选择填充的图形，打开“颜色”面板，设置“笔触颜色”为无，“填充颜色”为#42A639到#C7E93A的“线性渐变”，如图3-42所示。

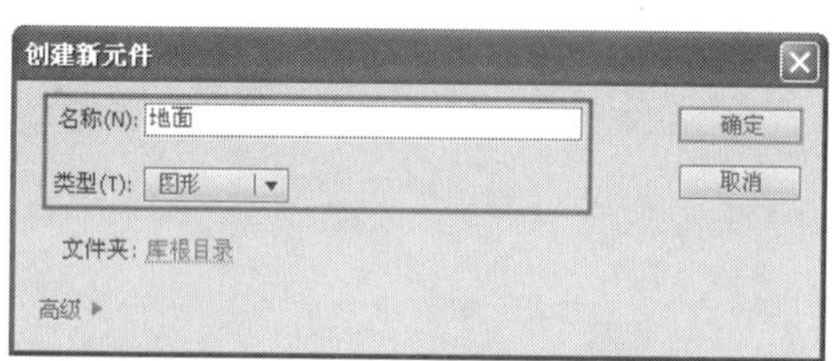

图3-41 新建元件

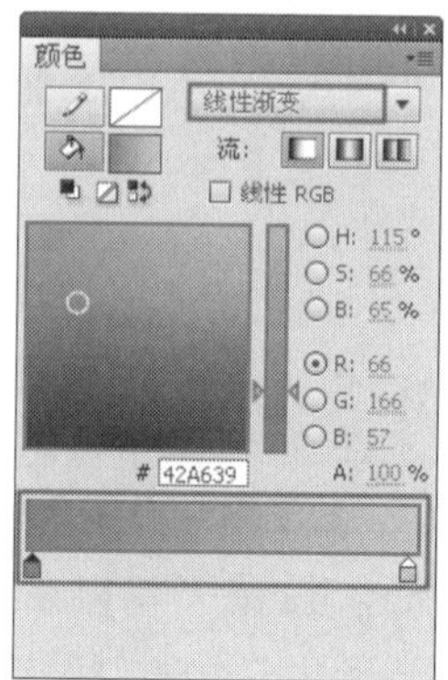

图3-42 设置填充色

11 完成后的效果如图3-43所示。新建“图层2”，使用“画笔工具”设置“填充颜色”为#C2E79C或#619928，在场景中随意绘制，效果如图3-44所示。

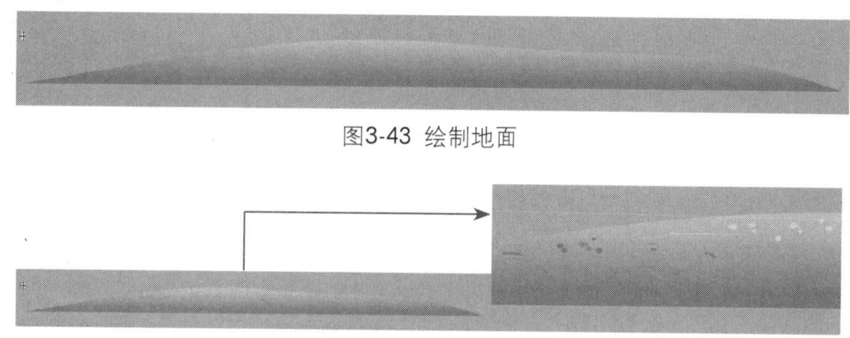

图3-43 绘制地面

图3-44 添加草地质感

提 示

绘制场景元素时要考虑将来制作动画的需要，将来有可能制作为动画的部分都要单独绘制。

12 新建“名称”为“地面1”的“图形”元件，使用同样的方法绘制如图3-45所示图形。

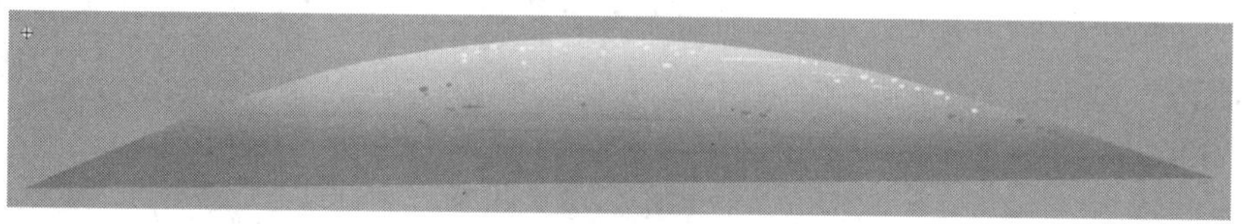

图3-45 绘制地面

13 返回到“场景1”的编辑状态，设置“笔触颜色”为无，“填充颜色”为#FFFFFF，在场景中多次绘制圆形，得到如图3-46所示效果。新建“图层2”，将元件“地面1”和“地面2”元件从“库”面板中拖入到场景中，并调整大小位置，如图3-47所示。

图3-46 绘制白云

图3-47 排列图形元件

14 新建“图层3”，将元件“城堡”元件从“库”面板中拖入到场景中，并调整大小位置，如图3-48所示。新建“图层4”，将元件“灌木”和“植物”都拖入到场景中，并分别调整大小和位置，效果如图3-49所示。

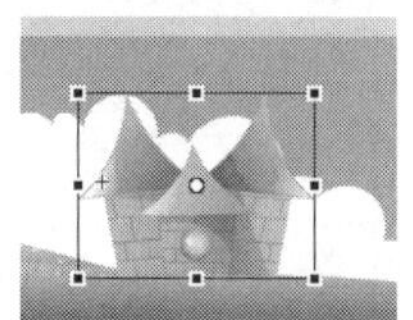
图3-48 调整元件位置

图3-49 使用元件排列场景

15 新建“图层5”，使用“椭圆工具”绘制如图3-50所示图形效果，并复制到场景的其他位置，效果如图3-51所示。

图3-50 绘制白云

图3-51 白云效果

16 完成卡通场景的绘制，将动画保存为“3-3.fla”，按快捷键Ctrl+Enter，测试动画，效果如图3-52所示。

图3-52 测试效果

实例小结

本实例通过绘制一个卡通风格的场景，让读者了解绘制此类场景的基本方法和步骤，掌握使用调整工具调整规则图形轮廓的方法，了解使用渐变填充实现多种层次风格的方法，以及通过元件方便动画制作的原理。

3.4 绘制茂盛花朵场景

案例文件 光盘\源文件\第3章\3-4.fla
视频文件 光盘\视频\第3章\3-4.swf
学习时间 30分钟

★★☆☆☆

制作要点

1. 使用矩形工具和钢笔工具绘制场景的大概轮廓。

2. 使用钢笔工具，设置不同的填充颜色，绘制灌木的不同层次效果。

3. 使用椭圆工具和套索工具绘制云彩效果。

4. 绘制花朵效果，使用喷涂刷工具，将花朵设置为喷涂刷工具的“交换元件”，然后使用喷涂刷工具在场景中绘制。

3.5 绘制繁星点点场景

案例文件 光盘\源文件\第3章\3-5.fla
视频文件 光盘\视频\第3章\3-5.swf
学习时间 20分钟

★★★☆☆

制作要点

使用“钢笔工具”绘制图形，使用“任意变形工具”对图形的外形进行调整。

思路分析

本实例使用钢笔工具绘制场景中的基本元素。通过不同颜色图形的叠加实现图形的立体效果和质感。绘制过程中不同的工具起到不同的操作功能，本实例的最终效果如图3-53所示。

图3-53 最终效果

制作步骤

1 执行“文件>新建”命令，新建一个Flash文档，如图3-54所示。新建文档后，单击“属性”面板上的“编辑”按钮，在弹出的“文档属性”对话框中进行设置，如图3-55所示，单击“确定”按钮。

ActionScript 3.0

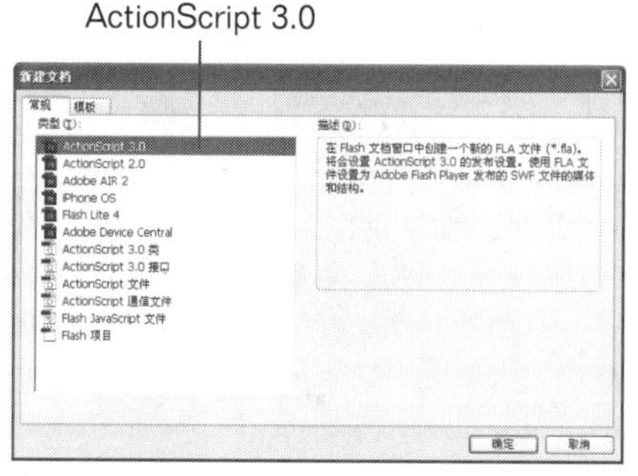

图3-54 “新建文档”对话框

550像素*235像素

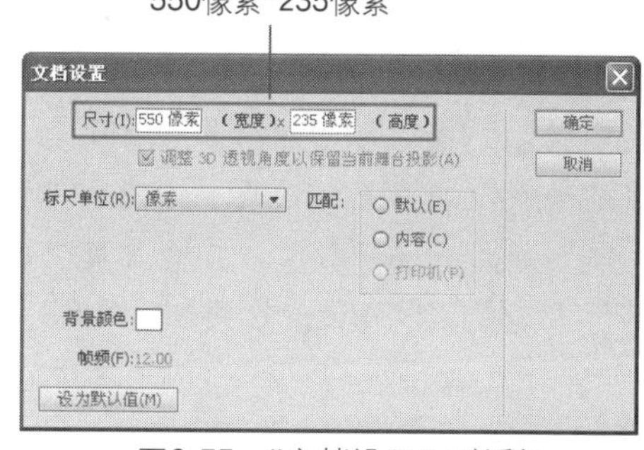

图3-55 “文档设置”对话框

2 新建“名称”为“背景”的“图形”元件，如图3-56所示。单击工具箱中的“矩形工具”按钮，在“属性”面板上设置“笔触颜色”为无，“填充颜色”为#002362到#000A21的“线性渐变”，“颜色”面板如图3-57所示。

图3-56 新建元件

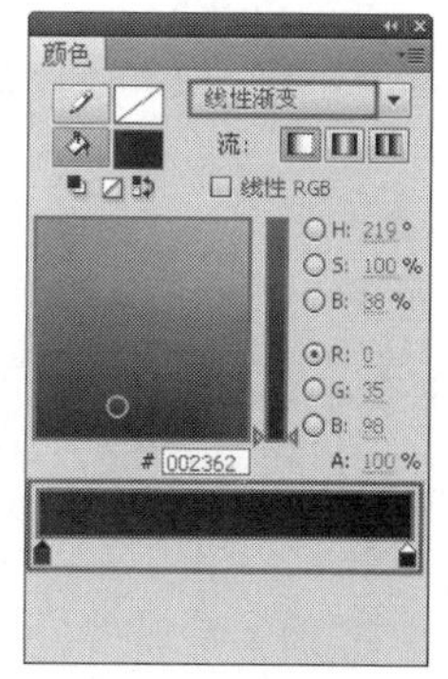

图3-57 设置“颜色”面板

3 在场景中绘制如图3-58所示的矩形效果，并使用“颜料桶”工具调整渐变方向。新建“图层2”，单击工具箱中的“钢笔工具”按钮，在场景中绘制路径，并填充颜色，如图3-59所示。

图3-58 绘制矩形

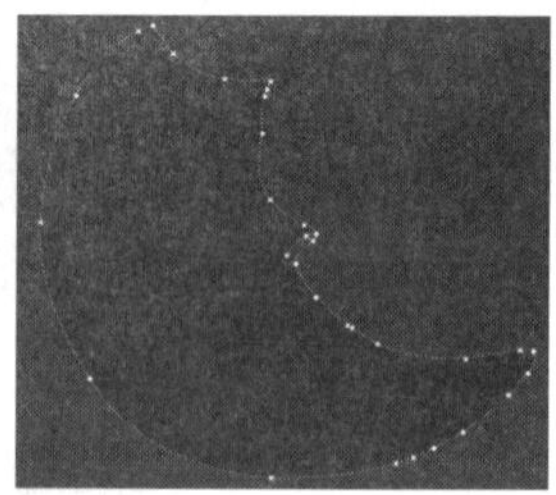

图3-59 绘制图形

提 示

在Flash绘制中有很多方法可为图形添加边线效果或实现不规则的边线效果。本实例通过叠加的方式实现。

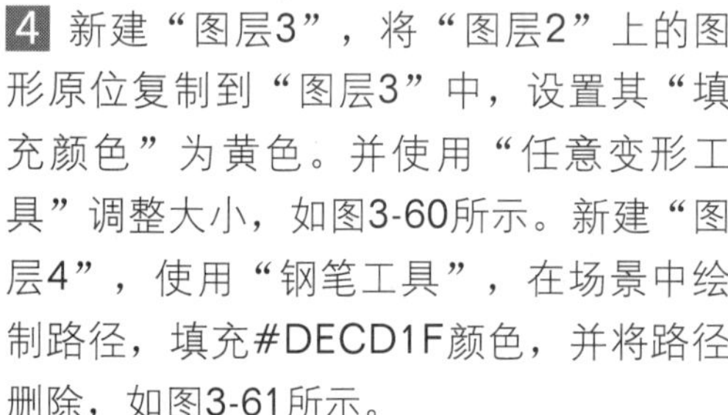

4 新建“图层3”，将“图层2”上的图形原位复制到“图层3”中，设置其“填充颜色”为黄色。并使用“任意变形工具”调整大小，如图3-60所示。新建“图层4”，使用“钢笔工具”，在场景中绘制路径，填充#DECD1F颜色，并将路径删除，如图3-61所示。

图3-60 复制图形

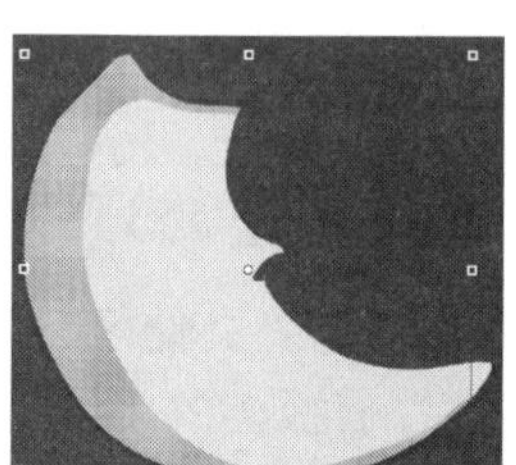

图3-61 图形效果

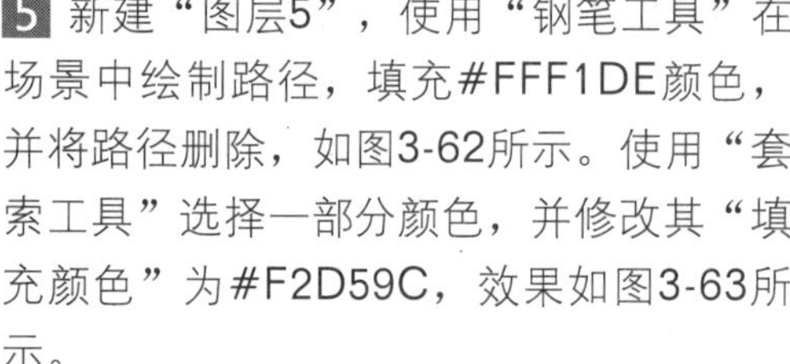

5 新建“图层5”，使用“钢笔工具”在场景中绘制路径，填充#FFF1DE颜色，并将路径删除，如图3-62所示。使用“套索工具”选择一部分颜色，并修改其“填充颜色”为#F2D59C，效果如图3-63所示。

图3-62 图形效果

图3-63 调整图形颜色

提 示

在绘图时常常要实现立体效果，通过设置不同的颜色深度可以形成较为真实的层次感觉，也可以使用不同的颜色来实现。

6 新建“图层6”，设置“填充颜色”为黑色，使用“画笔工具”绘制如图3-64所示图形。利用同样的方法绘制如图3-65所示图形。

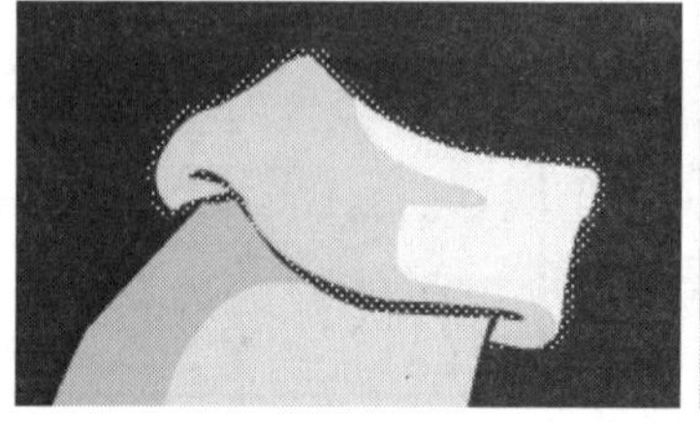

图3-64 绘制边线

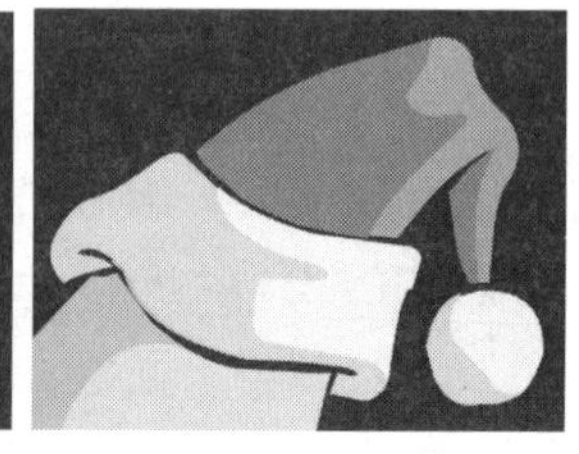

图3-65 绘制图形

7 新建“图层9”，使用“画笔工具”绘制如图3-66所示图形。新建“图层10”，单击工具箱中的“矩形工具”按钮，在场景中绘制一个如图3-67所示的正方形。

图3-66 绘制其他图形

图3-67 绘制矩形

8 执行“窗口>变形”命令，对图形执行80°的倾斜，“变形”面板如图3-68所示。图形效果如图3-69所示。

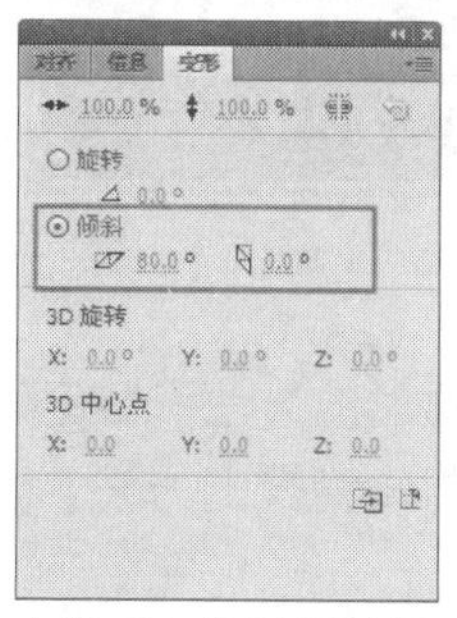

图3-68 设置倾斜值

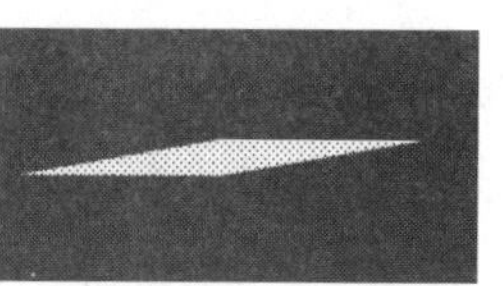
图3-69 倾斜效果

提 示

在同一层绘制图形时要注意不要相互粘连，否则将会出现自动删减的问题。一定要在图形位置确定后再取消对其的选择。

9 使用“任意变形工具”，按下Alt键拖动图形进行复制，并调整大小和位置，得到如图3-70所示图形。利用同样的方法对图形进行复制操作，并分别调整位置和大小，效果如图3-71所示。

图3-70 绘制星星

图3-71 复制图形

10 新建“图层11”，使用“画笔工具”和“椭圆工具”绘制如图3-72所示图形。利用同样的方法再绘制如图3-73所示图形。

图3-72 绘制图形

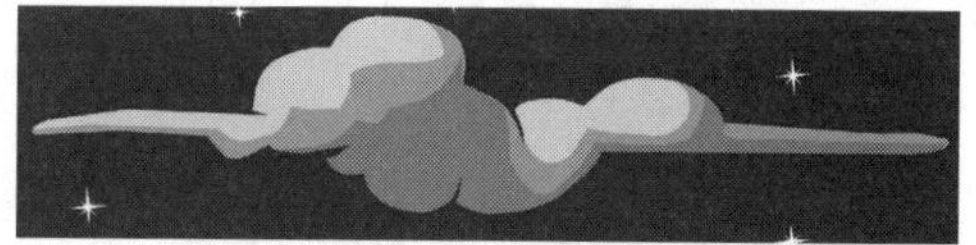
图3-73 绘制图形阴影

11 分别调整图形位置，并调整大小，完成场景的绘制，图形效果如图3-74所示。单击“时间轴”面板上的“场景1”文字，返回到“场景1”的编辑状态，将“背景”元件从“库”面板中拖入到场景中，并进行调整，如图3-75所示。

图3-74 绘制效果

图3-75 拖入元件

12 完成游戏动画场景的绘制，将动画保存为“3-5.fla”，按快捷键Ctrl+Enter，测试动画，效果如图3-76所示。

图3-76 测试效果

实例小结

本实例通过绘制一个游戏场景的实例，使读者掌握绘制具有立体感图形的方法和技巧。掌握如何使用不同亮度的颜色完成丰满场景的绘制方法。还要懂得使用元件制作背景的方法，以便在实际工作中使用。

3.6 绘制光芒四射场景

案例文件	光盘\源文件\第3章\3-6.fla
视频文件	光盘\视频\第3章\3-6.swf
学习时间	30分钟

★★★★☆

制作要点

1. 首先使用钢笔工具和各种绘图工具制作场景中需要的场景元件，例如地面、花朵、栏杆等。

2. 绘制背景渐变效果，分别将制作好的元件拖入到场景中，并调整大小和位置。

3. 将栏杆拖入到场景中，并旋转复制。使用画笔工具添加钉子效果。

4. 将制作的太阳光的各个元件依次拖入到场景中，并调整大小和位置。

3.7　制作流星动画场景

案例文件　光盘\源文件\第3章\3-7.fla

视频文件　光盘\视频\第3章\3-7.swf

学习时间　30分钟

★★★☆☆

制作要点

使用基本工具绘制基本元件，然后使用传统补间和补间形状制作背景动画元件。

思路分析

本实例制作了一个动态的背景效果。首先通过绘制工具完成基本图形的绘制。再通过基本图形元件制作影片剪辑元件。利用影片剪辑可以重复循环播放的特性，制作场景效果。通过制作要掌握不同类型元件之间的不同以及配合方法，本实例的最终效果如图3-77所示。

图3-77　最终效果

制作步骤

1 执行“文件>新建”命令，新建一个Flash文档，如图3-78所示。新建文档后，单击“属性”面板上的“编辑”按钮，在弹出的“文档设置”对话框中进行设置，如图3-79所示，单击“确定”按钮。

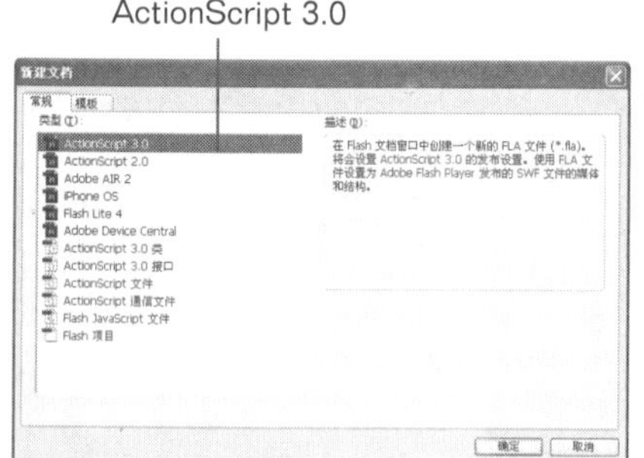

图3-78 “新建文档”对话框

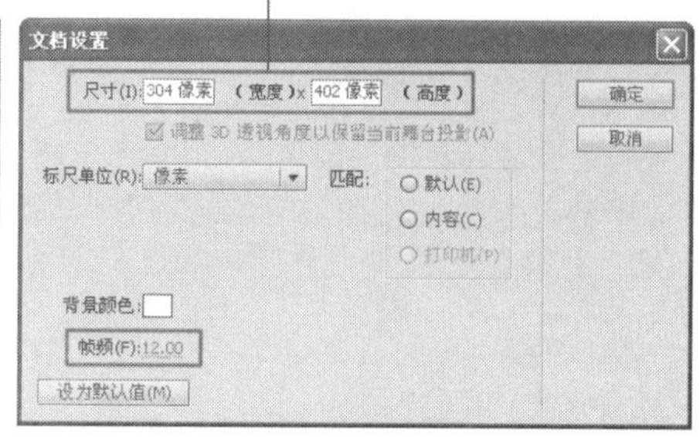

图3-79 设置“文档设置”对话框

> **提 示**
> 本实例将帧频设置为12fps，这样动画播放时的速度会比较慢。以保证较好的动画效果。

2 场景效果如图3-80所示。单击工具箱中的“矩形工具”按钮，在“颜色”面板上设置“笔触颜色”值为无，“填充颜色”为#202071到#4D67FF的“径向渐变”，“颜色”面板的设置如图3-81所示。

图3-80 场景效果

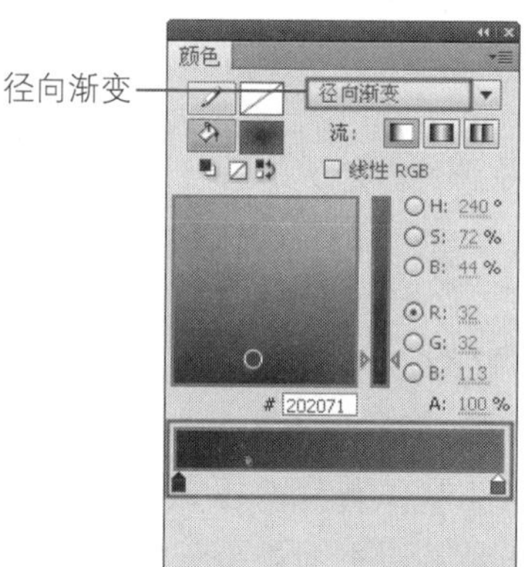

图3-81 设置“颜色”面板

3 使用“矩形工具”绘制如图3-82所示图形。使用“套索工具”，配合下面的“多边形模式”将矩形调整成为如图3-83所示样子。

图3-82 调整图形形状

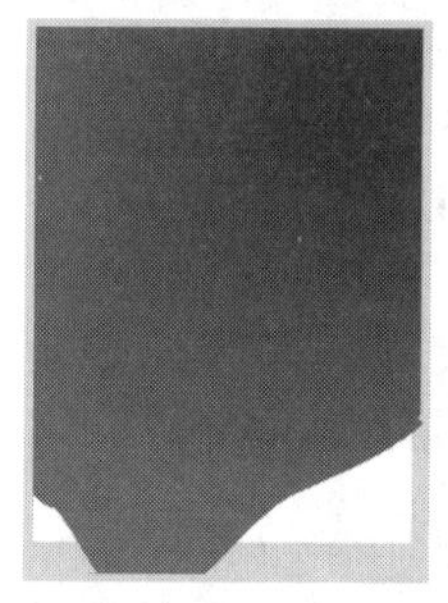
图3-83 实现图形加减

> **技巧**
> 对图形进行修改时，可以使用套索工具下面的多边形模式，从而更好地控制修改范围。

4 新建“图层2”，单击工具箱中的“画笔工具”按钮，设置“填充颜色”为#330099，绘制如图3-84所示图形。新建“图层3”，设置“填充颜色”为#0C5175，使用“画笔工具”绘制如图3-85所示图形。

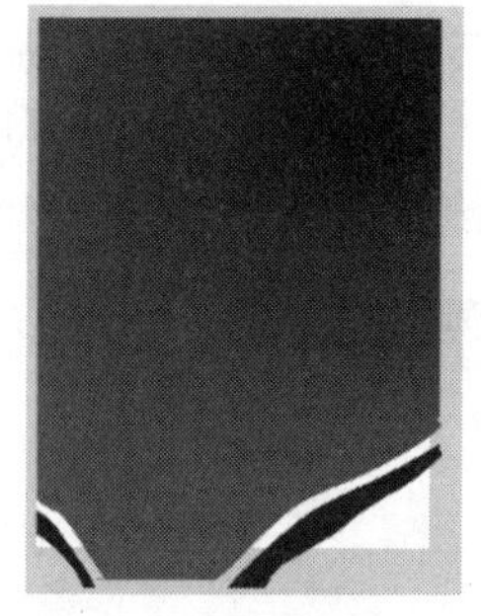

图3-84 绘制图形

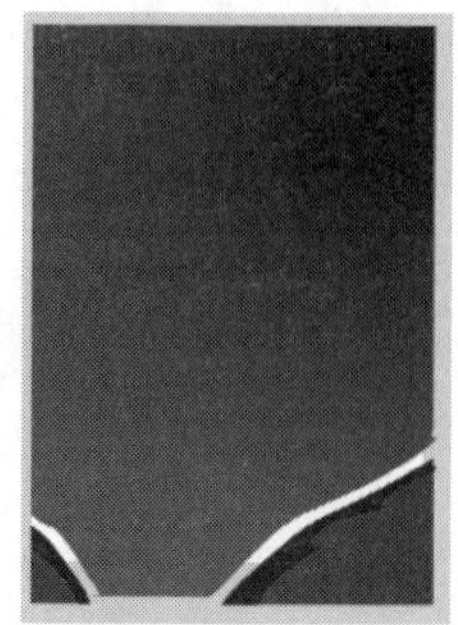

图3-85 绘制图形

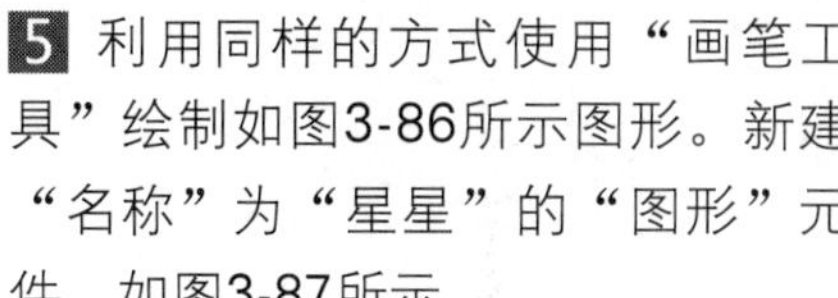

5 利用同样的方式使用“画笔工具”绘制如图3-86所示图形。新建“名称”为“星星”的“图形”元件，如图3-87所示。

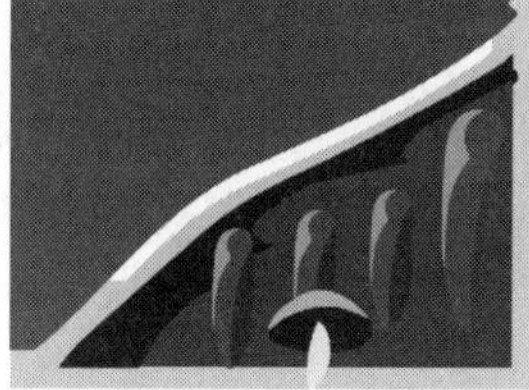

图3-86 绘制图形

图3-87 新建元件

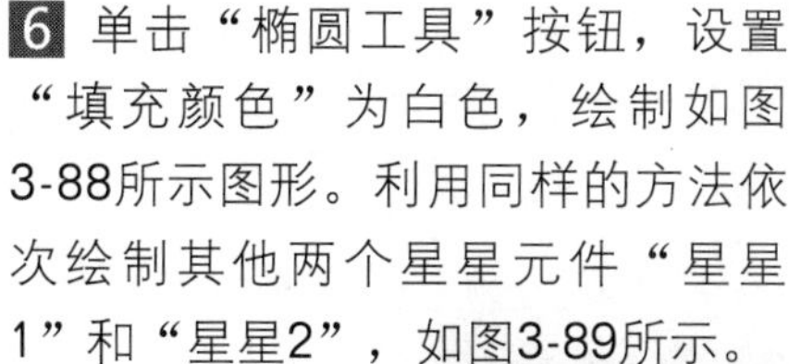

6 单击“椭圆工具”按钮，设置“填充颜色”为白色，绘制如图3-88所示图形。利用同样的方法依次绘制其他两个星星元件“星星1”和“星星2”，如图3-89所示。

图3-88 绘制图形

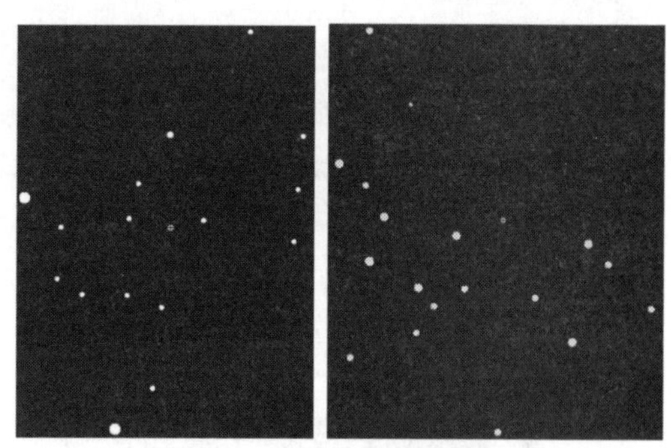

图3-89 绘制图形

7 新建“名称”为“闪烁的星星”的“影片剪辑”元件，如图3-90所示。将“星星1”元件从“库”面板中拖入到场景中，如图3-91所示。

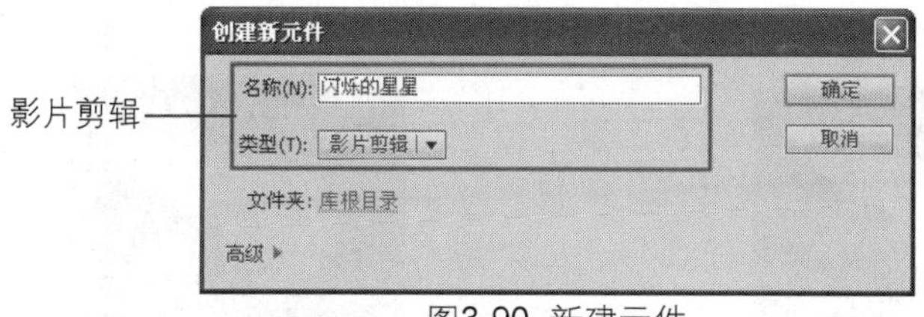

图3-90 新建元件

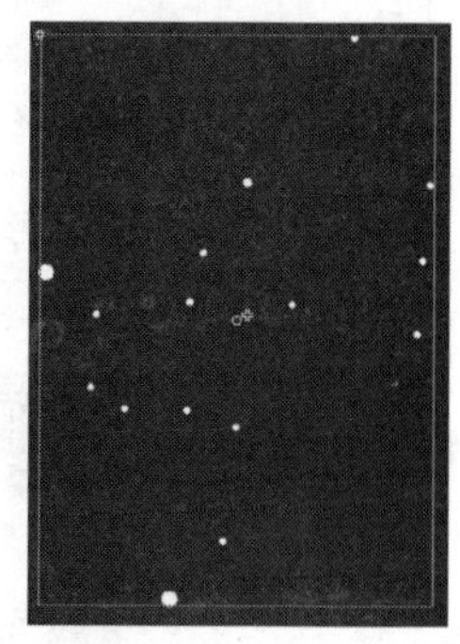

图3-91 使用元件

8 分别单击“时间轴”上第5帧和第10帧的位置，按F6键插入关键帧，并修改第1帧和第10帧上元件“属性”面板上的“色彩效果”下的Alpha值为0%，如图3-92所示。分别在第1帧和第5帧上单击右键，设置动画“类型”为“传统补间”，“时间轴”面板如图3-93所示。

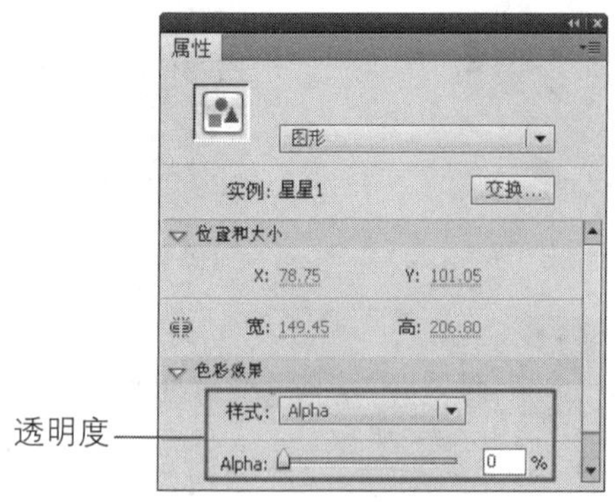

图3-92 设置元件属性

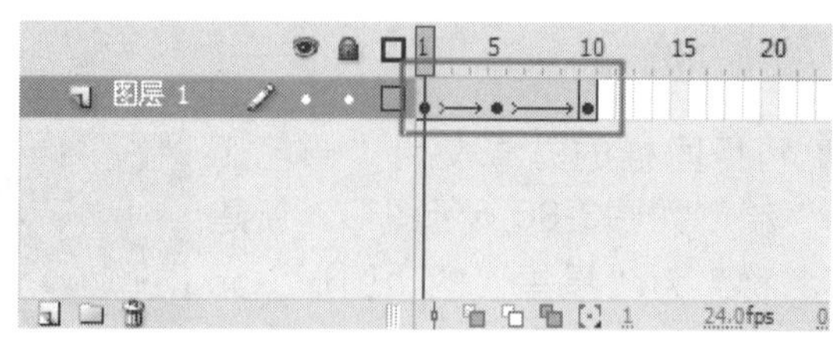
图3-93 “时间轴”面板

9 新建“名称”为“星星的动画1”的“影片剪辑”元件，如图3-94所示。将“星星2”元件从“库”面板中拖入到场景中，分别在第5帧和第10帧的位置插入关键帧，设置第5帧上元件的Alpha值为0%，并分别设置第1帧和第5帧上为“传统补间”，“时间轴”面板如图3-95所示。

图3-94 新建元件

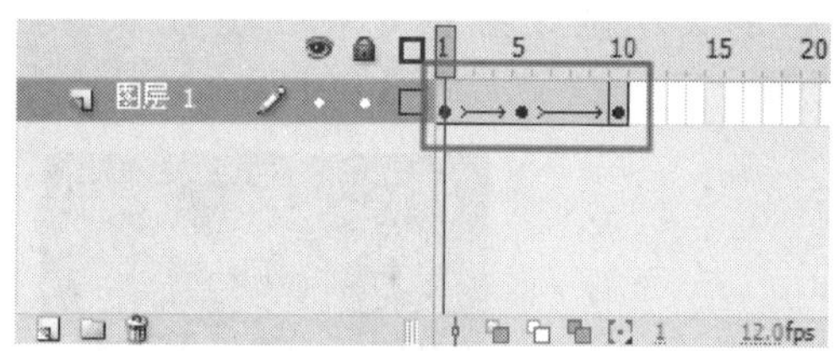
图3-95 “时间轴”面板

10 新建“名称”为“流星”的“影片剪辑”元件，如图3-96所示。使用“椭圆工具”绘制如图3-97所示图形。

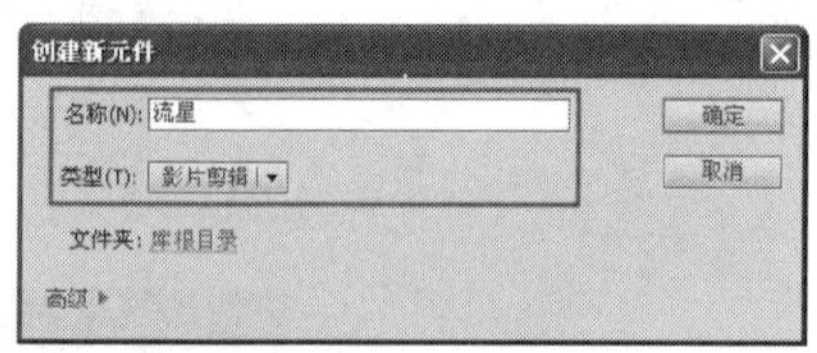
图3-96 新建元件

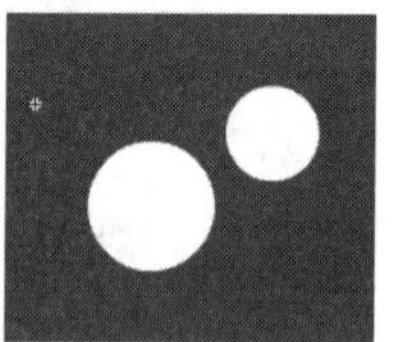
图3-97 绘制图形

11 使用“任意变形工具”调整图形效果，如图3-98所示。执行“修改>形状>柔化填充边缘”命令，效果如图3-99所示。

图3-98 绘制图形

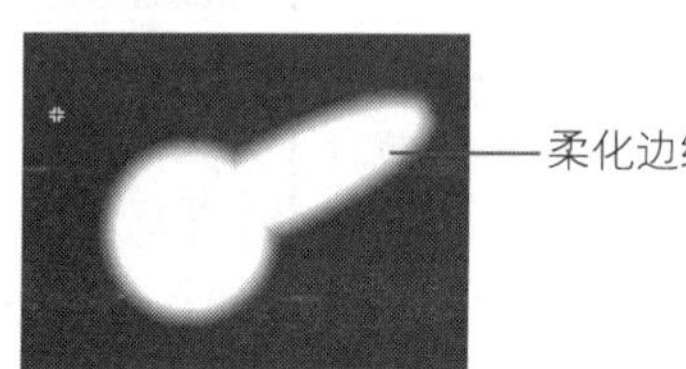

图3-99 柔化填充

12 单击第6帧的位置，按F6键插入关键帧，调整元件到如图3-100所示位置，并设置第1帧上的“类型”为“补间形状”，“时间轴”面板如图3-101所示。

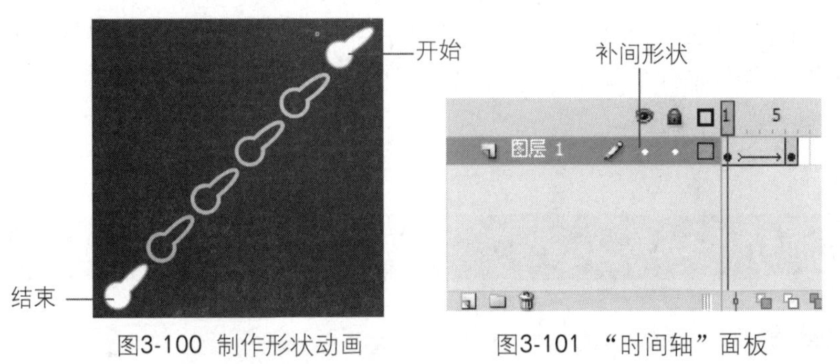

图3-100 制作形状动画　　图3-101 “时间轴”面板

提 示

补间形状动画是针对在Flash中直接绘制图形时使用的。如果是元件，则不能使用补间形状，要使用补间动画。

13 利用同样的方法制作其他流星的动画效果，“时间轴”面板如图3-102所示。单击“编辑栏”上的“场景1”文字，返回到“场景1”的编辑状态。新建“图层5”，将“星星”、“星星的动画”和“星星的动画1”元件从“库”面板中拖入到场景中，并调整大小和位置，如图3-103所示。

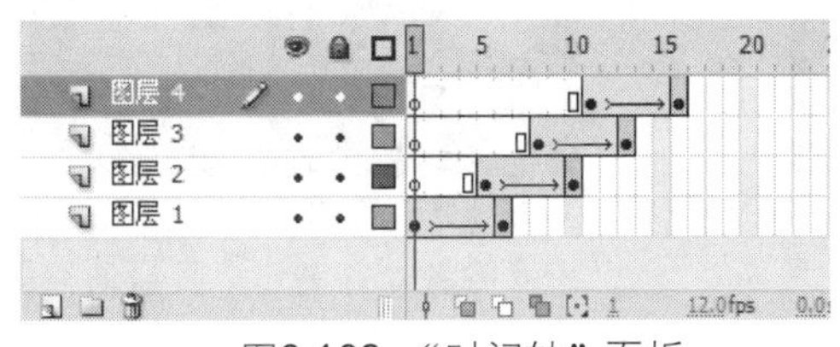

图3-102 “时间轴”面板

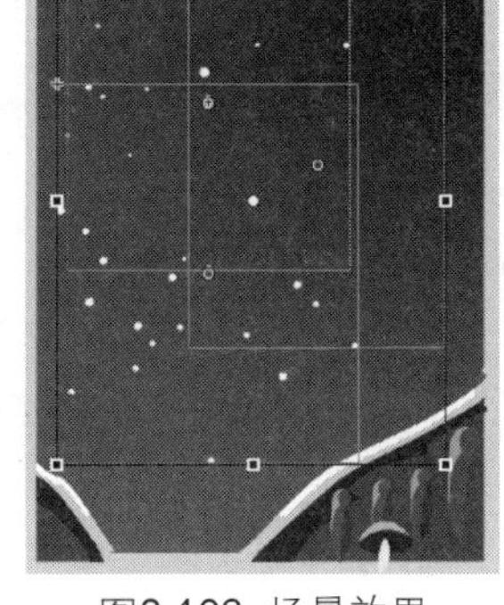

图3-103 场景效果

14 将“流星”元件从“库”面板中拖入到场景中，并调整大小和位置，如图3-104所示。完成流星动画背景的制作，将动画保存为“3-7.fla”，按快捷键Ctrl+Enter，测试动画效果，如图3-105所示。

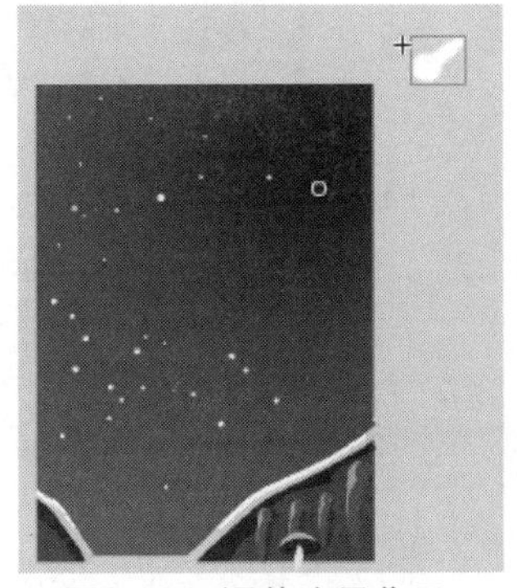

图3-104 调整流星位置

图3-105 测试效果

实例小结

本实例通过制作一个动态的背景效果，让读者了解实际动画制作中常见的制作场景的方法。了解使用基本图形创建“图形”元件的方法。了解使用“图形”元件制作“影片剪辑”的方法和原理，掌握如何通过多种不同元件综合制作具有丰富动画效果的方法。

3.8 绘制明媚动态场景

案例文件	光盘\源文件\第3章\3-8.fla
视频文件	光盘\视频\第3章\3-8.swf
学习时间	30分钟

★★★★☆

制作要点

1. 首先创建“背景”元件，使用绘图工具绘制天空和城堡。

2. 创建“云彩”元件，使用椭圆工具绘制，并制作“云飘动”影片剪辑元件。

3. 制作“海鸥”图形元件，并制作“鸟飞翔”影片剪辑元件。

4. 将多个元件组合在场景中，完成场景动画的制作。

第 4 章

绘制逐帧动画

Flash动画中常常会有一种循环播放的动画效果。这种动画效果通常都是利用逐帧动画制作完成的。本章主要向读者讲解逐帧动画的制作方法和技巧，逐帧动画的制作方法相对来说比较简单，但也不无精密之处，在不同的动画效果中，逐帧的使用方法和实现手法也是不同的，就看作者如何去理解和使用，通过本章的学习相信读者会从中得到一些启示，从而制作出更好的动画效果。

4.1 制作欢喜小鸡动画

案例文件 光盘\源文件\第4章\4-1.fla

视频文件 光盘\视频\第4章\4-1.swf

学习时间 10分钟

★☆☆☆☆

制作要点 ››››››››››

首先将背景图像导入到场景中，然后再将小鸡的图像导入到场景，摆放在合适的位置。

思路分析 ››››››››››

在本实例的制作过程中讲解了逐帧动画的制作方法，通过将不同的图像导入到场景中，并分别放置在相同的关键帧上，让读者掌握逐帧动画的使用方法，测试动画效果如图4-1所示。

图4-1 测试动画效果

制作步骤

1 执行“文件>新建”命令，新建一个Flash文档，如图4-2所示。新建文档后，单击“属性”面板上的“编辑”按钮 编辑... ，在弹出的“文档设置”对话框中进行设置，如图4-3所示。

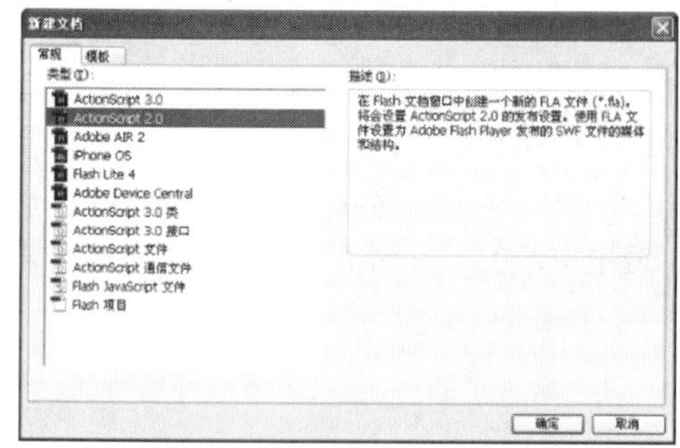

图4-2 “新建文档”对话框

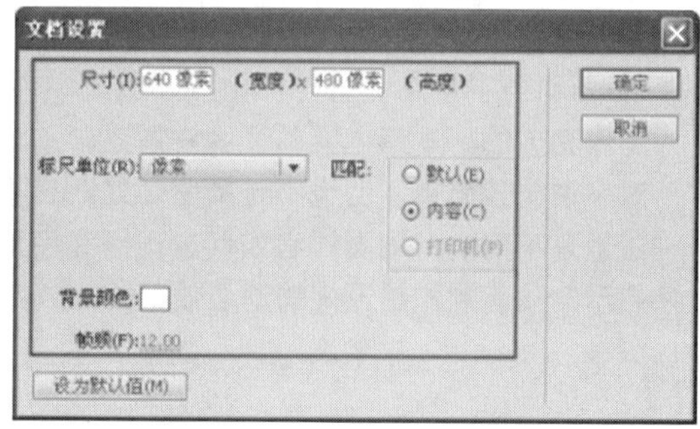

图4-3 “文档设置”对话框

2 执行“文件>导入>导入到舞台”命令，将图像“光盘\源文件\第4章\素材\4104.png”导入到场景中，如图4-4所示，在第3帧插入帧。新建“图层2”，将图像z4101.png导入到场景中，如图4-5所示。

图4-4 导入图像

图4-5 导入图像

3 在第2帧插入空白关键帧，将图像z4102.png导入到场景中，如图4-6所示，利用相同的方法，完成第3帧的制作，如图4-7所示。

图4-6 导入图像

图4-7 导入图像

> **技巧** 在对逐帧动画的图片进行导入时，还可以使用图像序列的导入方法，在导入图像时，在弹出的对话框上单击“确定”按钮即可。

4 完成欢喜小鸡动画的制作，执行“文件>保存”命令，将动画保存为“4-1.fla”，测试动画效果如图4-8所示。

图4-8 测试动画效果

实例小结

本实例使用三张基本图像，分别放置在时间轴的三帧上，即完成了基本的逐帧动画制作。通过学习，读者应能够熟练地在动画中使用帧和关键帧来制作动画。

4.2 制作山水动画

案例文件 光盘\源文件\第4章\4-2.fla

视频文件 光盘\视频\第4章\4-2.swf

学习时间 5分钟

★☆☆☆☆

制作要点

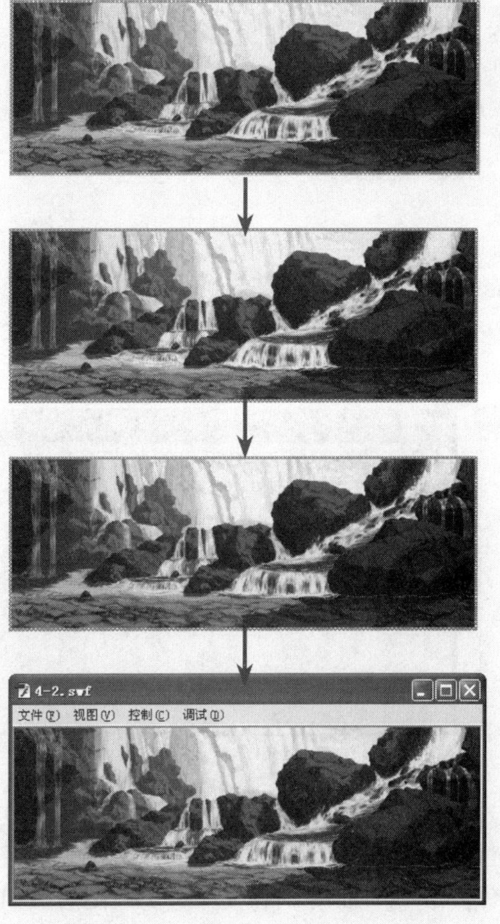

1. 新建文档，将图像导入到场景。
2. 在第2帧插入空白关键帧，将相应的图像素材导入到场景。
3. 在第3帧插入空白关键帧，将相应的素材图像导入到场景。
4. 在第4帧插入空白关键帧，将相应的素材图像导入到场景，完成山水动画的制作。

4.3 制作倒计时动画

案例文件 光盘\源文件\第4章\4-3.fla

视频文件 光盘\视频\第4章\4-3.swf

学习时间 20分钟

★★☆☆☆

制作要点

首先将所需背景图像导入到场景中，新建图层，在场景中输入文字，最后利用传统补间完成其动画效果。

思路分析

在本实例的制作过程中讲解了倒计时效果逐帧动画，首先将背景图像导入到场景中，再依次从大到小的在每帧上输入数字，在制作过程中读者要注意每帧上数字的摆放位置，测试动画效果如图4-9所示。

图4-9 测试动画效果

制作步骤

1 执行“文件>新建”命令，新建一个Flash文档，如图4-10所示。新建文档后，单击“属性”面板上的“编辑”按钮 编辑... ，在弹出的“文档设置”对话框中进行设置，如图4-11所示。

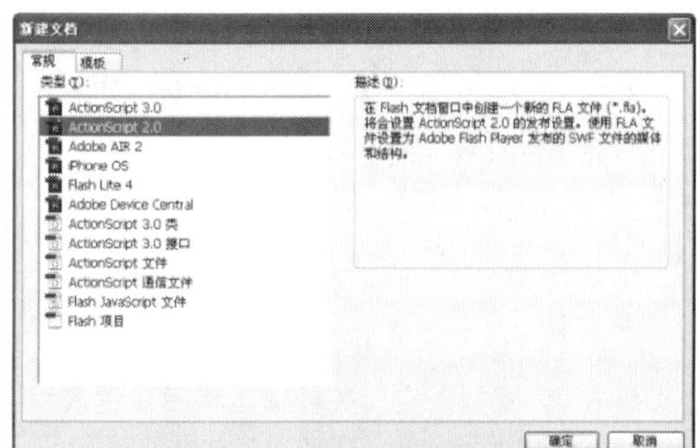

图4-10 “新建文档”对话框

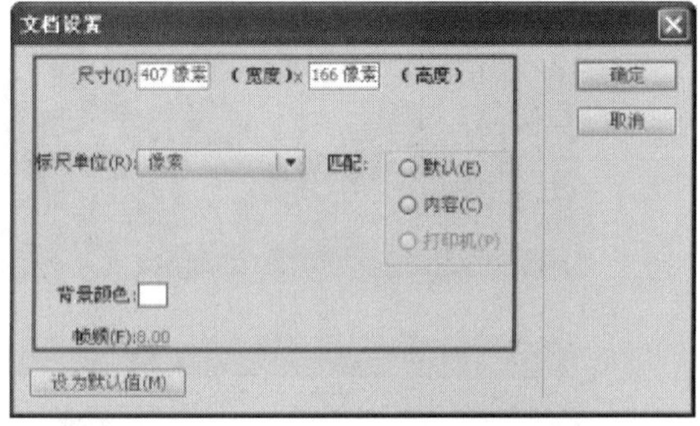

图4-11 “文档设置”对话框

2 执行“文件>导入>导入到舞台”命令，将图像“光盘\源文件\第4章\素材\4401.jpg”导入到场景中，如图4-12所示，在第65帧处插入帧。新建“图层2”，使用“文字工具”在场景中输入文字，选择文字，执行再次“修改>分离”命令，将文字分离成图形，如图4-13所示。

图4-12 导入图像

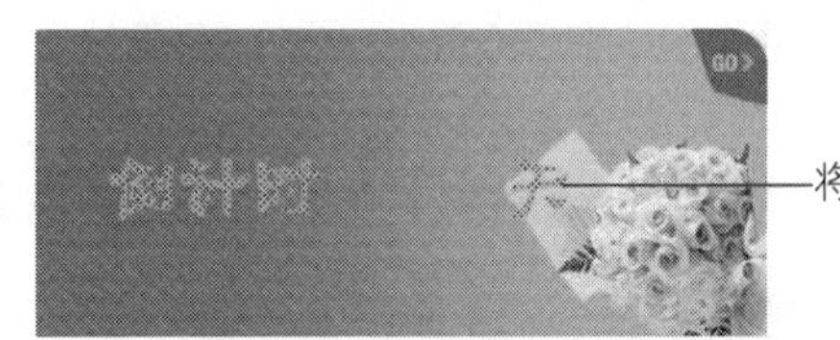

图4-13 输入文字并分离

3 使用“墨水瓶工具”设置“笔触颜色”值为#FFCC00，“笔触高度”值为1，为图形添加描边，并将其转换成“名称”为“倒计时”的“图形”元件，如图4-14所示。分别在第20帧和第25帧插入关键帧，选择第25帧上的元件，设置其Alpha值为0%，如图4-15所示，并为第20帧添加“传统补间”。

图4-14 转换元件

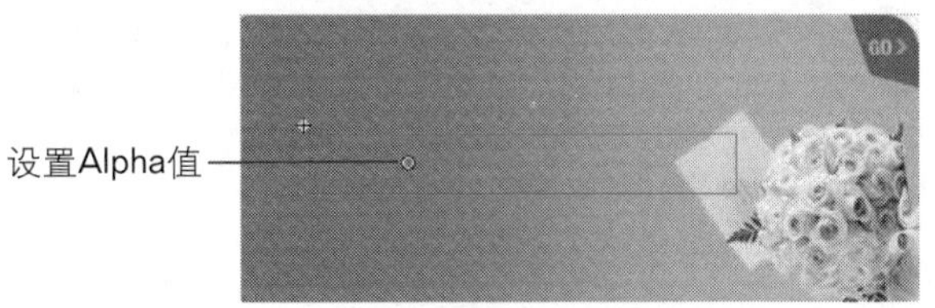

图4-15 元件效果

4 新建“图层3”，使用“文本工具”在场景中输入文字，在第2帧插入关键帧，将第1帧上的文字分离成图形，使用“墨水瓶工具”为图形添加笔触，如图4-16所示。修改第2帧的文本内容，将文字分离成图形，使用“墨水瓶工具”为图形添加笔触，如图4-17所示。

图4-16 文本效果

图4-17 文本效果

> **技巧** 在制作逐帧动画时，很难使其图像或图形的位置对齐，可通过设置“属性”面板上的X和Y来进行调整。

5 根据前面两帧的制作，完成后面帧的制作，场景效果如图4-18所示。“时间轴”面板如图4-19所示。

图4-18 场景效果

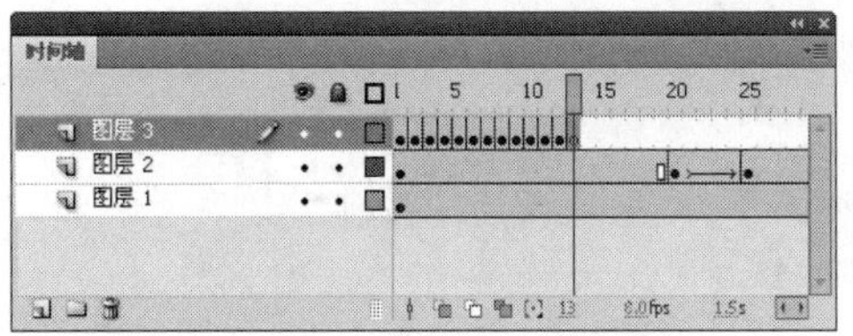

图4-19 “时间轴”面板

6 新建“图层4”，在第12帧处插入关键帧，利用相同的方法输入文字分离并添加描边，如图4-20所示，分别在第20帧和第25帧处插入关键帧，将第12帧上的数字1图形删除，并使用“颜料桶工具”将数字4的空白处填充，如图4-21所示。

图4-20 文字效果

图4-21 场景效果

提 示

此处输入的文字与前面的文字位置完全重合，在制作本层时可以将“图层3”暂时隐藏，以便于本层的制作。

7 选择第25帧上的图形，使用“任意变形工具”将其等比例扩大，并分别设置“笔触颜色”和“填充颜色”的Alpha值为0%，如图4-22所示。新建“图层5”，在第25帧处插入关键帧，利用相同的方法，输入文字分离并添加描边，如图4-23所示，并将其转换成“名称”为“倒计时125天”的“图形”元件。

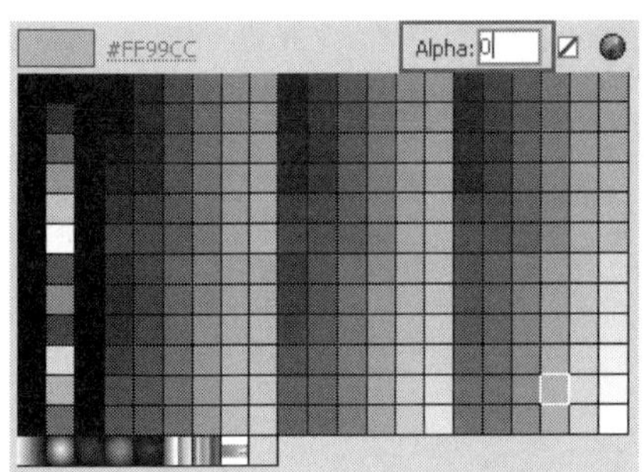

图4-22 设置“填充颜色”的Alpha值

图4-23 场景效果

8 分别在第30帧、第50帧和第55帧处插入关键帧，将第30帧上的元件移动到如图4-24所示位置，将第55帧上的元件移动到如图4-25所示位置。分别设置第30帧和第55帧上元件的Alpha值为0%。并为第25帧和第50帧添加“传统补间”。

图4-24 移动元件

图4-25 移动元件

9 根据前面的制作方法，完成其他图层的制作，场景效果如图4-26所示，“时间轴”面板如图4-27所示。

图4-26 场景效果

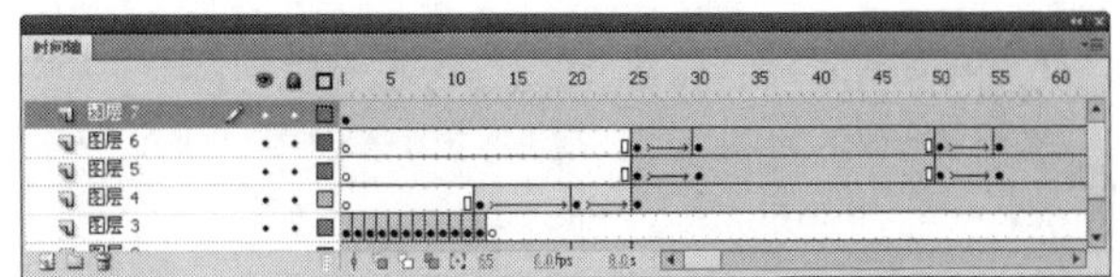

图4-27 “时间轴”面板

10 完成倒计时动画的制作，执行“文件>保存”命令，将动画保存为“4-3.fla”，测试动画效果如图4-28所示。

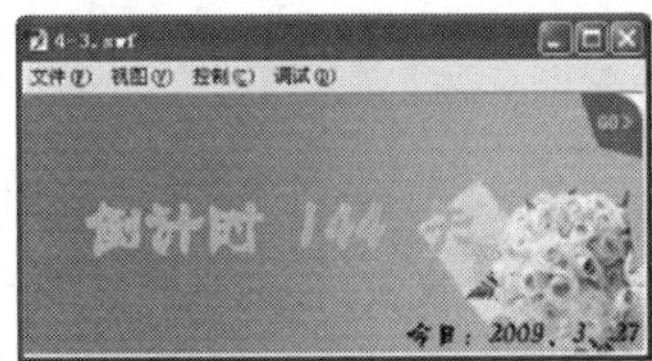

图4-28 测试动画效果

实例小结

本实例主要讲解了一种倒计时的动画效果，通过在每帧上输入不同的文字完成最终的动画效果。通过实例的学习读者能更够熟练地掌握逐帧动画的基本特性和制作方法。

4.4 制作翩翩起舞动画

案例文件　光盘\源文件\第4章\4-4.fla

视频文件　光盘\视频\第4章\4-4.swf

学习时间　10分钟

难易程度 ★★☆☆☆

制作要点

1. 新建元件，将相应的图像素材一次性导入到场景。

2. 选择每帧上的图像，相应的调整图像的位置。

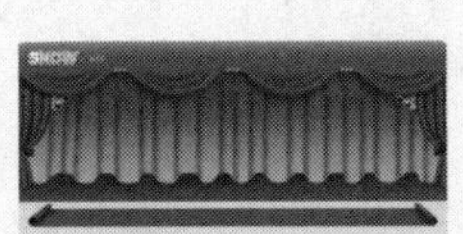

3. 完成其他元件的制作，返回场景，将背景图像素材拖入到场景。

4. 新建图层，将前面制作好的元件拖入到场景，完成翩翩起舞动画的制作。

4.5 绘制五角星角色

案例文件	光盘\源文件\第4章\4-5.fla
视频文件	光盘\视频\第4章\4-5.swf
学习时间	10分钟

★★★☆☆

制作要点

使用“矩形工具”绘制闪光图形，使用“多角星形工具”绘制五角星。

思路分析

在本实例的制作过程中讲解了使用基本的绘图工具完成逐帧动画效果的制作，通过在场景中绘制不同大小的矩形并调整来完成一种简单的视觉效果，让读者掌握逐帧动画的使用方法，测试动画效果如图4-29所示

图4-29 测试动画效果

制作步骤

1 执行“文件>新建”命令，新建一个Flash文档，如图4-30所示。新建文档后，单击“属性”面板上的“编辑”按钮 编辑... ，在弹出的“文档设置”对话框中进行设置，如图4-31所示。

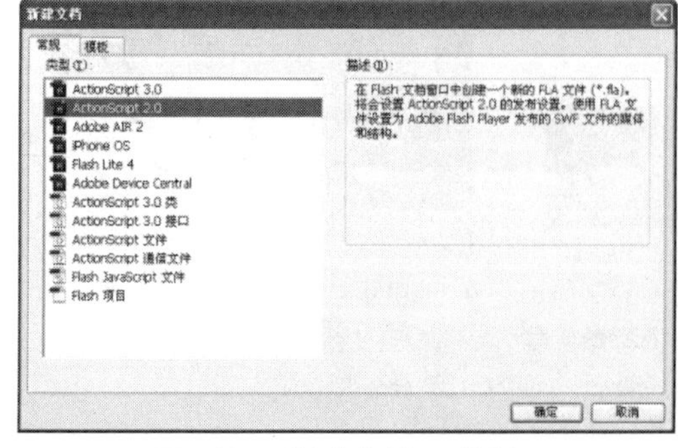

图4-30 “新建文档”对话框

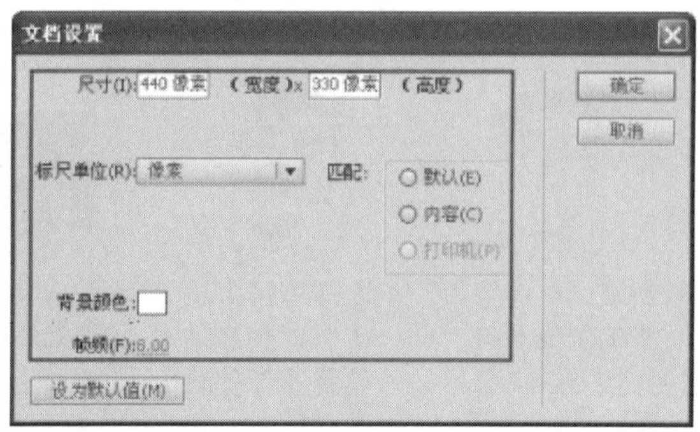

图4-31 “文档设置”对话框

2 新建“名称”为“光”的“影片剪辑”元件，使用“矩形工具”，单击“对象绘制”按扭 ，在场景中绘制矩形，在“颜色”面板上设置“笔触颜色”值为无，“填充颜色”值为100%的#FD9B0B到0%的#FF9900的“径向渐变”，如图4-32所示。并使用“渐变变形工具”调整渐变角度，如图4-33所示。

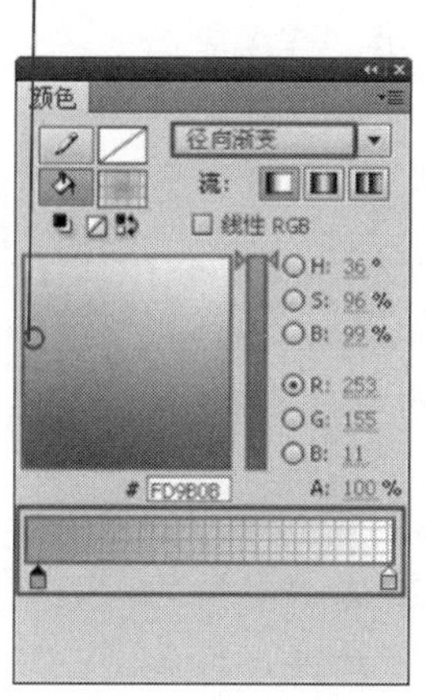

图4-32 “颜色”面板

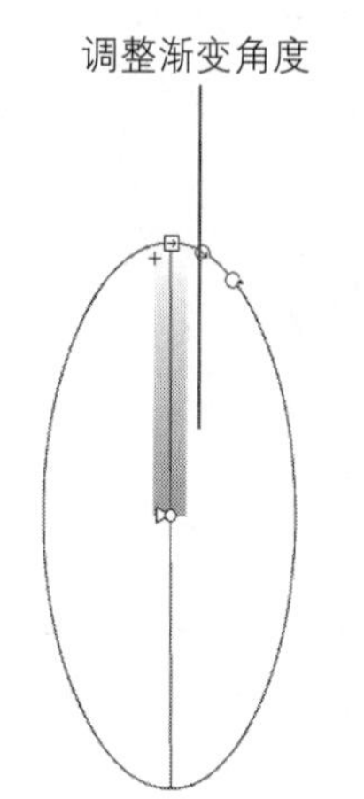

图4-33 调整渐变角度

3 使用“部分选取工具”对场景中的矩形进行相应的调整，如图4-34所示，使用“任意变形工具”调整元件中心点的位置，如图4-35所示。

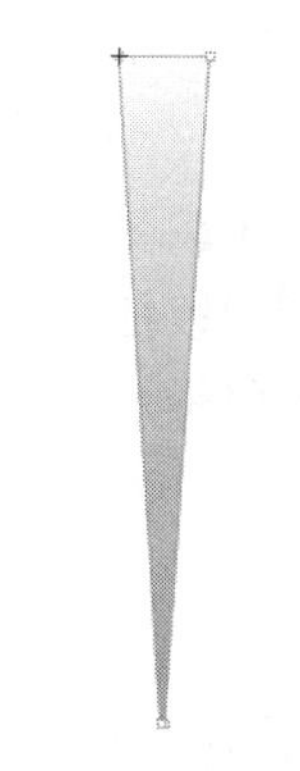

图4-34 调整图形

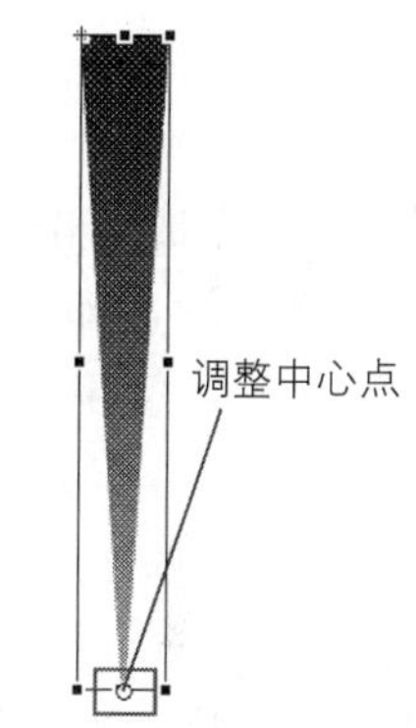

图4-35 调整中心点

4 执行“窗口>变形”命令，打开“变形”面板，设置如图4-36所示。设置完成后的图形效果如图4-37所示。

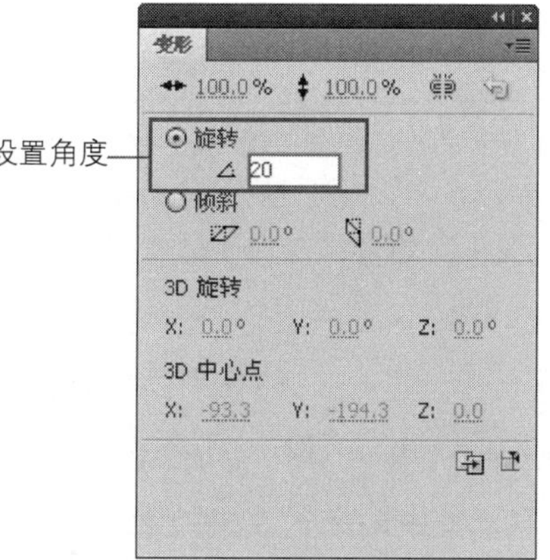

图4-36 “变形”面板

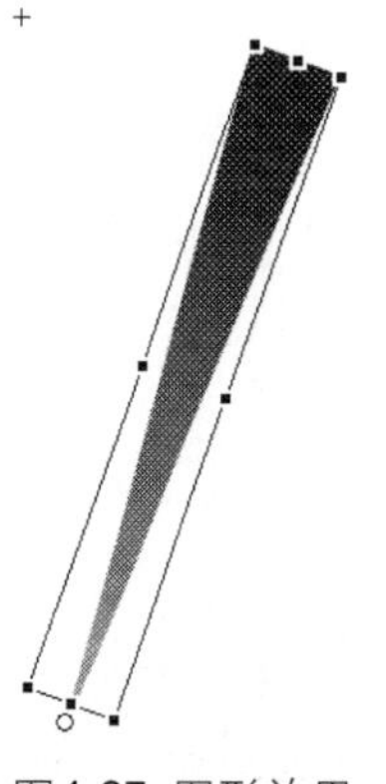

图4-37 图形效果

5 单击面板上的“重制选区和变形”按钮，场景效果如图4-38所示。连续单击“重制选区和变形”按钮，完成对图形的复制，选中绘制的所有对象，执行“修改>分离”命令，效果如图4-39所示。

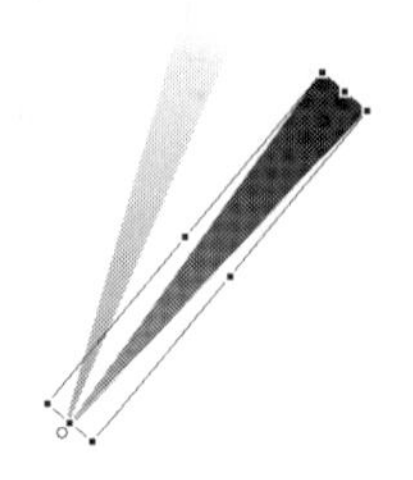

图4-38 图形效果

图4-39 场景效果

6 根据第1帧的制作方法，完成第2帧的制作，如图4-40所示。新建“名称”为“星星”的“影片剪辑”元件，使用“多角星形工具”，在“属性”面板上的“工具设置”标签下单击“选项”按钮 选项... ，在弹出的“工具设置”对话框中进行设置，如图4-41所示。

图4-40 图形效果

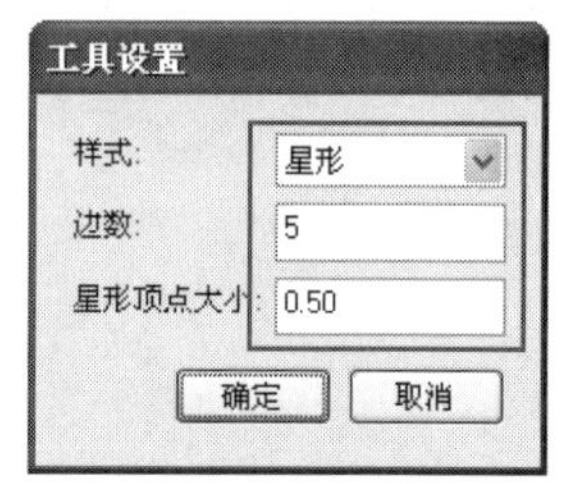

图4-41 “工具设置”对话框

7 设置完成单击“确定”按钮，在场景中绘制星形，如图4-42所示。在第2帧插入关键帧，使用“任意变形工具”将图形扩大，如图4-43所示。

图4-42 绘制图形

图4-43 扩大图形

8 根据“图层1”的制作方法，完成其他图层的制作，如图4-44所示。返回到“场景1”的编辑状态，根据前面的制作方法完成背景的制作，如图4-45所示。

图4-44 场景效果

图4-45 绘制图形

9 新建“图层2”，将“光”元件从“库”面板拖入到场景中，场景效果如图4-46所示。新建“图层3”，利用相同的方法，将“星星”元件拖入到场景中，如图4-47所示。

图4-46　场景效果

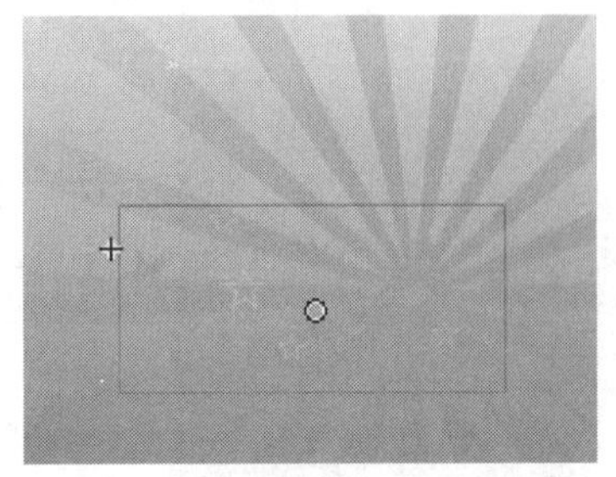
图4-47　场景效果

10 完成闪动背景动画的制作，执行“文件>保存”命令，将动画保存为“4-5.fla”，测试动画效果如图4-48所示。

图4-48　测试动画效果

实例小结

本实例主要应用了几种简单的绘图工具，制作了一种简单的逐帧动画效果，通过学习读者要掌握逐帧的真正意义和使用方法，从而完成更好的动画效果。

4.6　制作人物奔跑动画

案例文件　光盘\源文件\第4章\4-6.fla
视频文件　光盘\视频\第4章\4-6.swf
学习时间　10分钟

★★☆☆☆

制作要点

1. 新建元件，导入相应的图像完成元件的制作，并将元件拼合在一起 。

2. 返回场景1的编辑状态，将背景图像导入到场景。

3.新建“图层2”，将相应的元件拖入到场景，并完成动画的制作。

4.新建“图层3”，使用相应的工具完成遮罩层的制作，完成动画的制作。

4.7 制作兔子跳跃动画

案例文件 光盘\源文件\第4章\4-7.fla
视频文件 光盘\视频\第4章\4-7.swf
学习时间 10分钟

难易程度 ★☆☆☆☆

制作要点

首先绘制背景，然后导入图像创建成元件，将相应的素材导入到场景中，并调整到合适的位置，输入相应的脚本语言。

思路分析

本实例首先使用“矩形工具”在场景中绘制了一个简单的背景，然后应用了一系列的兔子图像，制作了一个逐帧的影片剪辑元件，测试动画效果如图4-49所示。

图4-49 测试动画效果

制作步骤

1 执行“文件>新建”命令，新建一个Flash文档，如图4-50所示。新建文档后，单击“属性”面板上的“编辑”按钮，在弹出的“文档设置”对话框中进行设置，如图4-51所示。

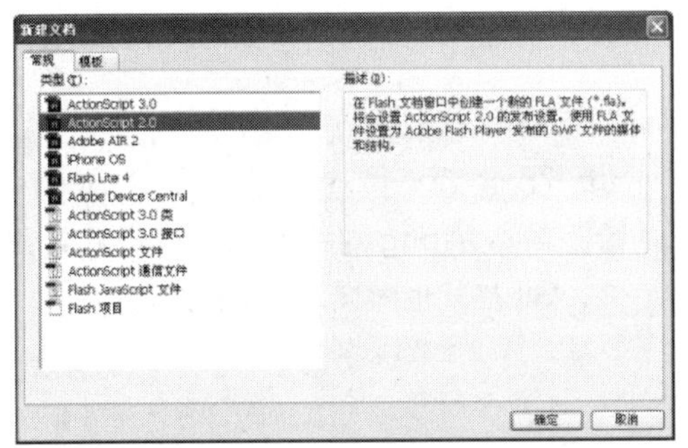

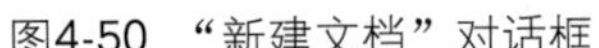

图4-50　“新建文档”对话框

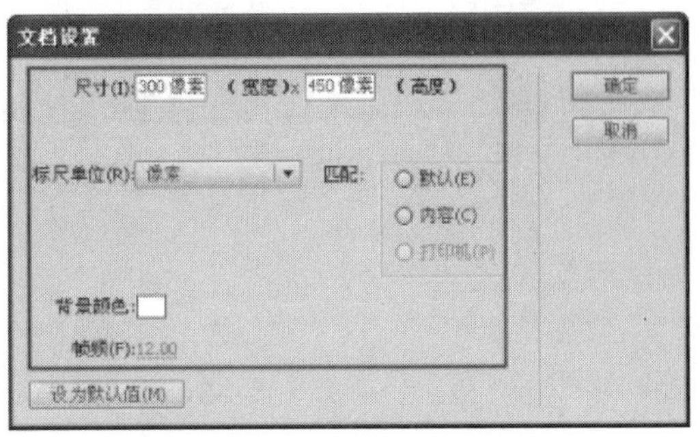

图4-51　“文档设置”对话框

2 使用“矩形工具”，在场景中绘制矩形，选择矩形后，在“颜色”面板上设置“笔触颜色”值为无，“填充颜色”值为#04B1FB→#D9F8FB→#E6E6E6的“线性渐变”，如图4-52所示。使用“渐变变形工具”调整渐变的角度，如图4-53所示。

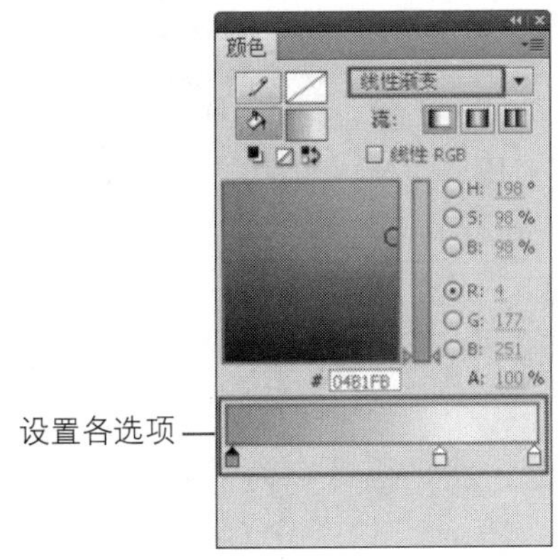

图4-52　“颜色”面板

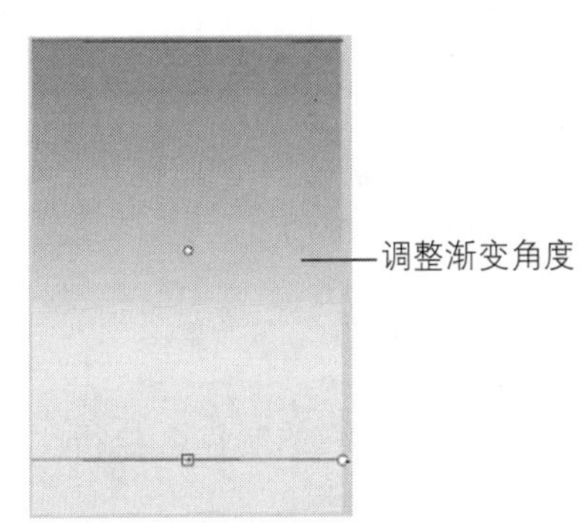

图4-53 调整渐变角度

3 新建“图层2”，将图像“光盘\源文件\第4章\素材\41001.png”导入到场景中，如图4-54所示，按F8键将其转换成“名称”为“兔子”的“影片剪辑”元件，如图4-55所示位置。

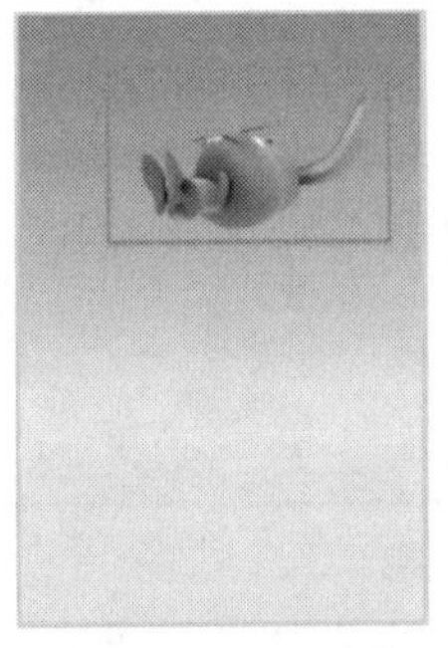

图4-54 导入图像

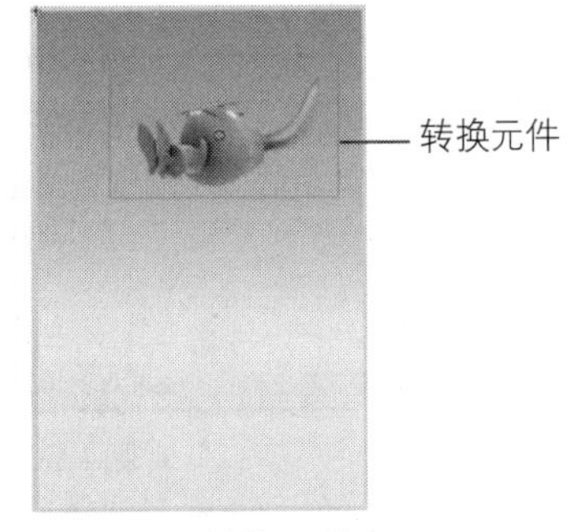

图4-55 转换元件

4 在元件上双击，进入该元件的编辑状态，在第2帧处插入空白关键帧，将图像41002.png导入到场景中，并相应的调整图像的位置，如图4-56所示。在第3帧处插入空白关键帧，将图像41003.png导入到场景中，相应的调整其位置，如图4-57所示。

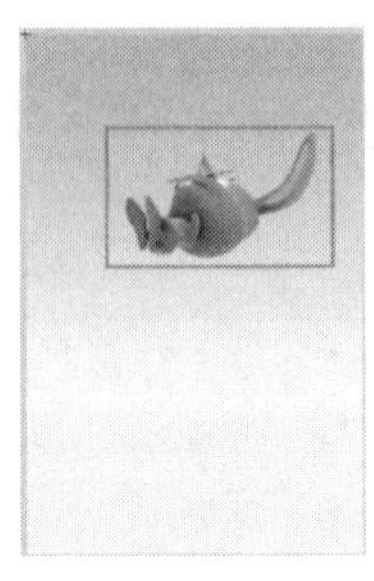

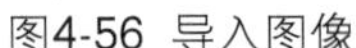

图4-56 导入图像

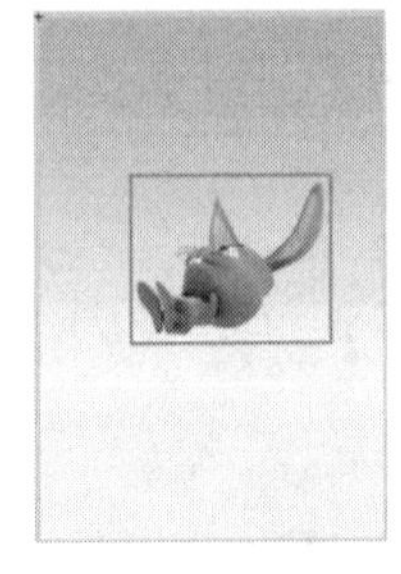

图4-57 导入图像

提 示

除了导入的png格式可以支持透底效果外，GIF格式也同样可以支持透底。

5 根据前面的制作方法，完成其他帧的制作，场景效果如图4-58所示。在“时间轴”面板上选择最后一帧，在“动作-帧”面板中输入如图4-59所示的脚本语言。

图4-58 场景效果

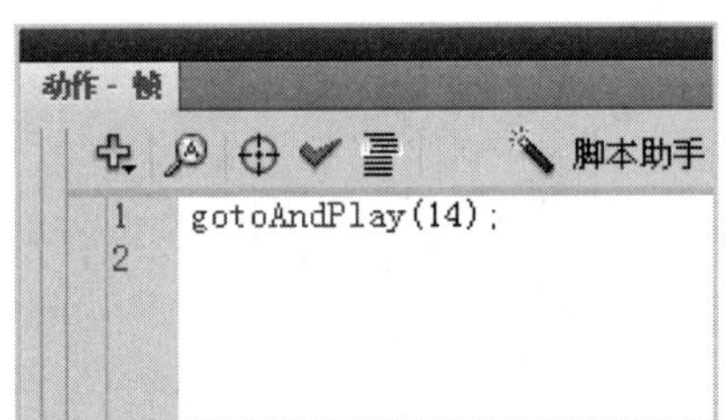

图4-59 输入脚本语言

6 完成兔子跳跃动画的制作，执行“文件>保存”命令，将动画保存为“4-7.fla”，测试动画效果如图4-60所示。

图4-60 测试动画效果

实例小结

本实例主要使用了一系列的兔子图像，制作了一个逐帧跳跃的兔子动画，通过学习读者要了解影片剪辑的创建方法和使用技巧，从而创建出更好的动画效果。

4.8 制作魔术动画

案例文件 光盘\源文件\第4章\4-8.fla

视频文件 光盘\视频\第4章\4-8.swf

学习时间 15分钟

★★☆☆☆

制作要点

1.新建元件将相应的图像素材导入至当前场景，完成元件的制作。

2.新建“按钮”元件，将相应的图像素材和元件拖入到场景。

3.返回场景1的编辑状态，将背景图像导入到场景。

4.新建图层，将前面完成的按钮，拖入到场景，最终完成魔术动画的制作。

4.9 制作逐帧光影动画

案例文件 光盘\源文件\第4章\4-9.fla

视频文件 光盘\视频\第4章\4-9.swf

学习时间 10分钟

★★☆☆☆

制作要点

首先将背景素材通过序列组导入到场景中，再输入文字将相应的人物素材导入到场景中，最后导入光影图像，完成制作。

思路分析

本实例的制作过程中讲解了逐帧动画的制作方法和技巧，通过序列组将一系列的七彩背景图像导入到场景中，制作背景动画，再输入相应的文字，将人物图像导入到场景中，将最关键的光影图像通过序列组导入到场景中，测试动画效果如图4-61所示。

图4-61 测试动画效果

制作步骤

1 执行“文件>新建”命令，新建一个Flash文档，如图4-62所示。新建文档后，单击“属性”面板上的“编辑”按钮，在弹出的“文档设置”对话框中进行设置，如图4-63所示。

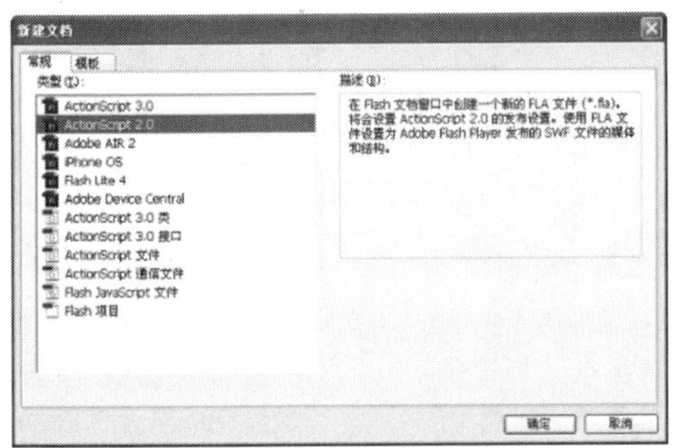

图4-62 “新建文档”对话框

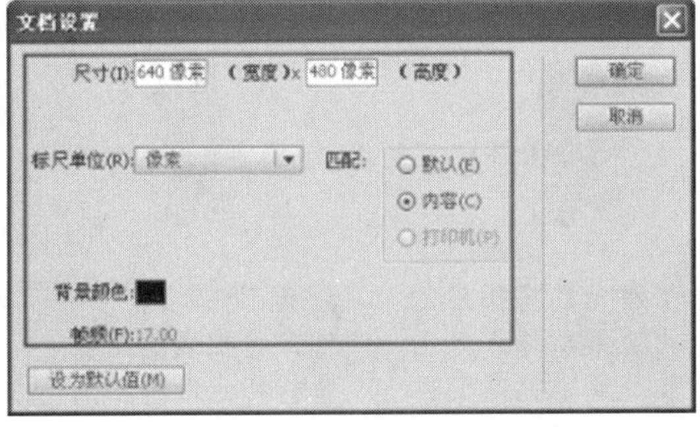

图4-63 “文档设置”对话框

2 执行“文件>导入>导入到舞台”命令，将图像“光盘\源文件\第4章\素材\z41301.jpg”导入到场景中，在弹出的提示对话框中单击“是”按钮，如图4-64所示。“时间轴”面板如图4-65所示。

图4-64 提示对话框

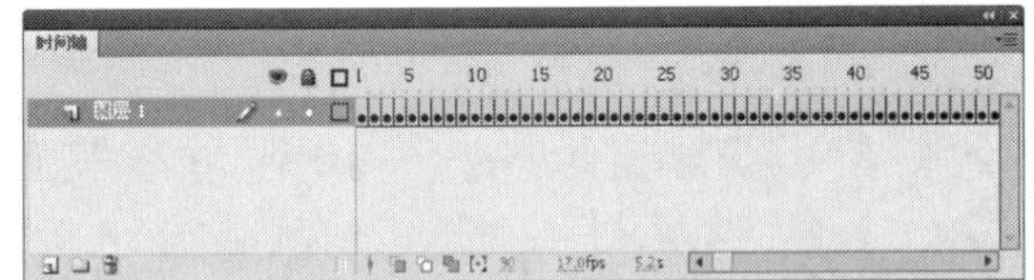

图4-65 调整渐变

提 示

当导入图像文件的所在文件夹，该文件名称是序列名称时，会弹出上图中的提示对话框，如果单击“是”按钮，会自动以逐帧方式导入到Flash中，单击“否”按钮则只会将选择的图像导入到Flash中。

3 新建“图层2”，使用“文本工具”在场景中输入文字，并执行“修改>分离”命令，将文字分离成图形，如图4-66所示，新建“图层3”，将图像41301.png导入到场景中，如图4-67所示，并将其转换成“名称”为“人物”的“图形”元件。

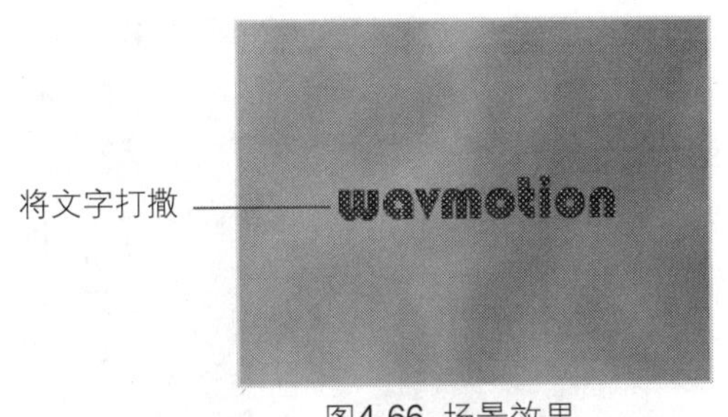

图4-66 场景效果

图4-67 导入图像

4 分别在第20帧、第25帧和第30帧处插入关键帧，选择第1帧上的元件，设置Alpha值为15%，如图4-68所示。选择第25帧上的元件，设置其“亮度”值为100%，如图4-69所示，分别为第1帧、第20帧和第25帧添加“传统补间”。

图4-68 元件效果

图4-69 元件效果

5 新建“图层4”，根据“图层1”的制作方法，完成“图层4”的制作，场景效果如图4-70所示，“时间轴”面板如图4-71所示。

图4-70 场景效果

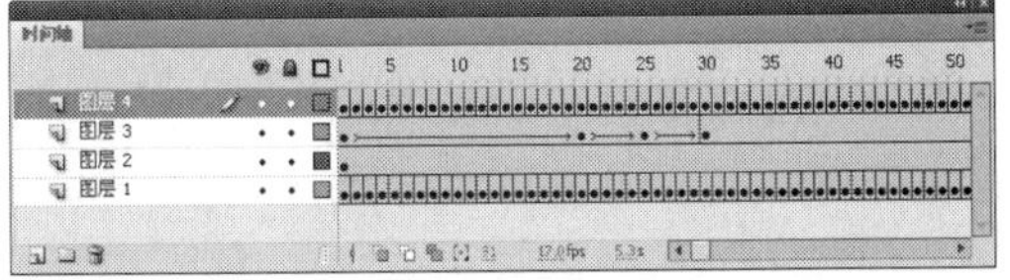

图4-71 “时间轴”面板

6 完成光影动画的制作，执行“文件>保存”命令，将动画保存为“4-9.fla”，测试动画效果如图4-72所示。

> **提 示**
>
> 动画播放的速度可以通过修改帧频来调整，也可以通过调整关键帧的长度来控制动画播放的速度，当然逐帧动画还是通过帧频来调整比较好。

图4-72 测试动画效果

实例小结

本例主要应用了一系列的光芒图像，制作了一个简单而又漂亮的光影动画效果，通过本实例的制作，读者要掌握制作逐帧动画的方法和技巧，以及使用序列组导入素材的方法与注意事项。

4.10 制作卡通挑战动画

案例文件	光盘\源文件\第4章\4-10.fla
视频文件	光盘\视频\第4章\4-10.swf
学习时间	18分钟

★★☆☆☆

制作要点

1. 新建元件将相应的图像素材导入当场景，完成元件的制作。

2. 再次新建元件，将相应的图像素材导入场景。

3. 返回场景1的编辑状态，将背景图像导入到场景，并将相应的元件导入到场景。

4. 新建图层，使用“文本工具”在场景输入文字并转换元件，相应地添加“传统补间”，最终完成动画的制作。

4.11 制作文字特效动画

案例文件 光盘\源文件\第4章\4-11.fla

视频文件 光盘\视频\第4章\4-11.swf

学习时间 10分钟

★★☆☆☆

制作要点

本实例在制作过程中除了使用逐帧动画制作绚丽的文字特效，还将图形元件通过传统补间的方式与整个动画效果完美的结合在一起。

思路分析

首先将背景素材导入到场景中，并在时间轴中插入帧以延长动画长度，再将素材以序列的形式导入到场景中，最后输入文字并创建传统补间动画，完成文字特效的制作。

本实例的制作过程中讲解了逐帧动画的制作方法和技巧，通过序列组将一系列的七彩背景图像导入到场景中，制作背景动画，在输入相应的文字，将人物图像导入到场景中，再将最关键的光影图像通过序列组导入到场景中，测试动画效果如图4-73所示。

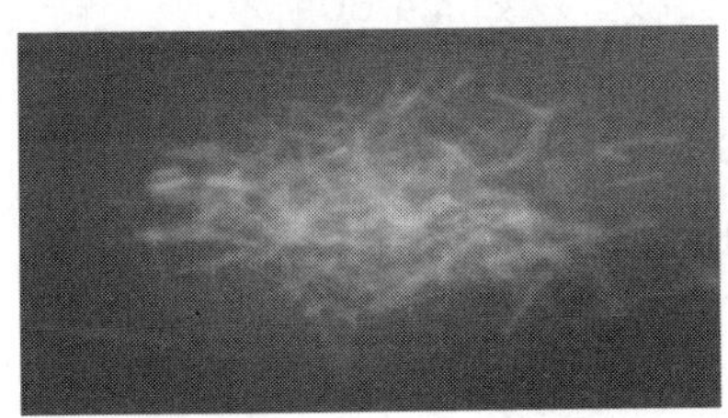

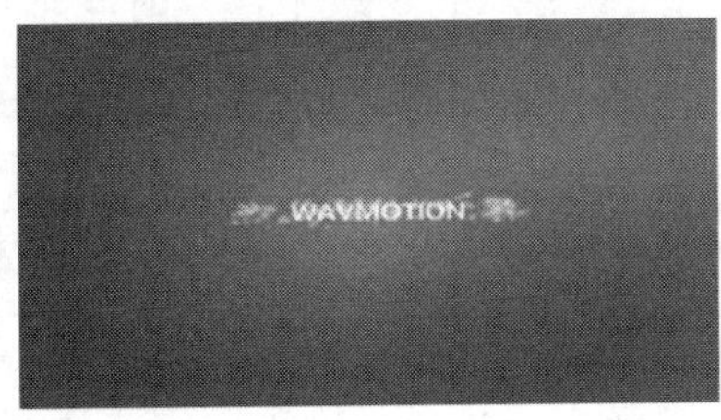

图4-73 测试动画效果

制作步骤

1 执行“文件>新建”命令，新建一个Flash文档，如图4-74所示。单击“属性”面板上的“编辑”按钮，在弹出的“文档属性”对话框中设置如图4-75所示。

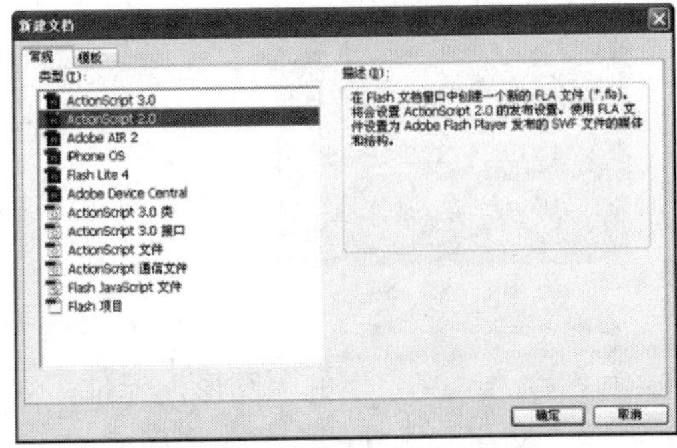

图4-74 “新建文档”对话框

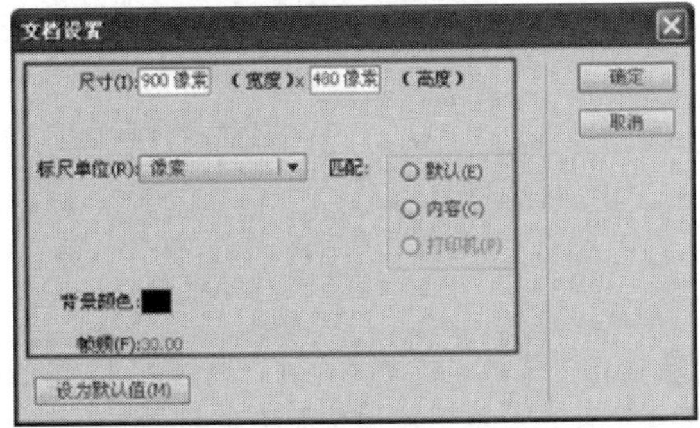

图4-75 “文档属性”对话框

2 执行“文件>导入>导入到舞台”命令，将图像“光盘\源文件\第4章\素材\41501.jpg”导入到场景中，如图4-76所示。按键盘上的F5在“时间轴”面板第90帧位置插入帧，如图4-77所示。

图4-76 导入素材图像

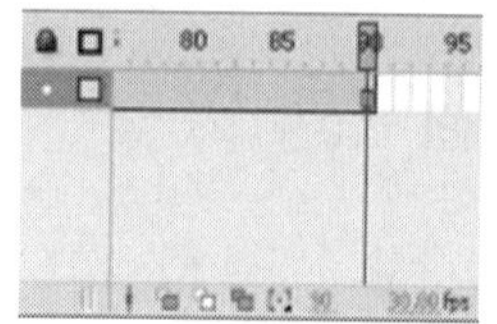
图4-77 设置帧

3 单击“时间轴”面板中的“新建图层”按钮新建“图层2”，如图4-78所示。将图像“光盘\源文件\第4章\素材\z41502.png”导入到场景中，在弹出的对话框中单击“是”按钮，如图4-79所示。

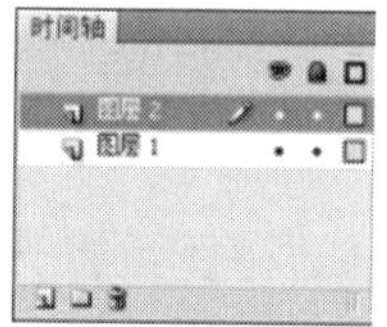

图4-78 新建图层

图4-79 导入序列中的图像

4 将序列中的图像导入到场景中，“时间轴”面板显示如图4-80所示。

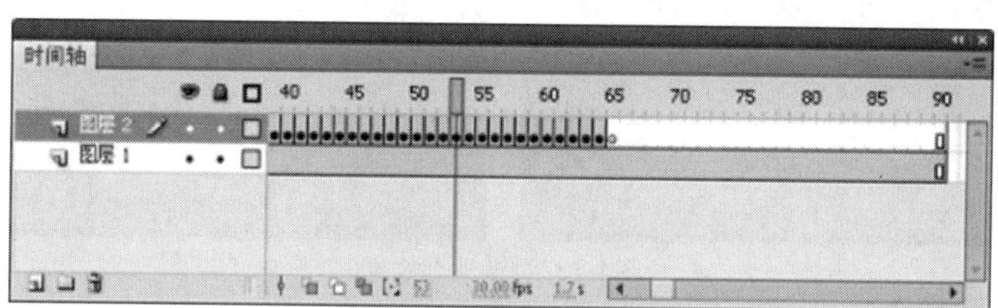

图4-80 导入序列图像效果

5 新建“图层3”，在第31帧位置按键盘上的F6插入关键帧，如图4-81所示。使用“文本工具”，设置“填充颜色”为白色，在画布中输入文字，如图4-82所示，选择输入的文字，执行两次“修改>分离”命令将文字转换为形状。

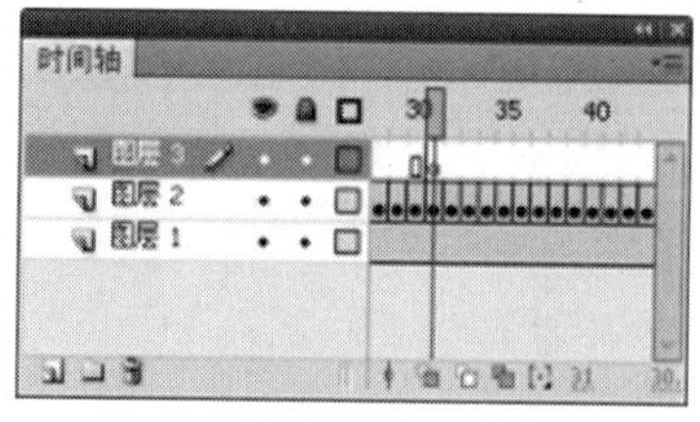

图4-81 插入关键帧

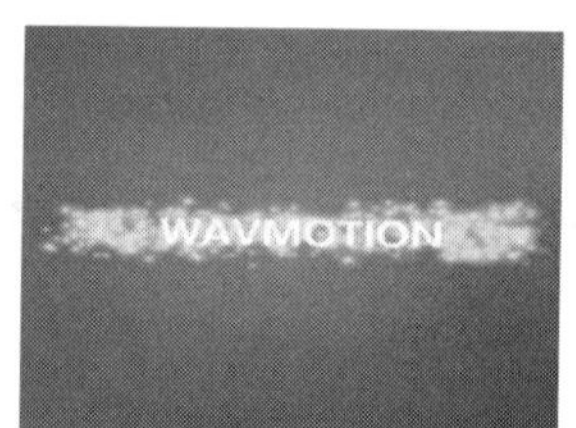

图4-82 输入文字

6 执行“修改>转换为元件”命令将文字形状转换为名称为“文字”的“图形”元件，如图4-83所示。在“属性”面板中的“色彩效果”下设置“文字”元件的样式为“Alpha”，值为0%，如图4-84所示。

图4-83 创建新元件

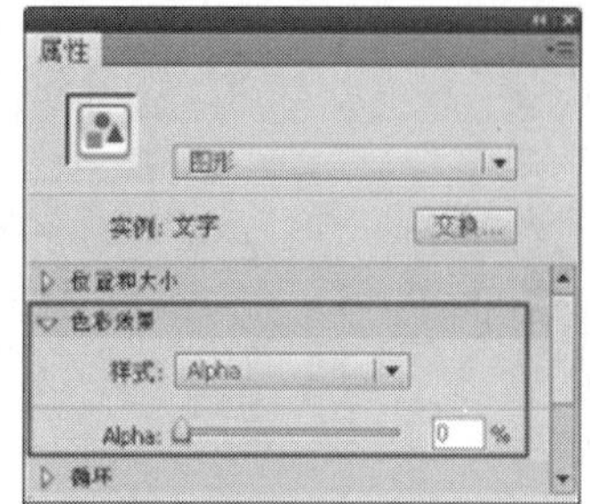

图4-84 设置元件属性

7 在第45帧插入关键帧并设置该帧上“文字”元件的样式为无，如图4-85所示。在“图层3”第31帧位置创建“传统补间动画”，如图4-86所示。

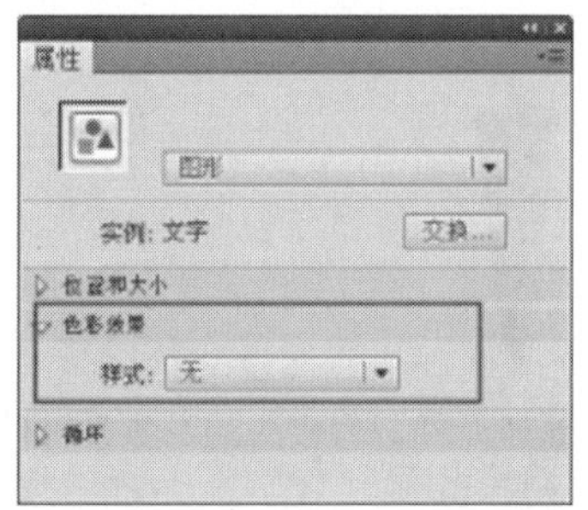

图4-85 设置元件属性

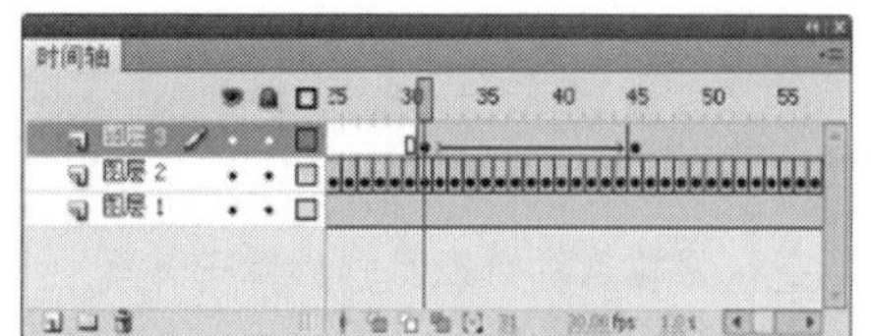

图4-86 创建传统补间

8 完成文字动画特效的制作，执行“文件>保存”命令，将动画保存为“4-11.fla”，测试动画效果如图4-87所示。

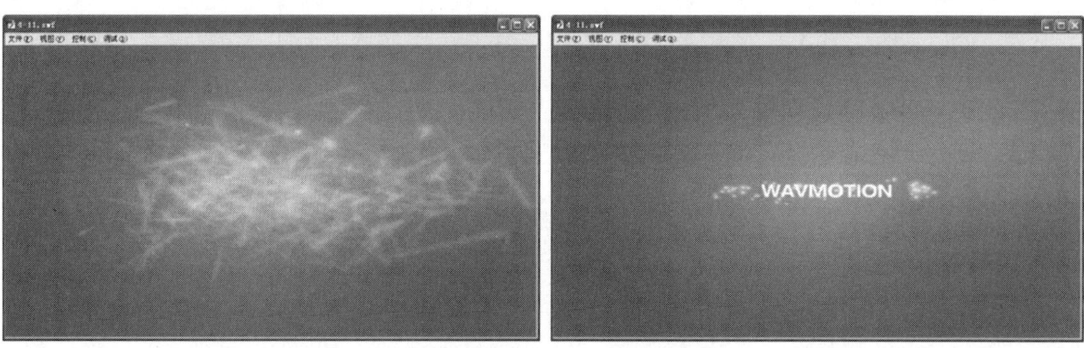

图4-87 测试动画效果

实例小结

本例主要应用了一些具有相同序列的图像制作出绚丽的文字特效，通过本实例的制作，读者需要掌握逐帧动画与传统补间动画之相互结合的方式。

4.12 制作饮品广告动画

案例文件 光盘\源文件\第4章\4-12.fla
视频文件 光盘\视频\第4章\4-12.swf
学习时间 18分钟

★★☆☆☆

制作要点

1. 将背景素材拖入到场景中并进行缩放操作。

2. 新建元件，将相应的图像素材导入场景。

3. 再次新建元件并导入图像序列以及其它元件。

4. 返回场景中，新建图层并拖入元件，完成最终效果。

第 5 章

绘制补间动画

在动画制作中不可能只使用一种动画类型来完成整个动画的制作，那样的动画会显得十分单一和枯燥。使用多种动画手法综合制作动画才是动画制作的常用手法，本章主要针对一种最常见的补间动画进行讲解，补间动画共有三种类型，分别是补间动画、补间形状和传统补间，这三种补间实质上是大同小异的，但在不同的动画效果中，也能给人意想不到的效果。

5.1 制作淡入淡出动画

案例文件　光盘\源文件\第5章\5-1.fla

视频文件　光盘\视频\第5章\5-1.swf

学习时间　10分钟

★☆☆☆☆

制作要点 >>>>>>>>>>

首先将所需图像素材都转换为元件，然后通过创建“传统补间”和设置Alpha值的方式制作淡入淡出动画。

思路分析 >>>>>>>>>>

本实例主要向读者讲解，利用“传统补间”动画实现一种淡入淡出的动画效果，通过实例的学习读者可以了解与掌握淡入淡出动画效果的制作方法与技巧，并对传统补间动画有了更深层地了解，测试动画效果如图5-1所示。

图5-1　测试动画效果

制作步骤 >>>>>>>>>>

1 执行“文件>新建”命令，新建一个Flash文档，如图5-2所示，新建文档后，单击“属性”面板上的“编辑”按钮 编辑... ，在弹出的“文档设置”对话框中进行设置，如图5-3所示，单击“确定”按钮。

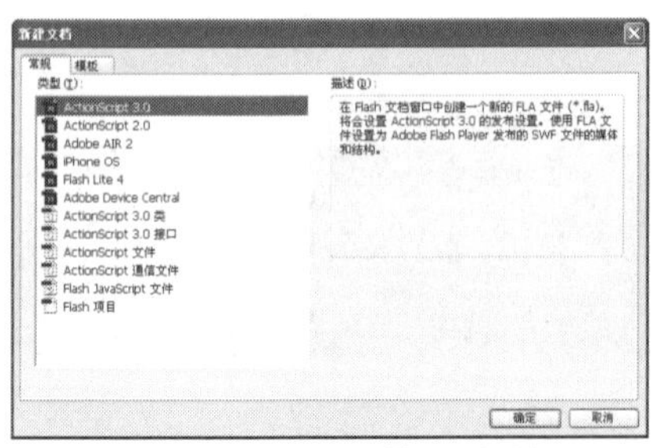
图5-2 “创建新文档”对话框

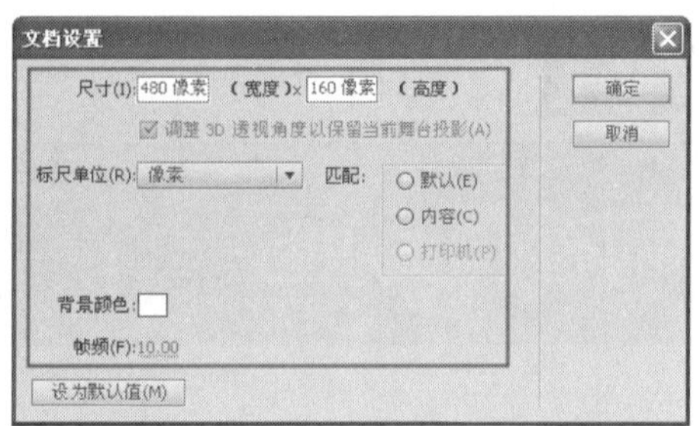
图5-3 设置“文档设置”对话框

2 执行“文件>导入>导入到舞台”命令，将图像“光盘\源文件\第5章\素材\5101.jpg”导入到场景中，如图5-4所示，按F8键将图像转换成“名称”为“图片1”的“图形”元件，如图5-5所示。

图5-4 导入图像

图5-5 转换元件

3 分别在第15帧、第20帧和第35帧处单击，依次按F6键插入关键帧，将第1帧和第35帧上元件的Alpha值设置为0%，元件效果如图5-6所示，并分别设置第1帧和第20帧上的“补间”类型为“传统补间”，在第175帧单击，按F5键插入帧，“时间轴”面板如图5-7所示。

图5-6 场景效果

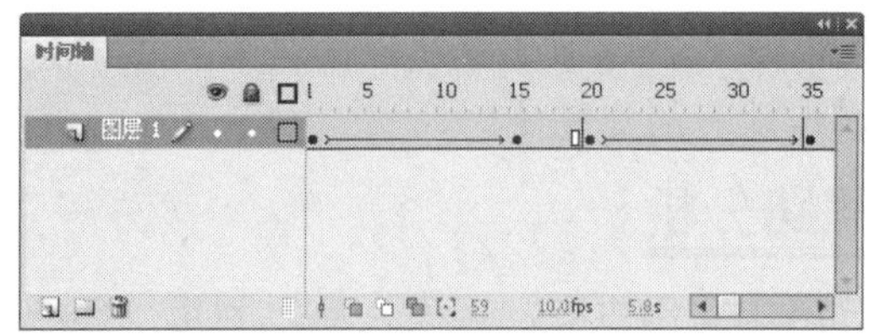
图5-7 “时间轴”面板

4 新建“图层2”，在第20帧处单击，按F7键插入空白关键帧，执行“文件>导入>导入到舞台”命令，将图像“光盘\源文件\第5章\素材\5102.jpg”导入到场景中，如图5-8所示，并按F8键将其转换成“名称”为“图片2”的“图形”元件，如图5-9所示。

图5-8 导入图像

图5-9 转换元件

提 示

在导入图像时要注意，每个图像的坐标一定要相同，否则会对动画造成很大影响。

5 分别在第35帧、第40帧和第55帧处单击，依次按F6键插入关键帧，依次将第20帧和第55帧上元件的Alpha值设置为0%，如图5-10所示，并分别设置第20帧和第40帧上的“补间”类型为“传统补间”，“时间轴”面板如图5-11所示。

图5-10　场景效果

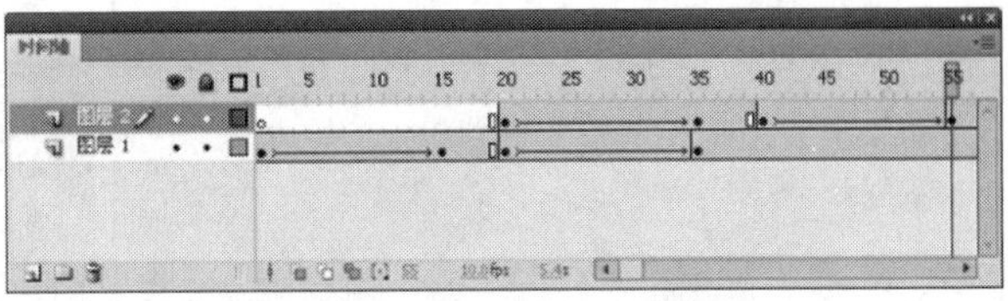

图5-11　“时间轴”面板

6 根据“图层1”和“图层2”的制作方法，制作出其他图层，“时间轴”面板如图5-12所示，新建“图层9”，使用“矩形工具”，在“属性”面板上设置“矩形边角半径”值为19，在场景中绘制圆角矩形，如图5-13所示。

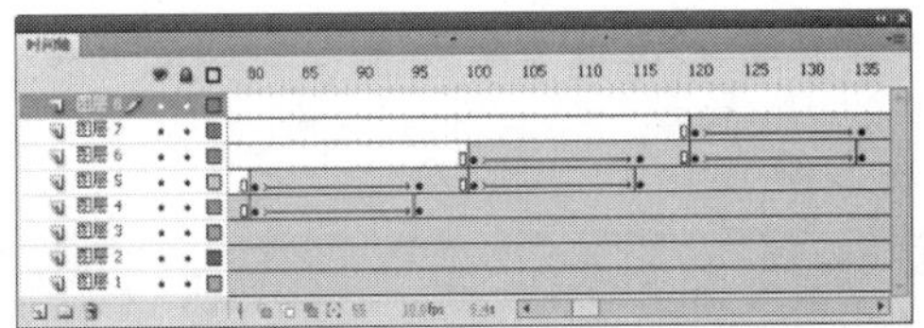

图5-12　“时间轴”面板

图5-13　绘制元件矩形

提　示

此处绘制的圆角矩形是因为后面要制作遮罩层，所以不用对圆角矩形做任何设置。

7 在“图层9”的“图层名称”上单击右键，在弹出的快捷菜单中选择“遮罩层”命令，如图5-14所示，在“图层7”上单击右键，在弹出的快捷菜单中选择“属性”命令，在弹出的“图层属性”对话框中，勾选“锁定”和“被遮罩”选项，利用相同的方法完成其他图层的制作，如图5-15所示。

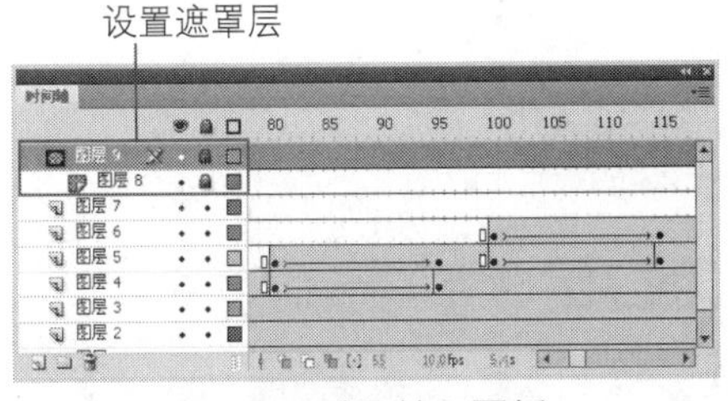

图5-14　“时间轴”面板

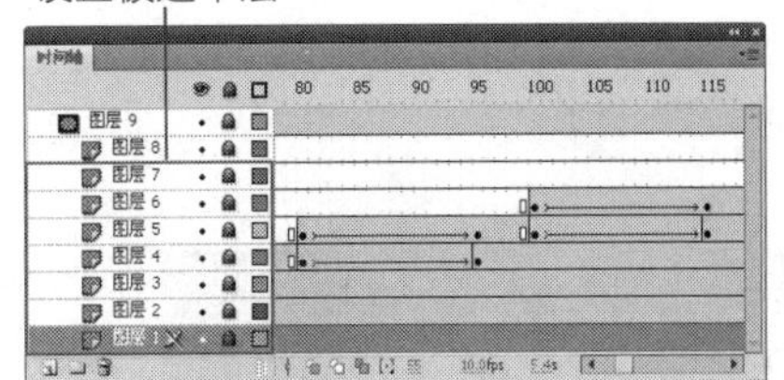

图5-15　“时间轴”面板

提　示

在这里设置遮罩层是为了让动画的画面看起来更加美观。

8 完成淡入淡出动画的制作，执行“文件>保存”命令，将动画保存为“5-1.fla”，测试动画效果如图5-16所示。

图5-16 测试动画效果

实例小结

本实例通过一个简单的传统补间动画，向读者讲解了一种淡入淡出的动画效果，在实例的制作中并没有制作繁琐的动画，只是制作了一些简单的、比较常用的动画，通过实例的学习读者不必将动画制作的很花俏，只要制作出动画的特点与要突出的主题就可以了。

5.2 制作海底珠宝动画

案例文件 光盘\源文件\第5章\5-2.fla
视频文件 光盘\视频\第5章\5-2.swf
学习时间 20分钟

★★☆☆☆

制作要点

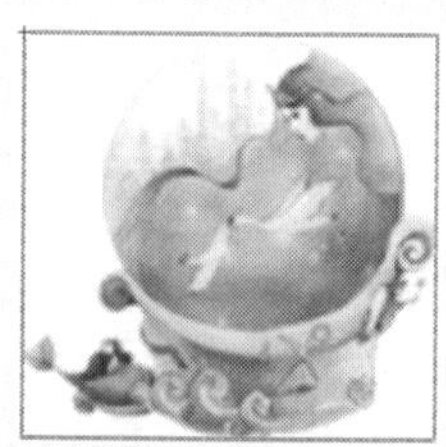

1. 新建元件，将图像素材导入到场景。

2. 新建图层，使用“椭圆工具”和“补间形状”完成过光动画。

3. 返回场景，将背景素材导入到场景。

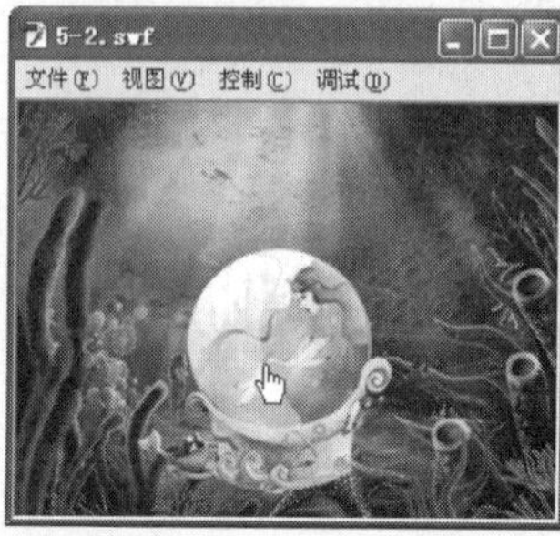

4. 新建图层，将元件拖入到场景，并设置脚本语言，最终完成动画的制作。

5.3 制作云彩飘动动画

案例文件 光盘\源文件\第5章\5-3.fla
视频文件 光盘\视频\第5章\5-3.swf
学习时间 18分钟

★★☆☆☆

制作要点

首先将所需图像导入到场景并转换成元件，然后使用“选择工具”对元件的位置做出适当调整，并创建“传统补间”完成效果。

思路分析

本节主要向读者讲解利用“传统补间”动画制作云彩飘动的动画，通过本实例的制作，读者对“传统补间”会有更深一层地了解，在制作过程中读者一定要掌握好时间差，以免影响动画效果，测试动画效果如图5-17所示。

图5-17 测试动画效果

制作步骤

1 执行“文件>新建”命令，新建一个Flash文档，如图5-18所示，新建文档后，单击“属性”面板上的“编辑”按钮 编辑... ，在弹出的“文档设置”对话框中进行设置，如图5-19所示，单击“确定”按钮。

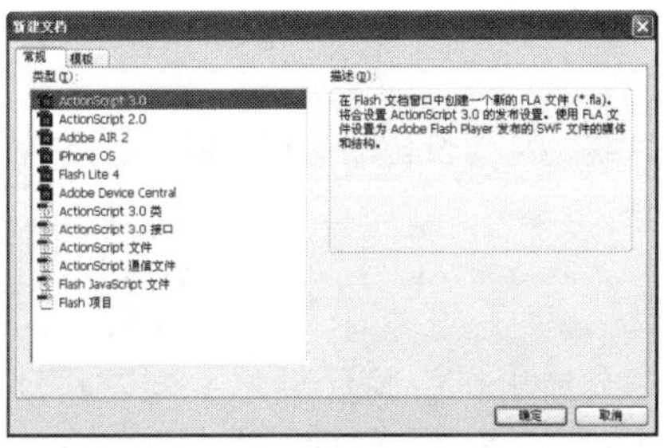

图5-18 “新建文档”对话框

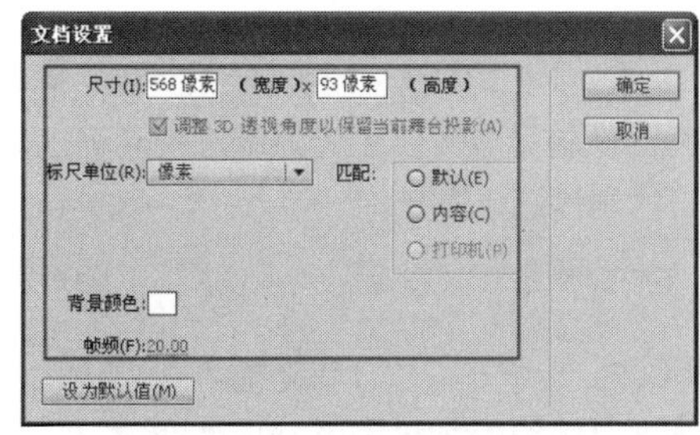

图5-19 “文档设置”对话框

2 使用“矩形工具”，在“属性”面板上设置“矩形边角半径”值为19，在场景中绘制圆角矩形，如图5-20所示，执行“窗口>颜色”命令，在“颜色”面板中设置“笔触颜色”值为无，“填充颜色”值为#52A5B7到#D6F4F6的“线性渐变”，如图5-21所示。

图5-20 绘制圆角矩形

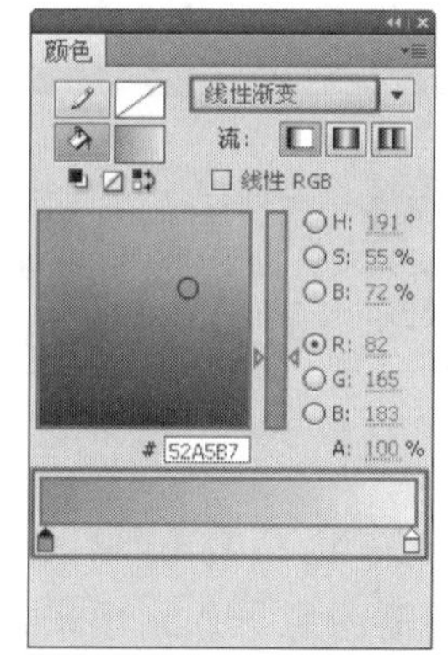

图5-21 “颜色”面板

3 使用“颜料桶工具”在圆角矩形上填充渐变，并使用“渐变变形工具”调整渐变的角度，如图5-22所示，在第700帧单击，按F5键插入帧。新建“图层2”，执行“文件>导入>导入到舞台”命令，将图像“光盘\源文件\第5章\素材\5401.jpg”导入到场景中，如图5-23所示。

图5-22 图形效果

图5-23 导入图像

4 新建“图层3”，将图像“5402.jpg”导入到场景中，如图5-24所示，并按F8键将其转换成“名称”为“云彩1”的“图形”元件，如图5-25所示。

图5-24 导入图像

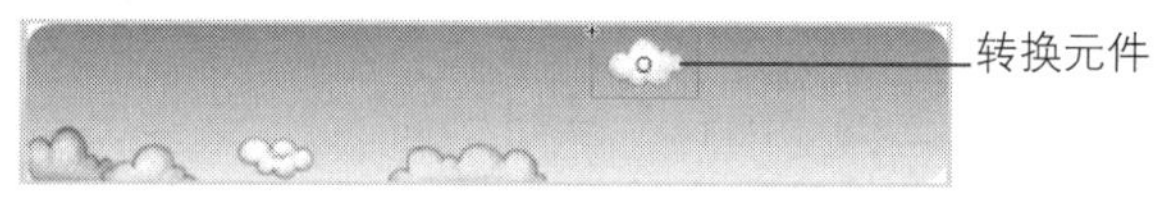

图5-25 转换元件

提 示

如果不将图像转换成需要的元件就进行动画的制作，系统会将图像自动生成为所需的元件，这样会对后面的制作造成混乱。

5 在第560帧处单击，按F6键插入关键帧，使用“选择工具”将元件水平向左移动，如图5-26所示，设置第1帧上的“补间”类型为“传统补间”。新建“图层4”，在第360帧处单击，按F7键插入空白关键帧，执行“窗口>库”命令，将“云彩1”元件从“库”面板中拖入到场景中，如图5-27所示。

图5-26 移动元件

图5-27 拖入元件

6 在第650帧处单击，按F6键插入关键帧，使用“选择工具”将元件水平向左移动，如图5-28所示，并设置第360帧上的“补间”类型为“传统补间”。“时间轴”面板如图5-29所示。

图5-28 移动元件

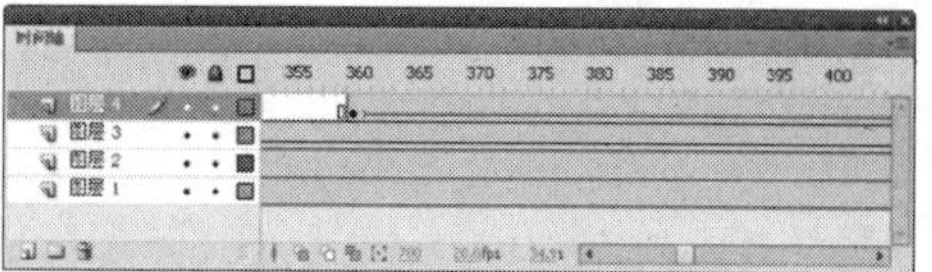
图5-29 “时间轴”面板

7 利用相同的方法，完成“图层5”、“图层6”和“图层7”的制作，“时间轴”面板如图5-30所示，场景效果如图5-31所示。

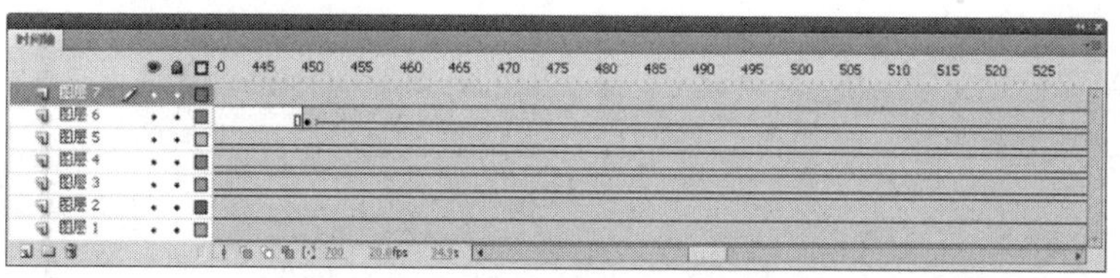
图5-30 “时间轴”面板

图5-31 场景效果

8 新建“图层8”，在第700帧处单击，按F6键插入关键帧，执行“窗口>动作”命令，在“动作-帧”面板中输入“stop ();”脚本语言。完成小男孩进入的动画制作，执行“文件>保存”命令，将动画保存为“5-3.fla”，测试动画效果如图5-32所示。

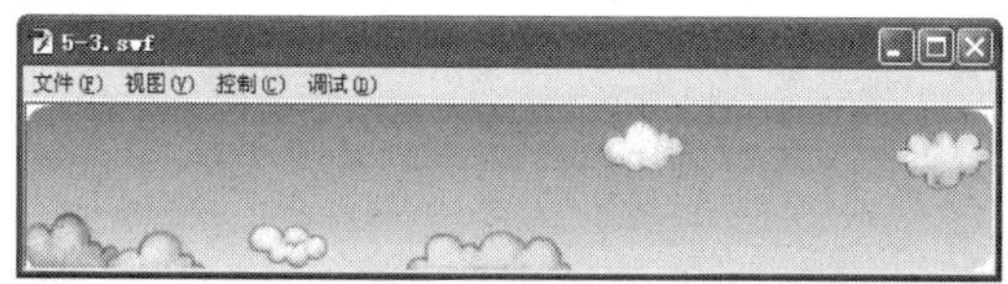

图5-32 测试动画效果

实例小结 ››››››››››

本实例通过一个简单的传统补间动画，向读者讲解了一种云彩飘动的动画效果，通过实例的学习读者一定会在“传统补间”上又有更多理解。

5.4 制作小鱼总动员动画

案例文件 光盘\源文件\第5章\5-4.fla
视频文件 光盘\视频\第5章\5-4.swf
学习时间 10分钟

难易程度 ★★☆☆☆

制作要点 〉〉〉〉〉〉〉〉〉〉

1. 新建“海豚”元件，将图像素材导入到场景，完成元件的制作。

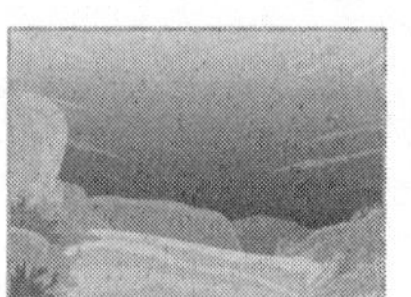

2. 返回场景，将背景图像素材导入到场景。

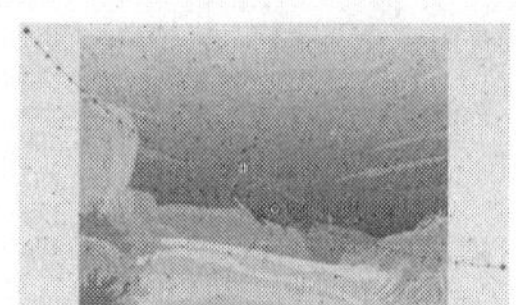

3. 新建图层，将相应的元件导入到场景，添加“补间动画”并调整其运动路径。

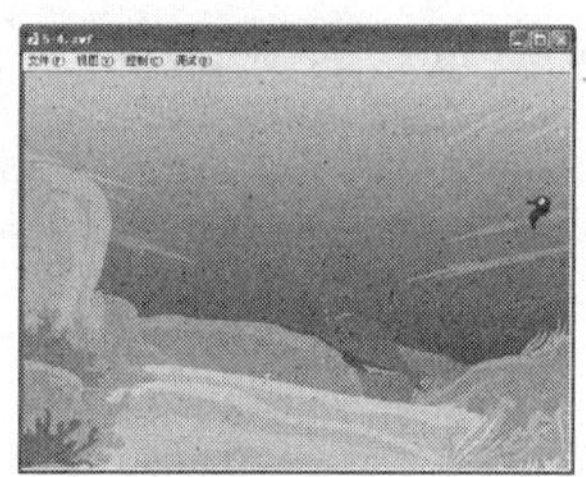

4. 利用相同的制作方法，将其他图像依次导入到场景，最终完成动画的制作。

5.5 制作旅游宣传动画

案例文件 光盘\源文件\第5章\5-5.fla
视频文件 光盘\视频\第5章\5-5.swf
学习时间 18分钟

难易程度 ★☆☆☆☆

制作要点 〉〉〉〉〉〉〉〉〉〉

首先完成背景的制作，依次将人物导入到场景转换成元件，并在“属性”面板上设置其“高级”选项值，最后添加“传统补间”。

思路分析

本节主要向读者讲解一种简单的动画手法，利用“传统补间”动画完成一个简单而又不失美观的旅游宣传动画，在制作过程中读者一定要注意元件的摆放位置和元件前后出现的时间差，测试动画效果如图5-33所示。

图5-33 测试动画效果

制作步骤

1 执行“文件>新建”命令，新建一个Flash文档，如图5-34所示，新建文档后，单击“属性”面板上的“编辑”按钮，在弹出的“文档设置”对话框中进行设置，如图5-35所示，单击“确定”按钮。

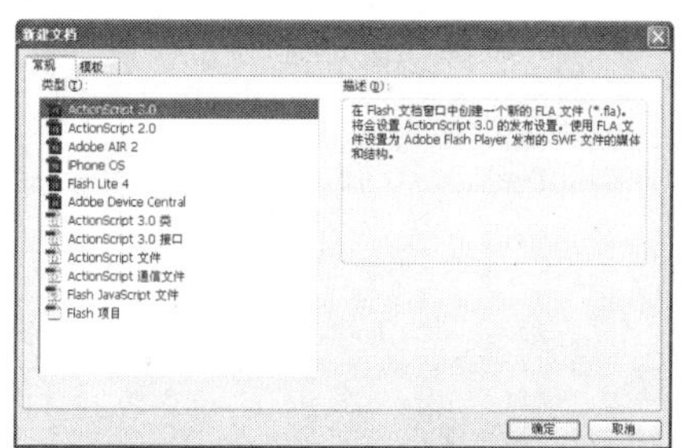

图5-34 “新建文档”对话框

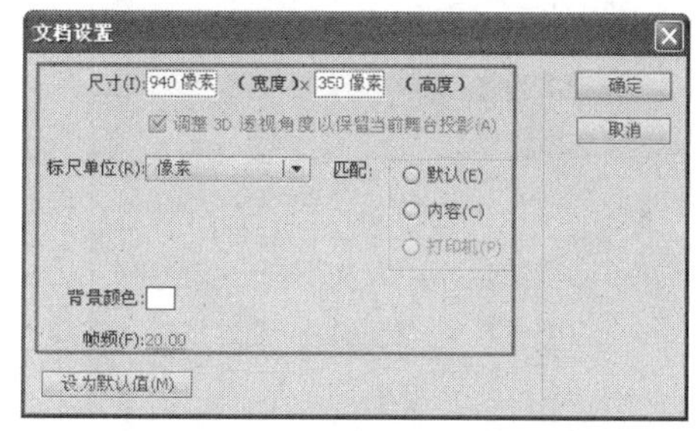

图5-35 “文档设置”对话框

2 执行“文件>导入>导入到舞台”命令，将图像“光盘\源文件\第5章\素材\5701.jpg”导入到场景，如图5-36所示，在第100帧插入帧。新建“图层2”，在第70帧处插入关键帧。将图像5707.png导入到场景，如图5-37所示，并将其转换成“名称”为“楼房”的“图形”元件。

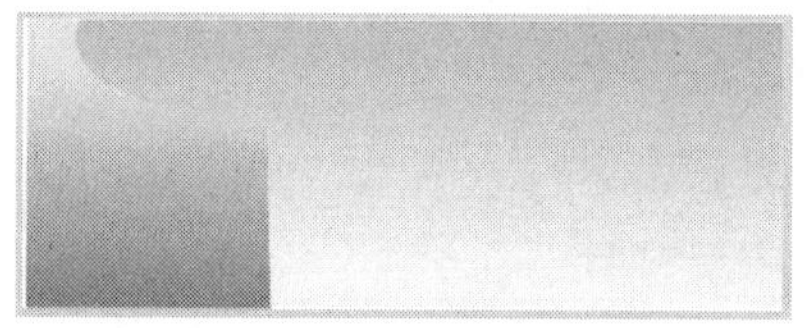

图5-36 导入图像

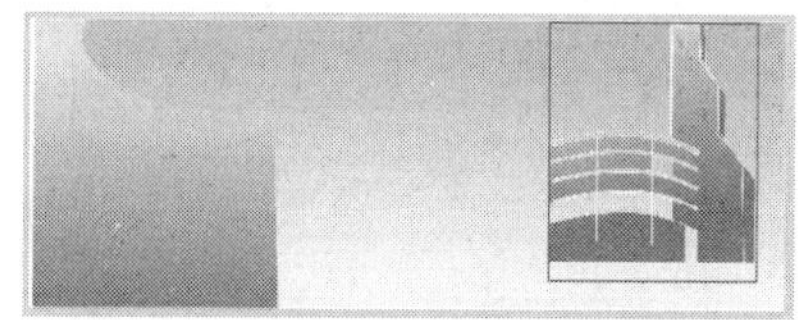

图5-37 导入图像

3 在第75帧的位置处插入关键帧，选择第1帧，设置其Alpha值为0%，如图5-38所示，并设置其“补间”类型为“传统补间”。根据“图层2”的制作方法，完成“图层3”和“图层4”的制作，效果如图5-39所示。

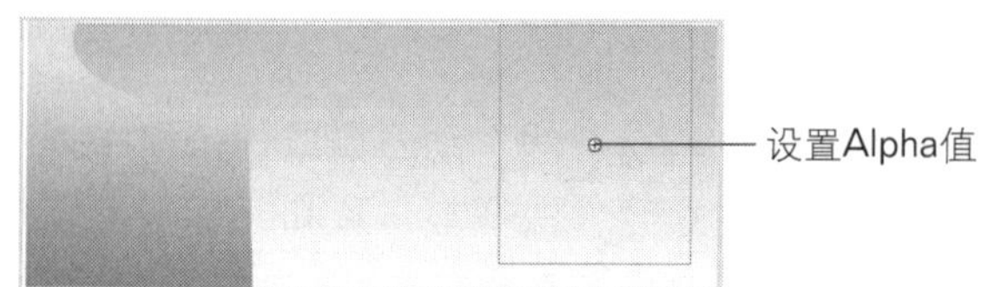

图5-38 设置Alpha值

图5-39 元件效果

4 新建“图层5”，在第20帧处插入关键帧，将图像“5703.png”导入到场景，如图5-40所示，并将其转换成“名称”为“人物2”的“图形”元件。分别在第35帧、第36帧、第37帧和第40帧处插入关键帧，使用“选择工具”将第35帧的元件移动到如图5-41所示位置。

图5-40 导入图像

图5-41 转换元件

5 选择第20帧上的元件，设置其Alpha值为0%，选择第36帧上的元件，在“属性”面板中进行设置，如图5-42所示，场景效果如图5-43所示。

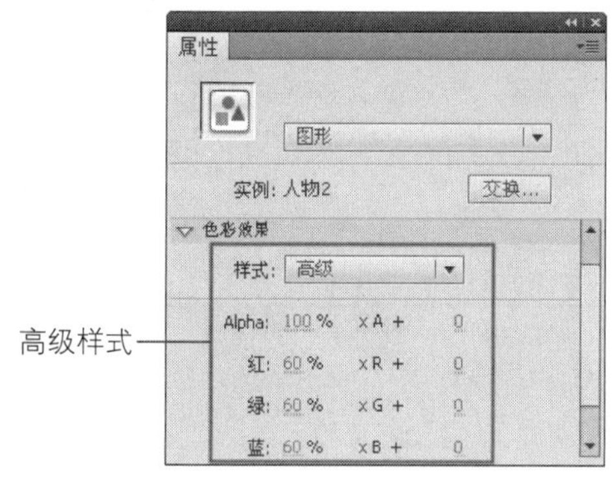

图5-42 “属性”面板

图5-43 元件效果

6 选择第37帧上的元件，在“属性”面板中进行设置，如图5-44所示。场景效果如图5-45所示，并设置第20帧的“补间”类型为“传统补间”。

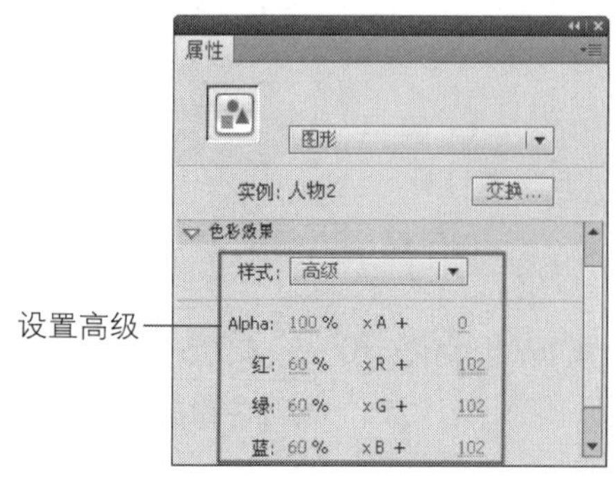

图5-44 “属性”面板

图5-45 元件效果

7 根据“图层5”的制作方法，完成“图层6”、“图层7”和“图层8”的制作，“时间轴”效果如图5-46所示，场景效果如图5-47所示。

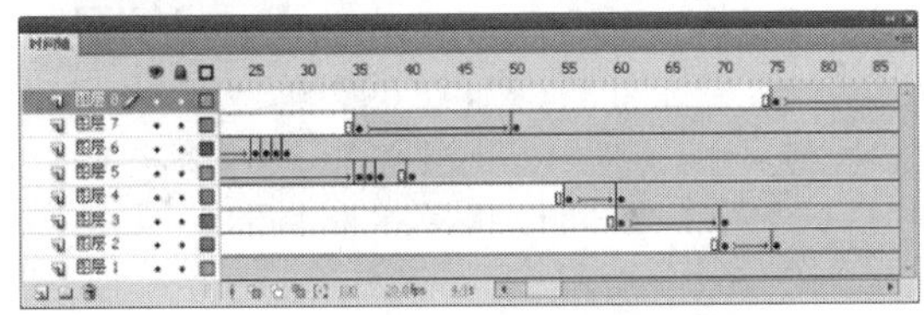
图5-46 “时间轴”效果

图5-47 场景效果

8 新建“图层9”，在第100帧处插入关键帧，在“动作-帧”面板中输入“stop ();”脚本语言，完成动画的制作，执行“文件>保存”命令，将动画保存为“5-5.fla”，测试动画效果如图5-48所示。

图5-48 测试动画效果

实例小结 ››››››››››

本实例制作一个旅游宣传动画，在本实例的制作过程中主要是通过传统补间动画来实现该动画效果，在制作传统补间动画的过程中对元件的相关属性进行设置，可以实现许多特殊的效果，在完成本实例的制作后，希望读者能够掌握通过设置元件属性制作传统补间动画的方法。

5.6 制作圣诞节宣传动画

★★☆☆☆

案例文件 光盘\源文件\第5章\5-6.fla

视频文件 光盘\视频\第5章\5-6.swf

学习时间 30分钟

制作要点 ››››››››››

1. 新建文档，将背景图像素材导入到场景。

2. 新建图层，将相应的图像素材导入到场景。

3. 新建图层，导入图像素材并将其转换成元件进行多次使用。

4. 新建图层，将文字图像素材导入到场景完成动画效果，最终完成动画的制作。

5.7 制作空中城堡动画

案例文件	光盘\源文件\第5章\5-7.fla
视频文件	光盘\视频\第5章\5-7.swf
学习时间	20分钟

难易程度 ★★☆☆☆

制作要点

首先完成背景的制作，将岛屿的图像导入到场景并转换成元件，使用“选择工具”调整每个元件的位置，设置其Alpha，最后添加“传统补间”完成制作。

思路分析

实例主要应用了传统补间动画来实现一种简单的淡出动画效果，在对实例的制作过程中读者要注意每个元件的摆放位置，达到美观即可，通过本实例的学习读者能掌握如何更好地利用传统补间实现动画效果，测试动画效果如图5-49所示。

图5-49 测试动画效果

制作步骤 ›››››››››››

1 执行“文件>新建”命令，新建一个Flash文档，如图5-50所示，单击“属性”面板上的“编辑”按钮，在弹出的“文档设置”对话框中进行设置，如图5-51所示，单击“确定”按钮。

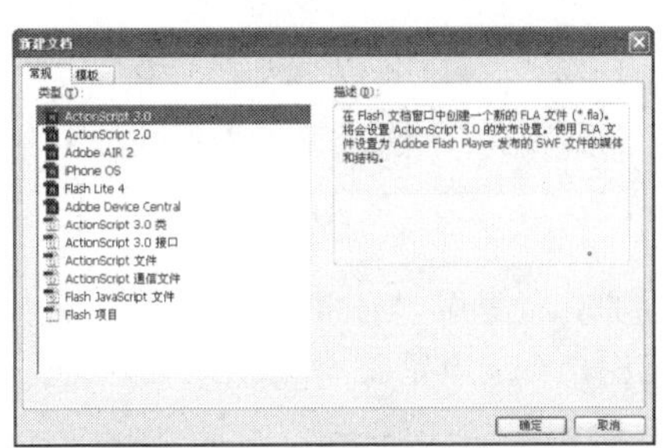

图5-50 “新建文档”对话框

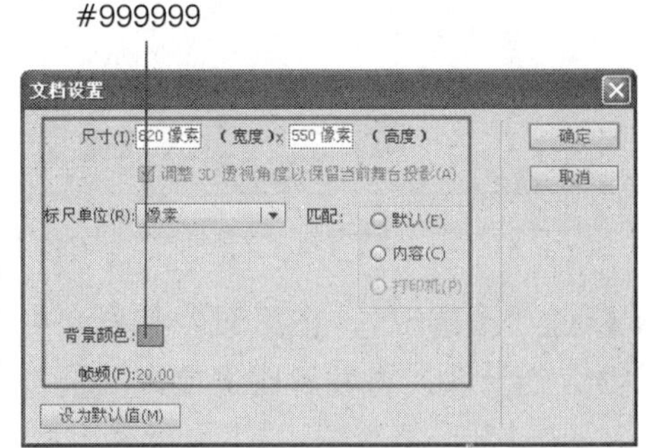

图5-51 “文档设置”对话框

2 执行“文件>导入>导入到舞台”命令，将图像“光盘\源文件\第5章\素材\51001.png”导入到场景，如图5-52所示，在第100帧位置处插入帧。新建“图层2”将图像“51005.png”导入到场景，如图5-53所示，并将其转换成“名称”为“岛屿1”的“图形”元件。

图5-52 导入图像

图5-53 导入图像

3 在第15帧位置处插入关键帧，使用“选择工具”将元件水平向下移动，如图5-54所示。选择第1帧上的元件，设置其Alpha值为0%，效果如图5-55所示，并设置其“补间”类型为“传统补间”。

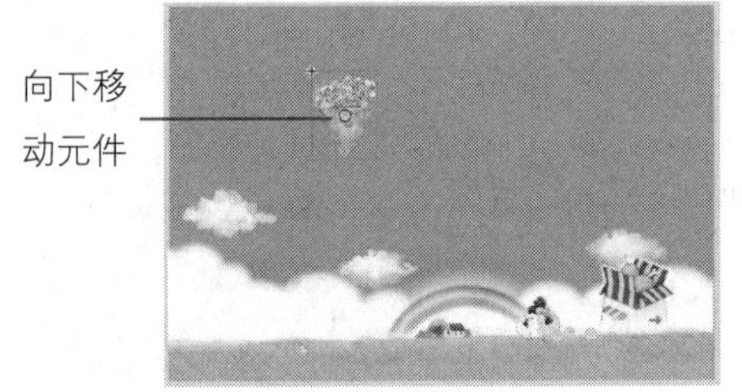

图5-54 移动元件

设置Alpha值

图5-55 元件效果

4 根据“图层2”的制作方法，完成“图层3”、“图层4”和“图层5”的制作，“时间轴”效果如图5-56所示，场景效果如图5-57所示。

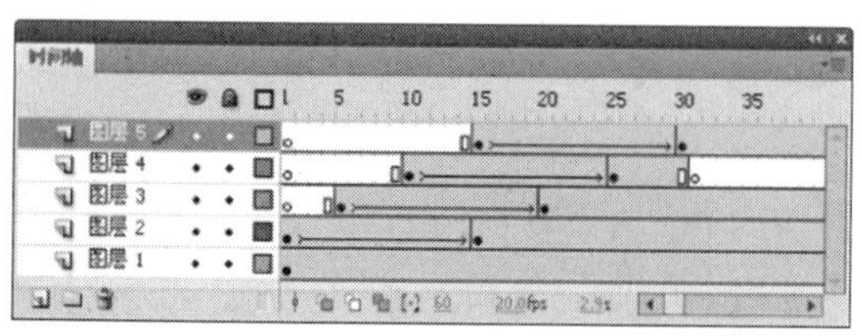

图5-56 “时间轴”面板

图5-57 场景效果

5 新建“图层6”，在第31帧和第“46帧”处插入关键帧，使用“任意变形工具”选择第46帧上的元件，将其等比例放大并调整位置，如图5-58所示，为第31帧添加补间动画，选择“图层1”，将“图层1”拖至最上层，“时间轴”面板如图5-59所示。

图5-58 放大元件

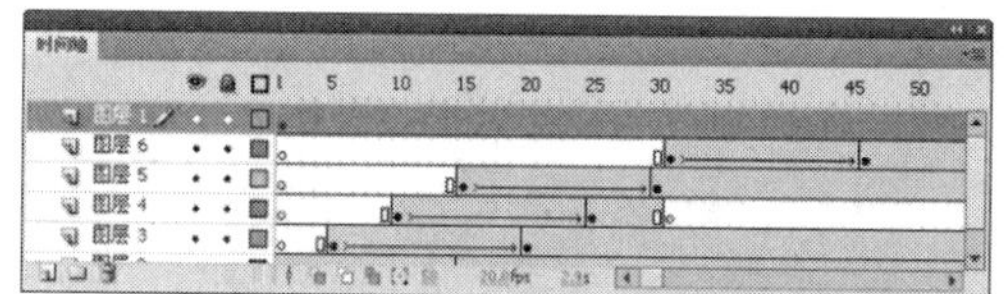

图5-59 “时间轴”面板

技巧 在对图像进行等比例放大时如果没有恰当的方法是很难完成的，在拖动鼠标时可以同时按住Shift键，这样就可以将图像等比例放大了。

6 完成动画的制作，执行“文件>保存”命令，将动画保存为“5-7.fla”，测试动画效果如图5-60所示。

图5-60 测试动画效果

实例小结

本实例主要利用了4个元件，分别摆放在不同的层和不同的帧上，再指定好元件出场的先后顺序，创建传统补间完成动画效果的制作，通过学习读者能够熟练地完成元件出场顺序的制作，从而完成动画的制作。

5.8 制作节日动画

案例文件 光盘\源文件\第5章\5-8.fla
视频文件 光盘\视频\第5章\5-8.swf
学习时间 10分钟

★☆☆☆☆

制作要点

1. 新建元件，将相应的图像素材导入到场景，完成元件的制作。

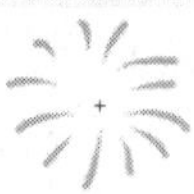

2. 再次新建元件，将图像素材导入到场景，完成元件的制作。

3. 返回场景，将背景图像素材导入到场景。

4. 新建图层，将相应的元件和图像导入到场景，最终完成动画的制作。

5.9 制作氢气球动画

案例文件 光盘\源文件\第5章\5-9.fla

视频文件 光盘\视频\第5章\5-9.swf

学习时间 20分钟

★☆☆☆☆

制作要点

首先完成基本元件的制作，返回到场景，导入背景图像，拖入元件调整位置，创建传统补间，完成动画的制作。

思路分析

本实例主要讲解一种简单的传统补间动画效果，首先将相应的素材导入到场景，完成基本元件动画的制作，然后返回到场景，将背景图像导入到场景，再从“库”面板将相应的元件依次拖入到场景，最后创建传统补间完成动画效果，测试动画效果如图5-61所示。

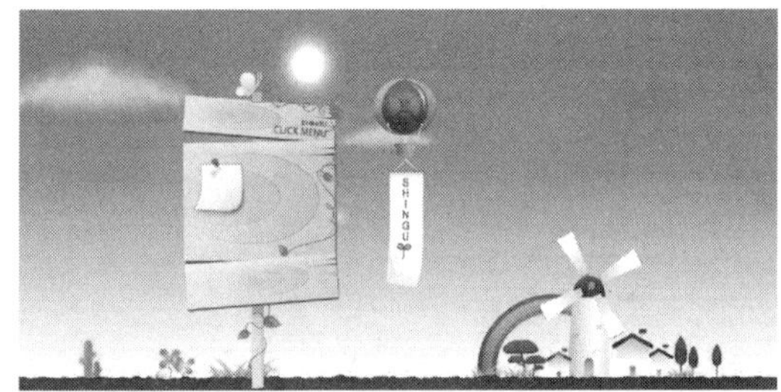

图5-61 测试动画效果

制作步骤

1 执行“文件>新建”命令，新建一个Flash文档，如图5-62所示，新建文档后，单击“属性”面板上的“编辑”按钮，在弹出的“文档设置”对话框中进行设置，如图5-63所示，单击“确定”按钮。

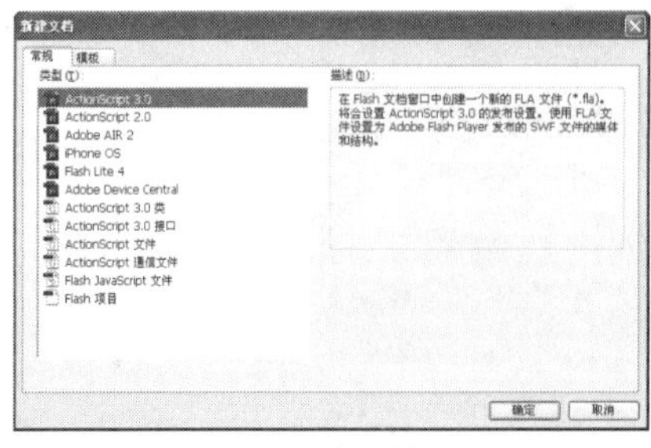

图5-62 “新建文档”对话框

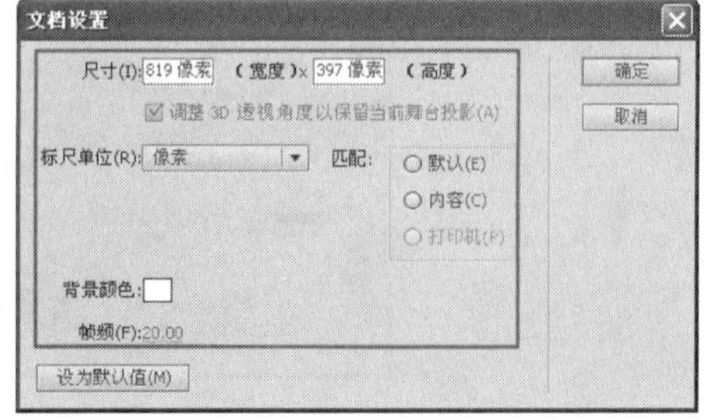

图5-63 “文档设置”对话框

2 新建“名称”为“风车动画”的“影片剪辑”元件，执行“文件>导入>导入到舞台”命令，将图像“光盘\源文件\第5章\素材\51304.jpg”导入到场景中，如图5-64所示，并按F8键将其转换成“名称”为“风车”的“图形”元件，如图5-65所示。

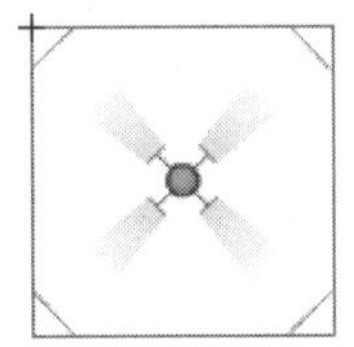

图5-64 导入图像

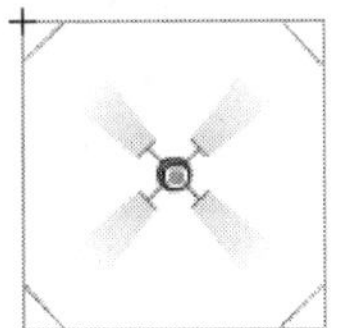

图5-65 转换元件

3 在第100帧处插入关键帧，设置第1帧上的“补间”类型为“传统补间”，并在“属性”面板上设置“旋转”为“顺时针”，如图5-66所示。利用相同的方法，完成“气球动画”元件的制作，效果如图5-67所示。

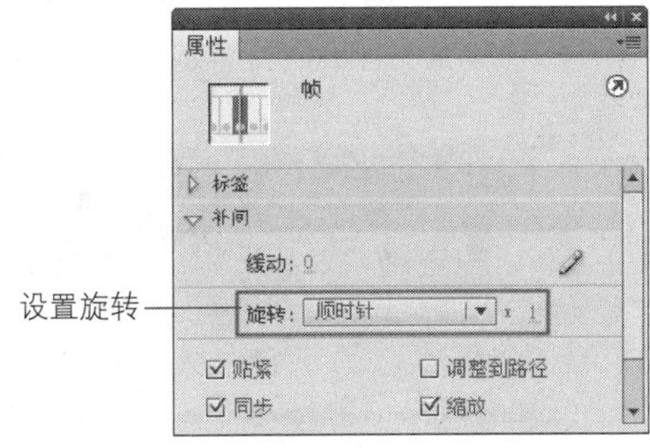

图5-66 “属性”面板

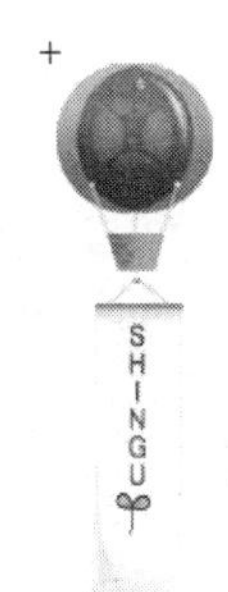

图5-67 元件效果

4 返回到“场景1”的编辑状态，将图像51301.jpg导入到场景中，如图5-68所示，在第680帧处插入帧。新建“图层2”，将图像51302.png导入到场景中，并将其转换成“名称”为“云彩”的“图形”元件，如图5-69所示。

图5-68 导入图像

图5-69 转换元件

5 分别单击第560帧、第561帧和第680帧，依次按F6键插入关键帧，使用“选择工具”，将第560帧上的元件移动到如图5-70所示位置，设置其Alpha值为0%。将第561帧上的元件移动到如图5-71所示位置，并为第1帧和第561帧 添加“补间动画”。

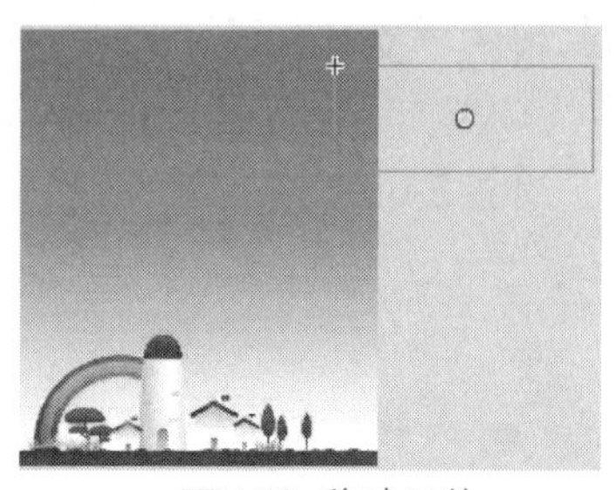

图5-70 移动元件

图5-71 移动元件

提 示

在移动元件时可以在使用“选择工具”选中元件后同时按住Alt键和需要移动方向的方向键。

6 根据“图层2”的制作方法，完成“图层3”和“图层4”的制作，如图5-72所示。新建“图层5”，执行“窗口>库”命令，将“库”面板中的“气球”元件拖入到场景，如图5-73所示。

图5-72 场景效果

图5-73 拖入元件

7 分别在第355帧和第640帧处单击，依次按F6键插入关键帧，使用“选择工具”，将第355帧上的元件向左上方移动，如图5-74所示，并为“第1帧”和第“355帧”添加“补间动画”。新建“图层7”，将“风车动画”从“库”面板拖入到场景，如图5-75所示。

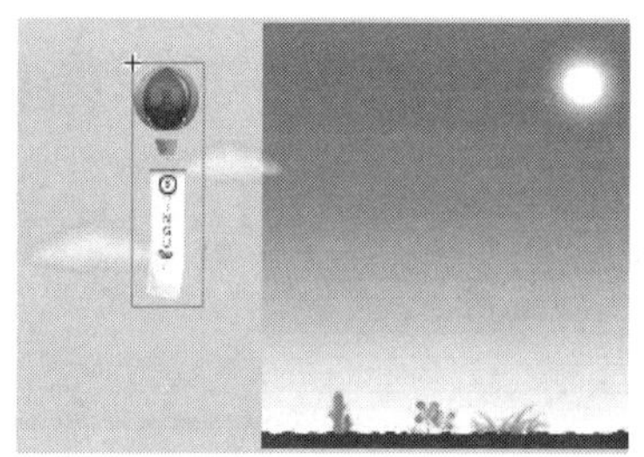

图5-74 移动元件

图5-75 拖入元件

8 新建“图层8”，将图像51305.png导入到场景中，如图5-76所示，完成动画的制作，执行“文件>保存”命令，将动画保存为“5-9.fla”，测试动画效果如图5-77所示。

图5-76　导入图像

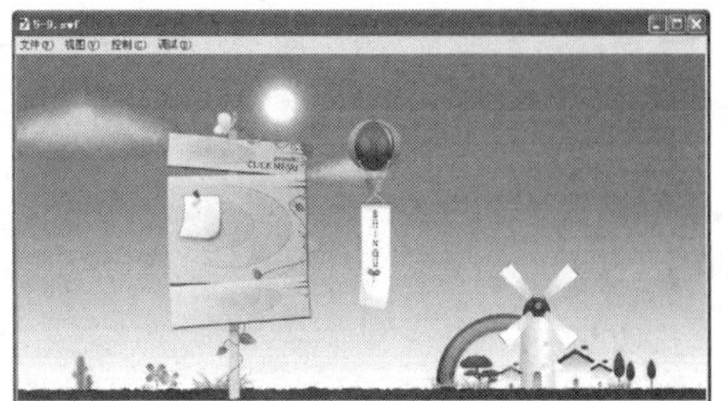

图5-77　测试动画效果

实例小结

本实例主要讲解了一种利用传统补间实现的简单动画效果，通过调整在不同图层上帧的位置，将元件的出场顺序进行编排，完成最终的动画效果。

5.10　制作楼盘宣传动画

案例文件	光盘\源文件\第5章\5-10.fla
视频文件	光盘\视频\第5章\5-10.swf
学习时间	30分钟

难易程度 ★★☆☆☆

制作要点

城中豪宅

绝版尊贵水岸生活

也许是最超值的……

1.新建元件，使用“文本工具”在场景中输入文字，完成元件的制作。

2.利用相同的方法，完成其他元件的制作，返回场景，将背景素材导入到场景，并完成动画效果的制作。

3.新建“图层3”，将“水波动画”元件拖入到场景，完成动画效果。

4.利用相同的方法，将其他元件和素材依次拖入到场景，最终完成动画的制作。

 5.11 制作楼盘网站开场动画

案例文件 光盘\源文件\第5章\5-11.fla

视频文件 光盘\视频\第5章\5-11.swf

学习时间 25分钟

★★☆☆☆

制作要点

在Flash动画设计中，将图像、文字等对象打散为图形是一种比较常见的操作步骤，通过打散可以大大降低文档的尺寸，本小节就将为读者进行讲解。

思路分析

本实例在制作时首先在画布中绘制带有圆角效果的渐变矩形，之后将同一个元件以不同次序在场景中播放，使动画在播放时具有鲜明的层次感，完成动画的制作，测试动画效果如图5-78所示。

图5-78 测试动画效果

制作步骤

1 执行“文件>新建”命令，新建一个Flash文档，如图5-79所示，新建文档后，单击“属性”面板上的“编辑”按钮，在弹出的“文档设置”对话框中进行设置，如图5-80所示，单击“确定”按钮，完成“文档属性”的设置。

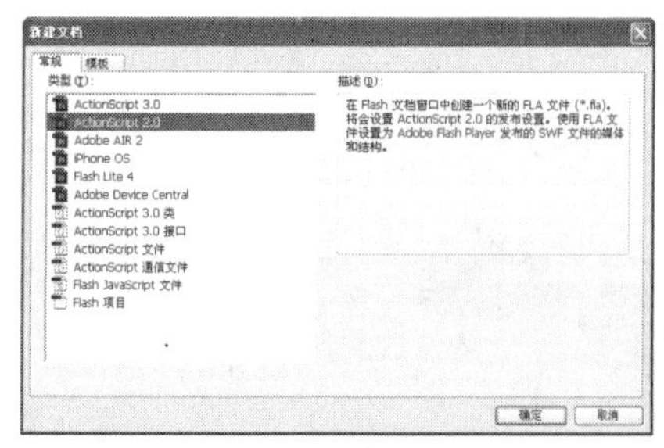

图5-79 “新建文档”对话框

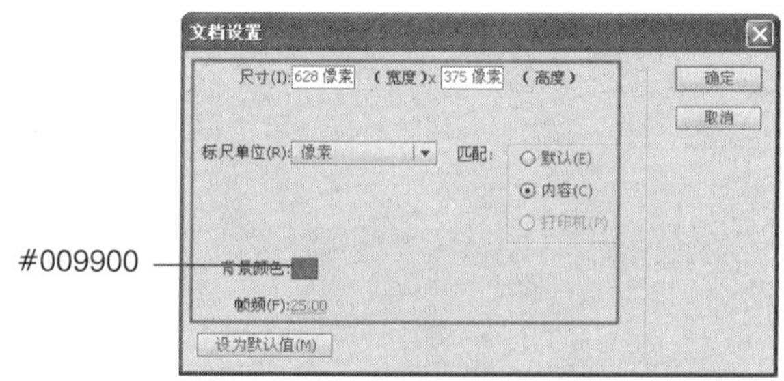

图5-80 “文档设置”对话框

2 使用“矩形工具”，在“属性”面板中设置“矩形边角半径”为15，在“颜色”面板中设置“填充颜色”如图5-81所示。在场景中绘制矩形，使用“渐变变形工具”改变矩形渐变方向，效果如图5-82所示。

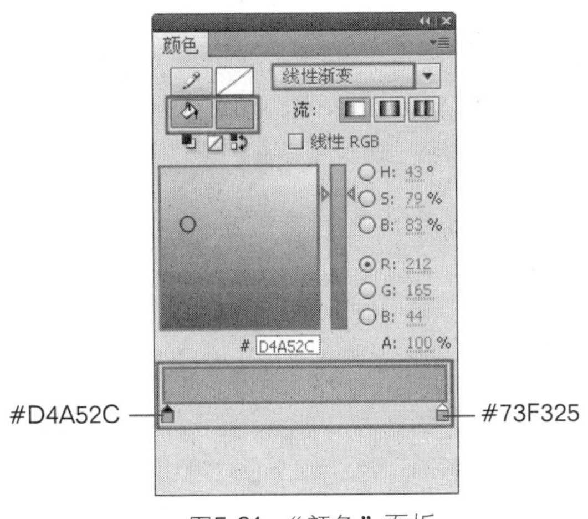

图5-81 “颜色”面板

图5-82 渐变效果

3 选择绘制的矩形，执行“修改>转换为元件”命令，弹出“转换为元件”对话框，设置如图5-83所示。在第219帧处插入帧，完成“图层1”的制作。新建“图层2”，将图像“光盘\源文件\第5章\素材\ 141401.png”导入到场景中，如图5-84所示。

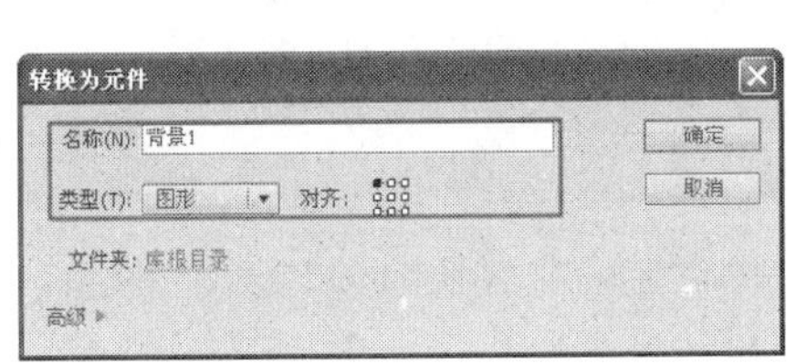

图5-83 “转换为元件”对话框

图5-84 导入图像

4 选择导入的图像，执行“修改>分离”命令将图像分离，如图5-85所示。将分离图像转换名称为“楼房”的“图形”元件，在第5、10帧处插入关键帧，选择第5帧上的元件，“属性”面板中的设置如图5-86所示。

图5-85 分离图像

图5-86 “属性”面板

5 设置完成后，元件效果如图5-87所示。在1~5帧、5~10帧之间创建传统补间动画，如图5-88所示。利用相同的方法，完成该层中其他帧上元件效果的制作。

图5-87 元件效果

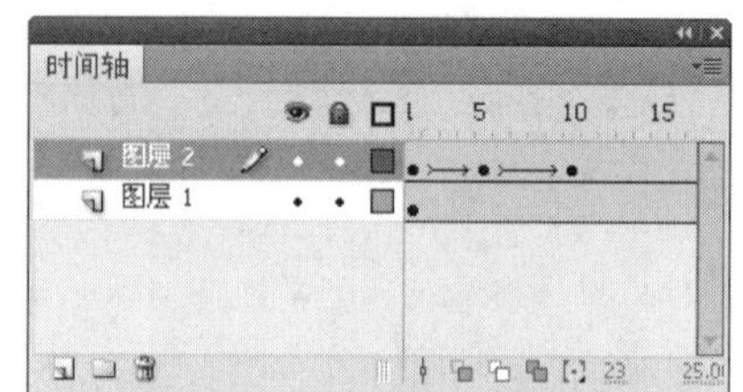

图5-88 “时间轴”面板

6 利用相同的方法，完成“图层3”、“图层4”中内容的制作，效果如图5-89所示。新建“图层5”，在第34帧处插入关键帧，使用“文本工具”在画布中输入文字，如图5-90所示。执行两次“修改>分离”命令将文字打散，将文字转换为“文字2”的“图形”元件。

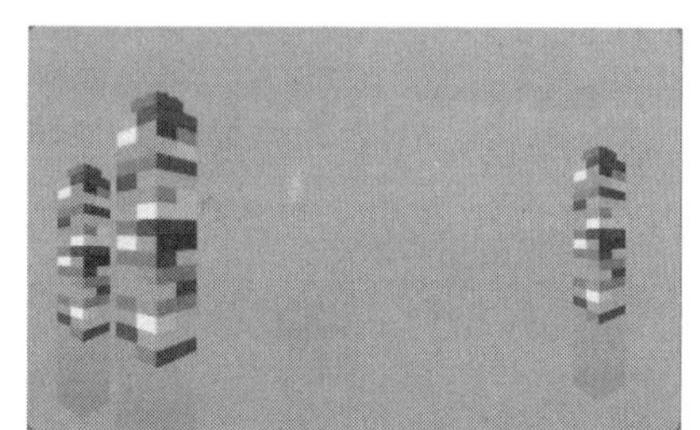

图5-89 元件效果

图5-90 输入文字

> **提 示**
>
> 这里执行两次“打散”命令，第一次打散是将整段文字打散为一个个单独的文字，第二次打散是将单独的文字彻底打散为图形。

7 在第70帧处插入关键帧，选择第34帧上的“文字2”元件，在“属性”面板中设置“色彩效果”如图5-91所示。在第34~70帧之间创建传统补间动画，如图5-92所示。利用相同的方法，完成“图层5”中其他内容的制作。

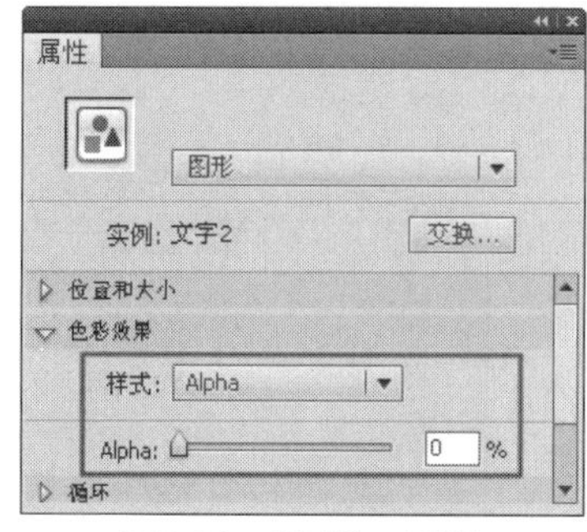

图5-91 “属性”面板

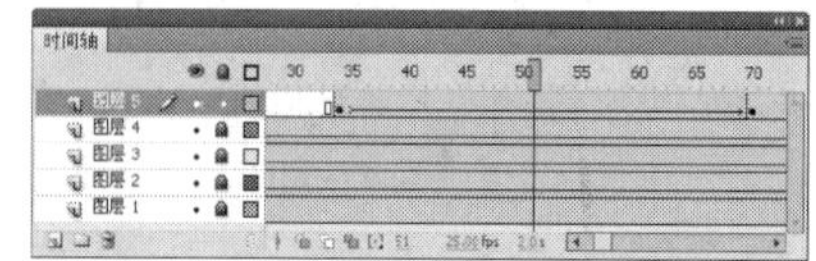

图5-92 “时间轴”面板

8 利用相同的方法，完成“图层6”、“图层7”以及“图层8”的制作，“时间轴”面板的显示如图5-93所示。

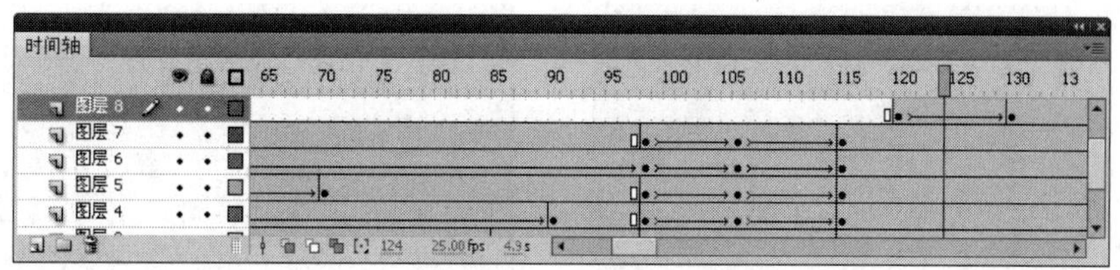

图5-93 “时间轴”面板

9 执行“文件>导入>打开外部库”命令，将素材“光盘\源文件\第5章\素材\素材5-11.fla”导入，如图5-94所示。新建“图层9”，在第130帧插入关键帧，将外部库中的“花纹组”元件拖入到场景中并使用“任意变形工具”调整元件大小，如图5-95所示。

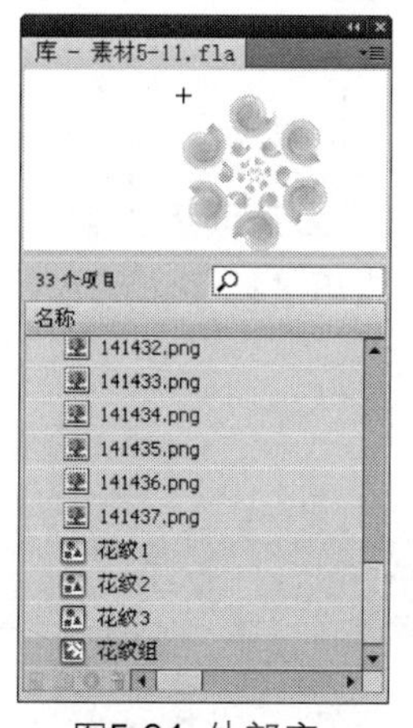

图5-94 外部库

图5-95 元件位置

10 在第141帧处插入关键帧，使用“任意变形工具”对元件进行旋转并放大操作，效果如图5-96所示。在第146、150帧插入关键帧，在第146帧设置元件属性，如图5-97所示。

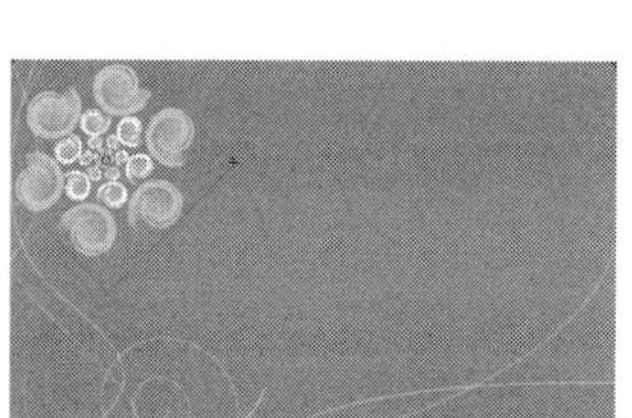

图5-96 元件效果

图5-97 “属性”面板

11 在第130~141帧、141~146帧以及146~150帧之间创建传统补间动画，如图5-98所示。利用相同的方法，完成“图层9”中其他帧上的效果的制作。完成“图层10”中元件效果的制作，如图5-99所示。

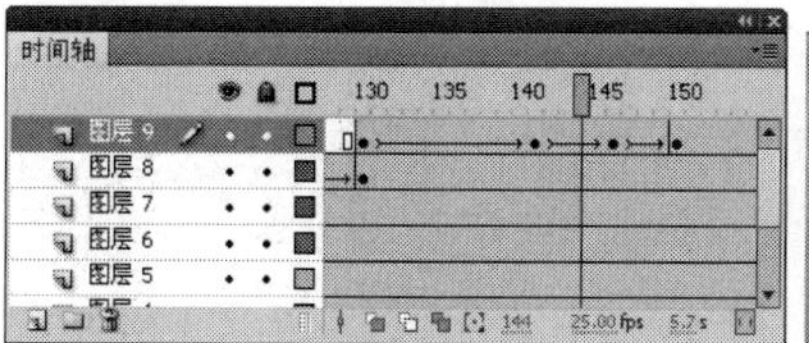

图5-98 “时间轴”面板

图5-99 元件效果

12 完成动画的制作，执行“文件>保存”命令，将动画保存为“5-11.fla”，测试动画效果如图5-100所示。

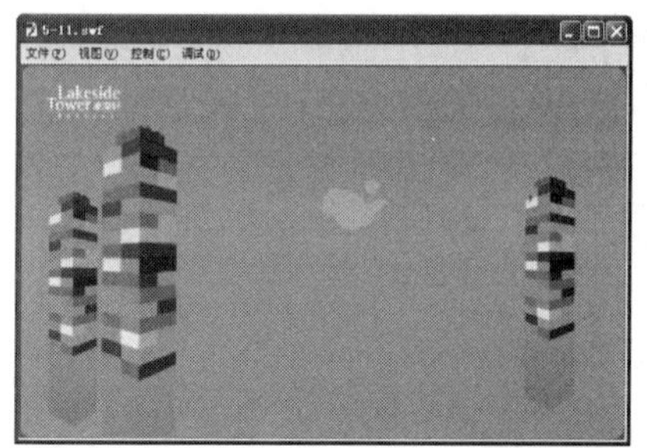

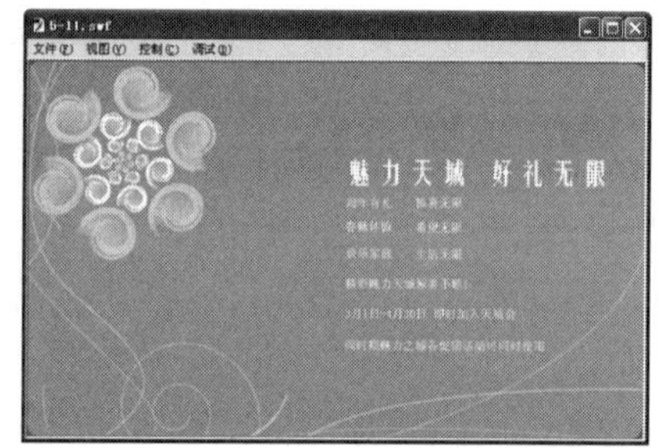

图5-100 测试动画效果

实例小结

本实例通过一个楼盘网站开场动画为读者讲解了楼盘动画在制作时需要注意的一些事项，并且对一些操作方面的实用小技巧进行了详细说明。

5.12 制作阳光下的浪漫动画

案例文件 光盘\源文件\第5章\5-12.fla
视频文件 光盘\视频\第5章\5-12.swf
学习时间 10分钟

★☆☆☆☆

制作要点

1. 新建元件，将素材图像导入到场景中。
2. 制作阳光闪烁的传统补间动画。
3. 完成元件的制作并导入到主场景中，完成动画的制作。

第 6 章

路径跟随动画

让动画按照规定好的路径运动，是一种很常见的动画效果，这种动画被称之为路径跟随动画，在制作此类动画时最关键的就是要对引导层的使用和理解，本章主要针对此类动画进行讲解，在通过本章的学习后，相信读者一定能够更好地掌握有关于路径跟随动画的制作方法和实现不同动画效果的方法。

6.1 制作过山车动画

案例文件　光盘\源文件\第6章\6-1.fla
视频文件　光盘\视频\第6章\6-1.swf
学习时间　10分钟

★☆☆☆☆

制作要点

首先将相应的素材导入到场景，再创建引导层并绘制引导线，然后对元件进行相应的设置完成制作。

思路分析

本实例主要向读者讲解利用传统运动路径创建简单的路径跟随动画，通过实例的学习读者可以了解与掌握如何在动画中更好地利用传统运动路径，并对路径引导动画有更深层次地了解，如图6-1所示。

图6-1　测试动画效果

制作步骤

1 执行“文件>新建”命令，新建一个Flash文档，如图6-2所示，单击“属性”面板上的“编辑”按钮 编辑... ，在弹出的“文档设置”对话框中进行设置，如图6-3所示，单击“确定”按钮。

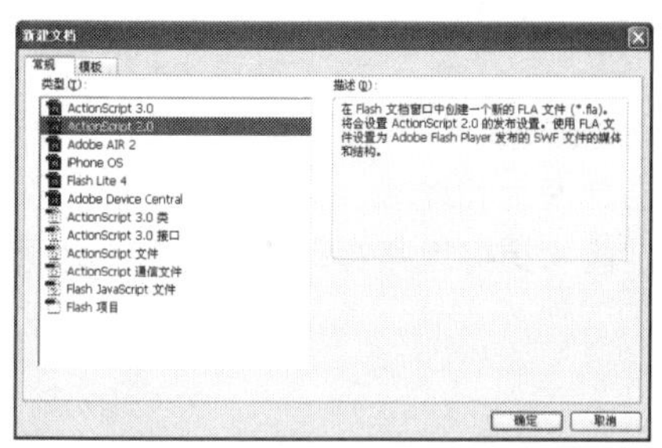

图6-2 “新建文档”对话框

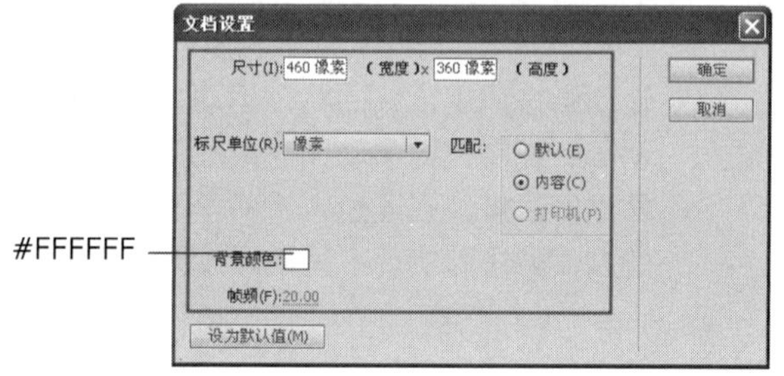

图6-3 “文档设置”对话框

2 将图像“光盘\源文件\第6章\素材\6101.png”导入到场景中，如图6-4所示，在第75帧处插入帧。新建“图层2”，将图像6102.png导入到场景中，如图6-5所示。

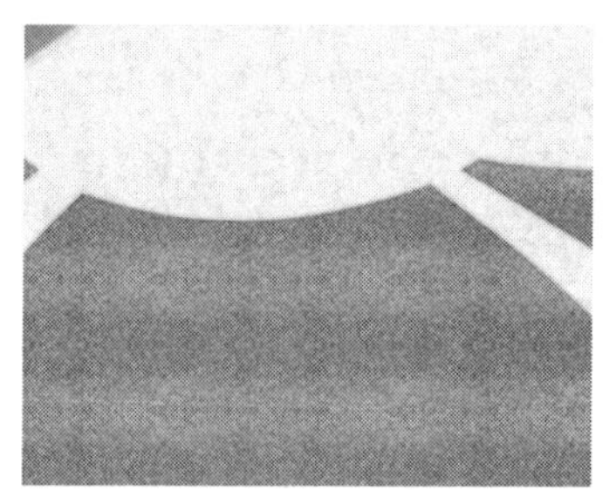

图6-4 导入图像

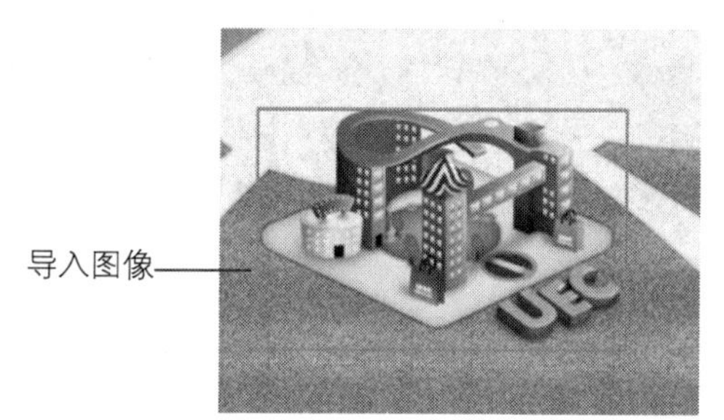

图6-5 导入图像

3 新建“图层3”，将图像6103.png导入到场景中，如图6-6所示，并将其转换成“名称”为“人物1”的“图形”元件。分别在第10帧和第35帧处插入关键帧，使用“选择工具”，将第35帧上的元件移动到如图6-7所示位置。

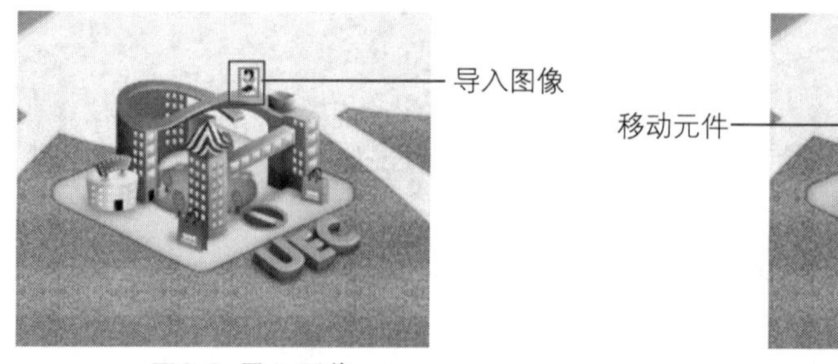

图6-6 导入图像

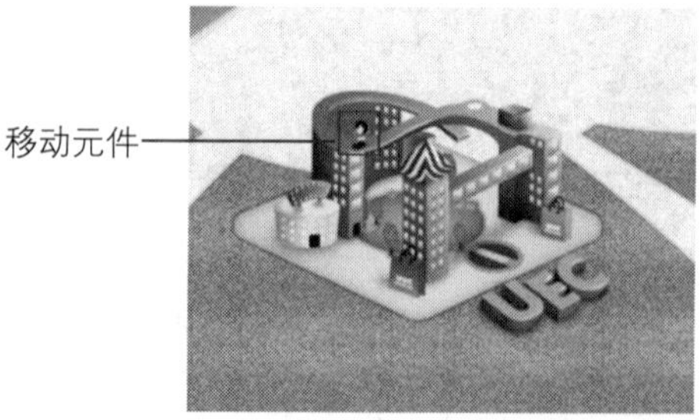

图6-7 移动元件位置

4 选择第10帧上的元件，设置其Alpha值为0%，如图6-8所示，并分别设置第1帧和第10帧上的“补间”类型为“传统补间”，在第36帧插入空白关键帧。新建“图层4”，在第35帧插入关键帧，将图像6104.png导入到场景中，如图6-9所示。

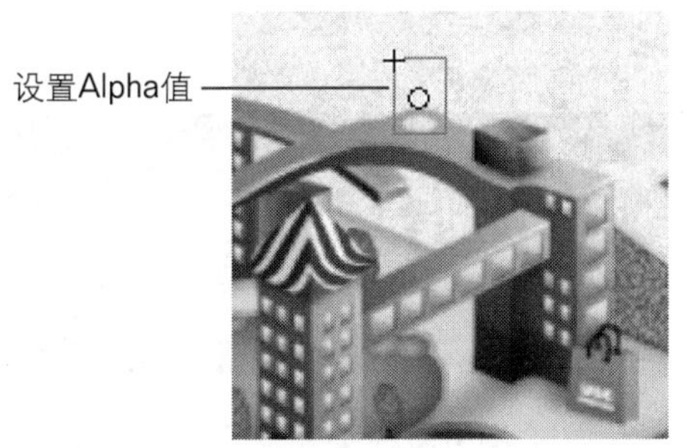

图6-8 元件效果

图6-9 导入图像

提 示

因为后面人物要完成转身的动作，所以此处人物的位置与前面完全重合。

5 按F8键将其转换成“名称”为“人物2”的“图形”元件，在第50帧插入关键帧，使用“选择工具”移动元件到如图6-10所示位置，并为第35帧添加“传统补间”，在第51帧插入空白关键帧。根据前面的制作方法，完成“图层5”的制作，如图6-11所示。

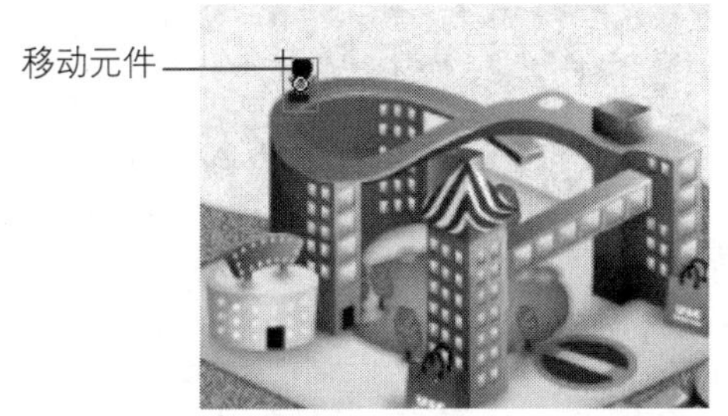

图6-10 移动元件位置

图6-11 场景效果

6 在“图层5”的“图层名称”上单击右键，在弹出的快捷菜单中选择“添加传统运动引导层”选项，“时间轴”面板如图6-12所示，使用“钢笔工具”，在场景中绘制引导线，如图6-13所示。

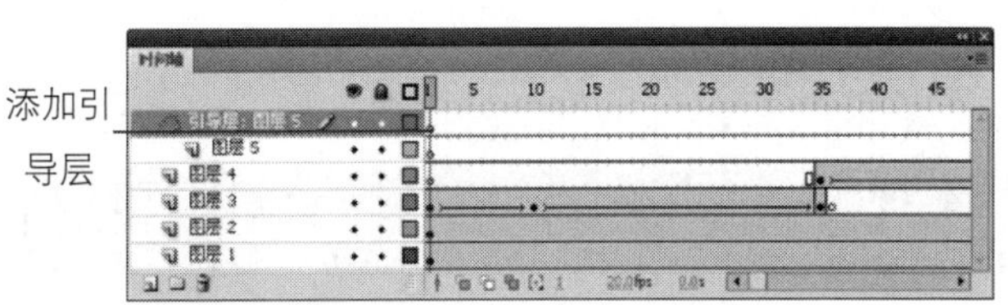

图6-12 “时间轴”面板

图6-13 绘制引导线

7 分别选择“图层3”和“图层4”上的元件，调整元件使元件的中心点位于引导线上，如图6-14所示，分别在“图层4”和“图层3”的“图层名称”上单击右键，在弹出的快捷菜单中选择“属性”命令，在对话框中勾选“被引导”，“时间轴”面板如图6-15所示。

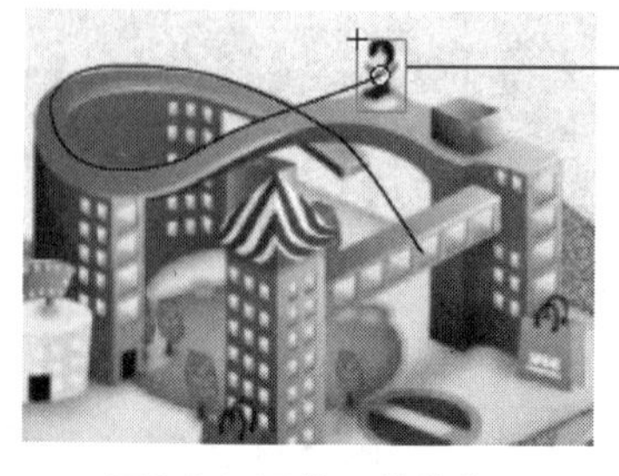

图6-14 调整元件的位置

设置被引导层

图6-15 “时间轴”面板

技巧　在设置被引导层时，还可以直接使用鼠标在“图层名称”上对图层进行拖动。

8 完成人物跟随路径动画的制作，执行“文件>保存”命令，将动画保存为“光盘\源文件\第6章\6-1.fla”，测试动画效果如图6-16所示。

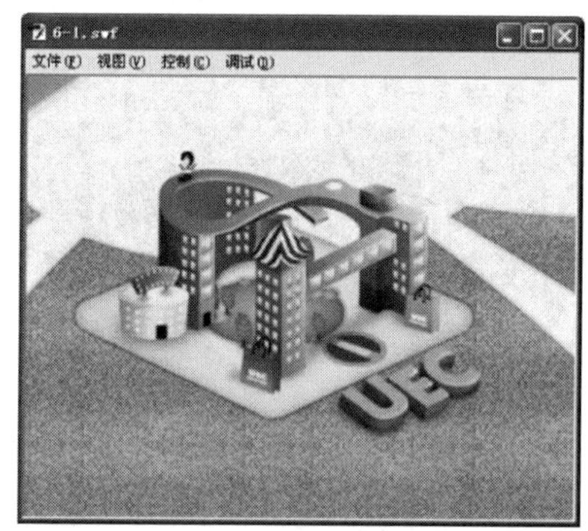

图6-16 测试动画效果

实例小结

本实例制作了一个简单的路径跟随动画。通过动画的制作，读者要掌握创建引导路径的方法，并且要掌握使用元件配合引导层制作路径跟随动画的方法。

6.2 制作飞机飞行动画

案例文件　光盘\源文件\第6章\6-2.fla
视频文件　光盘\视频\第6章\6-2.swf
学习时间　20分钟

★★☆☆☆

制作要点

1. 新建元件，将图像素材导入到场景，完成元件的制作。

2. 返回场景，将背景图像素材导入到场景。

3. 新建图层，将相应的图像素材导入到场景，并完成动画效果的制作。

4. 新建图层，将相应的图像素材和元件拖入到场景，最终完成动画的制作。

6.3　制作汽车跟随路径动画

★★☆☆☆

案例文件	光盘\源文件\第6章\6-3.fla
视频文件	光盘\视频\第6章\6-3.swf
学习时间	15分钟

制作要点

首先使用“传统补间”制作基本的动画效果，然后新建图层绘制引导线，并将相应元件的中心点与引导线的两个端点重合。

思路分析

本例中首先制作了简单的传统补间动画，接着创建了一个传统运动路径，然后通过对元件位置的调整完成了最终的效果。在制作的过程中读者要注意对元件位置的调整，通过本例的制作读者能更好地掌握传统引导路径的使用，测试动画效果如图6-17所示。

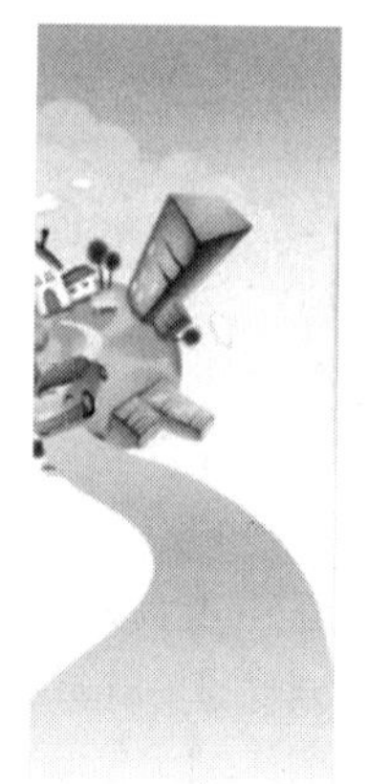

图6-17 测试动画效果

制作步骤

1 执行“文件>新建”命令，新建一个Flash文档，如图6-18所示，单击“属性”面板上的“编辑”按钮 编辑... ，在弹出的“文档设置”对话框中进行设置，如图6-19所示，单击“确定”按钮。

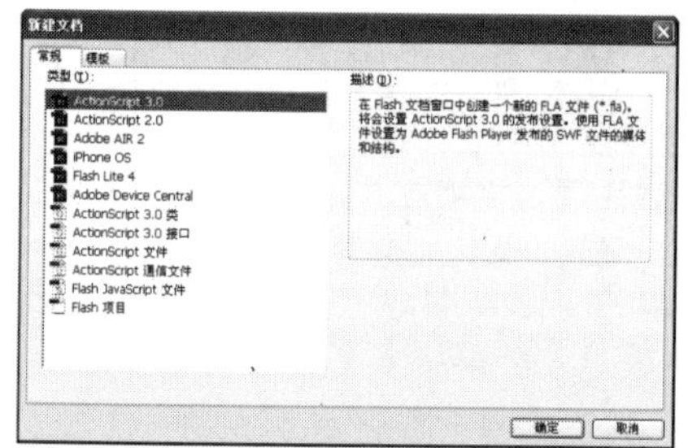

图6-18 “新建文档”对话框

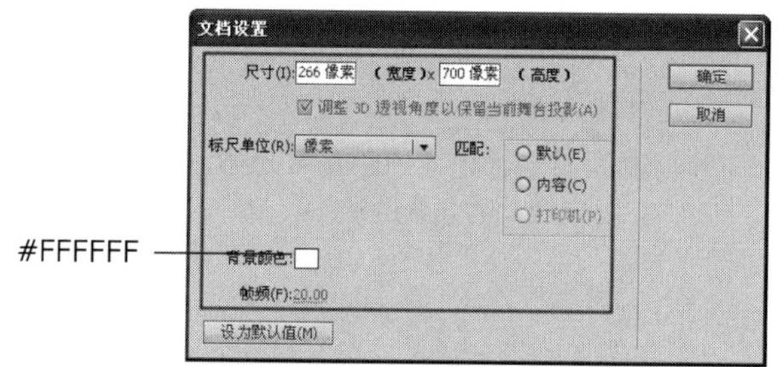

图6-19 “文档设置”对话框

2 新建“名称”为“地球动画”的“影片剪辑”元件，将图像“光盘\源文件\第6章\素材\6401.png”导入到场景中，如图6-20所示，并将其转换成“名称”为“地球”的“图形”元件，在第100帧插入关键帧，为第1帧添加“传统补间”动画，并设置“属性”面板如图6-21所示。

图6-20 导入图像

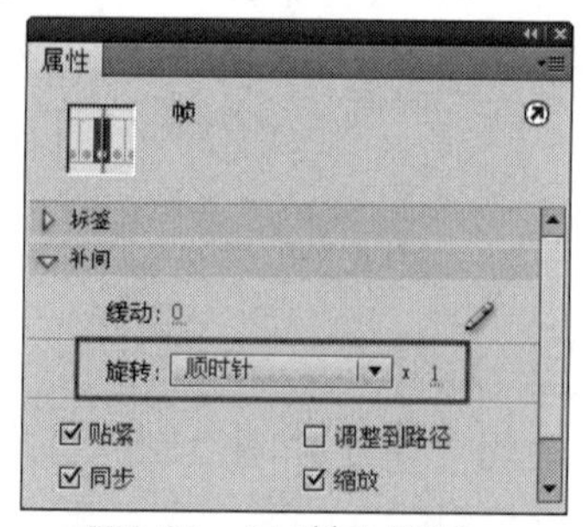

图6-21 “属性”面板

3 返回到“场景1”的编辑状态，将图像6402.png导入到场景中，如图6-22所示，在第145帧插入帧。新建“图层2”，在第45帧插入关键帧，将“地球”元件从“库”面板拖入到场景中，如图6-23所示。

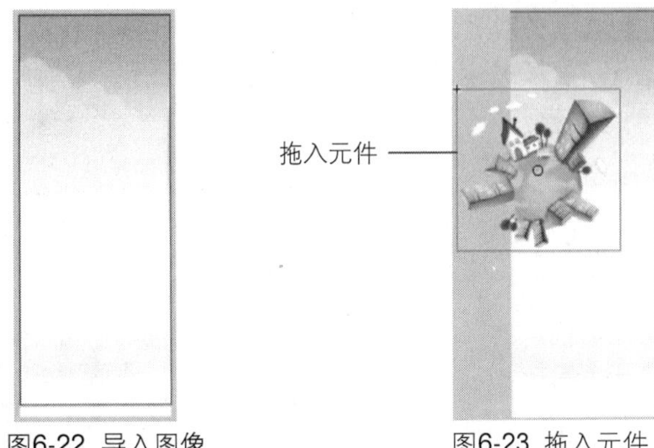

图6-22 导入图像

图6-23 拖入元件

4 在第70帧插入关键帧，选择第45帧设置，其Alpha值为0%，如图6-24所示，并设置“补间”类型为“传统补间”，在第132帧插入空白关键帧。新建“图层3”，在第132帧插入关键帧，将“地球动画”元件从“库”面板拖入到场景中，如图6-25所示。

> **提 示**
>
> 此处“地球动画”元件的位置与前面“地球”元件的摆放位置完全相同。

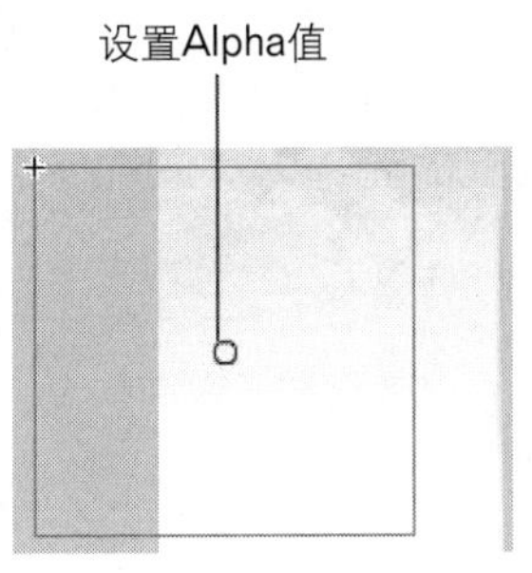

图6-24 元件效果

图6-25 拖入元件

5 根据前面的制作方法，完成“图层4”和“图层5”的制作，场景效果如图6-26所示。在“图层5”的“图层名称”上单击右键，在弹出的快捷菜单中选择“添加传统运动引导层”选项，“时间轴”面板如图6-27所示。

图6-26 场景效果

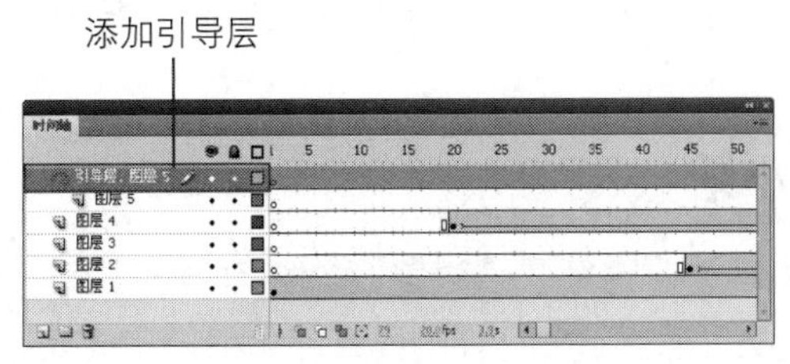

图6-27 “时间轴”面板

6 使用“钢笔工具”在场景中绘制引导线，如图6-28所示，使用“任意变形工具”将“图层5”第70帧上的元件进行调整，如图6-29所示，再将第105帧上的元件移动到如图6-30所示的位置。

图6-28 绘制引导线

图6-29 元件效果

图6-30 移动元件

7 在“引导层：图层5”上新建“图层7”，在第110帧插入关键帧，将图像6405.png导入到场景中，如图6-31所示，并将其转换成“名称”为“人物”的“图形”元件。在第130帧插入关键帧，选择第110帧上的元件，“属性”面板的设置如图6-32所示。

图6-31 导入图像

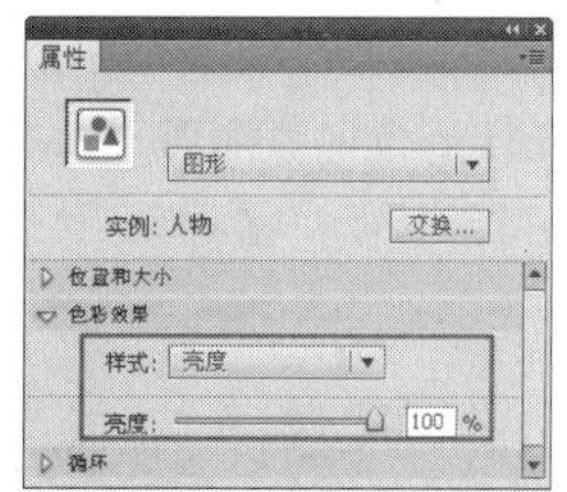

图6-32 “属性”面板

8 完成设置效果如图6-33所示，并为第110帧添加“传统补间”。新建“图层9”，在第145帧插入关键帧，在“动作-帧”面板输入“stop ();”脚本语言。完成汽车跟随路径动画的制作，执行“文件>保存”命令，将动画保存为“6-3.fla”，测试动画效果如图6-34所示。

实例小结

本章主要讲解了通过路径跟随动画实现的淡出效果，通过调整元件的位置和大小，完成最终的动画效果，通过学习，读者应该能够对元件配合路径来实现动画效果的方法更加了解。

图6-33 场景效果

图6-34 测试动画效果

6.4　制作汽车掉入引导动画

案例文件　光盘\源文件\第6章\6-4.fla
视频文件　光盘\视频\第6章\6-4.swf
学习时间　20分钟

难易程度 ★★☆☆☆

制作要点

1. 新建元件，将图像素材导入到场景，完成元件的制作。

2. 返回场景，将背景图像素材导入到场景，利用简单的动画效果，完成背景动画的制作。

3. 新建图层，将相应的元件导入到场景，并完成动画效果的制作。

4. 新建图层，将相应的元件拖入到场景，并设置遮罩层，最终完成动画的制作。

6.5　制作汽车沿着公路行驶动画

案例文件　光盘\源文件\第6章\6-5.fla
视频文件　光盘\视频\第6章\6-5.swf
学习时间　25分钟

难易程度 ★☆☆☆☆

制作要点

首先将相应的图像素材导入到场景完成基本动画的制作，然后添加传统运动引导层，在相应的位置绘制引导线，并相应的调整。

思路分析

本实例主要向读者讲解了一种简单的路径跟随动画效果，通过不断的对被引导的元件进行相应的调整，完成动画的制作，在动画的制作过程中，读者要掌握如何利用关键帧，使被引导的元件和引导路径更加吻合，测试动画效果如图6-35所示。

图6-35 测试动画效果

制作步骤

1 执行“文件>新建”命令，新建一个Flash文档，如图6-36所示，单击“属性”面板上的“编辑”按钮，在弹出的“文档设置”对话框中进行设置，如图6-37所示，单击“确定”按钮。

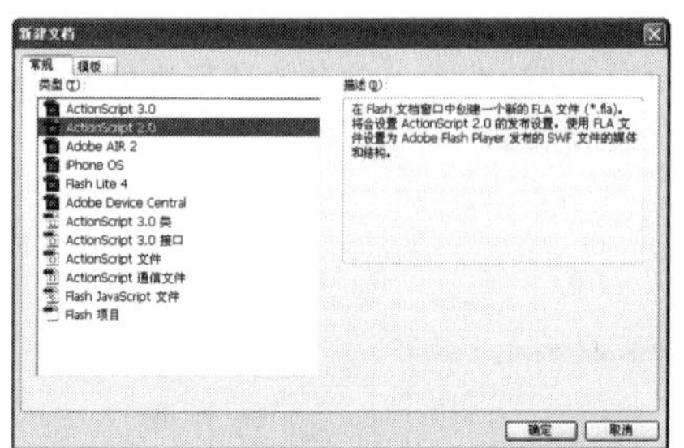

图6-36 “新建文档”对话框

图6-37 “文档设置”对话框

2 将图像“光盘\源文件\第6章\素材\6701.png”导入到场景中，如图6-38所示，并将其转换成“名称”为“路”的“图形”元件，在第15帧插入关键帧，将元件移动到如图6-39所示位置，并为第1帧添加“传统补间”，设置其Alpha值为0%，在第130帧插入帧。

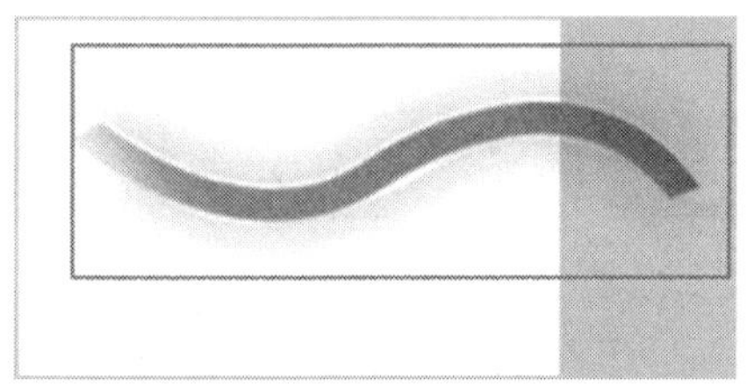

图6-38 导入图像

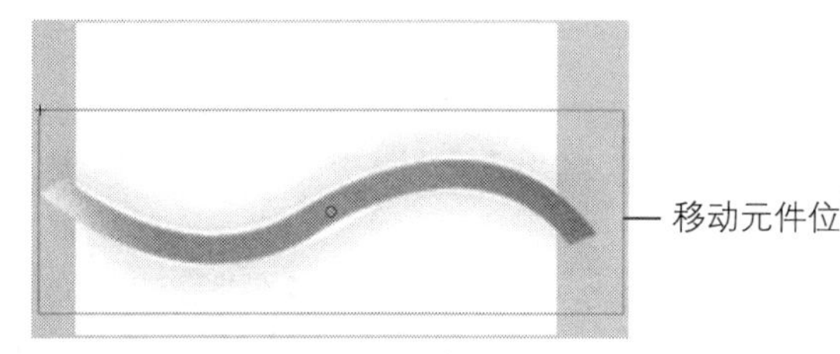

图6-39 移动元件位置

3 新建“图层2”，在第15帧插入关键帧，将图像6702.png导入到场景中，如图6-40所示，并将其转换成“名称”为S的“图形”元件。分别在第20帧和第25帧插入关键帧，使用“任意变形工具”，将第15帧上的元件进行调整，如图6-41所示。

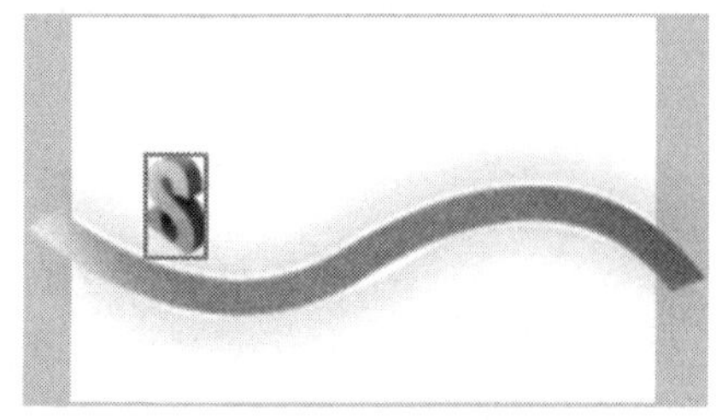

图6-40 导入图像

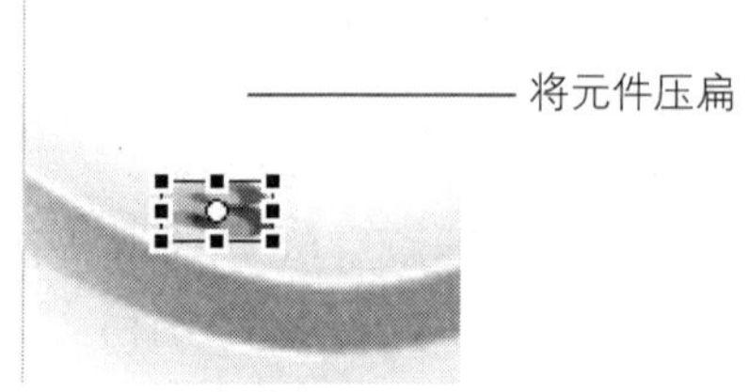

图6-41 元件效果

4 选择第20帧上的元件将其拉长，如图6-42所示，并分别设置第15帧和第20帧上的“补间”类型为“传统补间”。根据“图层2”的制作方法，完成“图层3”至“图层7”的制作，场景效果如图6-43所示。

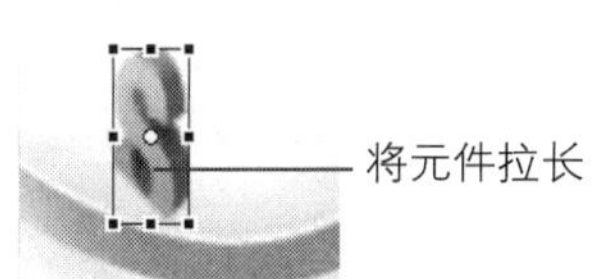

图6-42 元件效果

图6-43 场景效果

提 示

在使用“任意变形工具”对元件进行单方向拖曳时，元件的两端会一起延伸，如果按住Alt键的同时进行拖曳，元件会单方向延长。

5 新建“图层8”，在第85帧插入关键帧，将图像6708.png导入到场景中，如图6-44所示，并将其转换成“名称”为“车”的“图形”元件。在“图层8”的“图层名称”上单击右键，在弹出的快捷菜单中选择“添加传统运动引导层”，“时间轴”面板如图6-45所示。

图6-44 导入图像

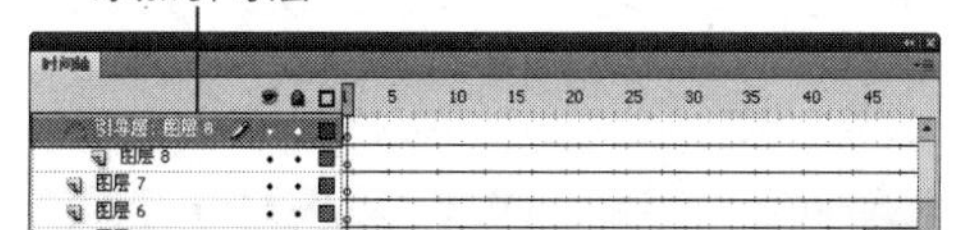

图6-45 “时间轴”面板

6 使用“钢笔工具”，在场景中绘制引导线，如图6-46所示，选择“图层8”第85帧上的元件，调整元件的位置，使元件的中心点在引导线的一端，如图6-47所示，

图6-46 绘制引导线

图6-47 移动元件

7 在第105帧插入关键帧，将元件移动到如图6-48所示的位置，在第125帧插入关键帧，将元件移动到引导线的另一端，如图6-49所示，并分别设置第85帧和第105帧上的“补间”类型为“传统补间”。

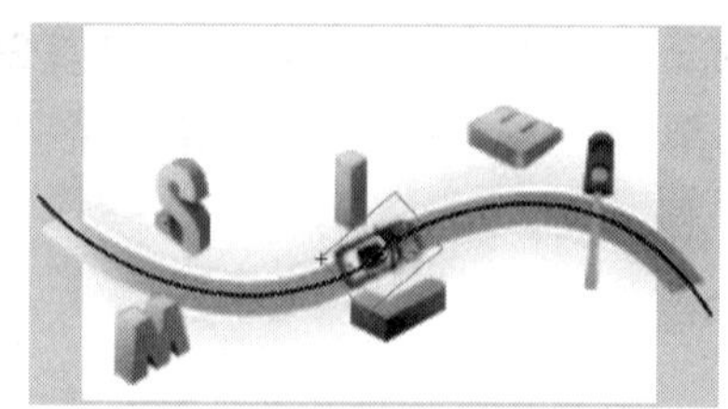

图6-48 移动元件

图6-49 移动元件

8 完成汽车沿着公路行驶动画的制作，执行“文件>保存”命令，将动画保存为“6-7.fla”，测试动画效果如图6-50所示。

图6-50 测试动画效果

实例小结

本实例制作了一个简单的路径跟随动画，通过本例的制作读者需要掌握如何创建传统运动引导路径和更好地利用关键帧使元件和引导线吻合，从而营造出更好的动画效果。

6.6 制作蝴蝶飞舞动画

案例文件	光盘\源文件\第6章\6-6.fla
视频文件	光盘\视频\第6章\6-6.swf
学习时间	10分钟

难易程度 ★★☆☆☆

制作要点

1. 新建文件，将图像序列组导入到场景。

2. 返回场景，将背景图像素材导入到场景。

3. 新建图层，将元件导入到场景并创建“传统运动引导层”。

4. 新建图层，将元件导入到场景，并进行相应的设置，最终完成动画的制作。

6.7　制作蜻蜓飞舞动画

案例文件　光盘\源文件\第6章\6-7.fla
视频文件　光盘\视频\第6章\6-7.swf
学习时间　15分钟

★☆☆☆☆

制作要点

首先使用“矩形工具”在场景中绘制背景，再将相应的图像素材导入到场景完成基本动画，然后创建传统运动引导路径，调整元件完成制作。

思路分析

本实例通过制作蜻蜓飞舞的动画，向读者讲解利用Flash的引导动画制作，蜻蜓不规则飞舞路线的制作，测试动画效果如图6-51所示。

图6-51　测试动画效果

制作步骤

1 执行“文件>新建”命令，新建一个Flash文档，如图6-52所示，新建文档后，单击“属性”面板上的“编辑”按钮，在弹出的“文档设置”对话框中进行设置，如图6-53所示，单击“确定”按钮。

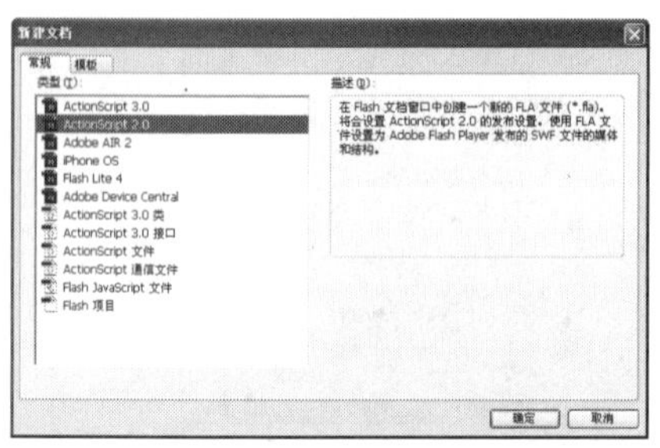

图6-52 "新建文档"对话框

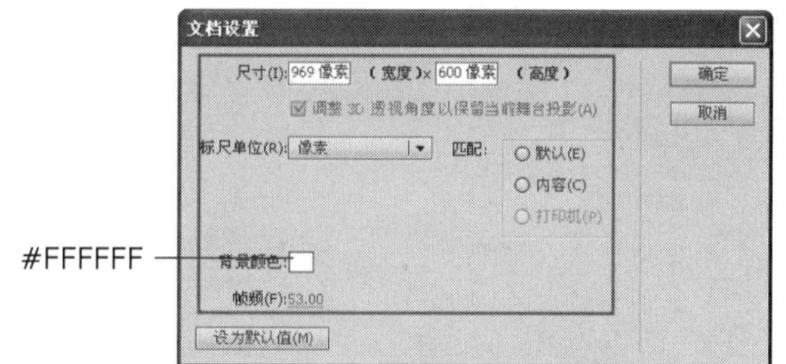

图6-53 "文档设置"对话框

2 单击工具箱中的"矩形工具"按钮，打开"颜色"面板，设置"笔触颜色"为无，设置"填充颜色"为#0359BC→#4E8FCF→#0359BC的"线性渐变"，如图6-54所示，在场景中绘制出一个渐变矩形，单击工具箱中的"渐变变形工具"按钮，调整渐变效果，如图6-55所示。

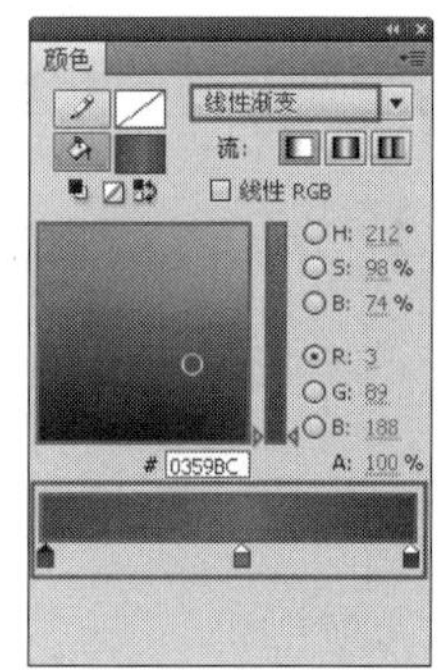

图6-54 "颜色"面板

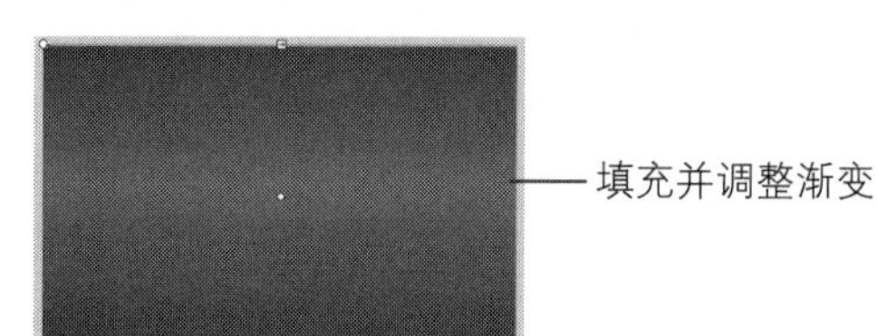

图6-55 调整渐变效果

3 新建"图层2"，将图像"光盘\源文件\第6章\素材\61001.png"导入到场景中，如图6-56所示，新建"名称"为"云动画"的"影片剪辑"元件，将图像61002.png导入到场景中，并转换成"名称"为"云"的"图形"元件，如图6-57所示。

图6-56 导入图像

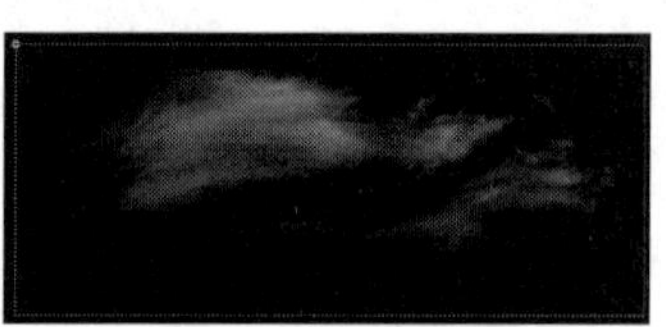

图6-57 导入图像

提 示

为了让读者看清元件的效果，所以先将背景颜色改为黑色。

4 在第1120帧处插入关键帧，将元件水平向右移动970像素，并设置第1帧上的"补间"类型为"传统补间"，分别在第50帧和第1070帧处插入关键帧，选择第1帧上的元件，设置其Alpha值为0%，利用同样的操作方法，设置第1120帧上元件的Alpha值为0%，"时间轴"面板如图6-58所示。

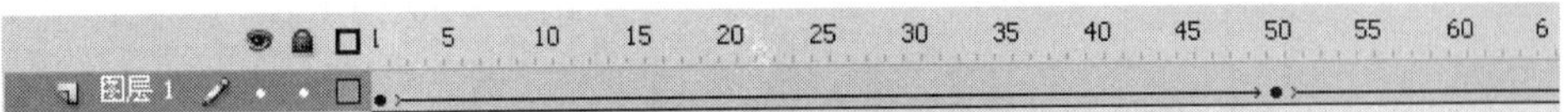

图6-58 “时间轴”面板

> **技巧** 一般情况下，在新建的元件或空场景中，是无法直接单击第1120帧的，可以单击所能看见的最后一帧，按F5键插入帧，此时，在刚刚插入的帧后面就会出现更多的帧可以选择，利用这种方法便可以在第1120帧的位置处插入关键帧。先创建“传统补间”，然后在补间中插入相应的关键帧并进行调整，这种方式可以在不影响动画效果的同时为动画添加一些特殊效果。

5 新建“名称”为“蜻蜓动画”的“影片剪辑”元件，将图像61003.png导入到场景中，如图6-59所示，在第5帧插入帧，新建“图层2”，将图像61004.png导入到场景中，并转换成“名称”为“蜻蜓翅膀”的“图形”元件，如图6-60所示。

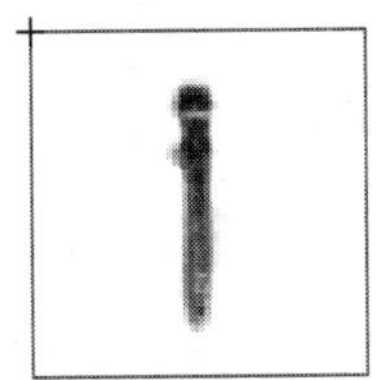

图6-59 导入图像

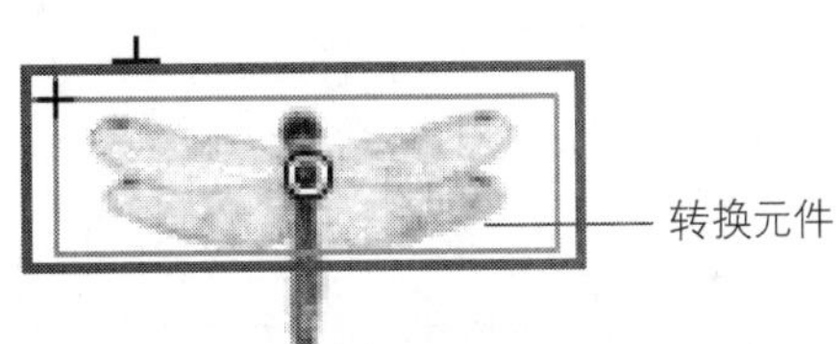

图6-60 导入图像并转换为元件

6 在第5帧插入关键帧，在第4帧插入关键帧，单击工具箱中的“任意变形工具”按钮，调整元件形状，如图6-61所示，设置在第1帧上的“补间”类型为“传统补间”，“时间轴”面板如图6-62所示。

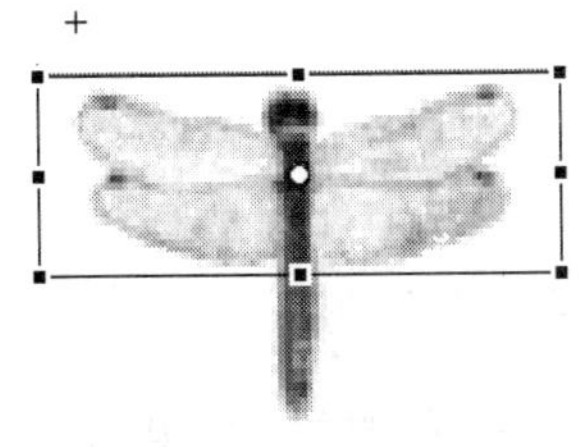

图6-61 调整图形

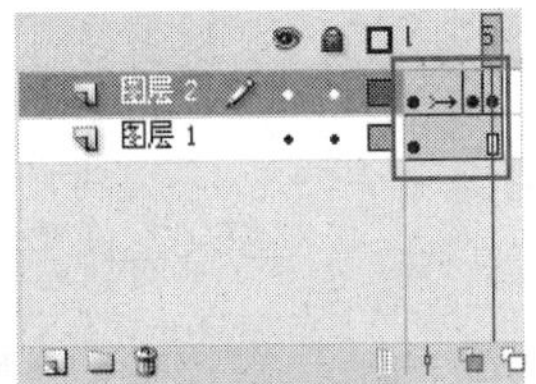

图6-62 “时间轴”面板

7 新建“名称”为“引导动画”的“影片剪辑”元件，将“蜻蜓动画”元件从“库”面板中拖入到场景中，在“图层1”的“图层名称”上单击右键，在弹出的快捷菜单中选择“添加传统运动引导层”，使用“钢笔工具”，在场景中绘制出一条引导线，如图6-63所示，在第140帧插入帧，在“图层1”的第1帧单击，使用“任意变形工具”，调整元件中心点并将元件旋转，如图6-64所示。

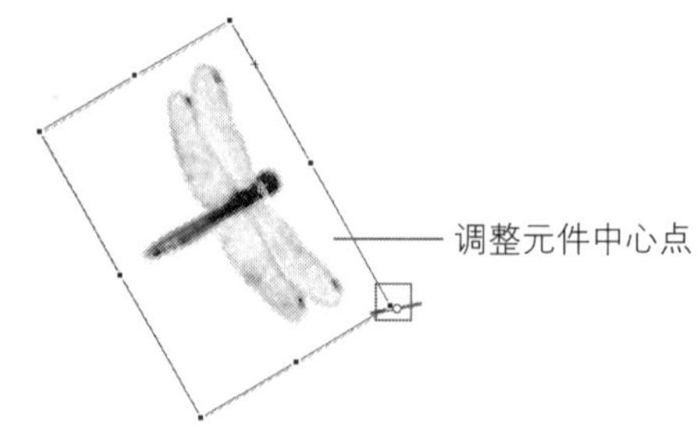

图6-63 绘制引导线

图6-64 调整元件效果

8 在第140帧插入关键帧，将元件移动到引导线的另一端并进行调整，如图6-65所示。在第30帧插入关键帧，将元件进行相应调整，如图6-66所示。

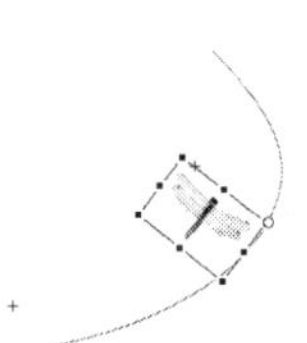

图6-65 调整元件

图6-66 调整元件

9 在第70帧插入关键帧，将元件进行相应调整，如图6-67所示。在第90帧插入关键帧，将元件进行相应调整，如图6-68所示。

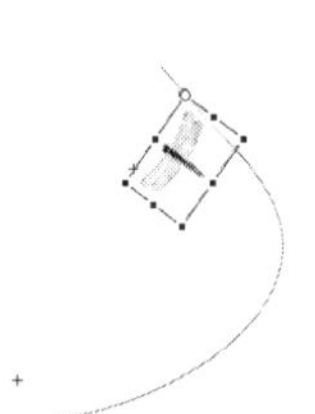

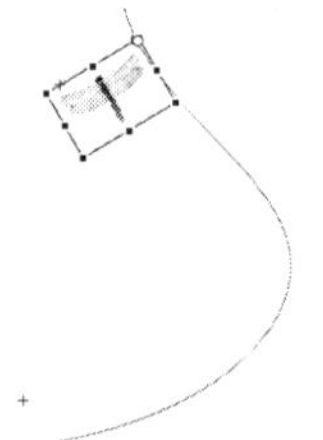

图6-67 调整元件

图6-68 调整元件

10 分别在第10帧和第130帧插入关键帧，在第141帧插入空白关键帧，在第210帧插入帧，并分别设置第1帧和第140帧中的元件的Alpha值为0%，“时间轴”面板如图6-69所示。

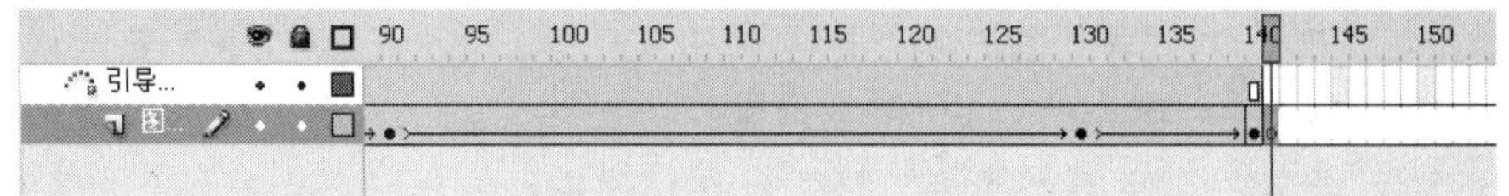

图6-69 “时间轴”面板

11 返回到“场景1”的编辑状态，新建“图层 3”，将“云动画”元件从“库”面板中拖入到场景中。新建“图层4”，将“引导动画”元件从“库”面板中拖入到场景中，如图6-70所示，“时间轴”面板如图6-71所示。

图6-70 拖入元件

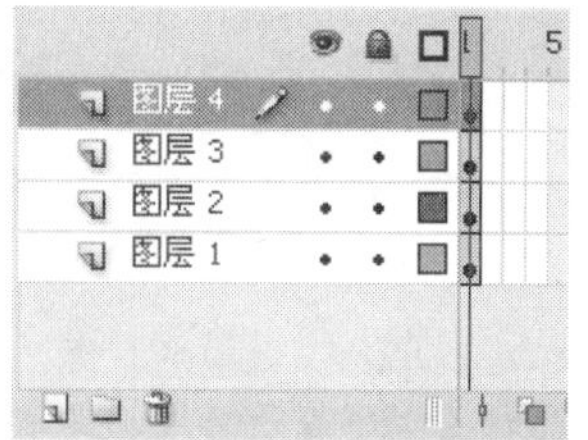

图6-71 “时间轴”面板

12 完成蜻蜓飞舞动画的制作后，执行“文件>保存”命令，将动画保存为“6-7.fla”，测试动画效果如图6-72所示。

图6-72 测试动画效果

实例小结

本实例主要向读者讲解如何利用引导动画制作蜻蜓飞舞动画，通过本实例的学习读者要掌握蜻蜓飞舞路径引导的制作方法和技巧。

6.8 制作卡通小人淡入动画

★★☆☆☆

案例文件	光盘\源文件\第6章\6-8.fla
视频文件	光盘\视频\第6章\6-8.swf
学习时间	30分钟

制作要点

1. 新建元件，将图像导入到场景，完成该元件的制作，并将人物动画组合到一个元件里，并完成对元件的引导效果。

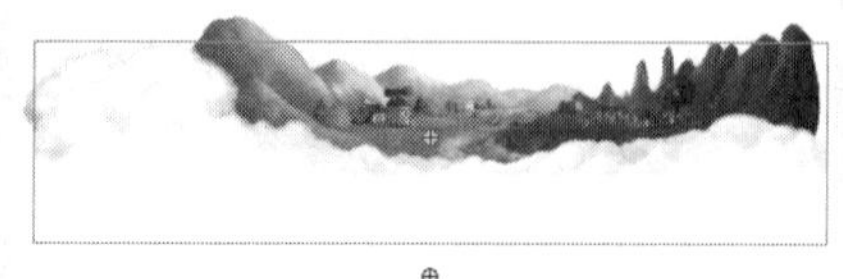

2. 新建“背景动画”，利用“传统补间”，完成该元件的制作。

3. 返回场景，将背景图像素材导入到场景。

4. 新建图层，将元件导入到场景，最终完成动画的制作。

6.9 制作文字引导线动画

案例文件	光盘\源文件\第6章\6-9.fla
视频文件	光盘\视频\第6章\6-9.swf
学习时间	10分钟

★☆☆☆☆

制作要点

将背景素材导入到场景，完成文字的输入，创建传统运动引导层，输入文字并完成对文字的处理，调整元件后创建传统补间，完成动画的制作。

思路分析

在本实例的制作过程中，主要讲述了利用文字制作引导路径的方法，在制作过程中首先要选择合适的字体，在场景中输入文字并将其分离，然后使用橡皮擦工具在分离后的文字上擦出缺口，再相应调整元件，使元件的中心处于刚刚擦出的缺口上，从而完成动画效果，测试动画效果如图6-73所示。

图6-73 测试动画效果

制作步骤

1 执行“文件>新建”命令，新建一个Flash文档，如图6-74所示，新建文档后，单击“属性”面板上的“编辑”按钮，在弹出的“文档设置”对话框中进行设置，如图6-75所示，单击“确定”按钮。

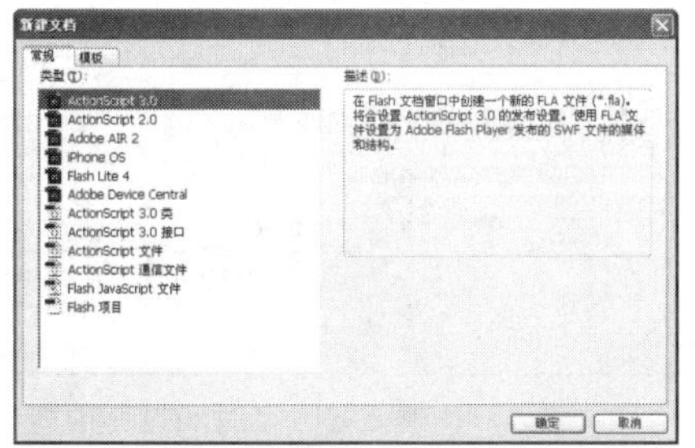

图6-74 “新建文档”对话框

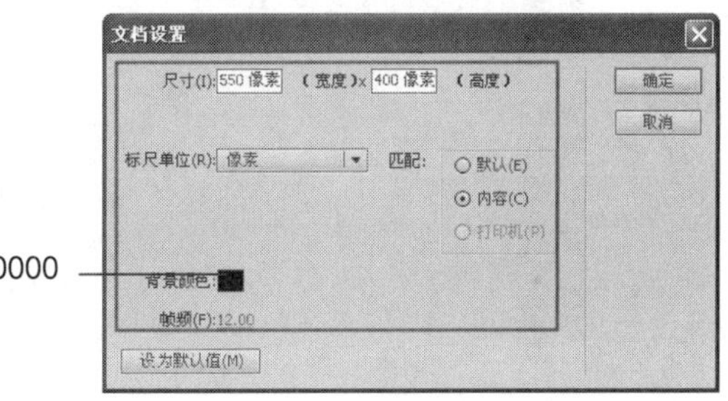

图6-75 “文档设置”对话框

2 将图像“光盘\源文件\第6章\素材\61301.jpg”导入到场景中，如图6-76所示，在第85帧插入帧，新建“图层2”，使用“文本工具”在场景中输入文字，并将文字分离成图形，如图6-77所示，分别在第1帧到第85帧之间插入关键帧。

图6-76 导入图像

图6-77 文字效果

3 选择第1帧，使用“橡皮擦工具”对刚刚分离的图形进行擦除，如图6-78所示，使用“橡皮擦工具”对第2帧进行擦除，如图6-79所示，根据第1帧和第2帧的制作方法，制作第3帧到第85帧。

图6-78 擦除文字

图6-79 擦除文字

4 新建“图层3”，将图像61302.png导入到场景中，如图6-80所示，并将其转换成名称为“铅笔”的“图形”元件。在“图层3”的“图层名称”上单击右键，在弹出的快捷菜单中选择“添加传统运动引导层”选项，“时间轴”面板如图6-81所示。

图6-80 导入图像

添加引导层

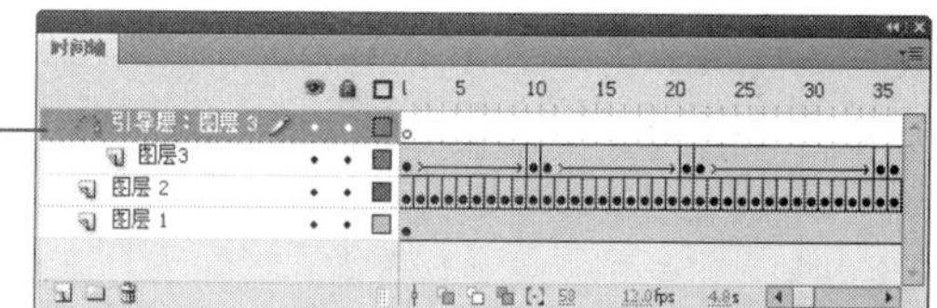

图6-81 “时间轴”面板

5 使用“文字工具”在场景中输入文字，并将文字分离，场景效果如图6-82所示。使用“橡皮擦工具”在刚刚分离的图形上进行擦除，如图6-83所示。

图6-82 场景效果

图6-83 文字效果

> **提 示**
>
> 为了能让“笔”元件运动的路径能与前面的文字相符，此处特别应用了文字来制作引导线。

6 使用“任意变形工具”选择“图层3”的第1帧，调整元件中心点的位置，如图6-84所示，调整元件的位置，使元件的中心点与引导线的一端重合，如图6-85所示。

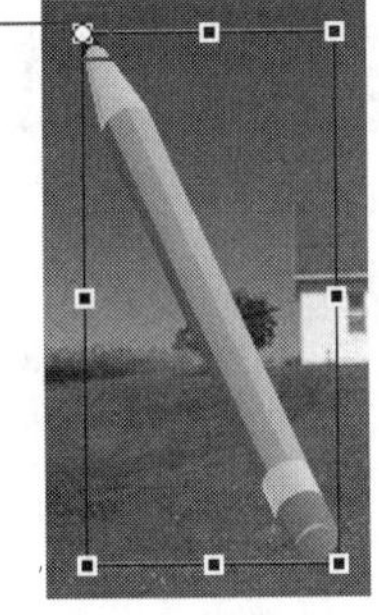

图6-84 调整中心点的位置

图6-85 移动元件

> **提 示**
>
> 在调整元件到引导线的端点时，可以先将前面的文字层隐藏，以便调整。

7 在第10帧插入关键帧，将元件移动到引导线的另一个端点，如图6-86所示，利用相同的方法完成其他帧的制作，如图6-87所示。

移动元件到另一端

图6-86 元件效果

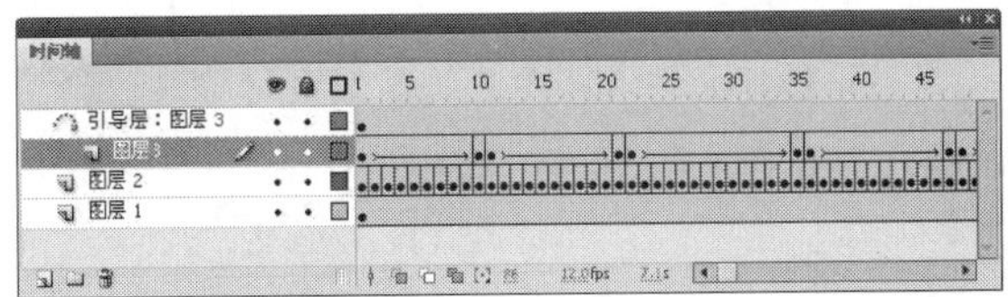

图6-87 “时间轴”面板

8 完成动画的制作，执行“文件>保存”命令，将动画保存为“光盘\源文件\第6章\6-9.fla”，测试动画效果如图6-88所示。

图6-88 测试动画效果

实例小结

本例主要讲解了如何使用文字制作引导路径，从而完成写字的动画效果，在制作过程中读者要掌握文字的起始点和终点的位置，以达到更为真实的效果。

6.10 制作游戏怪兽动画

案例文件 光盘\源文件\第6章\6-10.fla
视频文件 光盘\视频\第6章\6-10.swf
学习时间 10分钟

★☆☆☆☆

实例小结

1. 新建元件，将相应的图像素材导入到场景，完成元件的制作。

2. 返回场景，将背景素材导入到场景，并完成动画效果。

3. 新建图层，将前面制作好的元件拖入到场景中。

4. 新建图层，将相应的图像素材导入到场景，完成动画效果的制作，最终完成动画的制作。

6.11 制作泡泡飘动动画

案例文件 光盘\源文件\第6章\6-11.fla
视频文件 光盘\视频\第6章\6-11.swf
学习时间 10分钟

★☆☆☆☆

制作要点

本实例利用引导层动画的特性以及传统补间动画制作出泡泡飘动的效果，最后为制作的动画添加遮罩层，完成泡泡飘动动画的制作。

思路分析

在制作本实例之前，首先需要对文档的属性进行修改，并制作主要元件，最后将制作的元件在主场景中进行组合，完成动画的制作，测试动画效果如图6-89所示。

图6-89 测试动画效果

制作步骤

1 执行“文件>新建”命令，新建一个Flash文档，如图6-90所示，新建文档后，单击“属性”面板上的“编辑”按钮，在弹出的“文档设置”对话框中进行设置，如图6-91所示，单击“确定”按钮。

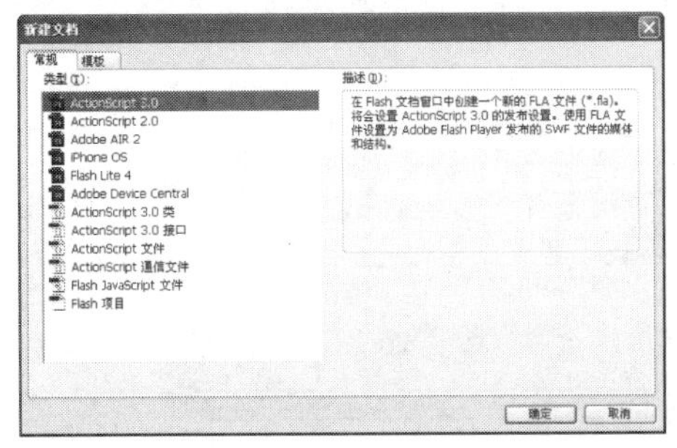

图6-90 “新建文档”对话框

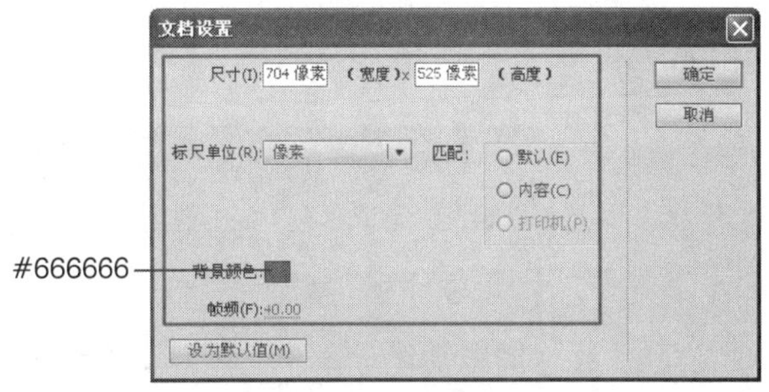

图6-91 “文档属性”对话框

2 执行“插入>新建元件”命令，弹出“创建新元件”对话框，设置如图6-92所示，单击“确定”按钮新建一个名称为“气泡”的“图形”元件。使用“椭圆工具”，在“颜色”面板中进行设置，如图6-93所示。

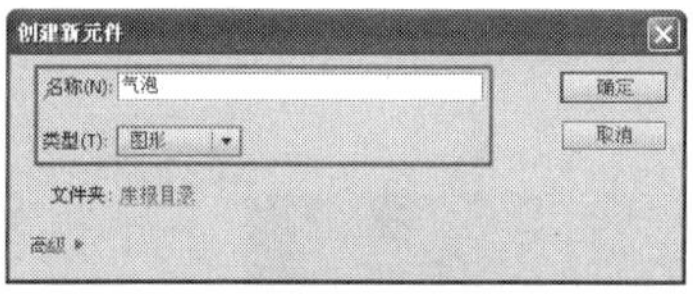

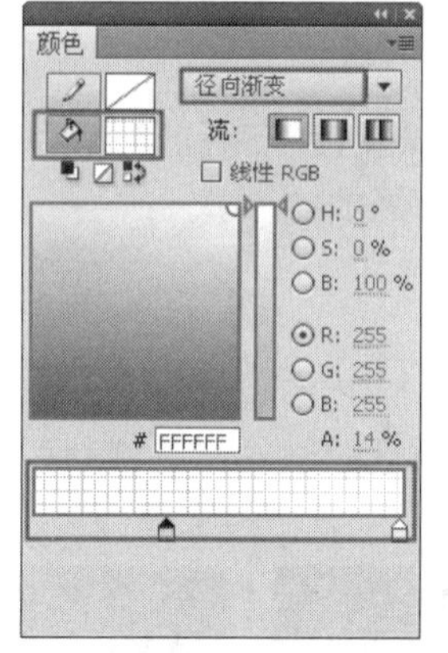

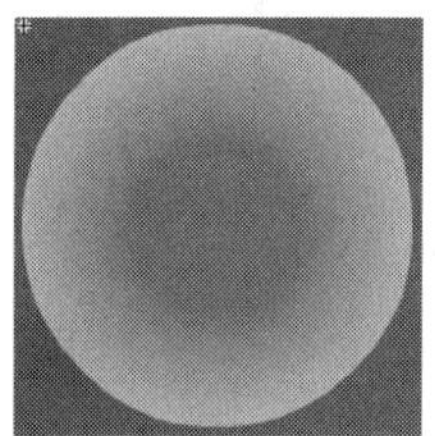

图6-92 “创建新元件”对话框

图6-93 “颜色”面板

提 示

此处设置的渐变颜色是Alpha值由14%～60%的#FFFFFF。

3 设置完成后，在画布中绘制圆形，并使用“渐变变形工具”对渐变效果进行调整，效果如图6-94所示。新建“图层2”，设置“填充颜色”为#FFFFFF，在画布中绘制圆形，效果如图6-95所示。

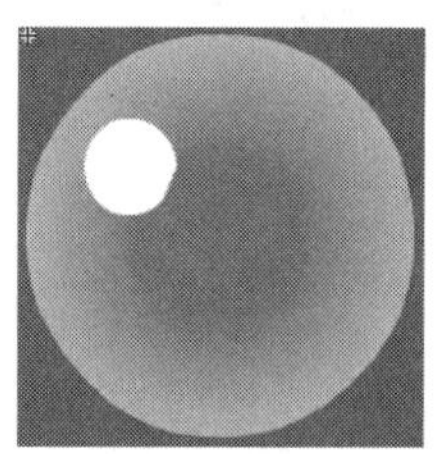

图6-94 绘制圆形

图6-95 绘制圆形

提 示

这里绘制的圆形比较小，为了提高绘制准确性，可以在绘制之前使用“缩放工具”对画布进行放大，这样可以使绘制的圆形效果更加准确。

4 新建“气泡动画”影片剪辑元件，将“气泡”元件拖入到场景中并使用“任意变形工具”调整元件大小。在第65帧位置处插入关键帧，在第1～65帧之间创建传统补间动画，如图6-96所示。

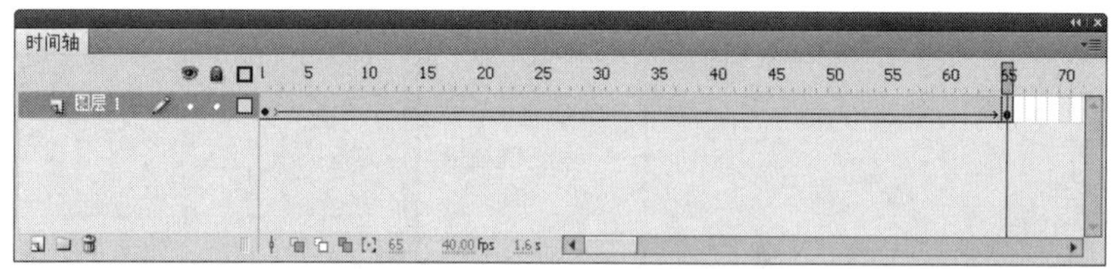

图6-96 “时间轴”对话框

5 在“图层1”的文字上单击右键，在弹出的快捷菜单中选择“添加传统运动引导层”选项，效果如图6-97所示。

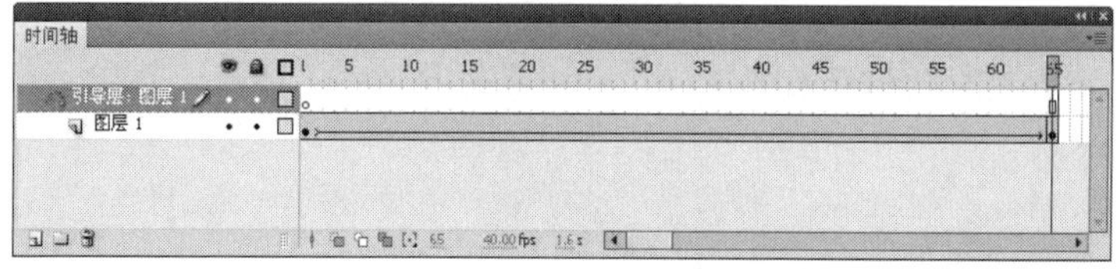

图6-97 “时间轴”对话框

6 使用“铅笔工具”在画布中绘制线条，如图6-98所示。移动“图层1”中第1帧元件的位置，使元件的中心点位于线条的端点处，如图6-99所示。

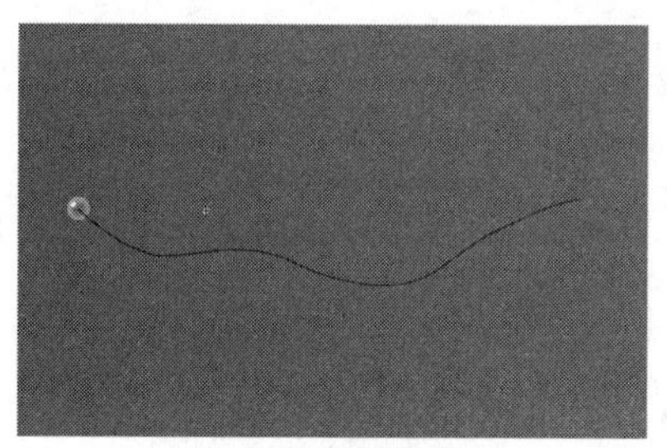
图6-98 绘制线条

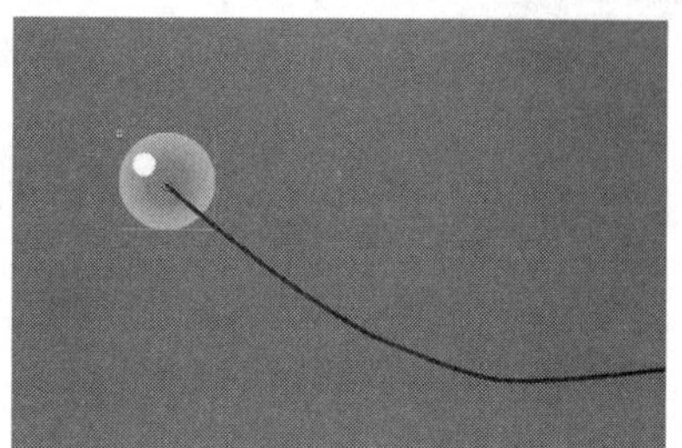
图6-99 元件位置

提 示

在引导层中绘制的线条只起到改变动画运动轨迹的作用，在动画播放时是不会显示的，所以线条的颜色、粗细等可以随意选择。

7 利用相同的方法，移动第65帧处元件的位置，使元件中心点位于线条的另一个端点，如图6-100所示。利用相同的方法，创建其他引导层动画，效果如图6-101所示。

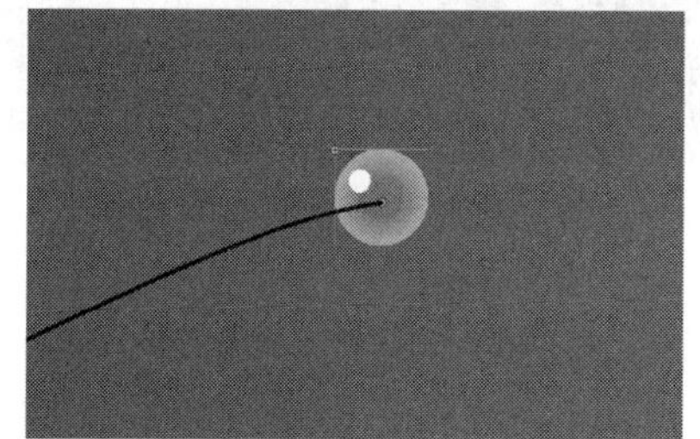
图6-100 元件位置

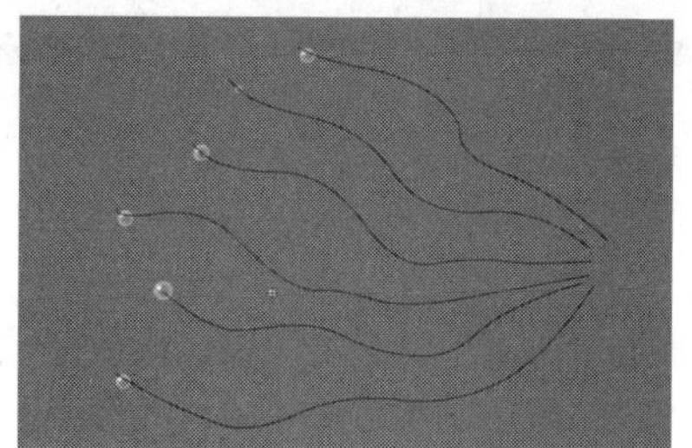
图6-101 元件效果

8 新建“图层13”，在第66帧插入关键帧，在“动作-帧”面板中输入“stop ();”脚本语言， 完成“气泡动画”的制作，“时间轴”面板显示如图6-102所示。

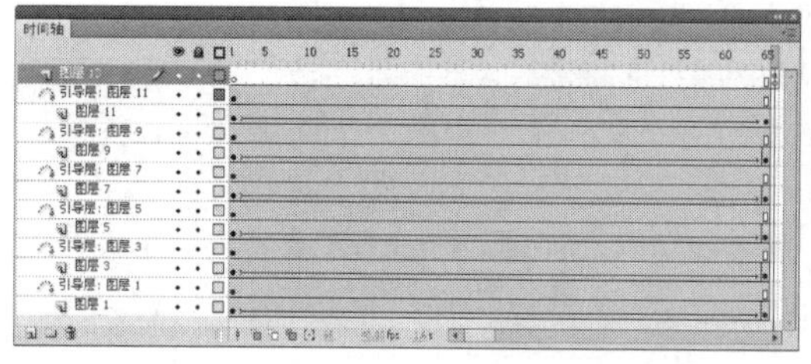
图6-102 “时间轴”面板

9 利用相同的方法，制作出“圆动画”影片剪辑元件，制作出的元件在“库”面板中显示，如图6-103所示。新建“整体动画”影片剪辑元件，在第5帧插入关键帧，将“气泡动画”拖到场景中，并在第65帧插入帧，如图6-104所示。

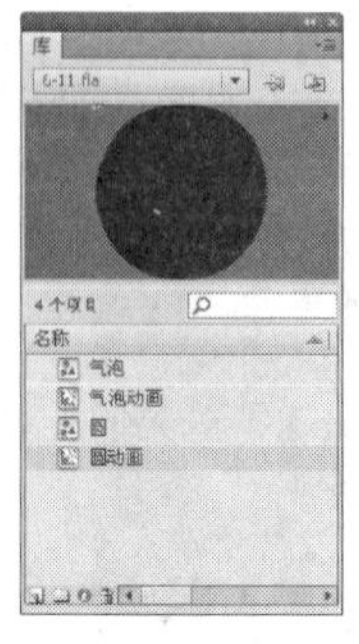

图6-103 “库”面板

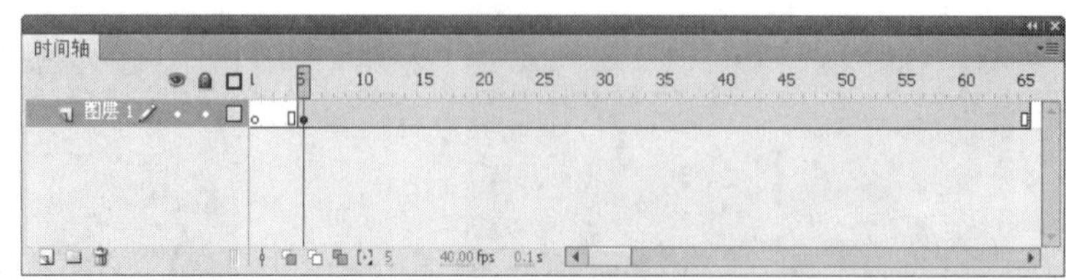

图6-104 “时间轴”面板

10 新建“图层2”，在第5帧插入关键帧，将“气泡”元件拖入到场景中，如图6-105所示。在第65帧插入关键帧，移动“气泡”元件的位置，如图6-106所示，在5~65帧之间创建传统补间动画。利用相同的方法，制作出“图层3”、“图层4”中的动画效果。

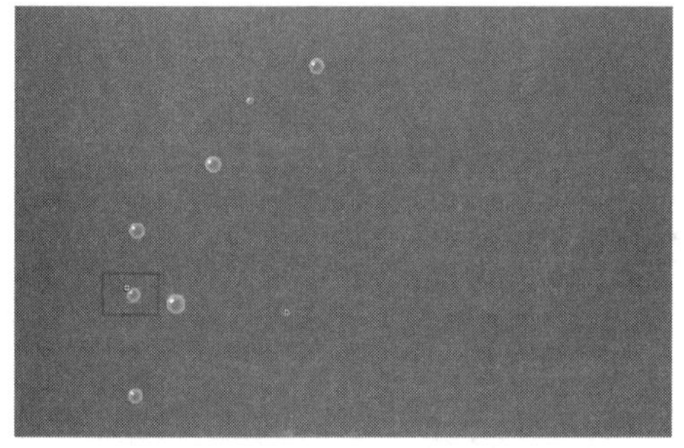

图6-105 元件位置

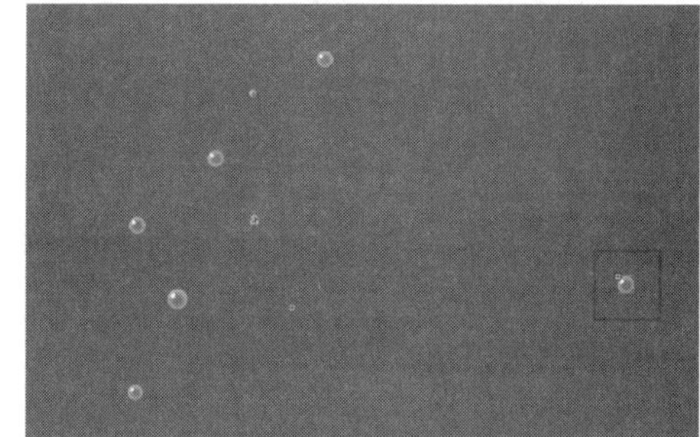

图6-106 元件位置

11 新建“图层5”，在第65帧插入关键帧，将图像“光盘\源文件\第6章\素材\6602.png”导入到场景中，如图6-107所示。执行“修改>转换为元件”命令，弹出“转换为元件”对话框，设置如图6-108所示，单击“确定”按钮将图形转换为元件，使用“任意变形工具”将元件缩小，并在第170帧插入帧。

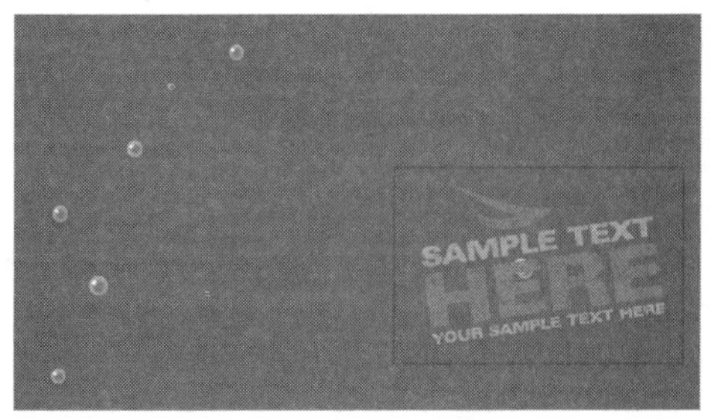

图6-107 导入图像

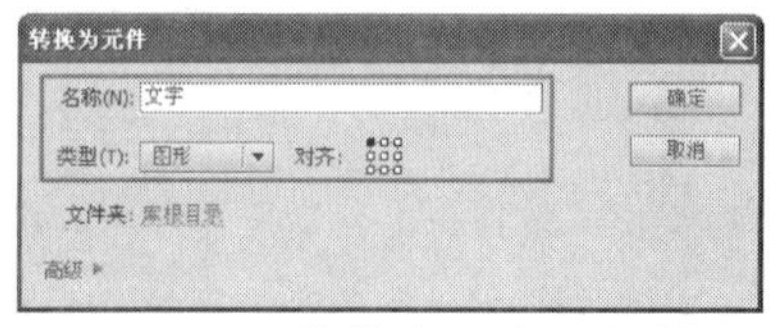

图6-108 “转换为元件”对话框

12 新建“图层6”，在第65帧插入关键帧，将“圆动画”元件拖入场景中，如图6-109所示。在“图层6”上单击右键，在弹出的快捷菜单中选择“遮罩层”选项，效果如图6-110所示。新建“图层7”，在第170帧插入关键帧并输入“stop ();”脚本语言。

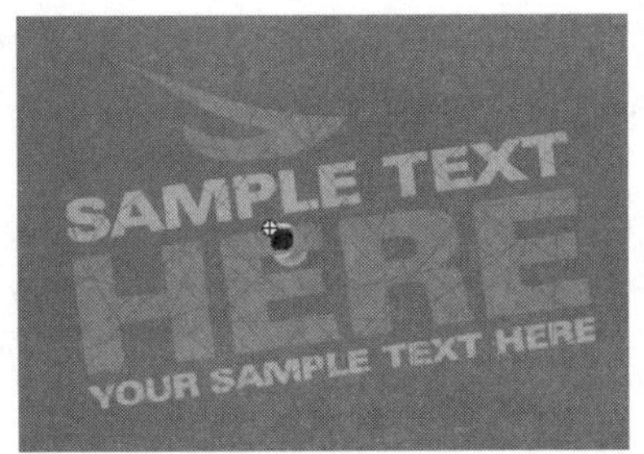

图6-109　拖入元件

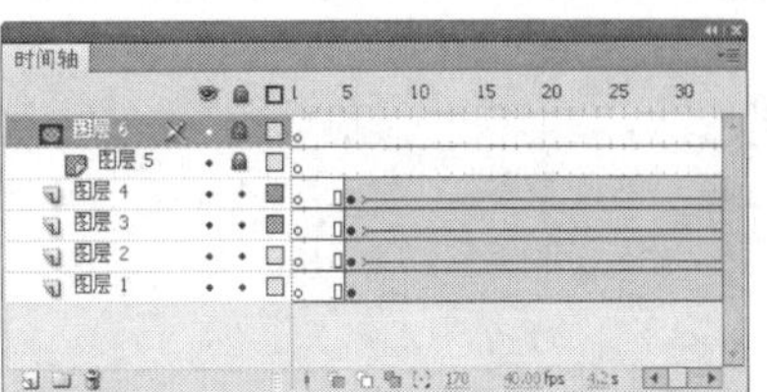

图6-110　“时间轴”面板

13 返回到主场景，将图像“光盘\源文件\第6章\素材\6601.jpg”导入到场景中，如图6-111所示。新建“图层2”，将“整体动画”元件拖入到主场景，如图6-112所示。

图6-111　导入图像

图6-112　拖入元件

14 完成动画的制作，执行“文件>保存”命令，将动画保存为“6-11.fla”，测试动画效果如图6-113所示。

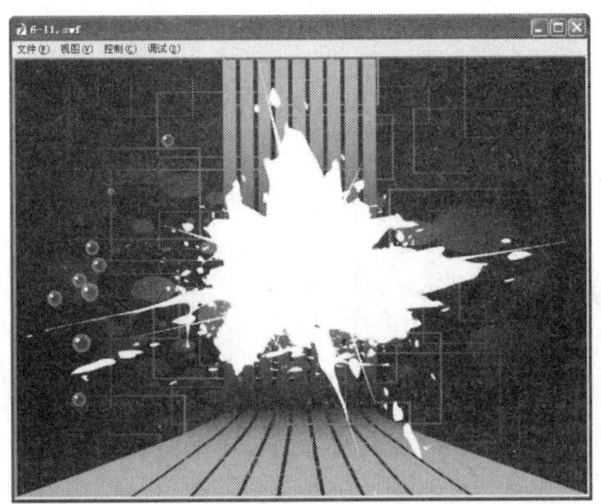

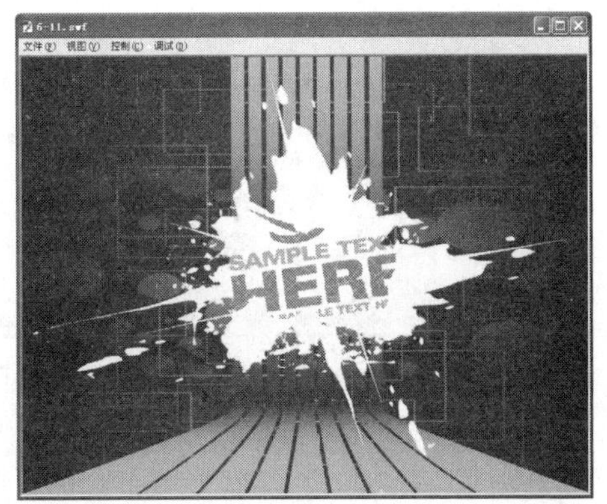

图6-113　测试动画效果

实例小结 >>>>>>>>>>

本例讲解了如何通过引导层动画制作出泡泡不规律飘动的效果，并通过添加遮罩层制作出文字渐出的效果。

6.12 制作游乐场动画

案例文件 光盘\源文件\第6章\6-12.fla
视频文件 光盘\视频\第6章\6-12.swf
学习时间 15分钟

★★☆☆☆

制作要点

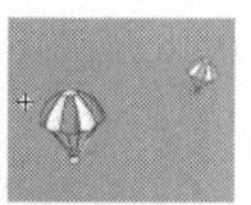

1.新建元件，将相应的图像素材导入到场景，完成元件的制作。

2. 返回场景，将背景素材导入到场景。

3.新建图层，将前面制作好的元件拖入到场景中，并完成动画效果。

4.新建图层，将相应的图像素材和元件导入到场景，完成动画效果的制作，最终完成动画的制作。

第7章

遮罩动画

在Flash动画中遮罩动画是非常常见的，利用Flash的遮罩功能可以方便快捷地制作出层次感丰富的动画效果，本章将向读者讲解Flash遮罩动画的制作。

7.1 心形遮罩动画

案例文件 光盘\源文件\第7章\7-1.fla

视频文件 光盘\视频\第7章\7-1.swf

学习时间 10分钟

难易程度 ★☆☆☆☆

制作要点

通过利用“传统补间”制作心形的由小到大的补间动画，将心形动画的图层设置为遮罩层，从而制作出心形的遮罩动画效果。

思路分析

本实例主要向读者讲解如何利用心形制作遮罩动画，测试动画效果如图7-1所示。

图7-1 测试动画效果

制作步骤

1 执行“文件>新建”命令，新建一个Flash文档，如图7-2所示，新建文档后，单击“属性”面板上的“属性”标签下的“编辑”按钮 编辑...，在弹出的“文档设置”对话框中进行设置，如图7-3所示，单击“确定”按钮。

图7-2 “新建文档”对话框

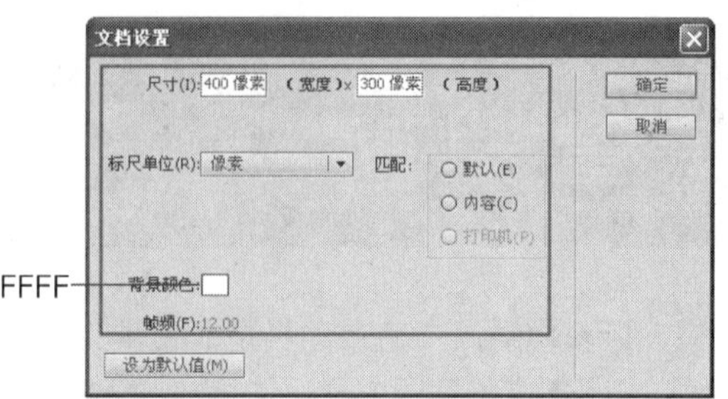

图7-3 “文档设置”对话框

2 新建“名称”为“场景动画1”的“影片剪辑”的元件，执行“文件>导入>打开外部库”命令，在弹出的“作为库打开”对话框中选择“光盘\源文件\第7章\素材\素材7-1.fla”，如图7-4所示。单击“打开”按钮，将“素材7-1.fla”文件作为库打开，如图7-5所示。

图7-4 “作为库打开”对话框

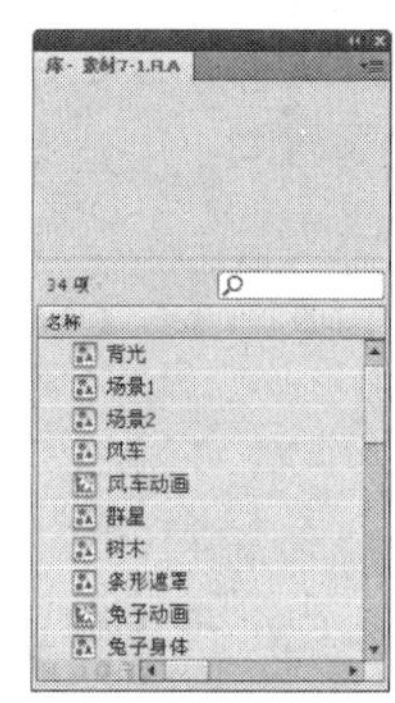

图7-5 “库-素材7-1.fla”面板

3 在打开的“库-素材7-1.fla”面板中，将“场景1”元件拖入到场景中，在第25帧处插入帧，如图7-6所示，分别将“群星”元件从“库-素材7-1.fla”面板中拖入到“图层2”和“图层3”的场景中，场景效果如图7-7所示。

图7-6 拖入元件

图7-7 场景效果

4 利用同样的制作方法，将“星光动画”和“云朵1”元件拖入到不同的场景中，“时间轴”面板如图7-8所示，场景效果如图7-9所示。

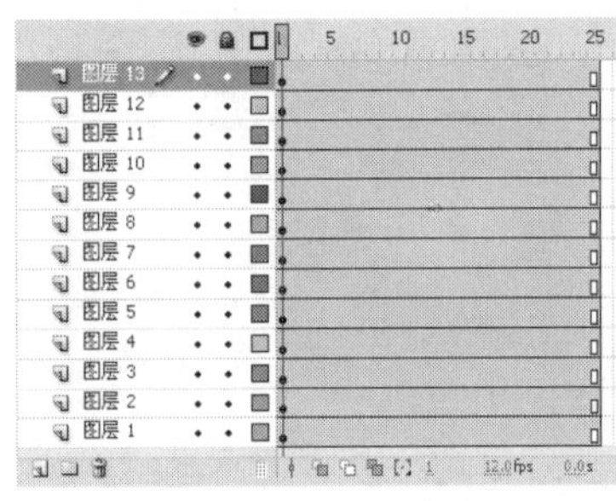

图7-8 “时间轴”面板

图7-9 场景效果

5 新建“图层14”，将“云朵2”元件从“库-素材7-1.fla”面板中拖入到场景中，使用“任意变形工具”，按住Shift键将元件等比例缩小，如图7-10所示。在第25帧单击，插入关键帧，将元件水平向左移动10像素，并为第1帧添加“传统补间”，如图7-11所示。

图7-10 元件效果

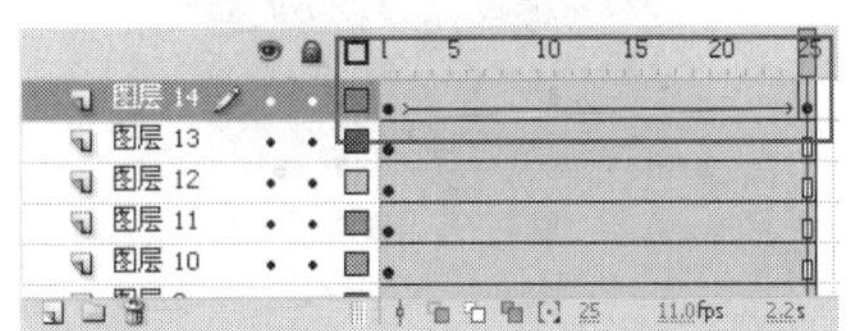

图7-11 “时间轴”面板

6 根据制作“图层14”的方法，制作出“图层15”，场景效果如图7-12所示。利用同样的制作方法，分别将“树木”、“兔子动画”和“小狗动画”元件拖入到不同的图层中，完成后的场景效果如图7-13所示。

图7-12 场景效果

图7-13 场景效果

7 根据“场景动画1”元件的制作方法，制作出“场景动画2”，完成后的“时间轴”面板如图7-14所示，场景效果如图7-15所示。

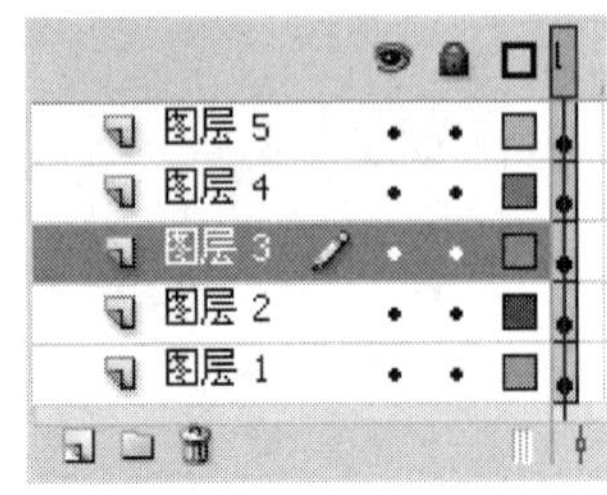

图7-14 “时间轴”面板

图7-15 场景效果

8 返回到“场景1”的编辑状态，将“场景动画1”元件从“库”面板中拖入到场景中，在第45帧单击，插入关键帧，如图7-16所示。新建“图层2”，在第25帧单击，插入关键帧，将“场景动画2”元件从“库”面板中拖入到场景中，如图7-17所示。

图7-16 拖入元件

图7-17 拖入元件

9 新建“图层3”，在第25帧单击，插入关键帧，将“遮罩”元件从“库-素材7-1.fla”面板中拖入到场景中，如图7-18所示，在第32帧单击，插入关键帧，使用“任意变形工具”，按住Shift键将元件等比例扩大，如图7-19所示。

图7-18 拖入元件

图7-19 扩大元件

10 设置第25帧上的“补间”类型为“传统补间”，在“图层3”的“图层名称”上单击右键，在弹出的快捷菜单中选择“遮罩层”选项，“时间轴”面板如图7-20所示。

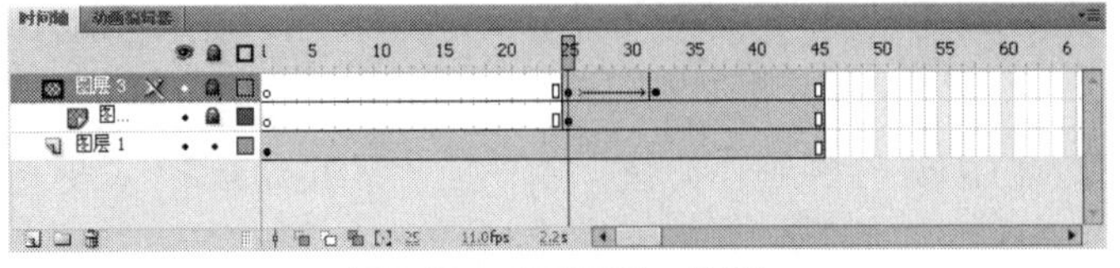

图7-20 “时间轴”面板

11 完成心形遮罩动画的制作，执行“文件>保存”命令，将文件保存为“光盘\源文件\第7章\7-1.fla”，测试动画效果如图7-21所示。

图7-21 测试动画效果

实例小结

本实例主要向读者讲解如何利用传统补间制作出动态的遮罩动画，通过本实例的学习读者要熟练掌握动态遮罩动画的制作方法。

7.2 散点式遮罩动画

案例文件 光盘\源文件\第7章\7-2.fla

视频文件 光盘\视频\第7章\7-2.swf

学习时间 35分钟

难易程度 ★☆☆☆☆

制作要点

1. 制作矩形由小变大的旋转动画。

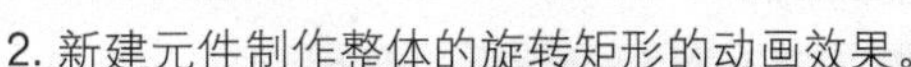

2. 新建元件制作整体的旋转矩形的动画效果。

3. 返回到主场景，将背景元件拖入到场景中并进行滤镜设置，将遮罩动画元件拖入到场景中，制作动画的遮罩效果。

4. 完成动画的制作，测试动画效果。

7.3 相片遮罩动画

案例文件 光盘\源文件\第7章\7-3.fla
视频文件 光盘\视频\第7章\7-3.swf
学习时间 30分钟

★★☆☆☆

制作要点

★★☆☆☆

首先将图像导入到场景中，使用“椭圆工具”绘制正圆，并制作正圆由小到大的动画效果，再将圆所在的图层设置为遮罩层。

思路分析

本实例主要利用Flash的补间形状，制作相片遮罩动画效果，测试动画效果如图7-22所示。

图7-22 测试动画效果

制作步骤

1 执行“文件>新建”命令，新建一个Flash文档，如图7-23所示，单击“属性”面板上的“编辑”按钮，在弹出的“文档设置”对话框中进行设置，如图7-24所示，单击“确定”按钮。

ActionScript 3.0

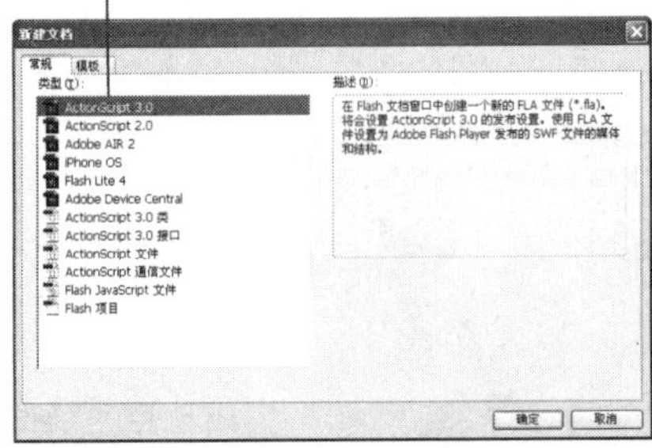

图7-23 “新建文档”对话框

#FFFFFF

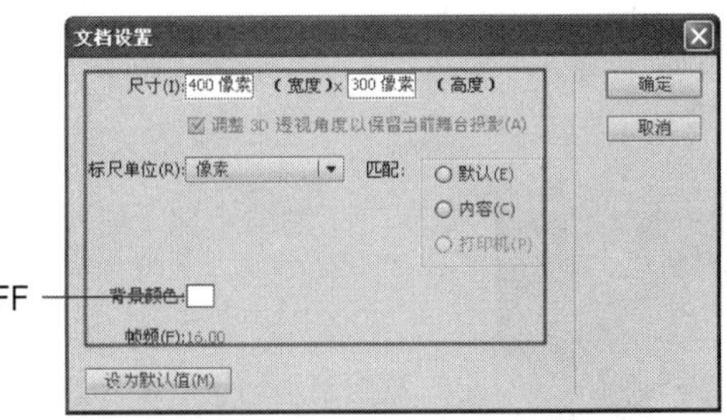

图7-24 “文档设置”对话框

2 将图像“光盘\源文件\第7章\素材\74011.jpg”导入到场景中，如图7-25所示。在第100帧单击，插入关键帧，新建“图层2”，使用“椭圆工具”，设置“笔触颜色”为无，在场景中绘制出一个正圆，如图7-26所示。

图7-25 导入图像

图7-26 绘制正圆

3 在第5帧插入关键帧，使用“任意变形工具”，按住Shift键将正圆等比例扩大，如图7-27所示。设置第1帧上的“补间”类型为“补间形状”，并在“图层2”的“图层名称”上单击右键，在弹出的快捷菜单中选择“遮罩层”，如图7-28所示。

图7-27 将正圆等比例扩大

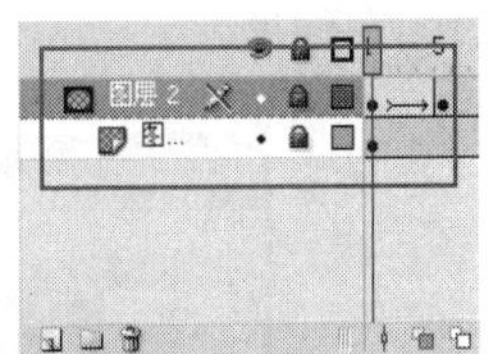
图7-28 “时间轴”面板

4 新建“图层3”，将图像74011.jpg从“库”面板中拖入到场景中，如图7-29所示。新建“图层4”，在第5帧插入关键帧，在场景中绘制一个正圆，如图7-30所示。

图7-29 拖入图像

图7-30 绘制正圆

5 在第10帧插入关键帧，使用“任意变形工具”，按住Shift键将正圆等比例扩大，如图7-31所示。设置第5帧上的“补间”类型为“补间形状”，并在“图层4”的“图层名称”上单击右键，在弹出的快捷菜单中选择“遮罩层”，如图7-32所示。

图7-31 将正圆等比例扩大

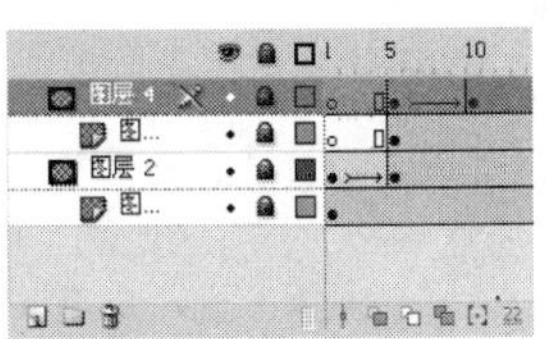
图7-32 “时间轴”面板

6 利用同样的制作方法，制作出其他图层，完成后的“时间轴”面板如图7-33所示。

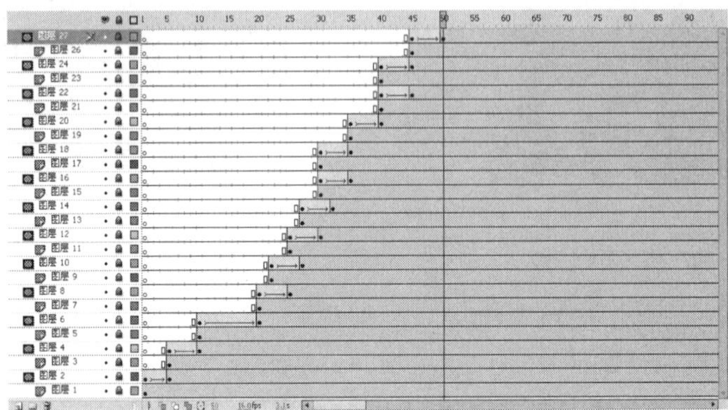

图7-33 “时间轴”面板

7 完成相片遮罩动画的制作，执行“文件>保存”命令，将动画保存为“7-3.fla”，测试动画效果如图7-34所示。

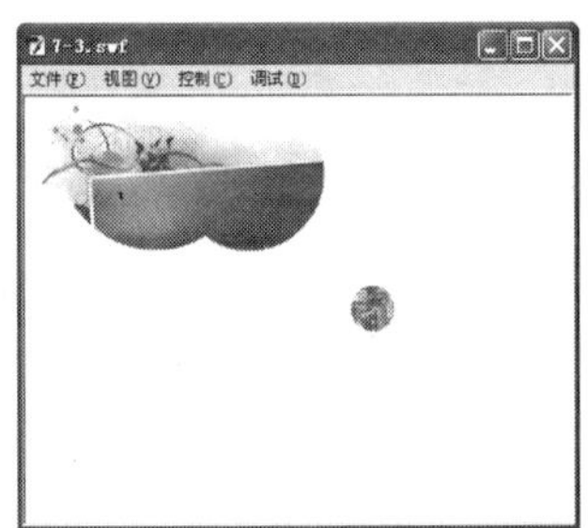

图7-34 测试动画效果

实例小结

通过本实例的学习，读者要熟练掌握制作遮罩动画时，补间形状动画的应用，以及利用补间形状制作动画时需要注意的一些问题。

7.4 水果宣传动画

案例文件 光盘\源文件\第7章\7-4.fla

视频文件 光盘\视频\第7章\7-4.swf

学习时间 25分钟

★☆☆☆☆

制作要点

1. 首先制作图像的遮罩动画效果。

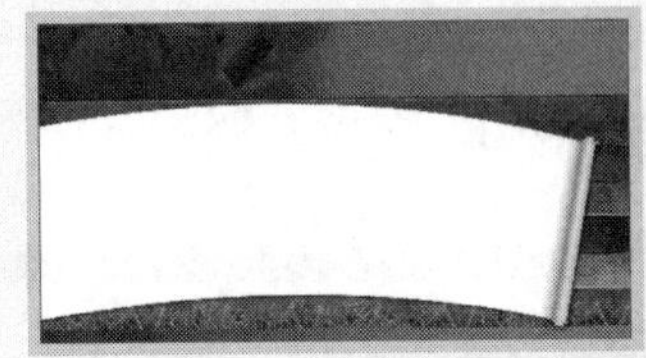

2. 返回到主场景，将背景图像导入到场景。

3. 将制作好的元件依次拖入到场景中。

4. 完成动画的制作，测试动画效果。

7.5 家具广告动画

★★☆☆☆

案例文件	光盘\源文件\第7章\7-5.fla
视频文件	光盘\视频\第7章\7-5.swf
学习时间	35分钟

制作要点

利用传统补间制作图形的涂抹动画，再将涂抹动画作为遮罩层。

思路分析

本实例主要利用传统补间制作涂抹的遮罩动画效果，通过本实例的学习读者要掌握传统补间与遮罩层的综合应用，测试动画效果如图7-35所示。

图7-35 测试动画效果

制作步骤

1 执行“文件>新建”命令，新建一个Flash文档，如图7-36所示，新建文档后，单击“属性”面板上的“编辑”按钮，在弹出的“文档设置”对话框中进行设置，如图7-37所示，单击“确定”按钮。

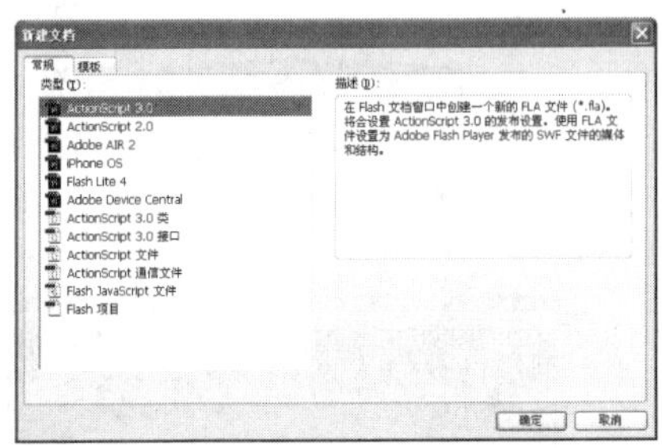

图7-36 “新建文档”对话框

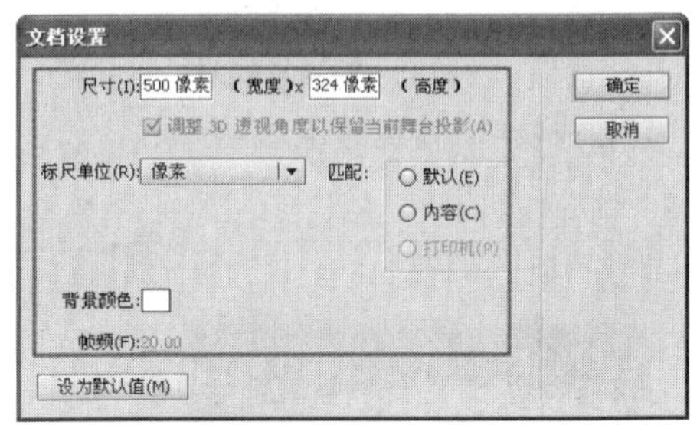

图7-37 “文档设置”对话框

2 新建“名称”为“家具动画”的“影片剪辑”元件，将图像“光盘\源文件\第7章\素材\7701.jpg”导入到场景中，如图7-38所示。在第180帧插入帧，新建“图层2”，使用“矩形工具”，设置“笔触颜色”为无，“填充颜色”为#FFFFFF，场景中绘制矩形，并转换成“名称”为“过光”的“图形”元件，如图7-39所示。

图7-38 导入图像

图7-39 绘制矩形

3 在第10帧插入关键帧，选择场景中的元件，设置Alpha值为0%，在第75帧插入关键帧，在第55帧插入关键帧，设置Alpha值为25%，如图7-40所示。分别设置第1帧和第55帧上的“补间”类型为“传统补间”，“时间轴”面板如图7-41所示。

图7-40 场景效果

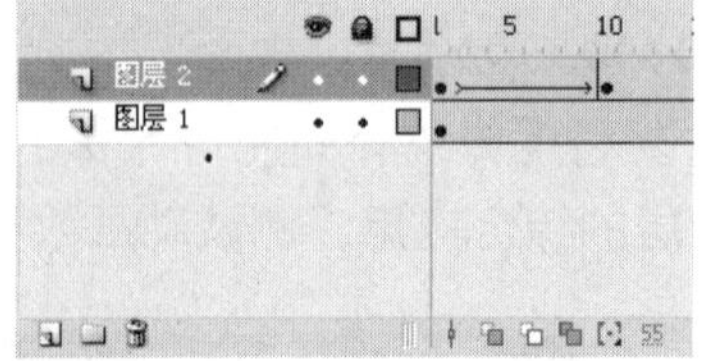

图7-41 “时间轴”面板

4 新建“图层3”，在第10帧插入关键帧，使用“文本工具”，设置“颜色”为#5FA003，其他设置如图7-42所示，在场景中输入相应文本，场景效果如图7-43所示。

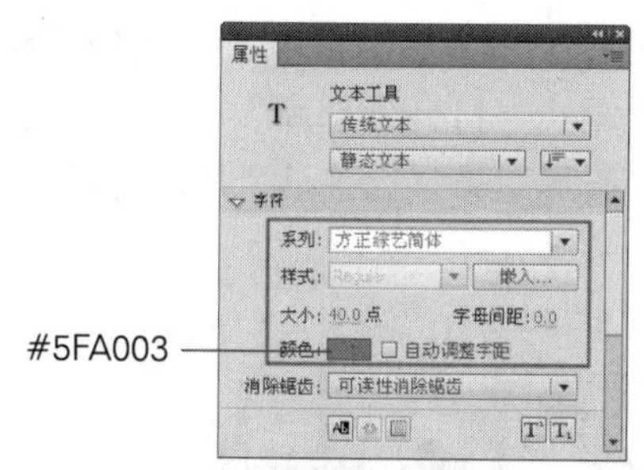

图7-42 “属性”面板

图7-43 场景效果

5 选择文本，执行两次“修改>分离”命令，将文本转换为图形，并将其转换成“名称”为“文本1”的“影片剪辑”元件，在“属性”面板上的“滤镜”标签下单击“添加滤镜”按钮，在弹出的菜单中选择“投影”，设置如图7-44所示，元件效果如图7-45所示。

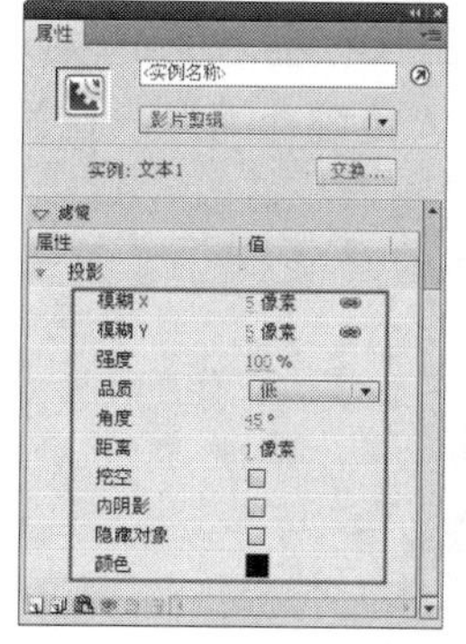

图7-44 “属性”面板

图7-45 元件效果

提 示

将文字分离成图形，是为了其他没有安装本实例使用字体的预览者能够正常预览动画效果。

6 在第20帧插入关键帧，将元件向左移动50像素，选择第10帧上的元件，设置Alpha值为0%，并设置第10帧上的“补间”类型为“传统补间”，“时间轴”面板如图7-46所示。利用同样的制作方法，制作出“图层4”，场景效果如图7-47所示。

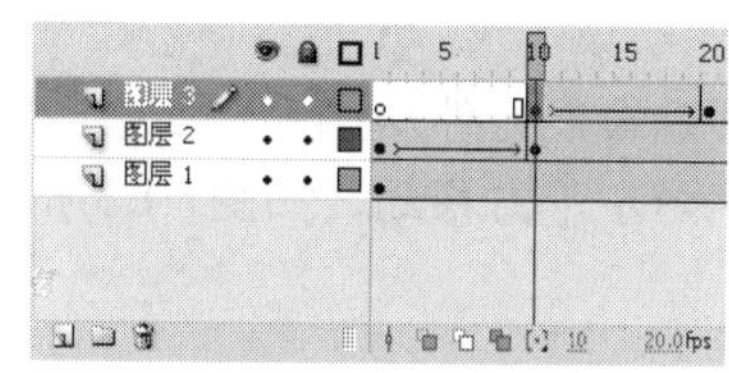

图7-46 “时间轴”面板

图7-47 场景效果

技巧

技巧：移动元件时可以按键盘上的“方向键”来调整，在显示比例为100%的情况下，按一下“方向键”的任意一键，元件就会向相应的方向移动1像素，按住Shift键的同时按一下“方向键”的任意键，元件会向相应的方向移动10像素。

7 新建“图层5”，在第80帧插入关键帧，将图像7702.jpg导入到场景中，如图7-48所示，新建“图层6”，在第80帧插入关键帧，执行“文件>导入>打开外部库”命令，将外部库“光盘\源文件\第7章\素材\素材7-7.fla”打开，将“条形遮罩”元件从“库-素材7-7.fla”面板中拖入到场景中，如图7-49所示。

图7-48 导入图像

图7-49 拖入元件

8 选择刚刚拖入的元件，将元件转换成“名称”为“遮罩动画”的“影片剪辑”元件，双击“遮罩动画”元件，进入到该元件的编辑状态，如图7-50所示。在第10帧插入关键帧，将元件向右上方移动，如图7-51所示。设置第1帧上的“补间”类型为“传统补间”，在第200帧插入帧。

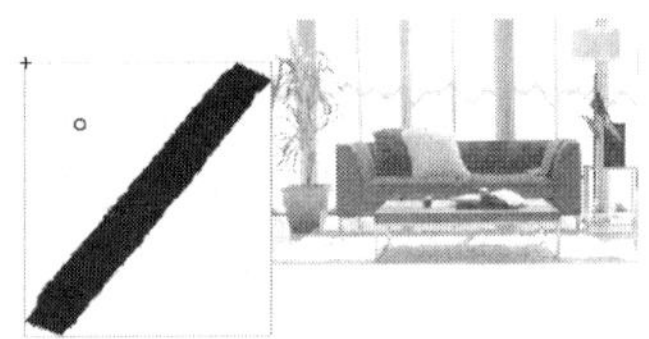
图7-50 进入元件编辑状态

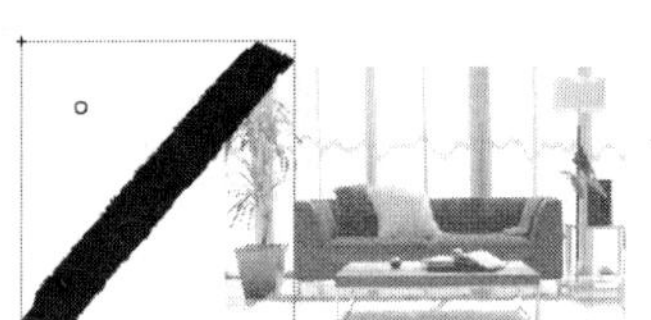
图7-51 移动元件

提 示

双击元件后可以进入该元件的编辑状态，上一级的场景会以半透明的方式显示，这种方法便于调整元件的位置。

9 新建“图层2”，在第10帧插入关键帧，将“条形遮罩”元件从“库”面板中拖入到场景中，如图7-52所示。在第20帧插入关键帧，将元件向左下方移动，如图7-53所示。设置第10帧上的“补间”类型为“传统补间”。

图7-52 拖入元件

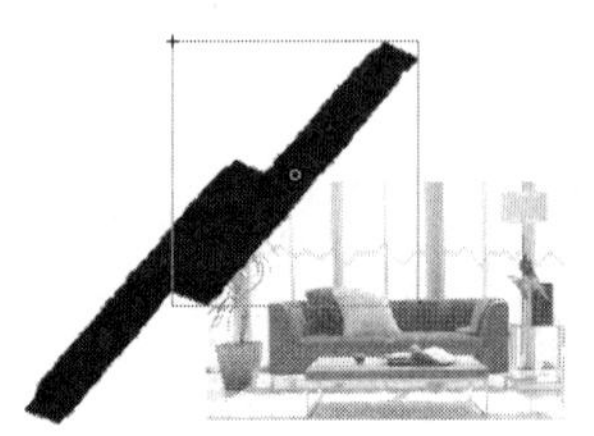
图7-53 移动元件

10 利用同样的制作方法，制作出其他图层动画效果，完成后的“时间轴”面板如图7-54所示，场景效果如图7-55所示。

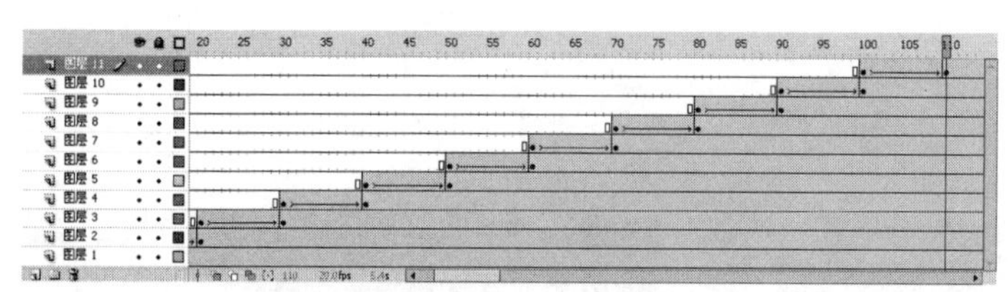

图7-54 完成后“时间轴”面板

图7-55 场景效果

11 返回到“家具动画”元件的编辑状态，设置“图层6”为遮罩层，新建“图层7”，在第160帧插入关键帧，根据前面的制作方法，制作出文本动画效果，完成后的“时间轴”面板如图7-56所示，场景效果如图7-57所示。

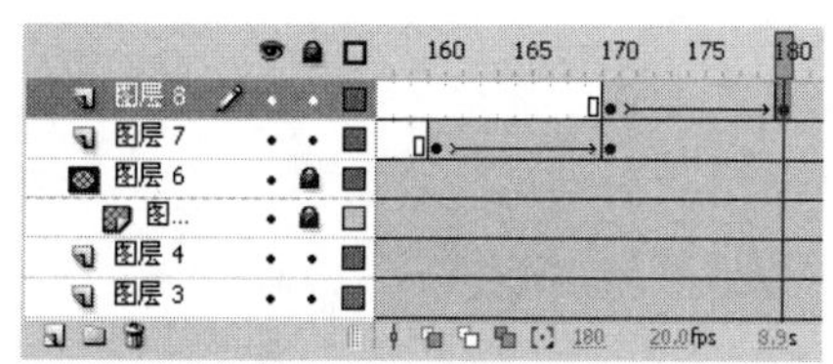

图7-56 “时间轴”面板

图7-57 场景效果

12 返回到“场景1”的编辑状态，将“家具动画”元件从“库”面板中拖入到场景中，如图7-58所示，新建“图层2”，将图像7703.png导入到场景中，如图7-59所示。

图7-58 拖入元件

图7-59 导入图像

13 完成家具广告动画的制作，执行“文件>保存”命令，将文件保存为“7-5.fla”，测试动画效果如图7-60所示。

图7-60 测试动画效果

实例小结 》》》》》》》》》》

本实例主要利用传统补间动画向读者讲解如何通过动画的综合应用，制作出动感的遮罩动画效果。

7.6 放大镜动画

案例文件 光盘\源文件\第7章\7-6.fla
视频文件 光盘\视频\第7章\7-6.swf
学习时间 25分钟

★★☆☆☆

制作要点 》》》》》》》》》》

1. 导入背景图像。

2. 使用“文本工具”，在场景中输入文本。

3. 使用“矩形工具”，在场景中绘制矩形，并进行处理。

4. 完成动画的制作，测试动画效果。

7.7 人物遮罩动画

案例文件 光盘\源文件\第7章\7-7.fla
视频文件 光盘\视频\第7章\7-7.swf
学习时间 30分钟

★★☆☆☆

制作要点

制作矩形拉大的动画，再将矩形动画作为遮罩层，从而制作出人物的渐入效果。

思路分析

本实例通过制作矩形动画和遮罩层，制作出人物的遮罩动画效果，测试动画效果如图7-61所示。

图7-61 测试动画效果

制作步骤

1 执行“文件>新建”命令，新建一个Flash文档，如图7-62所示，新建文档后，单击“属性”面板上的“编辑”按钮，在弹出的“文档设置”对话框中进行设置，如图7-63所示，单击“确定”按钮。

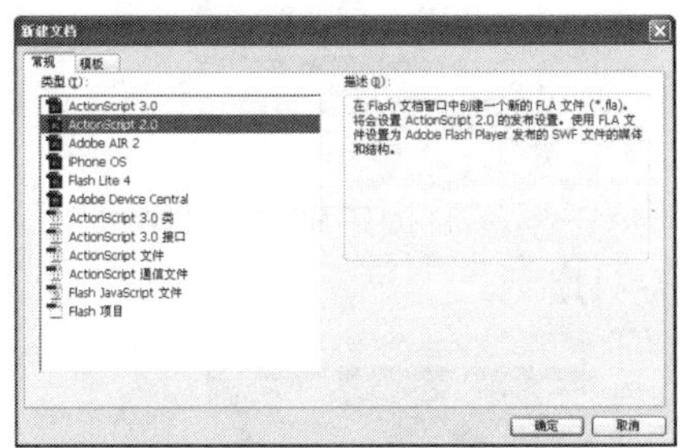

图7-62 “新建文档”对话框

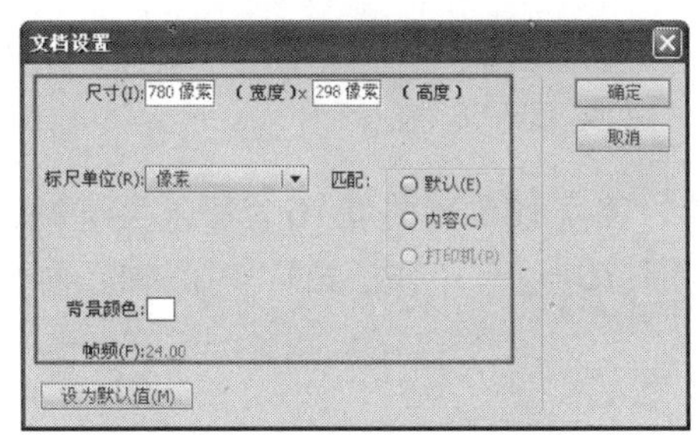

图7-63 “文档设置”对话框

2 新建“名称”为“矩形动画”的“影片剪辑”元件，使用“矩形工具”，在场景中绘制矩形，如图7-64所示，并将其转换成“名称”为“矩形”的“图形”元件，在第2帧插入关键帧，将元件垂直向上移动，如图7-65所示。

236 × 12

图7-64 绘制矩形

图7-65 移动元件

> **技巧** 按住Shift键，绘制矩形时，可以绘制出正方形。按住Shift+Alt键，绘制矩形时，可以按点击的位置向外绘制正方形。

3 分别在第5帧和第10帧插入关键帧，使用“任意变形工具”将元件拉长，如图7-66所示，为第5帧添加“传统补间”。新建“图层2”，在第10帧插入关键帧，在“动作-帧”面板中输入“stop();”脚本语言，“时间轴”面板如图7-67所示。

图7-66 扩大元件

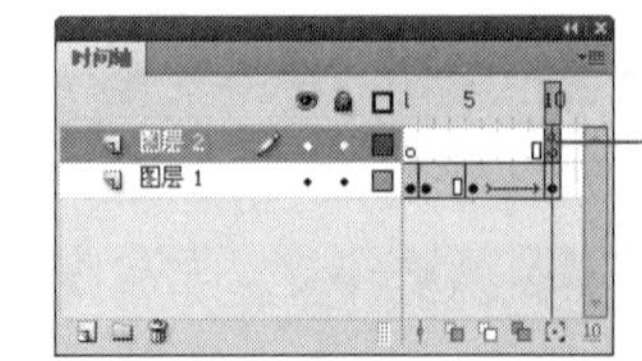

图7-67 “时间轴”面板

4 新建“名称”为“遮罩动画”的“影片剪辑”元件，将“矩形动画”元件从“库”面板中拖入到场景中，如图7-68所示，在第15帧插入帧，利用同样的制作方法，制作出“图层2”至“图层15”，场景效果如图7-69所示。

图7-68 拖入元件

图7-69 场景效果

5 新建“图层16”，在第15帧插入关键帧，在“动作-帧”面板中输入“stop();”脚本语言，如图7-70所示，完成后的“时间轴”面板如图7-71所示。

图7-70 输入脚本语言

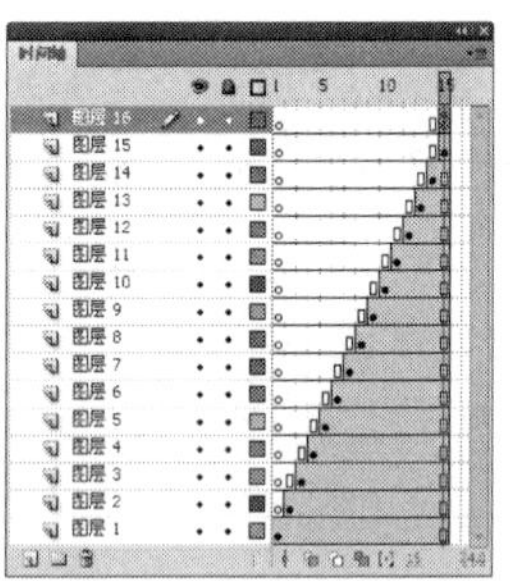

图7-71 “时间轴”面板

6 新建“名称”为“人物动画”的“影片剪辑”元件，将图像“光盘\源文件\第7章\素材\71002.png”导入到场景中，如图7-72所示，将图像转换成“名称”为“女人1”的“图形”元件，在第10帧插入关键帧，将元件垂直向上移动，如图7-73所示。

图7-72 导入图像

图7-73 垂直向上移动元件

技巧 执行“文件>导入>导入到舞台”命令，在弹出的“导入”对话框中选择要导入的图像，按快捷键Ctrl+R，也可以弹出“导入”对话框。

7 选择第1帧上的元件，设置Alpha的值为0%，为第1帧添加“传统补间”，在第20帧插入帧。新建“图层2”，将“遮罩动画”元件从“库”面板中拖入到场景中，如图7-74所示，将“图层2”设置“遮罩层”，“时间轴”面板如图7-75所示。

图7-74 拖入元件

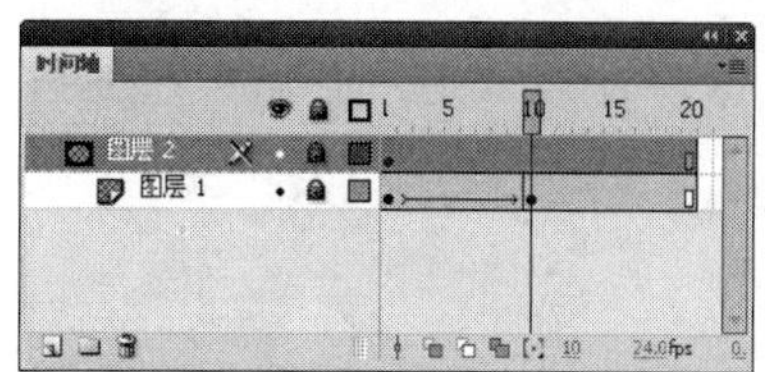
图7-75 “时间轴”面板

8 利用同样的制作方法，制作出“图层3”和“图层4”，“时间轴”面板如图7-76所示，新建“图层5”，在第20帧插入关键帧，在“动作-帧”面板中输入“stop();”脚本语言，“时间轴”面板如图7-77所示。

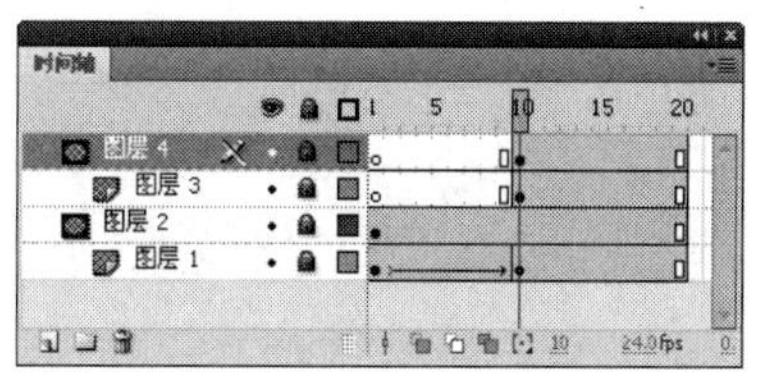
图7-76 “时间轴”面板

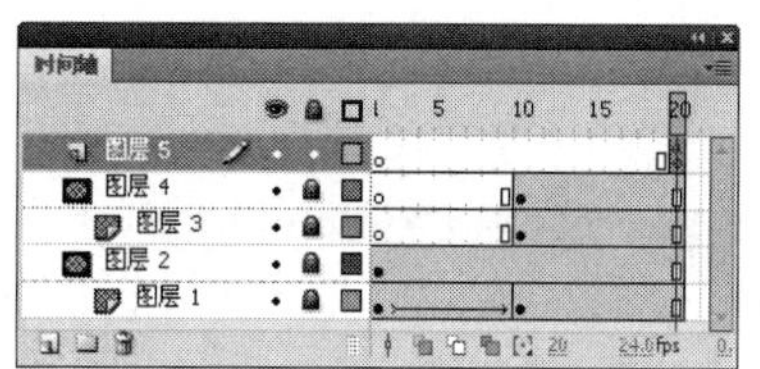
图7-77 “时间轴”面板

9 返回到“场景1”的编辑状态，将图像71001.jpg导入到场景中，如图7-78所示，新建“图层2”，将“人物动画”元件从“库”面板中拖入到场景中，如图7-79所示。

图7-78 导入图像

图7-79 拖入元件

10 新建“图层3”，打开外部库“光盘\源文件\第7章\素材\素材7-10.fla”，将“整体汽车动画”元件从“库-素材7-10.fla”面板中拖入到场景中，如图7-80所示，将“图层3”拖入到“图层2”的下面，如图7-81所示。

图7-80 拖入元件

图7-81 调整图层顺序

11 完成人物遮罩动画的制作，执行“文件>保存”命令，将文件保存为“7-7.fla”，测试动画效果如图7-82所示。

图7-82 测试动画

实例小结

本实例主要应用Flash的基本动画功能，制作出人物遮罩动画，在实例的制作中读者要掌握遮罩层的应用。

7.8 图像遮罩动画

案例文件	光盘\源文件\第7章\7-8.fla
视频文件	光盘\视频\第7章\7-8.swf
学习时间	20分钟

难易程度 ★☆☆☆☆

制作要点

1. 制作矩形动画，以用作遮罩图层。

2. 返回到主场景，将图像导入到场景中。

3. 将人物图像导入到场景中，制作遮罩动画效果，利用Flash的传统补间制作文本动画。

4. 完成动画的制作，测试动画效果。

7.9　文字遮罩动画

案例文件　光盘\源文件\第7章\7-9.fla

视频文件　光盘\视频\第7章\7-9.swf

学习时间　15分钟

★☆☆☆☆

制作要点

利用“补间形状”制作文字的过光动画，在通过遮罩层制作出遮罩动画。

思路分析

本实例主要讲解如何为文字制作遮罩动画，在利用文字制作遮罩动画时，一定要将文字分离成图形，测试动画效果如图7-83所示。

图7-83　测试动画效果

制作步骤

1 执行“文件>新建”命令，新建一个Flash文档，如图7-84所示，新建文档后，单击“属性”面板上的“编辑”按钮，在弹出的“文档设置”对话框中进行设置，如图7-85所示，单击“确定”按钮。

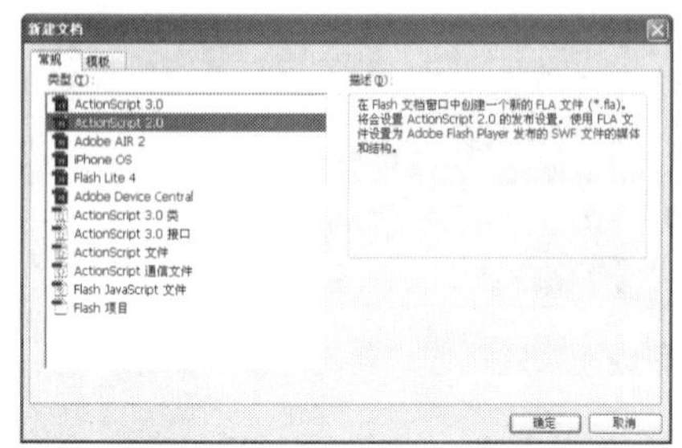
图7-84 “新建文档”对话框

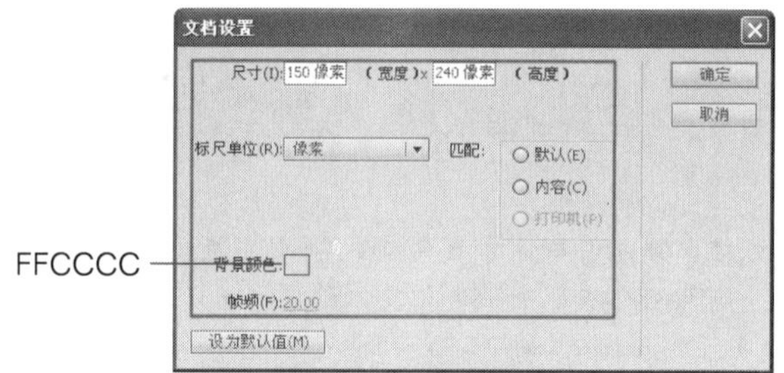

图7-85 “文档设置”对话框

2 新建“名称”为“文字动画”的“影片剪辑”元件，使用“文本工具”，设置相应的字体、字体大小，在场景中输入文本，并将其分离成图形，如图7-86所示，使用“任意变形工具”调整文字图形，如图7-87所示。

图7-86 文字效果

图7-87 调整文字图形

提 示

在制作以文字图层作为遮罩层时，如果不将文字分离成图形，有时可能导致遮罩动画失灵。

3 选择文字图形，在“颜色”面板中设置“填充颜色”值为#EF4D86→#F1AF6C→#5AE4B7的“线性渐变”，如图7-88所示，使用“渐变变形工具”调整渐变角度，图形效果如图7-89所示。

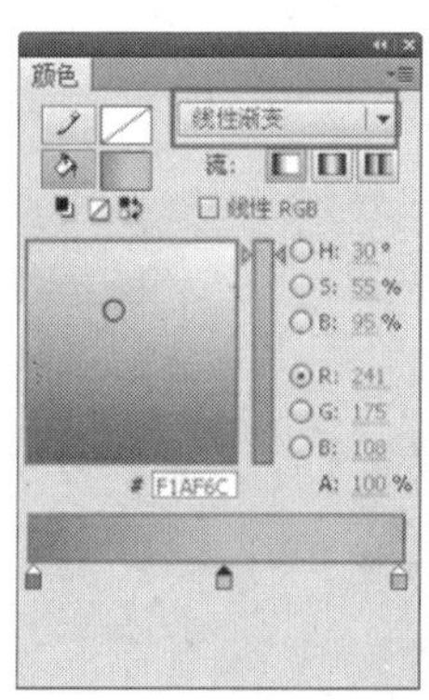
图7-88 “颜色”面板

图7-89 图形效果

4 使用“墨水瓶工具”，设置“笔触颜色”值为#FFFFFF，“笔触高度”值为1.5，在文字图形上单击，添加笔触，如图7-90所示，在第60帧插入帧，新建“图层2”，使用“矩形工具”，在“颜色”面板中设置“笔触颜色”值为无，“填充颜色”值为0%的#FFFFFF→60%的#FFFFFF→60%的#FFFFFF→0%的#FFFFFF的“线性”渐变，如图7-91所示。

图7-90 添加笔触

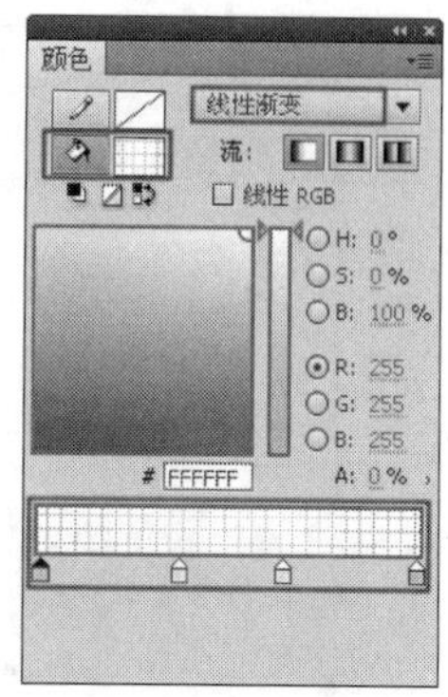
图7-91 “颜色”面板

5 在场景中绘制渐变矩形，并使用“任意变形工具”将矩形进行旋转，如图7-92所示，在第30帧插入关键帧，将矩形向右下角移动，如图7-93所示，设置第1帧上的“补间”类型为“补间形状”。

图7-92 绘制渐变矩形

图7-93 移动矩形

6 选择“图层1”中的文字图形，执行“编辑>复制”命令，在“图层2”上新建“图层3”，执行“编辑>粘贴到当前位置”命令，将复制的文字图形粘贴到“图层3”的场景中，如图7-94所示，并设置“图层3”为“遮罩层”，如图7-95所示。

图7-94 粘贴图形后的效果

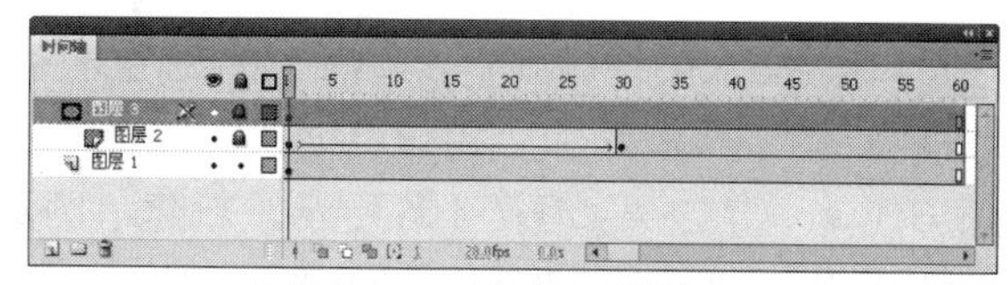
图7-95 “时间轴”面板

7 返回到“场景1”的编辑状态，将图像“光盘\源文件\第7章\素材\71301.jpg”导入到场景中，如图7-96所示，在第20帧插入帧，新建“图层2”，将图像71302.png导入到场景中，如图7-97所示，并将其转换成“名称”为“人物”的“图形”元件。

图7-96 导入图像

图7-97 导入图像

8 在第5帧插入关键帧，将第1帧上的元件水平向左移动，并设置Alpha值为0%，如图7-98所示，为第1帧添加“传统补间”，新建“图层3”，在第5帧插入关键帧，打开外部库“光盘\源文件\第7章\素材\素材7-13.fla”，将“买女装满”元件拖入到场景中，并调整大小，如图7-99所示。

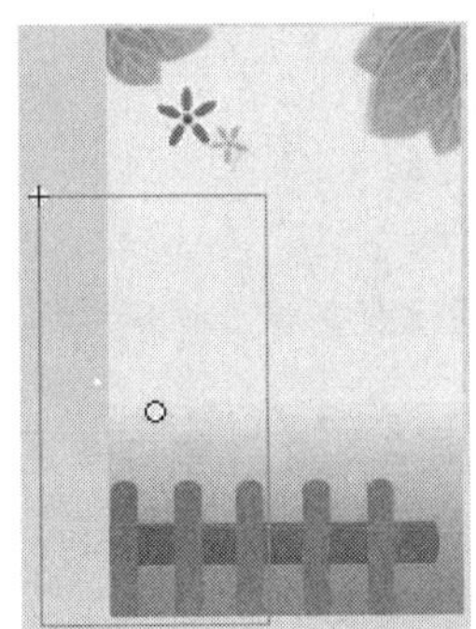

图7-98 元件效果

图7-99 元件效果

> **技巧** 执行“文件>导入>打开外部库”命令，可以打开“作为库打开”对话框，按快捷键Ctrl+Shift+O，也可以打开“作为库打开”对话框。

9 在第10帧插入关键帧，将第5帧上的元件水平向右移动，并设置Alpha值为0%，如图7-100所示，为第5帧添加“传统补间”，根据“图层3”的制作方法，制作出“图层4”到“图层6”，场景效果如图7-101所示，新建“图层7”，在第20帧插入关键帧，在“动作-帧”面板中输入“stop();”脚本语言。

图7-100 元件效果

图7-101 场景效果

10 完成文字遮罩动画的制作，执行“文件>保存”命令，将文件保存为“7-9.fla”，测试动画效果如图7-102所示。

实例小结 ››››››››››

本实例通过制作文字遮罩动画向读者讲解制作文字过光的动画效果，通过实例的制作读者可以了解在制作文字动画时，应该注意的事项与操作技巧。

图7-102 测试动画效果

7.10 圆图形遮罩动画

案例文件 光盘\源文件\第7章\7-10.fla
视频文件 光盘\视频\第7章\7-10.swf
学习时间 25分钟

难易程度 ★★★☆☆

制作要点 ››››››››››

1. 制作圆由小变大的动画。

2. 返回到主场景，将背景图像导入到场景中。

3. 将图像元件拖入到场景中，并设置实例名称，将圆动画多次拖入到场景中，并设置实例名称。

4. 完成动画的制作，测试动画效果。

7.11 彩带遮罩动画

案例文件	光盘\源文件\第7章\7-11.fla
视频文件	光盘\视频\第7章\7-11.swf
学习时间	10分钟

★☆☆☆☆

制作要点

在制作本实例时需要注意不同遮罩层之间的衔接以及动画帧频的掌控，完美的衔接、精确的帧频掌控是制作遮罩最基本的要求。

思路分析

本实例的制作方法极为简单，整个动画完全以最基础的遮罩效果制作而成，测试动画效果如图7-103所示。

图7-103 测试动画效果

制作步骤

1 执行“文件>新建”命令，新建一个Flash文档，如图7-104所示，新建文档后，单击“属性”面板上的“编辑”按钮 编辑... ，在弹出的“文档属性”对话框中进行设置，如图7-105所示，单击“确定”按钮，完成“文档属性”的设置。

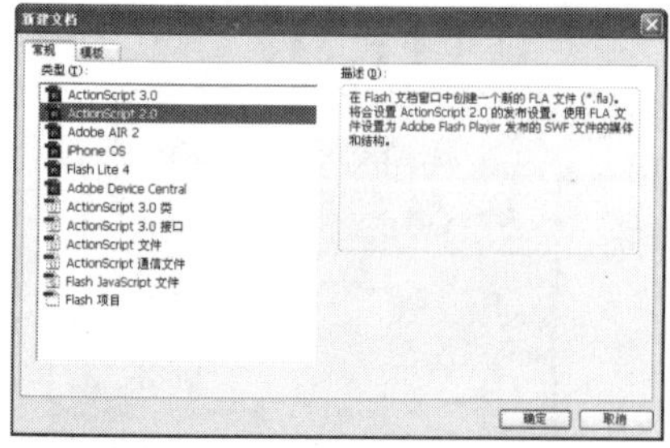

图7-104 “新建文档”对话框

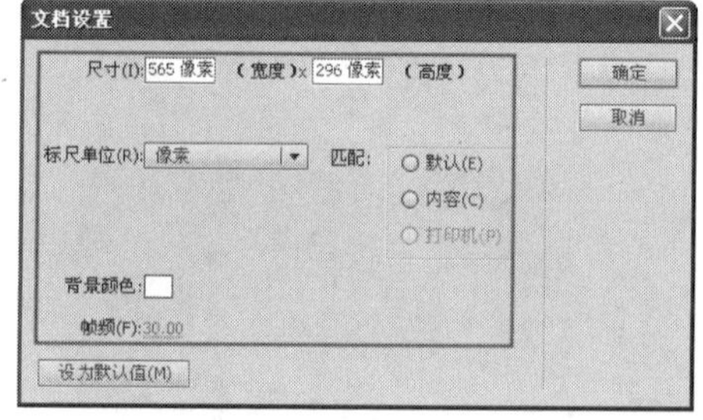

图7-105 “文档属性”对话框

2 将图像“光盘\源文件\第7章\素材\7301.jpg”导入到场景中，如图7-106所示，在第75帧插入帧，完成“图层1”的制作。新建“图层2”，使用“椭圆工具”在画布中绘制椭圆，如图7-107所示。

图7-106 导入图像

图7-107 绘制图形

3 在第15帧插入关键帧，使用“任意变形工具”将图形放大，在第1～15帧之间创建补间形状动画，如图7-108所示。补间形状动画效果如图7-109所示。

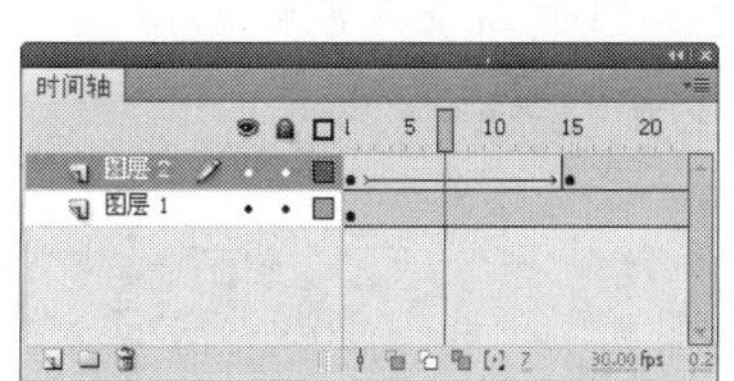
图7-108 “时间轴”面板

图7-109 补间形状动画效果

4 在“图层2”上单击右键，在弹出的快捷菜单中选择“遮罩层”选项，创建遮罩动画如图7-110所示。效果如图7-111所示。

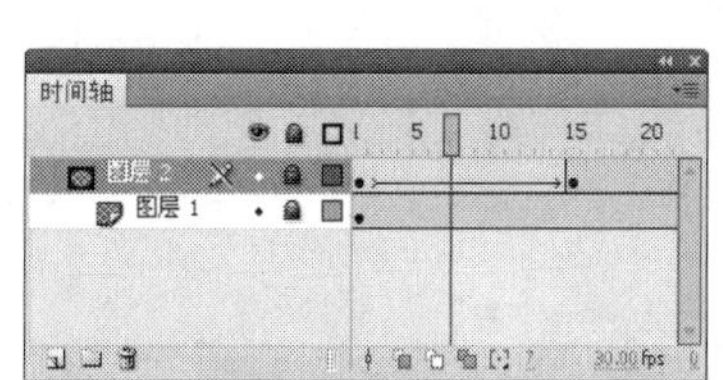
图7-110 “时间轴”面板

图7-111 遮罩效果

5 利用相同的方法，完成“图层3”～“图层10”的制作，如图7-112所示。

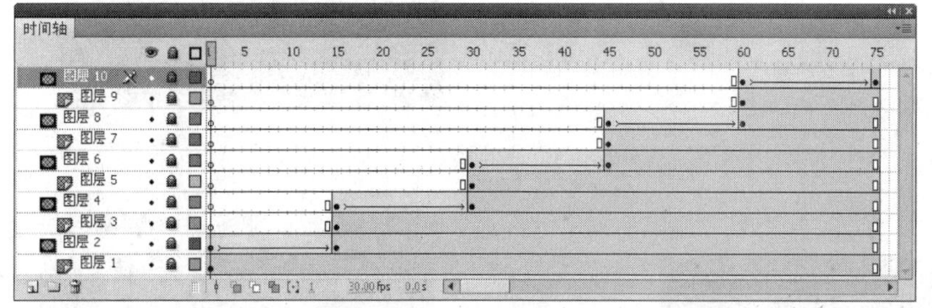
图7-112 “时间轴”面板

6 新建“图层11”，在第75帧插入关键帧，在“动作-帧”面板中输入“stop();”脚本语言。完成彩带遮罩动画的制作，执行“文件>保存”命令，将文件保存为“7-11.fla”，测试动画效果如图7-113所示。

图7-113 测试动画效果

实例小结

本实例通过一个彩带遮罩动画的制作为读者讲解了通过遮罩功能制作彩带逐渐出现效果的方法，通过本实例的制作，读者可以更加了解遮罩动画的操作方法。

7.12 音乐网站开场动画

案例文件 光盘\源文件\第7章\7-12.fla

视频文件 光盘\视频\第7章\7-12.swf

学习时间 25分钟

★★★☆☆

制作要点

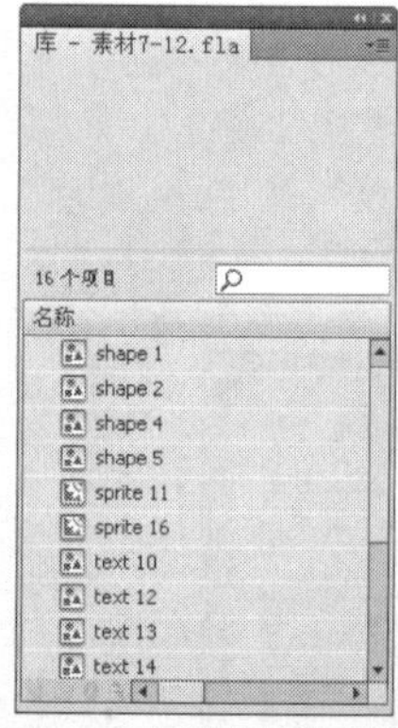

1. 打开外部素材库。

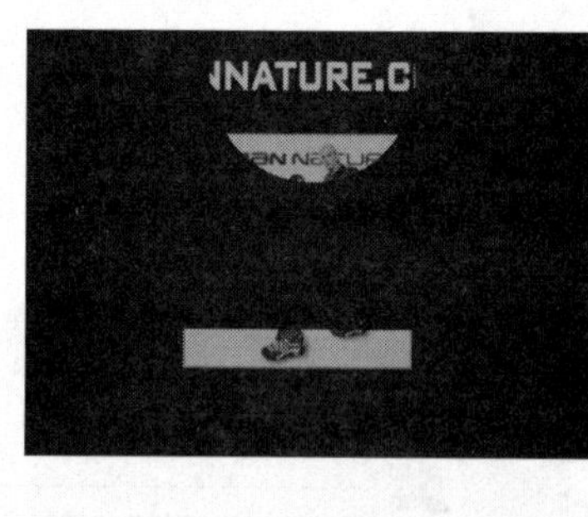

2. 依次将外部库中的元件拖入到场景中并创建遮罩动画。

3. 利用相同的方法，完成其他图层中内容的制作。

4. 完成动画的制作，测试动画效果。

第 8 章

Flash文本动画

本章主要讲解各种文字动画效果的制作，通过不同的制作方法，制作出互不相同的漂亮文字效果。

8.1 Flash文字动画效果

案例文件	光盘\源文件\第8章\8-1.fla
视频文件	光盘\视频\第8章\8-1.swf
学习时间	15分钟

★★☆☆☆

制作要点 〉〉〉〉〉〉〉〉〉〉

通过创建“传统补间”制作矩形的变色动画，再将矩形拼合起来，形成一个较长的矩形合体，使用“文本工具”输入文本，并将文本图层设置为“遮罩层”。

思路分析 〉〉〉〉〉〉〉〉〉〉

本实例主要通过为矩形元件创建“补间形状”制作矩形的变色效果，通过将文本分离成图形，将分离的文本制作成“遮罩层”，测试动画效果如图8-1所示。

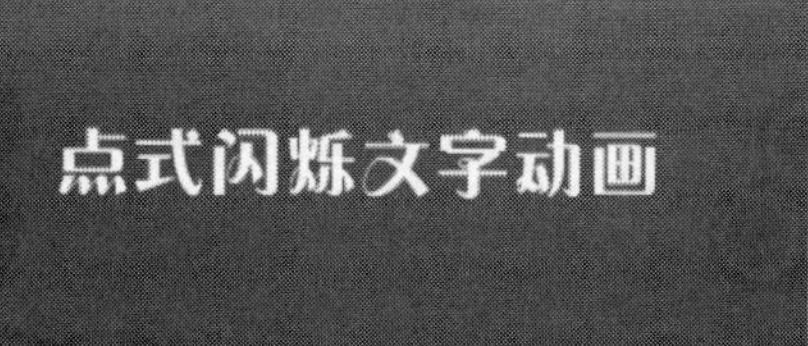

图8-1 测试动画效果

制作步骤 〉〉〉〉〉〉〉〉〉〉

1 执行“文件>新建”命令，新建一个Flash文档，如图8-2所示，新建文档后，单击“属性”面板上“属性”标签下的“编辑”按钮，在弹出的“文档设置”对话框中进行设置，如图8-3所示，单击“确定”按钮。

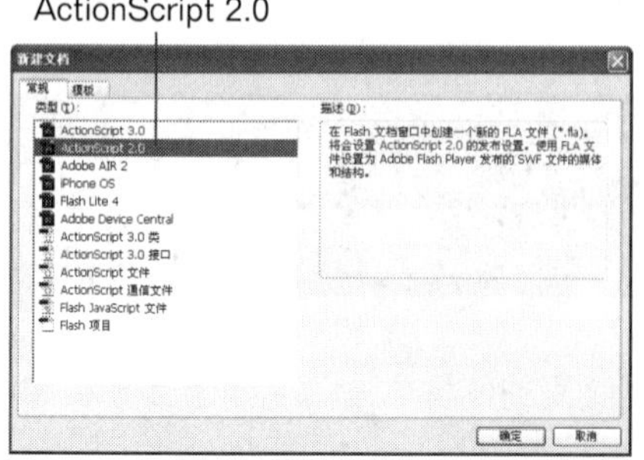

图8-2 “新建文档”对话框

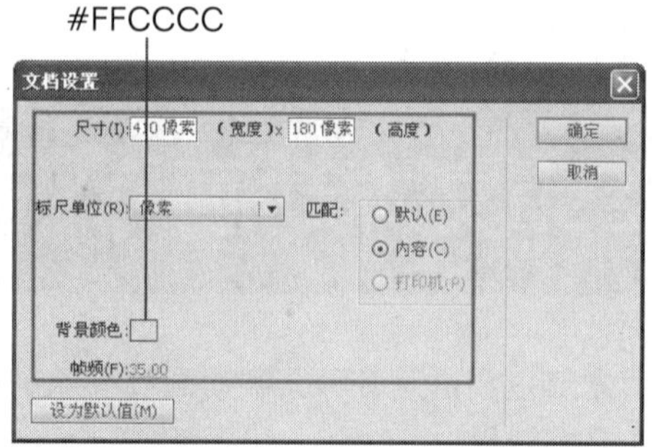

图8-3 “文档设置”对话框

2 新建“名称”为“矩形变色动画”的“影片剪辑”元件，如图8-4所示，使用“矩形工具”，设置“笔触颜色”值为无，“填充颜色”值为#FFFFFF，在场景中绘制“宽度”值为10像素，“高度”值为10像素的矩形，如图8-5所示，将矩形转换成“名称”为“矩形”的“图形”元件。

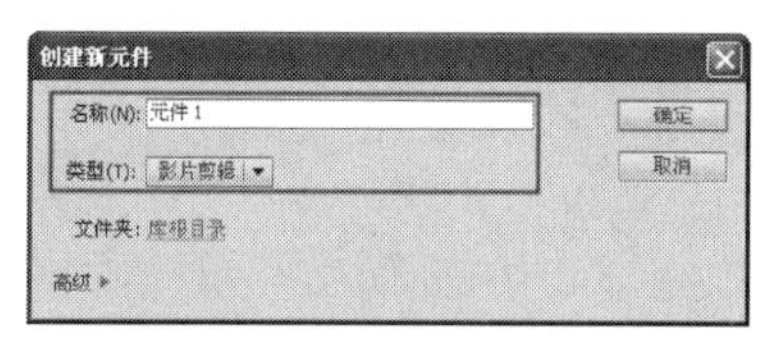
图8-4 “创建新元件”对话框

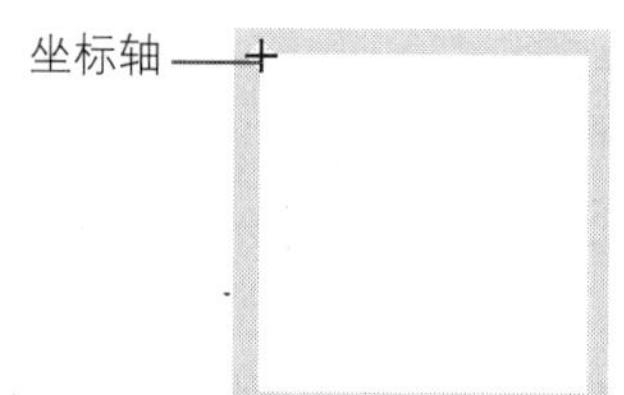

图8-5 绘制矩形

3 分别在第15帧、第30帧、第45帧、第60帧、第75帧和第90帧插入关键帧，选择第15帧上的元件，设置Alpha值为0%，如图8-6所示，选择第45帧上的元件，在“属性”面板上设置“色调”的“着色”值为100%的#00FFFF，如图8-7所示。

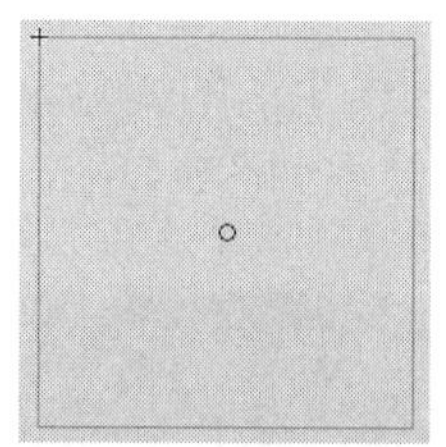
图8-6 元件效果

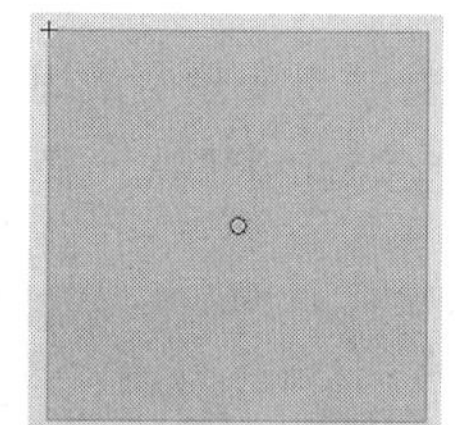
图8-7 元件效果

提 示

调整元件的不透明度，不仅可以设置Alpha选项，还可以在“高级”选项中进行参数设置，调整元件的色调时，也可以在“高级”选项中进行调整。

4 选择第75帧上场景中的元件，设置Alpha值为0%，如图8-8所示，分别设置第1帧、第15帧、第30帧、第45帧、第60帧和第75帧上的“补间”类型为“传统补间”，在第200帧插入帧，新建“图层2”，在“动作-帧”面板中输入如图8-9所示脚本语言。

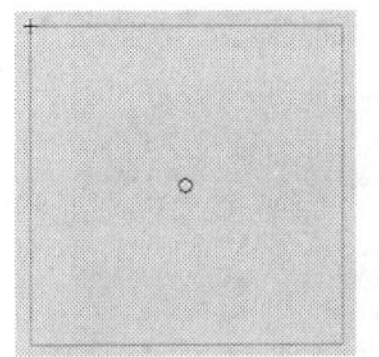

图8-8 元件效果

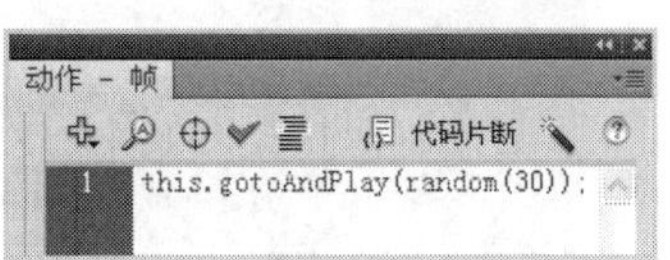

图8-9 输入脚本语言

5 新建“名称”为“整体动画”的“影片剪辑”元件，执行“窗口>库”命令，将“矩形变色动画”元件从“库”面板中拖入到场景中，如图8-10所示，利用同样的制作方法，多次将“矩形变色动画”元件从“库”面板中拖入到场景中，完成后的场景效果如图8-11所示。

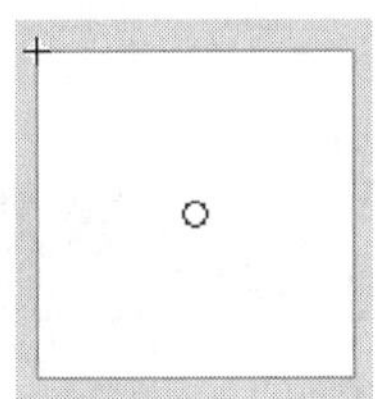

图8-10 拖入元件

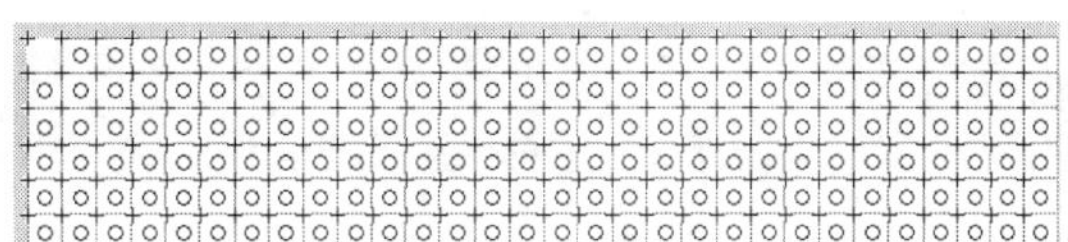

图8-11 场景效果

6 新建“图层2”，使用“文本工具”，在“属性”面板上设置如图8-12所示，在场景中绘制文本，如图8-13所示，执行两次“修改>分离”命令，将文本分离成图形，并将“图层2”设置为“遮罩层”。

图8-12 “属性”面板

点式闪烁文字动画

图8-13 输入文本

7 返回到“场景1”的编辑状态，将图像“光盘\源文件\第8章\素材\8101.jpg”导入到场景中，如图8-14所示，在第300帧插入帧。新建“图层2”，将“整体动画”元件从“库”面板中拖入到场景中，如图8-15所示。

图8-14 导入图像

图8-15 拖入元件

8 完成霓虹闪烁文字动画的制作，执行“文件>保存”命令，将文件保存为“8-1.fla”，测试动画效果如图8-16所示。

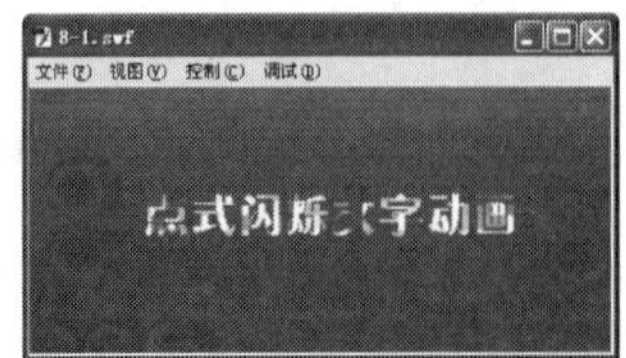

图8-16 测试动画效果

实例小结

本实例主要利用矩形动画作为遮罩层，制作出霓虹闪烁文字动画效果。在实例的制作中主要利用了矩形工具绘制矩形，并利用影片剪辑元件制作动画。

8.2 摇奖式文字动画效果

案例文件 光盘\源文件\第8章\8-2.fla

视频文件 光盘\视频\第8章\8-2.swf

学习时间 15分钟

★★☆☆☆

制作要点

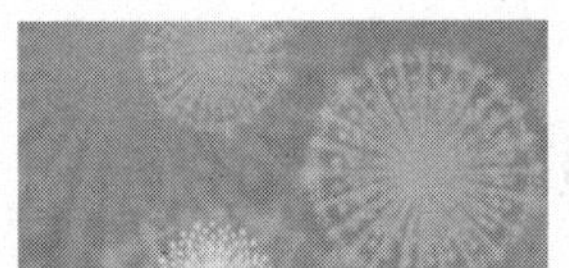

1. 将背景图像导入到场景中。

2. 创建“文字动画”影片剪辑元件并导入到主场景中。

3. 利用相同的方法，多次拖入元件并为每个元件添加不同的动作。

4. 最终完成摇奖式文字动画效果的制作并进行测试。

8.3 分散式文字动画效果

案例文件 光盘\源文件\第8章\8-3.fla

视频文件 光盘\视频\第8章\8-3.swf

学习时间 15分钟

难易程度 ★★☆☆☆

制作要点

通过为元件设置“实例名称”，利用脚本语言控制元件的位置，通过为“按钮”元件添加脚本语言，控制影片剪辑的位置。

思路分析

本实例主要通过为“影片剪辑”元件设置“实例名称”，再通过添加脚本语言，从而制作出分散文字动画效果，测试动画效果如图8-17所示。

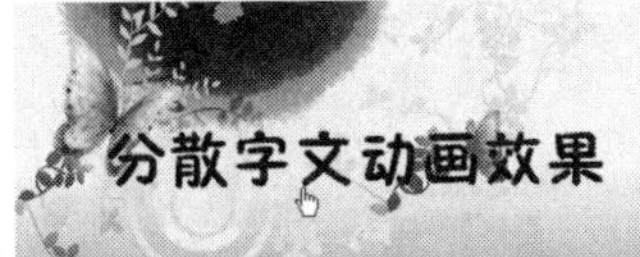

图8-17 测试动画效果

制作步骤

1 执行“文件>新建”命令，新建一个Flash文档，如图8-18所示，单击“属性”面板上“属性”标签下的“编辑”按钮 编辑... ，在弹出的“文档设置”对话框中进行设置，如图8-19所示，单击“确定”按钮。

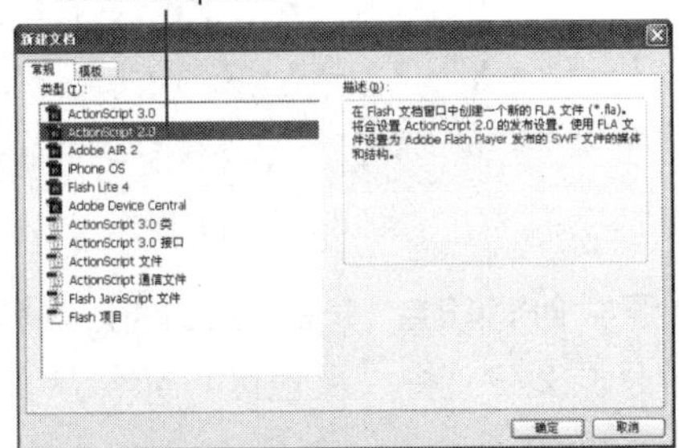

图8-18 “新建文档”对话框

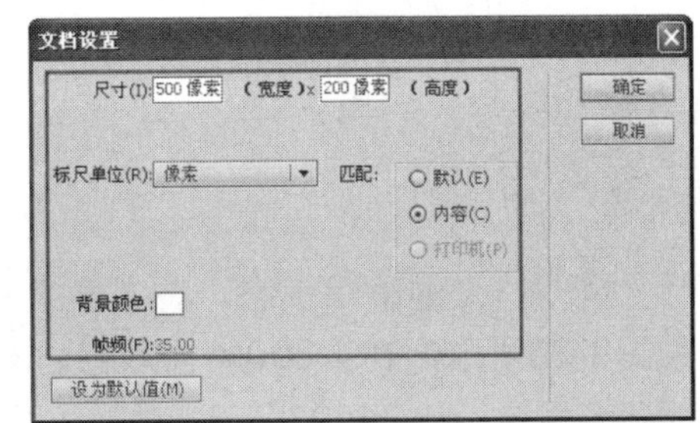

图8-19 “文档设置”对话框

2 新建“名称”为“分”的“影片剪辑”元件，使用“文本工具”，新建文档后，在“属性”面板上进行设置，如图8-20所示，在场景中输入文本，如图8-21所示，执行“修改>分离”命令，将文本分离成图形，使用“任意变形工具”，调整图形的位置，如图8-22所示。

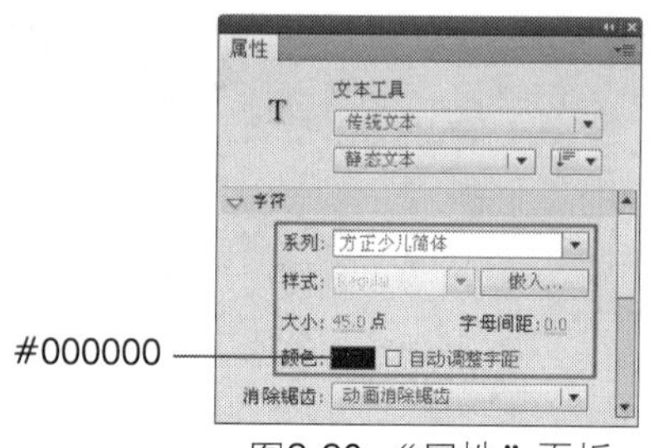

图8-20 “属性”面板

图8-21 输入文本

图8-22 调整图形的位置

提 示

调整元件的位置，目的是更方便、精确地利用脚本语言控制元件的位置。

3 根据“分”元件的制作方法，制作出“散”元件、“文”元件、“字”元件、“动”元件、“画”元件、“效”元件和“果”元件，元件效果如图8-23所示。

散文字动画效果

图8-23 元件效果

4 新建“名称”为“反应区”的“影片剪辑”元件，在“点击”帧插入关键帧，如图8-24所示，使用“矩形工具”，在场景中绘制“宽度”值为500像素、“高度”值为200像素的矩形，如图8-25所示。

图8-24 “时间轴”面板

坐标轴

图8-25 绘制矩形

5 返回到“场景1”的编辑状态，将图像“光盘\源文件\第8章\素材\8301.jpg”导入到场景中，如图8-26所示，在第300帧插入帧。新建“图层2”，将“反应区”元件从“库”面板中拖入到场景中，如图8-27所示。

图8-26 导入图像

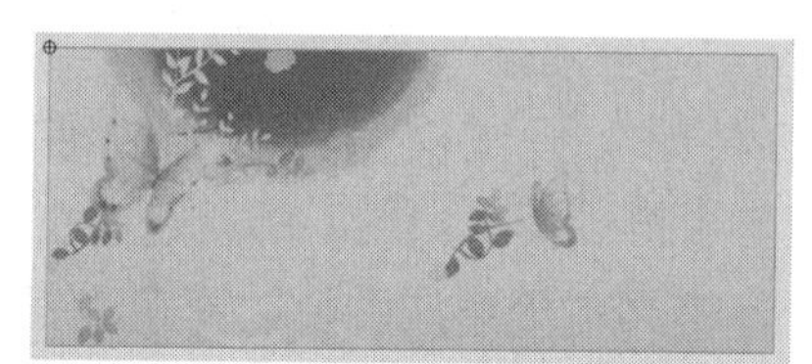

图8-27 拖入元件

6 选择“反应区”元件，在“属性”面板上设置“实例名称”为text_bt，如图8-28所示，在“动作-按钮”面板中输入如图8-29所示的脚本语言。

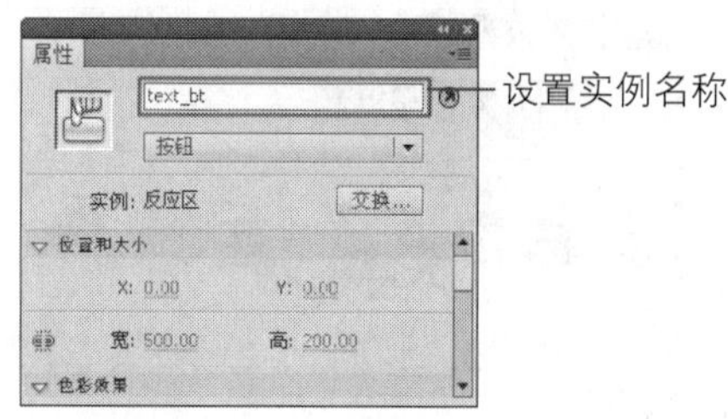

图8-28 “属性”面板

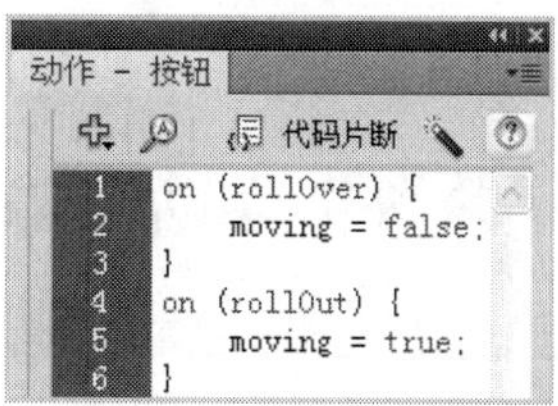

图8-29 输入脚本语言

提 示

如果不为元件设置“实例名称”，动画将无法正常运行，如果不为“按钮”元件添加脚本语言，同样动画也无法正常运行。

7 新建“图层3”，将“分”元件从“库”面板中拖入到场景中，如图8-30所示，设置“实例名称”为t1，利用同样的制作方法，分别将相应的元件拖入到场景中，并设置“实例名称”，完成后的场景效果如图8-31所示。

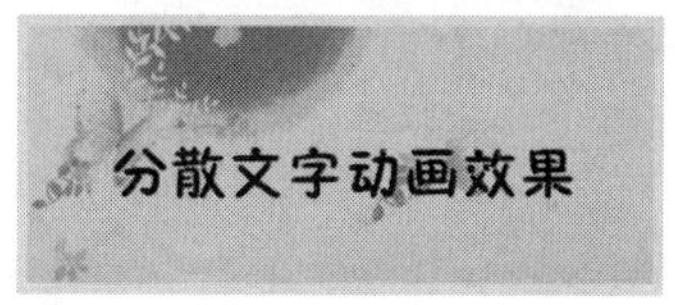

图8-30 拖入元件

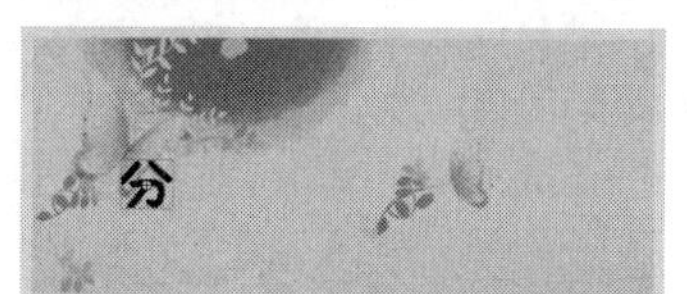

图8-31 场景效果

8 新建“图层4”，在“动作-帧”面板中输入如图8-32所示的脚本语言。

```
var frame_time = 100;
var distance = 50;
var textNum = 11;
var speed = 1.2;
var vibration = -0.25;
var vibrationOver = -0.55;
MovieClip.prototype.elasticMove = function(speed, vibration, tx, ty) {
    var tempx = this._x;
    var tempy = this._y;
    this._x = speed*(this._x-tx)+vibration*(this.prevx-tx)+tx;
    this._y = speed*(this._y-ty)+vibration*(this.prevy-ty)+ty;
    this.prevx = tempx;
    this.prevy = tempy;
};
for (var i = 1; i<=textNum; i++) {
    this["oldx"+i] = this["targetx"+i]=this["t"+i].prevx=this["t"+i]._x;
    this["oldy"+i] = this["targety"+i]=this["t"+i].prevy=this["t"+i]._y;
}
function textMoving() {
    for (var i = 1; i<=textNum; i++) {
        if (random(frame_time) == 0) {
            this["targetx"+i] = this["oldx"+i]+(random(distance)-distance/2);
            this["targety"+i] = this["oldy"+i]+(random(distance)-distance/2);
        }
    }
    for (var i = 1; i<=textNum; i++) {
        this["t"+i].elasticMove(speed, vibration, this["targetx"+i], this["targety"+i]);
    }
}
var moving = true;
this.onEnterFrame = function() {
    if (moving == true) {
        textMoving();
    } else {
        for (var i = 1; i<=textNum; i++) {
            this["t"+i].elasticMove(speed, vibrationOver, this["oldx"+i], this["oldy"+i]);
        }
    }
};
```

图层 4 : 1

第9行(共39行)，第22列

图8-32 输入脚本语言

9 完成分散式文字动画的制作，执行“文件>保存”命令，将文件保存为“8-3.fla”，测试动画效果如图8-33所示。

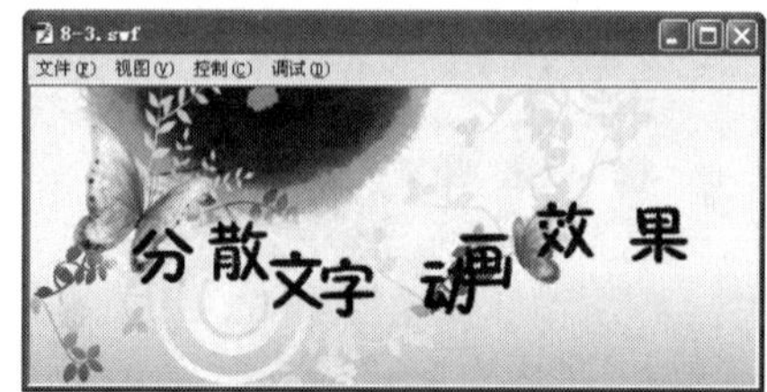

图8-33 测试动画效果

实例小结

本实例主要利用脚本语言制作分散文字动画效果，通过本实例的学习读者要掌握如何利用设置实例名称和脚本语言制作文字动画效果。

8.4 闪烁文字动画效果

案例文件	光盘\源文件\第8章\8-4.fla
视频文件	光盘\视频\第8章\8-4.swf
学习时间	20分钟

★★☆☆☆

制作要点

1. 将背景图像导入到场景中。

2. 创建“遮罩动画”影片剪辑元件并拖入到主场景中。

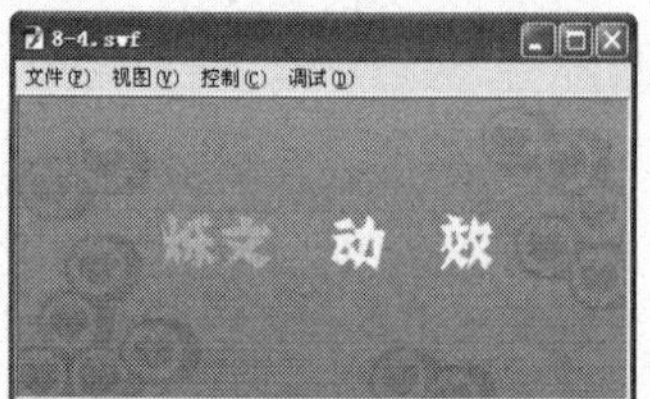

3. 完成闪烁文字动画效果的制作并进行测试。

8.5 阴影文字动画效果

案例文件 光盘\源文件\第8章\8-5.fla

视频文件 光盘\视频\第8章\8-5.swf

学习时间 25分钟

★★☆☆☆

制作要点

通过在各个空白关键帧中绘制不同的矩形、为关键帧创建“补间形状”，制作出矩形的不规则运动动画效果。

思路分析

本实例主要制作一个阴影文字动画效果，实例主要以“补间形状”进行制作，通过本实例的学习，希望读者能综合运用所学习的知识，制作出更快捷简单的动画，测试动画效果如图8-34所示。

图8-34 测试动画效果

制作步骤

1 执行“文件>新建”命令，新建一个Flash文档，如图8-35所示，单击“属性”面板上“属性”标签下的“编辑”按钮，在弹出的“文档设置”对话框中进行设置，如图8-36所示，单击“确定”按钮。

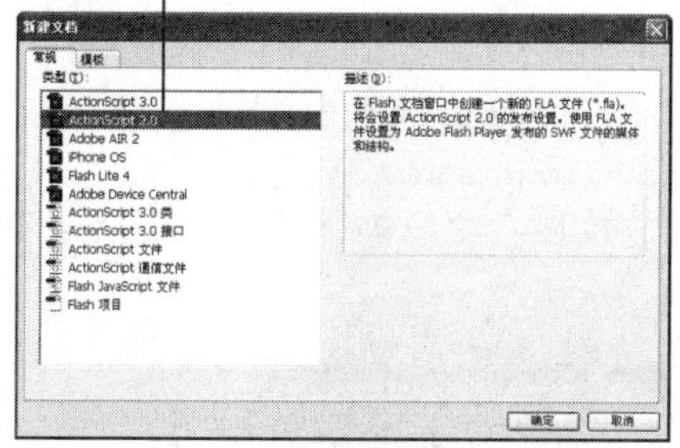

图8-35 “新建文档”对话框

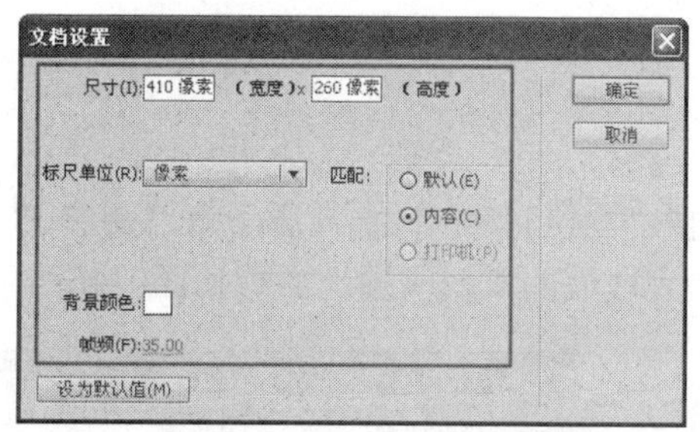

图8-36 “文档设置”对话框

2 新建“名称”为“矩形动画”的“影片剪辑”元件，如图8-37所示，使用“矩形工具”，在场景中绘制“宽度”值为10像素，“高度”值为90像素的矩形，如图8-38所示。

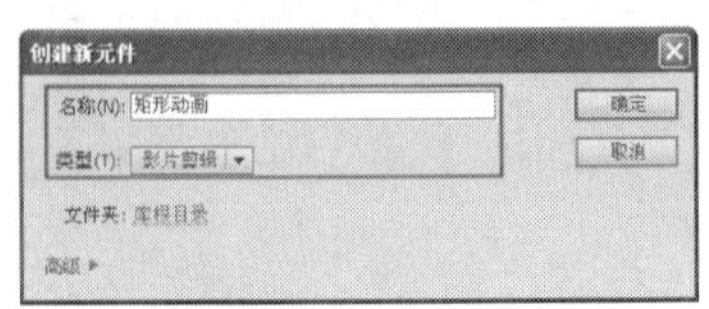

图8-37 “创建新元件”对话框

图8-38 绘制矩形

> **提 示**
>
> 在本步骤中之所以没有设置矩形的参数，是因为所绘制的矩形要在以后制作遮罩动画的。

3 再次使用“矩形工具”，在场景中绘制“宽度”值为44像素、“高度”值为90像素的矩形，如图8-39所示，在第25帧插入空白关键帧，在场景中绘制多个矩形，如图8-40所示。

图8-39 绘制矩形

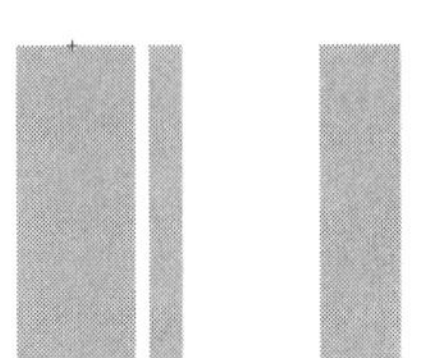

图8-40 绘制矩形

4 在第55帧插入空白关键帧，在场景中绘制多个矩形，如图8-41所示，在第80帧插入空白关键帧，在场景中绘制多个矩形，如图8-42所示。

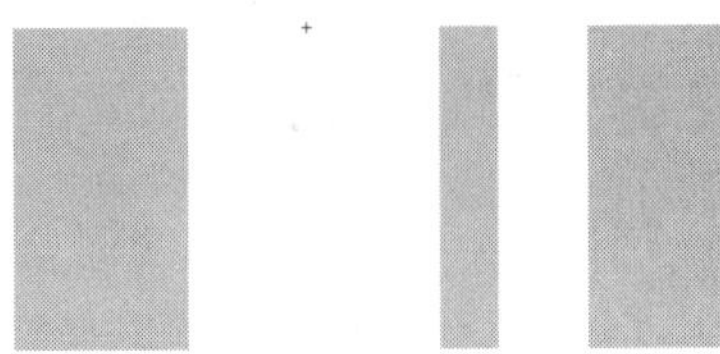

图8-41 绘制矩形

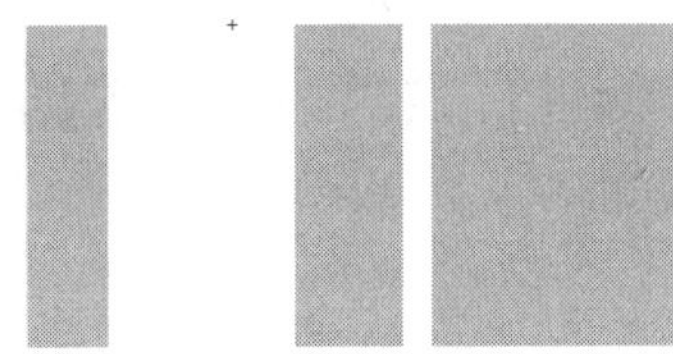

图8-42 绘制矩形

5 在第100帧插入空白关键帧，在场景中绘制多个矩形，如图8-43所示，分别设置第1帧、第25帧、第55帧和第80帧上的“补间”类型为“补间形状”，新建“图层2”，在场景中绘制“宽度”值为10像素、“高度”值为90像素的矩形，如图8-44所示。

图8-43 绘制矩形

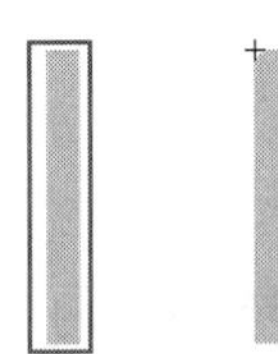

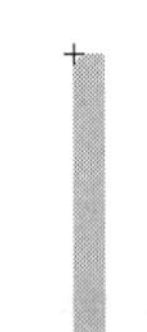

图8-44 绘制矩形

6 根据“图层1”的制作方法，在“图层2”的相应位置插入空白关键帧，并在场景中绘制矩形，完成后的“时间轴”面板如图8-45所示。

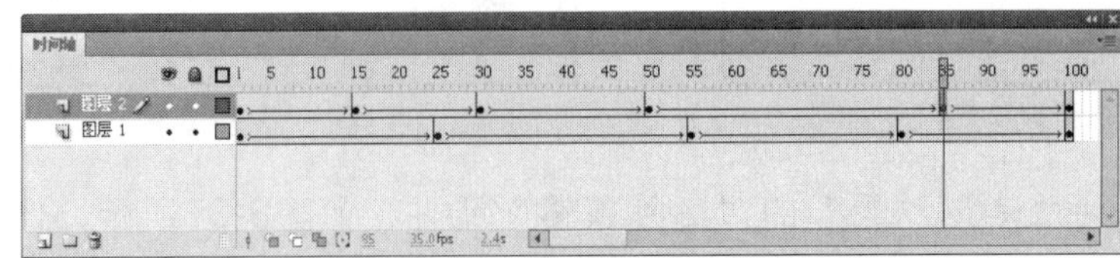

图8-45 “时间轴”面板

7 新建“名称”为“文字遮罩动画”的“影片剪辑”元件，使用“文本工具”，在“属性”面板上进行设置，如图8-46所示，在场景中绘制文本，如图8-47所示，执行两次“修改>分离”命令，将文本分离成图形，并将图形转换成“名称”为“文本”的“图形”元件。

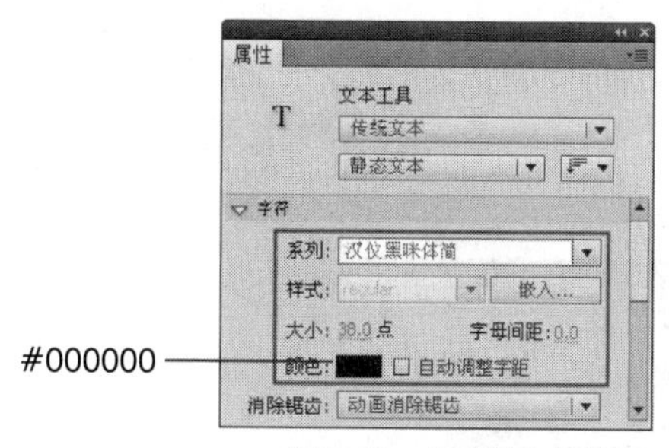

图8-46 “属性”面板

坐标轴

图8-47 输入文本

8 执行“窗口>库”命令，将“文本”元件从“库”面板中拖入到场景中，如图8-48所示，执行“修改>变形>垂直翻转”命令，元件效果如图8-49所示。

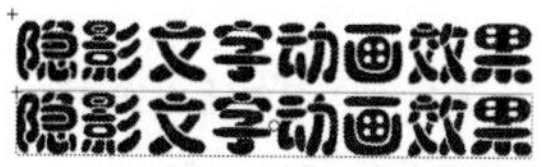

图8-48 拖入元件

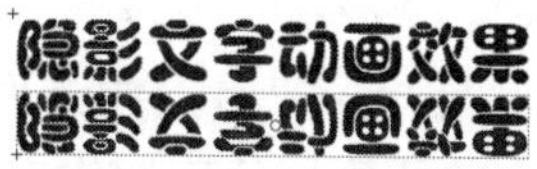

图8-49 元件效果

9 在“属性”面板上设置Alpha值为15%，元件效果如图8-50所示，新建“图层2”，将“矩形动画”元件从“库”面板中拖入到场景中，并将元件拉长，如图8-51所示，设置“图层2”为“遮罩层”。

图8-50 元件效果

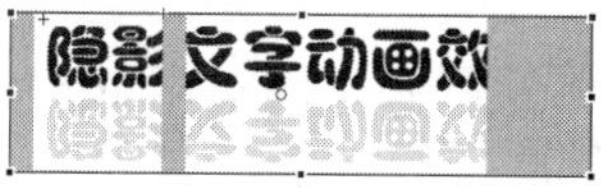

图8-51 元件效果

提 示

调整元件的旋转以及其他角度，不仅可以使用“修改>变形”下的一些命令，还可以在“变形”面板中进行精确数值的设置。执行“窗口>变形”命令，可以打开“变形”面板，按Ctrl+T键也可以打开“变形”面板。

10 返回到“场景1”的编辑状态，执行“文件>导入>导入到舞台”命令，将图像“光盘\源文件\第8章\素材\8501.jpg”导入到场景，如图8-52所示。新建“图层2”，将“文字遮罩动画”元件从“库”面板中拖入到场景中，如图8-53所示。

图8-52 导入图像

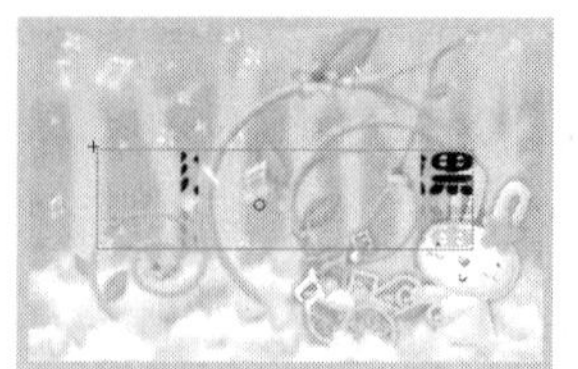
图8-53 拖入元件

11 完成阴影文字动画的制作，执行“文件>保存”命令，将文件保存为“8-5.fla”，测试动画效果如图8-54所示。

图8-54 测试动画效果

实例小结

本实例主要利用矩形工具绘制矩形，利用补间形状制作矩形的变形动画，再将制作的矩形动画元件作为遮罩层，从而制作出阴影文字动画效果。

8.6 波浪式文字动画效果

案例文件	光盘\源文件\第8章\8-6.fla
视频文件	光盘\视频\第8章\8-6.swf
学习时间	35分钟

★★☆☆☆

制作要点

1. 将背景图像导入到场景中。

2. 创建“图形组”图形元件。

波浪式
文字动画

3.创建“遮罩动画”影片剪辑元件。

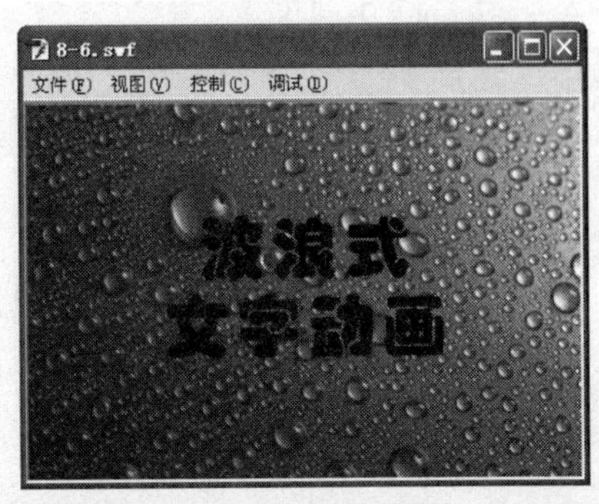

4.将“遮罩动画”元件拖入到主场景中，完成波浪式文字动画效果的制作并进行测试。

8.7 波光粼粼文字动画效果

案例文件 光盘\源文件\第8章\8-7.fla

视频文件 光盘\视频\第8章\8-7.swf

学习时间 35分钟

★★☆☆☆

制作要点

使用“矩形工具”绘制多个矩形，并将文本与绘制的图形制作遮罩动画。利用元件将多个图形放在一起能够使动画看起来更具有层次感。

思路分析

本实例主要通过遮罩效果制作波光粼粼的文字动画效果，通过本实例的学习，读者可以对在文本动画中如何应用遮罩动画和如何利用“传统补间”制作动画有所了解，测试动画效果如图8-55所示。

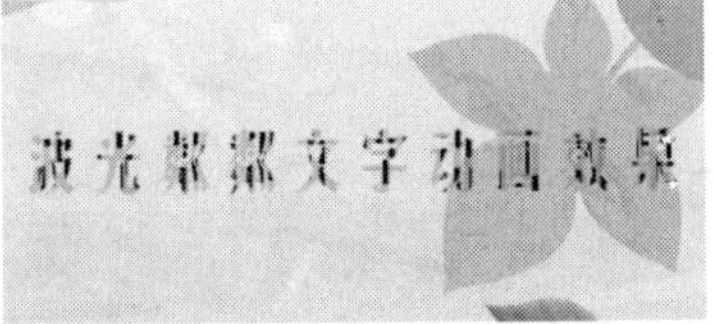

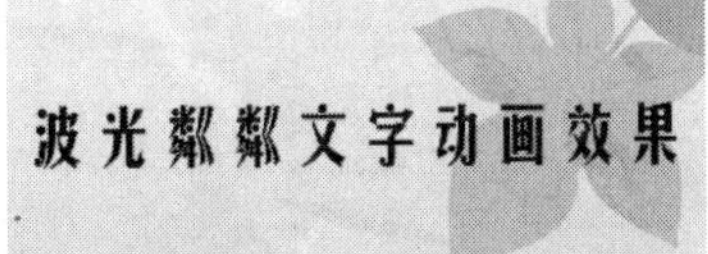

图8-55 测试动画效果

制作步骤

1 执行“文件>新建”命令，新建一个Flash文档，如图8-56所示，单击“属性”面板上“属性”标签下的“编辑”按钮，在弹出的“文档设置”对话框中进行设置，如图8-57所示，单击“确定”按钮。

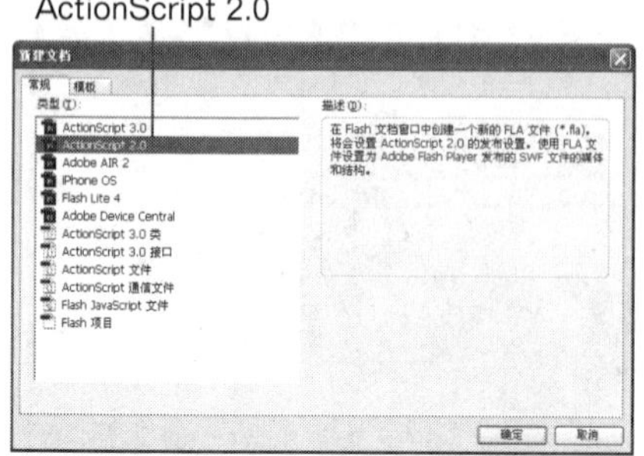

图8-56 “新建文档”对话框

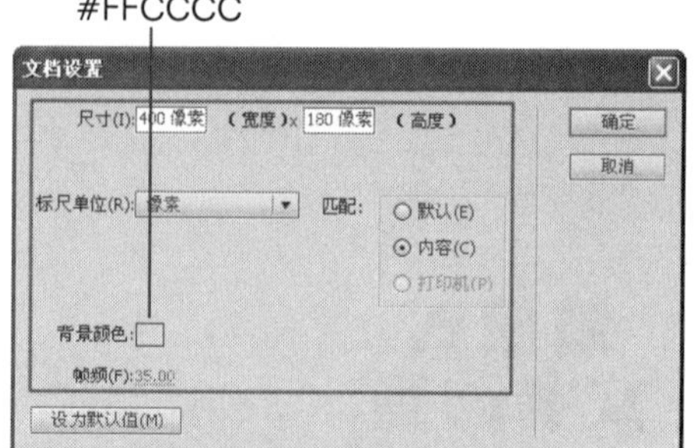

图8-57 “文档设置”对话框

2 新建“名称”为“矩形组”的“影片剪辑”元件，如图8-58所示，使用“矩形工具”，在场景中绘制“宽度”值为5像素、“高度”值为20像素的矩形，如图8-59所示。

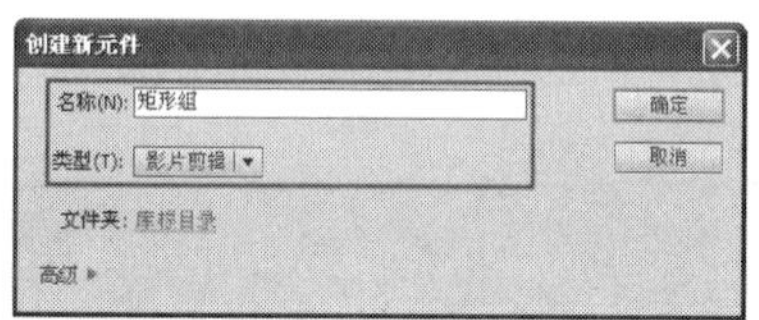

图8-58 “创建新元件”对话框

图8-59 绘制矩形

3 利用同样的绘制方法，在场景中绘制出多个矩形，完成后的场景效果如图8-60所示。

图8-60 完成后的场景效果

4 新建“名称”为“文本动画”的“影片剪辑”元件，在第10帧插入关键帧，使用“文本工具”，在“属性”面板上进行设置，如图8-61所示，在场景中输入文本，如图8-62所示，执行两次“修改>分离”命令，将文本分离成图形，并将图形转换成“名称”为“文本”的“图形”元件。

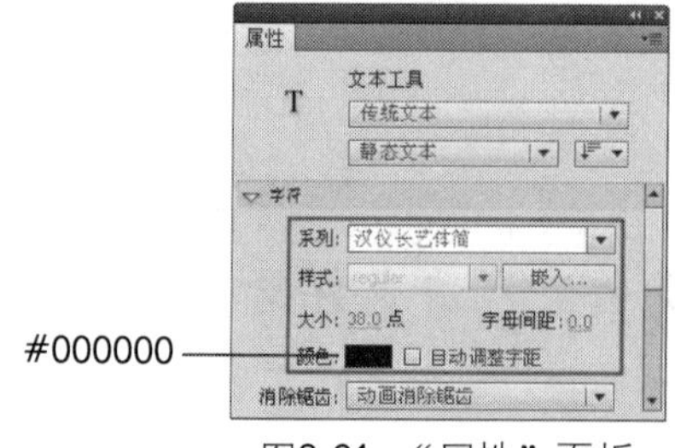

图8-61 “属性”面板

图8-62 输入文本

5 分别在第70帧和第100帧插入关键帧，选择第10帧上的元件，设置Alpha值为0%，元件效果如图8-63所示，选择第70帧上的元件，设置Alpha值为30%，元件效果如图8-64所示，分别设置第10帧和第70帧上的“补间”类型为“传统补间”。

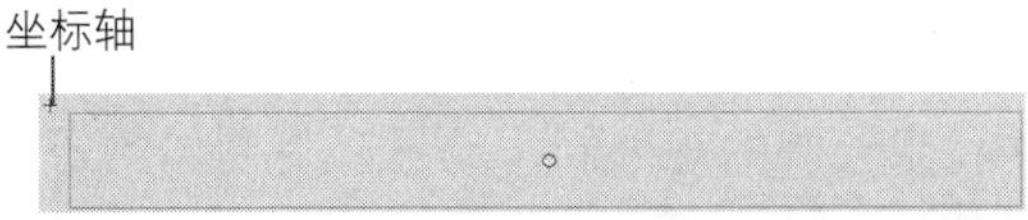

坐标轴

图8-63 元件效果

坐标轴

图8-64 元件效果

6 新建“图层2”，将“文本”元件从“库”面板中拖入到场景中，如图8-65所示，新建“图层3”，将“矩形组”元件从“库”面板中拖入到场景中，如图8-66所示。

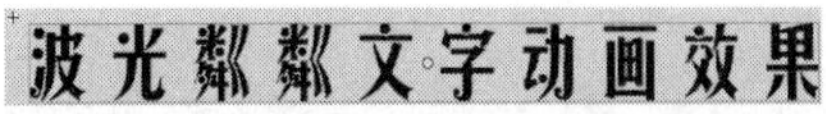

图8-65 拖入“文本”元件

图8-66 拖入“矩形组”元件

提 示

需要读者注意的是，在将“文本”元件拖入场景后，文本内容要与下图层中的文本位置完全一致。

7 在第99帧插入关键帧，在第100帧插入空白关键帧，使用“任意变形工具”，按住Shift键将元件等比例缩小，如图8-67所示，设置第1帧上的“补间”类型为“传统补间”，将“图层3”设置为“遮罩层”。新建“图层4”，在第100帧插入关键帧，在“动作-帧”面板中输入“stop();”脚本语言。

图8-67 将元件等比例缩小

8 返回到“场景1”的编辑状态，将图像“光盘\源文件\第8章\素材\8701.jpg”导入到场景中，如图8-68所示，新建“图层2”，将“文本动画”元件从“库”面板中拖入到场景中，如图8-69所示。

图8-68 导入图像

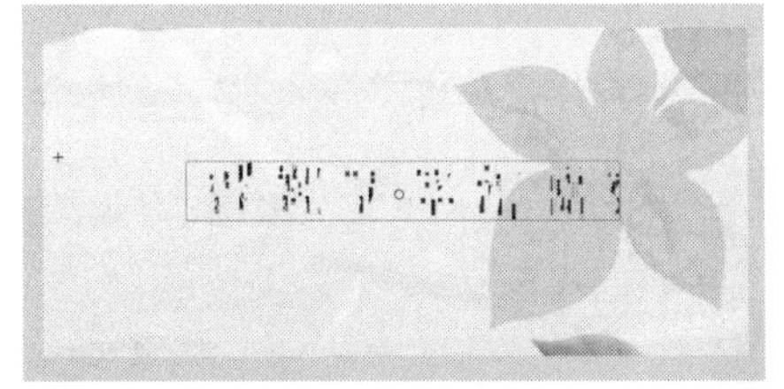

图8-69 拖入元件

9 完成波光粼粼文字动画的制作，执行“文件>保存”命令，将文件保存为“8-7.fla”，测试动画效果如图8-70所示。

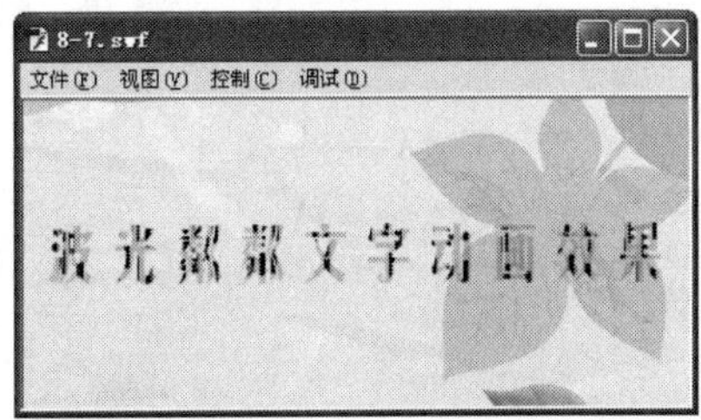

图8-70 测试动画效果

实例小结 ››››››››››

本实例主要利用矩形工具绘制多个矩形，并利用绘制的矩形制作动画，将制作的矩形动画所在的图层设置为遮罩层，从而制作出波光粼粼的动画效果。

8.8 落英缤纷文字动画效果

案例文件 光盘\源文件\第8章\8-8.fla

视频文件 光盘\视频\第8章\8-8.swf

学习时间 20分钟

★★☆☆☆

制作要点 ››››››››››

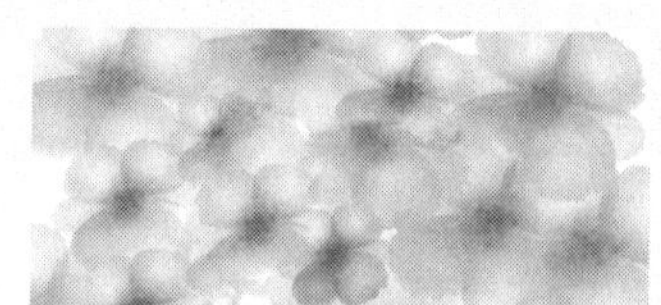

1. 将背景图像导入到场景中。

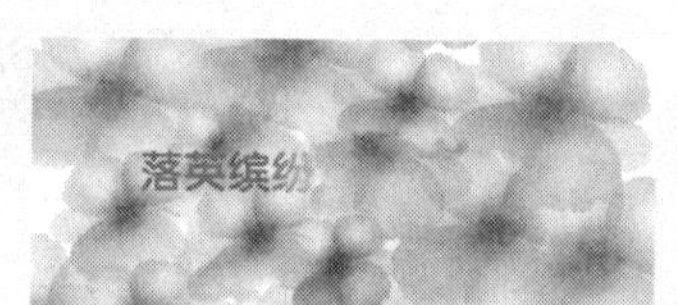

2. 制作出需要的元件并拖入到主场景中。

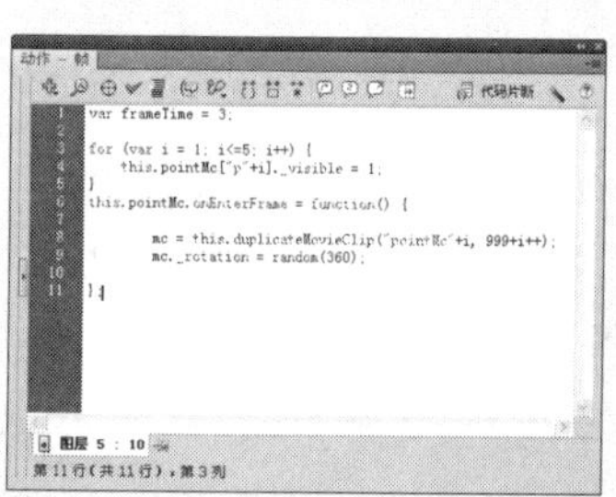

3. 新建图层，在相应帧上创建关键帧并输入脚本代码。

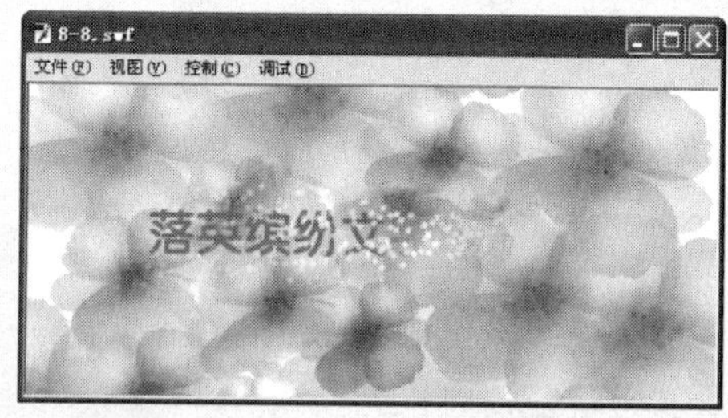

4. 完成落英缤纷文字动画效果的制作并进行测试。

8.9 广告式文字动画效果

案例文件 光盘\源文件\第8章\8-9.fla

视频文件 光盘\视频\第8章\8-9.swf

学习时间 15分钟

★★☆☆☆

制作要点

利用矩形的由小变大动画，作为遮罩层，制作文本不规则的显示动画效果。

思路分析

本实例主要制作一个广告式文字动画效果，通过实例的学习，读者可以了解如何利用基本的动画，制作复杂的动画效果，测试动画效果如图8-71所示。

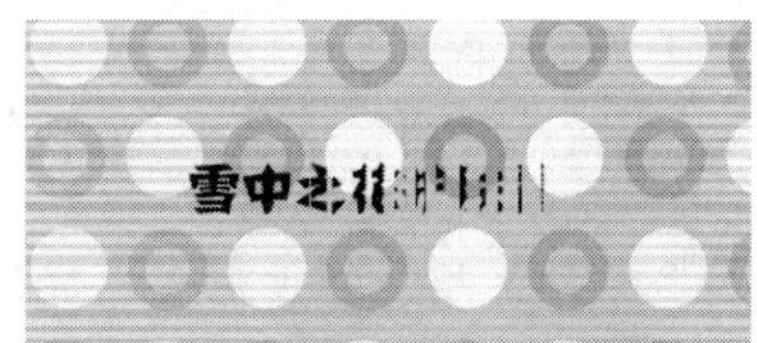

图8-71 测试动画效果

制作步骤

1 执行“文件>新建”命令，新建一个Flash文档，如图8-72所示，新建文档后，单击“属性”面板上“属性”标签下的“编辑”按钮，在弹出的“文档设置”对话框中进行设置，其他设置如图8-73所示，单击“确定”按钮。

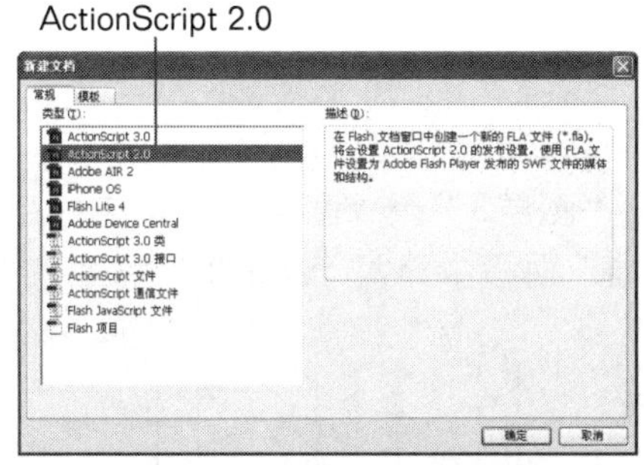

图8-72 “新建文档”对话框

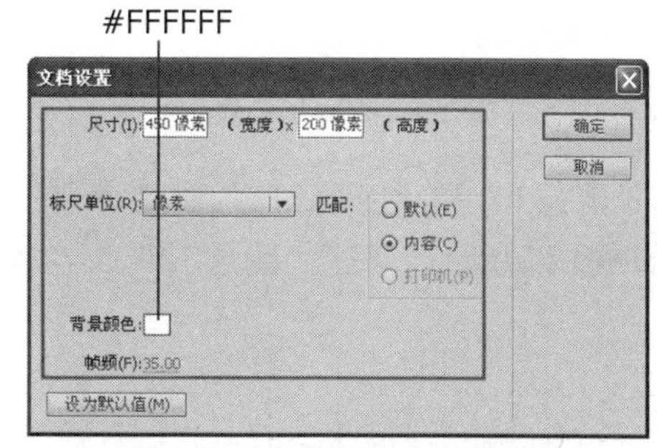

图8-73 “文档设置”对话框

2 新建“名称”为“矩形动画”的“影片剪辑”元件，如图8-74所示，使用“矩形工具”，在场景中绘制“宽度”值为1像素、“高度”值为40像素的矩形，如图8-75所示。

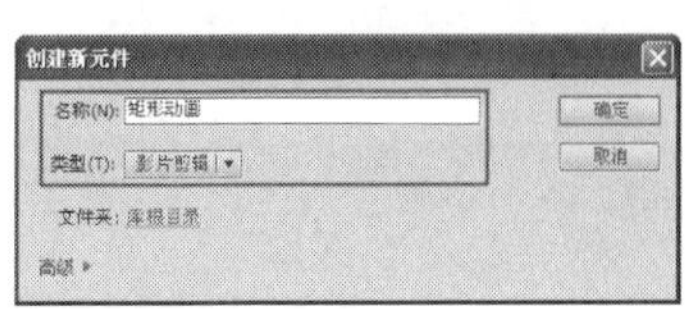
图8-74 “创建新元件”对话框

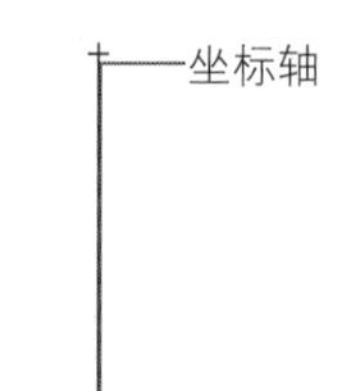

图8-75绘制矩形

3 在第20帧插入关键帧，使用“任意变形工具”，将图形拉长，在第1帧创建形状补间动画，如图8-76所示，新建“图层2”，在第20帧插入关键帧，在“动作-帧”面板中输入“stop();”脚本语言，“时间轴”面板如图8-77所示。

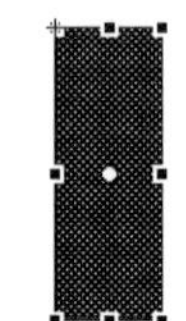
图8-76 图形效果

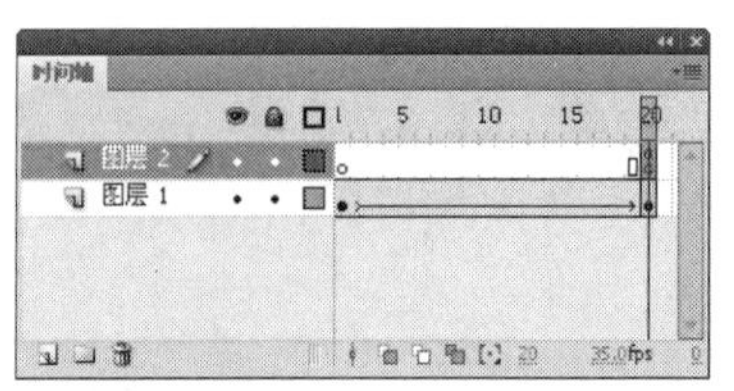
图8-77 “时间轴”面板

> **提 示**
>
> 在调整矩形时，不调整矩形的位置和高度，如果调整了位置和高度，创建的“补间形状”就有可能创建图形的变形动画，而不是拉长动画。

4 新建“名称”为“整体矩形动画”的“影片剪辑”元件，将“矩形动画”元件从“库”面板中拖入到场景中，如图8-78所示，在第50帧插入帧，新建“图层2”，在第2帧插入关键帧，将“矩动画”元件从“库”面板中拖入到场景中，如图8-79所示。

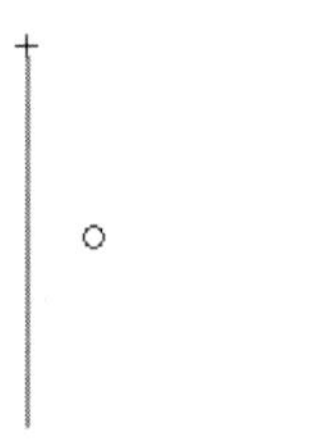
图8-78 拖入元件

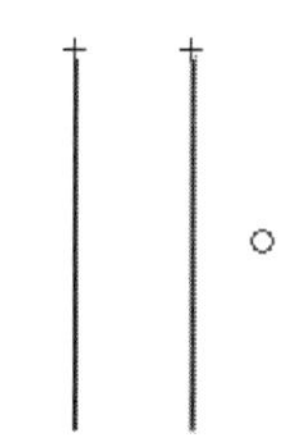
图8-79 拖入元件

5 根据“图层1”和“图层2”的制作方法，制作出“图层3”到“图层31”，完成后的场景效果如图8-80所示。新建“图层32”，在“动作-帧”面板中输入“stop();”脚本语言。

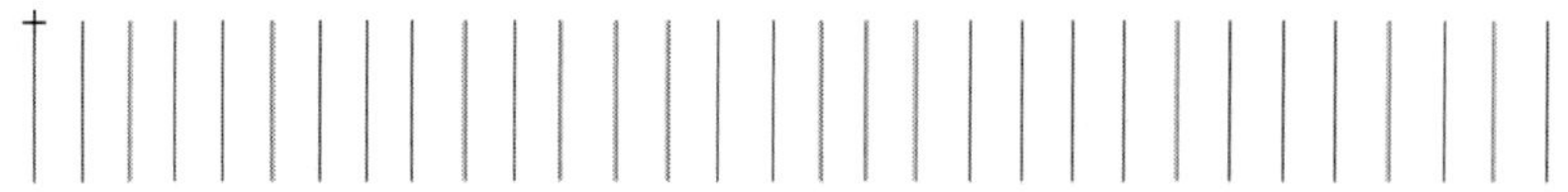
图8-80 完成后的场景效果

6 新建“名称”为“文本动画1”的“影片剪辑”元件，使用“文本工具”，在“属性”面板上设置如图8-81所示，在场景中输入文本，如图8-82所示，执行两次“修改>分离”命令，将文本分离成图形。

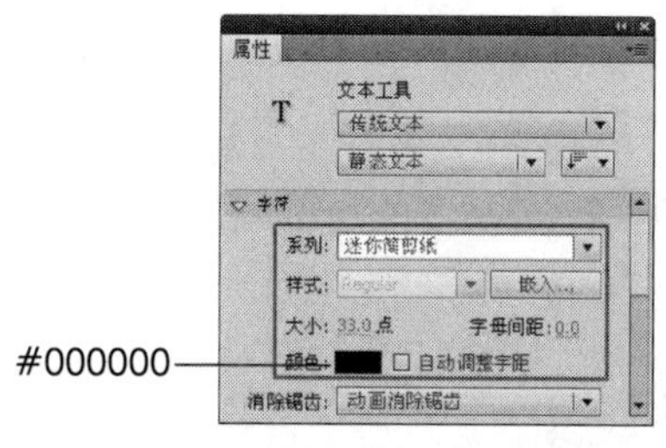

图8-81 “属性”面板

雪中之花护肤霜，

图8-82 输入文本

7 新建“图层2”，将“整体矩形动画”元件从“库”面板中拖入到场景中，如图8-83所示，将“图层2”设置为“遮罩层”，完成后的“时间轴”面板如图8-84所示。

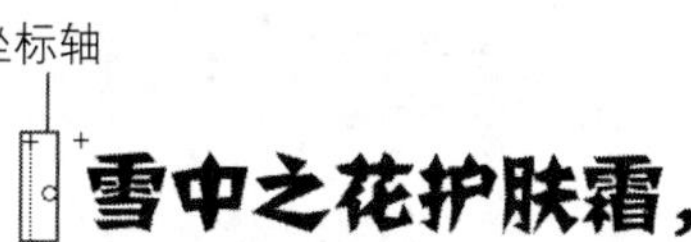

图8-83 拖入元件

图8-84 “时间轴”面板

8 根据“文本动画1”元件的制作方法，制作出“文本动画2”元件和“文本动画3”元件，元件效果如图8-85所示。

适合干燥的女性皮肤， 美容护肤的最佳选择！

图8-85 元件效果

9 返回到“场景1”的编辑状态，将图像“光盘\源文件\第8章\素材\8901.jpg”导入到场景中，如图8-86所示，在第300帧插入帧。新建“图层2”，将“文字动画1”元件从“库”面板中拖入到场景中，如图8-87所示。

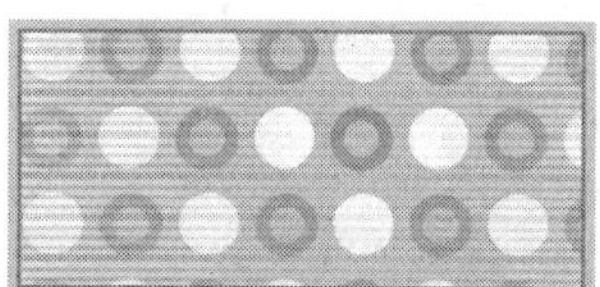

图8-86 导入图像

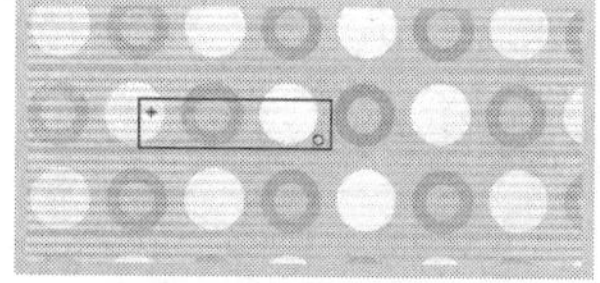

图8-87 拖入元件

10 在第100帧插入空白关键帧，将“文字动画2”元件从“库”面板中拖入到场景中，如图8-88所示。在第200帧插入空白关键帧，将“文字动画3”元件从“库”面板中拖入到场景中，如图8-89所示。

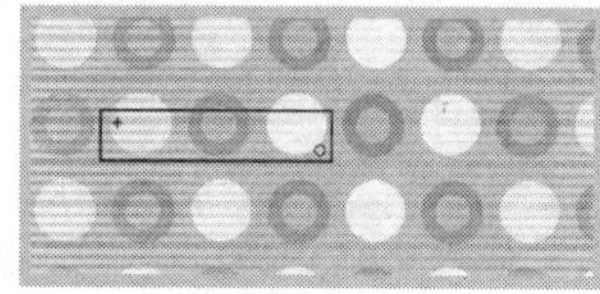

图8-88 拖入元件

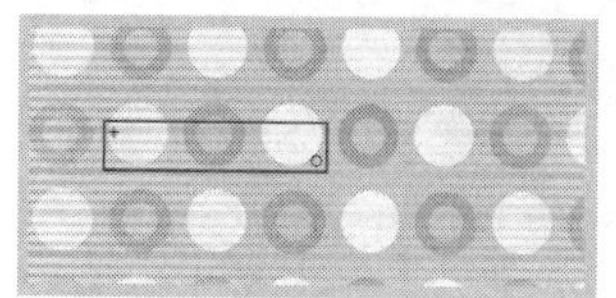

图8-89 拖入元件

11 完成广告式文字动画的制作，执行“文件>保存”命令，将文件保存为“8-9.fla”，测试动画效果如图8-90所示。

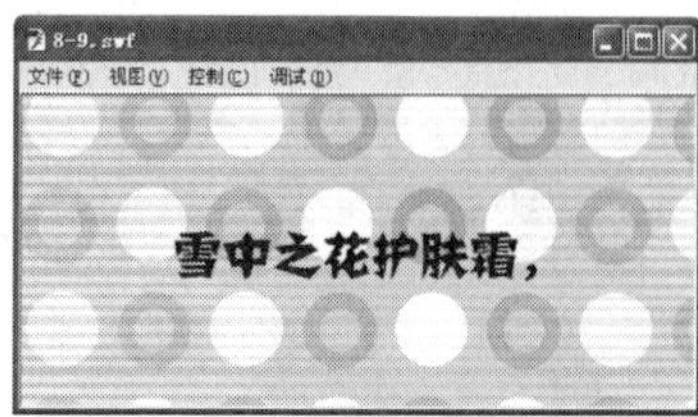

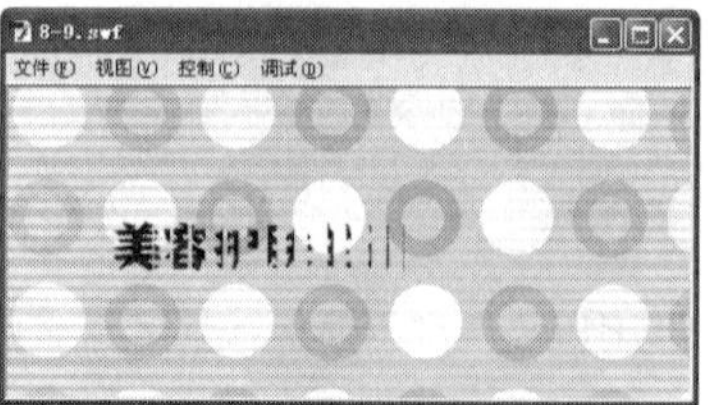

图8-90 测试动画效果

实例小结

本实例首先制作矩形由小变大的动画，再新建文本动画元件，在场景中输入文本，将矩形动画导入到元件中，制作遮罩动画，最终制作出广告式文字动画效果。

8.10 拼合文字动画效果

案例文件 光盘\源文件\第8章\8-10.fla

视频文件 光盘\视频\第8章\8-10.swf

学习时间 20分钟

★★☆☆☆

制作要点

1. 将背景图像导入到场景中。

2. 制作出需要的“文本动画”影片剪辑元件并拖入到主场景中。

3. 在“属性”面板中为元件设置实例名称。

4. 新建图层并输入动作代码，完成拼合文字动画效果的制作并进行测试。

第 9 章

按钮的应用

本章主要讲解各种“按钮”元件的制作方法和应用按钮的技巧，通过本章的学习，读者可以制作出更多、更精美的按钮与动画效果。

9.1　基本按钮动画

案例文件　光盘\源文件\第9章\9-1.fla

视频文件　光盘\视频\第9章\9-1.swf

学习时间　20分钟

★★☆☆☆

制作要点 ››››››››››

使用“椭圆工具”绘制出按钮的形状，新建按钮元件，制作按钮的动画效果。

思路分析 ››››››››››

本实例通过一个基本的按钮，向读者讲解按钮的制作方法，通过本实例的制作使读者掌握制作按钮的基本步骤，本实例的最终效果如图9-1所示。

图9-1　测试动画效果

制作步骤 ››››››››››

1 执行“文件>新建”命令，新建一个Flash文档，如图9-2所示。新建文档后，单击“属性”面板上的“编辑”按钮 编辑... ，在弹出的“文档设置”对话框中进行设置，如图9-3所示。单击“确定”按钮。

ActionScript 2.0

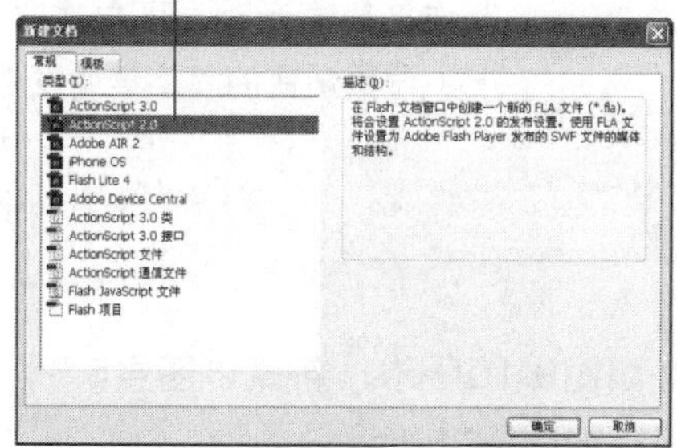

图9-2　“新建文档”对话框

#000000

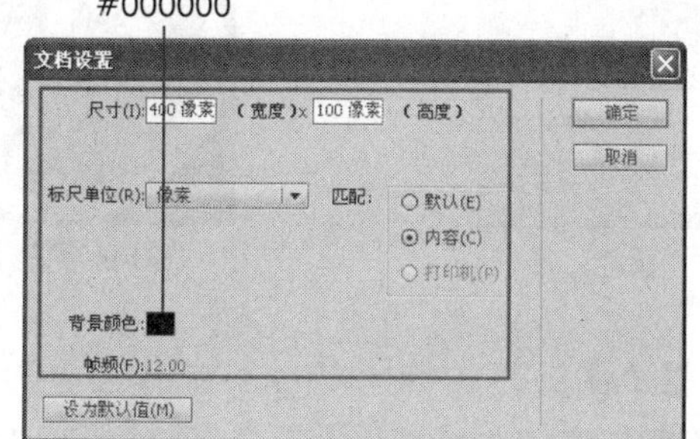

图9-3　“文档设置”对话框

2 新建“名称”为“消息按钮”的“按钮”元件，单击工具箱中的“椭圆工具”，在“属性”面板上的设置如图9-4所示。在场景中绘制正圆形，如图9-5所示，并在“点击”帧插入帧。

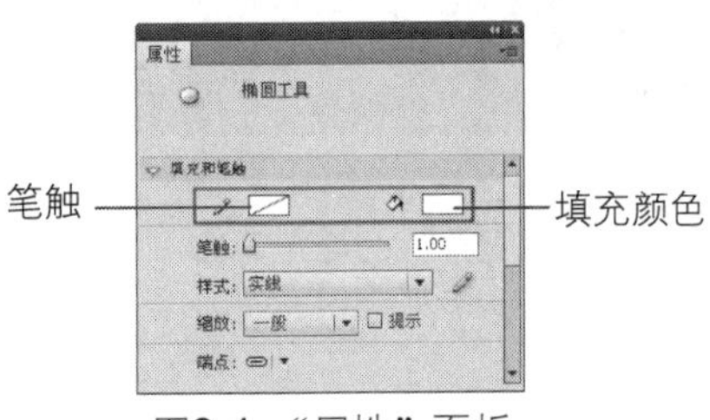

图9-4 “属性”面板

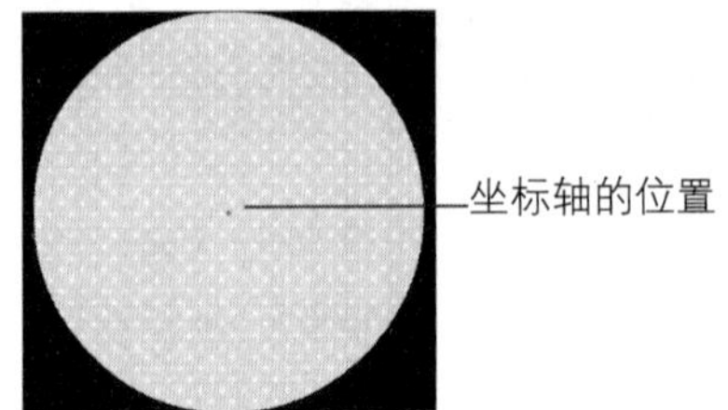

图9-5 绘制正圆形

提 示

中心点的主要作用是控制图形变形或者旋转，通过调整中心点的位置可以更好地控制动画播放。

3 新建“图层2”，利用同样的制作方法使用“椭圆工具”在场景中绘制正圆形，如图9-6所示。并在“点击”帧插入空白关键帧，“时间轴”面板如图9-7所示。

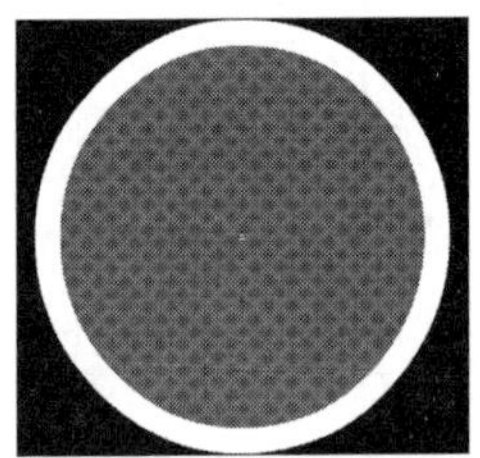
图9-6 图形效果

图9-7 “时间轴”面板

4 新建“图层3”，使用“椭圆工具”，在“颜色”面板上设置“填充颜色”值为80%的#FFFFFF到0%的#FFFFFF的“线性渐变”，其他设置如图9-8所示。在场景中绘制正圆形，并使用“颜料桶工具”调整渐变角度，如图9-9所示。在“点击”帧插入空白关键帧。

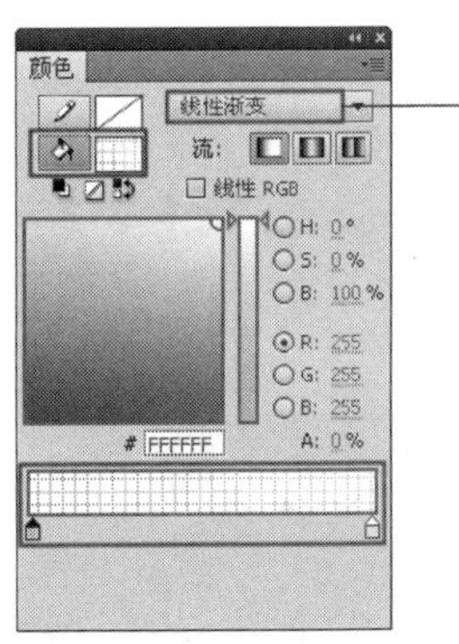

图9-8 “颜色”面板

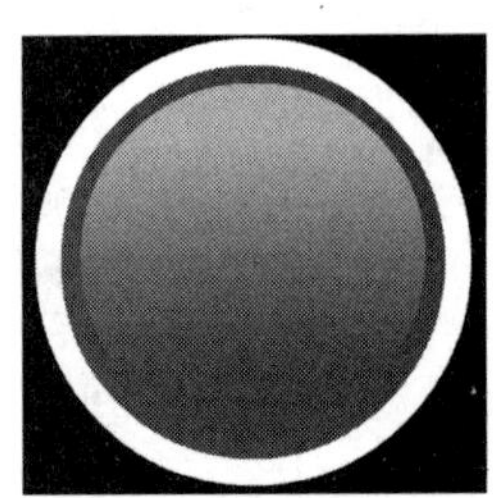
图9-9 图形效果

提 示

制作按钮高光时，可根据实际情况，设置渐变的“不透明度”。

5 根据“图层3”的制作方法，制作出“图层4”，如图9-10所示，新建“图层5”，利用同样的制作方法使用“矩形工具”，绘制出喇叭形状，如图9-11所示。

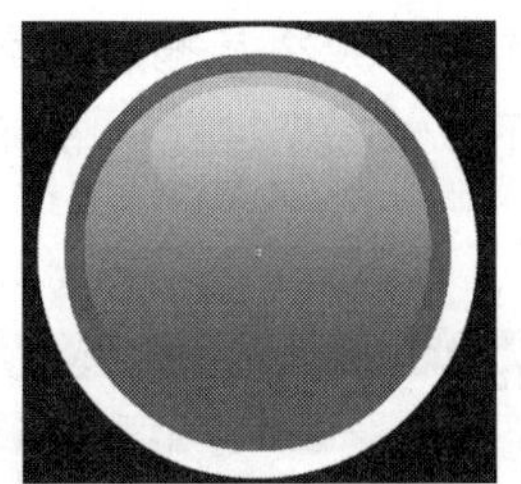

图9-10 图形效果

图9-11 图形效果

6 在“指针经过”帧插入关键帧，选择场景中的图形，设置“填充颜色”的Alpha值为30%，效果如图9-12所示，在“点击”帧插入空白关键帧。完成后的“时间轴”面板如图9-13所示。

图9-12 图形效果

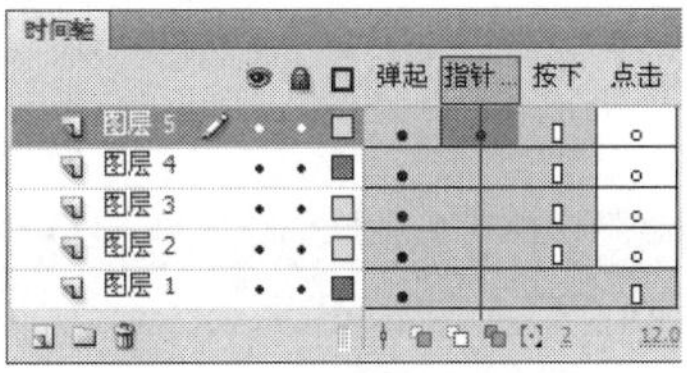

图9-13 “时间轴”面板

7 新建“图层6”，在“指针经过”帧插入关键帧，使用“文本工具”设置合适的字体、字体大小和字体颜色，在场景中输入文字，如图9-14所示，并将文字分离为图形，在“按下”帧插入关键帧，使用“任意变形工具”调整文字大小，如图9-15所示，并在“点击”帧插入空白关键帧。

图9-14 图形效果

图9-15 图形效果

技巧 对文本执行分离操作时，第一次是将文本段落分离成为单个文字，再次分离才是将文字分离成为图形。

8 返回到“场景1”编辑状态，利用同样的制作方法，使用“矩形工具”在场景中绘制矩形，并应用渐变填充，如图9-16所示。新建“图层2”，将“消息按钮”元件从“库”面板中拖入到场景中，如图9-17所示。

图9-16 图形效果

图9-17 拖入元件

9 根据“消息按钮”元件的制作方法，制作出其他按钮元件，并将其拖入到场景中，如图9-18所示。完成基本菜单按钮的制作，执行“文件>保存”命令，将动画保存为“9-1.fla”，测试动画效果如图9-19所示。

图9-18 场景效果

图9-19 测试动画效果

实例小结

本实例主要讲解了制作基本按钮的方法，通过本实例的学习读者要掌握按钮的4个基本状态和在不同状态下的作用，还要掌握利用图形创建按钮的方法。

9.2 制作“点击进入”按钮

案例文件 光盘\源文件\第9章\9-2.fla

视频文件 光盘\视频\第9章\9-2.swf

学习时间 15分钟

★★☆☆☆

制作要点

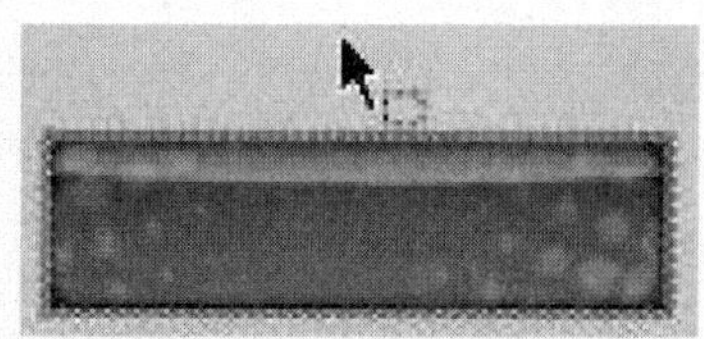

1. 导入图像为按钮背景。

2. 制作“文本动画”元件，并将其拖入到场景中。

3. 制作“按钮”元件，并将其拖入到场景中，在“动作”面板中输入脚本语言。

4. 测试动画效果。

9.3　按钮中应用影片剪辑

案例文件　光盘\源文件\第9章\9-3.fla

视频文件　光盘\视频\第9章\9-3.swf

学习时间　20分钟

★★☆☆☆

制作要点

通过使用“任意变形工具”进行调整，利用“传统补间动画”制作出影片剪辑元件的动画，再完成按钮元件的制作。

思路分析

本实例通过一个简单的按钮，向读者详细介绍按钮中如何应用影片剪辑，通过本实例的制作使读者掌握、了解影片剪辑在按钮中的应用，本实例的最终效果如图9-20所示。

图9-20　最终效果

制作步骤

1 执行“文件>新建”命令，新建一个Flash文档，如图9-21所示。单击“属性”面板上的“编辑”按钮 编辑... ，在弹出的“文档设置”对话框中进行设置，如图9-22所示。单击“确定”按钮。

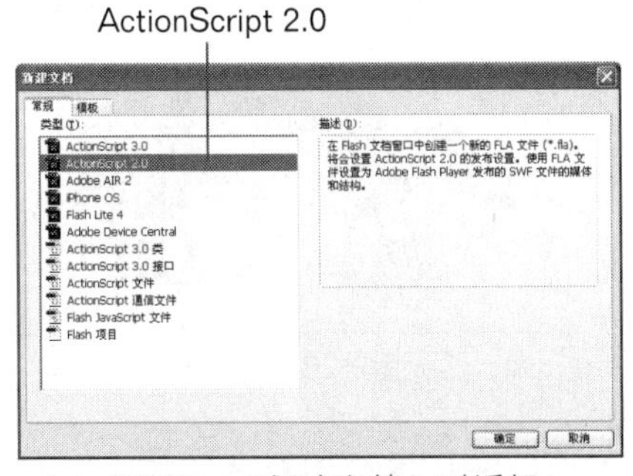

图9-21　“新建文档”对话框

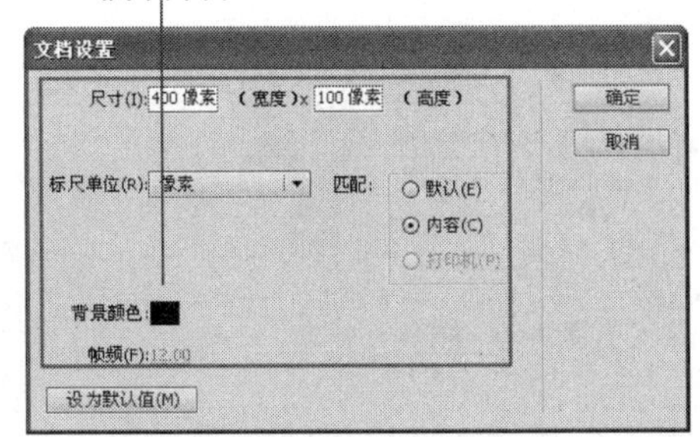

图9-22　“文档设置”对话框

> **提　示**
>
> 按钮的效果可以千变万化，要制作具有丰富效果的按钮就一定要使用影片剪辑。通过将漂亮的动画效果应用于按钮的“指针经过”状态，可以让按钮变得更加炫目。

2 新建“名称”为“房子动画”的“影片剪辑”元件，将图像“光盘\源文件\第9章\素材\9402.png”导入到场景中，并将其转换成“名称”为“房子”的“图形”元件，如图9-23所示。分别在第4帧、第7帧、第10帧和第13帧插入关键帧，在第15帧插入帧，使用“任意变形工具”调整第4帧上元件的形状及位置，如图9-24所示。

元件中心点和
坐标轴的位置

图9-23 场景效果

图9-24 调整元件

提 示

通过调整元件在不同帧上的位置和形状来制作一个跳动的补间动画效果。

3 使用“任意变形工具”调整第10帧上元件的形状及位置，如图9-25所示。分别设置第1帧、第4帧、第7帧和第10帧上的“补间”类型为“传统补间”，“时间轴”面板如图9-26所示。

图9-25 元件效果

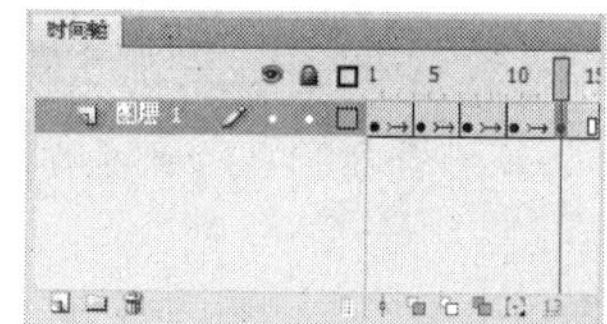

图9-26 “时间轴”面板

4 新建“名称”为“按钮”的“按钮”元件，将“房子”元件从“库”面板中拖入到场景中，如图9-27所示。在“指针经过”帧插入空白关键帧，将“房子动画”元件从“库”面板中拖入到场景中，如图9-28所示。

图9-27 拖入元件

图9-28 拖入元件

5 在“点击”帧插入空白关键帧，使用“矩形工具”在场景绘制矩形，如图9-29所示。返回到“场景1”的编辑状态，将图像9401.jpg导入到场景中，如图9-30所示。

图9-29 图形效果

图9-30 导入图像

提 示

为了避免使用影片剪辑对按钮的反应区有所影响，所以插入空白关键帧后，再重新绘制一个反应区。

6 新建“图层2”，将“按钮”元件从“库”面板中拖入到场景中，效果如图9-31所示，完成按钮中应用影片剪辑的制作，执行“文件>保存”命令，将动画保存为“9-3.fla”，测试动画效果如图9-32所示。

图9-31 拖入元件

图9-32 测试动画效果

实例小结

本实例主要讲解了为按钮添加影片剪辑的方法。通过本节的学习读者要掌握按钮中如何应用影片剪辑，以及在不同状态下应用影片剪辑的方法和技巧。

9.4 逐帧动画在按钮中的应用

案例文件　光盘\源文件\第9章\9-4.fla

视频文件　光盘\视频\第9章\9-4.swf

学习时间　20分钟

★★☆☆☆

制作要点

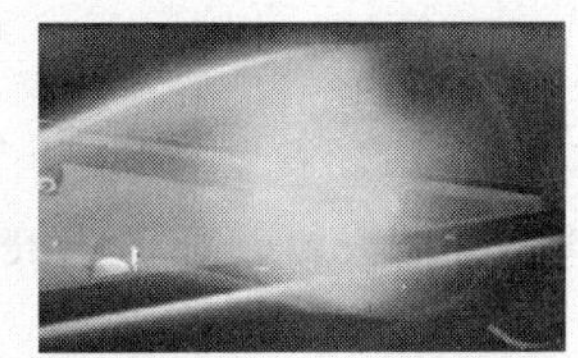
1.将素材图像导入到场景中。

2. 制作“按钮”元件，并拖入到主场景中。

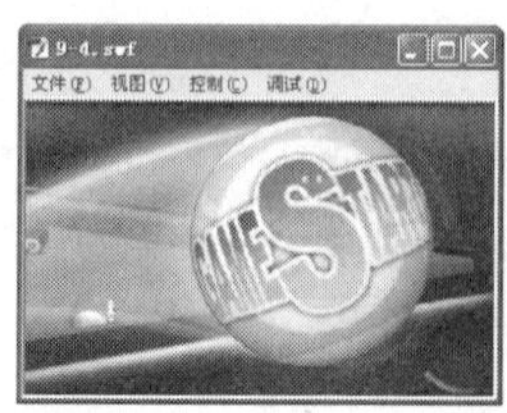
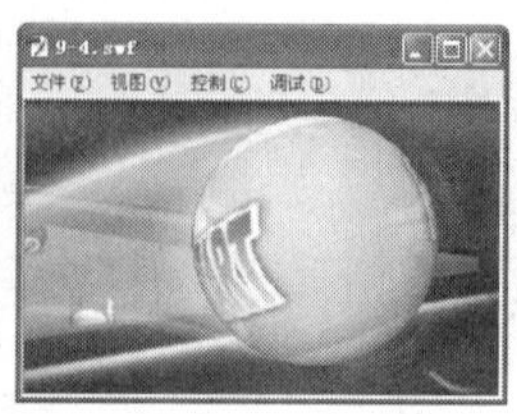

3. 完成动画的制作，测试动画效果。

9.5 游戏按钮的制作

案例文件 光盘\源文件\第9章\9-5.fla
视频文件 光盘\视频\第9章\9-5.swf
学习时间 30分钟

★★★☆☆

制作要点

主要使用“矩形工具”绘制图形，创建“传统补间”动画，并在“动作”面板中输入脚本语言，制作出游戏按钮动画。

思路分析

本实例首先制作一个按钮元件，再制作一个影片剪辑元件，然后制作主场景动画，通过在“动作”面板中输入相应的脚本语言控制动画，本实例的最终效果如图9-33所示。

图9-33 最终效果

制作步骤

1 执行“文件>新建”命令，新建一个Flash文档，如图9-34所示。新建文档后，单击“属性”面板上的“编辑”按钮，在弹出的“文档设置”对话框中进行设置，如图9-35所示，单击“确定”按钮。

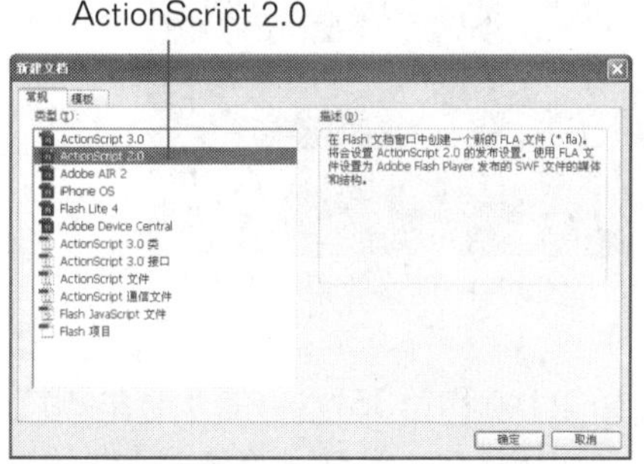

图9-34 “新建文档”对话框

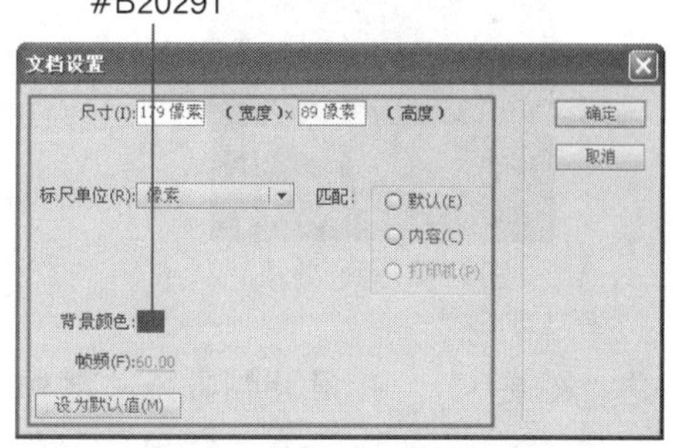

图9-35 “文档设置”对话框

2 新建“名称”为“感应区”的“按钮”元件，在“点击”帧插入关键帧，使用“矩形工具”，在场景中绘制矩形，如图9-36所示。新建“名称”为“动画”的“影片剪辑”元件，在第2帧插入关键帧，将图像“光盘\源文件\第9章\素材\9704.png”导入到场景中，如图9-37所示。

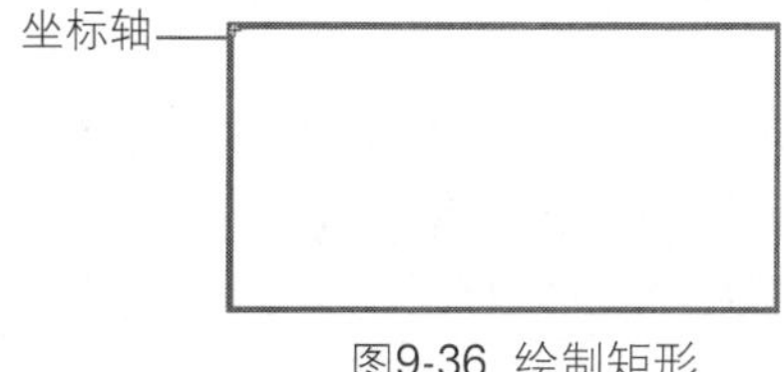

图9-36 绘制矩形

图9-37 导入图像

> **提 示**
>
> 在本步骤中绘制的矩形，之所以没有说明设置填充颜色和笔触颜色等，是因为在“点击”帧下的任何内容在测试动画时都是不显示的。

3 将其转换成“名称”为“星星1”的“图形”元件，并设置“属性”面板上的Alpha值为50%。在第15帧插入关键帧，移动场景中元件的位置，如图9-38所示。在第21帧插入关键帧，移动场景中元件的位置，如图9-39所示。

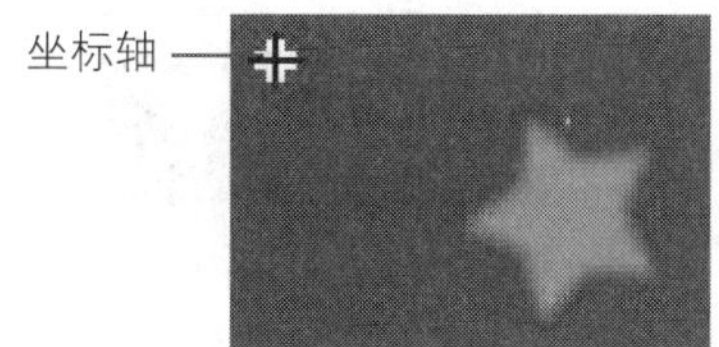

图9-38 移动元件位置

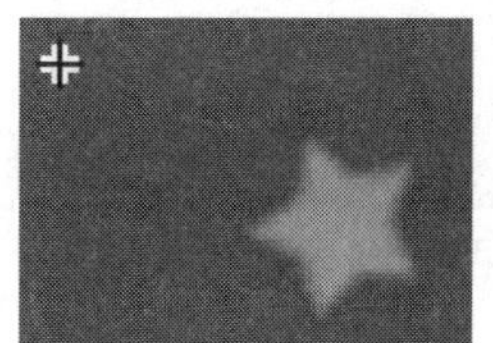
图9-39 移动元件位置

4 分别在第43帧和第55帧插入关键帧，选择第55帧上场景中的元件，设置“属性”面板上的Alpha值为0%，如图9-40所示。分别为第2帧、第15帧和第43帧添加“传统补间”。根据“图层1”的制作方法，制作出“图层2”～“图层5”，如图9-41所示。

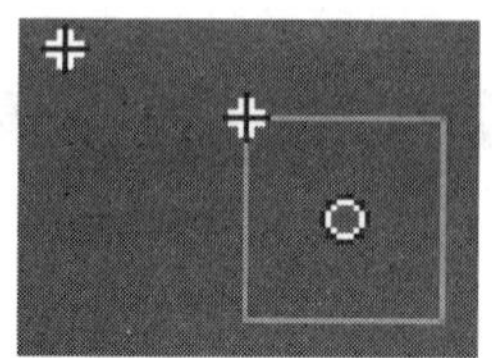
图9-40 元件效果

图9-41 场景效果

5 新建“图层6”，在第35帧插入关键帧，分别选择第1帧和第35帧，在“动作-帧”面板中输入“stop();”脚本语言，“时间轴”面板如图9-42所示。返回到“场景1”的编辑状态，将图像9701.png导入到场景中，如图9-43所示，在第50帧插入帧。

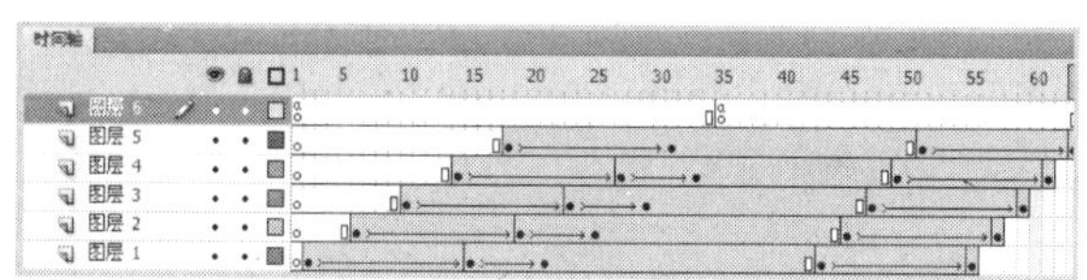
图9-42 “时间轴”面板

图9-43 导入图像

6 新建“图层2”，在第40帧插入关键帧，将“动画”元件从“库”面板中拖入到场景中，如图9-44所示，设置“实例名称”为star，新建“图层3”，在第12帧插入关键帧，将图像9703.png导入到场景中，并转换成“名称”为START的“图形”元件，如图9-45所示。

图9-44 拖入元件

图9-45 场景效果

提 示

此处为元件命名“实例名称”的主要目的是为了便于以后动画制作时脚本的调用。

7 在第26帧插入关键帧，移动元件位置，如图9-46所示，在第33帧插入关键帧，移动元件位置，如图9-47所示。分别设置第12帧和第26帧上的“补间”类型为“传统补间”。

图9-46 移动元件位置

图9-47 移动元件位置

8 根据“图层3”的制作方法，制作出“图层4”，如图9-48所示。新建“图层5”，使用“矩形工具”，设置“笔触”为无，在场景中绘制矩形，使用“部分选取工具”对图形进行相应的调整，如图9-49所示，并设置“图层5”为遮罩层。

图9-48 场景效果

图9-49 调整图形

9 新建“图层6 ”，在第40帧插入关键帧，将“感应区”元件从“库”面板中拖入到场景中，如图9-50所示，在“动作-按钮”面板中输入如图9-51所示的脚本语言。

图9-50 拖入元件

```
on (rollOver)
{
    this.star.gotoAndPlay("2");
}
on (rollOut)
{
    this.star.gotoAndPlay("36");
}
on (release)
{
    getURL("http://www.flashclub.com.cn");
}
```

图9-51 输入脚本语言

提 示

当鼠标经过按钮反应区时，跳转到“实例名称”为star的元件的第2帧。当鼠标移出该反应区时，跳转到“实例名称”为star的元件的第36帧。当鼠标点击时实现超链接。

10 新建“图层7”，在第50帧插入关键帧，在“动作-帧”面板中输入“stop();”脚本语言，完成游戏按钮的制作，执行“文件>保存”命令，将动画保存为“9-5.fla”，测试动画效果如图9-52所示。

图9-52 测试动画效果

实例小结 ››››››››››

本实例通过使用脚本语言控制场景中的影片剪辑元件。通过学习读者要掌握如何使用影片剪辑制作游戏按钮、使用脚本语言控制、设置实例名称的影片剪辑元件。

9.6 食品按钮的制作

案例文件	光盘\源文件\第9章\9-6.fla
视频文件	光盘\视频\第9章\9-6.swf
学习时间	20分钟

难易程度 ★★☆☆☆

制作要点

1. 将图像导入到场景中，作为按钮的背景。

2. 将制作完成的“影片剪辑”元件拖入到场景中。

3. 为按钮添加感应区，并添加ActionScript脚本语言。

4. 完成动画的制作，测试效果。

9.7 脚本控制按钮动画

案例文件	光盘\源文件\第9章\9-7.fla
视频文件	光盘\视频\第9章\9-7.swf
学习时间	20分钟

难易程度 ★★☆☆☆

制作要点

通过使用“遮罩”和“补间动画”，制作出按钮的主体，在“动作-按钮”面板中输入ActionScript脚本语言完成按钮的制作。

思路分析

本实例通过ActionScript脚本语言控制按钮来实现按钮的3个状态，在制作时应注意脚本的书写要规范，本实例的最终效果如图9-53所示。

图9-53 最终效果

制作步骤

1 执行“文件>新建”命令，新建一个Flash文档，如图9-54所示。单击“属性”面板上的“编辑”按钮，在弹出的“文档设置”对话框中进行设置，如图9-55所示。单击“确定”按钮。

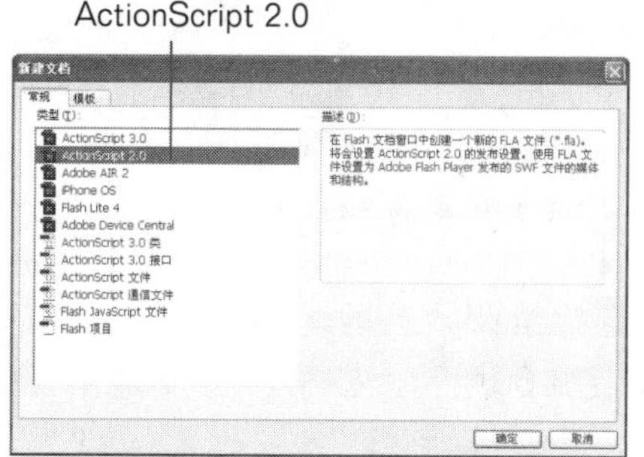

图9-54 “新建文档”对话框

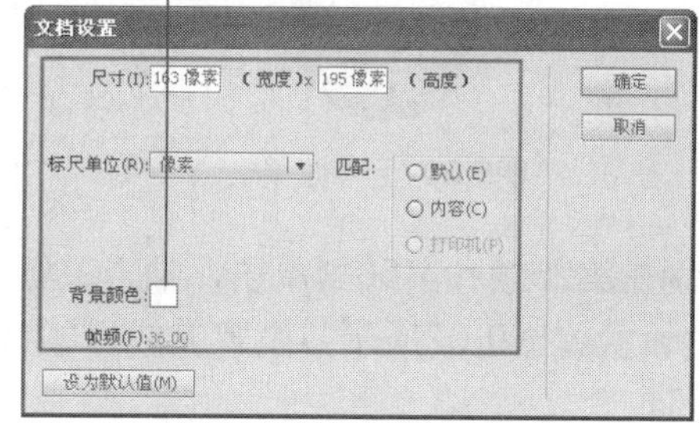

图9-55 “文档设置”对话框

2 新建“名称”为“感应区”的“按钮”元件，如图9-56所示，在“点击”帧插入关键帧，使用“椭圆工具”，在场景中绘制正圆形，如图9-57所示。

图9-56 “创建新元件”对话框

图9-57 绘制椭圆形

3 返回到“场景1”的编辑状态，将图像“光盘\源文件\第9章\素材\91002.png”导入到场景中，如图9-58所示。并将其转换成“名称”为“中心”的“图形”元件，并分别在第25帧和第50帧单击，插入关键帧，选择第25帧上场景中的元件，在“属性”面板上进行设置，如图9-59所示。在第1帧、25帧的位置处创建传统补间。

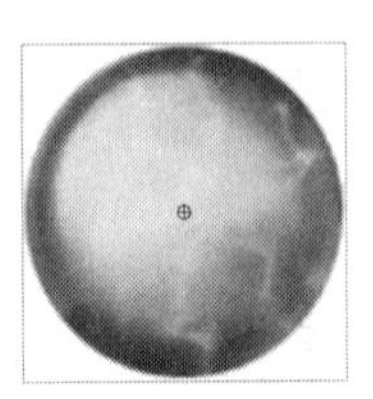

图9-58 导入图像

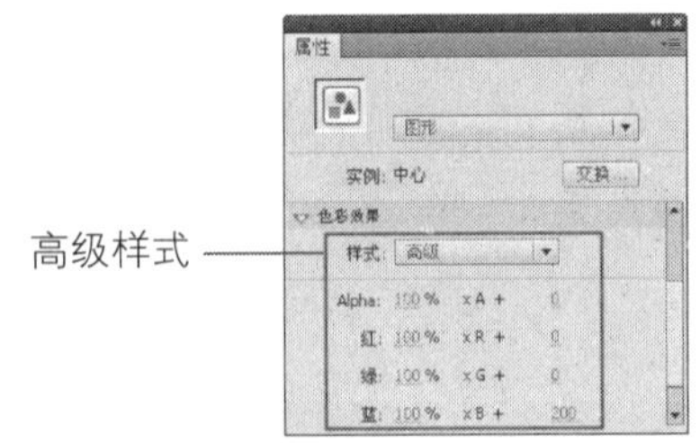

图9-59 “属性”面板

提 示

导入动画中的图片，如果要实现透底效果，就必须是png、gif或者psd格式的，否则将不能实现透底效果。

4 设置完成后的元件效果如图9-60所示。新建“图层2”，使用“文本工具”设置合适的字体、字体大小和字体颜色，在场景中输入文字，如图9-61所示，并将文字转换成名称为Play Guide的“图形”元件，并将文字分离。

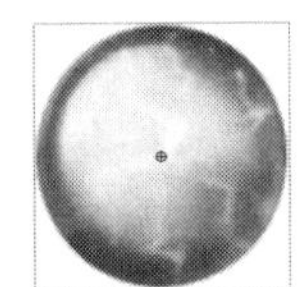

图9-60 元件效果

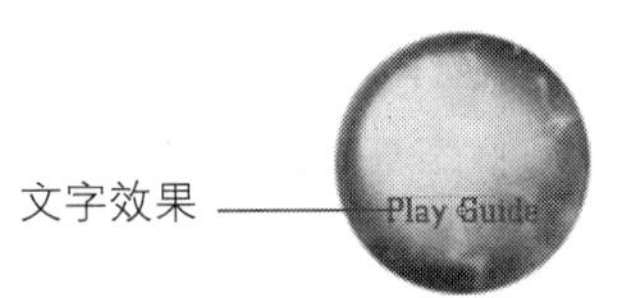

图9-61 输入文字

5 分别在第25帧和第50帧单击，插入关键帧，选择第25帧上场景中的元件，在“属性”面板上的设置如图9-62所示。设置完成后的效果如图9-63所示。在第1帧、25帧的位置处创建传统补间。

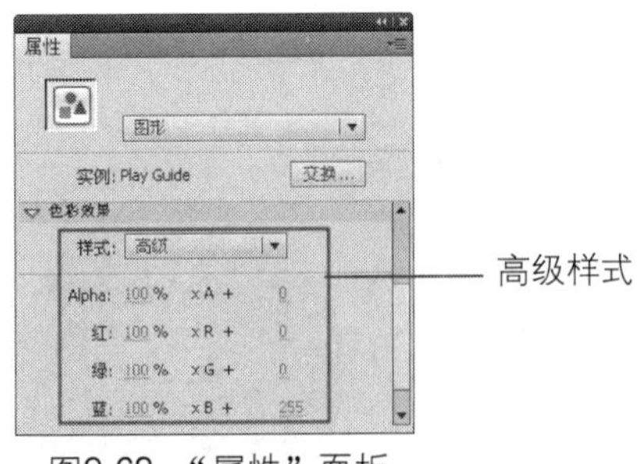

图9-62 “属性”面板

图9-63 元件效果

提 示

通过设置“属性”面板上“色彩效果”标签下的“高级”样式选项，可以同时控制元件的透明度、亮度和色彩。

6 新建“图层3”，利用同样的制作方法，使用“文本工具”，在场景中输入文字，如图9-64所示，将其转换成“名称”为“游戏指南”的“图形”元件，并将文字分离。 新建“图层4”，使用“椭圆工具”，在场景中绘制正圆形，如图9-65所示。

图9-64 输入文字

图9-65 绘制正圆

7 将“图层4”设置为遮罩层，并将“图层1”和“图层2”设置为被遮罩层。新建“图层5”，将“感应区”元件从“库”面板中拖入到场景中，如图9-66所示。选择第1帧上场景中的元件，在“动作-按钮”面板中输入如图9-67所示的脚本语言。

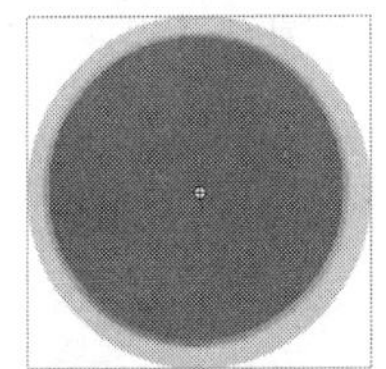
图9-66 拖入元件

图9-67 输入脚本语言

提 示

此处的脚本为按钮的3个状态：rollOver为指针经过的状态，rollOut为鼠标弹起的状态，press为按下的状态。

8 新建“图层6”，将图像91001.png导入到场景中，如图9-68所示。新建“图层7”，分别在第25帧和第50帧单击，插入关键帧，分别选择第1帧、第25帧和第50帧，依次在“动作-帧”面板中输入“stop();”脚本语言，“时间轴”面板如图9-69所示。

图9-68 导入图像

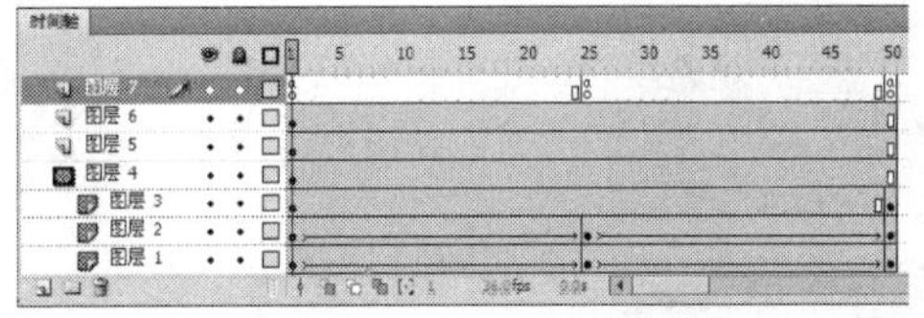

图9-69 “时间轴”面板

9 完成脚本控制按钮动画的制作，执行“文件>保存”命令，将动画保存为“9-7.fla”，测试动画效果如图9-70所示。

图9-70 测试动画效果

实例小结

本实例主要使用ActionScript脚本语言控制主时间轴，从而实现按钮的效果。通过本实例的学习，读者要掌握并能应用ActionScript脚本语言控制按钮的3个状态。

9.8 竞技类按钮的制作

案例文件 光盘\源文件\第9章\9-8.fla

视频文件 光盘\视频\第9章\9-8.swf

学习时间 30分钟

★★★☆☆

制作要点

1. 将素材图像导入到场景中。

2. 制作出主场景动画。

3. 添加感应区，并添加ActionScript脚本语言。

4. 完成动画的制作，测试动画效果。

9.9 反应区的应用

案例文件 光盘\源文件\第9章\9-9.fla

视频文件 光盘\视频\第9章\9-9.swf

学习时间 30分钟

★★★☆☆

制作要点 ››››››››››

主要通过使用“矩形工具”和“文字工具”，制作出反应区应用的动画效果。

思路分析 ››››››››››

本实例首先制作一个按钮元件，然后再制作若干个影片剪辑元件，并组合成一个大的影片剪辑元件，在按钮上添加脚本控制动画，本实例的最终效果如图9-71所示。

图9-71 最终效果

制作步骤 ››››››››››

1 执行“文件>新建”命令，新建一个Flash文档，如图9-72所示。新建文档后，单击“属性”面板上的“编辑”按钮，在弹出的“文档设置”对话框中进行设置，如图9-73所示，单击“确定”按钮。

ActionScript 2.0

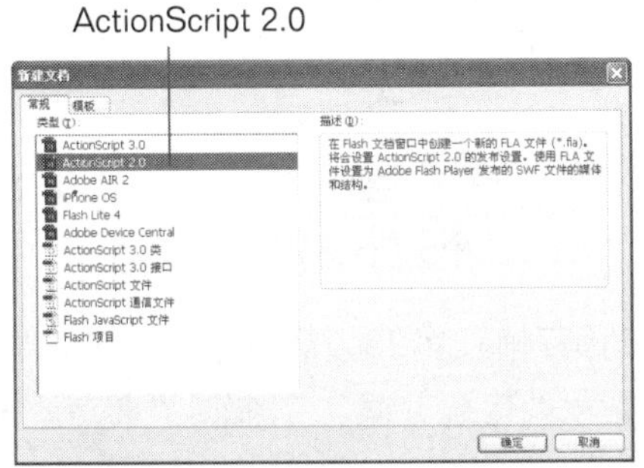

图9-72 “新建文档”对话框

#FFFFFF

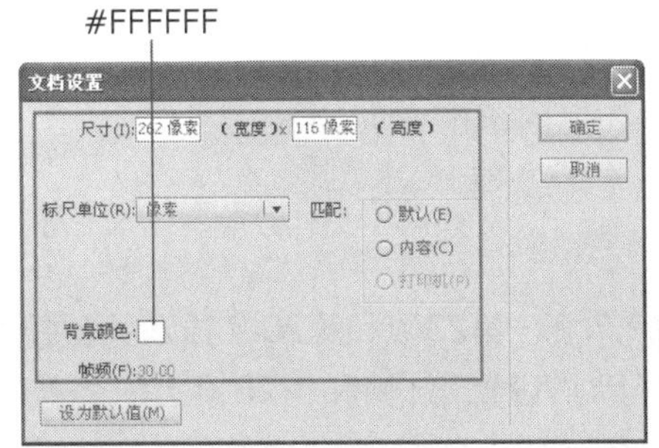

图9-73 “文档设置”对话框

2 新建“名称”为“感应区”的“按钮”元件，在“点击”帧插入关键帧，使用“矩形工具”，在场景中绘制矩形，如图9-74所示。新建“名称”为“菜单动画1”的“影片剪辑”元件，使用“矩形工具”，按住Alt键在场景中单击，在弹出的“矩形设置”对话框中进行设置，如图9-75所示。

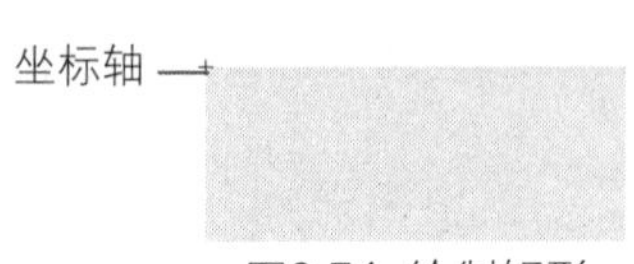

图9-74 绘制矩形

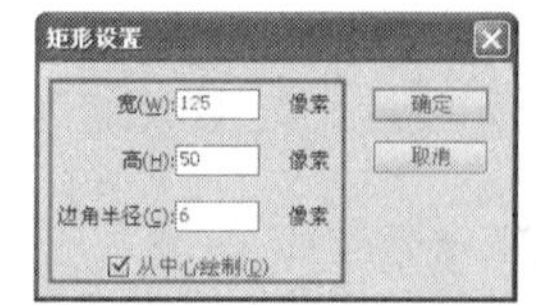

图9-75 “矩形设置”对话框

提 示

使用“矩形工具”绘制图形时，按住Alt键的同时单击场景，在弹出“矩形设置”对话框中，可设置矩形的宽、高和边角的半径。

3 设置完成后单击“确定”按钮，在场景中绘制矩形，如图9-76所示。将其转换成“名称”为“菜单背景”的“图形”元件。在第11帧、第19帧和第29帧插入关键帧，分别选择第11帧和第19帧上场景中的元件，设置“属性”面板如图9-77所示。

图9-76 绘制矩形

图9-77 设置“属性”面板

4 设置完成后的元件效果如图9-78所示。为第1帧和第19帧添加“传统补间”。新建“图层2”，使用“文本工具”，设置合适的字体、字体大小和字体颜色，在场景中输入文字，并使文字分离，将其转换成“名称”为“文字1”的“图形”元件，如图9-79所示。

图9-78 元件效果

图9-79 元件效果

5 在第7帧、第23帧和第29帧插入关键帧，并移动第7帧和第23帧场景中元件的位置，如图9-80所示。设置第1帧和第23帧上的“补间”类型为“传统补间”。根据“图层2”的制作方法，制作出“图层3”～“图层7”，如图9-81所示。

图9-80 移动元件

图9-81 场景效果

6 新建“图层8”，使用“矩形工具”，设置“属性”面板如图9-82所示，在场景中绘制矩形框，如图9-83所示。

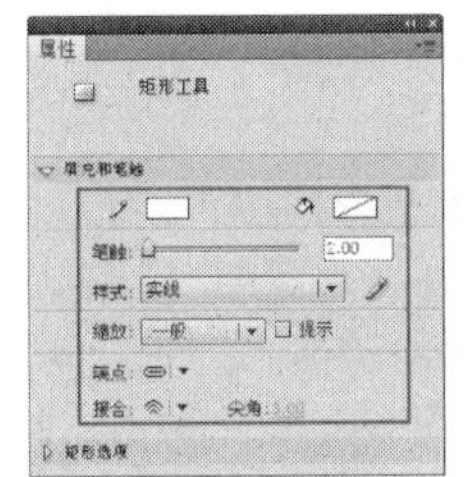

图9-82 设置“属性”面板

图9-83 绘制矩形框

提 示

因为要绘制的笔触颜色为白色，场景中的背景色也为白色，所以此处将背景颜色进行更改，以便看清效果。

7 新建“图层9”，将“感应区”元件从“库”面板中拖入到场景中，如图9-84所示，在“动作-按钮”面板中输入如图9-85所示的脚本语言。新建“图层10”，在第15帧插入关键帧，分别选择第1帧和第15帧，在“动作-帧”面板上输入“stop();”脚本语言。

图9-84 拖入元件

图9-85 输入脚本语言

提 示

当鼠标经过按钮反应区时，元件跳转到第2帧。当鼠标移出该反应区时，元件重新开始播放。当鼠标点击时实现超链接。

8 根据“菜单动画1”元件的制作方法，制作出“菜单动画2”、“菜单动画3”和“菜单动画4”元件。返回到“场景1”的编辑状态，使用“矩形工具”，在“颜色”面板上进行设置，如图9-86所示，在场景中绘制矩形，使用“渐变变形工具”调整渐变的角度，如图9-87所示。

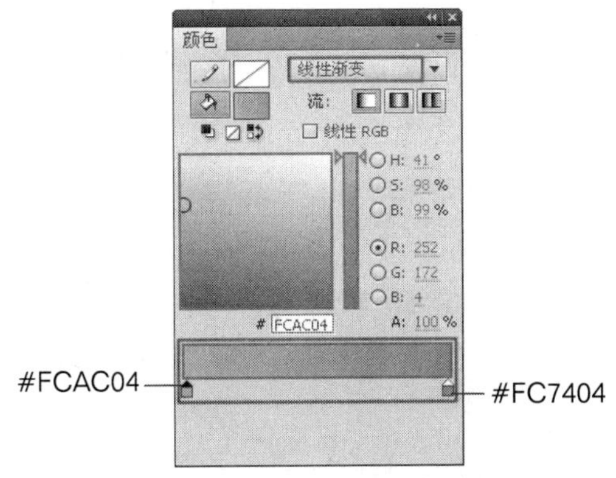

图9-86 设置“颜色”面板

图9-87 场景效果

9 新建“图层2 ”，将“菜单动画1”元件从“库”面板中拖入到场景中，如图9-88所示，设置元件的“实例名称”为menu0。新建“图层3”，使用“矩形工具”在场景中绘制矩形，如图9-89所示，并设置“图层3”为遮罩层。

元件效果

图9-88 拖入元件

图9-89 绘制矩形

10 根据“图层2”和“图层3”的制作方法，制作出“图层4”～“图层9”，如图9-90所示。完成反应区应用动画的制作，执行“文件>保存”命令，将动画保存为“9-9.fla”，测试动画效果如图9-91所示。

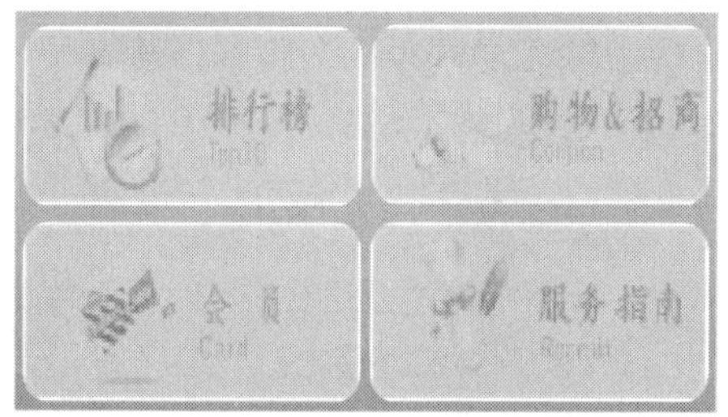

图9-90 场景效果

图9-91 测试动画效果

实例小结

本实例主要讲解了如何通过为按钮元件添加脚本语言，从而控制多个影片剪辑元件，通过学习读者要掌握脚本的使用方法，并理解为按钮添加脚本的意义。

9.10 商业按钮的制作

案例文件 光盘\源文件\第9章\9-10.fla
视频文件 光盘\视频\第9章\9-10.swf
学习时间 35分钟

★★★☆☆

制作要点

1.首先制作按钮的第1部分动画。

2. 再制作按钮的第2部分动画。

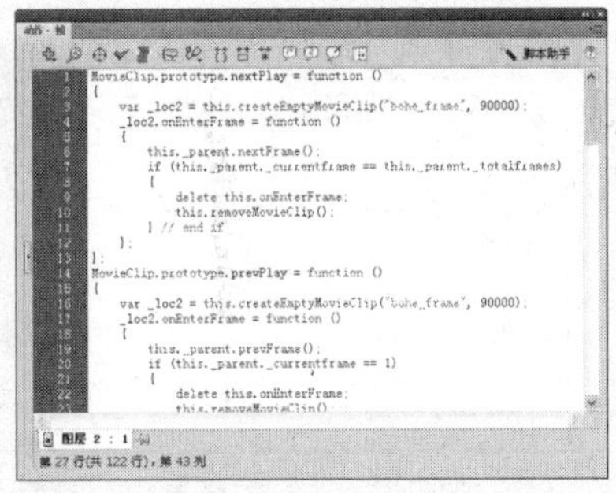

3.在“动作-帧”面板上输入ActionScript脚本语言。

4. 完成动画的制作，测试动画效果。

9.11　反应区的高级应用

案例文件	光盘\源文件\第9章\9-11.fla
视频文件	光盘\视频\第9章\9-11.swf
学习时间	30分钟

★★★☆☆

制作要点

通过使用“矩形工具”和“部分选取工具”制作出主场景动画，在“动作-按钮”面板和“动作-帧”面板中输入ActionScript脚本完成按钮的制作。

思路分析

本实例首先制作一个只有点击状态的按钮元件，然后将元件应用到影片剪辑元件中，使用脚本对动画实现控制，本实例的最终效果如图9-92所示。

图9-92　最终效果

制作步骤

1 执行“文件>新建”命令，新建一个Flash文档，如图9-93所示。单击“属性”面板上的“编辑”按钮，在弹出的“文档设置”对话框中进行设置，如图9-94所示，单击“确定”按钮。

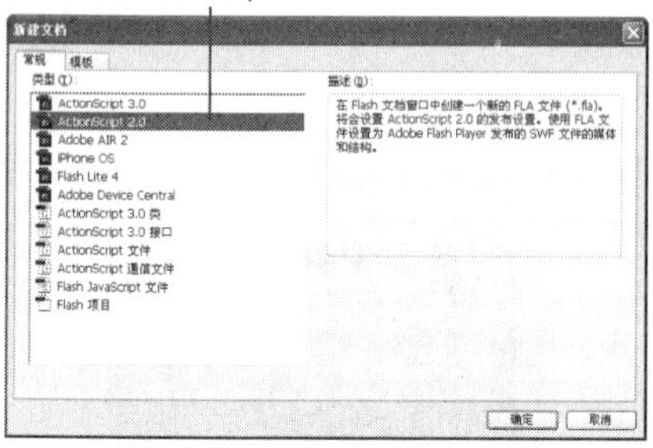

ActionScript 2.0

图9-93 “新建文档”对话框

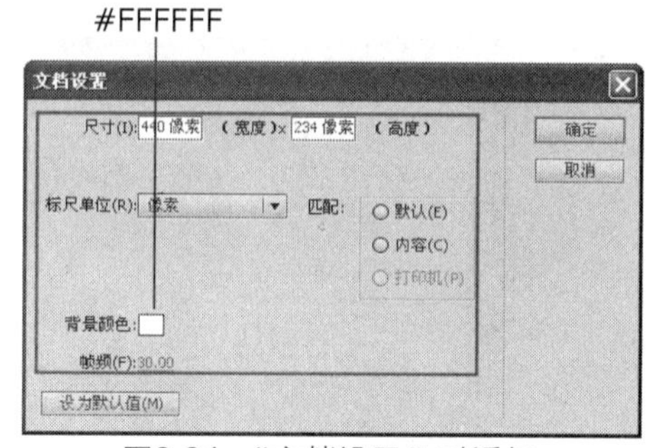

图9-94 “文档设置”对话框

2 新建“名称”为“感应区”的“按钮”元件，在“点击”帧插入关键帧，使用“矩形工具”，在场景中绘制矩形，如图9-95所示。新建“名称”为“数字”的“影片剪辑”元件，使用“文字工具”在场景中拖出文本框，在“属性”面板上进行设置，如图9-96所示。

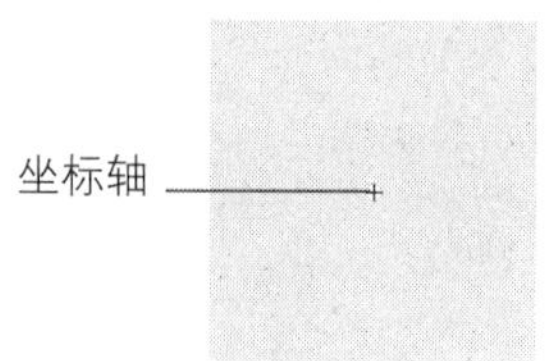

图9-95 绘制矩形

图9-96 设置“属性”面板

3 设置完成后在文本框中输入文字，如图9-97所示。新建“图层2”，在“动作-帧”面板中输入如图9-98所示的脚本语言。

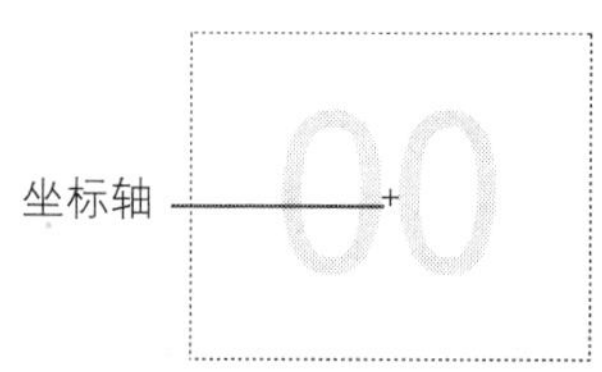

图9-97 输入文字

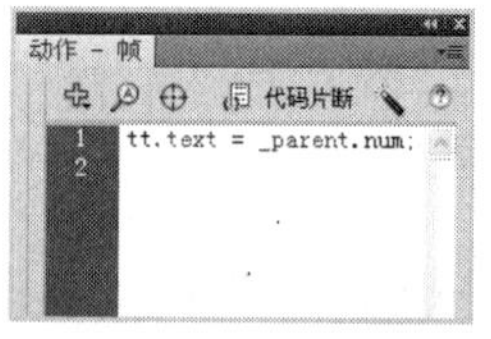

图9-98 输入脚本语言

4 新建“名称”为“按钮”的“影片剪辑”元件，使用“椭圆工具”，设置“笔触”为无，“填充颜色”为#EC135A，在场景中绘制正圆形，如图9-99所示，在第9帧插入帧。新建“图层2”，根据“图层1”的制作方法，制作出“图层2”，如图9-100所示。

图9-99 绘制正圆

图9-100 场景效果

5 新建“图层3”，将“数字”元件从“库”面板中拖入到场景中，如图9-101所示，在第9帧插入关键帧，更改元件样式并创建传统补间动画。新建“图层4”，将“感应区”元件从“库”面板中拖入到场景中，如图9-102所示。

图9-101　拖入元件

图9-102　拖入元件

6 选择第1帧上场景中的元件，在“动作-按钮”面板中输入如图9-103所示的脚本语言，新建“图层5”，在“动作-帧”面板中输入如图9-104所示的脚本语言。

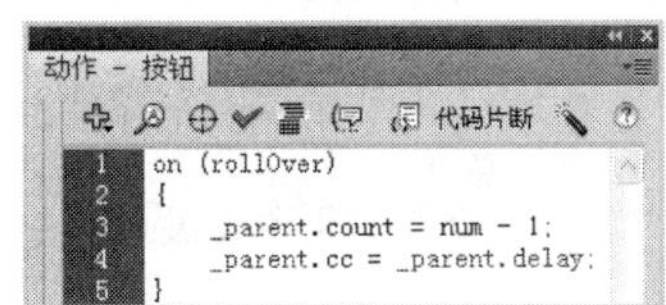


```
on (rollOver)
{
    _parent.count = num - 1;
    _parent.cc = _parent.delay;
}
```

图9-103　输入脚本语言

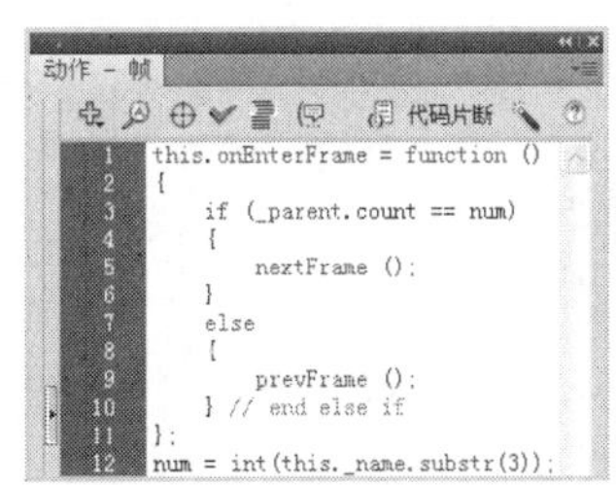


```
this.onEnterFrame = function ()
{
    if (_parent.count == num)
    {
        nextFrame ();
    }
    else
    {
        prevFrame ();
    } // end else if
};
num = int(this._name.substr(3));
```

图9-104　输入脚本语言

7 新建“名称”为“动画”的“影片剪辑”元件，将图像“光盘\源文件\第9章\素材\91601.jpg”导入到场景中，如图9-105所示。在第2帧单击，插入空白关键帧，将图像91602.jpg导入到场景中，如图9-106所示。

图9-105　导入图像

图9-106　导入图像

8 在第3帧单击，插入空白关键帧，将图像91603.jpg导入到场景中，如图9-107所示。新建“图层2”，将“感应区”元件从“库”面板中拖入到场景中，并使用“任意变形工具”调整元件的大小，如图9-108所示，分别在第2帧和第3帧插入关键帧。

图9-107　导入图像

图9-108　元件效果

9 选择第1帧上场景中的元件，在“动作-按钮”面板中输入如图9-109所示的脚本语言。选择第2帧上场景中的元件，在“动作-按钮”面板中输入如图9-110所示的脚本语言。选择第3帧上场景中的元件，在“动作-按钮”面板中输入如图9-111所示的脚本语言。

图9-109 输入脚本语言

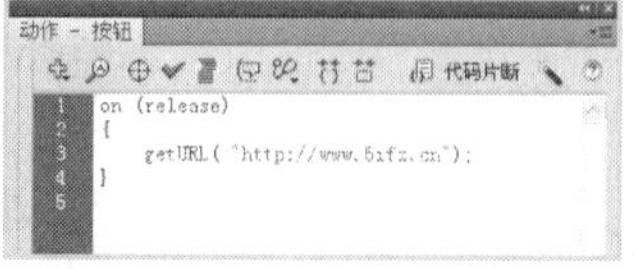

图9-110 输入脚本语言

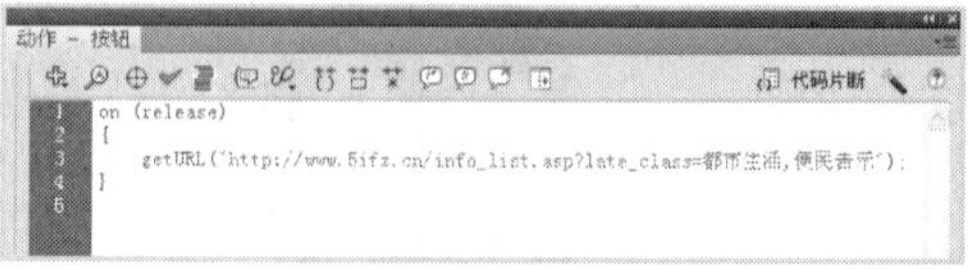

图9-111 输入脚本语言

10 新建“图层3”，在“动作-帧”面板中输入如图9-112所示的脚本语言。新建“名称”为“监控”的“影片剪辑”元件。返回到“场景1”的编辑状态，使用“矩形工具”，在场景中绘制矩形，如图9-113所示。

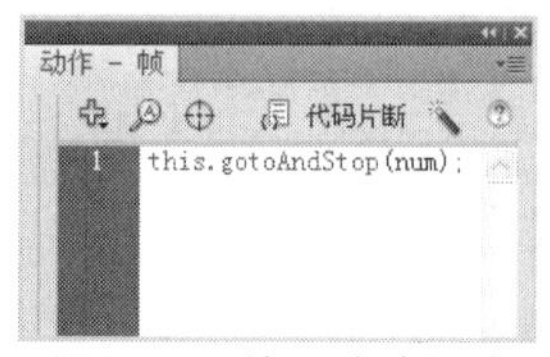

图9-112 输入脚本语言

图9-113 绘制矩形

提 示

此处新建“名称”为“监控”的“影片剪辑”元件，是为了后面制作中对代码的控制。

11 新建“图层2”，利用同样的制作方法，使用“矩形工具”在场景中绘制圆角矩形，并使用“直接选择工具”对图形进行调整，如图9-114所示。新建“图层3”，将“监控”元件从“库”面板中拖入到场景中，如图9-115所示，在“属性”面板上设置“实例名称”为dum。

图9-114 绘制圆角矩形

图9-115 拖入元件

12 新建“图层4”，根据“图层2”的制作方法，制作出“图层4”，如图9-116所示。并设置“图层4”为“遮罩层”。新建“图层5”，在“动作-帧”面板中输入如图9-117所示的脚本语言。

图9-116 场景效果

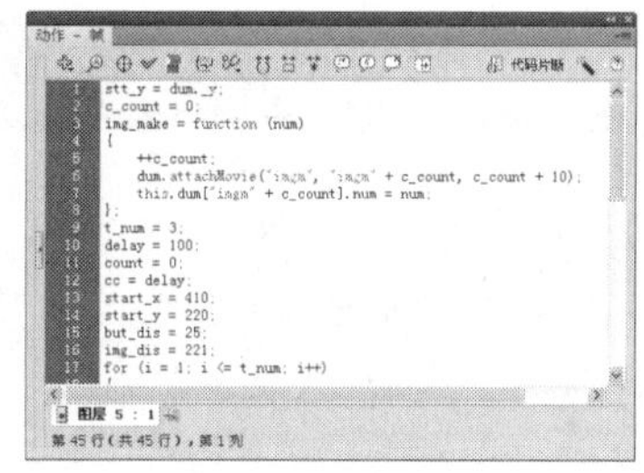
图9-117 输入脚本语言

提 示

详细的脚本语言，读者可以参照源文件。

13 选择“库”面板中的“动画”元件，单击鼠标右键，在弹出的快捷菜单中选择“属性”选项，弹出“元件属性”对话框，单击“高级”按钮，在弹出的扩展菜单中进行相应的设置，如图9-118所示。利用相同的方法，为“按钮”元件设置属性连接，如图9-119所示。

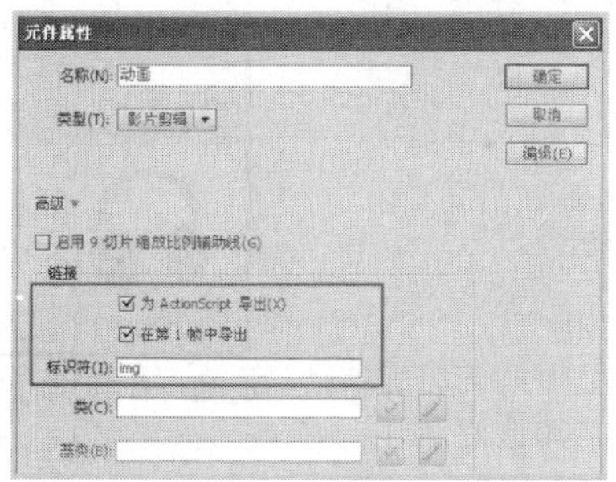
图9-118 设置“元件属性”对话框

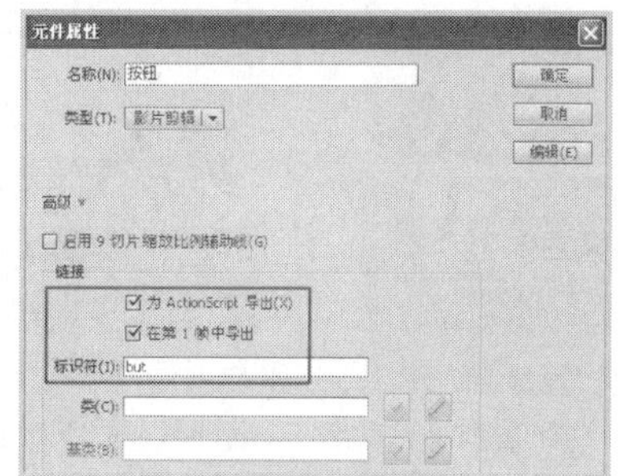
图9-119 设置“元件属性”对话框

14 完成反应区高级应用动画的制作，执行“文件>保存”命令，将动画保存为“9-11.fla”，测试动画效果如图9-120所示。

图9-120 测试动画效果

实例小结

本实例主要讲解了如何制作只有点击状态的按钮元件，将其应用到需要添加超链接的图片上，并添加脚本控制动画的过程，通过学习，读者要掌握制作反应区元件的方法，并掌握常用的控制影片剪辑的脚本。

9.12 分类按钮的制作

案例文件 光盘\源文件\第9章\9-12.fla
视频文件 光盘\视频\第9章\9-12.swf
学习时间 35分钟

★★★☆☆

制作要点

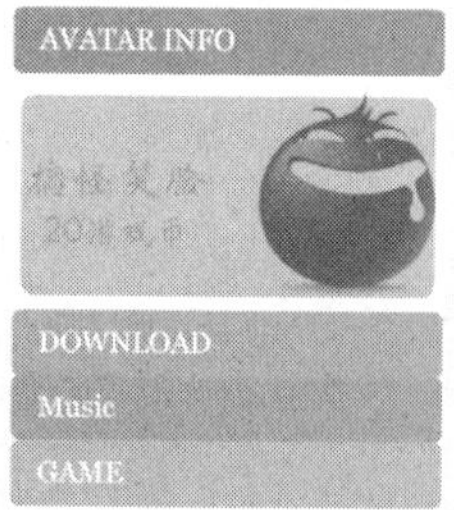

1. 制作第1部分动画，并添加感应区。

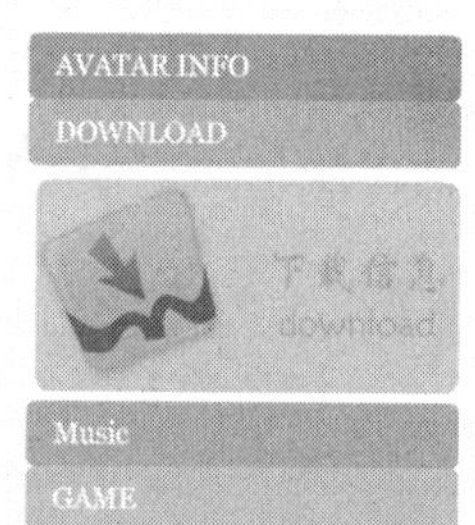

2. 根据第1部分动画的制作，制作出第2部分动画。

3. 利用相同的方法完成其他动画的制作。

4. 完成动画的制作，测试动画效果。

9.13 反应区的综合应用

案例文件 光盘\源文件\第9章\9-13.fla
视频文件 光盘\视频\第9章\9-13.swf
学习时间 30分钟

★★★☆☆

制作要点

通过使用“矩形工具”和“部分选取工具”，制作出影片剪辑，在“动作-按钮”面板中输入ActionScript脚本，完成按钮的制作。

思路分析

本实例首先制作一个只有点击状态的按钮元件，然后将元件应用到影片剪辑元件中，使用脚本对动画实现控制，再制作出主场景动画，制作时需要注意调整元件的位置和大小，本实例的最终效果如图9-121所示。

图9-121　测试动画效果

制作步骤

1 执行“文件>新建”命令，新建一个Flash文档，如图9-122所示。单击“属性”面板上的“编辑”按钮，在弹出的“文档设置”对话框中进行设置，如图9-123所示，单击“确定”按钮。

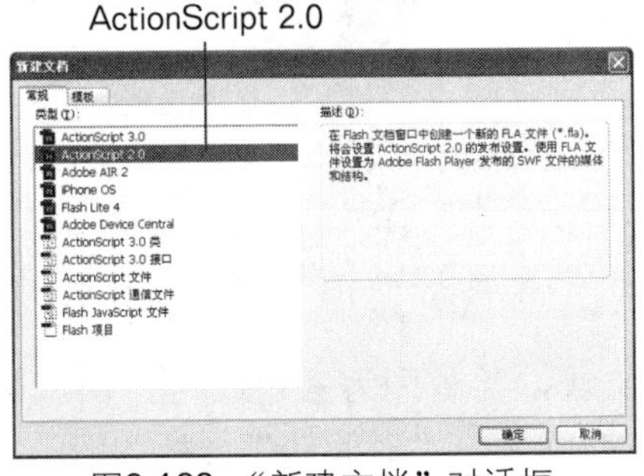

图9-122　“新建文档”对话框

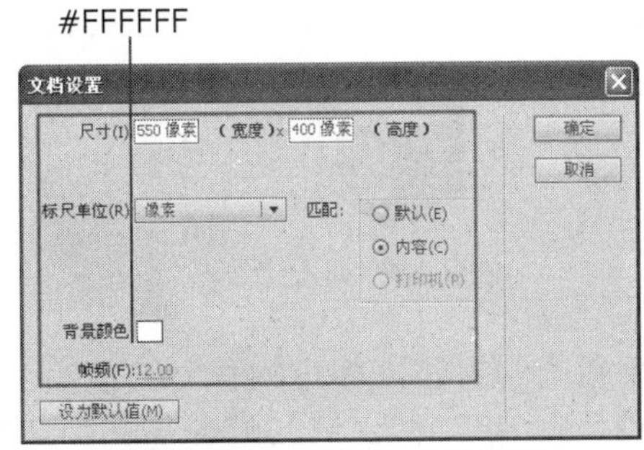

图9-123　“文档设置”对话框

2 新建“名称”为“感应区”的“按钮”元件，在“点击”帧插入关键帧，使用“矩形工具”，在场景中绘制矩形，并使用“部分选区工具”调整图形，如图9-124所示。新建“名称”为box的“图形”元件，使用“矩形工具”，设置“属性”面板如图9-125所示。

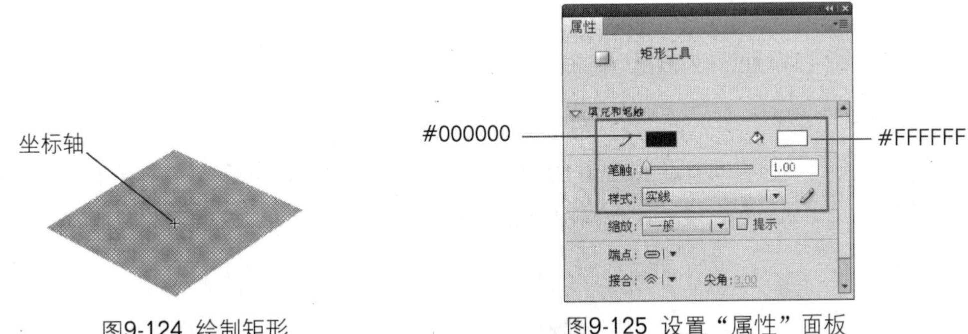

图9-124　绘制矩形

图9-125　设置“属性”面板

3 在场景中绘制矩形，并使用“部分选区工具”调整图形，如图9-126所示。根据“图层1”的制作方法，制作出“图层2”和“图层3”，如图9-127所示。

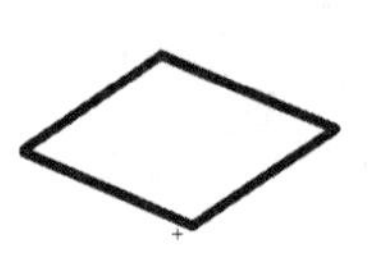
图9-126 图形效果

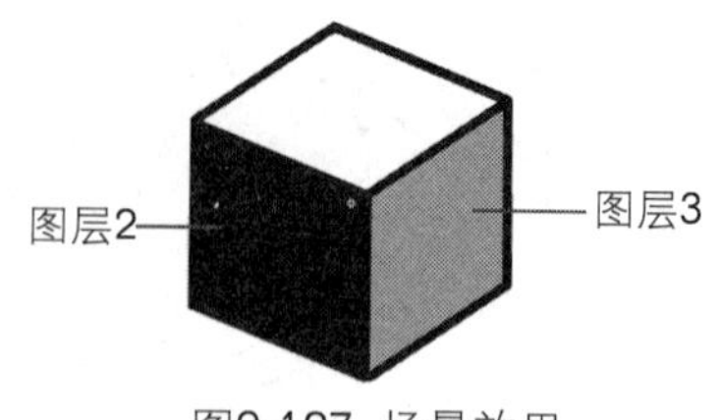

图9-127 场景效果

4 新建"名称"为"box动画"的"影片剪辑"元件，将box元件从"库"面板中拖入到场景中，如图9-128所示。分别在第10帧、第18帧、第24帧、第30帧、第35帧、第38帧和第40帧插入关键帧，并使用"任意变形工具"调整第10帧上元件的大小及位置，如图9-129所示。

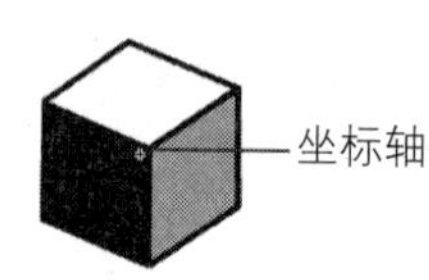

图9-128 拖入元件

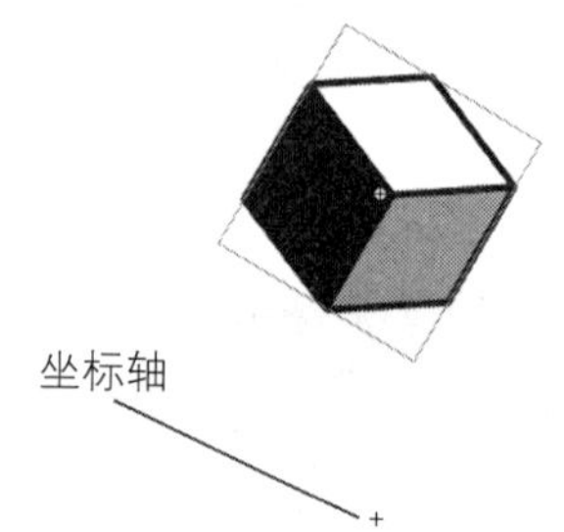

图9-129 元件效果

5 利用相同的方法，相应的移动其他帧上元件的位置，并分别为第1帧、第10帧、第18帧、第24帧、第30帧、第25帧和第38帧添加"传统补间"，"时间轴"面板如图9-130所示。新建"图层2"，将"感应区"元件从"库"面板中拖入到场景中，如图9-131所示。

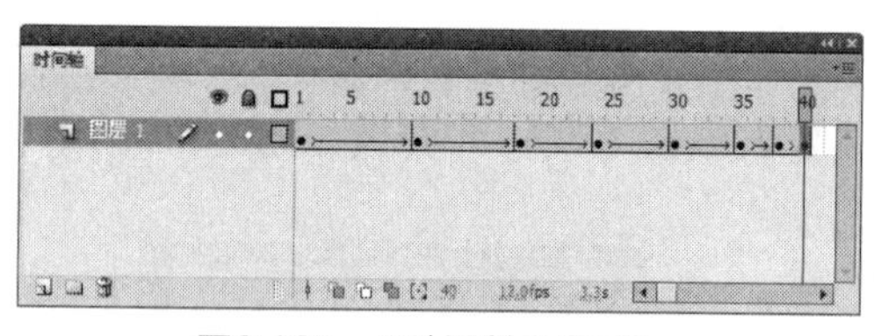

图9-130 "时间轴"面板

图9-131 拖入元件

6 选择第1帧上场景中的元件，在"动作-按钮"面板中输入如图9-132所示的脚本语言，复制两个"感应区"元件，移动到合适的位置，如图9-133所示。新建"图层3"，在第40帧插入关键帧，分别选择第1帧和第40帧，依次在"动作-帧"面板中输入"stop();"脚本语言。

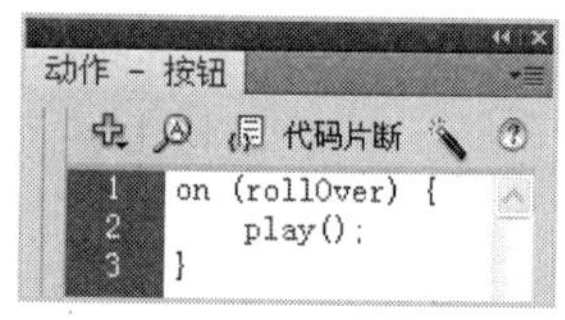

图9-132 输入脚本语言

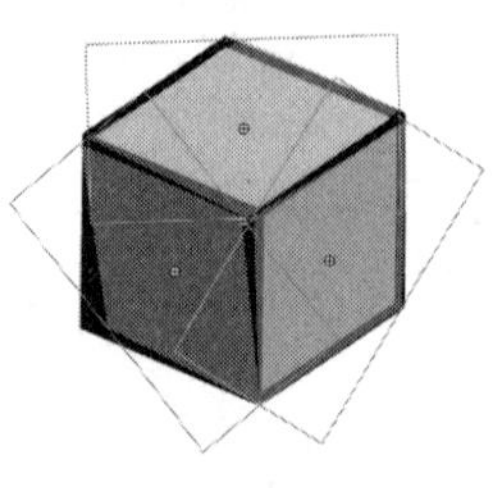
图9-133 复制元件

提 示

按住Alt键选择要复制的元件，并移动到其他位置，即可复制元件。注意：复制的元件和原来的元件位于同一层上。

7 新建“名称”为“box主体动画”的“影片剪辑”元件，将“box动画”元件从“库”面板中拖入到场景中，如图9-134所示，利用相同的方法，新建图层，将“box动画”元件从“库”面板中多次拖入到场景中，如图9-135所示。

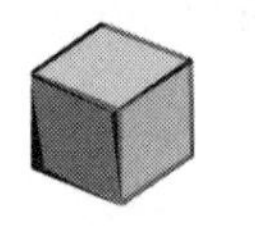

图9-134 拖入元件

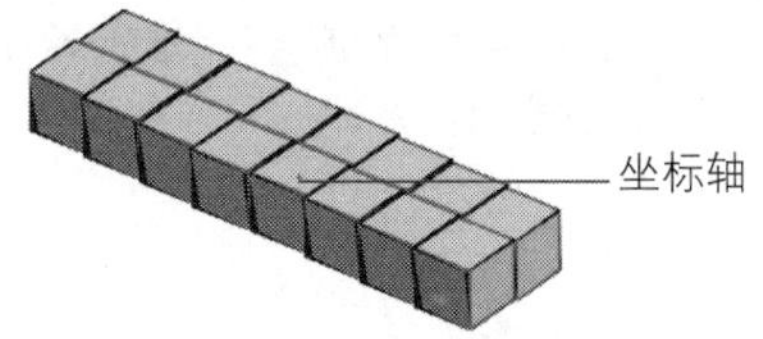

图9-135 场景效果

8 返回到“场景1”的编辑状态，将图像“光盘\源文件\第9章\素材\91901.jpg”导入到场景中，如图9-136所示，新建“图层2”，将“box主体动画”元件从“库”面板中拖入到场景中，如图9-137所示。

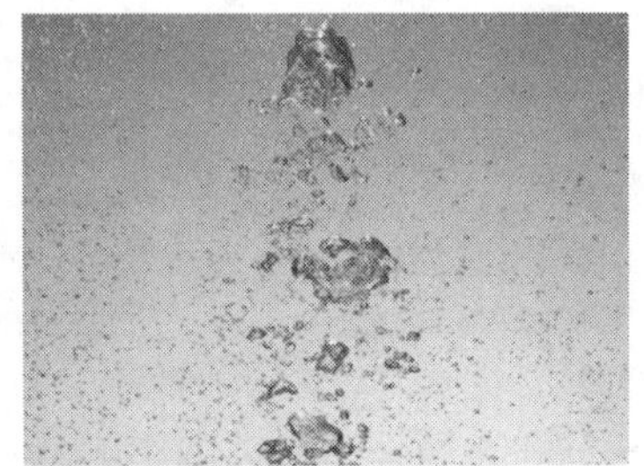

图9-136 导入图像

图9-137 拖入元件

9 利用相同的方法，新建图层，将“box主体动画”元件从“库”面板中多次拖入到场景中，如图9-138所示。完成反应区的综合应用动画的制作，执行“文件>保存”命令，将动画保存为“9-13.fla”，测试动画效果如图9-139所示。

图9-138 场景效果

图9-139 测试动画效果

实例小结

本实例主要讲解了如何通过按钮的反应区控制制作动画的立体效果，通过学习，读者要熟练掌握制作反应区元件的方法。

9.14 菜单按钮的制作

案例文件 光盘\源文件\第9章\9-14.fla
视频文件 光盘\视频\第9章\9-14.swf
学习时间 40分钟

难易程度 ★★★☆☆

制作要点

1. 制作出主场景动画。

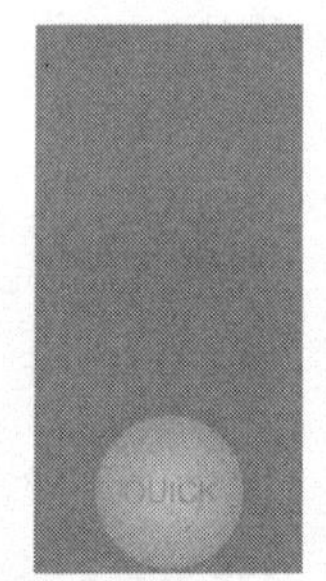

2. 添加感应区并添加ActionScript脚本语言。

3. 添加感应区并添加ActionScript脚本语言。

4. 完成动画的制作，测试动画效果。

9.15 动态按钮的制作

案例文件 光盘\源文件\第9章\9-15.fla
视频文件 光盘\视频\第9章\9-15.swf
学习时间 40分钟

难易程度 ★★★☆☆

制作要点

通过使用“矩形工具”和“文本工具”，制作出“影片剪辑”和“按钮”元件，在“动作-按钮”面板中输入ActionScript脚本，并为元件设置相应的实例名称，完成动画的制作。

思路分析

本实例首先制作一个只有点击状态的按钮元件，然后应用到影片剪辑元件中，使用脚本对动画实现控制，设置相应的实例名称，然后制作主场景动画，本实例的最终效果如图9-140所示。

图9-140 最终效果

制作步骤

1 执行“文件>新建”命令，新建一个Flash文档，如图9-141所示。单击“属性”面板上的“编辑”按钮，在弹出的“文档设置”对话框中进行设置，如图9-142所示，单击“确定”按钮。

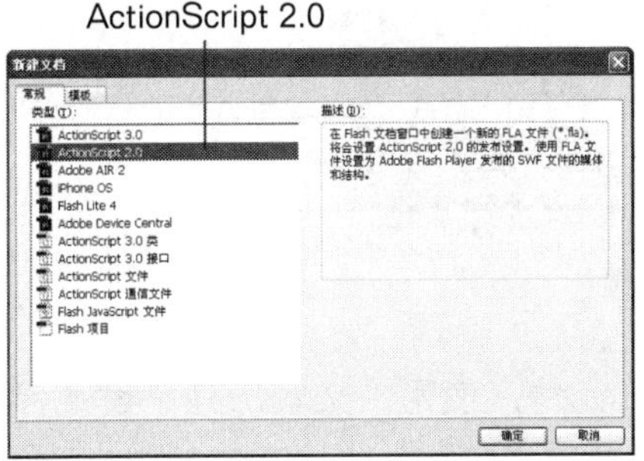

图9-141 “新建文档”对话框

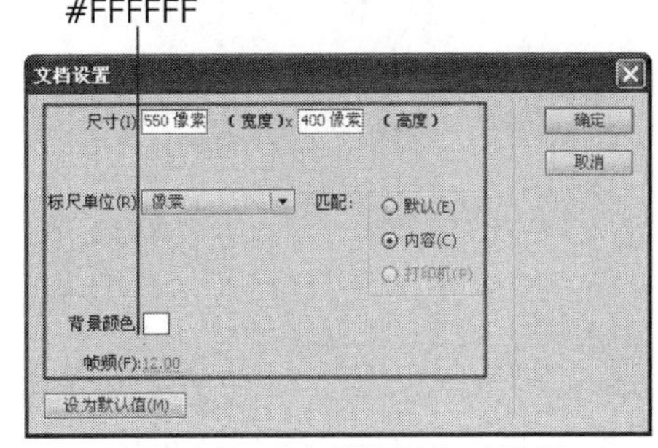

图9-142 “文档设置”对话框

2 新建“名称”为“感应区”的“按钮”元件，在“点击”帧插入关键帧，使用“矩形工具”，在场景中绘制矩形，如图9-143所示。新建“名称”为“动画2”的“影片剪辑”元件，将图像“光盘\源文件\第9章\素材\92204.png”导入到场景中，如图9-144所示。

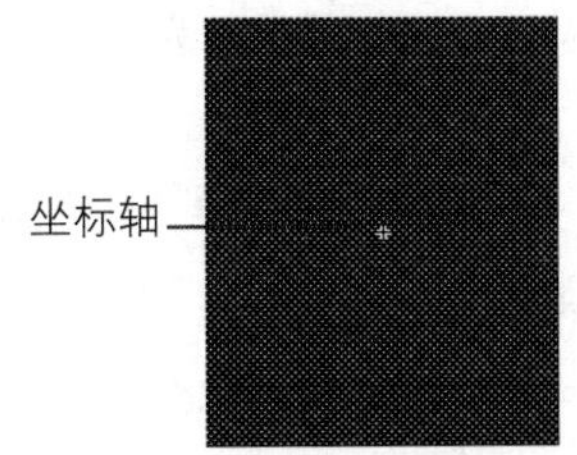

图9-143 绘制矩形

图9-144 导入图像

3 在第2帧插入关键帧，使用“任意变形工具”调整图像的大小，如图9-145所示。新建“图层2”，将“感应区”元件从“库”面板中拖入到场景中，如图9-146所示。在“动作-按钮”面板中输入如图9-147所示的脚本语言。

图9-145 调整图像大小

图9-146 拖入元件

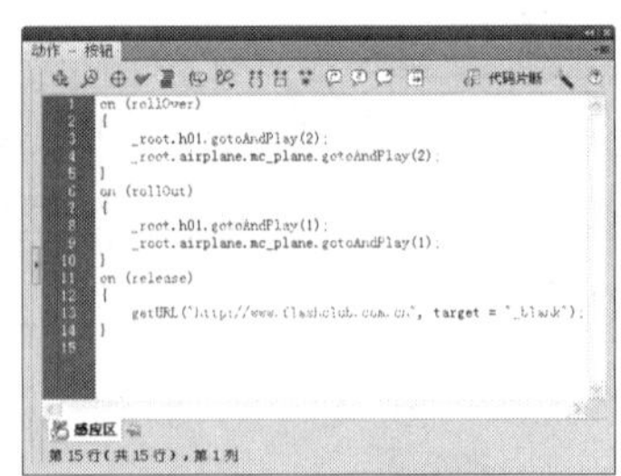

图9-147 输入脚本语言

4 新建“图层3”，在第2帧插入关键帧，分别选择第1帧和第2帧，依次在“动作-帧”面板中输入“stop();”脚本语言。根据“动画2”元件的制作方法，制作出“动画3”～“动画7”元件，元件效果如图9-148所示。

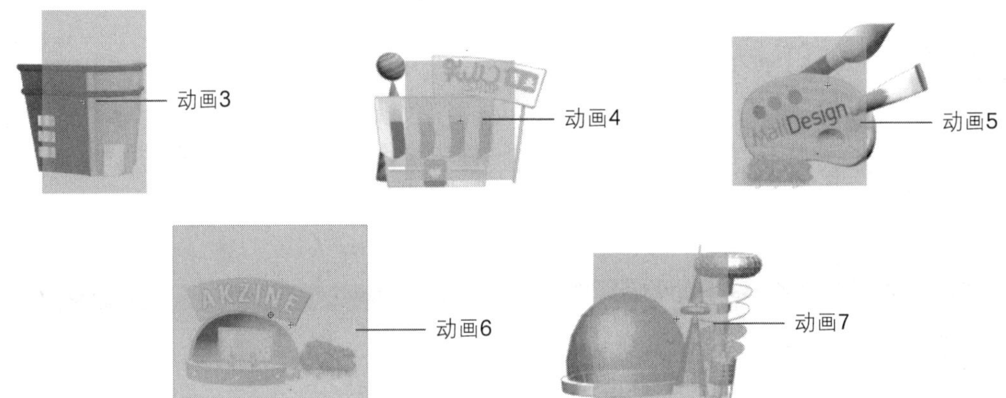

图9-148 元件效果

5 新建“名称”为“文本1动画”的“影片剪辑”元件，使用“文本工具”设置合适的字体、字体大小和字体颜色，在场景中输入文字，转换成“名称”为“文本1”的“图形”元件，如图9-149所示，并将文字全部分离成图形，分别在第6帧和第11帧插入关键帧，设置第1帧上元件的Alpha值为0%，如图9-150所示。

图9-149 文字效果

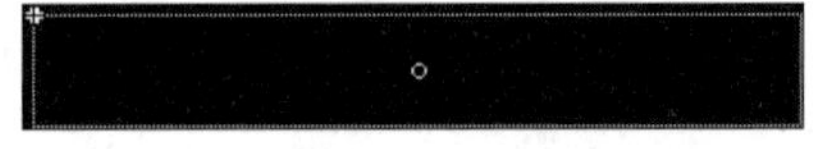

图9-150 设置Alpha值后的元件效果

提 示

按键盘的Ctrl+B键即可实现对文字的分离，也可执行“修改>分离”命令。

6 选择第6帧上的元件，使用“任意变形工具”调整元件的大小，如图9-151所示。为第1帧和第6帧添加“传统补间”，新建“图层2”，在第11帧插入关键帧，在“动作-帧”面板中输入“stop ();”脚本语言，完成后的“时间轴”面板如图9-152所示。

图9-151 调整元件大小

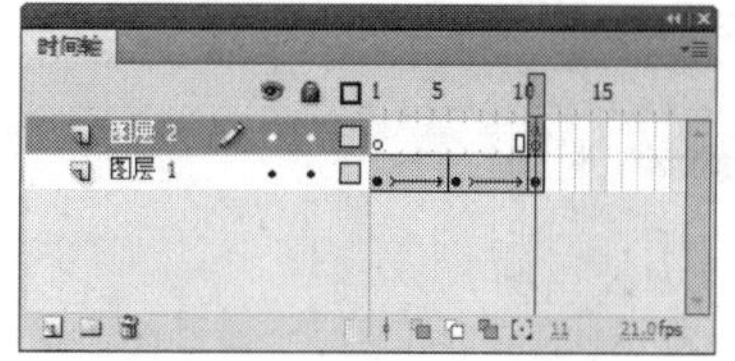

图9-152 “时间轴”面板

7 根据“文本1动画”元件的制作方法，制作出“文本2动画”到“到文本7动画”元件。元件效果如图9-153所示。

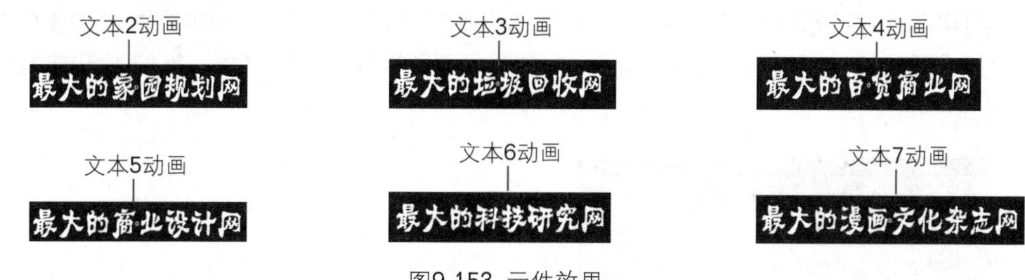

图9-153 元件效果

8 新建“名称”为“标题”的“影片剪辑”元件，将图像92203.png导入到场景中，如图9-154所示。新建“图层2”，将图像92202.png导入到场景中，如图9-155所示。

图9-154 导入图像　　图9-155 导入图像

9 新建“图层3”，将“文本1动画”元件从“库”面板中拖入到场景中，如图9-156所示。在第2帧插入空白关键帧，将“文本2动画”元件从“库”面板中拖入到场景中，如图9-157所示。

图9-156 拖入元件　　图9-157 拖入元件

10 利用相同的方法，依次制作出第2帧到第7帧上的元件，新建“图层4”，依次在第1～7帧插入关键帧，并分别选择第1～7帧，依次在“动作-帧”面板中输入“stop();”脚本语言，完成后的“时间轴”面板如图9-158所示。新建“名称”为“标题动画”的“影片剪辑”元件，将“标题”元件拖入到场景中，如图9-159所示。

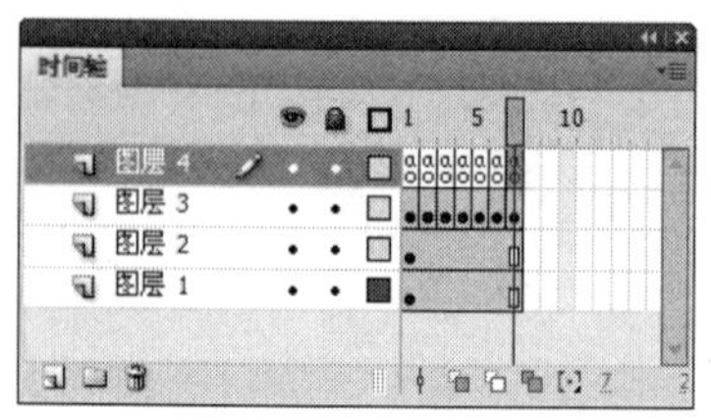

图9-158 “时间轴”面板

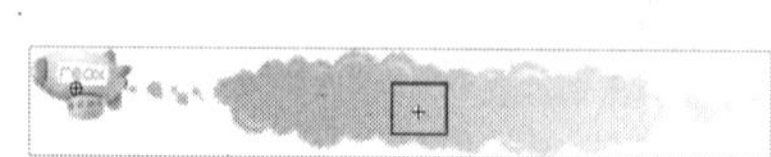

图9-159 拖入元件

提 示

由于在播放每个项目动画时都要停止下来，所以要在每个关键帧的位置处添加停止脚本，以保证动画能顺利播放。

11 设置“属性”面板上的“实例名称”为mc_plane，如图9-160所示。分别在第40帧、第65帧、第105帧和第170帧插入关键帧，选择第40帧上的元件，移动元件位置，如图9-161所示。利用相同的方法移动其他帧上元件的位置，并为第1帧、第40帧、第65帧和第105帧添加“传统补间”。

图9-160 设置“实例名称”

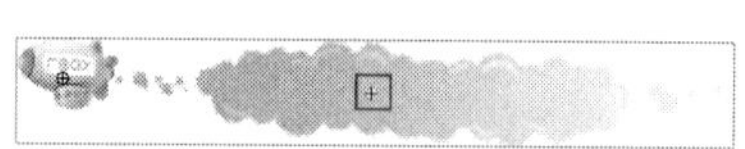

图9-161 移动元件

12 返回到“场景1”的编辑状态，将图像92201.jpg导入到场景中，如图9-162所示。新建“图层2”，将“动画7”元件从“库”面板中拖入到场景中，如图9-163所示，并设置“属性”面板上的“实例名称”为h06。

图9-162 导入图像

图9-163 拖入元件

13 利用相同的方法，将其他元件拖入到场景中，并设置相应的实例名称，如图9-164所示。完成后的“时间轴”面板，如图9-165所示。

图9-164 场景效果

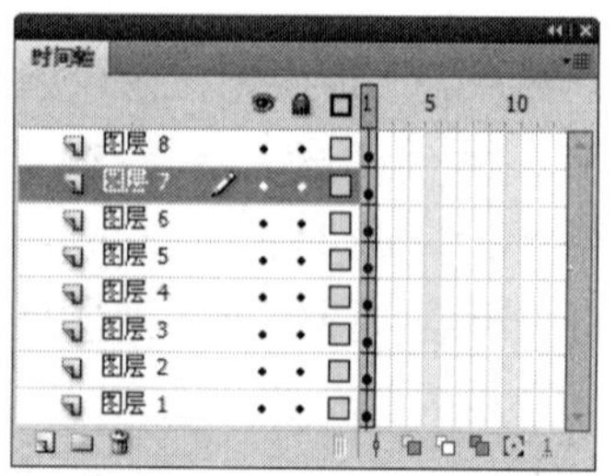

图9-165 “时间轴”面板

14 完成高级按钮综合应用动画的制作，执行“文件>保存”命令，将动画保存为“9-15.fla”，测试动画效果如图9-166所示。

图9-166 测试动画效果

实例小结 》》》》》》》》》》

本实例首先制作一个按钮元件，并通过脚本控制多个影片剪辑元件。通过学习读者要掌握在按钮上添加脚本的方法，并理解为元件命名实例名称对动画制作的重要性。

9.16 旋转按钮的制作

案例文件	光盘\源文件\第9章\9-16.fla
视频文件	光盘\视频\第9章\9-16.swf
学习时间	45分钟

★★★☆☆

制作要点 》》》》》》》》》》

1. 导入相应的素材图像并制作其动画效果。

2. 利用相同的制作方法，接着制作该元件的其他动画效果。

3. 制作动画效果并添加相应的反应区。

4. 完成旋转按钮的制作，测试动画效果。

第 10 章 鼠标特效

在Flash动画中常常会出现各式各样的鼠标效果，整个动画都变得活灵活现，从而使动画看起来更具可观性，本章主要向读者讲解制作漂亮的鼠标效果的方法和技巧。制作各种漂亮的鼠标效果，主要是通过为元件设置不同的“实例名称”和“脚本语言”来完成的，但在制作的过程中还是要注意场景动画和鼠标动画是否搭配，所以读者在制作前一定要注意对素材的选择。

 10.1 蝴蝶跟随动画

案例文件 光盘\源文件\第10章\10-1.fla

视频文件 光盘\视频\第10章\10-1.swf

学习时间 10分钟

★☆☆☆☆

制作要点 〉〉〉〉〉〉〉〉〉〉

通过使用“任意变形工具”调整翅膀元件，在为关键帧设置“传统补间”，从而制作出蝴蝶扇动翅膀的动画效果。

思路分析 〉〉〉〉〉〉〉〉〉〉

首先为元件设置“实例名称”，再通过添加脚本语言控制元件，从而制作出蝴蝶跟随鼠标的动画效果，测试动画效果如图10-1所示。

图10-1 测试动画效果

制作步骤 〉〉〉〉〉〉〉〉〉〉

1 执行“文件>新建”命令，新建一个Flash文档，如图10-2所示。单击“属性”面板上的“编辑”按钮 编辑... ，在弹出的“文档设置”对话框中进行设置，如图10-3所示，单击“确定”按钮。

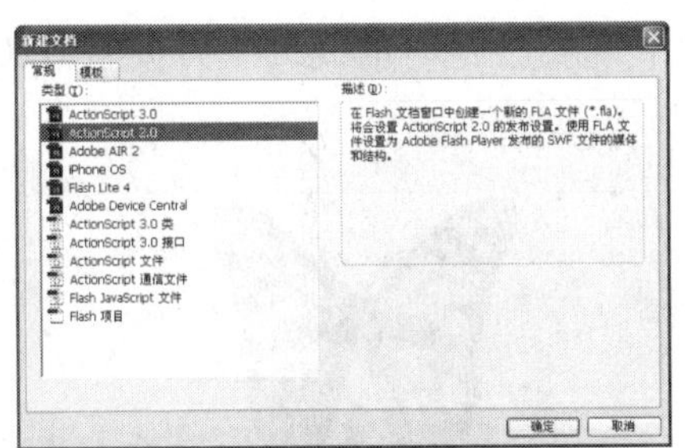

图10-2 “新建文档”对话框

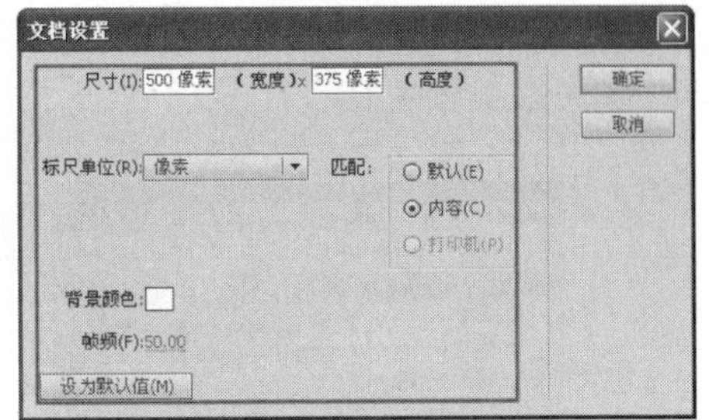

图10-3 “文档设置”对话框

2 新建“名称”为“蝴蝶动画”的“影片剪辑”元件，如图10-4所示，执行“文件>导入>导入到舞台”命令，将图像“光盘\源文件\第10章\素材\10103.png”导入到场景中，如图10-5所示，在第50帧插入帧。

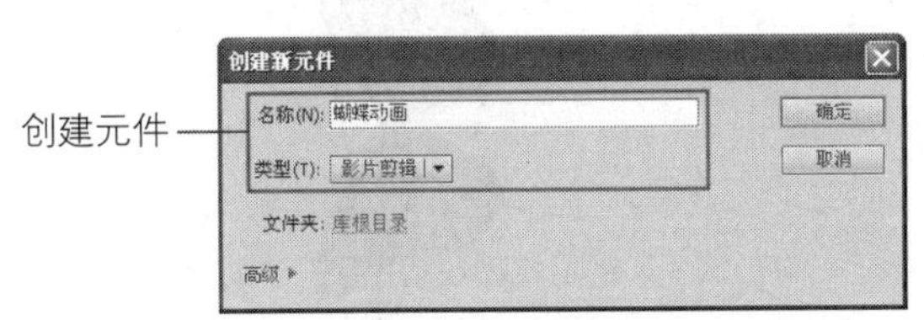

图10-4 “创建新元件”对话框

图10-5 导入图像

3 新建“图层2”，将图像10102.png导入到场景中，如图10-6所示，并将图像转换成“名称”为“翅膀”的“图形”元件，使用“任意变形工具”调整元件中心点的位置，如图10-7所示。

图10-6 导入图像

图10-7 调整中心点的位置

> **提 示**
>
> 调整元件中心点的位置，目的是让元件按中心点缩放，从而制作出蝴蝶扇动翅膀的动画效果。

4 分别在第3帧、第5帧、第10帧和第15帧的位置单击，依次插入关键帧，使用“任意变形工具”调整第3帧上场景中的元件，如图10-8所示，再次使用“任意变形工具”调整第10帧上场景中的元件，如图10-9所示，为第1帧、第3帧和第10帧添加“传统补间”。

图10-8 元件效果

图10-9 元件效果

5 根据“图层2”的制作方法，制作出“图层3”，完成后的“时间轴”面板如图10-10所示，场景效果如图10-11所示。

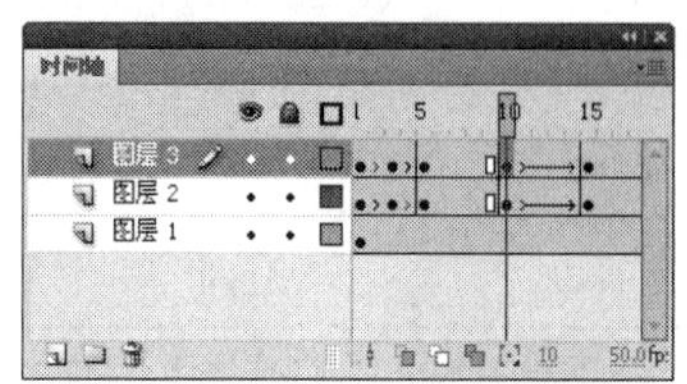

图10-10 “时间轴”面板

图10-11 元件效果

6 新建“名称”为“整体蝴蝶动画”的“影片剪辑”元件，将“蝴蝶动画”元件从“库”面板中拖入到场景中，如图10-12所示，执行“修改>变形>顺时针旋转90度”命令，元件效果如图10-13所示。

图10-12 拖入元件

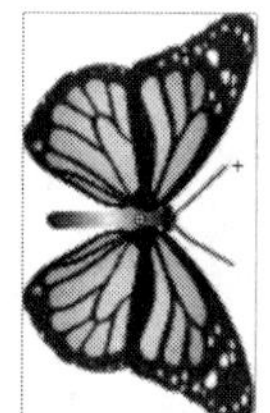

图10-13 将元件旋转

技巧 执行“窗口>变形”命令，打开“变形”面板，在“变形”面板中可以精确地设置旋转的数值。在“变形”面板中还可以调整对象的倾斜角度。

7 返回到“场景1”的编辑状态，将图像10101.jpg导入到场景中，如图10-14所示，新建“图层2”，将“整体蝴蝶动画”元件从“库”面板中拖入到场景中，如图10-15所示，并在“属性”面板上设置“实例名称”为fly_mc。

图10-14 导入图像

图10-15 拖入元件

8 新建“图层3”，执行“窗口>动作”命令，在“动作-帧”面板中输入如图10-16所示的脚本语言。

```
depth=15
speed=0.02
MovieClip.prototype.smoothMove = function (speed, targetx, targety) {
    this._x += speed*(targetx-this._x);
    this._y += speed*(targety-this._y);
};
MovieClip.prototype.rotateTo = function (targetx, targety) {
    var diffX = targetx-this._x;
    var diffY = targety-this._y;
    this._rotation = Math.atan2 (diffY, diffX)*180/Math.PI;
};
_root.fly_mc.onEnterFrame = function () {
    this.smoothMove (speed, _root._xmouse, _root._ymouse);
    this.rotateTo (_root._xmouse, _root._ymouse);
};
_root.shadow_mc.onEnterFrame = function () {
    this.smoothMove (speed, _root._xmouse, _root._ymouse+depth);
    this.rotateTo (_root._xmouse, _root._ymouse+depth);
};
```

图10-16 输入脚本语言

9 完成蝴蝶跟随动画的制作，执行“文件>保存”命令，将动画保存为“10-1.fla”，测试动画效果如图10-17所示。

图10-17 测试动画效果

实例小结

本实例主要讲解了如何利用一些简单的脚本语言来实现元件对鼠标的跟随效果，并通过动画元件制作出蝴蝶飞舞的动画效果。

10.2 使用鼠标控制图片

案例文件 光盘\源文件\第10章\10-2.fla
视频文件 光盘\视频\第10章\10-2.swf
学习时间 10分钟

难易程度 ★☆☆☆☆

制作要点

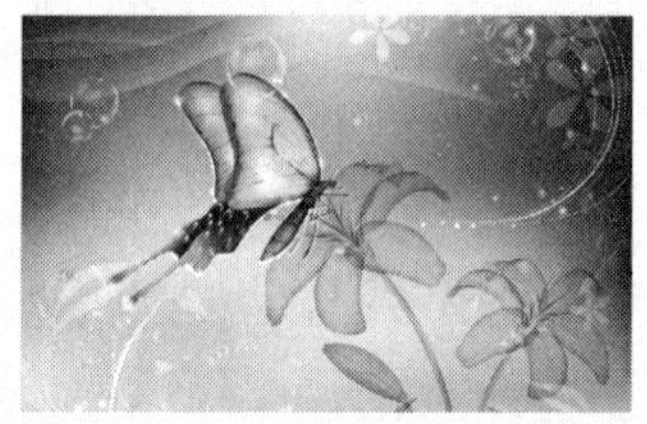

1. 导入素材，并将其转换为影片剪辑元件。

2. 新建一个影片剪辑元件，绘制一个与文档尺寸相同的矩形，作为遮罩图形。

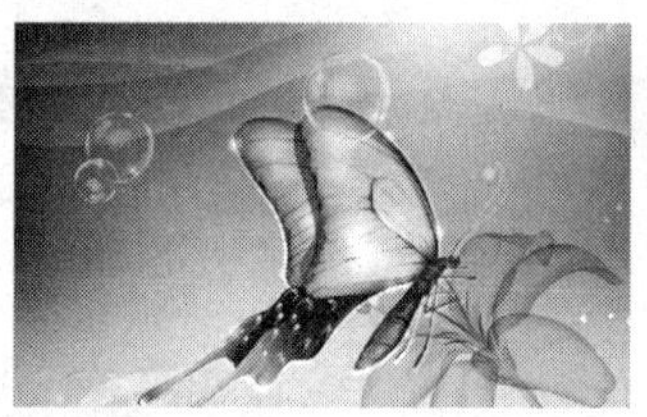

3. 将元件拖入到场景并创建遮罩动画，在影片剪辑元件上添加代码。

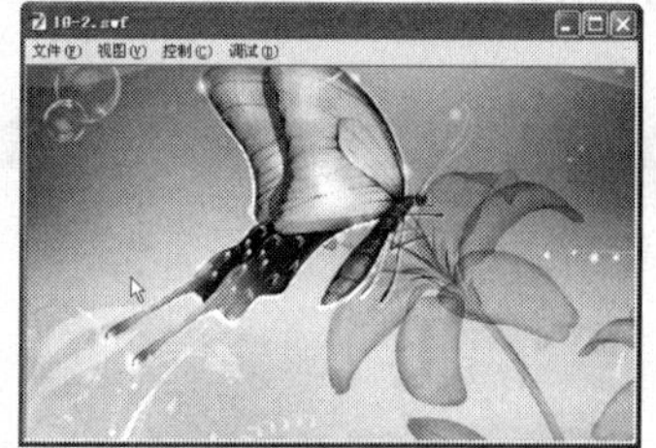

4. 完成鼠标控制图片效果的制作，测试动画。

10.3 彩球跟随动画

案例文件 光盘\源文件\第10章\10-3.fla
视频文件 光盘\视频\第10章\10-3.swf
学习时间 15分钟

难易程度 ★☆☆☆☆

实例小结

首先创建所需的元件，使用相应的工具完成元件的制作，并为元件设置其实例名称，最后在“动作-帧”面板中输入相应的脚本语言。

思路分析

本实例主要讲解了一种艳点飘舞的鼠标跟随效果，通过对相应的图形和元件设置不同的“颜色”和“色调”值，再利用“运动引导层”完成艳点飘舞的效果，再设置元件的实例名称和输入相应的脚本语言，测试动画效果如图10-18所示。

图10-18 测试动画效果

制作步骤

1 执行“文件>新建”命令，新建一个Flash文档，如图10-19所示。单击“属性”面板上的“编辑”按钮，在弹出的“文档设置”对话框中进行设置，如图10-20所示，单击“确定”按钮。

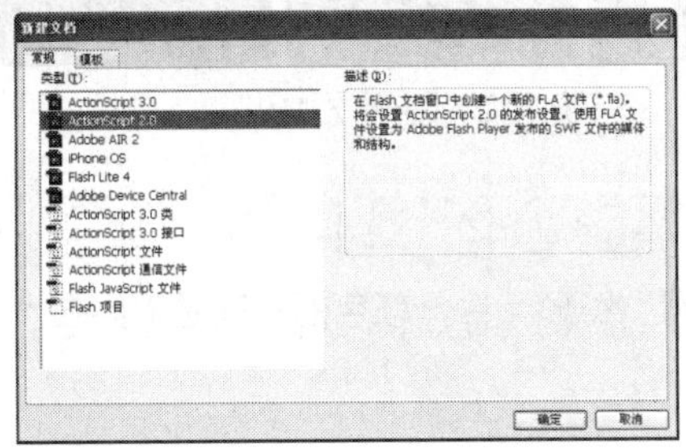

图10-19 “新建文档”对话框

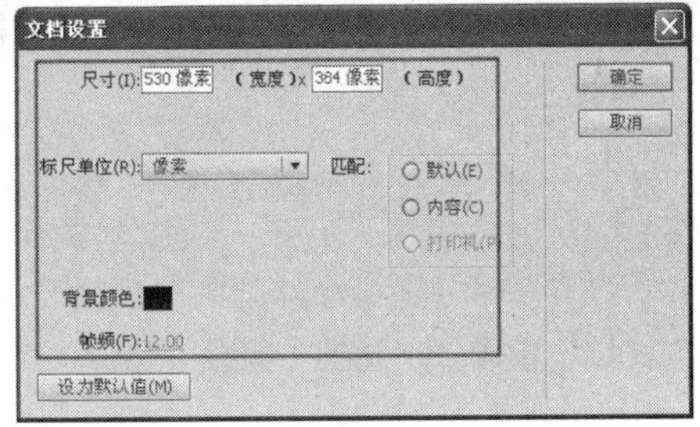

图10-20 “文档设置”对话框

2 新建“名称”为“小球动画1”的“影片剪辑”元件，使用“椭圆工具”在场景中绘制正圆，如图10-21所示，并将其转换成“名称”为“圆”的“图形”元件，在“属性”面板中的设置如图10-22所示，元件效果如图10-23所示，在第20帧插入帧。

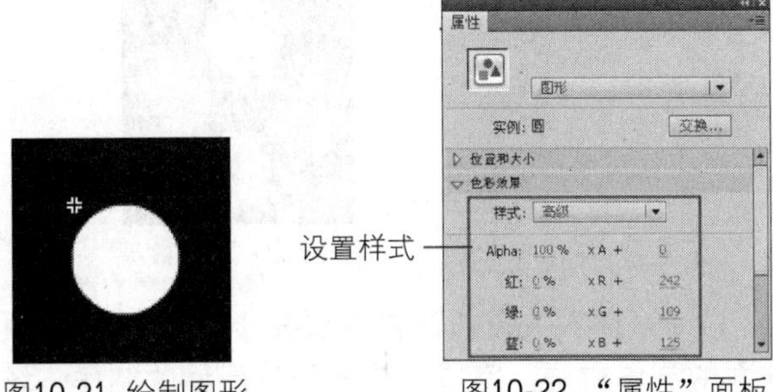

图10-21 绘制图形　　图10-22 “属性”面板

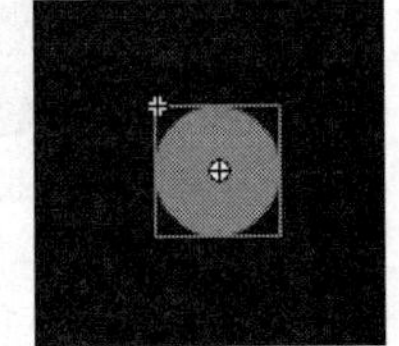

图10-23元件效果

3 在“图层1”的“图层名称”上单击右键，在弹出的快捷菜单中选择“添加传统运动引导层”，使用“钢笔工具”在场景中绘制引导线，如图10-24所示，在“图层1”的第20帧插入关键帧，移动元件位置，并设置Alpha值为20%，如图10-25所示，为第1帧添加“传统补间”。

图10-24 绘制路径

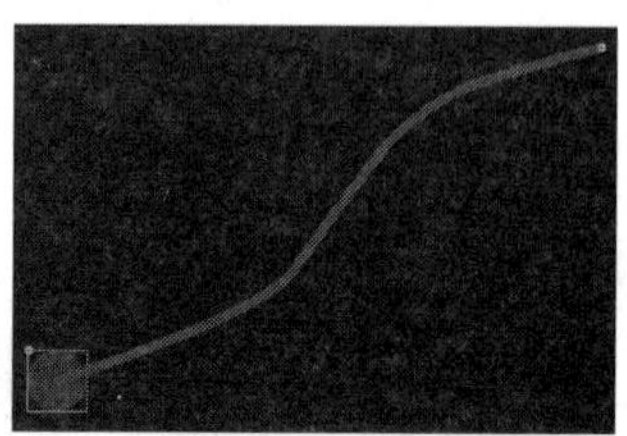

图10-25 移动元件

提 示

注意元件的中心点必须处在引导线上，不然小球的运动路径不会按照引导线进行运动。

4 新建“图层3”，在第20帧插入关键帧，在“动作-帧”面板输入如图10-26所示的脚本语言，根据“小球1动画”的制作方法，完成“小球2动画”、“小球3动画”和“小球4动画”的制作，效果如图10-27所示。

图10-26 输入脚本语言

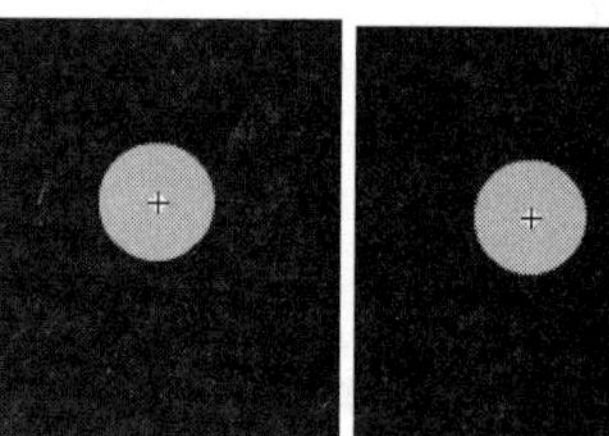

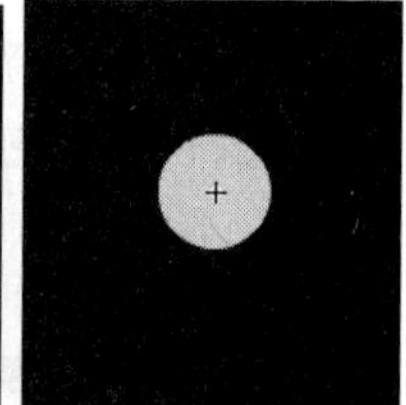

图10-27 元件效果

提 示

在制作过程中注意所有小球动画中应用的元件都是“圆”图形元件，颜色的不同是因为在“属性”面板中设置了不同的“高级”值。

5 新建“名称”为“小球组合”的“影片剪辑”元件，在“库”面板中将4个“小球动画”元件拖入到场景中，如图10-28所示，新建“名称”为“鼠标跟随”的“影片剪辑”元件，在“库”面板中将“小球组合”拖入到场景中，如图10-29所示，并在“属性”面板上设置“实例名称”为mc，在第4帧插入帧。

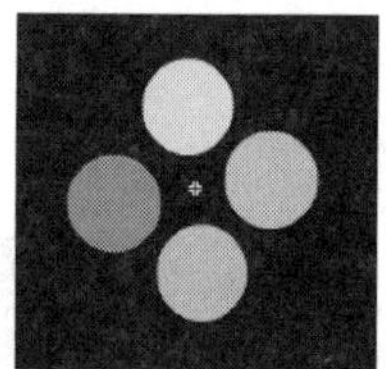

图10-28 场景效果

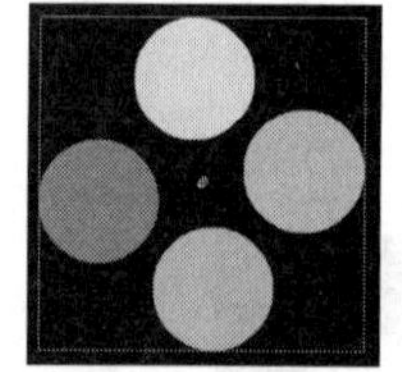

图10-29 场景效果

6 新建“图层2”，分别在第3帧和第4帧插入关键帧，并依次在“动作-帧”面板输入如图10-30所示的脚本语言。根据前面的制作方法，完成“热气球”元件的制作，场景效果如图10-31所示。

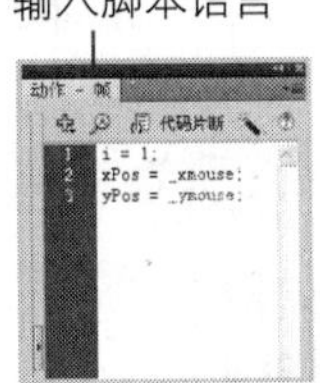

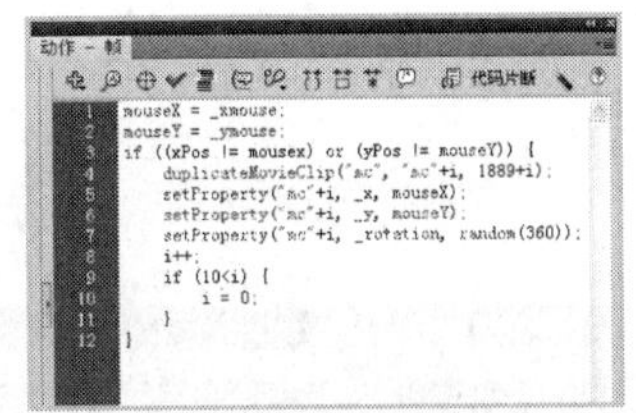


```
xPos = _xmouse;
yPos = _ymouse;
gotoAndPlay(2);
```

图10-30 输入脚本语言

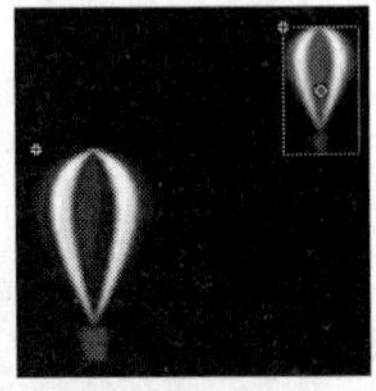

图10-31 场景效果

7 返回到“场景1”的编辑状态，将图像10408.png导入到场景中，调整其大小，如图10-32所示，在第75帧插入帧，新建“图层2”，在第5帧插入关键帧，将图像10402.png导入到场景中，调整其大小，如图10-33所示，并将其转换成“名称”为“城堡1”的“图形”元件。

图10-32 导入图像

图10-33 导入图像

8 在第20帧插入关键帧，选择第5帧的元件，使用“任意变形工具”将其等比例缩小，如图10-34所示，并为第2帧添加“传统补间”。根据“图层2”的制作方法，完成“图层3”～“图层6”的制作，场景效果如图10-35所示。

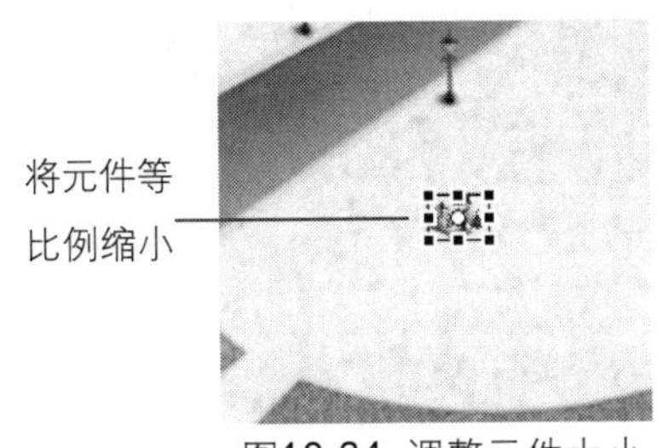

图10-34 调整元件大小

图10-35 场景效果

9 新建“图层7”，在第35帧插入关键帧，将“热气球”元件从“库”面板中拖入到场景中，如图10-36所示，新建“图层8”，将“鼠标跟随”元件从“库”面板中拖入到场景中，如图10-37所示。

图10-36 拖入元件

图10-37 拖入元件

10 新建“图层8”，在第75帧插入关键帧，在“动作-帧”面板中输入“stop();”脚本语言。完成彩球跟随动画的制作，执行“文件>保存”命令，将动画保存为“10-3.fla”，测试动画效果如图10-38所示。

图10-38 测试动画效果

实例小结

本实例主要是通过“运动引导层”及“补间”动画的综合运用来完成鼠标跟随动画元件的制作，再依次设置鼠标跟随动画元件的“实例名称”，然后通过一些简单的脚本语言对其进行控制，从而实现艳点飘舞跟随鼠标效果。

10.4 眼睛跟随动画

案例文件	光盘\源文件\第10章\10-4.fla
视频文件	光盘\视频\第10章\10-4.swf
学习时间	30分钟

难易程度 ★☆☆☆☆

制作要点

1. 新建图形元件，绘制径向渐变填充的背景图形。

2. 新建图形元件，绘制出卡通人物。新建影片剪辑元件，绘制出眼睛，并添加代码。

3. 返回至主场景中，将制作好的元件拖入场景。

4. 完成跟随鼠标转动的眼睛效果制作，测试动画。

10.5 变色泡泡跟随动画

★★☆☆☆

案例文件	光盘\源文件\第10章\10-5.fla
视频文件	光盘\视频\第10章\10-5.swf
学习时间	20分钟

制作要点

首先创建所需元件，导入相应的图像素材，转换为元件，设置相应的实例名称，并在“动画-影片剪辑”面板中输入相应的脚本语言。

思路分析

本实例主要讲解了一种变色泡泡的鼠标效果，通过对完成后的元件设置实例名称和输入脚本语言来实现变色泡泡的效果，然后对场景动画进行制作，在过程中多处应用了逐帧动画的方法，所以在制作过程中要注意图片的名称，测试动画效果如图10-39所示。

图10-39 测试动画效果

制作步骤

1 执行“文件>新建”命令，新建一个Flash文档，如图10-40所示。单击“属性”面板上的“编辑”按钮，在弹出的“文档设置”对话框中进行设置，如图10-41所示，单击“确定”按钮。

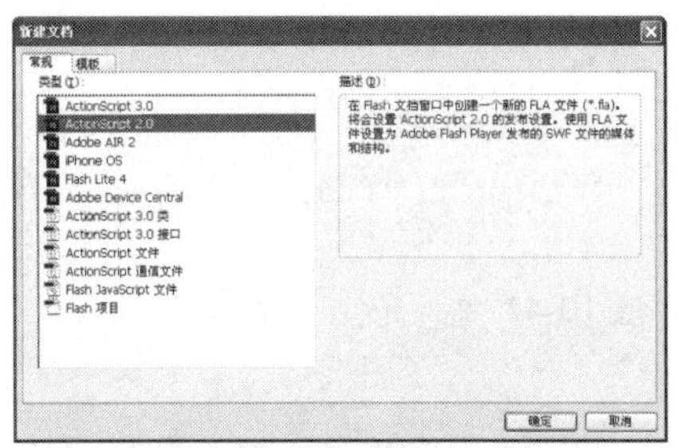

图10-40 “新建文档”对话框

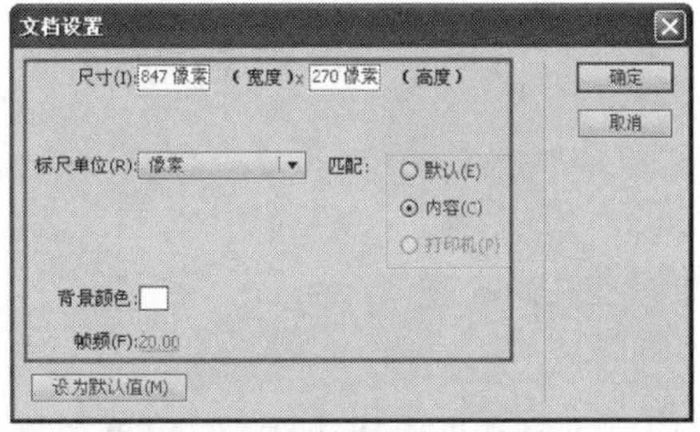

图10-41 “文档设置”对话框

2 新建“名称”为“泡泡”的“影片剪辑”元件，将图像“光盘\源文件\第10章\素材\10709.png”导入到场景中，如图10-42所示，并将其转换成“名称”为“小球”的“影片剪辑”元件，并设置“实例名称”，如图10-43所示，在第3帧插入帧。

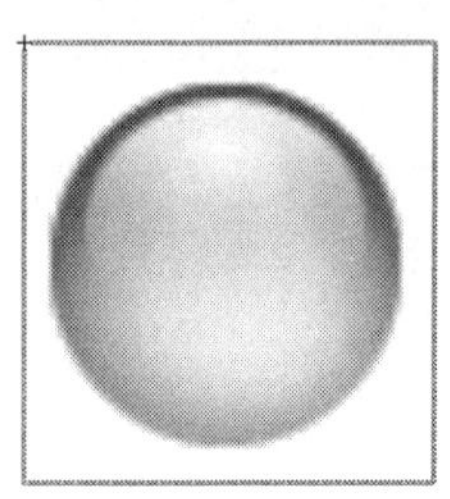

图10-42 导入图像

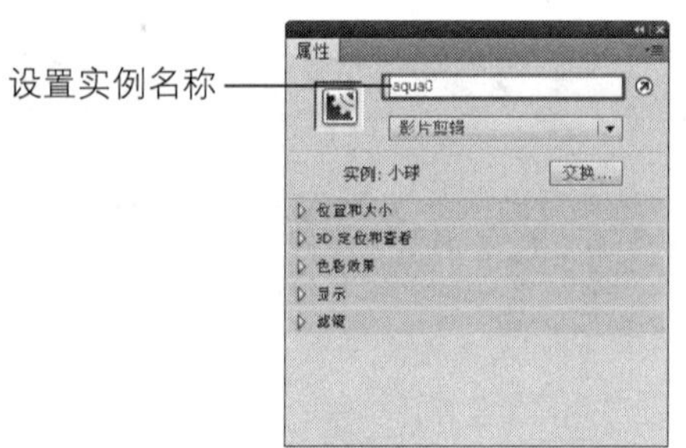

图10-43 场景效果

3 新建“图层2”，在“动作-帧”面板输入如图10-44所示的脚本语言，在第2帧插入关键帧，在“动作-帧”面板输入如图10-45所示，在第3帧插入关键帧，在“动作-帧”面板中输入“gotoAndPlay(2);”脚本语言。

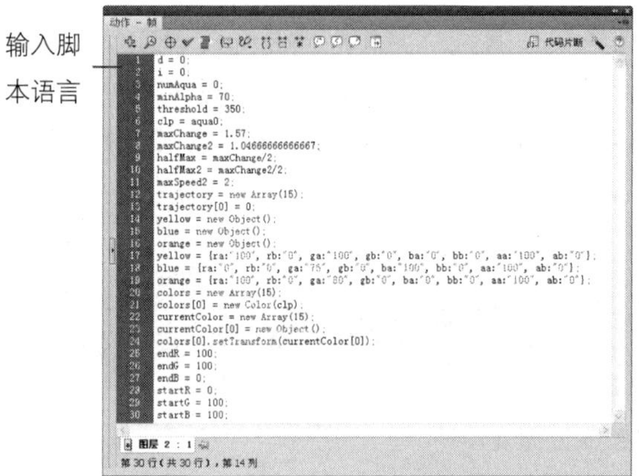

图10-44 输入脚本语言

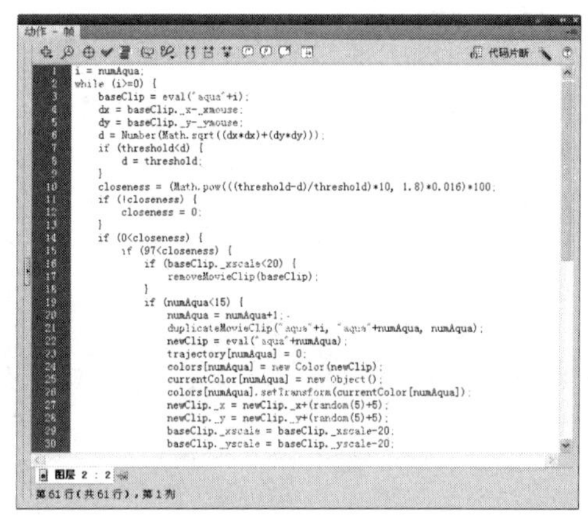

图10-45 输入脚本语言

4 新建“名称”为“泡泡组合”的“影片剪辑”元件，将“泡泡”元件从“库”面板中拖入到场景中，如图10-46所示，利用同样的方法，反复将该元件从“库”面板中拖入到场景中，并相应地调整元件的大小和位置，效果如图10-47所示。

图10-46 拖入元件

图10-47 拖入元件

5 新建“名称”为“人物1”的“影片剪辑”元件，将图像10702.png导入到场景中，如图10-48所示，在第7帧插入帧，根据“图层1”的制作方法，制作出“图层2”，效果如图10-49所示。

图10-48 导入图像

图10-49 场景效果

6 根据“人物1”元件的制作方法，完成“人物2”元件、“人物3”元件和“人物4”元件的制作，如图10-50所示，返回到“场景1”的编辑状态，将图像10701.png导入到场景中，如图10-51所示。

图10-50 元件效果

图10-51 导入图像

7 新建“图层2”，将“人物1”从“库”面板中拖入到场景中，如图10-52所示，利用相同的方法完成其他层的制作，如图10-53所示。

图10-52 拖入元件

图10-53 场景效果

8 完成变色泡泡动画的制作，执行“文件>保存”命令，将动画保存为“10-5.fla”，测试动画效果如图10-54所示。

图10-54 测试动画效果

实例小结

本实例主要通过“逐帧动画”来完成基本动画的制作，然后为元件设置实例名称，再利用“脚本语言”完成变色泡泡跟随的效果，通过对本实例的学习，读者已经渐渐掌握了此类效果的制作。

10.6 彩色光点跟随动画

案例文件 光盘\源文件\第10章\10-6.fla
视频文件 光盘\视频\第10章\10-6.swf
学习时间 20分钟

难易程度 ★★☆☆☆

制作要点

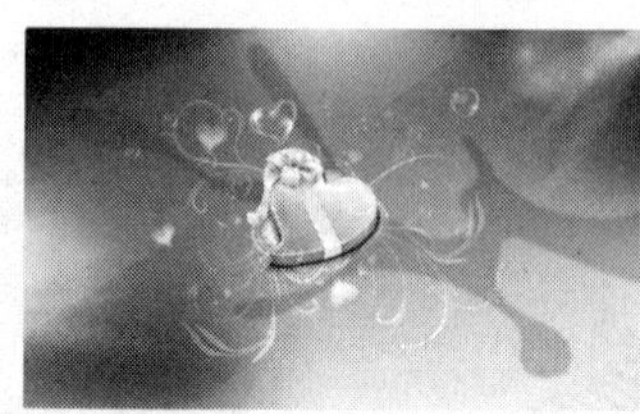

1.导入背景素材图像，并转换为图形元件。

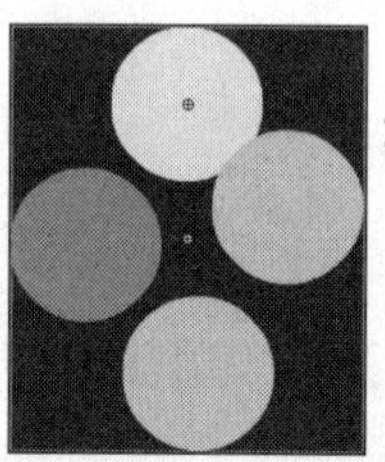

2. 分别制作各种颜色小球的动画，将多个小球动画组合在一起，并添加相应的脚本代码。

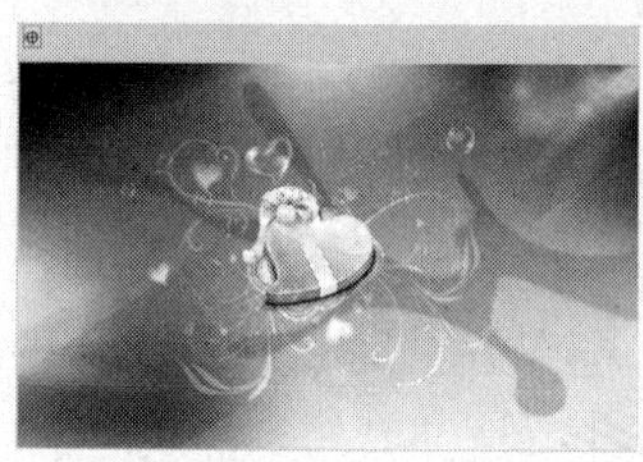

3.将制作好的元件拖入场景中。

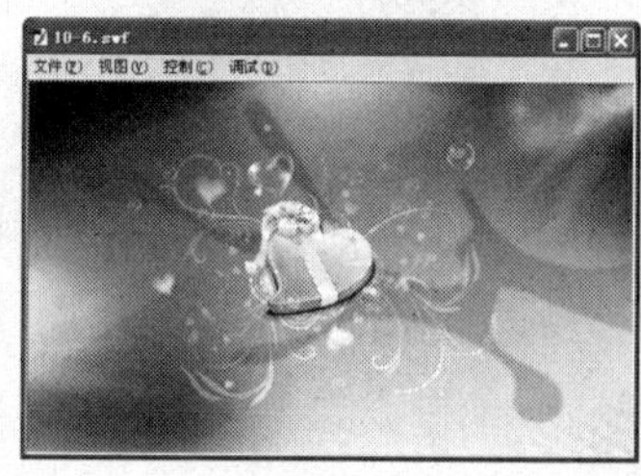

4.完成跟随鼠标的彩色光点动画效果的制作，测试动画。

10.7 接龙式鼠标跟随动画

案例文件 光盘\源文件\第10章\10-7.fla
视频文件 光盘\视频\第10章\10-7.swf
学习时间 25分钟

难易程度 ★★☆☆☆

制作要点

首先创建所需元件，使用“椭圆工具”完成元件的制作，然后拖入到相应的元件中，设置其“实例名称”，并在“动作-影片剪辑”面板中输入相应的脚本语言。

思路分析

本实例主要是应用一些简单的脚本语言来实现一种接龙式的鼠标跟随效果，通过对元件的嵌套、实例名称的设置以及相应的脚本语言来实现接龙式鼠标跟随的效果，测试动画效果如图10-55所示。

图10-55 测试动画效果

制作步骤

1 执行“文件>新建”命令，新建一个Flash文档，如图10-56所示。单击“属性”面板上的“编辑”按钮，在弹出的“文档设置”对话框中进行设置，如图10-57所示，单击“确定”按钮。

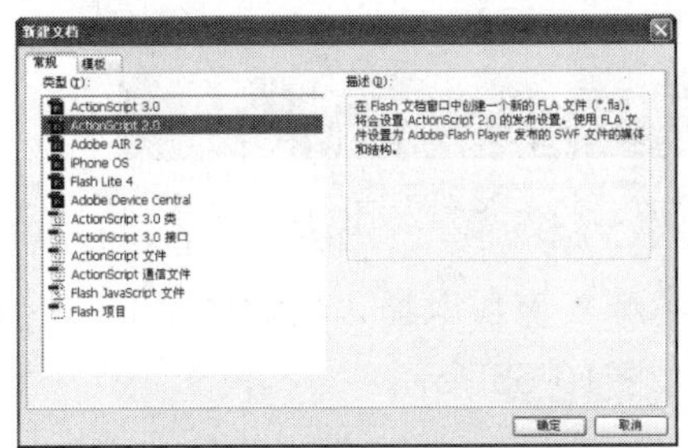

图10-56 “新建文档”对话框

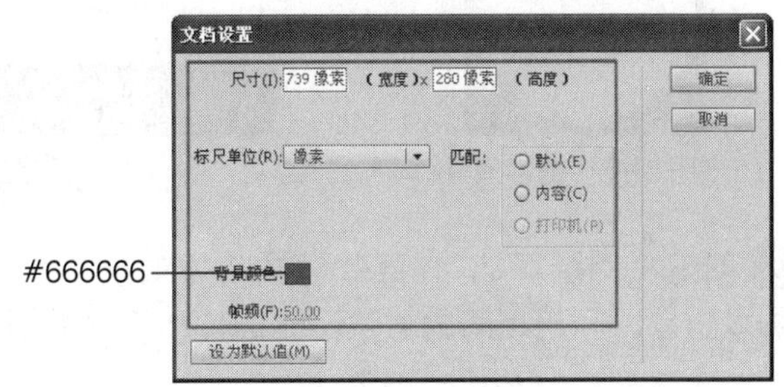

图10-57 “文档设置”对话框

2 新建“名称”为“效果2”的“影片剪辑”元件，使用“椭圆工具”在场景中绘制正圆，如图10-58所示，将其转换成“名称”为“效果1”的“影片剪辑”元件，设置其“实例名称”为d4，并在“动作-影片剪辑”面板中输入如图10-59所示的脚本语言。

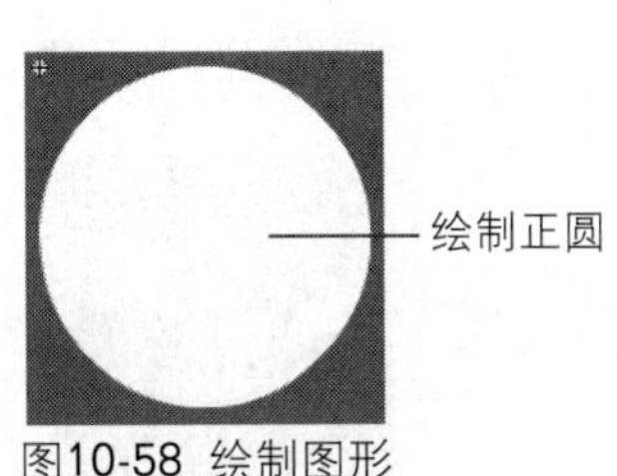

图10-58 绘制图形

```
onClipEvent (enterFrame)
{
    setProperty("", _rotation, _rotation + 10);
}
```

图10-59 输入脚本语言

3 新建“名称”为“效果3”的“影片剪辑”元件，将“效果2”元件从“库”面板中拖入到场景中，如图10-60所示，设置其“实例名称”为d3，并在“动作-影片剪辑”面板中输入如图10-61所示的脚本语言。

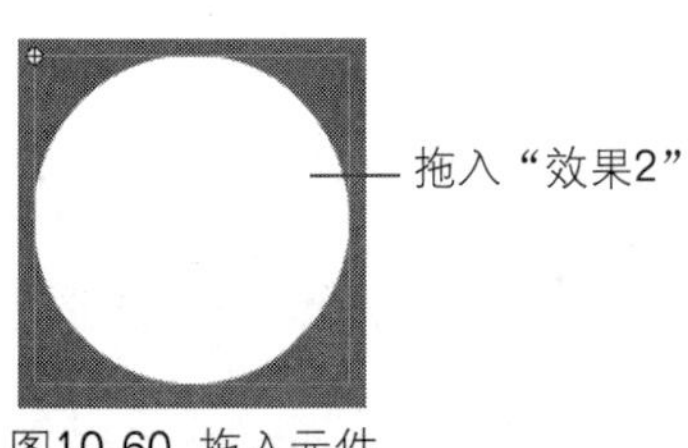

图10-60 拖入元件

图10-61 输入脚本语言

4 新建"名称"为"效果4"的"影片剪辑"元件，将"效果3"元件从"库"面板中拖入到场景中，如图10-62所示，在第39帧插入关键帧，水平向右移动元件，并设置其Alpha值为0%，如图10-63所示，在第40帧插入帧，并为第1帧添加"传统补间"。

拖入"效果3"
图10-62 拖入元件

图10-63 水平向右移动元件

5 新建"图层2"，在第40帧插入关键帧，在"动作-帧"面板中输入如图10-64所示的脚本语言。利用相同的方法，完成其他元件的制作，如图10-65所示。

图10-64 输入脚本语言

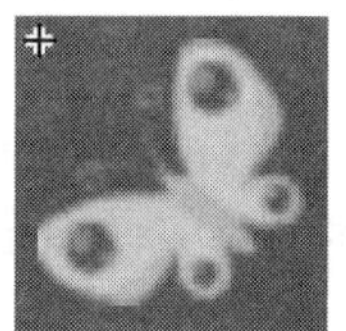
图10-65 元件效果

6 返回到"场景1"的编辑状态，将图像"光盘\源文件\第10帧\素材\101001.png"导入到场景中，如图10-66所示，在第350帧插入帧，新建"图层2"，将图像101002.png导入到场景中，如图10-67所示，并将其转换成"名称"为"云"的"图形"元件。

图10-66 导入图像

图10-67 导入图像

7 在第320帧插入关键帧，将元件水平向左移动，如图10-68所示，并为第1帧添加“传统补间”。根据“图层2”的制作方法，完成“图层3”～“图层6”的制作，场景效果如图10-69所示。

图10-68 移动元件

图10-69 场景效果

提 示

在对“图层6”进行制作时应用到了路径跟随动画，以增加蝴蝶飞舞的真实性，在制作时可以参照前面的章节。

8 新建“图层8”，将“效果4”元件从“库”面板中拖入到场景中，如图10-70所示，设置其“实例名称”为dot。选择该元件，在“动作-影片剪辑”面板中输入如图10-71所示的脚本语言。

图10-70 拖入元件

图10-71 输入脚本语言

9 完成接龙式鼠标跟随动画的制作，执行“文件>保存”命令，将动画保存为“10-7.fla”，测试动画效果如图10-72所示。

图10-72 测试动画效果

实例小结 ›››››››››››

本实例主要是让读者了解如何更简单方便地实现接龙式鼠标跟随的效果，通过对元件的嵌套，然后设置不同的实例名称和脚本语言完成最终的效果。

10.8 文字跟随动画

案例文件　光盘\源文件\第10章\10-8.fla

视频文件　光盘\视频\第10章\10-8.swf

学习时间　15分钟

★★☆☆☆

制作要点 ›››››››››››

1.导入背景素材，并将其转换为图形元件。

2.分别新建影片剪辑元件，在各元件中输入相应的文字。

3.返回主场景中，将背景元件和各个文字元件拖入场景，并为文字元件设置实例名称、添加脚本语言。

4.实现跟随鼠标的文字效果，测试动画。

10.9 艳阳高照跟随动画

案例文件	光盘\源文件\第10章\10-9.fla
视频文件	光盘\视频\第10章\10-9.swf
学习时间	15分钟

★☆☆☆☆

制作要点

首先使用“椭圆工具”完成每个“发光圆”元件的制作，并设置相应的“实例名称”，然后输入相应的脚本语言，完成效果。

思路分析

本实例主要讲解一种艳阳高照的鼠标效果，通过为元件设置不同的“实例名称”和“脚本语言”完成鼠标的效果，再通过几张不同的图像应用传统补间完成场景动画的制作，在制作的过程中需要注意场景是用来突出鼠标效果的，测试动画效果如图10-73所示。

图10-73 测试动画效果

制作步骤

1 执行“文件>新建”命令，新建一个Flash文档，如图10-74所示。单击“属性”面板上的“编辑”按钮，在弹出的“文档设置”对话框中进行设置，如图10-75所示，单击“确定”按钮。

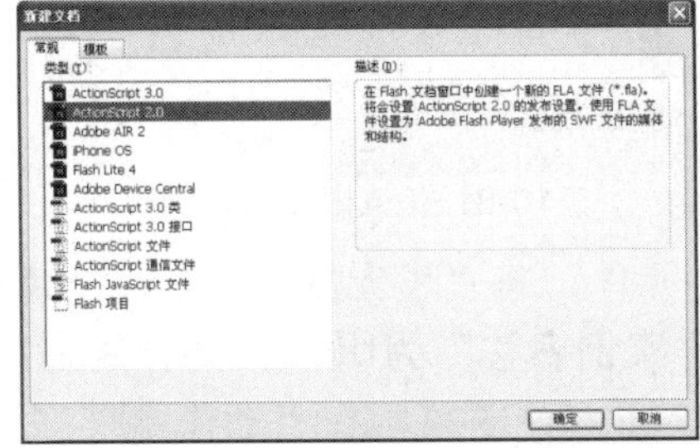

图10-74 “新建文档”对话框

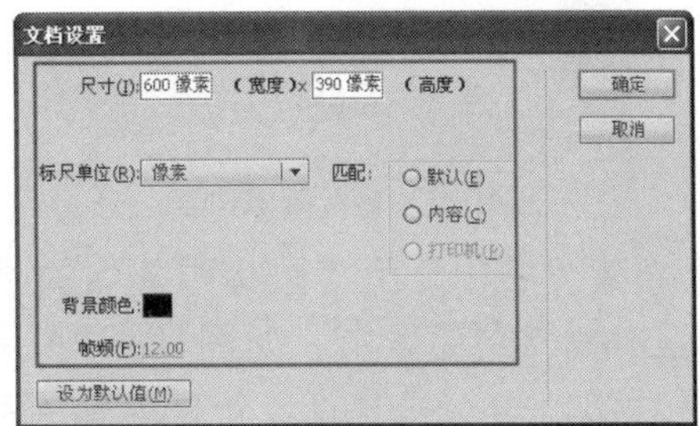

图10-75 “文档设置”对话框

2 新建“名称”为“发光圆组合”的“影片剪辑”元件，打开外部库“光盘\源文件\第10章\素材\素材10-13.fla”，将“发光圆”元件从“库-素材10-13.fla”面板中拖入到场景中，如图10-76所示，在第3帧插入帧。新建“图层2”，使用“椭圆工具”在场景中绘制图形，如图10-77所示。

图10-76 拖入元件

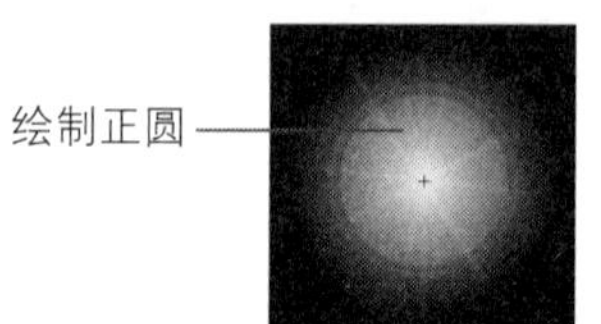

图10-77 绘制图形

3 按F8键将其转换成“名称”为“圆形1”的“影片剪辑”元件，在“属性”面板上设置其“实例名称”，如图10-78所示。根据“图层2”的制作方法，完成“图层3”～“图层10”的制作，场景效果如图10-79所示。

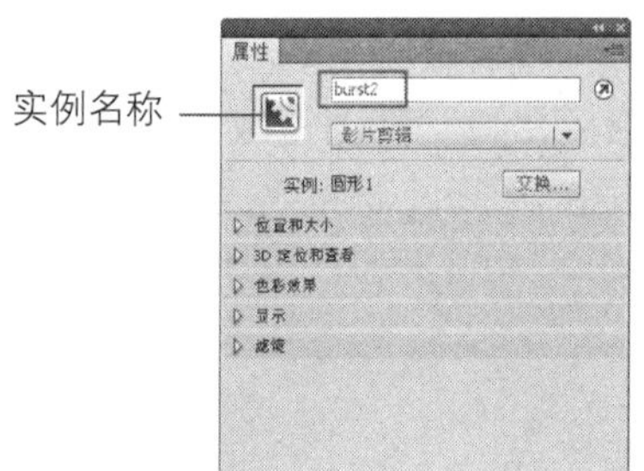

图10-78 设置“属性”面板

图10-79 场景效果

4 新建“图层11”，在“动作-帧”面板中输入如图10-80所示的脚本语言，在第2帧插入关键帧，在“动作-帧”面板中输入如图10-81所示的脚本语言，在第3帧插入关键帧，在“动作-帧”面板输入“gotoAndPlay(2);”脚本语言。

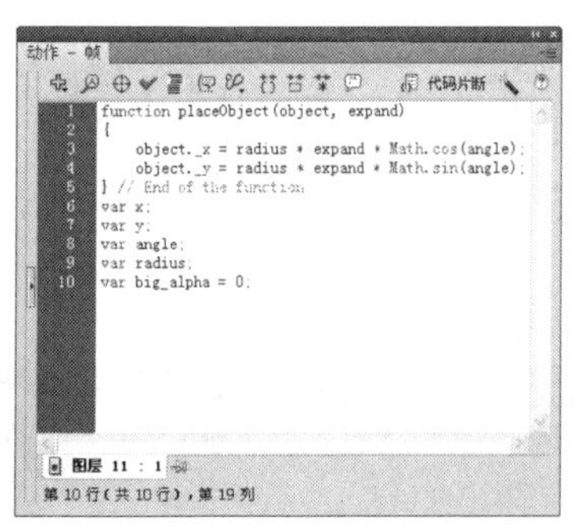

图10-80 输入脚本语言

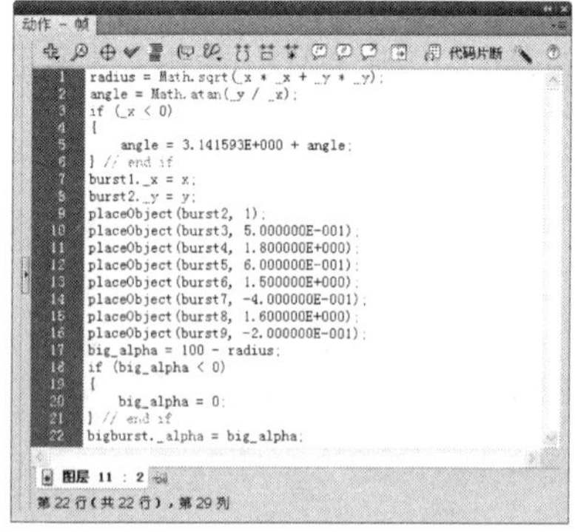

图10-81 输入脚本语言

5 新建“名称”为“鼠标跟随”的“影片剪辑”元件，将“发光圆组合”从“库”面板中拖入到场景中，如图10-82所示，设置其“实例名称”为flare，并分别在第2帧和第3帧插入关键帧。新建“图层2”，在第2帧插入关键帧，在“动作-帧”面板中输入如图10-83所示的脚本语言，在第3帧插入关键帧，在“动作-帧”面板中输入“gotoAndPlay(2);”脚本语言。

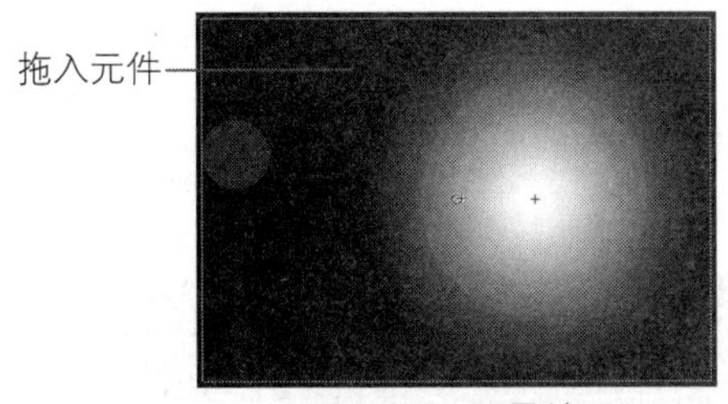

图10-82 场景效果

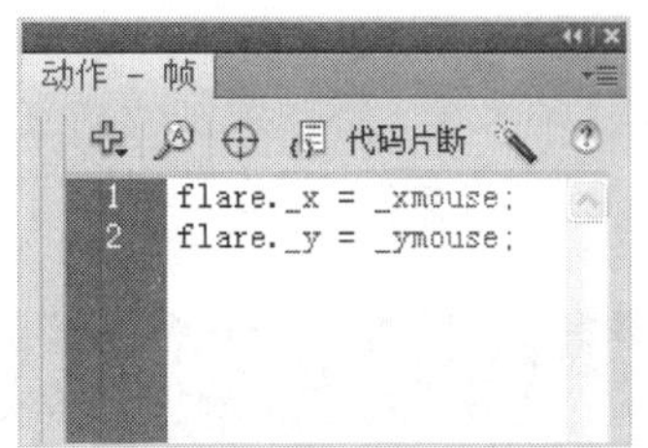

图10-83 输入脚本语言

6 新建“名称”为“乌龟动画”的“影片剪辑”元件，将图像“光盘\源文件\第10章\素材\101302.png”导入到场景中，场景效果如图10-84所示，选择第1帧，插入帧，选择第3帧插入帧，在第5帧插入帧，“时间轴”面板如图10-85所示。

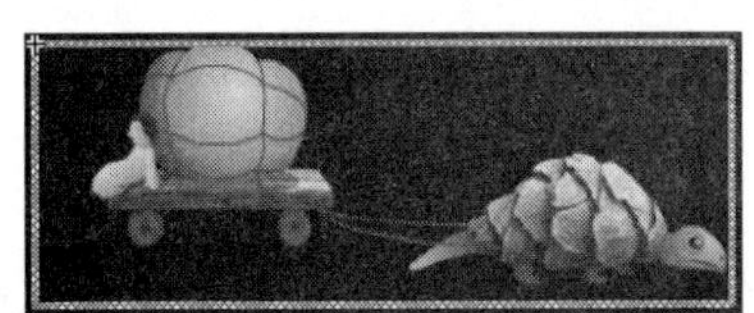
图10-84 导入图像

图10-85 “时间轴”面板

7 利用相同的制作方法，完成“壁虎动画”元件的制作，如图10-86所示，返回到“场景1”的编辑状态，将图像101301.png导入到场景中，如图10-87所示，在第250帧插入帧。

图10-86 元件效果

图10-87 导入图像

8 新建“图层2”，将“乌龟动画”元件从“库”面板中拖入到场景中，如图10-88所示，分别在第205帧和第245帧插入关键帧，选择第245帧上的元件，将其移动到如图10-89所示位置。

图10-88 拖入元件

图10-89 移动元件

9 选择第245帧上的元件，将其移动到如图10-90所示的位置，设置其Alpha值为0%，并分别为第1帧和第205帧添加“传统补间”。根据“图层2”的制作方法，完成“图层3”的制作，场景效果如图10-91所示。

图10-90 移动元件

图10-91 场景效果

10 新建“图层4”，将“鼠标跟随”元件从“库”面板中拖入到场景中，如图10-92所示。完成艳阳高照动画的制作，执行“文件>保存”命令，将动画保存为“10-9.fla”，测试动画效果如图10-93所示。

图10-92 拖入元件

图10-93 测试动画效果

实例小结

本实例主要是通过为影片剪辑元件设置实例名称，并利用ActionScript脚本代码对该影片剪辑元件进行控制，从而实现在Flash动画中移动鼠标指针改变光晕效果的动画。通过本实例的练习，读者需要掌握这种通过ActionScript脚本控制影片剪辑元件的方法。

10.10 鼠标拖动动画

案例文件	光盘\源文件\第10章\10-10.fla
视频文件	光盘\视频\第10章\10-10.swf
学习时间	15分钟

★★☆☆☆

制作要点

1.导入背景素材图像，并转换为图形元件。

2.新建影片剪辑元件，导入素材图像，并添加相应的脚本代码。

3.返回主场景中，将元件拖入到场景中，并为需要拖动的元件设置实例名称，并添加脚本代码。

4.完成鼠标拖动效果的制作，测试动画。

第 11 章

音效的应用

在Flash动画中声音是必不可少的，为动画添加音效可以使动画更加生动形象。在Flash中，既可以使声音独立于时间轴连续播放，也可以使声音和动画保持同步播放。在Flash中可以导入wav、aiff、mp3等多种类型的声音文件。声音文件与加入其他类型的文件类似，但需要注意的是，因为声音文件需要占用大量的磁盘空间和大量内存，所以一般情况下最好使用14KHz的声音文件，如果使用立体声，数据量将是单声道的两倍。

11.1 导入声音

案例文件 光盘\源文件\第11章\11-1.fla

视频文件 光盘\视频\第11章\11-1.swf

学习时间 10分钟

★☆☆☆☆

制作要点

使用“传统补间”将图像制作为渐隐效果，绘制圆角矩形将图像进行遮罩，并进行声音的导入。

思路分析

在本实例中导入声音与渐隐动画的搭配效果，可以让读者掌握在Flash中声音的导入方法，测试动画效果如图11-1所示。

图11-1 测试动画效果

制作步骤

1 执行“文件>新建”命令，新建一个Flash文档，如图11-2所示，单击“属性”面板上的“属性”标签下的“编辑”按钮，在弹出的“文档设置”对话框中进行设置，如图11-3所示，单击“确定”按钮。

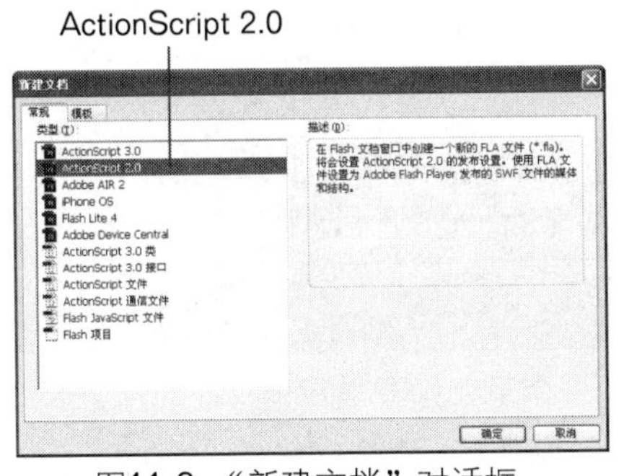

图11-2 “新建文档”对话框

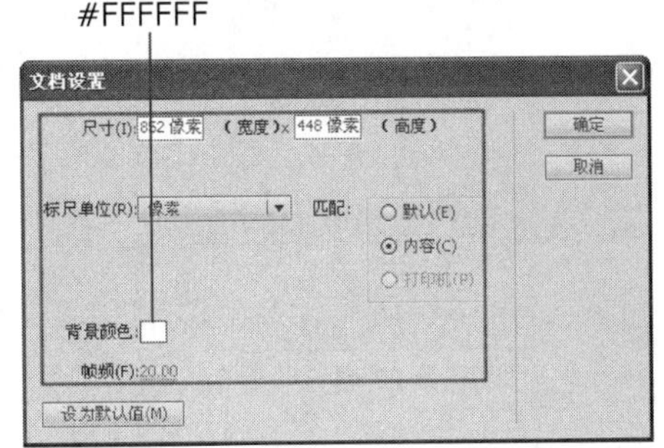

图11-3 “文档设置”对话框

2 将图像“光盘\源文件\第11章\素材\11106.png”导入到场景中，如图11-4所示。新建“名称”为“图像动画”的“影片剪辑”的元件，将图像11101.jpg导入到场景中，并转换成“名称”为“图像1”的“图形”元件，如图11-5所示。

图11-4 导入图像

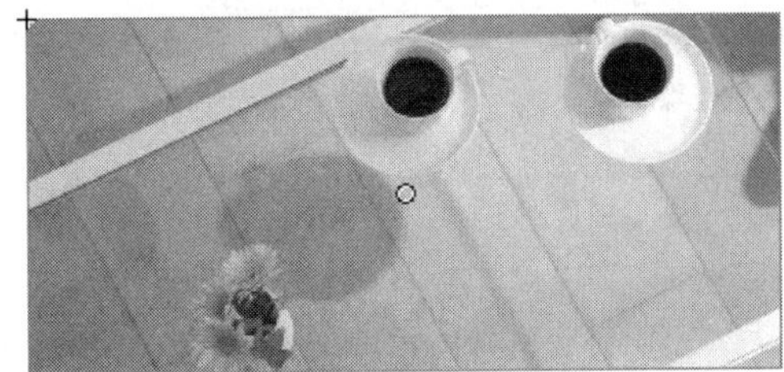
图11-5 导入图像

3 选中元件后，设置其Alpha值为0%，在第50帧插入关键帧，在第10帧插入关键帧，将元件选中后，设置其“样式”为无，在第40帧插入关键帧，在第250帧插入帧，并分别为第1帧和第40帧添加“传统补间”，“时间轴”面板如图11-6所示。

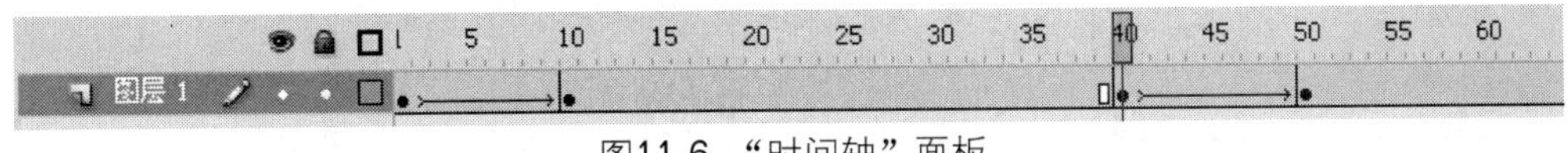

图11-6 “时间轴”面板

4 利用同样的方法，可以制作出其他图层，完成后的“时间轴”面板如图11-7所示。

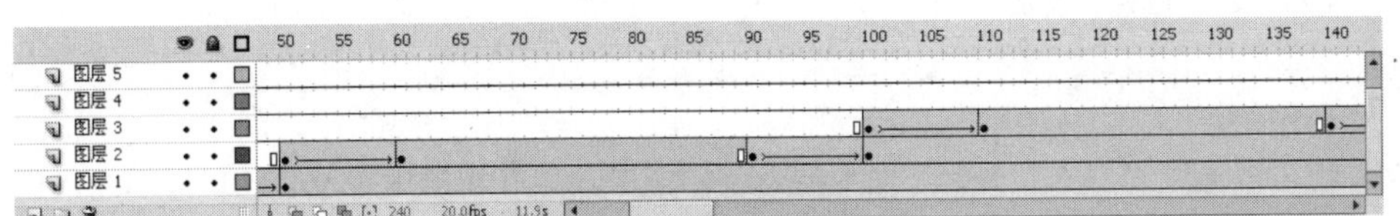

图11-7 “时间轴”面板

5 新建“图层6”，使用“矩形工具”，设置“属性”面板如图11-8所示，在场景中绘制出一个尺寸为774像素*351像素的圆角矩形，如图11-9所示。

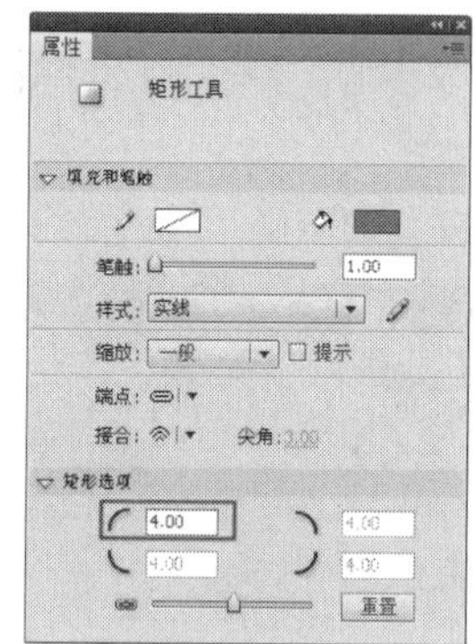

图11-8 “属性”面板

图11-9 绘制圆角矩形

6 将“图层6”设置为遮罩层，并设置其他图层为被遮罩层，设置后的“时间轴”面板如图11-10所示。返回到“场景1”的编辑状态，新建“图层2”，将“图像动画”元件从“库”面板中拖入到场景中，如图11-11所示。

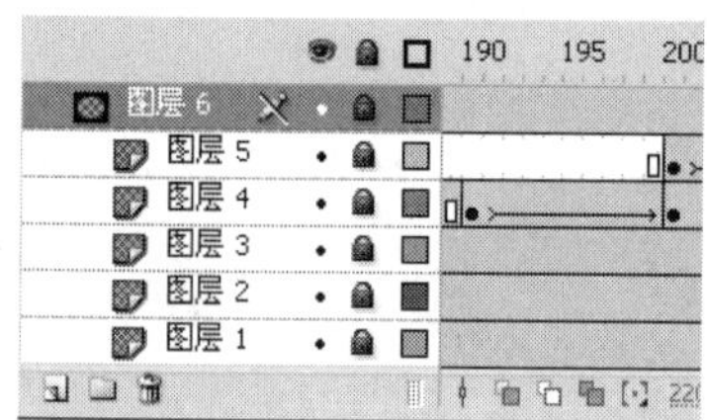

图11-10 “时间轴”面板

图11-11 拖入元件

7 执行“文件>导入>导入到库”命令，在弹出的“导入到库”对话框中选择“光盘\源文件\第11章\素材\sy11101.mp3”，单击“打开”按钮，新建“图层3”，在第1帧单击，在“属性”面板的“声音”标签中设置“名称”为sy11101.mp3，“声音循环”为“循环”，“属性”面板如图11-12所示，“时间轴”面板如图11-13所示。

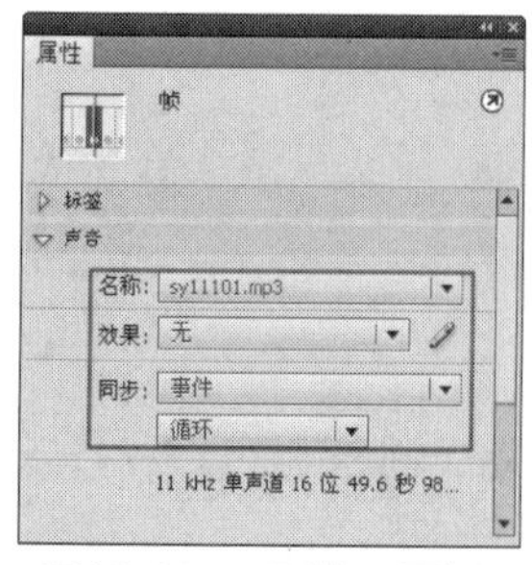

图11-12 “属性”面板

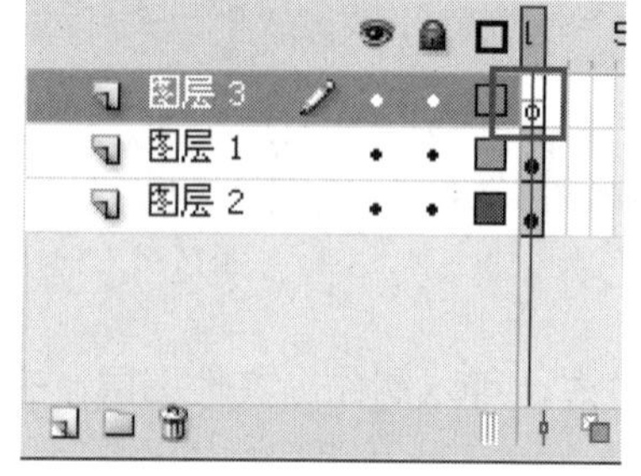

图11-13 “时间轴”面板

提 示

声音文件也可以通过“导入到舞台”命令导入到场景中，但在场景中是没有任何显示的，所以将声音文件导入到库中。

8 完成声音导入的制作，执行“文件>保存”命令，将文件保存为“11-1.fla”，测试动画效果如图11-14所示。

图11-14 测试动画效果

实例小结

本实例主要向读者讲解在Flash中声音文件的导入方法，以及如何为动画添加合适的声音。

11.2 添加海底音乐

案例文件	光盘\源文件\第11章\11-2.fla
视频文件	光盘\视频\第11章\11-2.swf
学习时间	25分钟

★★☆☆☆

制作要点

1.将背景图像导入到场景中。

2.将鱼图像导入到场景中，将其转换成元件，并制作淡入淡出动画。

3.将声音文件导入到“库”面板中，新建图层，在相应的帧上单击，在“属性”面板上进行设置。

4.完成动画的制作，测试动画效果。

11.3 加入背景音乐

案例文件　光盘\源文件\第11章\11-3.fla
视频文件　光盘\视频\第10章\11-3.swf
学习时间　25分钟

★★☆☆☆

制作要点

“选择工具”调整补间动画中各关键帧中元件的位置，再使用“补间动画”来实现动画效果。

思路分析

实例通过设置元件的高级选项，制作元件的色调过渡动画，为动画添加背景音乐，使动画更具古典韵味，测试动画效果如图11-15所示。

图11-15 测试动画效果

制作步骤

1 执行“文件>新建”命令，新建一个Flash文档，如图11-16所示，新建文档后，单击“属性”面板上的“编辑”按钮，在弹出的“文档设置”对话框中进行设置，如图11-17所示，单击“确定”按钮。

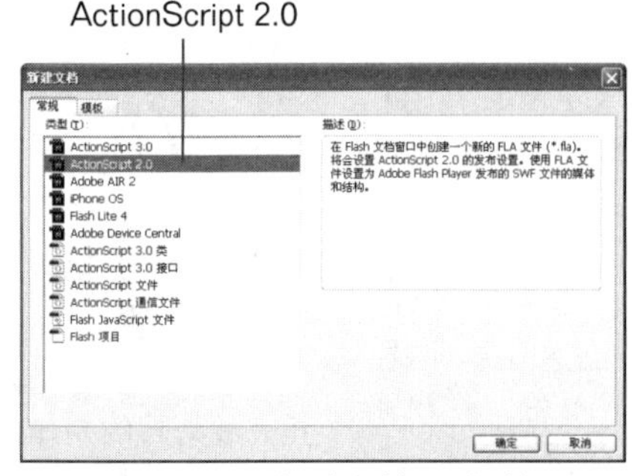

图11-16 “新建文档”对话框

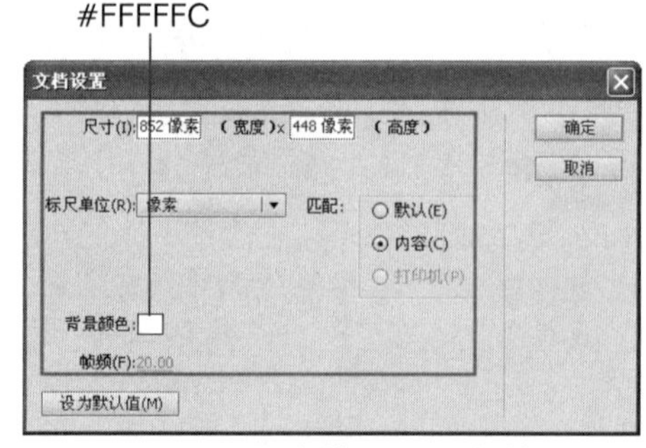

图11-17 “文档设置”对话框

2 执行“插入>新建元件”命令，新建“名称”为“图像动画”的“影片剪辑”元件，将图像“光盘\源文件\第11章\素材\11401.jpg”导入到场景中，并转换为“名称”为“图像1”的“图形”元件，如图11-18所示。在第15帧插入关键帧，在第1帧单击，将元件选中后，在“属性”面板上进行设置，如图11-19所示。为第1帧添加“传统补间”，在第125帧插入帧。

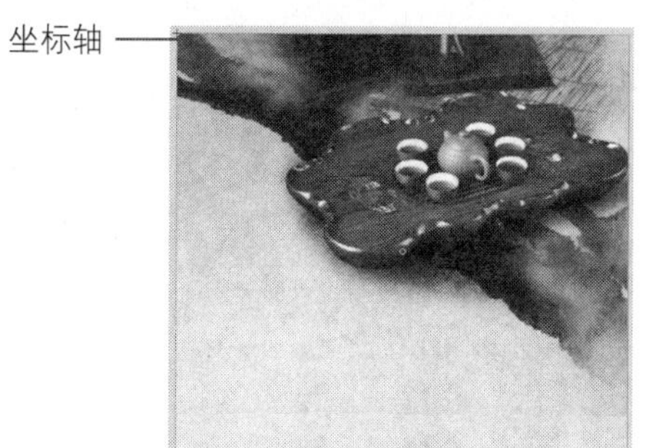

图11-18　导入图像

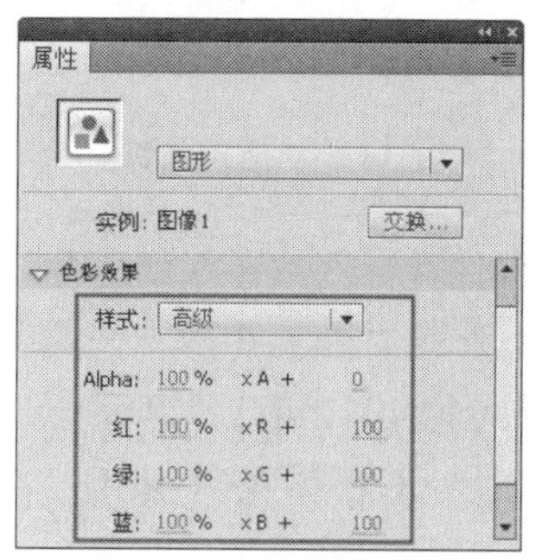

图11-19　“属性”面板

3 根据前面的制作方法，制作出“图层2”和“图层3”中的动画效果，完成后的“时间轴”面板如图11-20所示。

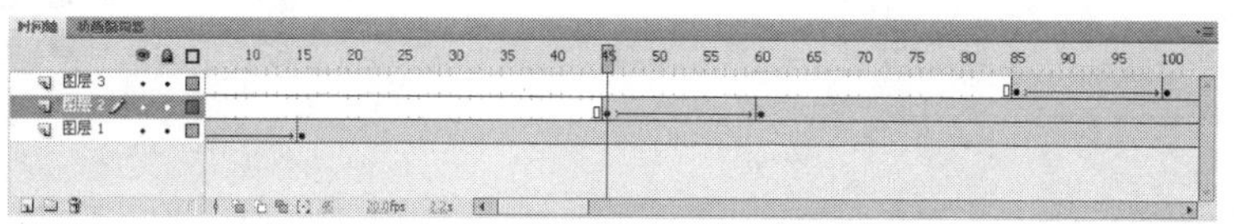

图11-20　完成后的“时间轴”面板

4 返回到“场景1”的编辑状态，将“图像动画”元件从“库”面板中拖入到场景中，如图11-21所示。新建“图层2”，打开外部库“光盘\源文件\第11章\素材\素材11-4.fla”，将“云烟动画”元件从“库-素材11-4.fla”面板中拖入到场景中，如图11-22所示。

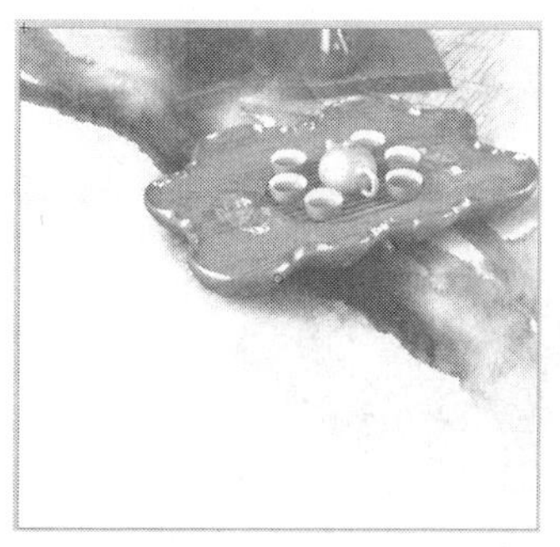
图11-21　拖入元件

图11-22　拖入元件

5 新建“图层3”，将“不规则遮罩”元件从“库-素材11-4.fla”面板中拖入到场景中，如图11-23所示，设置“图层3”为遮罩层，并设置“图层1”为被遮罩层，如图11-24所示。

图11-23 拖入元件

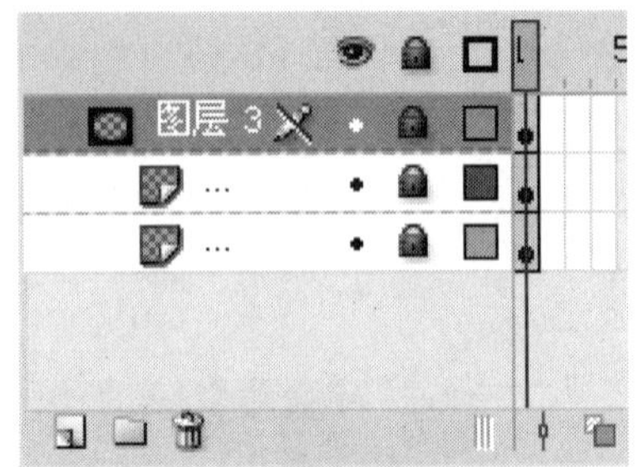

图11-24 “时间轴”面板

6 执行“文件>导入>导入到库”命令，将“光盘\源文件\第11章\素材\ sy11401.mp3”导入到库，新建“图层4”，在第1帧位置单击，在“属性”面板的“声音”标签中设置“名称”为sy11401.mp3，“同步”为“事件”，“声音循环”为“循环”，如图11-25所示，“时间轴”面板如图11-26所示。

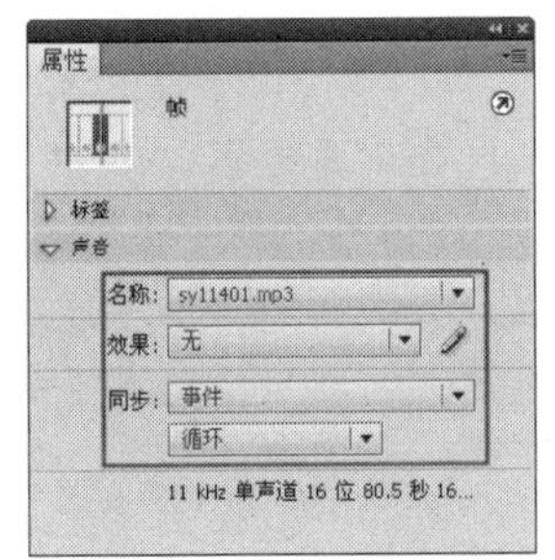

图11-25 “属性”面板

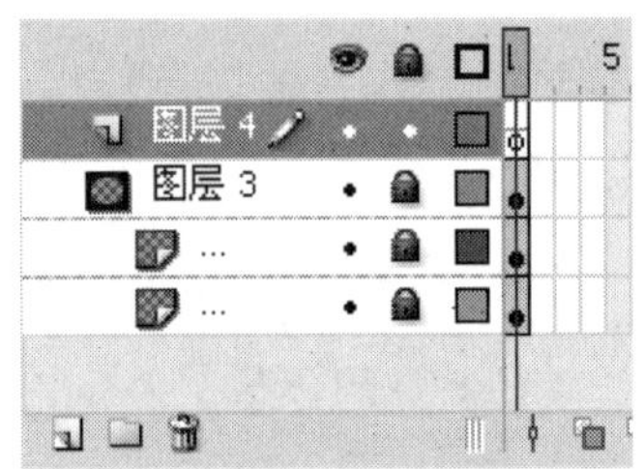

图11-26 “时间轴”面板

7 完成加入背景音乐的制作，执行“文件>保存”命令，将文件保存为“11-3.fla”，测试动画效果如图11-27所示。

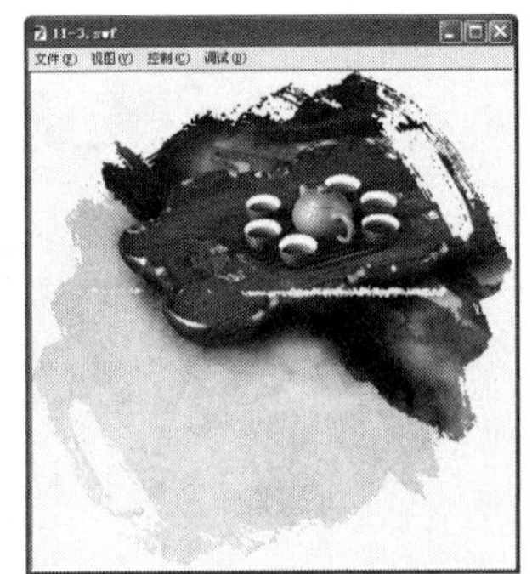

图11-27 测试动画效果

实例小结

本实例主要向读者讲解如何为古典动画添加合适的背景音乐，通过本实例的学习读者可掌握背景音乐的添加方法。

11.4　为广告条添加音乐

案例文件　光盘\源文件\第11章\11-4.fla
视频文件　光盘\视频\第11章\11-4.swf
学习时间　15分钟

★★☆☆☆

制作要点

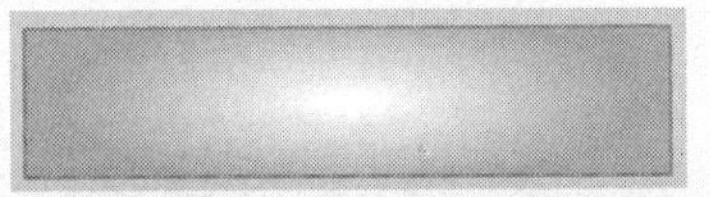

1.将背景图像导入到场景中。

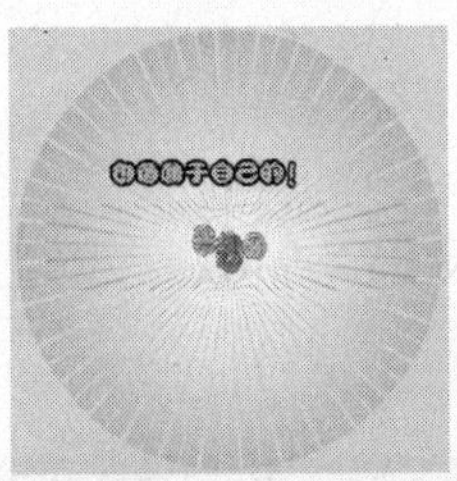

2.将外部库面板中的相应元件拖入到相应的图层。

3.导入声音文件，并在“属性”面板上进行相应的设置。

4.完成动画的制作，测试动画效果。

11.5　为按钮添加音乐1

案例文件　光盘\源文件\第11章\11-5.fla
视频文件　光盘\视频\第11章\11-5.swf
学习时间　20分钟

★★☆☆☆

制作要点

实例利用按钮元件的4种状态，为指针经过帧添加声音效果。

思路分析

本实例利用按钮元件的4种状态中的指针经过帧，制作鼠标经过该按钮触发声音效果，测试动画效果如图11-28所示。

图11-28 测试动画效果

制作步骤

1 执行“文件>新建”命令，新建一个Flash文档，如图11-29所示，新建文档后，单击“属性”面板上的“编辑”按钮，在弹出的“文档设置”对话框中进行设置，如图11-30所示，单击“确定”按钮。

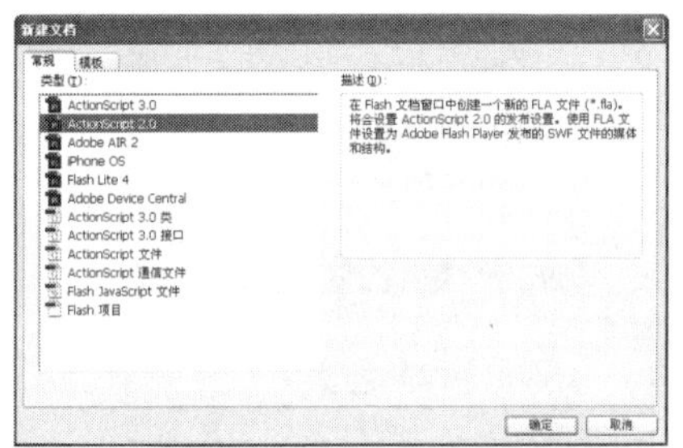

图11-29 “新建文档”对话框

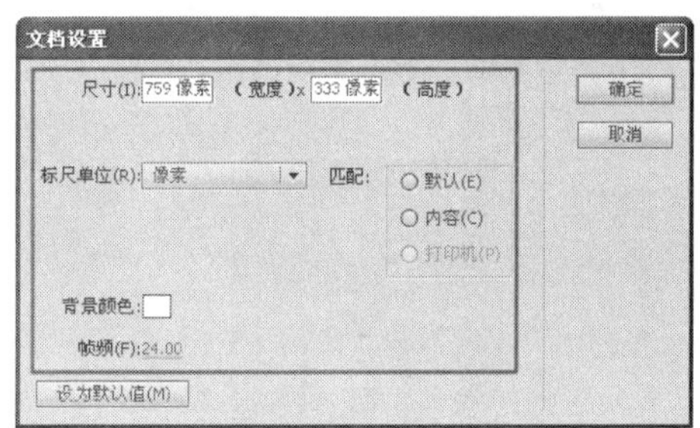

图11-30 “文档设置”对话框

2 新建“名称”为“卡通1动画”的“影片剪辑”元件，将图像“光盘\源文件\第11章\素材\ 11703.png”导入到场景中，并转换成“名称”为“卡通1”的“图形”元件，如图11-31所示。在第10帧插入关键帧，选择第1帧上的元件，设置“亮度”为100%，元件效果如图11-32所示。

图11-31 导入图像

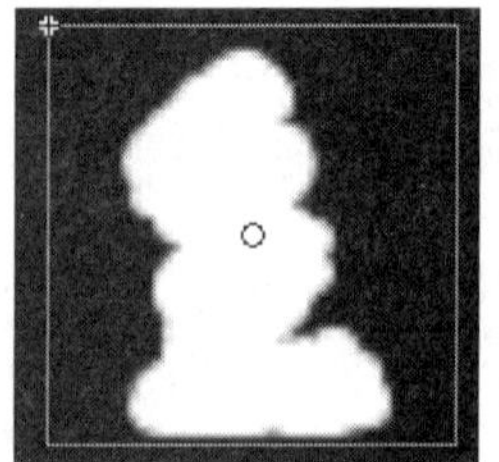

图11-32 元件效果

提 示

为了让读者看清元件的效果，所以先将背景颜色改为黑色。

3 设置第1帧上的“补间”类型为“传统补间”，新建“图层2”，将声音“光盘\源文件\第11章\素材\ sy11701.mp3”导入到“库”中，在第1帧单击，在“属性”面板上的设置如图11-33所示。新建“图层3”，在第10帧插入关键帧，在“动作-帧”面板中输入“stop();”脚本语言，“时间轴”面板如图11-34所示。

图11-33 “属性”面板

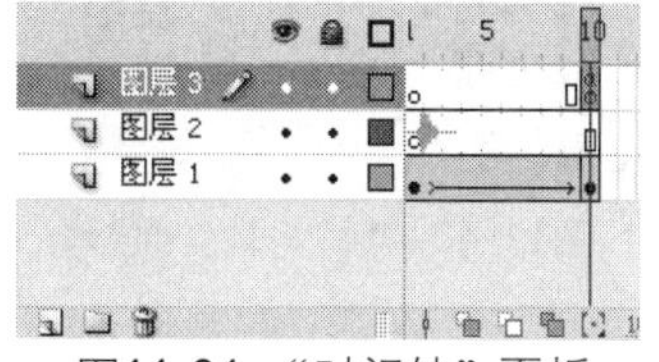

图11-34 “时间轴”面板

4 新建“名称”为“卡通1按钮”的“按钮”元件，图像11702.png导入到场景中，如图11-35所示，在“指针经过”帧插入空白关键帧，将“卡通1动画”元件从“库”面板中拖入到场景中，如图11-36所示。在“点击”帧插入帧，“时间轴”面板如图11-37所示。

图11-35 导入图像

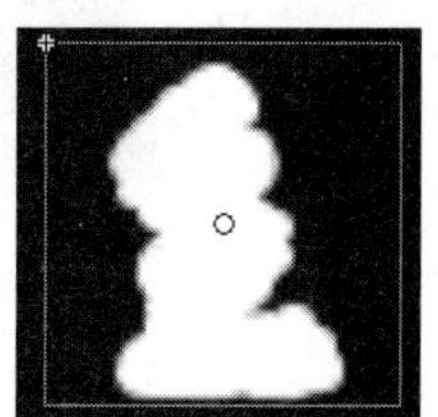

图11-36 拖入元件

图11-37 “时间轴”面板

5 利用同样的制作方法，制作出“卡通2按钮”、“卡通3按钮”和“卡通4按钮”，“库”面板如图11-38所示。新建“名称”为“挂牌动画”的“影片剪辑”元件，将图像11710.png导入到场景中，如图11-39所示。

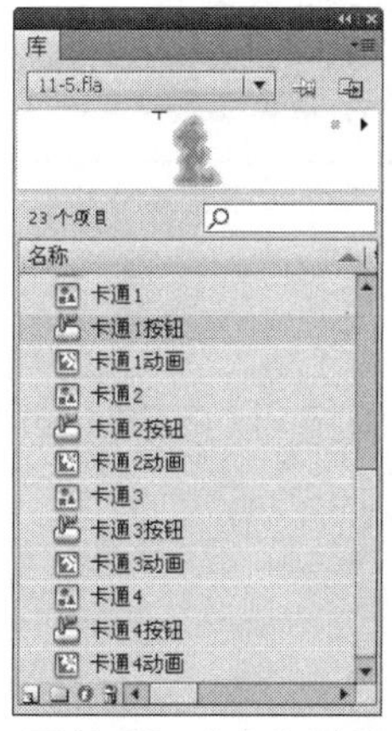

图11-38 “库”面板

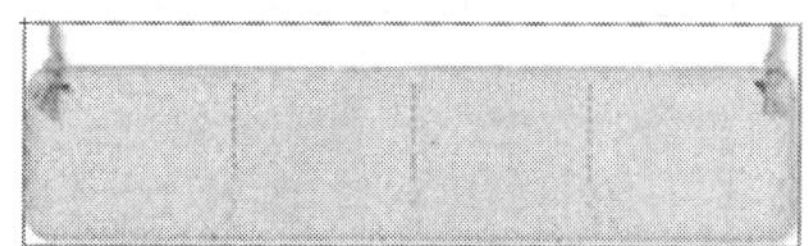

图11-39 导入图像

6 分别将“卡通1按钮”、“卡通2按钮”、“卡通3按钮”和“卡通4按钮”元件从“库”面板中拖入到不同的图层中，完成后的“时间轴”面板如图11-40所示，场景效果如图11-41所示。

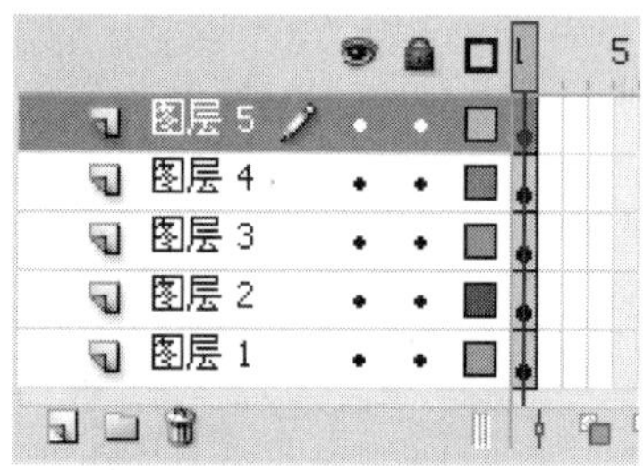

图11-40 “时间轴”面板

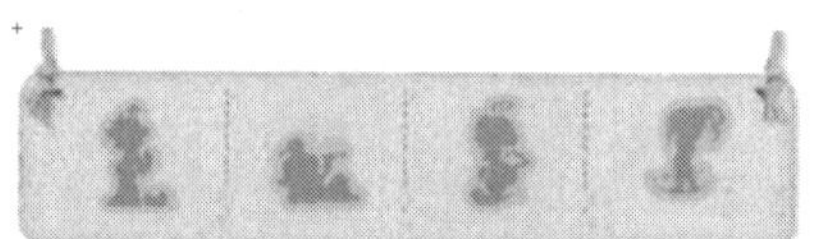

图11-41 场景效果

7 返回到“场景1”的编辑状态，将图像11701.jpg导入到场景中，如图11-42所示。新建“图层2”，将“挂牌动画”元件从“库”面板中拖入到场景中，如图11-43所示。

图11-42 导入图像

图11-43 拖入元件

8 完成音效应用的制作，执行“文件>保存”命令，将文件保存为“11-5.fla”，测试动画效果如图11-44所示。

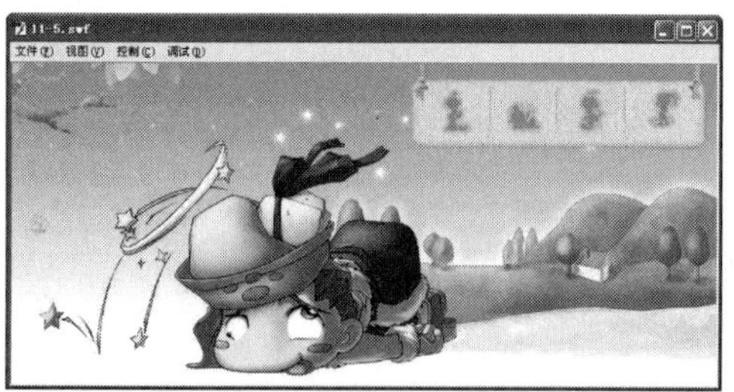

图11-44 测试动画效果

实例小结

本实例将制作好的带有声音效果的影片剪辑元件，放置到按钮的指针经过帧，当测试动画时，鼠标经过添加声音的按钮元件时，就会触发音效。

 11.6 为直升机添加声音

案例文件	光盘\源文件\第11章\11-6.fla
视频文件	光盘\视频\第11章\11-6.swf
学习时间	15分钟

★★☆☆☆

制作要点 〉〉〉〉〉〉〉〉〉〉

1. 新建文档，将背景图像素材导入到场景。

2. 打开外部库，从外部库中将相应的元件拖入到场景。

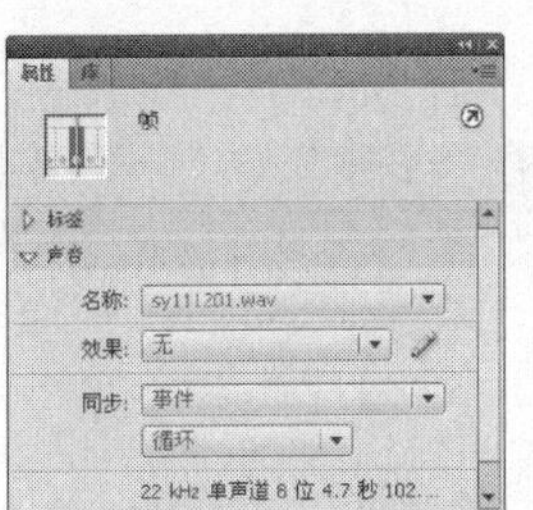

3.利用相同的方法，完成其他层的制作，并在相应的位置添加声音。

4. 完成动画的制作，测试动画效果。

11.7 为按钮添加音乐2

案例文件	光盘\源文件\第11章\11-7.fla
视频文件	光盘\视频\第11章\11-7.swf
学习时间	20分钟

★★★☆☆

制作要点 〉〉〉〉〉〉〉〉〉〉

在按钮的指针经过状态添加声音，测试动画时当鼠标指针经过按钮时就会播放声音。

思路分析

本实例将声音素材导入到库面板中，在指针经过帧单击，在“属性”面板上设置声音选项，测试动画效果如图11-45所示。

图11-45 测试动画效果

制作步骤

1 执行“文件>新建”命令，新建一个Flash文档，如图11-46所示，新建文档后，单击“属性”面板上的“编辑”按钮，在弹出的“文档设置”对话框中进行设置，如图11-47所示，单击“确定”按钮。

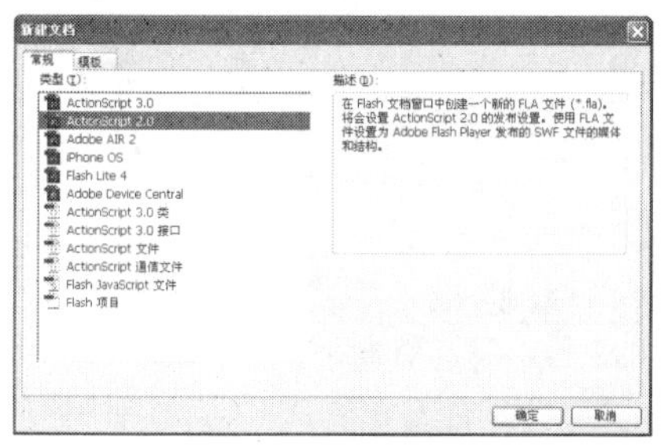

图11-46 “新建文档”对话框

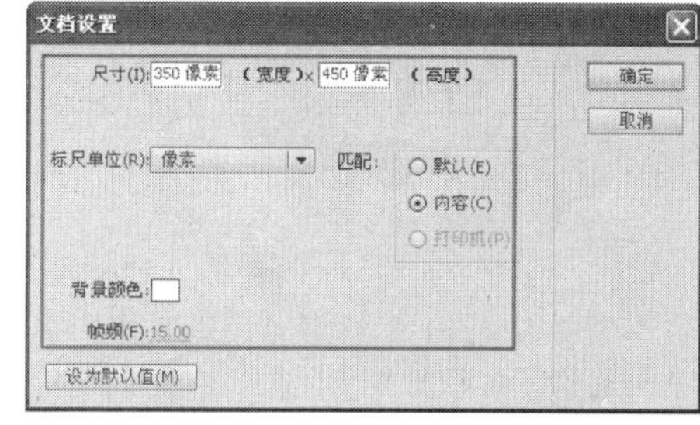

图11-47 “文档设置”对话框

2 新建“名称”为“按钮动画”的“按钮”元件，打开外部库“光盘\源文件\第11章\素材\素材11-10.fla”，将“弹起动画”元件从“库-素材11-10.fla”面板中拖入到场景中，如图11-48所示。将声音“光盘\源文件\第11章\素材\sy111001.mp3”导入到“库”面板中，在“弹起”帧单击，在“属性”面板上进行设置，如图11-49所示。

图11-48 拖入元件

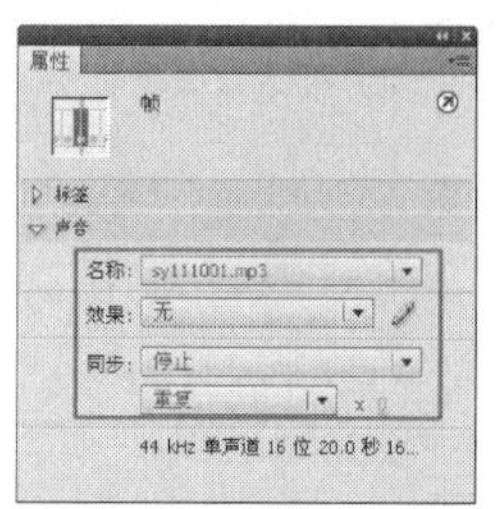

图11-49 “属性”面板

提 示

设置“同步”为“停止”后，动画播放到该帧时，将停止播放所选择的声音文件。

3 在“指针经过”帧插入关键帧，在“属性”面板上进行设置，如图11-50所示，将“指针经过动画”元件从“库-素材11-10.fla”面板中拖入到场景中，如图11-51所示，在“点击”帧插入帧，“时间轴”面板如图11-52所示。

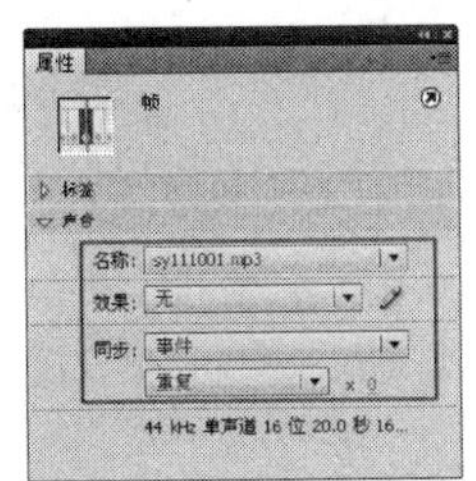

图11-50 “属性”面板

图11-51 拖入元件

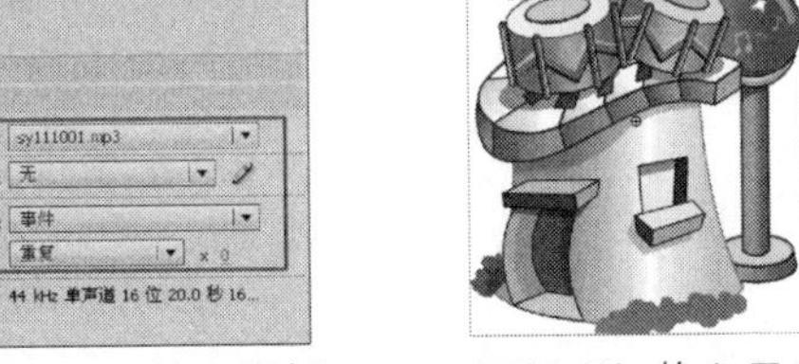

图11-52“时间轴”面板

4 返回到“场景1”的编辑状态，将图像“光盘\源文件\第11章\素材\111001.jpg”导入到场景中，如图11-53所示。新建“图层2”，将“按钮动画”元件从“库”面板中拖入到场景中，并调整元件的大小，如图11-54所示。

图11-53 导入图像

图11-54 元件效果

5 完成按钮添加音效的制作，执行“文件>保存”命令，将文件保存为“11-7.fla”，测试动画效果如图11-55所示。

图11-55 测试动画效果

实例小结 ›››››››››››

本实例主要通过按钮的功能为动画添加音效，通过本实例的学习读者需要掌握利用按钮的4种状态来制作效果丰富的动画效果。

11.8 为动画添加趣味音效

★★☆☆☆

案例文件	光盘\源文件\第11章\11-8.fla
视频文件	光盘\视频\第11章\11-8.swf
学习时间	25分钟

制作要点

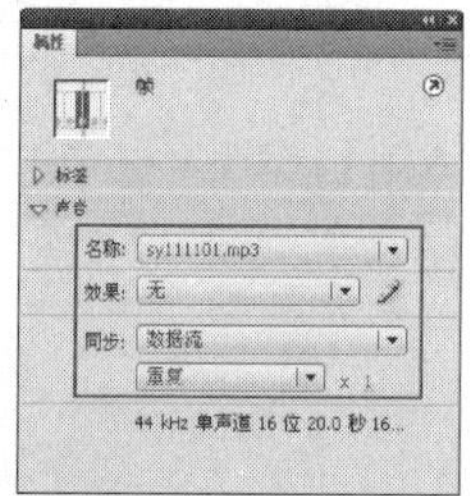

1.新建元件，将声音文件导入到“库”面板中，在第1帧单击，在“属性”面板上设置。

2.新建元件，将外部库面板中的相应元件拖入到场景中。

3.返回到主场景，将背景图像导入到场景中，并将元件拖入到场景中。

4.完成动画的制作，测试动画效果。

11.9 控制播放音乐

★★☆☆☆

案例文件	光盘\源文件\第11章\11-9.fla
视频文件	光盘\视频\第11章\11-9.swf
学习时间	25分钟

制作要点

首先将声音文件导入到场景中，制作声音的动画，然后制作控制音乐的按钮元件，最后制作主场景动画。

思路分析

本实例主要利用简单的脚本语言控制音乐的播放和停止，以及利用简单的脚本语言控制影片剪辑元件，测试动画效果如图11-56所示。

图11-56 测试动画效果

制作步骤

1 执行“文件>新建”命令，新建一个Flash文档，如图11-57所示，新建文档后，单击“属性”面板上的“编辑”按钮，在弹出的“文档设置”对话框中进行设置，如图11-58所示，单击“确定”按钮。

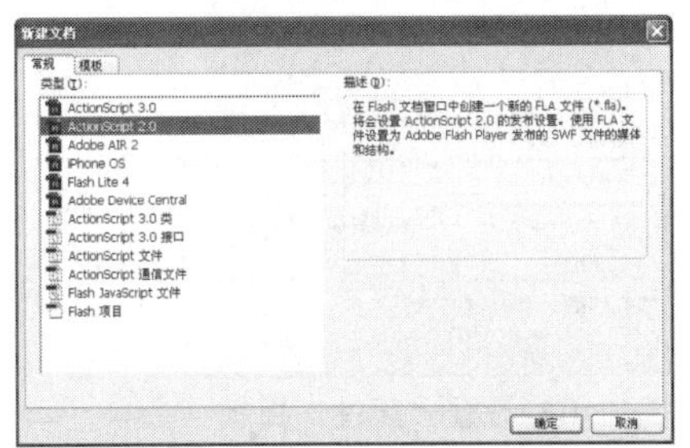

图11-57 “新建文档”对话框

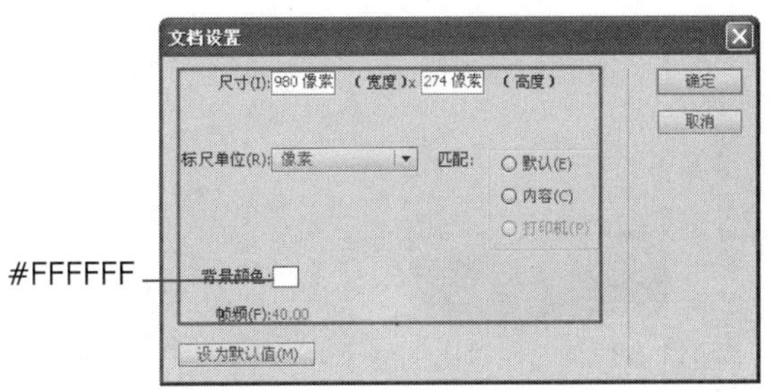

图11-58 “文档设置”对话框

2 新建“名称”为“声音”的“影片剪辑”元件，将声音“光盘\源文件\第11章\素材\sy111301.wav”导入到“库”面板中，在第1帧单击，在“属性”面板上设置，如图11-59所示，在第730帧插入帧，如图11-60所示，新建“图层2”，在“动作-帧”面板中输入“stop();”脚本语言，在第730帧插入关键帧，在“动作-帧”面板中输入“gotoAndPlay(2);”脚本语言。

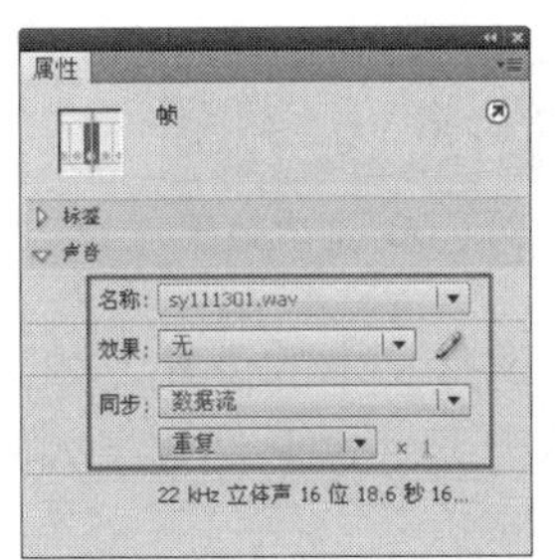

图11-59 设置“属性”面板

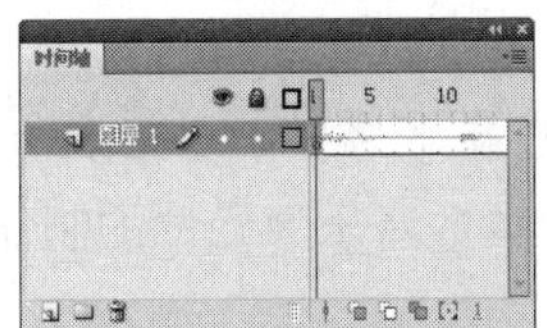

图11-60 添加声音后的“时间轴”面板效果

提 示

设置“同步”为“数据流”，目的是利用脚本语言控制音乐的播放和停止，如果设置“同步”为“事件”，本实例中输入的脚本语言将无法控制音乐的播放和停止。

3 新建“名称”为“播放音乐”的“按钮”元件，将图像111302.png导入到场景中，如图11-61所示，并将其转换成“名称”为“图像”的“图形”元件，分别在“指针经过”、“按下”和“点击”帧插入关键帧，选择“指针经过”帧上的元件，设置“亮度”值为-10%，如图11-62所示。

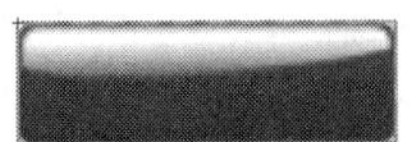

图11-61 导入图像

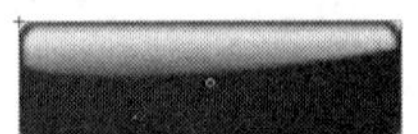

图11-62 元件效果

4 使用“任意变形工具”，将“按下”帧上的元件等比例缩小，如图11-63所示，新建“图层2”，使用“文本工具”，在“属性”面板上进行设置，如图11-64所示。

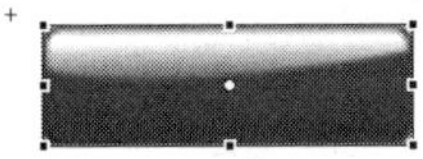

图11-63 将元件等比例缩小

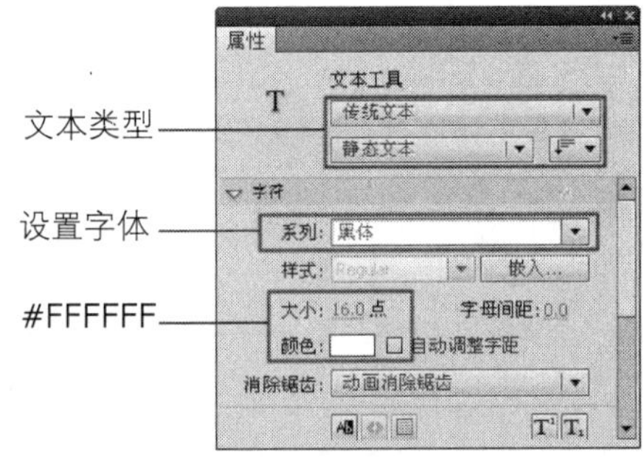

图11-64 设置“属性”面板

提 示

将元件等比例缩小是制作当按下鼠标左键时所产生的按下效果。

5 在场景中输入文本，如图11-65所示，分别在“指针经过”和“按下”帧插入关键帧，设置“指针经过”帧上场景中文本的“字体颜色”为#CCCCCC，文本效果如图11-66所示。

图11-65 输入文本

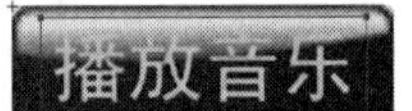

图11-66 文本效果

6 将“按下”帧上场景中文本的“字体大小”设置为14，并调整文本的位置，如图11-67所示。根据“播放音乐”元件的制作方法，制作出“停止音乐”元件，元件效果如图11-68所示。

图11-67 设置字体大小后的文本效果

图11-68 元件效果

7 返回到“场景1”的编辑状态，将图像“光盘\源文件\第11章\素材\111301.jpg”导入到场景中，如图11-69所示，新建“图层2”，打开外部库“光盘\源文件\第11章\素材\素材11-13.fla”，将“整体星星动画”元件从“库-素材11-13.fla”面板中拖入到场景中，如图11-70所示。

图11-69 导入图像

图11-70 拖入元件

8 新建“图层3”，将“灯光动画”元件从“库-素材11-13.fla”面板中拖入到场景中，如图11-71所示，新建“图层4”，将“音符动画”元件从“库-素材11-13.fla”面板中拖入到场景中，如图11-72所示，并设置“实例名称”为yf。

图11-71 拖入元件

图11-72 拖入元件

9 新建“图层5”，将“声音”元件从“库”面板中拖入到场景中，如图11-73所示，并设置“实例名称”为sy，新建“图层6”，将“播放音乐”元件从“库”面板中拖入到场景中，如图11-74所示。

图11-73 拖入元件

图11-74 拖入元件

10 在“动作-按钮”面板中输入如图11-75所示的脚本语言，根据“图层6”的制作方法，新建“图层7”，将“停止音乐”元件从“库”面板中拖入到场景中，并在“动作-帧”面板中输入脚本语言，完成后的场景效果如图11-76所示。

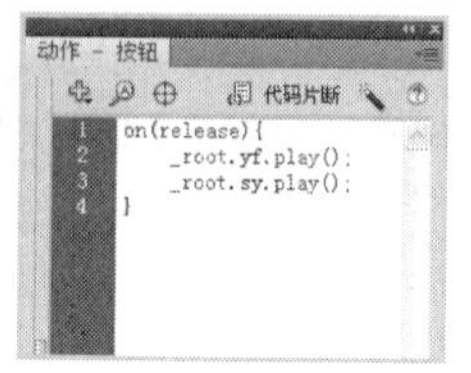

图11-75 输入脚本语言

图11-76 场景效果

11 完成控制音乐播放动画的制作，执行“文件>保存”命令，将文件保存为“11-9.fla”，测试动画效果如图11-77所示。

图11-77 测试动画效果

实例小结

本实例主要应用root脚本语言控制主场景中的元件，再利用脚本控制设置实例名称的影片剪辑元件，最终制作出实例的动画效果。

11.10 键盘控制声音播放

案例文件 光盘\源文件\第11章\11-10.fla

视频文件 光盘\视频\第11章\11-10.swf

学习时间 25分钟

★★☆☆☆

制作要点

1.首先制作影片剪辑元件。

2.返回到场景中，导入素材图像。

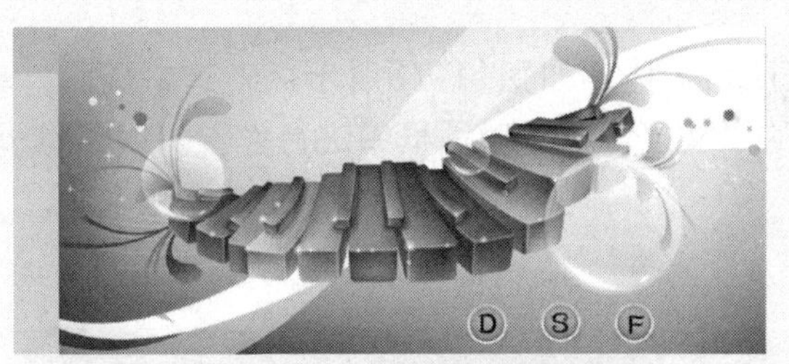

3.将元件拖入到场景中，并添加ActionScript脚本语言。

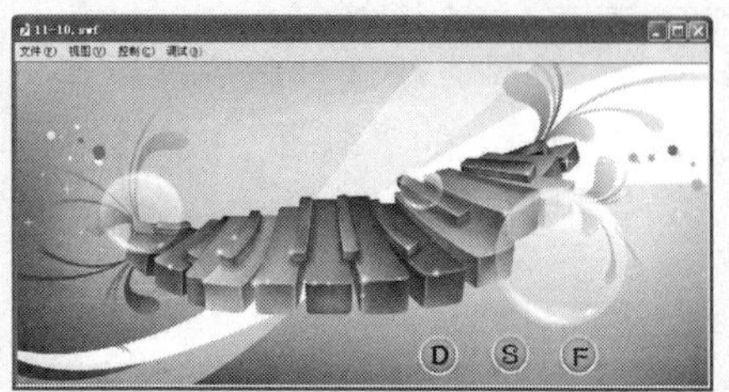

4.完成动画的制作，测试动画效果。

11.11　控制音乐音量

案例文件	光盘\源文件\第11章\11-11.fla
视频文件	光盘\视频\第11章\11-11.swf
学习时间	20分钟

难易程度 ★★★☆☆

制作要点

首先在“库”面板中为声音设置“标识符”，再利用脚本语言控制音乐的播放以及音量的大小。

思路分析

首先制作反应区元件，返回到主场景中，将外部库面板中的相应元件拖入到场景中，将声音文件导入到“库”面板中，并为声音设置“标识符”，以便于脚本的调用与控制，测试动画效果如图11-78所示。

图11-78 测试动画效果

制作步骤

1 执行“文件>新建”命令，新建一个Flash文档，如图11-79所示，新建文档后，单击“属性”面板上的“编辑”按钮，在弹出的“文档设置”对话框中进行设置，如图11-80所示，单击“确定”按钮。

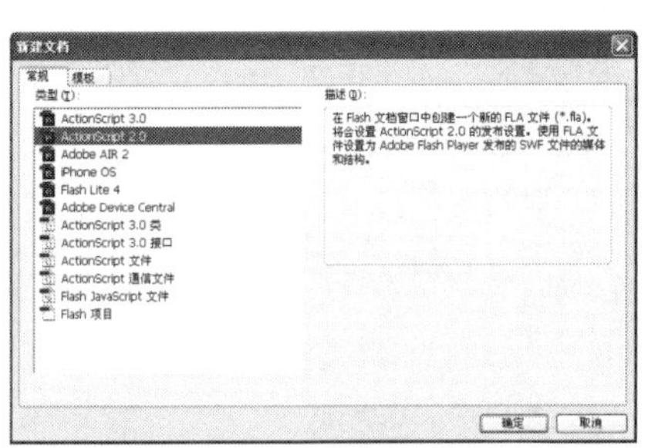

图11-79 “新建文档”对话框

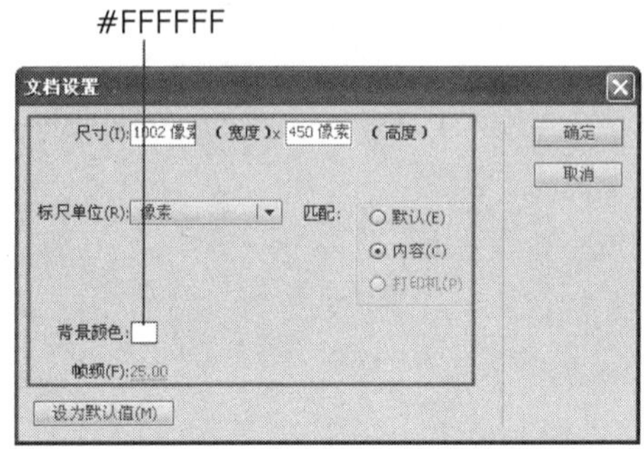

图11-80 “文档设置”对话框

2 新建“名称”为“反应区”的“按钮”元件，在“点击”帧插入关键帧，使用“椭圆工具”，在场景中绘制正圆，如图11-81所示，完成后的“时间轴”面板如图11-82所示。

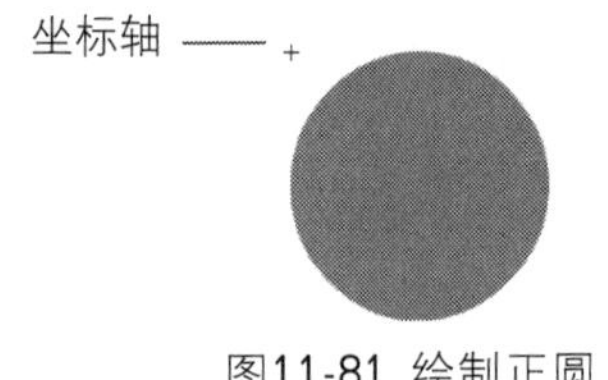

图11-81 绘制正圆

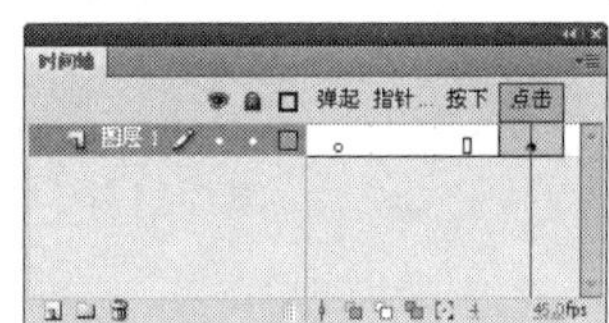

图11-82 “时间轴”面板

3 返回到“场景1”的编辑状态，将图像“光盘\源文件\第11章\素材\111601.jpg”导入到场景中，如图11-83所示，新建“图层2”，打开外部库“光盘\源文件\第11章\素材\素材11-16.fla”，将“整体花动画”元件从“库-素材-11-16.fla”面板中拖入到场景中，如图11-84所示。

图11-83 导入图像

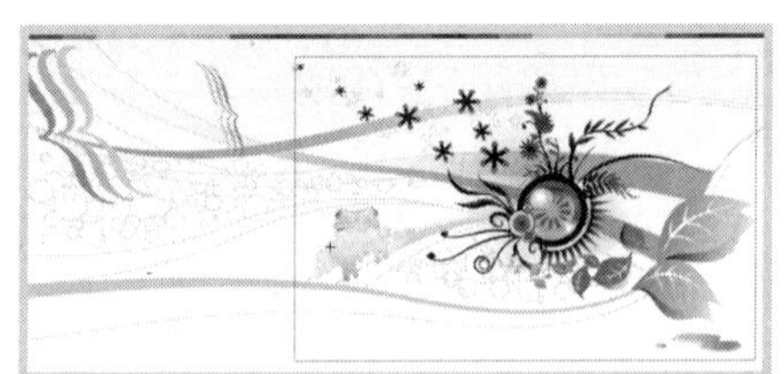

图11-84 拖入元件

4 新建“图层3”，将“小鸟引导动画”元件从“库-素材-11-16.fla”面板中拖入到场景中，如图11-85所示，新建“图层4”，将图像111602.png导入到场景中，如图11-86所示。

图11-85　拖入元件

图11-86　导入图像

5 新建“图层5”，使用“文本工具”，设置“属性”面板如图11-87所示，在场景中输入文本，如图11-88所示。

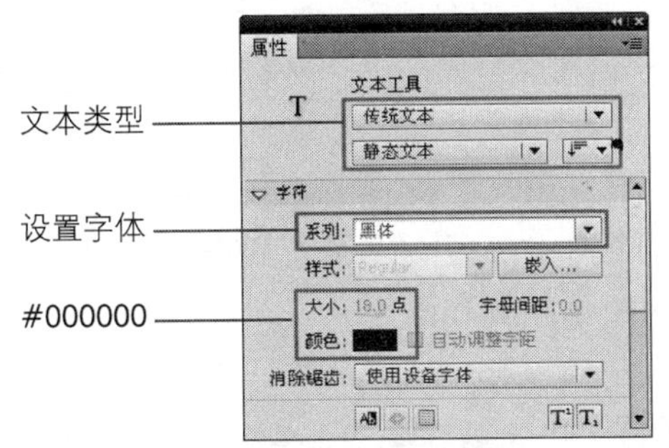

图11-87　设置“属性”面板

图11-88　输入文本

6 再次使用“文本工具”，在场景中绘制文本框并输入文本，设置“属性”面板如图11-89所示，文本效果如图11-90所示。

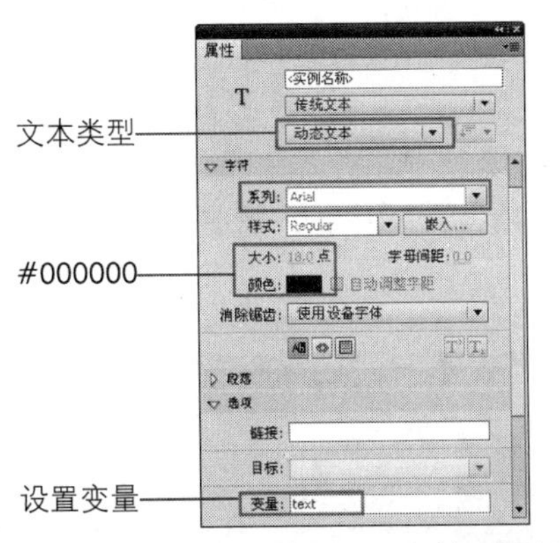

图11-89　设置“属性”面板

图11-90　文本效果

提 示

在本步骤中设置文本的“属性”时一定要注意，如果不先绘制文本，是无法设置“变量”选项的。

7 将声音“光盘\源文件\第11章\素材\sy111601.wav”导入到“库”面板中，在“库”面板中的sy111601.wav上单击右键，如图11-91所示，在弹出的菜单中选择“属性”命令，在弹出的“声音属性”对话框中单击“高级”按钮，弹出高级选项，设置如图11-92所示。

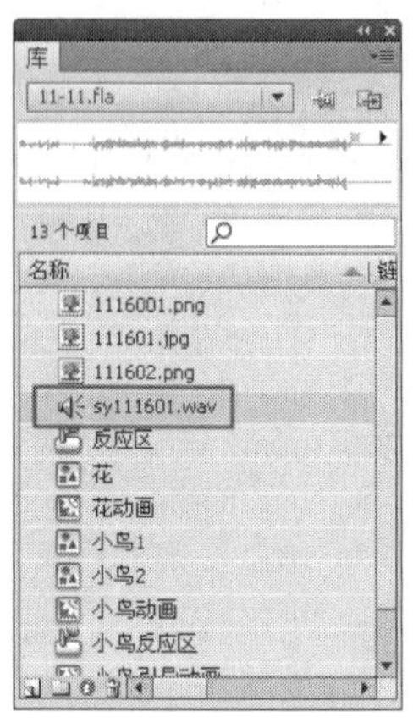
图11-91 “库”面板

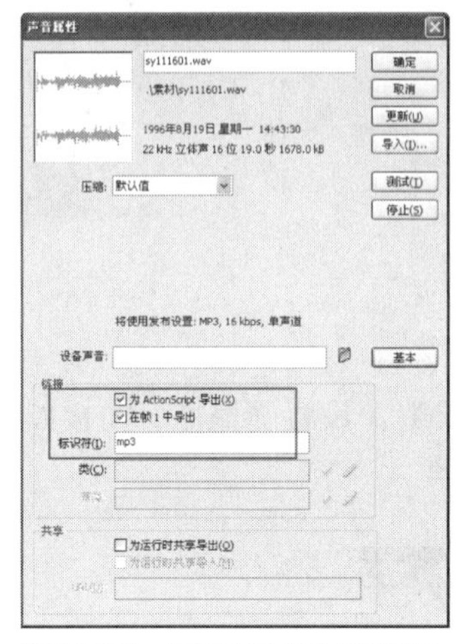
图11-92 “声音属性”对话框

提 示

设置“标识符”的目的就是在后面的制作中，为了利用脚本语言控制声音文件。

8 新建“图层6”，将“反应区”元件从“库”面板中拖入到场景中，并调整大小，如图11-93所示，在“动作-按钮”面板中输入如图11-94所示的脚本语言。

图11-93 拖入元件

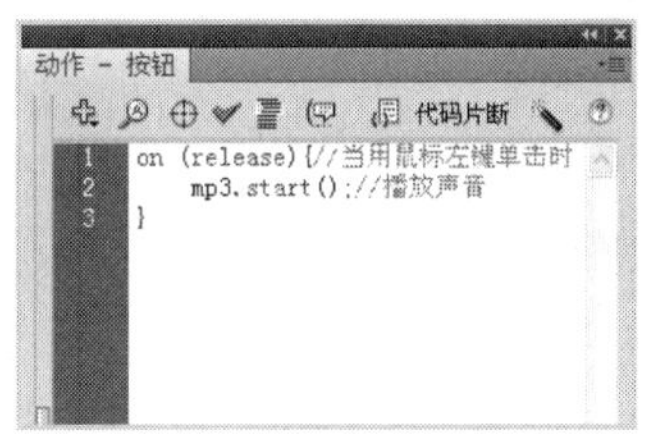

图11-94 输入脚本语言

提 示

本步骤中输入的脚本语言的意思是：当释放鼠标左键时，开始播放名称为mp3的声音文件。

9 利用同样的制作方法，将“反应区”元件多次拖入到场景中，并添加脚本语言，完成后的场景效果如图11-95所示，新建“图层7”，在“动作-帧”面板中输入如图11-96所示的脚本语言。

图11-95 完成后的场景效果

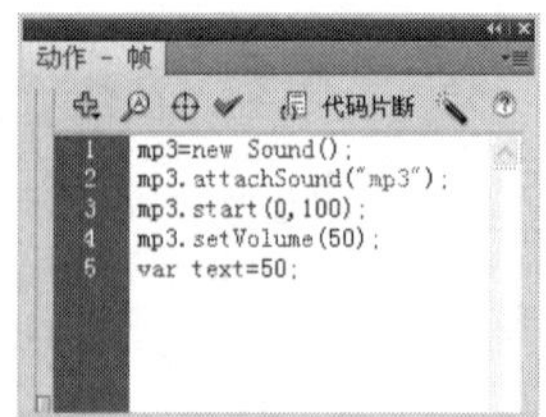

图11-96 输入脚本语言

10 完成控制音乐音量动画的制作，执行“文件>保存”命令，将文件保存为“11-11.fla”，测试动画效果如图11-97所示。

图11-97 测试动画效果

实例小结

本实例主要讲解了如何利用脚本语言控制声音文件，实例中没有应用过多复杂的脚本语言，只是应用到了start();和attachSound等函数。

11.12 控制梦幻动画中的声音

案例文件	光盘\源文件\第11章\11-12.fla
视频文件	光盘\视频\第11章\11-12.swf
学习时间	35分钟

★★☆☆☆

制作要点

1.新建文档，将相应的素材导入到场景，完成背景动画的制作。

2.新建图层，利用遮罩效果，完成按钮的制作。

3.新建图层，在“动作-帧”面板中输入相应的脚本，以控制声音。

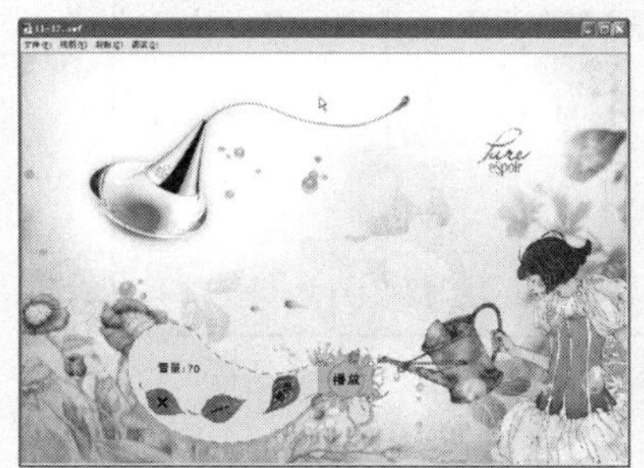

4.完成动画的制作，测试动画效果。

11.13 制作MP3播放器

案例文件 光盘\源文件\第11章\11-13.fla
视频文件 光盘\视频\第11章\11-13.swf
学习时间 50分钟

难易程度 ★★★★☆

制作要点

利用脚本语言调用MP3格式的文件，为按钮元件添加相应的脚本语言，并控制声音的播放效果。

思路分析

本实例主要讲解利用Flash的脚本功能，制作出MP3播放器的效果，实例主要利用调用外部文件的形式制作出MP3播放器，测试动画效果如图11-98所示。

图11-98 测试动画效果

制作步骤

1 执行“文件>新建”命令，新建一个Flash文档，如图11-99所示，新建文档后，单击“属性”面板上的“编辑”按钮，在弹出的“文档设置”对话框中进行设置，如图11-100所示，单击“确定”按钮。

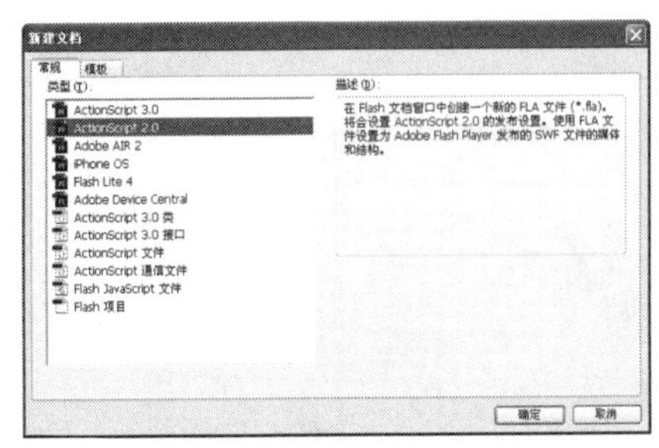

图11-99 “新建文档”对话框

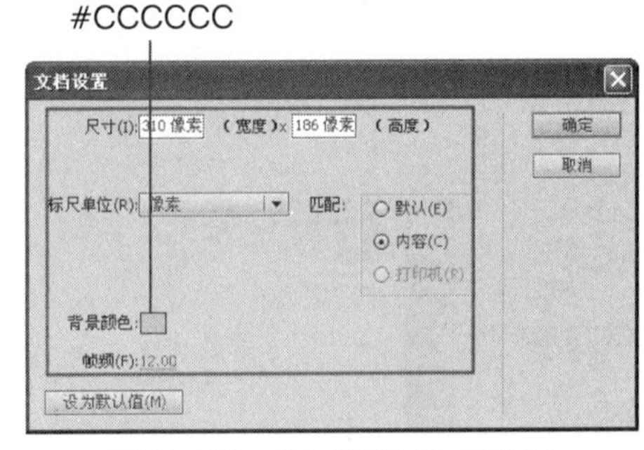

图11-100 “文档设置”对话框

2 新建“名称”为“播放”的“按钮”元件，将图像“光盘\源文件\第11章\素材\111902.png”导入到场景中，如图11-101所示，将其转换成“名称”为“播放图像”的

“图形”元件，分别在“指针经过”和“按下”帧插入关键帧，将元件等比例缩小，如图11-102所示。

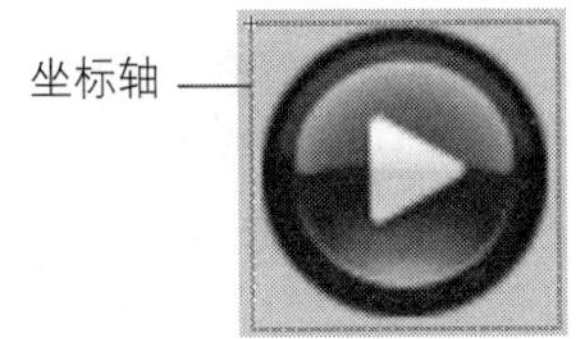

图11-101 导入图像

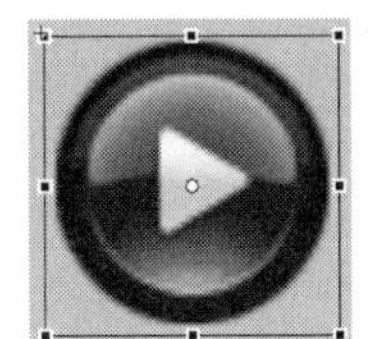

图11-102 将元件等比例缩小

3 选择“指针经过”帧上场景中的元件，在“属性”面板上的设置如图11-103所示，完成后的元件效果如图11-104所示。在“点击”帧插入空白关键帧，使用“椭圆工具”，在场景中绘制正圆，如图11-105所示。

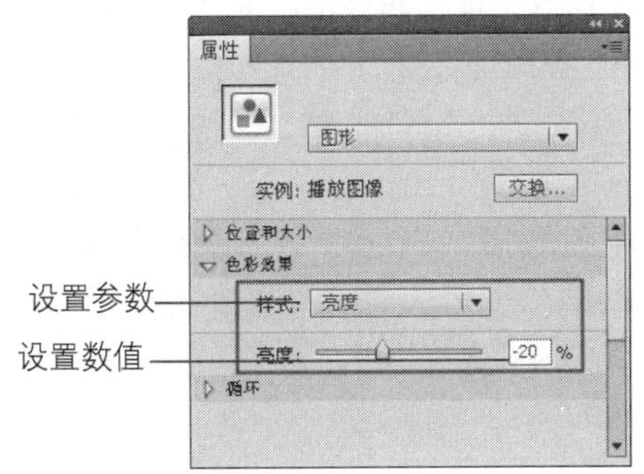

图11-103 设置“属性”面板

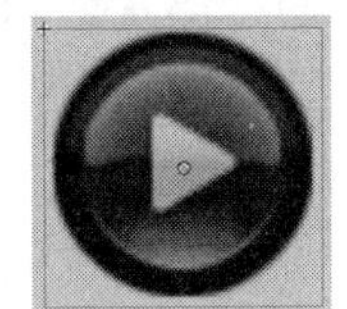

图11-104 元件效果

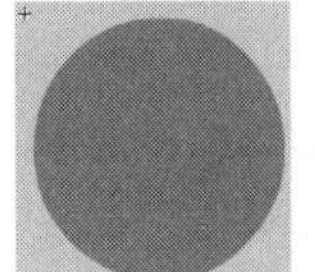

图11-105 绘制正圆

4 根据“播放”元件的制作方法，制作出“暂停”元件、“上一曲”元件、“关闭”元件、“播放声音”元件和“静音”元件，元件效果如图11-106所示。

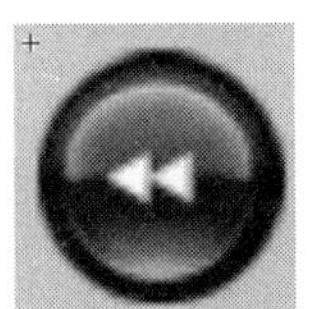

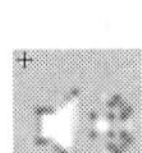
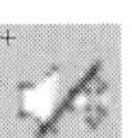

图11-106 元件效果

5 新建“名称”为“静音按钮”的“影片剪辑”元件，将“播放声音”元件从“库”面板中拖入到场景中，如图11-107所示，在第2帧插入空白关键帧，将“静音”元件从“库”面板中拖入到场景中，如图11-108所示。

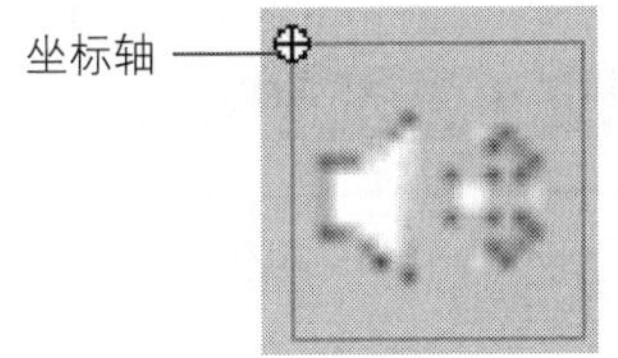

图11-107 拖入元件

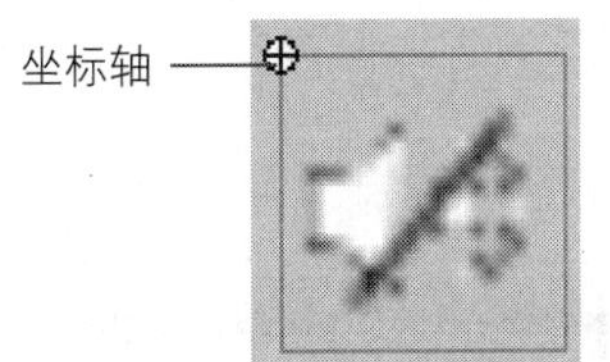

图11-108 拖入元件

6 新建“图层2”，分别在第2帧和第3帧插入关键帧，依次在第1帧、第2帧和第3帧，分别输入如图11-109所示的脚本语言。

第1帧

第2帧

```
stop();
```

第3帧

```
gotoAndStop(1);
```

图11-109 输入脚本语言

提 示

在本步骤中的第1帧和第2帧中输入的脚本语言的意思是：当播放到该帧时停止，第 3帧的脚本语言的意思是：播放后跳转到第1帧。

7 新建“名称”为“控制钮”的“影片剪辑”元件，将图像111908.png导入到场景中，如图11-110所示，新建“名称” 为“声音条”的“影片剪辑”元件，使用“矩形工具”，在场景中绘制矩形，如图11-111所示。

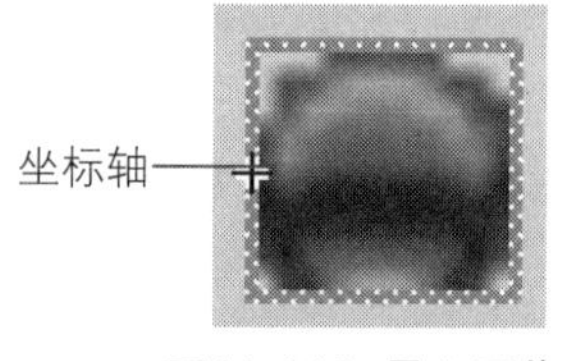

图11-110 导入图像

图11-111 绘制矩形

提 示

在本步骤中一定要注意图像在场景中的位置，如果图像不在上图所示的位置，那么将影响动画的效果，会出现跳动和位置对不齐的现象。

8 新建“图层2”，将“控制钮”元件从“库”面板中拖入到场景中，并调整元件中心点的位置，如图11-112所示，设置“实例名称”为huakuai，在“动作-影片剪辑”面板中输入如图11-113所示的脚本语言。

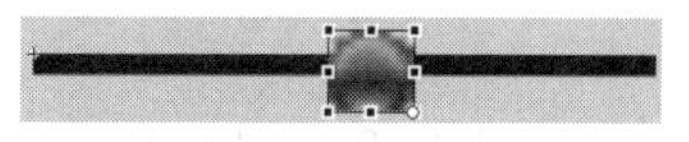

图11-112 拖入元件

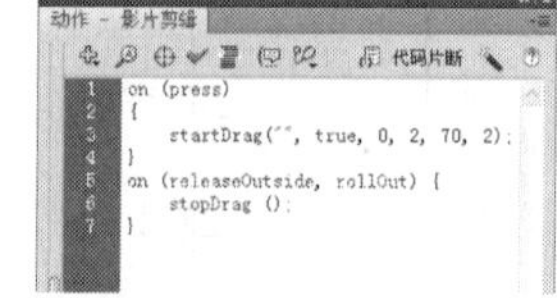

图11-113 输入脚本语言

9 根据“声音条”元件的制作方法，制作出“播放条”元件，元件效果如图11-114所示。

元件中心点位置

图11-114 元件效果

10 返回到“场景1”的编辑状态，将图像111901.png导入到场景中，如图11-115所示，新建“图层2”，使用“文本工具”，在场景中绘制文本框，如图11-116所示。

图11-115 导入图像

图11-116 绘制文本框

11 选择文本框，在“属性”面板上设置如图11-117所示，利用同样的制作方法，在场景中绘制多个文本框并进行相应的属性设置，完成后的场景效果如图11-118所示。

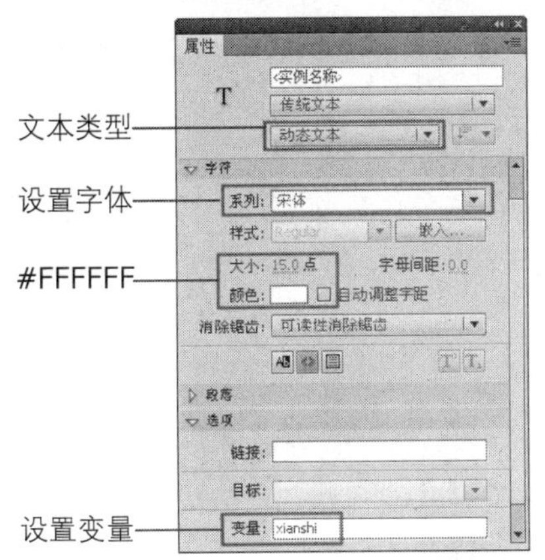

图11-117 设置“属性”面板

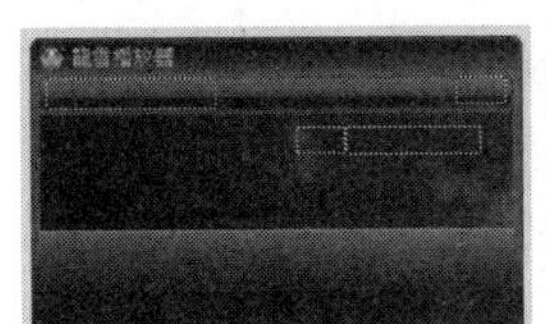

图11-118 场景效果

提 示

本步骤中设置文本框的“变量”，目的是为了利用脚本语言调用文本框中的内容。

12 新建“图层3”，将“播放条”元件从“库”面板中拖入到场景中，如图11-119所示，设置“实例名称”为jindutiao，如图11-120所示。

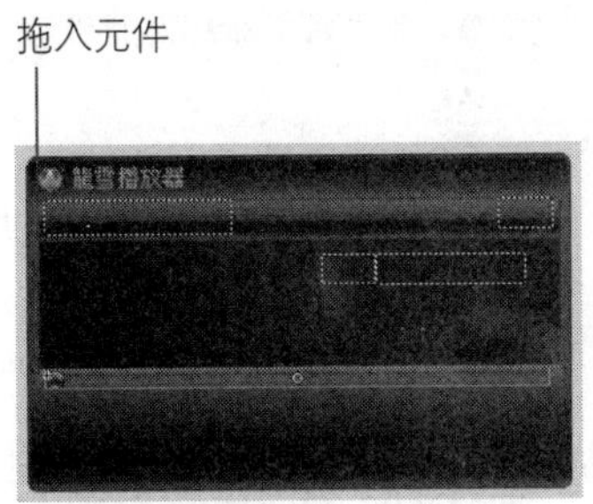

图11-119 拖入元件

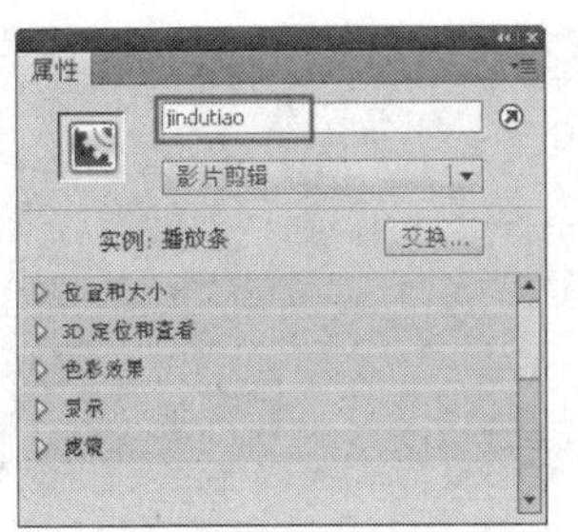

图11-120 设置“实例名称”

13 根据“图层3”的制作方法，新建“图层4”，将“音乐条”元件拖入到场景中，并进行相应的设置，场景效果如图11-121所示。新建“图层5”，将“静音按钮”元件从“库”面板中拖入到场景中，如图11-122所示。

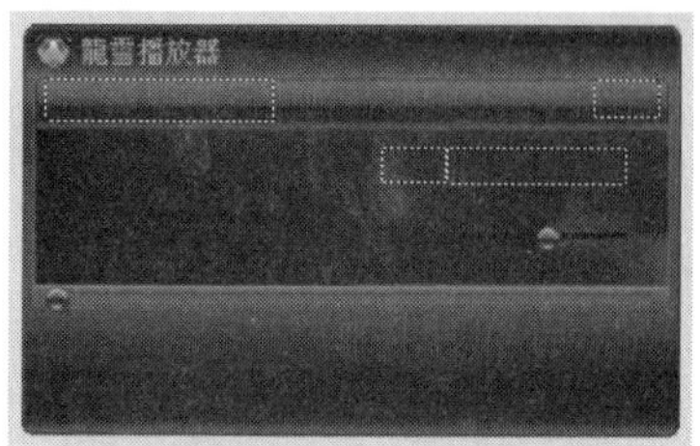

图11-121 拖入元件

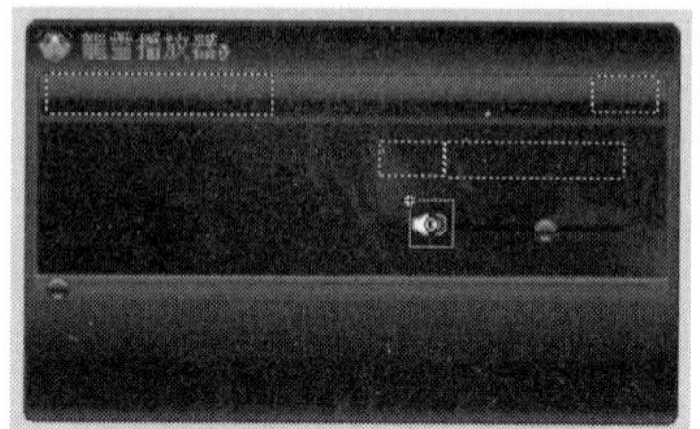

图11-122 拖入元件

14 设置“实例名称”为jingyin，如图11-123所示，在“动作-影片剪辑”面板中输入如图11-124所示的脚本语言。

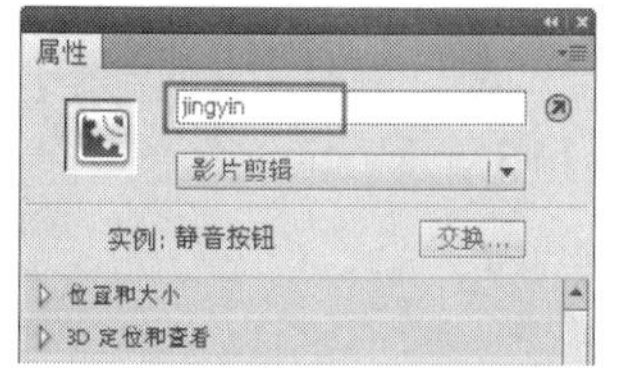

图11-123 设置“实例名称”

图11-124 输入脚本语言

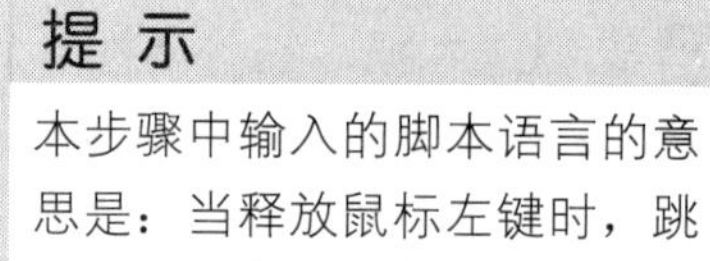

提 示

本步骤中输入的脚本语言的意思是：当释放鼠标左键时，跳转到该影片剪辑中的下一帧。

15 新建“图层6”，将“暂停”元件从“库”面板中拖入到场景中，如图11-125所示，在“动作-按钮”面板中输入如图11-126所示的脚本语言。

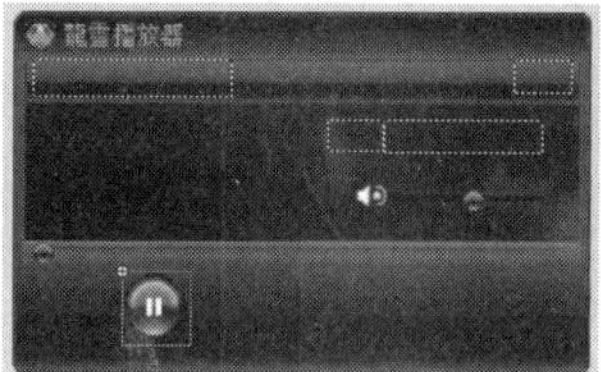

图11-125 拖入元件

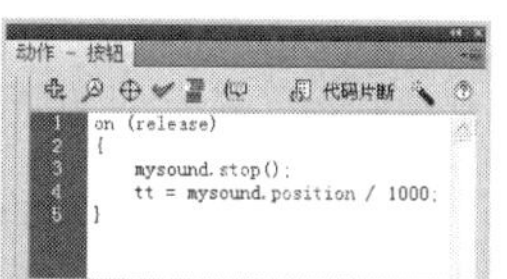

图11-126 输入脚本语言

16 根据“图层6”的制作方法，制作出“图层7”～“图层10”，完成后的场景效果如图11-127所示，新建“图层11”，在“动作-帧”面板中输入如图11-128所示的脚本语言。

图11-127 场景效果

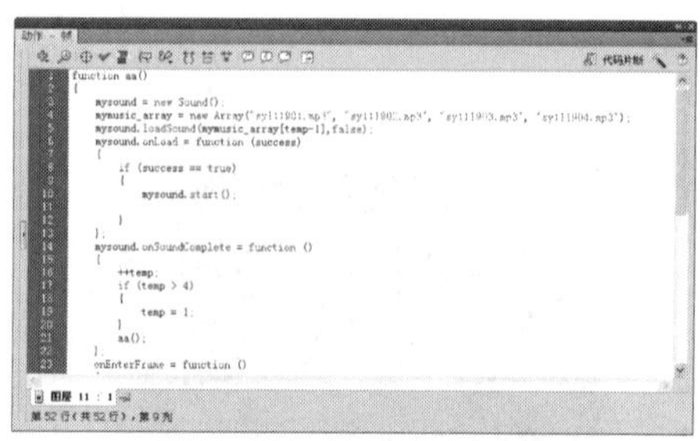
图11-128 输入脚本语言

17 完成MP3播放器的制作，执行“文件>保存”命令，将文件保存为“11-13.fla”，测试动画效果如图11-129所示。

图11-129 测试动画效果

实例小结 >>>>>>>>>>

本实例主要向读者讲解如何制作MP3播放器效果，通过本实例的学习读者要掌握如何为动态文本设置变量，以及如何利用脚本语言调用外部声音文件。

11.14 制作简易播放器

案例文件	光盘\源文件\第11章\11-14.fla
视频文件	光盘\视频\第11章\11-14.swf
学习时间	35分钟

★★★☆☆

制作要点 >>>>>>>>>>

1.首先制作背景。

2.新建“图层”输入文字。

3.在元件上添加行为。

4.完成动画的制作，测试动画效果。

第 12 章 视频的应用

视频文件有很多种不同的格式类型。在Flash中导入视频文件后，需要将视频进行编辑才能符合制作动画的要求。对于导入到文档中的视频，可以进行缩放、旋转、扭曲和遮罩处理，也可以通过编写脚本语言来控制视频的播放和停止。

12.1 导入视频

案例文件 光盘\源文件\第12章\12-1.fla
视频文件 光盘\视频\第12章\12-1.swf
学习时间 10分钟

难易程度 ★☆☆☆☆

实例小结

以链接的方式导入的视频文件不能成为Flash的一部分，需要保存在一个指向的视频链接中。

思路分析

本实例通过外部素材制作出场景，再将视频导入到Flash文件中完成动画的制作，测试动画效果如图12-1所示。

图12-1 测试动画效果

制作步骤

1 执行“文件>新建”命令，新建一个Flash文档，如图12-2所示。单击“属性”面板上的“编辑”按钮 编辑... ，在弹出的“文档设置”对话框中进行设置，如图12-3所示。单击“确定”按钮。

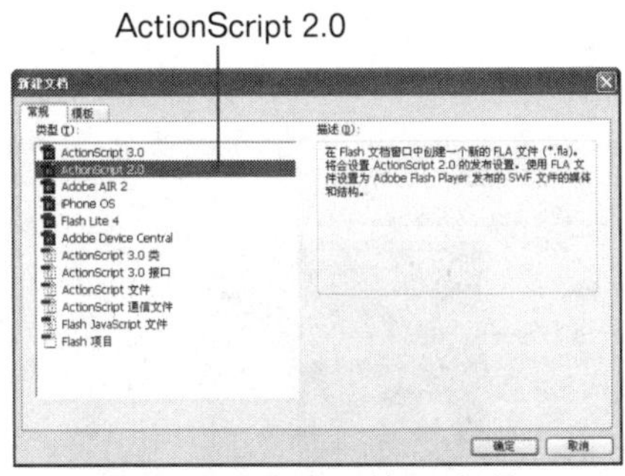

图12-2 “新建文档”对话框

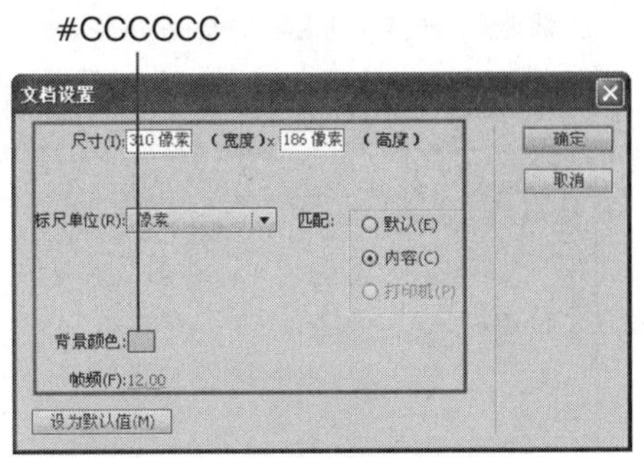

图12-3 “文档设置”对话框

2 将图像“光盘\源文件\第12章\素材\12101.jpg”导入到场景中，如图12-4所示。新建“图层2”将图像12102.jpg导入到场景中，如图12-5所示。

图12-4 导入图像

图12-5 导入图像

3 新建“图层3”，执行“文件>导入>导入视频”命令，弹出“导入视频”对话框，设置如图12-6所示，设置完成后单击“下一步”按钮，弹出如图12-7所示的对话框，进行设置即可。

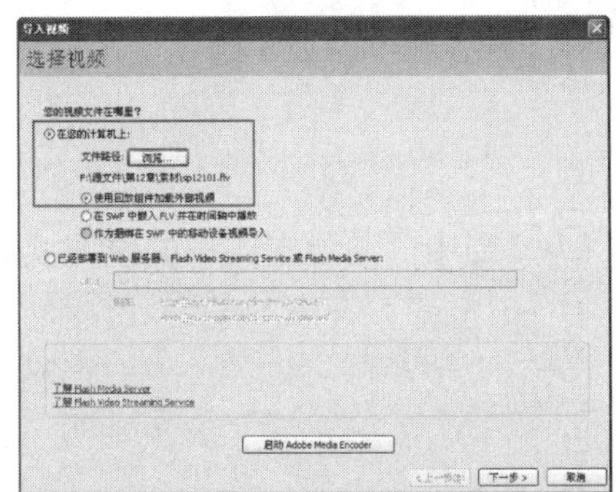

图12-6 “导入视频”对话框

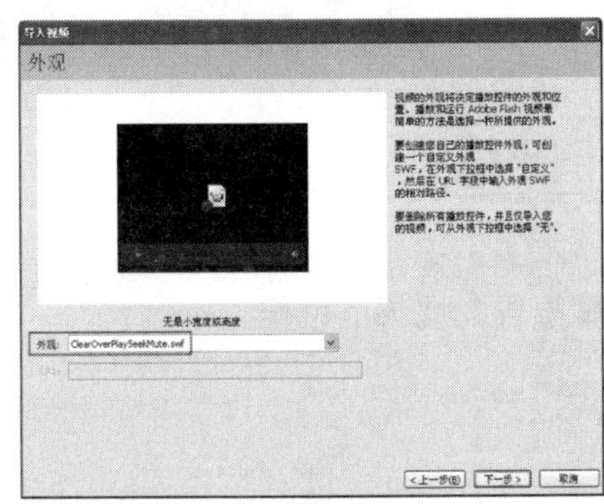

图12-7 设置外观

4 设置完成后单击“下一步”按钮，弹出如图12-8所示的对话框。单击“完成”按钮，将视频导入到场景中，使用“任意变形工具”调整视频的大小，并移动到相应的位置，如图12-9所示。

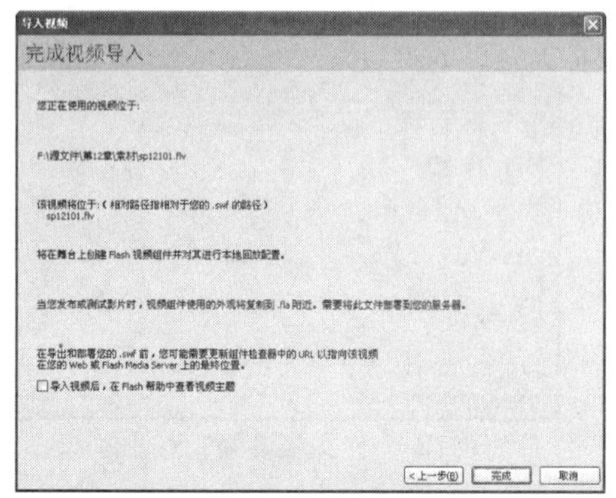

图12-8 完成视频导入

图12-9 场景效果

提 示

以链接方式导入到文档中的视频文件的扩展名必须是.flv。

5 完成导入视频的制作，执行“文件>保存”命令，将动画保存为“12-1.fla”，测试动画效果如图12-10所示。

图12-10 测试动画效果

实例小结 ››››››››››

本实例主要讲解了如何将视频以链接的方式导入到FLA文档中，通过本实例的学习读者要掌握导入视频的过程。

12.2 制作网站视频

案例文件	光盘\源文件\第12章\12-2.fla
视频文件	光盘\视频\第12章\12-2.swf
学习时间	20分钟

★★☆☆☆

制作要点

1.导入相应的素材图像并分别转换为图形元件。

2.返回主场景中，制作主场景动画效果，并导入外部的视频文件。

3.在主场景中制作其他元件入场的动画效果。

4.完成网站视频动画效果的制作，测试动画。

12.3 动画中视频的应用

案例文件	光盘\源文件\第12章\12-3.fla
视频文件	光盘\视频\第12章\12-3.swf
学习时间	15分钟

难易程度 ★☆☆☆☆

制作要点

嵌入的视频成为Flash的一部分，会根据时间的长短，自动延长帧。

思路分析

本实例首先将视频导入到文档中，通过外部素材制作出场景动画，测试动画效果如图12-11所示。

图12-11 测试动画效果

制作步骤

1 执行“文件>新建”命令，新建一个Flash文档，如图12-12所示。新建文档后，单击“属性”面板上的“编辑”按钮 编辑... ，在弹出的“文档设置”对话框中进行设置，如图12-13所示。单击“确定”按钮。

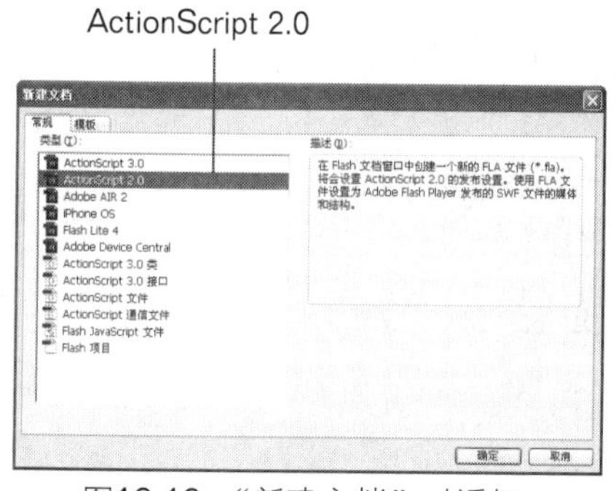

图12-12 “新建文档”对话框

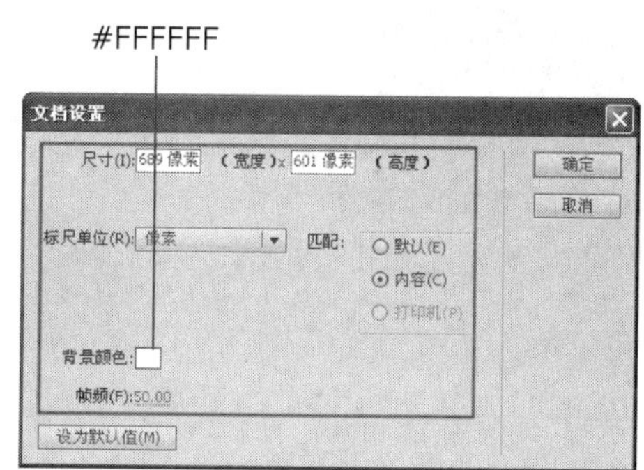

图12-13 “文档设置”对话框

2 将图像“光盘\源文件\第12章\素材\12401.jpg”导入到场景中，如图12-14所示。新建一个“名称”为“视频动画”的“影片剪辑”的元件，将视频sp12401.flv导入到场景中，“导入视频”对话框如图12-15所示。

图12-14 导入图像

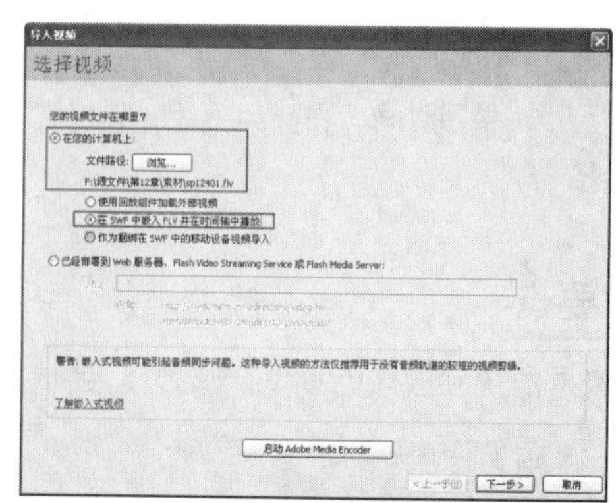

图12-15 “导入视频”对话框

3 在第180帧插入空白关键帧，在第245帧插入帧，新建“图层2”，打开外部素材库“光盘\源文件\第12章\素材\素材12-4.fla”，将“光球动画”元件从“库-素材12-4.fla”面板中拖入到场景中，如图12-16所示。返回“场景1”编辑状态，新建“图层2”，将“视频动画”元件从“库”面板中拖入到场景中，如图12-17所示。

图12-16 拖入元件

图12-17 拖入元件

提 示

此处需要将“视频动画”元件与下面的图像对齐。

4 完成动画中视频应用的制作，执行“文件>保存”命令，将文件保存为“12-3.fla”，测试动画效果如图12-18所示。

图12-18 测试动画效果

实例小结

本实例通过将视频导入到动画中，实现动画中视频的应用，通过学习，读者要掌握在场景中导入视频的方法。

12.4 爆炸动画效果

难易程度 ★☆☆☆☆

案例文件 光盘\源文件\第12章\12-4.fla

视频文件 光盘\视频\第12章\12-4.swf

学习时间 10分钟

制作要点

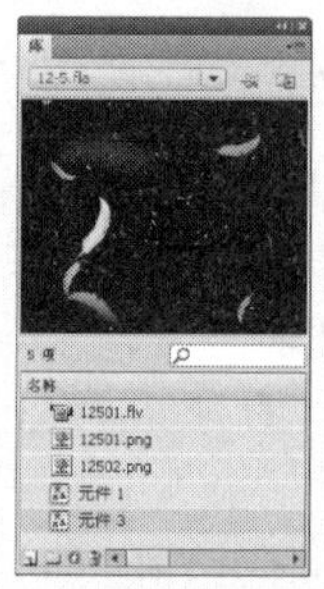

1.将相应的素材和视频文件导入到“库”面板中。

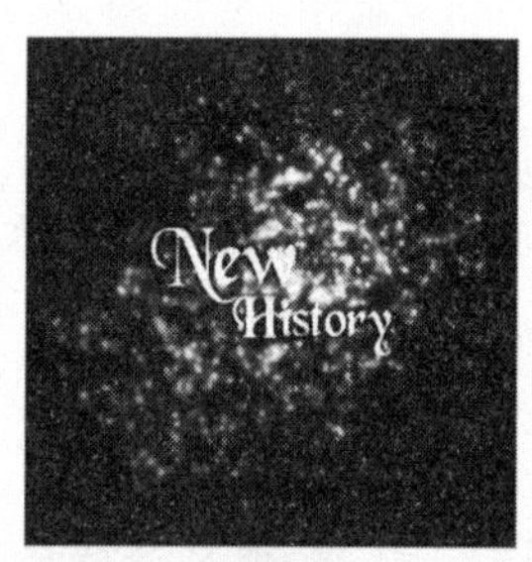

2.在主场景中，将“库”面板中的视频文件拖入到场景中。

3.新建图层，制作场景动画效果。

4.完成爆炸动画效果的制作，测试动画效果。

12.5 制作嵌入视频

难易程度 ★★☆☆☆

案例文件 光盘\源文件\第12章\12-5.fla

视频文件 光盘\视频\第12章\12-5.swf

学习时间 30分钟

制作要点

通过在“动作-按钮”面板中添加脚本表控制动画。

思路分析

本实例首先制作控制视频的按钮元件，然后将视频导入到场景中，再利用脚本实现对视频的控制，测试动画效果如图12-19所示。

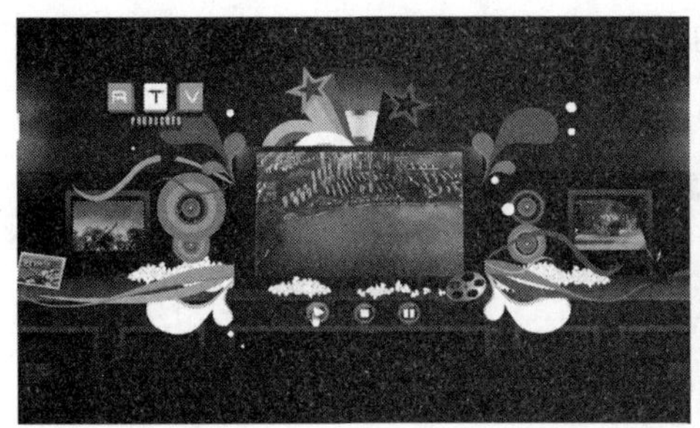

图12-19 测试动画效果

制作步骤

1 执行“文件>新建”命令，新建一个Flash文档，如图12-20所示。新建文档后，单击“属性”面板上的“编辑”按钮，在弹出的“文档设置”对话框中进行设置，如图12-21所示。单击“确定”按钮。

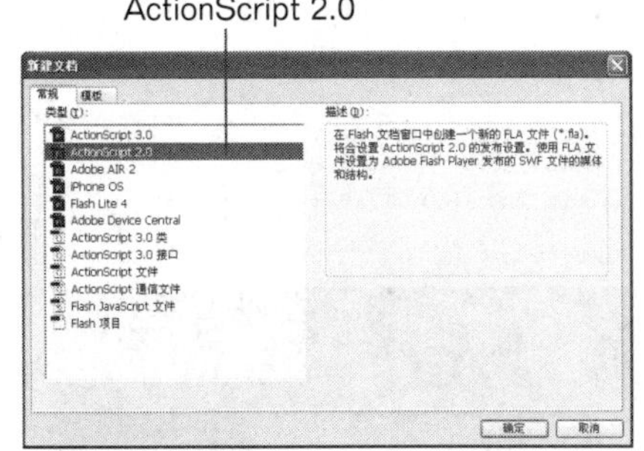

图12-20 “新建文档”对话框

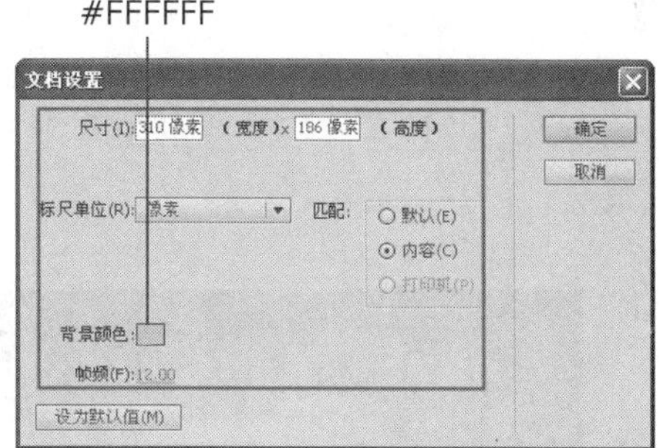

图12-21 设置“文档设置”对话框

2 新建“名称”为“播放按钮”的“按钮”元件，将图像“光盘\源文件\第12章\素材\12702.png”导入到场景中，如图12-22所示，将图像转换成名为“播放”的图形元件，分别在指针经过、按下和点击帧插入关键帧，选择指针经过帧上场景中的元件，设置“属性”面板上的“亮度”为20%，如图12-23所示。

图12-22 导入图像

图12-23 设置“亮度”

3 选择按下帧上场景中的元件，使用“任意变形工具”调整元件的图像，如图12-24所示。根据“播放”按钮的制作方法，制作出“暂停按钮”和“停止按钮”元件，如图12-25所示。

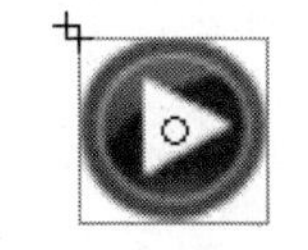

图12-24 调整大小

图12-25 元件效果

4 返回到“场景1”的编辑状态，将图像12701.jpg导入到场景中，如图12-26所示。新建“图层2”，将视频sp12701.flv导入到场景中，“导入视频”对话框如图12-27所示。

图12-26 导入图像

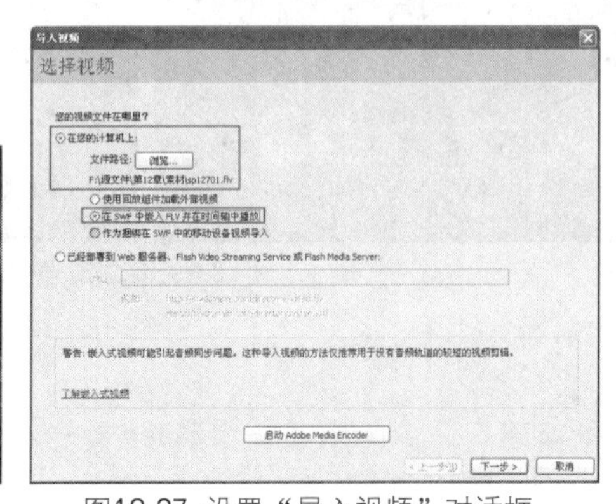

图12-27 设置“导入视频”对话框

提 示

以嵌入的方式导入的视频将会增加SWF文件的大小。

5 使用“任意变形工具”调整视频的大小，并移动相应的位置，如图12-28所示。选择“图层1”，在第737帧插入帧。选择“图层2”，新建“图层3”，使用“矩形工具”在场景中绘制矩形，并使用“任意变形工具”对图形进行调整，如图12-29所示，设置“图层3”为遮罩层。

图12-28 导入视频

图12-29 设置“实例名称”

6 新建“图层4”，将“播放”元件从“库”面板中拖入到场景中，如图12-30所示。在“动作-按钮”面板中输入如图12-31所示的脚本语言。

图12-30 拖入元件

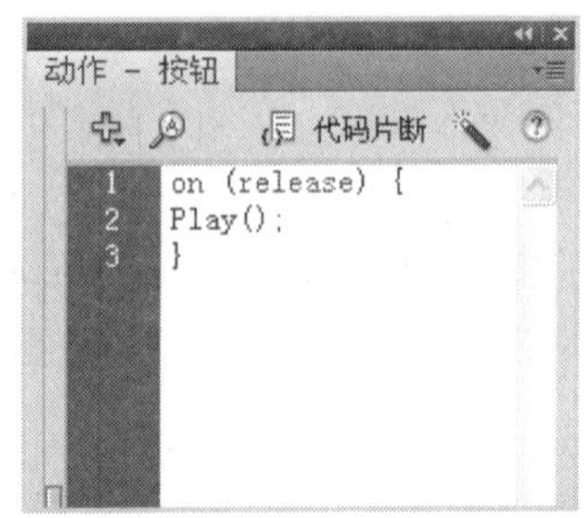

图12-31 输入脚本语言

提 示

当鼠标点击播放按钮时，视频开始播放。

7 新建“图层5”，将“停止”元件从“库”面板中拖入到场景中，如图12-32所示。在“动作-按钮”面板中输入如图12-33所示的脚本语言。

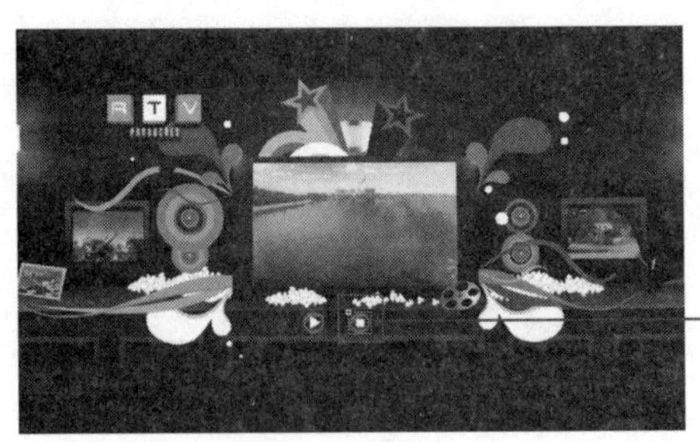

“暂停”元件

图12-32 拖入元件

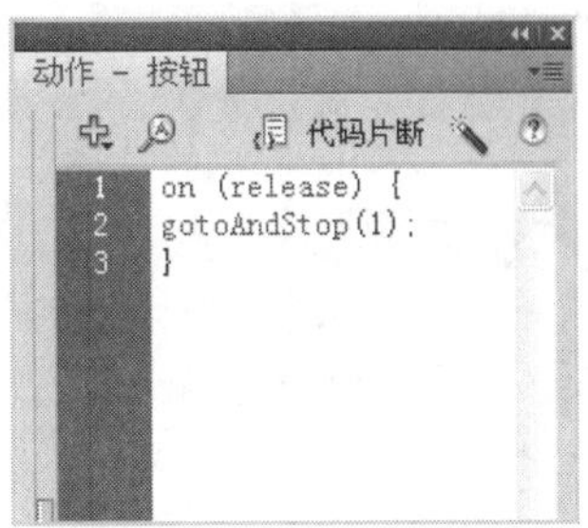

图12-33 输入脚本语言

8 新建“图层6”，将“暂停”元件从“库”面板中拖入到场景中，如图12-34所示。在“动作-按钮”面板中输入如图12-35所示的脚本语言。

图12-34 拖入元件

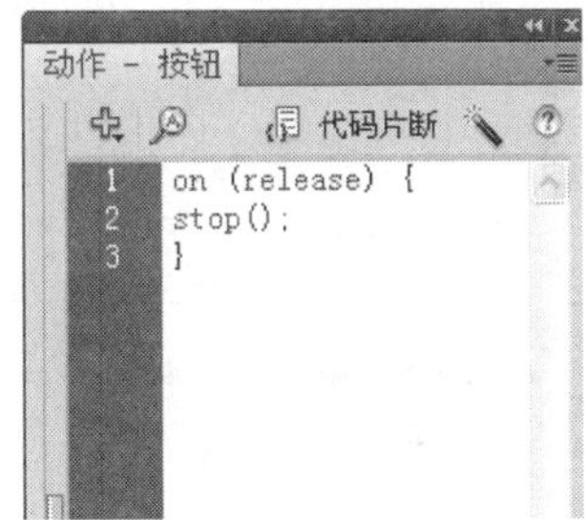

图12-35 输入脚本语言

提 示

当鼠标单击暂停按钮时，场景中的视频文件将停止播放。

9 新建“图层7”，在“动作-帧”面板中输入“stop();”脚本语言，完成视频播放控制的制作，执行“文件>保存”命令，将动画保存为“12-5.fla”，测试动画效果如图12-36所示。

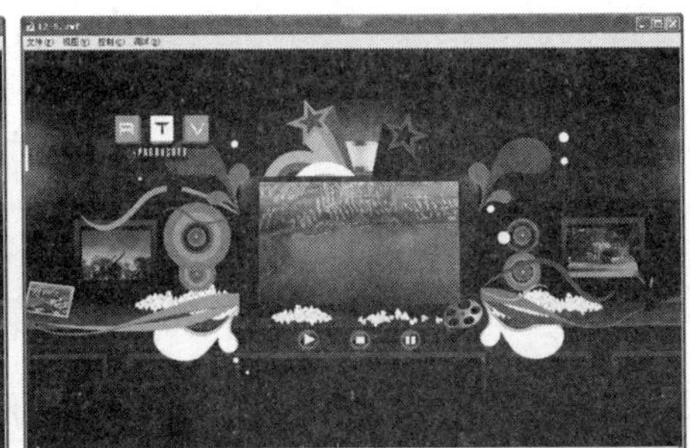

图12-36 测试动画效果

实例小结 〉〉〉〉〉〉〉〉〉〉〉

本实例通过为按钮元件添加脚本语言，实现对动画中视频的各种控制。通过学习，读者要掌握在场景中控制视频的方法。

12.6 制作视频动画

案例文件 光盘\源文件\第12章\12-6.fla
视频文件 光盘\视频\第12章\12-6.swf
学习时间 25分钟

★★☆☆☆

制作要点

1.导入素材图像。

2.将视频导入到场景中，制作出主场景动画。

3.将按钮元件拖入到场景中。

4.完成动画的制作，测试动画效果。

12.7 网站宣传动画

案例文件 光盘\源文件\第12章\12-7.fla
视频文件 光盘\视频\第12章\12-7.swf
学习时间 20分钟

★★★☆☆

制作要点

本实例在制作过程中将外部视频文件以嵌入的方式在时间轴中播放，通过这种方式可以对导入的视频进行精确地调整与控制。

思路分析

在制作本实例时首先需要将动画中需要的一些元件制作出来，在主场景中将背景图像、外部视频文件以及相关元件组合在一起，完成动画的制作，测试动画效果如图12-37所示。

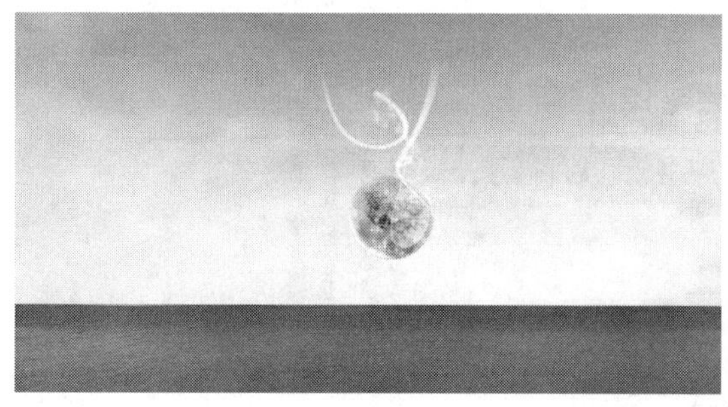

图12-37　测试动画效果

制作步骤

1 执行“文件>新建”命令，新建一个Flash文档，如图12-38所示，新建文档后，单击“属性”面板上的“编辑”按钮 编辑... ，在弹出的“文档属性”对话框中进行设置，如图12-39所示，单击“确定”按钮。

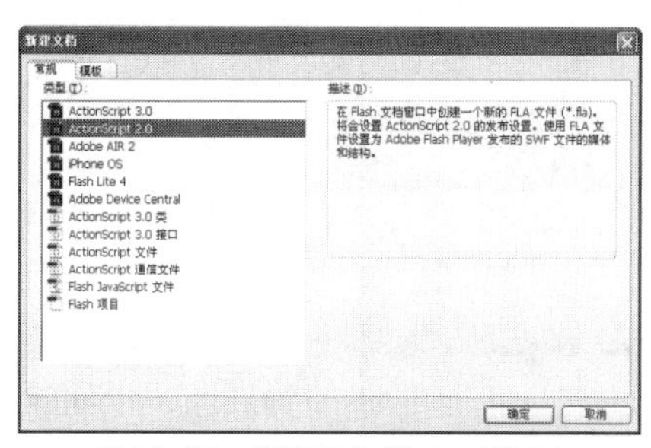

图12-38　“新建文档”对话框

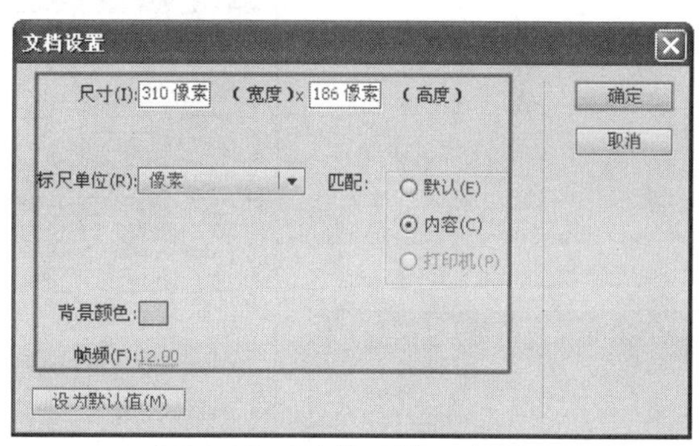

图12-39　“文档属性”对话框

2 执行“插入>新建元件”命令，弹出“创建新元件”对话框，设置如图12-40所示。将图像“光盘\源文件\第12章\素材\12603.png”导入到场景中，如图12-41所示。

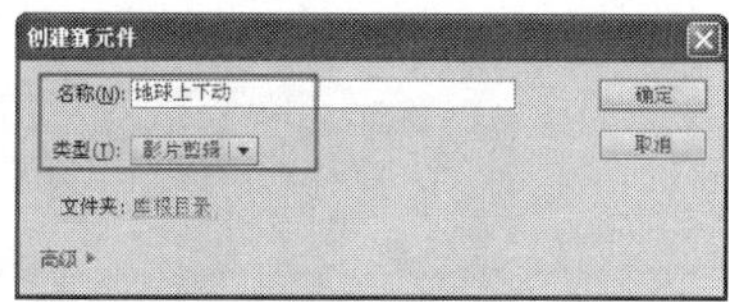

图12-40　“创建新元件”对话框

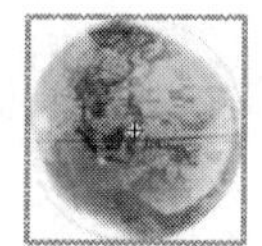

图12-41　导入图像

3 执行"修改>转换为元件"命令，弹出"转换为元件"对话框，设置如图12-42所示。在第30、60帧处插入关键帧，选择第30帧处的元件并向上移动，如图12-43所示。

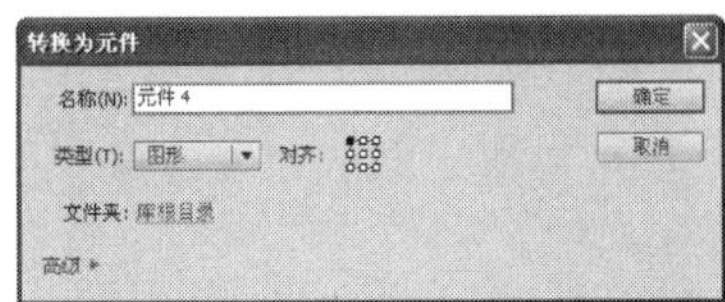

图12-42 "转换为元件"对话框

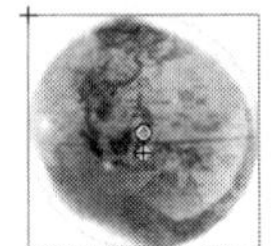

图12-43 元件位置

4 在第1~30、30~60帧之间创建传统补间，如图12-44所示。

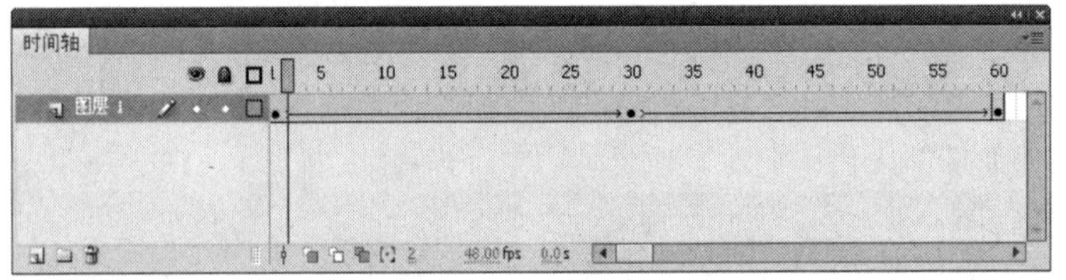

图12-44 "时间轴"对话框

5 返回主场景，将图像"光盘\源文件\第12章\素材\12601.jpg"导入到场景中，如图12-45所示。将图像转换为"背景"图形元件，在第579帧插入帧，完成"图层1"中内容的制作。新建"图层2"，执行"文件>导入>导入视频"命令，弹出"导入视频"对话框，设置如图12-46所示。

图12-45 导入图像

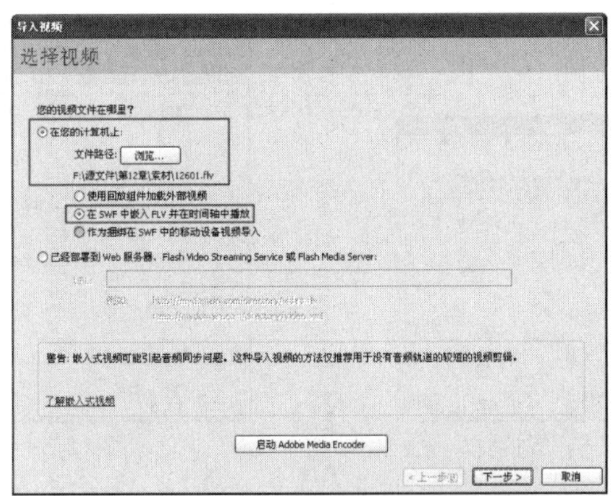

图12-46 "导入视频"对话框

提 示

在引导层中绘制的线条只起到改变动画运动轨迹的作用，在动画播放时是不会显示的，所以线条的颜色、粗细等可以随意选择。

6 按要求将视频导入到场景中并移动位置，如图12-47所示。在第155帧插入空白关键帧，将"地球上下动"元件拖入到主场景中，如图12-48所示。

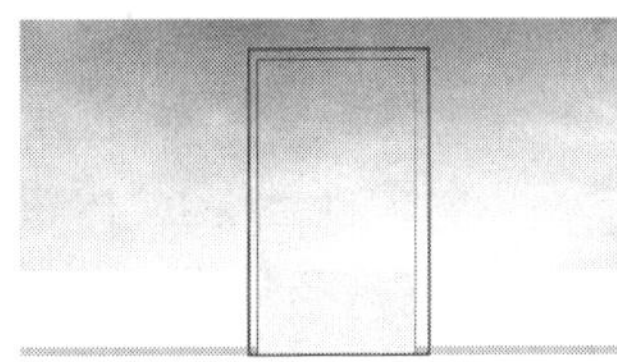

图12-47 导入视频位置

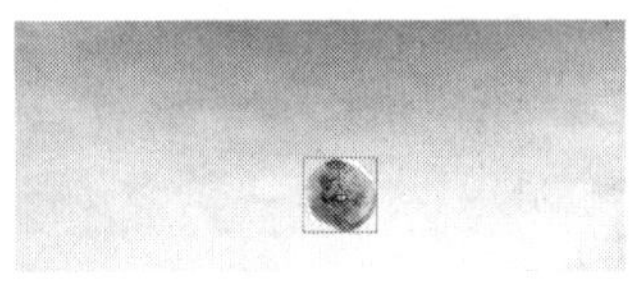

图12-48 拖入元件位置

7 利用相同的方法，完成“图层3”中内容的制作，如图12-49所示。新建“图层4”，在第165帧插入关键帧，将图像“光盘\源文件\第12章\素材\12604.png”导入到场景中，如图12-50所示。

图12-49 导入图像

图12-50 导入图像

8 将图像转换为名称为“元件5”的图形元件，在“属性”面板中进行设置，如图12-51所示。设置完成后，元件效果如图12-52所示。

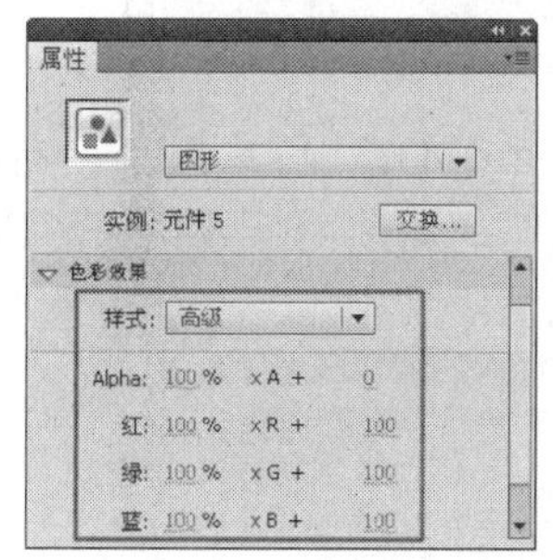

图12-51 “属性”面板

图12-52 元件效果

9 利用相同的方法，在第175、185帧插入关键帧，移动元件位置并对关键帧处元件的样式进行调整，效果如图12-53所示。在165～175、175～185帧之间创建传统补间动画，完成“图层4”中内容的制作。

图12-53 元件效果

10 利用相同的方法，完成“图层5”～“图层11”之间内容的制作，效果如图12-54所示。

图12-54 元件效果

11 将“图层3”移至其他图层上方，效果如图12-55所示。

图12-55 元件效果

12 利用相同方法，完成“图层12”中内容的制作，如图12-56所示。

图12-56 元件效果

13 新建“图层13”，在第579帧插入关键帧并输入“stop();”脚本语言，完成动画的制作，执行“文件>保存”命令，将动画保存为“12-7.fla”，测试动画效果如图12-57所示。

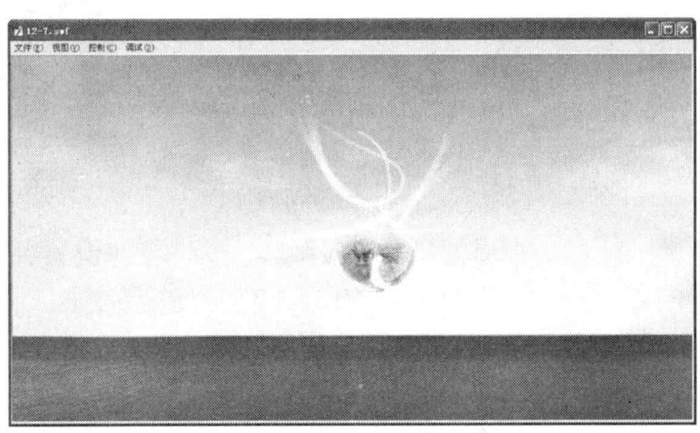

图12-57 测试动画效果

实例小结

本实例通过一个网站宣传动画的制作为读者讲解了在Flash中嵌入视频以及对具有视频的Flash文档进行美化的方法。

12.8　游戏网站动画

案例文件	光盘\源文件\第12章\12-8.fla
视频文件	光盘\视频\第12章\12-8.swf
学习时间	15分钟

★★☆☆☆

制作要点

1.导入相应的素材图像，并分别将其转换为图形元件。

2.新建影片剪辑元件，将外部的视频文件导入到场景中，制作视频播放动画效果。

3.返回主场景中，制作各元件的入场动画。

4.完成网站动画的制作，测试动画效果。

第 13 章

导航和菜单的制作

网站导航用于方便浏览者快速查看网站信息获取网站服务的，并且可以方便快捷地在网页之间进行操作，而不至于迷失方向，菜单和导航的作用是相同的，本章中将针对网站中常见的导航效果和菜单进行制作。

13.1 基本网站导航

★★☆☆☆

案例文件	光盘\源文件\第13章\13-1.fla
视频文件	光盘\视频\第13章\13-1.swf
学习时间	25分钟

制作要点 >>>>>>>>>>

通过为“影片剪辑”元件设置实例名称，再利用ActionScript脚本语言控制影片剪辑元件的播放。

思路分析 >>>>>>>>>>

本实例主要制作基本网站导航，在实例的制作中主要利用了影片剪辑元件制作按钮的整体动画，最终利用ActionScript脚本语言控制动画的播放与停止，测试动画效果如图13-1所示。

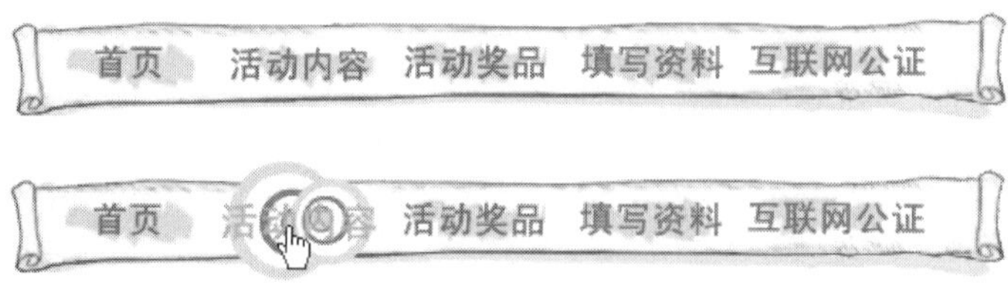

图13-1 测试动画效果

制作步骤 >>>>>>>>>>

1 执行“文件>新建”命令，新建一个Flash文档，如图13-2所示，新建文档后，单击“属性”面板上的“属性”标签下的“编辑”按钮 编辑... ，在弹出的“文档设置”对话框中进行设置，如图13-3所示，单击“确定”按钮。

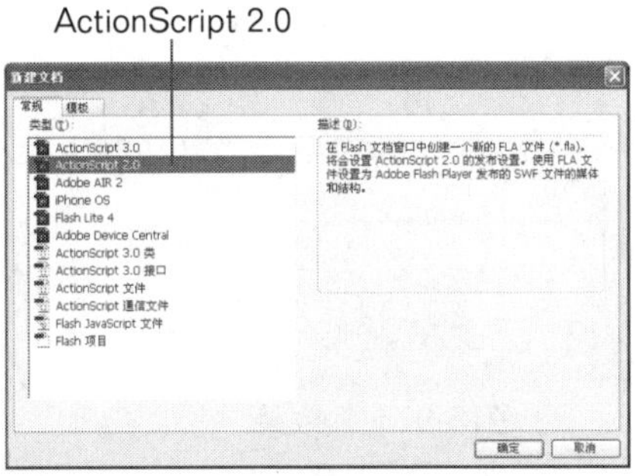

ActionScript 2.0

图13-2 “新建文档”对话框

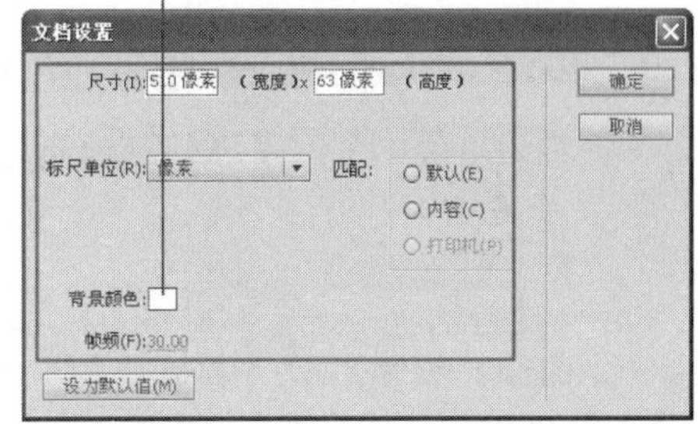

图13-3 “文档设置”对话框

2 新建“名称”为“椭圆”的“图形”元件，使用“椭圆工具”，设置“笔触颜色”值为无，“填充颜色”值为#BCE1F9，在场景中绘制正圆，如图13-4所示。利用同样的绘制方法，在场景中绘制其他圆，如图13-5所示。

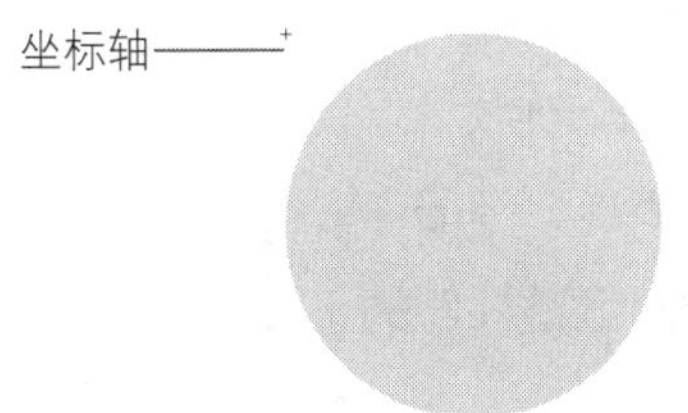

图13-4 绘制正圆

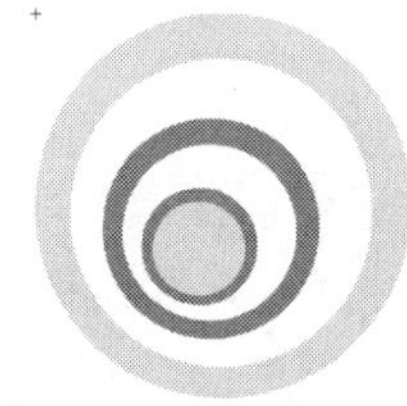

图13-5 场景效果

> **提 示**
>
> 在本步骤中绘制的圆形组要作为按钮动画的背景。

3 新建“名称”为“首页动画”的“影片剪辑”元件，使用“文本工具”，在“属性”面板上设置如图13-6所示，在场景中输入文本，并将文本分离成图形，如图13-7所示，将文本转换成“名称”为“首页”的“图形”元件。

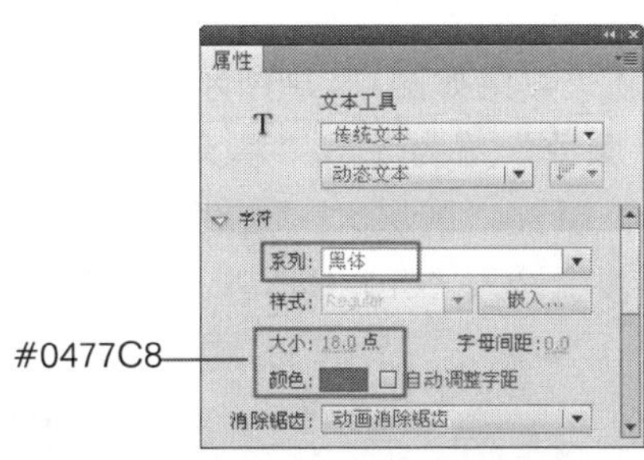

图13-6 设置“属性”面板

首页

图13-7 文本效果

4 在第10帧插入关键帧，在“属性”面板上进行设置，如图13-8所示，使用“任意变形工具”将元件等比例扩大，元件效果如图13-9所示，设置第1帧上的“补间”类型为“传统补间”。

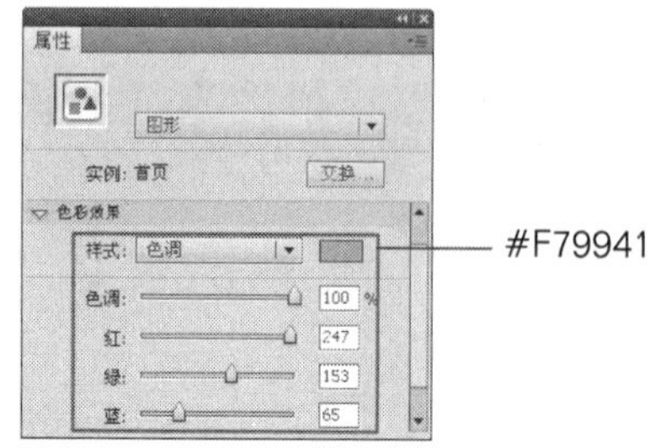

图13-8 设置“属性”面板

图13-9 元件效果

5 在第5帧插入关键帧，使用“任意变形工具”将元件等比例扩大并调整位置，如图13-10所示，在第25帧插入帧，新建“图层2”，在第5帧插入关键帧，将“椭圆”元件从“库”面板中拖入到场景中，使用“任意变形工具”将元件等比例缩小并旋转，如图13-11所示。

图13-10 扩大元件

图13-11 元件效果

6 在第20帧插入关键帧，使用“任意变形工具”将元件等比例扩大，如图13-12所示。设置第5帧上的“补间”类型为“传统补间”，将“图层2”拖动到“图层1”的下面，场景效果如图13-13所示。

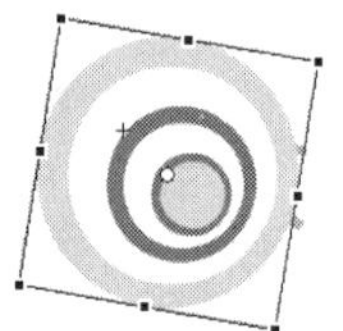

图13-12 扩大元件

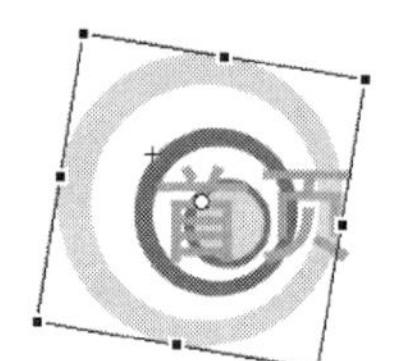

图13-13 场景效果

7 根据“图层2”的制作方法，制作出“图层3”，场景效果如图13-14所示，在“图层1”上新建“图层4”，使用“矩形工具”，设置“笔触颜色”值为无，“填充颜色”值为0%的#CBCBCB，在场景中绘制矩形，如图13-15所示，新建“图层5”，在第25帧插入关键帧，分别选择第1帧和第25帧，依次在“动作-帧”面板中输入“stop();”脚本语言。

图13-14 场景效果

图13-15 绘制矩形

提 示

本步骤绘制矩形的作用是利用ActionScript脚本语言控制这个元件时，以矩形的范围作为反应区。

8 根据“首页动画”元件的制作方法，制作出“活动内容动画”、“活动奖品动画”、“填写资料动画”和“互联网公证”元件，元件效果如图13-16所示。

图13-16 元件效果

9 返回到“场景1”的编辑状态，将图像“光盘\源文件\第13章\素材\13101.png”导入到场景中，如图13-17所示，新建“图层2”，将“首页动画”元件从“库”面板中拖入到场景中，如图13-18所示，设置“实例名称”为a1，并在“动作-影片剪辑”面板中输入如图13-19所示的脚本语言。

图13-17 导入图像

> **技巧** 执行“窗口>动作”命令，可以打开“动作”面板，按快捷键F9，也可以打开“动作”面板。

图13-18 拖入元件

图13-19 输入脚本语言

10 根据“图层2”的制作方法，制作出“图层3”～“图层6”，完成后的场景效果如图13-20所示。

图13-20 场景效果

11 完成基本网站导航动画的制作，执行“文件>保存”命令，将文件保存为“13-1.fla”，测试动画效果如图13-21所示。

图13-21 测试动画效果

实例小结

本实例所制作的导航动画在网络应用上是非常常见的，也是一个网站必备的，好的导航动画可以为网页加分增值，也可以为浏览者带来方便快捷的导航作用，通过本实例的学习，读者可掌握基本网站导航的制作方法与操作技巧。

13.2 体育信息导航

难易程度 ★★☆☆☆

案例文件	光盘\源文件\第13章\13-2.fla
视频文件	光盘\视频\第13章\13-2.swf
学习时间	40分钟

制作要点

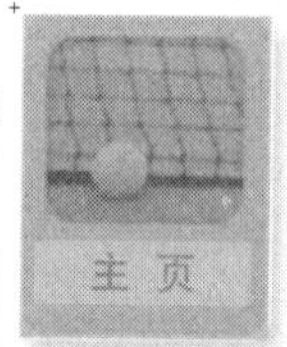

1.制作主页项目“影片剪辑”元件动画。

2.返回到主场景，将背景图像导入到场景中，并制作动画。

3.将制作好的元件从“库”面板中拖入到场景中，并制作动画。

4.完成动画的制作，测试动画效果。

13.3 网站导航

难易程度 ★★★☆☆

案例文件	光盘\源文件\第13章\13-3.fla
视频文件	光盘\视频\第13章\13-3.swf
学习时间	45分钟

制作要点

首先为元件设置“实例名称”，再通过脚本语言控制设置实例名称的元件。

思路分析

本实例通过制作网站导航，向读者讲解实例名称的设置，以及如何通过脚本语言控制影片剪辑元件，从而制作出本实例的网站导航效果，测试动画效果如图13-22所示。

图13-22 测试动画效果

制作步骤

1 执行“文件>新建”命令，新建一个Flash文档，如图13-23所示，新建文档后，单击“属性”面板上的“属性”标签下的“编辑”按钮 编辑... ，在弹出的“文档设置”对话框中进行设置，如图13-24所示，单击“确定”按钮。

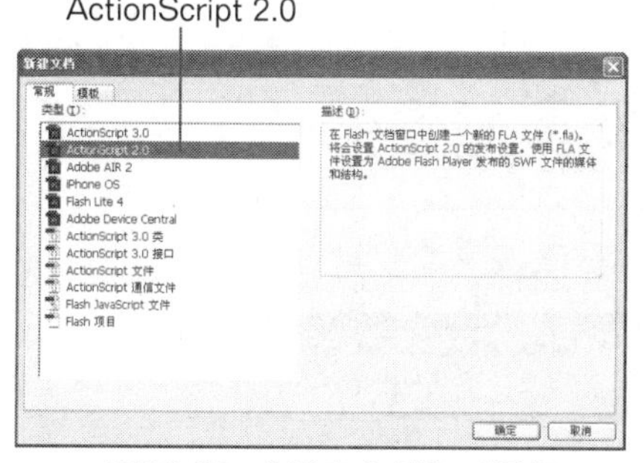

图13-23 “新建文档”对话框

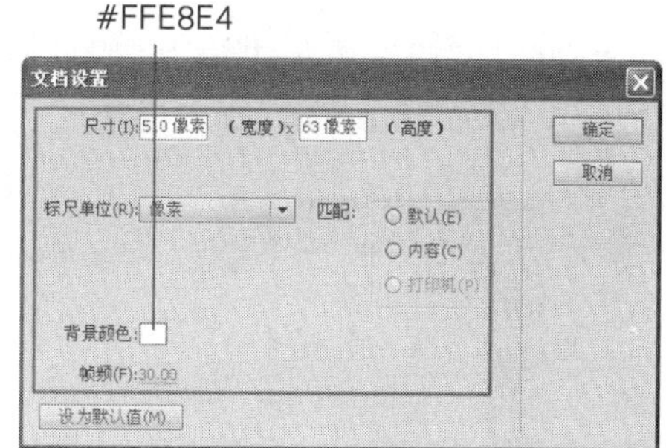

图13-24 “文档设置”对话框

2 新建“名称”为“反应区”的“按钮”元件，在“点击”帧插入关键帧，使用“矩形工具”，在场景中绘制矩形，如图13-25所示。新建“名称”为“下载动画”的“影片剪辑”元件，使用“文本工具”，在“属性”面板上进行设置，如图13-26所示。

图13-25 绘制矩形

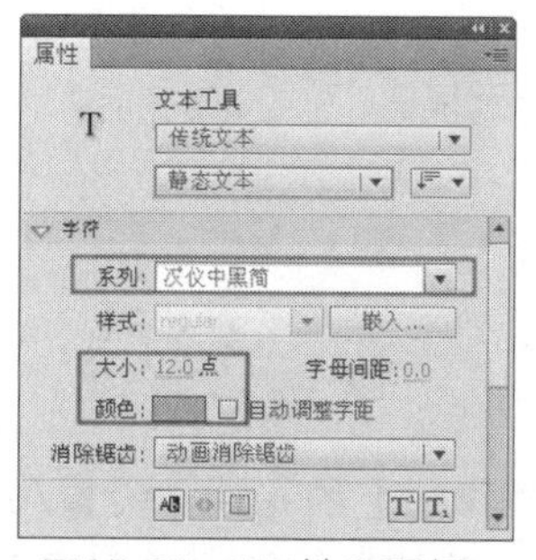

图13-26 “属性”面板

> **技巧** 执行“窗口>属性”命令，可以打开“属性”面板，按快捷键Ctrl+F3，也可以打开“属性”面板。

3 在场景中输入文本，并将文本分离成图形，如图13-27所示，将文本转换成“名称”为“下载”的“图形”元件，在第10帧插入关键帧，选择场景中的元件，在“属性”面板上进行设置，如图13-28所示。

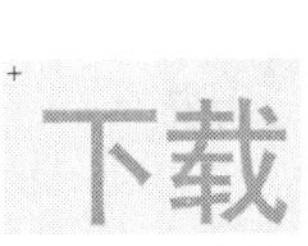
图13-27 文本效果

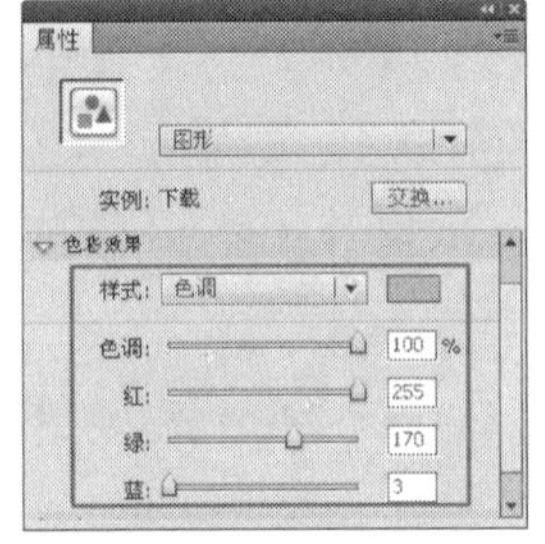
图13-28 “属性”面板

4 完成后的元件效果如图13-29所示，设置第1帧上的“补间”类型为“传统补间”。新建“图层2”，将“反应区”元件从“库”面板中拖入到场景中，如图13-30所示。

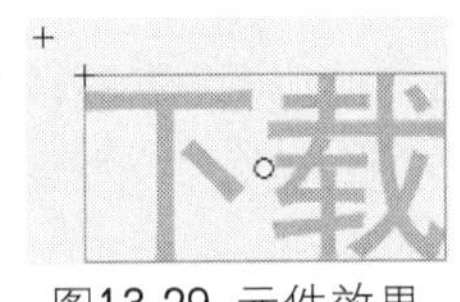
图13-29 元件效果

图13-30 拖入元件

5 在“动作-按钮”面板中输入如图13-31所示的脚本语言，新建“图层3”，在“动作-帧”面板中输入“stop();”脚本语言，“时间轴”面板如图13-32所示。

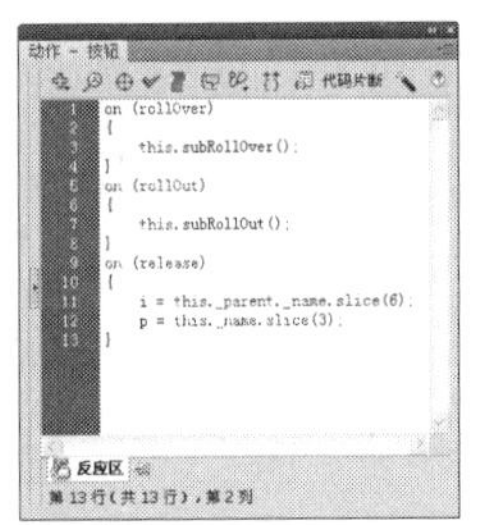
图13-31 输入脚本语言

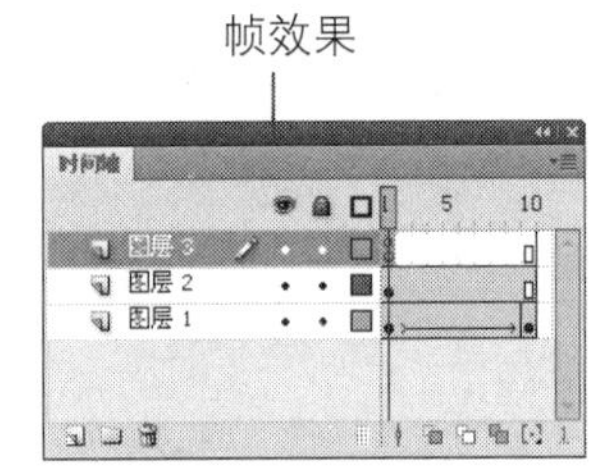

图13-32 “时间轴”面板

6 新建“名称”为“初入舞林动画”的“影片剪辑”元件，将图像“光盘\源文件\第13章\素材\13405.png”导入到场景中，如图13-33所示。在第20帧插入帧，新建“图层2”，在第2帧插入关键帧，将图像13406.png导入到场景中，如图13-34所示，将图像转换成“名称”为“初入舞林”的“图形”元件。

图13-33 导入图像

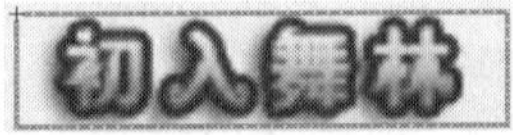

图13-34 导入图像

7 在第13帧插入关键帧，选择第2帧上的元件，设置Alpha值为0%，如图13-35所示，设置第2帧上的“补间”类型为“传统补间”。新建“图层3”，在第7帧插入关键帧，将“下载动画”元件从“库”面板中拖入到场景中，如图13-36所示。

图13-35 元件效果

图13-36 拖入元件

8 在“属性”面板上设置“实例名称”为sub1，如图13-37所示。在第13帧插入关键帧，设置第1帧上元件的Alpha值为0%，如图13-38所示，设置第1帧上的“补间”类型为“传统补间”。

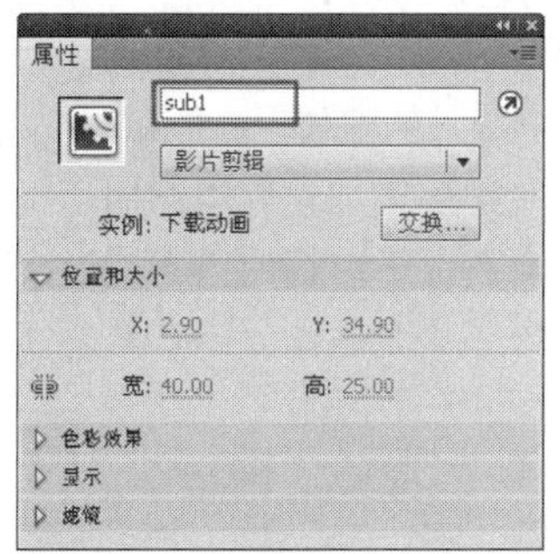

图13-37 设置“实例名称”

图13-38 元件效果

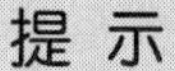

提 示

为元件设置实例名称的目的是利用脚本语言控制动画。

9 根据“图层2”的制作方法，制作出“图层3”～“图层7”，场景效果如图13-39所示，“时间轴”面板如图13-40所示。

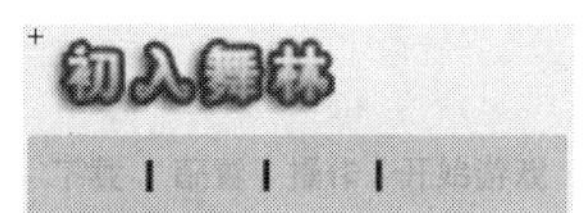

图13-39 场景效果

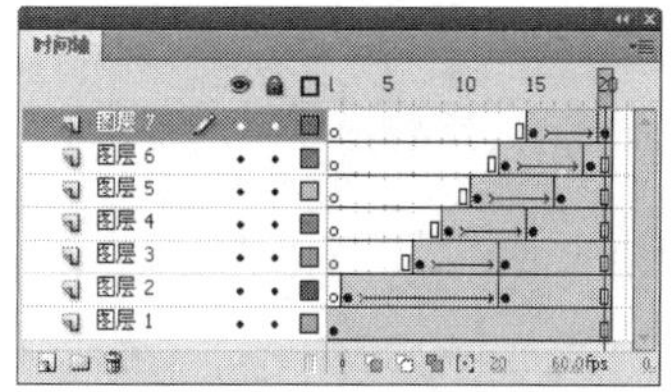

图13-40 “时间轴”面板

10 新建“图层8”，将“反应区”元件从“库”面板中拖入到场景中，如图13-41所示，在“动作-按钮”面板中输入如图13-42所示的脚本语言，新建“图层9”，在“动作-帧”面板中输入“stop();”脚本语言。

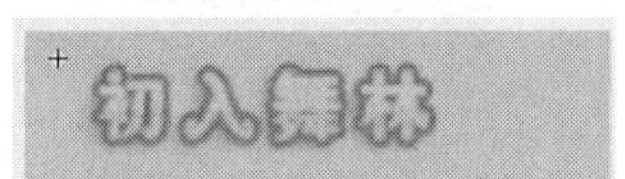

图13-41 拖入元件

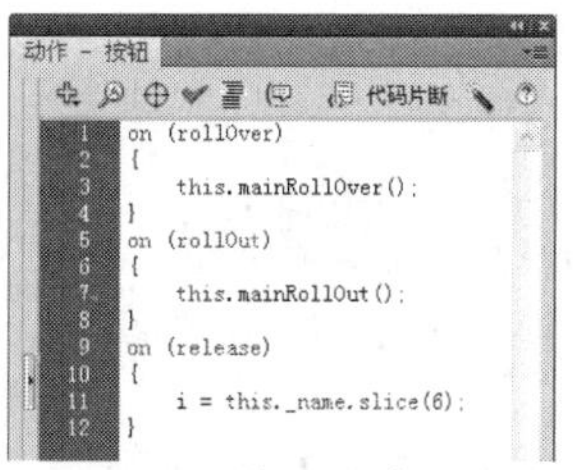

图13-42 输入脚本语言

11 根据“初入舞林动画”元件的制作方法，制作出“狂舞资讯动画”、“狂舞特色动画”和“狂舞论坛动画”元件，元件效果如图13-43所示。

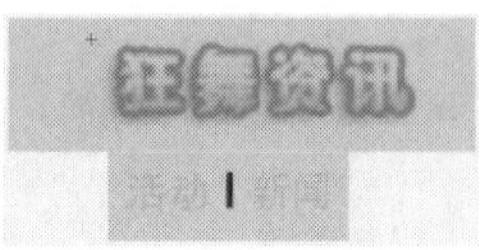

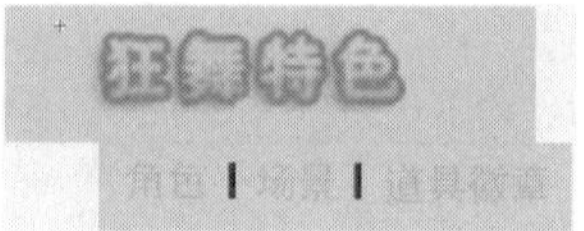

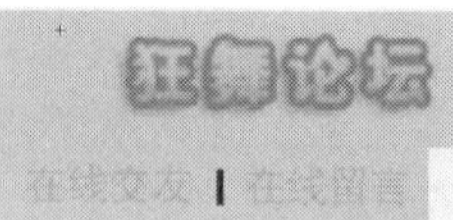

图13-43 元件效果

12 新建“名称”为“背景条动画”的“影片剪辑”元件，将图像13402.png导入到场景中，如图13-44所示，新建“图层2”，将图像13401.png导入到场景中，如图13-45所示，并将其转换成“名称”为“条”的“影片编辑”元件，设置“实例名称”为back。

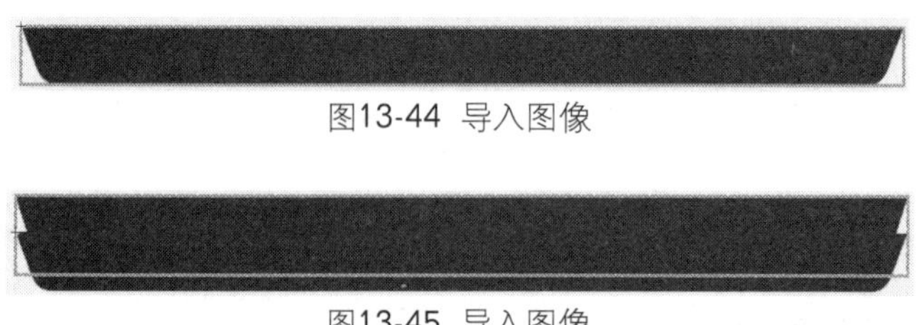

图13-44 导入图像

图13-45 导入图像

> **提 示**
>
> 本步骤中导入的图像，在Flash中使用基本绘图工具就可以绘制出来，本实例由于篇幅的原因，没有绘制图形，而是作为一张素材图像导入到场景中的。

13 新建“名称”为“游戏指南”的“按钮”元件，使用“文本工具”，设置“属性”面板如图13-46所示，在场景中输入文本，并将文本分离成图形，如图13-47所示。

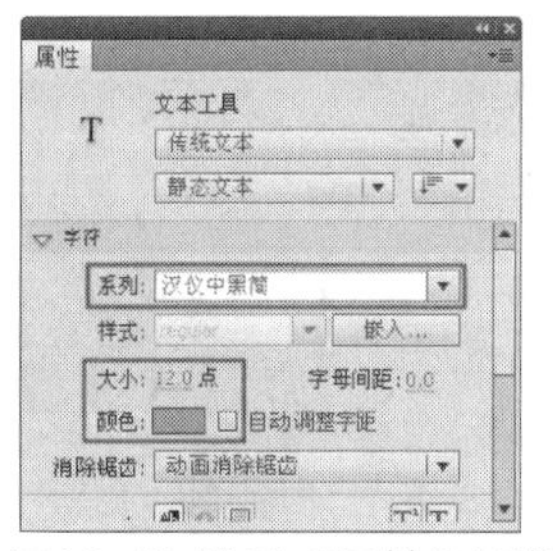

图13-46 设置“属性”面板

游戏指南

图13-47 文本效果

14 在“指针经过”帧插入关键帧，选择场景中的文本图形，设置“填充颜色”值为#000000，如图13-48所示，在“按下”帧插入关键帧，在“点击”帧插入空白关键帧，使用“矩形工具”，在场景中绘制矩形，如图13-49所示。

游戏指南

图13-48 设置文本图形的颜色

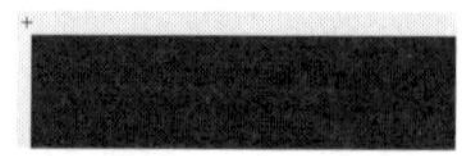

图13-49 绘制矩形

15 根据“游戏指南”元件的制作方法，制作出“测试首页”、“游戏测试”和“联系我们”元件，元件效果如图13-50所示。

游戏首页 游戏测试 联系我们

图13-50 元件效果

16 返回到“场景1”的编辑状态，将“背景条动画”元件从“库”面板中拖入到场景中，如图13-51所示，并设置“实例名称”为sub_back，在第2帧插入帧。新建“图层2”，将图像13403.png导入到场景中，如图13-52所示，新建“图层3”，将图像13404.png导入到场景中，如图13-53所示。

图13-51　拖入元件

图13-52　导入图像

图13-53　导入图像

17 新建“图层4”，将“初入舞林动画”元件从“库”面板中拖入到场景中，如图13-54所示，并将其转换成“名称”为“菜单”的“影片剪辑”元件，设置“实例名称”为menu_all，双击该元件进入到元件的编辑状态，如图13-55所示，设置“初入舞林动画”元件的“实例名称”为MainBt1。

图13-54　拖入元件

图13-55　进入元件的编辑状态

> **提　示**
>
> 将元件拖入到场景中后，进入到元件的编辑状态，可以方便快捷地观看到元件在场景中的显示位置。

18 新建“图层2”，将“狂舞资讯动画”元件从“库”面板中拖入到场景中，如图13-56所示，设置“实例名称”为MainBt2，根据“图层2”的制作方法，制作出“图层3”和“图层4”，完成后的场景效果如图13-57所示。

图13-56　拖入元件

图13-57　场景效果

19 返回到“场景1”的编辑状态，根据前面的制作方法，制作出“图层5”到“图层7”，场景效果如图13-58所示。新建“图层8”，打开外部库“光盘\源文件\第13章\素材\素材13-4.fla”，将“舞林大会动画”元件从“库-素材13-4.fla”面板中拖入到场景中，如图13-59所示。

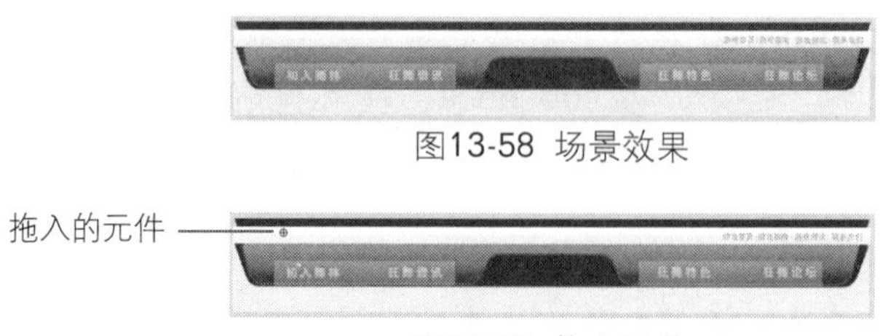

图13-58 场景效果

图13-59 拖入元件

20 新建“图层9”，将“网站文字动画”元件从“库-素材13-4.fla”面板中拖入到场景中，如图13-60所示。新建“图层10”，在“动作-帧”面板中输入如图13-61所示的脚本语言，在第2帧插入关键帧，在“动作-帧”面板中输入如图13-62所示的脚本语言。

图13-60 拖入元件

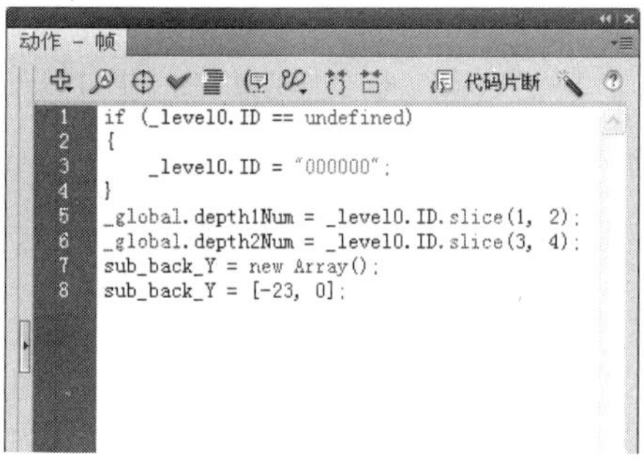

```
if (_level0.ID == undefined)
{
    _level0.ID = "000000";
}
_global.depth1Num = _level0.ID.slice(1, 2);
_global.depth2Num = _level0.ID.slice(3, 4);
sub_back_Y = new Array();
sub_back_Y = [-23, 0];
```

图13-61 输入脚本语言

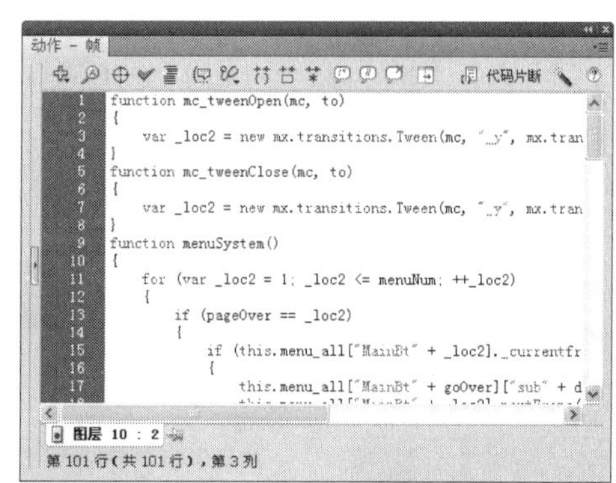

图13-62 输入脚本语言

21 完成网站导航的制作，执行“文件>保存”命令，将文件保存为“13-3.fla”，测试动画效果如图13-63所示。

图13-63 测试动画效果

实例小结

在本实例的制作过程中为大量的元件设置了实例名称，读者在制作过程中要注意实例名称的添加，如果少添加了实例名称，或实例名称设置的有错误，动画将无法正常运行，从而影响动画的播放效果。

13.4 儿童教学导航

案例文件 光盘\源文件\第13章\13-4.fla
视频文件 光盘\视频\第13章\13-4.swf
学习时间 35分钟

★★☆☆☆

制作要点

1.新建元件，制作按钮的动画效果。

2.返回到主场景，将背景图像导入到场景中。

3.新建图层，将制作好的元件拖入到场景中，并添加脚本语言。

4.完成动画的制作，测试动画效果。

13.5 游戏导航

案例文件 光盘\源文件\第13章\13-5.fla
视频文件 光盘\视频\第13章\13-5.swf
学习时间 35分钟

★☆☆☆☆

制作要点

首先制作子菜单中的动画，再制作菜单动画，最后在主场景中控制动画的播放。

思路分析

本实例主要通过制作游戏导航，向读者讲解利用简单的跳转脚本就可以制作出漂亮动感的导航动画，测试动画效果如图13-64所示。

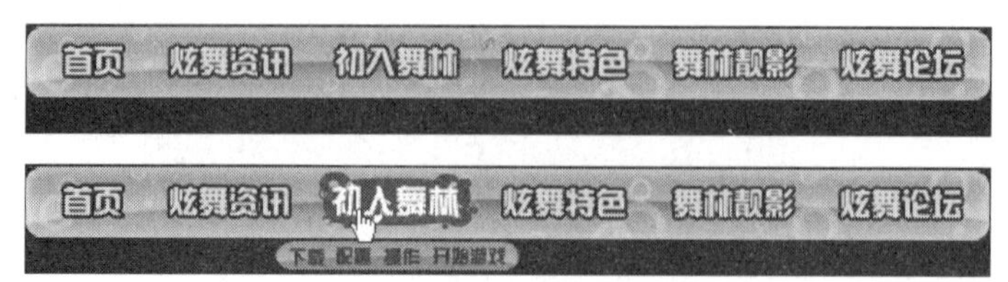

图13-64 测试动画效果

制作步骤

1 执行“文件>新建”命令，新建一个Flash文档，如图13-65所示，新建文档后，单击“属性”面板上的“编辑”按钮，在弹出的“文档设置”对话框中进行设置，如图13-66所示，单击“确定”按钮。

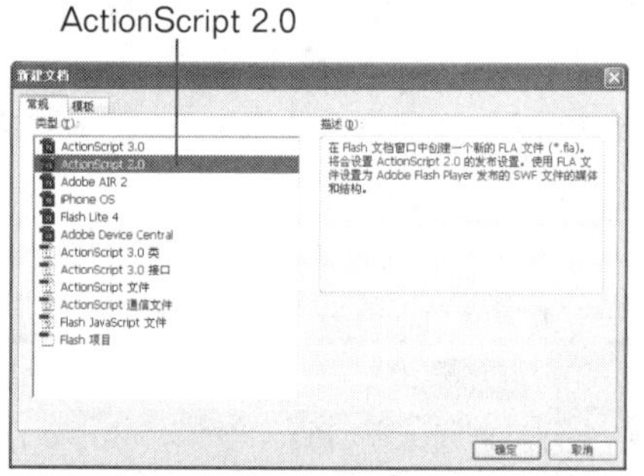

图13-65 “新建文档”对话框

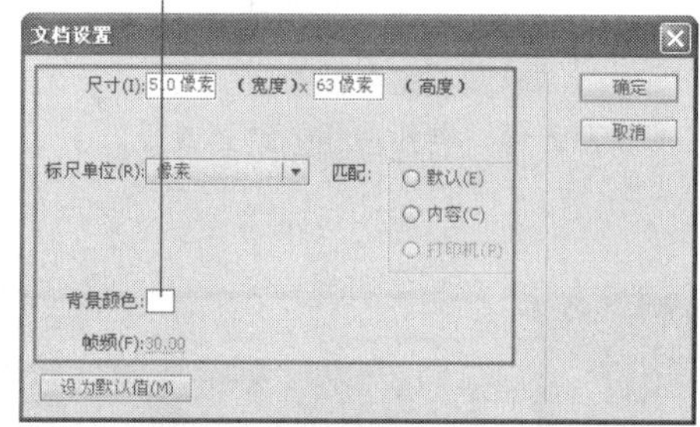

图13-66 “文档设置”对话框

2 新建“名称”为“公告按钮”的“按钮”元件，使用“文本工具”，设置“属性”面板如图13-67所示，在场景中输入文本，如图13-68所示，并将文本分离成图形。

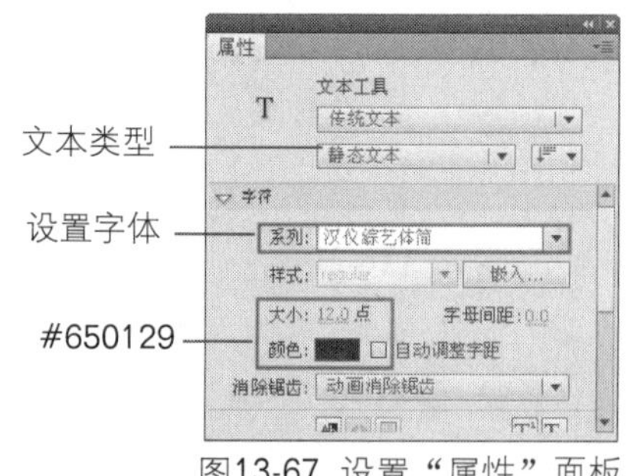

图13-67 设置“属性”面板

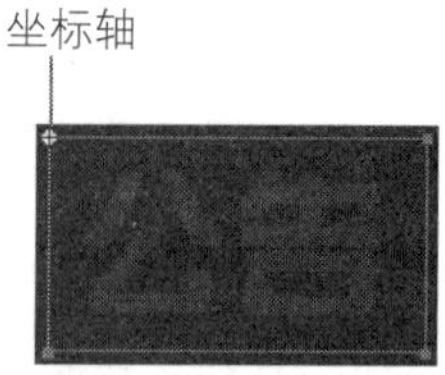

坐标轴

图13-68 输入文本

3 在“指针经过”帧插入关键帧，设置“填充颜色”值为#FFFFFF，文本图形如图13-69所示，分别在“按下”和“点击”帧插入关键帧，使用“矩形工具”，在场景中绘制矩形，如图13-70所示。

图13-69 文本图形效果

图13-70 绘制矩形

4 根据“公告按钮”元件的制作方法，制作出“活动按钮”元件和“新闻按钮”元件，元件效果如图13-71所示。

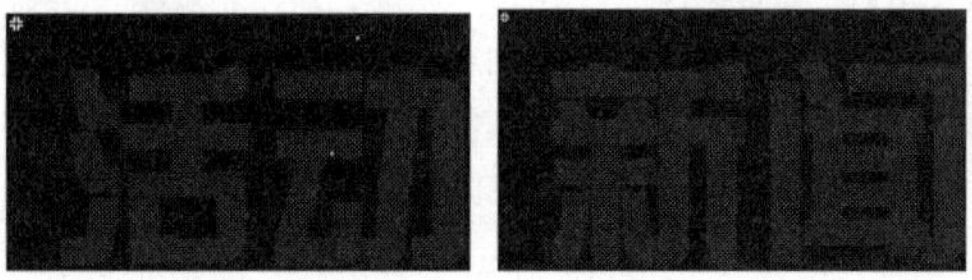

图13-71 元件效果

5 新建“名称”为“炫舞资讯动画”的“影片剪辑”元件，将外部库“光盘\源文件\第13章\素材\素材13-7.fla”打开，如图13-72所示，将“图形”元件从“库-素材13-7.fla”面板中拖入到场景中，并调整大小，如图13-73所示，在第15帧插入帧。

图13-72 “库-素材13-7.fla”面板

> **技巧** 对齐元件的坐标，可以在“属性”面板上的“位置和大小”标签下进行设置，也可以利用“对齐”面板进行对齐。

坐标轴

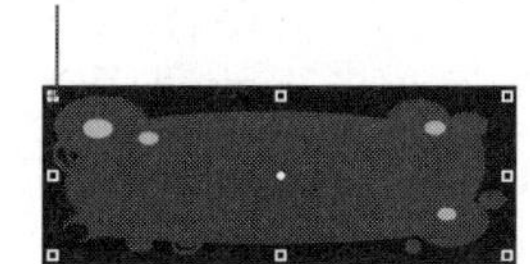

图13-73 元件效果

6 新建“图层2”，在场景中输入文本，并将文本分离成图形，如图13-74所示，新建“图层3”，将“音符动画”元件从“库-素材13-7.fla”面板中拖入到场景中，如图13-75所示。

图13-74 文本效果

拖入的元件

图13-75 拖入元件

7 新建“图层4”，在第3帧插入关键帧，将“圆角矩形”从“库-素材13-7.fla”面板中拖入到场景中，并调整大小，如图13-76所示，分别在第8帧和第10帧插入关键帧，使用“任意变形工具”，将第3帧上的元件进行调整，如图13-77所示，调整第8帧上的元件，如图13-78所示，分别为第3帧和第8帧添加“传统补间”。

图13-76 拖入元件

图13-77 将元件拉短

图13-78 将元件拉长

8 新建“图层5”，在第8帧插入关键帧，将“公告按钮”元件从“库”面板中拖入到场景中，如图13-79所示，在“动作-按钮”面板中输入如图13-80所示的脚本语言。

图13-79 拖入元件

图13-80 输入脚本语言

9 根据“图层5”的制作方法，制作出“图层6”和“图层7”，并在“动作-按钮”面板中输入相应的脚本语言，场景效果如图13-81所示，新建“图层8”，在第15帧插入关键帧，在“动作-帧”面板中输入“stop();”脚本语言，完成后的“时间轴”面板如图13-82所示。

图13-81 场景效果

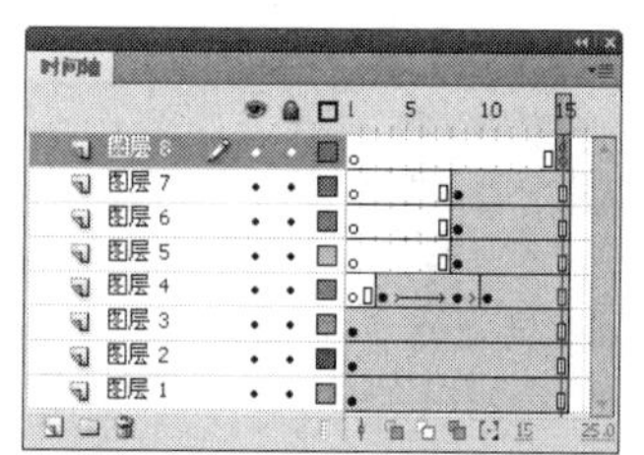

图13-82 完成后的“时间轴”面板

10 根据“炫舞资讯动画”元件的制作方法，制作出“首页动画”、“初入舞林动画”、“炫舞特色动画”、“舞林靓影动画”和“炫舞论坛动画”元件，元件效果如图13-83所示。

图13-83 元件效果

11 新建“名称”为“反应区”的“按钮”元件，在“点击”帧插入关键帧，使用“矩形工具”，在场景中绘制矩形，如图13-84所示，完成后的“时间轴”面板如图13-85所示。

图13-84 绘制矩形

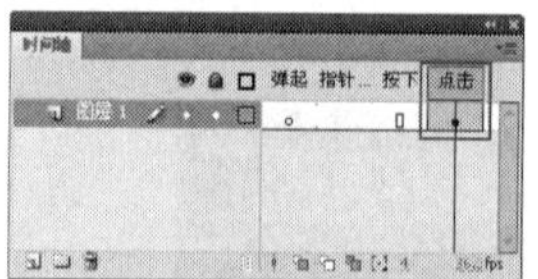

图13-85 “时间轴”面板

12 返回到“场景1”的编辑状态，将图像13701.png导入到场景中，如图13-86所示，在第7帧插入帧，新建“图层2”，在第2帧插入关键帧，将“首页动画”元件从“库”面板中拖入到场景中，如图13-87所示。

图13-86 导入图像

图13-87 拖入元件

13 在第3帧插入空白关键帧，将“炫舞资讯动画”元件从“库”面板中拖入到场景中，如图13-88所示，利用同样的制作方法，制作出第4~7帧，完成后的“时间轴”面板如图13-89所示。

图13-88 拖入元件

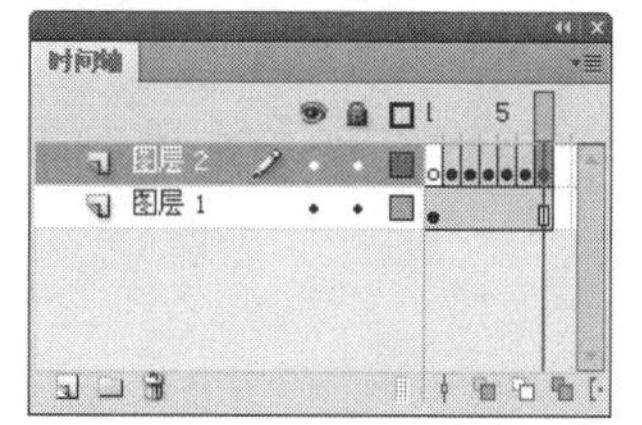

图13-89 完成后的“时间轴”面板

14 新建“图层3”，将“反应区”元件从“库”面板中拖入到场景中，如图13-90所示，并在“动作-按钮”面板中输入如图13-91所示的脚本语言。

图13-90 拖入元件

图13-91 输入脚本语言

提 示

在本步骤中输入的脚本语言的意思是：当鼠标指针释放或滑过该元件时，跳转到第2帧并停止播放，当释放鼠标指针时跳转到链接的网站。

15 根据“图层3”的制作方法，制作出“图层4”~“图层9”，并输入相应的脚本语言，完成后的场景效果如图13-92所示。新建“图层10”，分别在第2、3、4、5、6和7帧插入关键帧，并依次在“动作-帧”面板中输入“stop();”脚本语言，完成后的“时间轴”面板如图13-93所示。

图13-92 完成后的场景效果

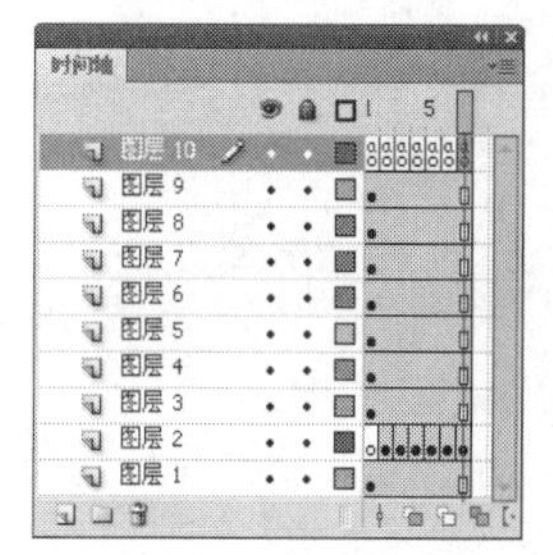

图13-93 完成后的“时间轴”面板

16 完成游戏导航动画的制作，执行“文件>保存”命令，将动画保存为“13-5.fla”，测试动画效果如图13-94所示。

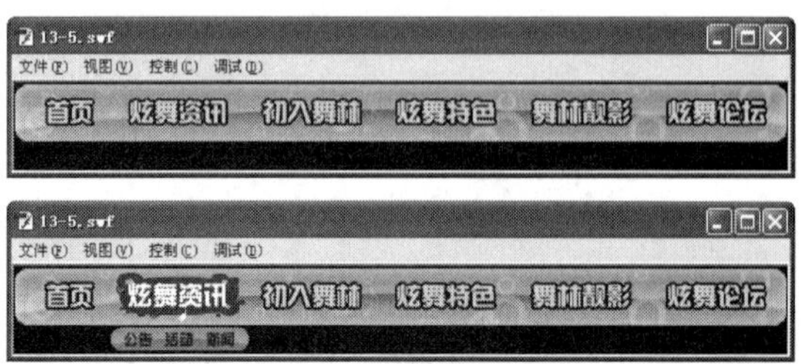

图13-94 测试动画效果

实例小结

本实例通过制作游戏导航动画，向读者解读利用简单的跳转脚本制作导航动画，通过本实例的学习，读者需要掌握利用脚本语言制作鼠标的4个事件。

13.6 楼盘导航

案例文件	光盘\源文件\第13章\13-6.fla
视频文件	光盘\视频\第13章\13-6.swf
学习时间	25分钟

难易程度 ★★☆☆☆

制作要点

WMDYD
绿鑫家园
东四环 朝阳路

1.新建元件，输入文本，制作文本的过光动画。

2.新建元件，制作导航项目动画，并输入相应的脚本语言。

3.返回到主场景，将制作好的元件依次拖入到场景中。

4.完成动画的制作，测试动画效果。

13.7　基本快速导航

案例文件　光盘\源文件\第13章\13-7.fla
视频文件　光盘\视频\第13章\13-7.swf
学习时间　20分钟

★★☆☆☆

制作要点

首先制作按钮元件，利用按钮的“点击”帧，制作反应区的效果，再为反应区按钮添加脚本语言，控制动画的跳转。

思路分析

在网站上可以看到各种各样的导航动画，本实例就向读者讲解快速导航动画的制作方法，快速导航与网站导航都是方便浏览者浏览网站的，通过在导航的项目中点击可以快速链接到相应的网页，测试动画效果如图13-95所示。

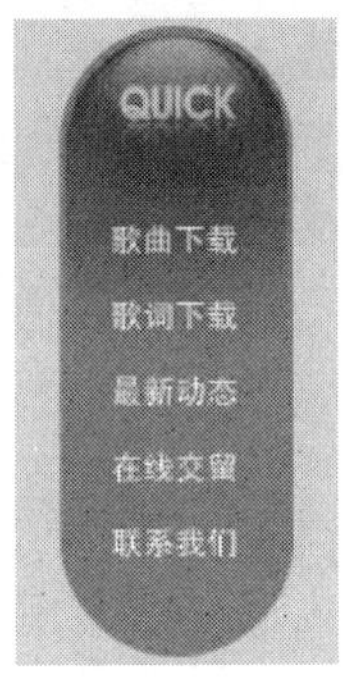

图13-95 测试动画效果

制作步骤

1 执行“文件>新建”命令，新建一个Flash文档，如图13-96所示，新建文档后，单击“属性”面板上的“编辑”按钮，在弹出的“文档设置”对话框中进行设置，如图13-97所示，单击“确定”按钮。

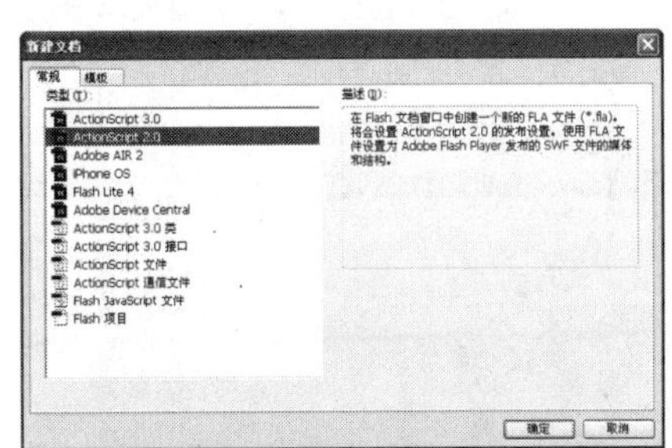

图13-96　“新建文档”对话框

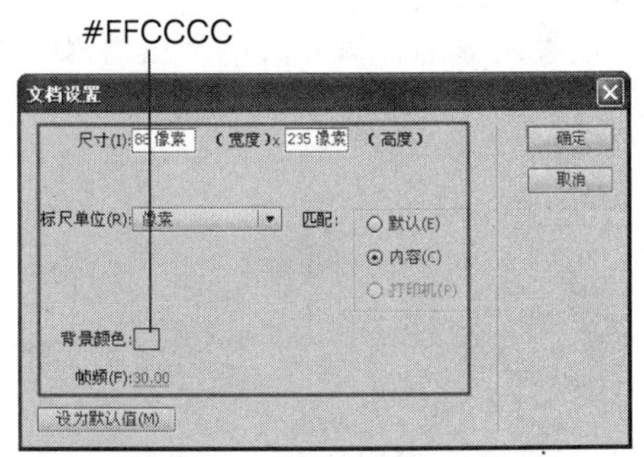

图13-97　“文档设置”对话框

2 新建"名称"为"歌曲下载动画"的"影片编辑"元件，使用"文本工具"，设置"属性"面板，如图13-98所示，在场景中输入文本，如图13-99所示，并将其转换成"名称"为"歌曲下载"的"图形"元件。

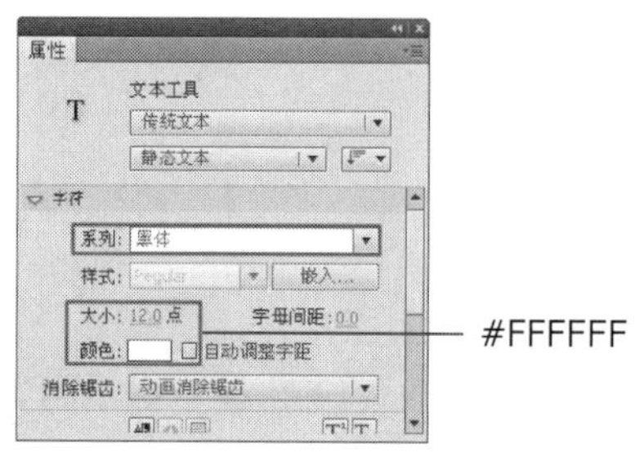

图13-98 设置"属性"面板

图13-99 输入文本

提 示

本步骤之所以没有将文本分离成图形，是因为"黑体"在Windows系统中是默认的字体，安装了Windows系统以后，就会自动安装此字体，所以实例中的字体没有分离成图形。

3 在第10帧插入关键帧，在"属性"面板上进行设置，如图13-100所示，元件效果如图13-101所示，设置第1帧上的"补间"类型为"传统补间"。

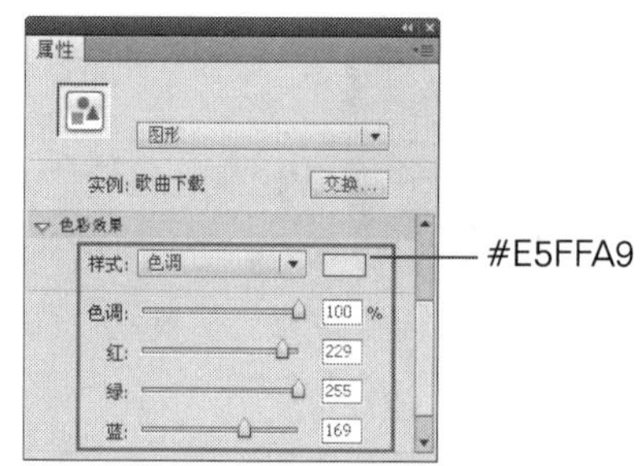

图13-100 设置"属性"面板

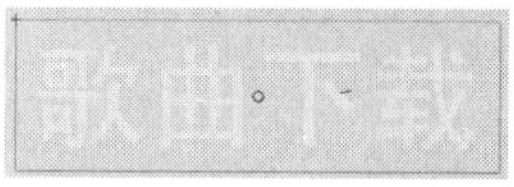

图13-101 元件效果

4 新建"图层2"，在第2帧插入关键帧，使用"矩形工具"，设置"笔触颜色"值为无，"填充颜色"值为0%的#FFFFFF，在场景中绘制矩形，如图13-102所示，在第10帧插入关键帧，设置矩形的"填充颜色"值为20%的#FFFFFF，如图13-103所示，设置第2帧上的"补间"类型为"补间形状"，并将"图层2"拖动到"图层1"下面。

图13-102 绘制矩形

图13-103 矩形效果

提 示

在本步骤中所绘制的矩形是完全透明的，在显示上是看不到的，本步骤是将矩形选中后的效果，目的是为了让读者看清楚矩形。

5 新建“图层3”，将“反应区”元件从“库”面板中拖入到场景中，如图13-104所示，在“动作-按钮”面板中输入如图13-105所示的脚本语言，新建“图层4”，在第10帧插入关键帧，分别选择第1帧和第10帧，依次在“动作-帧”面板中输入“stop();”脚本语言。

图13-104　拖入元件

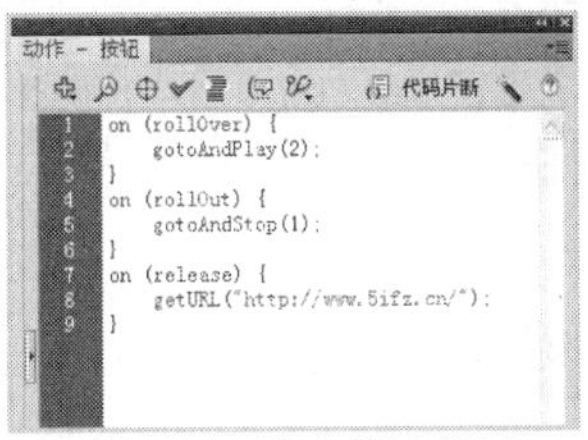

```
on (rollOver) {
    gotoAndPlay(2);
}
on (rollOut) {
    gotoAndStop(1);
}
on (release) {
    getURL("http://www.5ifz.cn/");
}
```

图13-105　输入脚本语言

提 示

本步骤中脚本语言的意思是：当鼠标滑过该按钮时，跳转到第2帧并进行播放，当鼠标滑离该按钮时，跳转到第1帧并停止播放，当释放该按钮后，跳转到链接的网站。

6 根据“歌曲下载动画”元件的制作方法，制作出“歌词下载动画”、“最新动态动画”、“在线交流动画”和“联系我们动画”元件，元件效果如图13-106所示。

图13-106　元件效果

7 返回到“场景1”的编辑状态，将图像“光盘\第13章\素材\131001.png”导入到场景中，如图13-107所示，新建“图层2”，将“歌曲下载动画”元件从“库”面板中拖入到场景中，如图13-108所示，根据“图层2”的制作方法，制作出其他图层，场景效果如图13-109所示。

图13-107 导入图像

图13-108 拖入元件

图13-109 场景效果

8 完成基本快速导航动画的制作，执行“文件>保存”命令，将文件保存为“13-7.fla”，测试动画效果如图13-110所示。

图13-110 最终效果

实例小结

在实例的制作过程中没有添加过多复杂的脚本语言，实例的主要目的就是让读者不用添加很复杂的脚本语言就可以制作网站的快速导航动画。

13.8 社区快速导航

案例文件	光盘\源文件\第13章\13-8.fla
视频文件	光盘\视频\第13章\13-8.swf
学习时间	25分钟

★★☆☆☆

制作要点

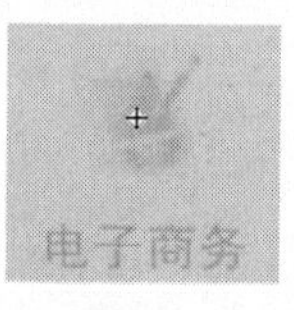

1.制作项目内容的影片剪辑元件。

2.将项目元件进行拼合。

3.返回到主场景，将制作好的元件，拖入到场景中，并添加相应的实例名称和脚本语言。

4.完成动画的制作，测试动画效果。

13.9　收缩式快速导航

案例文件	光盘\源文件\第13章\13-9.fla
视频文件	光盘\视频\第13章\13-9.swf
学习时间	35分钟

难易程度 ★★★☆☆

制作要点

利用传统补间制作图像的淡入淡出动画，通过为影片剪辑元件设置实例名称，并利用脚本语言控制动画的跳转。

思路分析

本实例主要制作一个网站常用的快速导航，本实例制作的收缩式快速导航，主要是以脚本语言实现动画的，测试动画效果如图13-111所示。

图13-111　测试动画效果

制作步骤

1 执行“文件>新建”命令，新建一个Flash文档，如图13-112所示，新建文档后，单击“属性”面板上的“编辑”按钮，在弹出的“文档设置”对话框中进行设置，如图13-113所示，单击“确定”按钮。

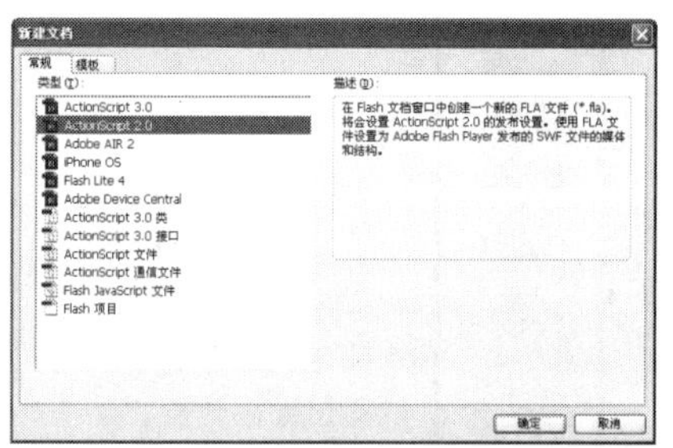

图13-112 “新建文档”对话框

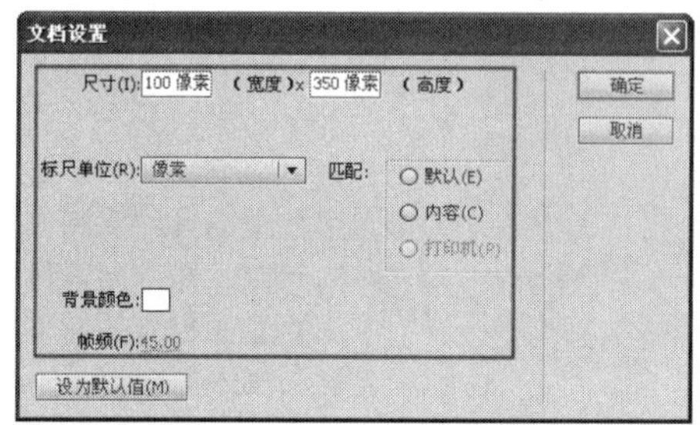

图13-113 “文档设置”对话框

2 新建“名称”为“在线浏览动画”的“影片剪辑”元件，将图像“光盘\源文件\第13章\素材\131302.png”导入到场景中，如图13-114所示，并将其转换成“名称”为“在线浏览图像”的“图形”元件，在第10帧插入关键帧，将元件水平向右移动，如图13-115所示。

图13-114 导入图像

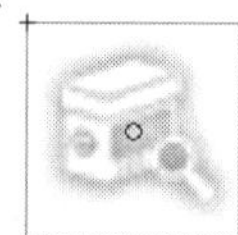

图13-115 水平向右移动元件

提 示

在使用“移动工具”移动元件时，按住Shift键的同时拖动元件，可以限制在水平或垂直位置进行移动。

3 选择元件，设置Alpha值为0%，设置第1帧上的“补间”类型为“传统补间”。新建“图层2”，将“在线浏览图像”元件从“库”面板中拖入到场景中，如图13-116所示，在第10帧插入关键帧，移动第1帧上元件的位置，如图13-117所示，为第1帧添加“传统补间”。

图13-116 拖入元件

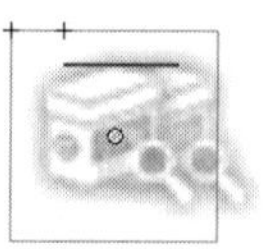

图13-117 水平向左移动元件

4 新建“图层3”，使用“矩形工具”在场景中绘制矩形，如图13-118所示，将“图层3”设置为“遮罩层”，将“图层1”设置为“被遮罩层”，新建“图层4”，将图像131303.png导入到场景中，如图13-119所示，新建“图层5”，在第10帧插入关键帧，分别选择第1帧和第10帧，依次在“动作-帧”面板中输入“stop();”脚本语言。

图13-118 绘制矩形

图13-119 导入图像

提 示

本步骤中所绘制的矩形之所以没有说明设置的参数，是因为该图层要作为“遮罩层”，遮罩层在测试动画时是不显示该层内容的，所以无须考虑参数设置。

5 根据“在线浏览动画”元件的制作方法，制作出“儿童乐园动画”、“关注儿童动画”、“儿童基金动画”和“在线交流动画”元件，元件效果如图13-120所示。

图13-120 元件效果

6 新建“名称”为“导航动画”的“影片剪辑”元件，将图像131301.png导入到场景中，如图13-121所示，将图像转换成“导航背景”的“图形”元件，在第15帧插入关键帧，将第1帧上的元件垂直向上移动，如图13-122所示，为第1帧添加“传统补间”。

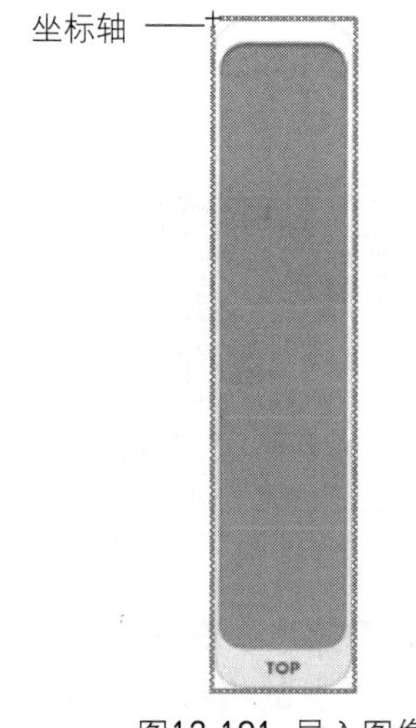

图13-121 导入图像

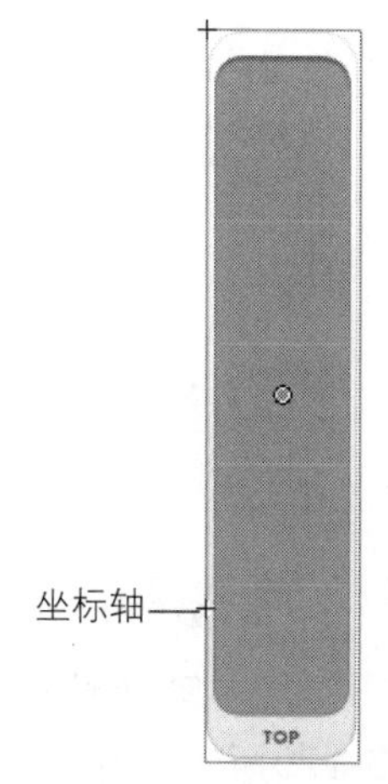

图13-122 垂直向上移动元件

7 新建“图层2”，使用“矩形工具”，在场景中绘制矩形，如图13-123所示，并将“图层2”设置为“遮罩层”，“时间轴”面板如图13-124所示。

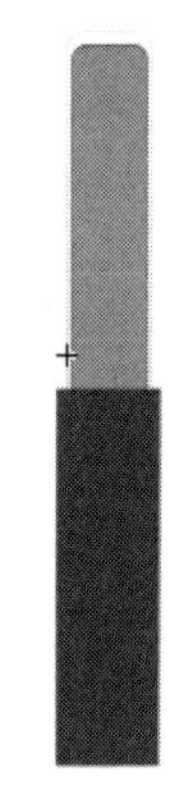

图13-123 绘制矩形

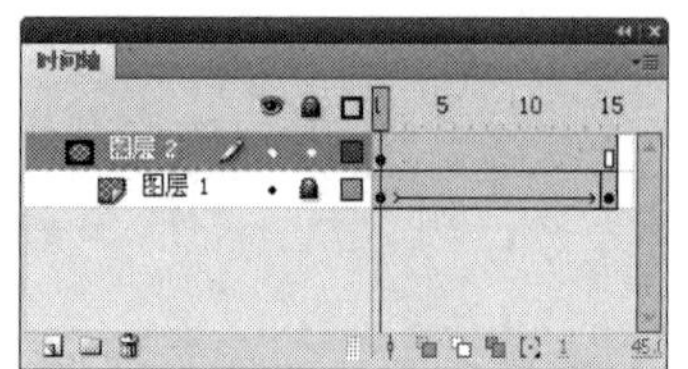

图13-124 “时间轴”面板

8 新建“图层3”，在第2帧插入关键帧，将“在线浏览动画”元件从“库”面板中拖入到场景中，如图13-125所示，并设置“实例名称”为mc1，在第5帧插入关键帧，将第1帧上的元件垂直向上移动，如图13-126所示，设置Alpha值为0%，并为第1帧添加“传统补间”。

图13-125 拖入元件

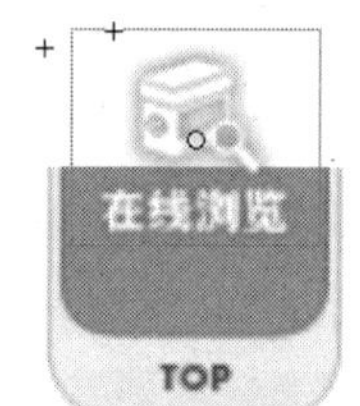

图13-126 垂直向上移动元件

9 根据“图层2”的制作方法，制作出“图层3”～“图层7”，完成后的场景效果如图13-127所示，“时间轴”面板如图13-128所示。

图13-127 完成后的场景效果

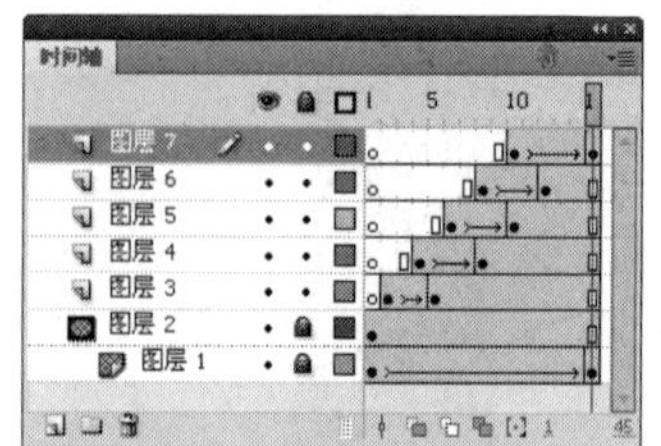

图13-128 “时间轴”面板

10 新建“图层8”，在第15帧插入关键帧，使用“矩形工具”，在场景中绘制矩形并进行调整，如图13-129所示，将图形转换成“名称”为“矩形”的“影片剪辑”元件，设置“实例名称”为close_btn，并设置Alpha值为0%，元件效果如图13-130所示。

图13-129 图形效果

图13-130 元件效果

> **提 示**
>
> 本步骤中绘制矩形的目的是用作反应区，当动画都制作完成后，测试动画时，当鼠标指针不在空白区域时，跳转到第1帧。

11 新建“图层9”，在“动作-帧”面板中输入“stop();”脚本语言，在第15帧插入关键帧，在“动作-帧”面板中输入如图13-131所示的脚本语言。

```
var myArray = Array("", "", "", "");
var overValue;
for (i = 1; i < 6; i++)
{
    this["mc" + i].onEnterFrame = function ()
    {
        if (this.active == true)
        {
            this.nextFrame();
            var _loc2 = this._name.substring(2);
            this._parent._parent.ch.gotoAndPlay("k" + _loc2);
        }
        else
        {
            this.prevFrame();
        }
    };
}
```

图层 9 : 15

第 61 行（共 61 行），第 3 列

图13-131 输入脚本语言

12 新建“名称”为“箭头动画”的“影片剪辑”元件，将图像131313.png导入到场景中，如图13-132所示，将其转换成“名称”为“箭头”的“图形”元件，在第5帧插入关键帧，使用“任意变形工具”将元件旋转，如图13-133所示。

图13-132 导入图像

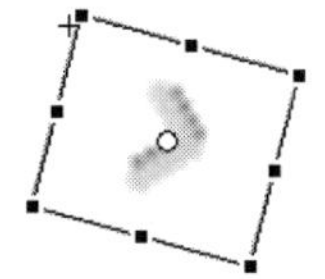

图13-133 将元件顺时针旋转

13 在第10帧插入关键帧，将元件旋转，如图13-134所示，分别为第1帧和第5帧添加“传统补间”，新建“图层2”，在“动作-帧”面板中输入“stop();”脚本语言，“时间轴”面板如图13-135所示。

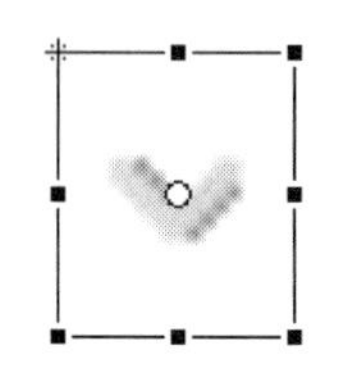

图13-134 旋转元件

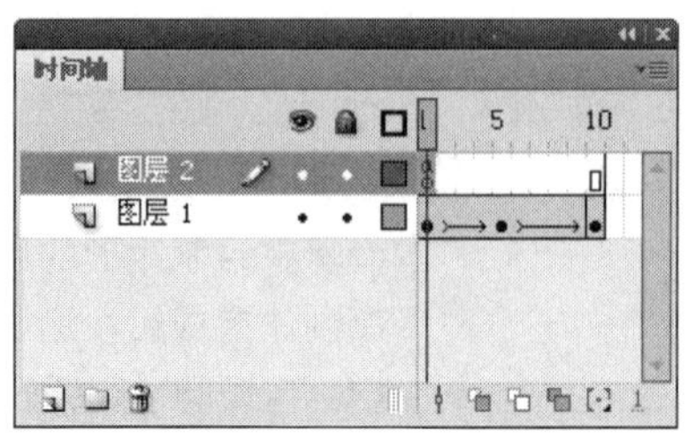

图13-135 “时间轴”面板

提 示

在旋转元件时，不仅可以使用“任意变形工具”进行旋转，也可以在“变形”面板中进行精确旋转。

14 返回到“场景1”的编辑状态，将“导航动画”元件从“库”面板中拖入到场景中，如图13-136所示，并设置“实例名称”为subchang，新建“图层2”，将图像131312.png导入到场景中，如图13-137所示，将其转换成“名称”为“儿童网”的“影片剪辑”元件，并设置“实例名称”为open_btn。

图13-136 拖入元件

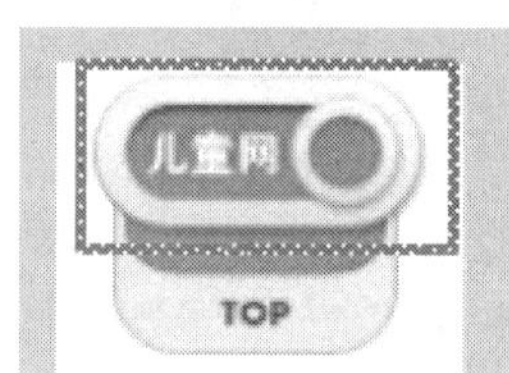

图13-137 导入图像

15 新建“图层3”，将“箭头动画”元件从“库”面板中拖入到场景中，如图13-138所示，并设置“实例名称”为zz，新建“图层4”，在“动作-帧”面板中输入如图13-139所示的脚本语言。

图13-138 拖入元件

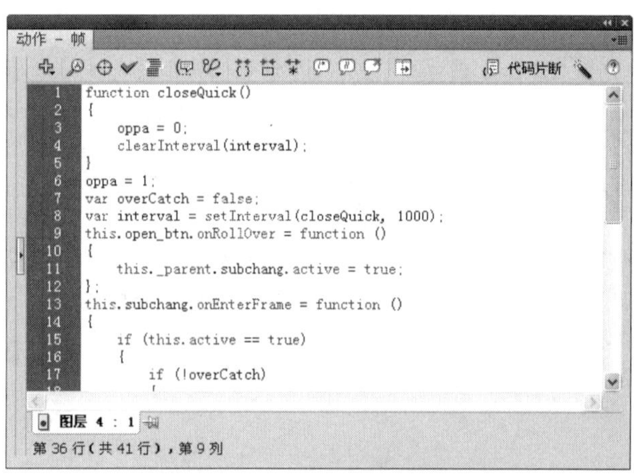

图13-139 输入脚本语言

16 完成收缩快速导航动画的制作，执行“文件>保存”命令，将文件保存为“13-9.fla”，测试动画效果如图13-140所示。

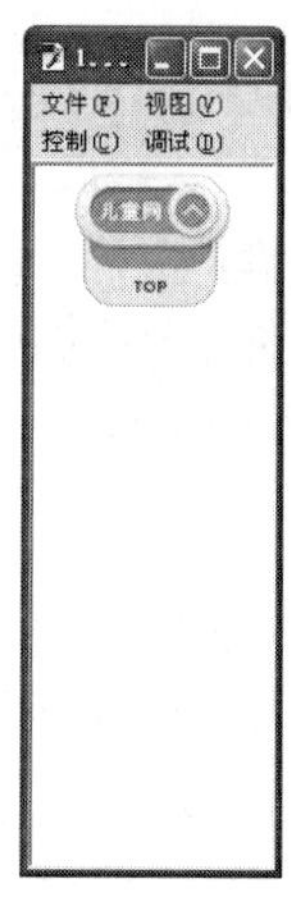

图13-140 测试动画效果

实例小结

本实例主要向读者讲解快速导航动画的制作方法与技巧，通过本实例的学习读者需要掌握如何利用脚本语言控制影片编辑元件，并能灵活运用。

13.10 类别快速导航

案例文件	光盘\源文件\第13章\13-10.fla
视频文件	光盘\视频\第13章\13-10.swf
学习时间	15分钟

难易程度 ★★☆☆☆

制作要点

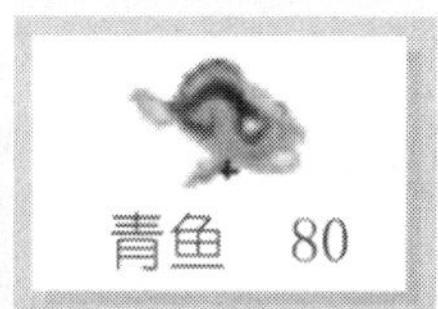

1.新建元件，制作项目的动画效果。

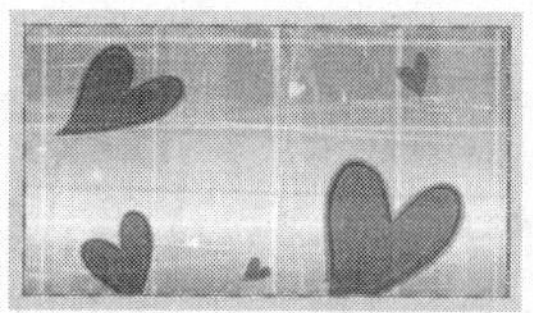

2.返回到主场景，将背景图像导入到场景中。

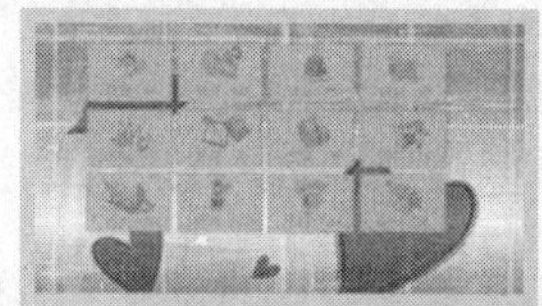

3.新建图层，将制作好的元件拖入到场景中，设置实例名称，并输入相应的脚本语言。

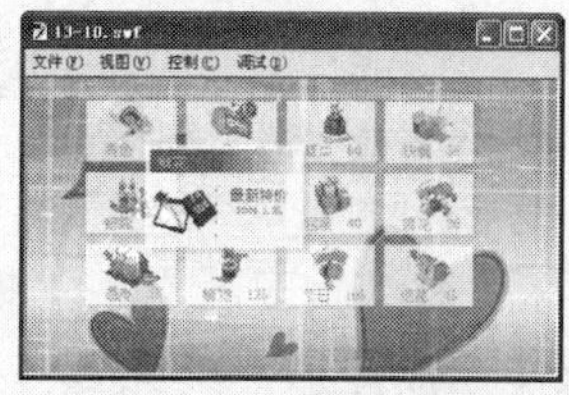

4.完成动画的制作，测试动画效果。

13.11 公司介绍菜单

案例文件 光盘\源文件\第13章\13-11.fla

视频文件 光盘\视频\第13章\13-11.swf

学习时间 25分钟

★★☆☆☆

制作要点

首先制作影片剪辑元件，然后制作主场景动画。

思路分析

本实例主要制作公司的介绍菜单动画，在制作菜单动画时不需要将动画制作的过于花俏，能够突出要展示的内容就可以了，菜单动画的主要目的就是让浏览者方便地查看到相应的内容，测试动画效果如图13-141所示。

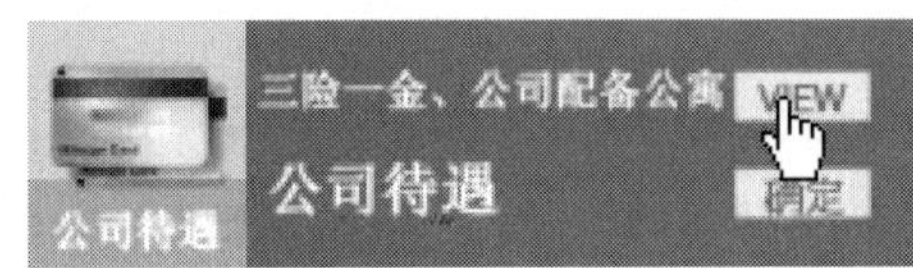

图13-141 测试动画效果

制作步骤

1 执行“文件>新建”命令，新建一个Flash文档，如图13-142所示，新建文档后，单击“属性”面板上的“编辑”按钮，在弹出的“文档设置”对话框中进行设置，如图13-143所示，单击“确定”按钮。

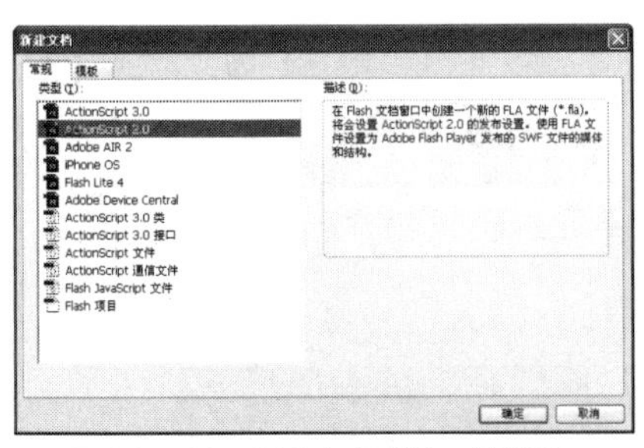

图13-142 “新建文档”对话框

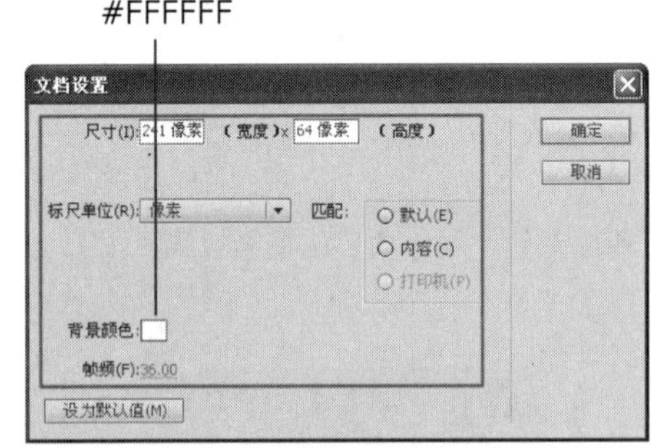

图13-143 “文档设置”对话框

2 新建“名称”为“反应区”的“按钮”元件，在“点击”帧插入关键帧，使用“矩形工具”，在场景中绘制矩形，如图13-144所示，“时间轴”面板如图13-145所示。

图13-144 绘制矩形

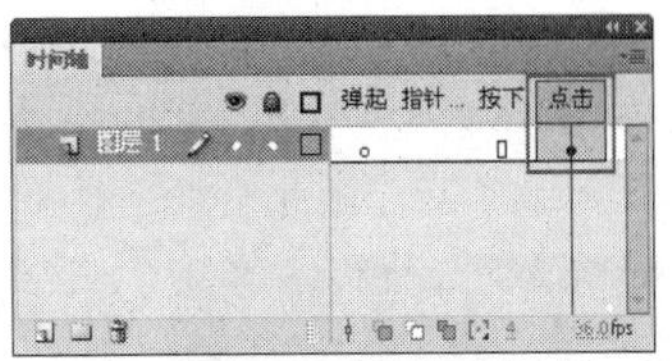
图13-145 “时间轴”面板

提 示

用于反应区的元件，不需要设置固定的尺寸大小，因为反应区是要多次使用的，每次需要的反应区大小都不可能相同，这时就要用到“任意变形工具”进行大小的调整。

3 新建“名称”为“公司介绍动画”的“影片剪辑”元件，将图像“光盘\源文件\第13章\素材\131601.jpg”导入到场景中，如图13-146所示，新建“图层2”，将“反应区”元件从“库”面板中拖入到场景中，并调整元件的大小，如图13-147所示。

图13-146 导入图像

图13-147 拖入元件并调整大小

4 在“动作-按钮”面板中输入如图13-148所示的脚本语言，根据“图层2”的制作方法，制作出“图层3”，完成后的场景效果如图13-149所示。

```
on (rollOver)
{
    _root.mcRollOver(1);
}
on (release) {
    getURL("http://www.5ifz.cn/");
}
```
图13-148 输入脚本语言

图13-149 场景效果

5 新建“图层4”，使用“矩形工具”，设置“笔触颜色”值为无，“填充颜色”值为#FFFFFF，在场景中绘制矩形，将转换成“名称”为“矩形”的“影片剪辑”元件，如图13-150所示，设置“实例名称”为btn1，如图13-151所示，将“图层4”拖动到“图层1”下面。

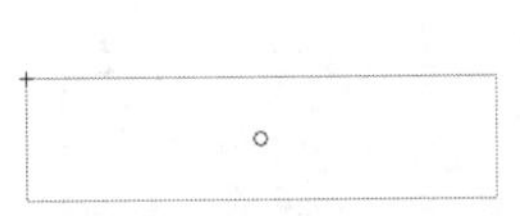
图13-150 元件效果

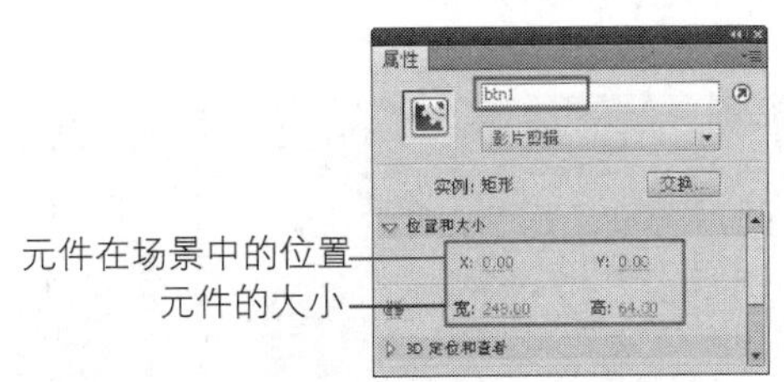

图13-151 设置“属性”面板

6 根据“公司介绍动画”元件的制作方法，制作出“节日礼品动画”、“公司待遇动画”和“联系方法动画”元件，元件效果如图13-152所示。

图13-152 元件效果

7 返回到“场景1”的编辑状态，将“公司介绍动画”元件从“库”面板中拖入到场景中，如图13-153所示，设置“实例名称”为slide1，利用同样的制作方法新建图层，将相应的元件拖入到场景中，并设置实例名称，场景效果如图13-154所示。

图13-153 拖入元件

图13-154 场景效果

8 新建“图层5”，在“动作-帧”面板中输入如图13-155所示的脚本语言。

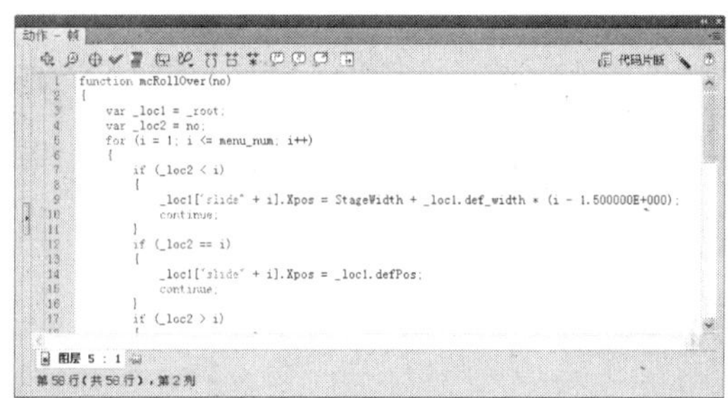

图13-155 输入脚本语言

提 示

由于篇幅的原因，在本步骤中输入的脚本语言没有全部显示，详细的脚本语言，读者可以参考源文件。

9 完成公司介绍动画的制作，执行“文件>保存”命令，将文件保存为“13-11.fla”，测试动画效果如图13-156所示。

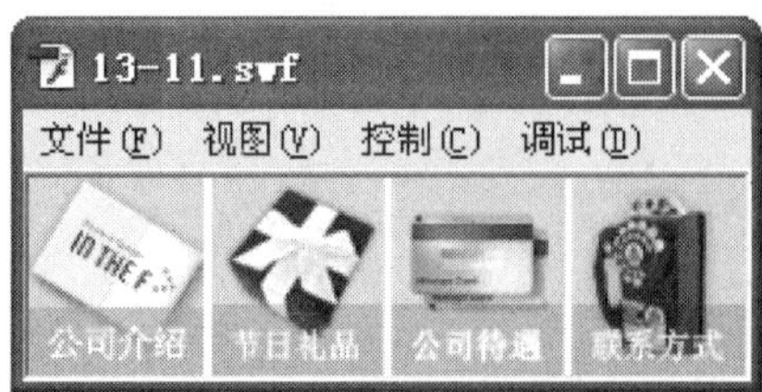

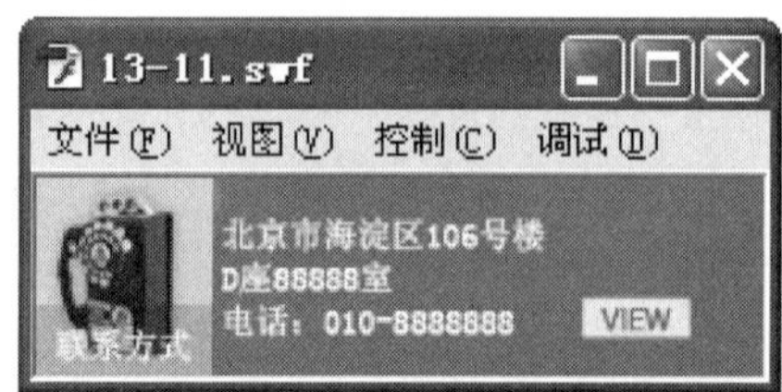

图13-156 测试动画效果

实例小结

在本实例的制作过程中应用了比较复杂的脚本语言，读者在制作过程中要注意脚本语言的添加，如果有脚本输入错误或是少输入了脚本，动画将无法正常播放。

13.12　快餐厅展示菜单

案例文件　光盘\源文件\第13章\13-12.fla

视频文件　光盘\视频\第13章\13-12.swf

学习时间　45分钟

★★★☆☆

制作要点

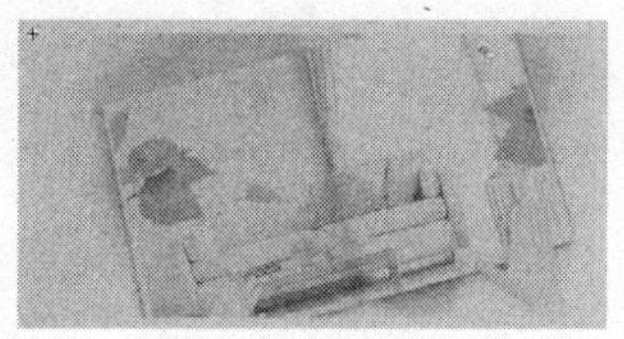

1.新建元件，将图像导入到场景中，新建图层，将反应区元件拖入到场景中，并添加脚本语言。

2.返回到主场景，将背景图像导入到场景中。

3.将制作好的元件拖入到场景中。

4.完成动画的制作，测试动画效果。

13.13 社区展示菜单

案例文件	光盘\源文件\第13章\13-13.fla
视频文件	光盘\视频\第13章\13-13.swf
学习时间	30分钟

★★☆☆☆

制作要点

通过在反应区元件上添加脚本语言，控制动画的跳转帧效果，从而制作出社区展示菜单动画效果。

思路分析

实例在制作的过程中没有应用到复杂的脚本，只是用到了跳转帧的脚本。通过在按钮元件上添加脚本，当鼠标指针滑离某个按钮元件时，就会跳转到相应的帧，测试动画效果如图13-157所示。

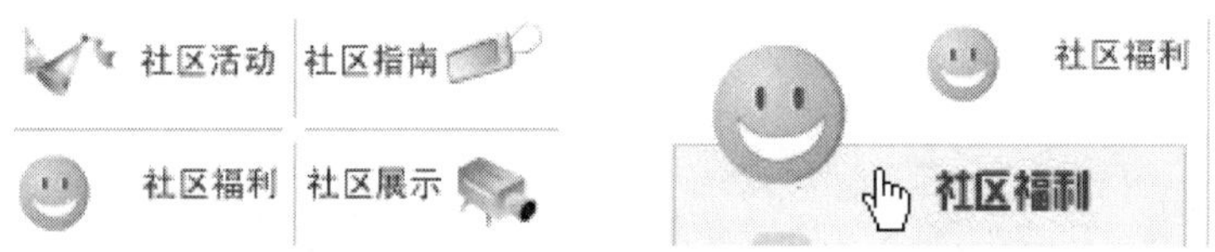

图13-157 测试动画效果

制作步骤

1 执行“文件>新建”命令，新建一个Flash文档，如图13-158所示，新建文档后，单击“属性”面板上的“编辑”按钮，在弹出的“文档设置”对话框中进行设置，如图13-159所示，单击“确定”按钮。

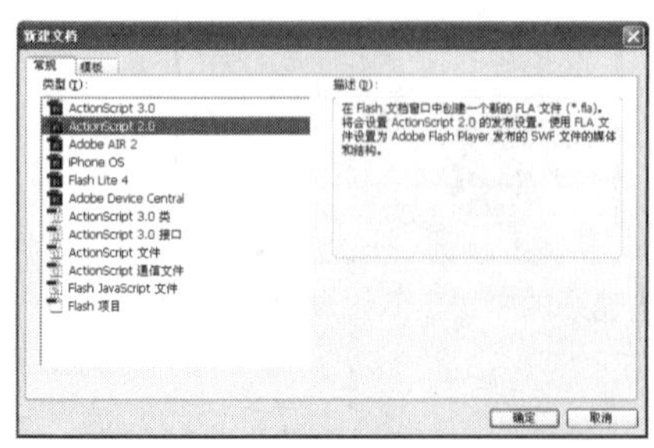

图13-158 “新建文档”对话框

#FFFFFF

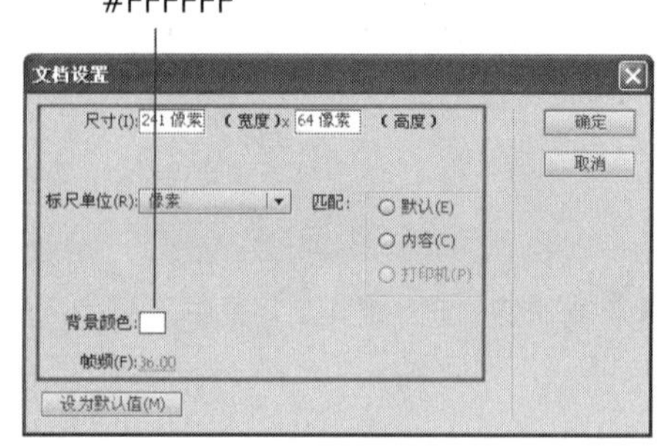

图13-159 “文档设置”对话框

2 新建“名称”为“反应区”的“按钮”元件，在“点击”帧插入关键帧，使用“矩形工具”，在场景中绘制矩形，如图13-160所示，“时间轴”面板如图13-161所示。

图13-160 绘制矩形

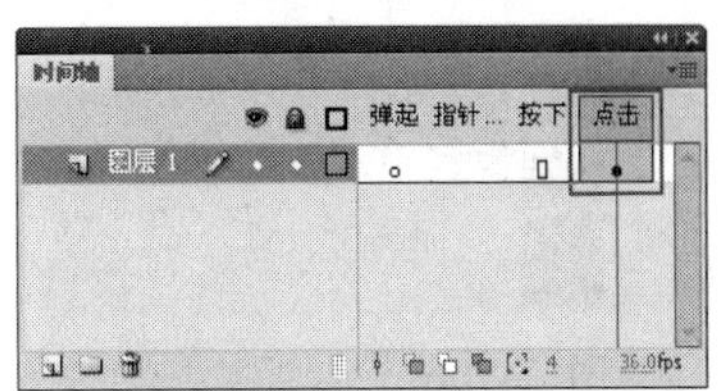

图13-161 “时间轴”面板

3 返回到“场景1”的编辑状态，将图像“光盘\源文件\第13章\素材\131901.png”导入到场景中，如图13-162所示，并将其转换成“名称”为“图像”的“图形”元件，分别在第15、30、45、60、75、90、105和120帧插入关键帧，将第15帧上的元件移动到如图13-163所示的位置。

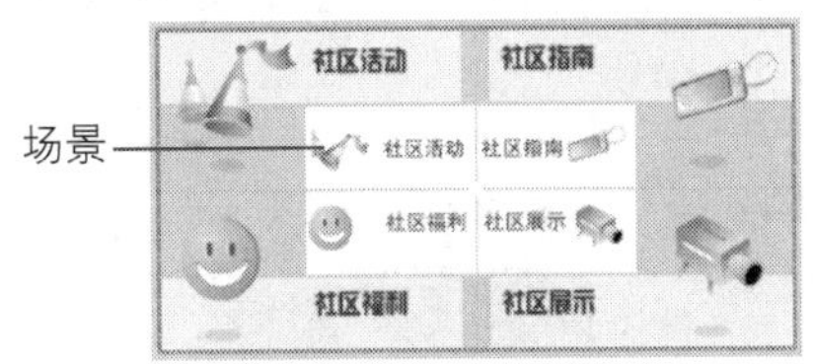

图13-162 导入图像

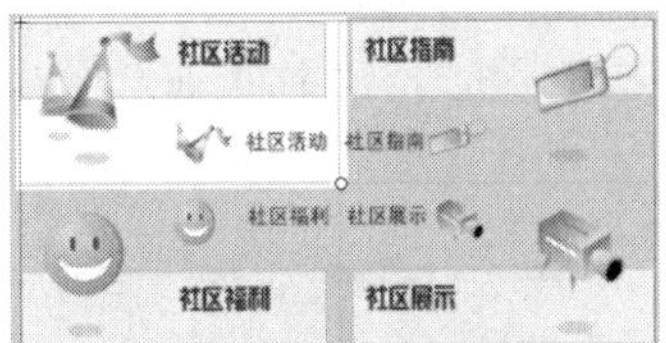

图13-163 向右下角移动元件

4 将第45帧上的元件向左下角移动，如图13-164所示，将第75帧上的元件向右上角移动，如图13-165所示。

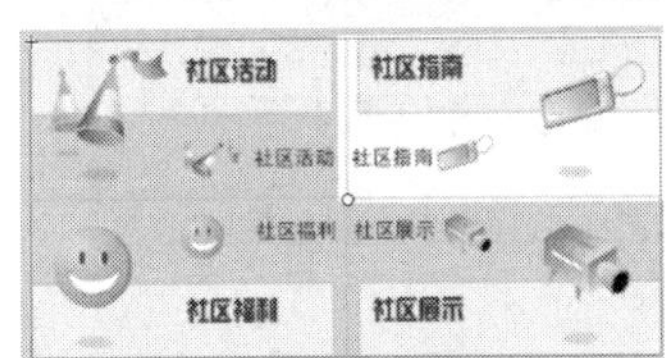

图13-164 移动元件

图13-165 移动元件

5 将第105帧上的元件向左上角移动，如图13-166所示，分别为第1、15、30、45、60、75、90和105帧添加“传统补间”，新建“图层2”，将“反应区”元件从“库”面板中拖入到场景中，并调整大小，如图13-167所示。

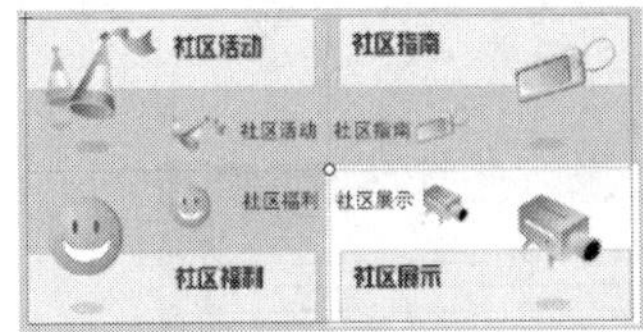

图13-166 元件效果

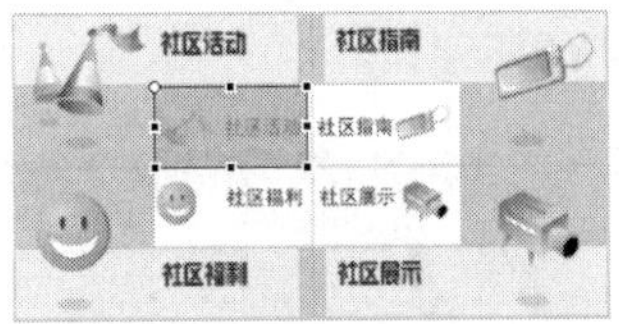

图13-167 设置“属性”面板

6 在“动作-按钮”面板中输入如图13-168所示的脚本语言，分别在第15、30、45、60、75、90、105和120帧插入关键帧，使用“任意变形工具”，将第15帧上的元件扩大，如图13-169所示。

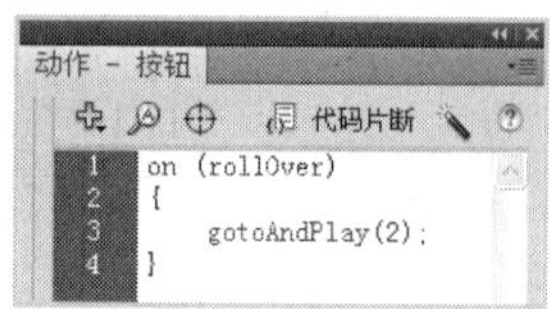

图13-168 输入脚本语言

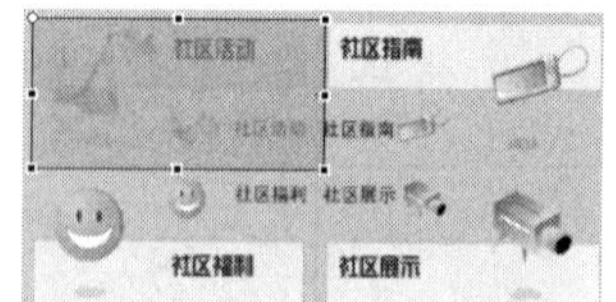

图13-169 扩大元件

提 示

在本步骤中添加的脚本语言的意思是：当鼠标滑离该元件时，跳转到第2帧。

7 在“动作-按钮”面板中修改脚本语言，如图13-170所示，利用同样的制作方法，完成其他帧的制作，并修改脚本语言内容，完成后的场景效果如图13-171所示，并在相应的帧上插入空白关键帧，“时间轴”面板如图13-172所示。

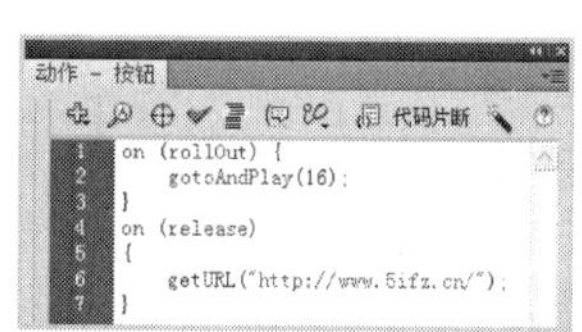

图13-170 修改脚本语言

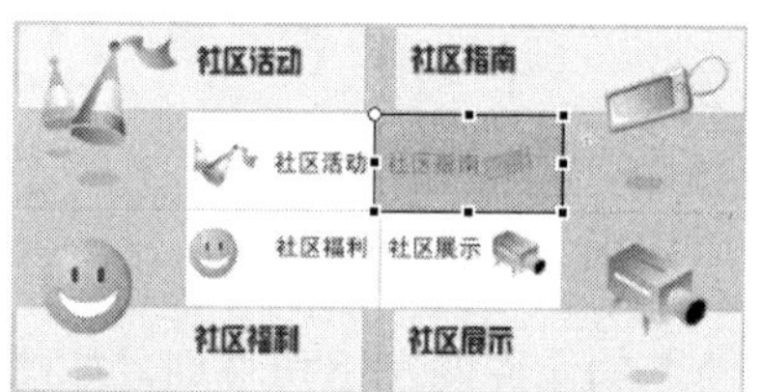

图13-171 完成后的场景效果

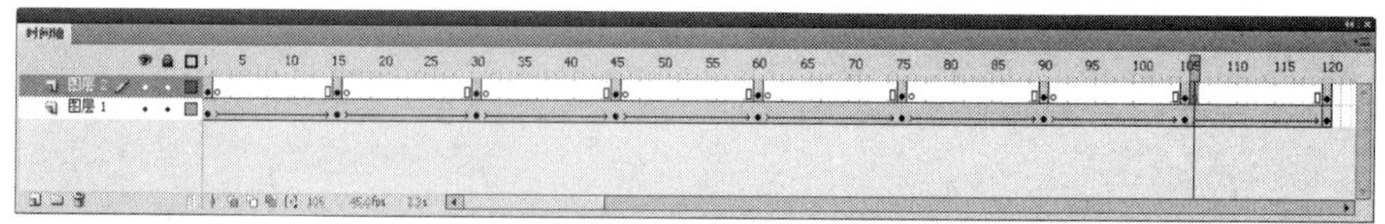

图13-172 “时间轴”面板

提 示

在本步骤中添加的脚本语言的意思是：当鼠标滑离该元件时，跳转到第16帧，当释放鼠标后跳转到链接的网页。

8 根据“图层2”的制作方法，制作出“图层3”～“图层5”，完成后的“时间轴”面板如图13-173所示。

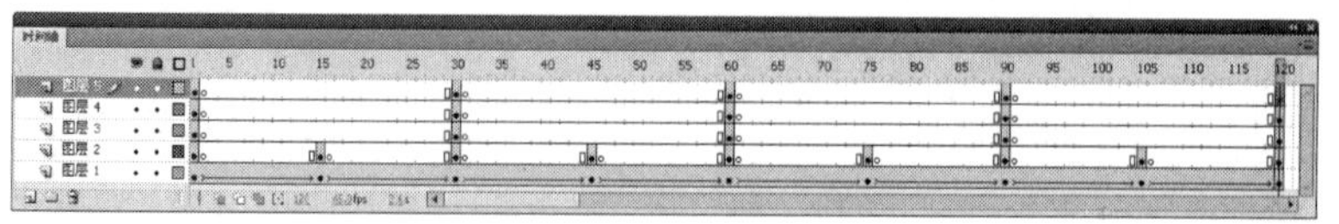

图13-173 完成后的“时间轴”面板

提 示

由于篇幅的原因，在本步骤中制作出的动画，与“图层2”的制作方法基本相同，详细制作方法读者可以参看源文件。

9 新建“图层6”，在相应的帧上插入关键帧，并依次在“动作-帧”面板中输入“stop();”脚本语言，完成后的“时间轴”面板如图13-174所示。

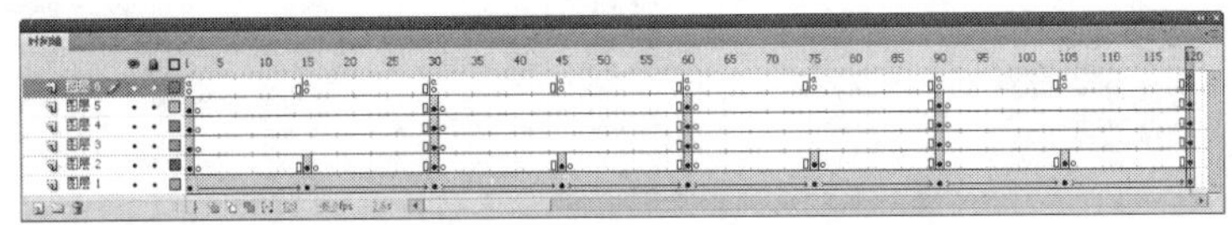

图13-174 完成后的“时间轴”面板

10 完成社区展示菜单动画的制作，执行“文件>保存”命令，将文件保存为“13-13.fla”，测试动画效果如图13-175所示。

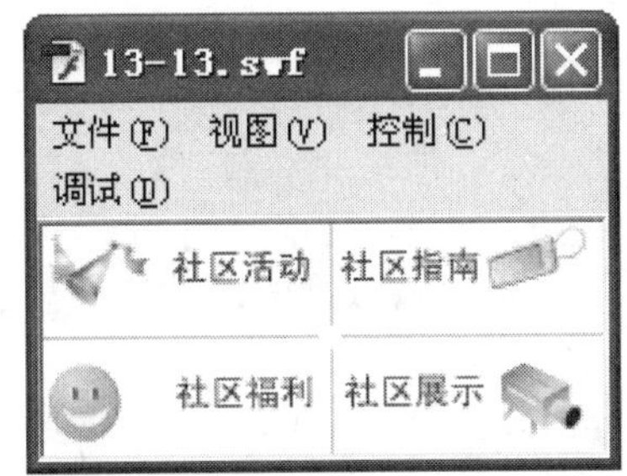

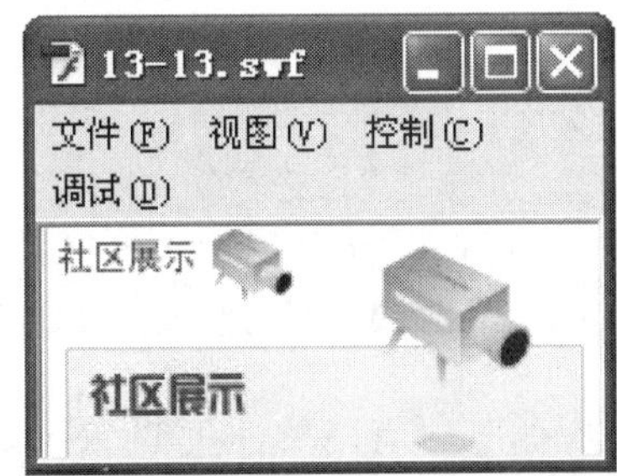

图13-175 测试动画效果

实例小结 >>>>>>>>>>

本实例主要通过制作社区展示菜单动画向读者讲解利用简单的脚本语言制作跳转效果，通过本实例的学习，读者需要掌握如何添加鼠标事件脚本以及getURL的应用。

13.14 MP3展示菜单

案例文件 光盘\源文件\第13章\13-14.fla

视频文件 光盘\视频\第13章\13-14.swf

学习时间 25分钟

★★☆☆☆

制作要点 >>>>>>>>>>

1.新建元件，制作点击按钮效果。

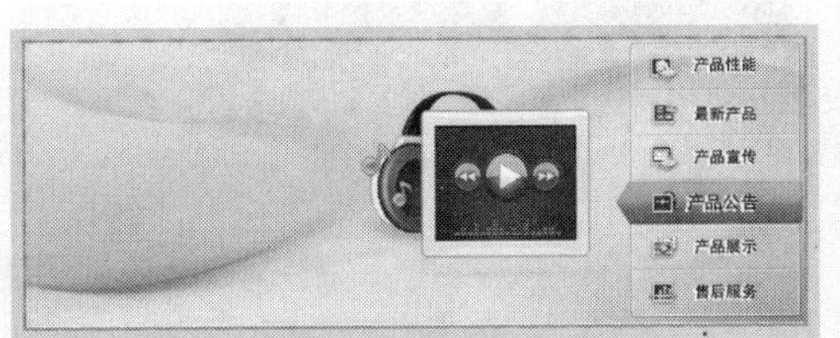

2.返回到主场景，将图像导入到场景中，制作图像的淡出效果。

3.新建图层，将制作好的元件拖入到场景中，并输入脚本语言。

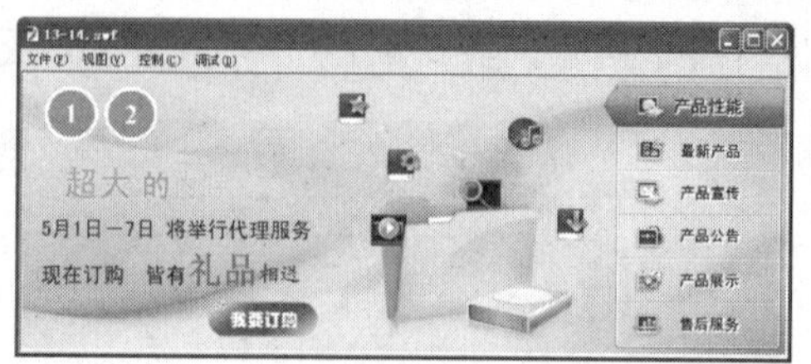

4.完成动画的制作，测试动画效果。

 13.15 公园展示菜单

案例文件 光盘\源文件\第13章\13-15.fla
视频文件 光盘\视频\第13章\13-15.swf
学习时间 30分钟

★★☆☆☆

制作要点

利用“补间形状”制作遮罩层的遮罩动画，再制作不同的影片剪辑元件，然后在主时间轴上添加脚本语言来控制动画的播放。

思路分析

本实例主要通过公园展示菜单动画，向读者讲解在制作不同的展示菜单动画时，一定要注意表达的意义和主题，测试动画效果如图13-176所示。

图13-176 测试动画效果

制作步骤

1 执行“文件>新建”命令，新建一个Flash文档，如图13-177所示，新建文档后，单击“属性”面板上的“编辑”按钮，在弹出的“文档设置”对话框中进行设置，如图13-178所示，单击“确定”按钮。

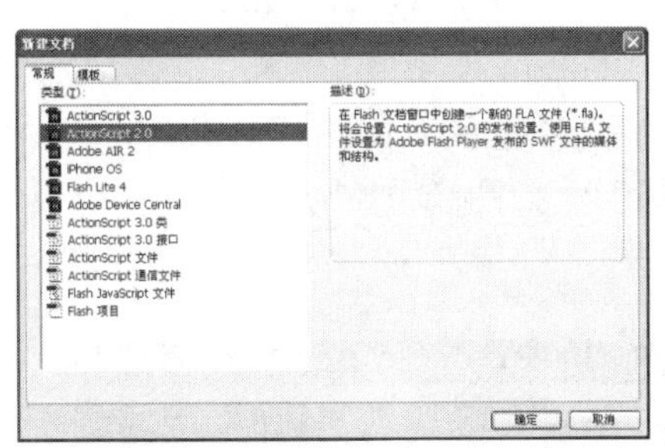

图13-177　“新建文档”对话框

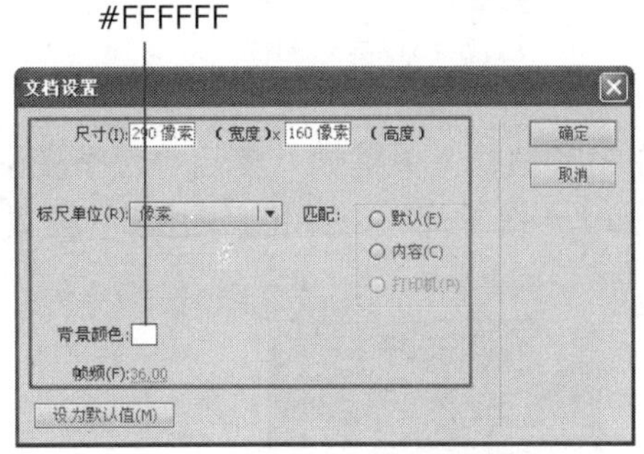

图13-178　“文档设置”对话框

2 新建“名称”为“林间小溪动画”的“影片剪辑”元件，使用“矩形工具”，设置“笔触颜色”为无，“填充颜色”为#FFFFFF，在场景中绘制矩形，如图13-179所示，并将矩形转换成“名称”为“矩形”的“按钮”元件，设置“实例名称”为btn，如图13-180所示，在第30帧插入帧。

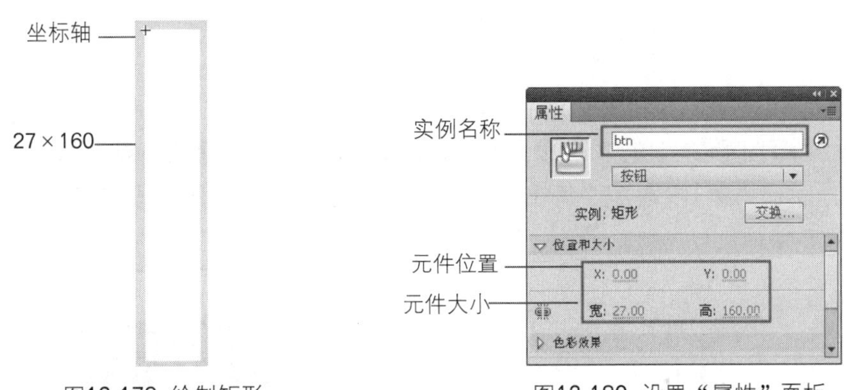

图13-179　绘制矩形

图13-180　设置“属性”面板

> **提 示**
>
> 在本步骤中将矩形转换成按钮元件，目的是最终测试动画时，当鼠标指针经过该元件时就会触发相应的鼠标事件。

3 新建“图层2”，将图像“光盘\源文件\第13章\素材\132202.jpg”导入到场景中，如图13-181所示，新建“图层3”，使用“矩形工具”，在场景中绘制矩形，如图13-182所示。

图13-181 导入图像

图13-182 绘制矩形

4 在第30帧插入关键帧，使用“任意变形工具”，将元件拉长，如图13-183所示，为第1帧添加“传统补间”，并将“图层3”设置为“遮罩层”，如图13-184所示。

图13-183 将矩形拉长

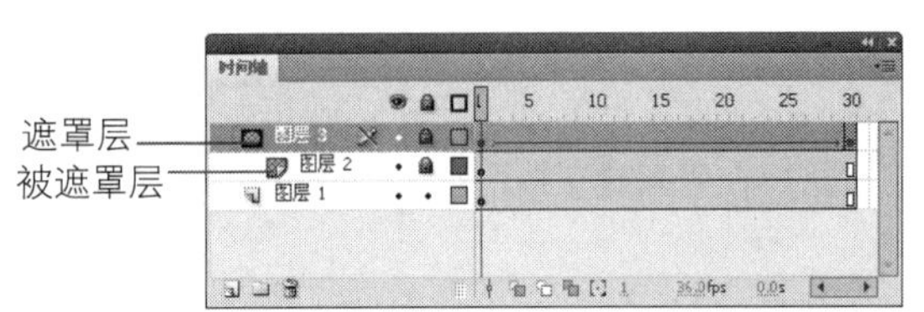

图13-184 “时间轴”面板

提 示

在本步骤中将矩形拉长，目的是制作背景图像从一小部分到逐渐显示全部图像的动画效果。

5 新建“图层4”，将图像132201.jpg导入到场景中，如图13-185所示，并将其转换成“名称”为“林间小溪条”的“图形”元件，在第15帧插入关键帧，设置Alpha值为0%，如图13-186所示，为第1帧添加“传统补间”，新建“图层5”，在“动作-帧”面板中输入“stop();”脚本语言。

图13-185 导入图像

图13-186 元件效果

6 根据“林间小溪动画”元件的制作方法，制作出“林间小路动画”元件、“林间瀑布动画”元件和“林间黄昏动画”元件，元件效果如图13-187所示。

图13-187　元件效果

7 返回到“场景1”的编辑状态，将“林间小溪动画”元件从“库”面板中拖入到场景中，如图13-188所示，并设置“实例名称”为bannerMc1，新建“图层2”，将“林间小路动画”元件拖入到场景中，如图13-189所示，并设置“实例名称”为bannerMc2。

图13-188　拖入元件

图13-189　拖入元件

8 根据“图层1”和“图层2”的制作方法，制作出“图层3”和“图层4”，并分别设置“实例名称”为bannerMc3和bannerMc4，场景效果如图13-190所示，新建“图层5”，在“动作-帧”面板中输入如图13-191所示的脚本语言。

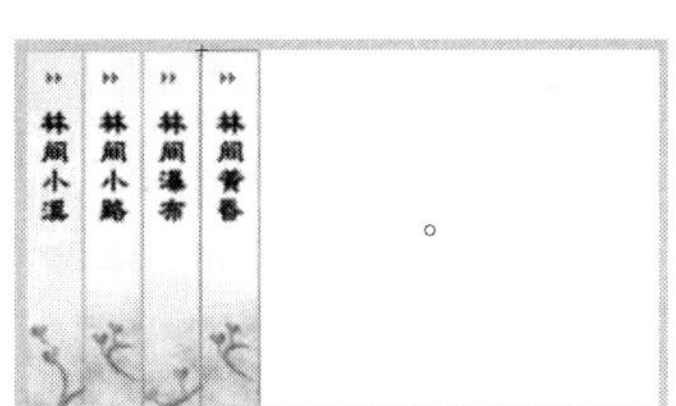

图13-190　场景效果

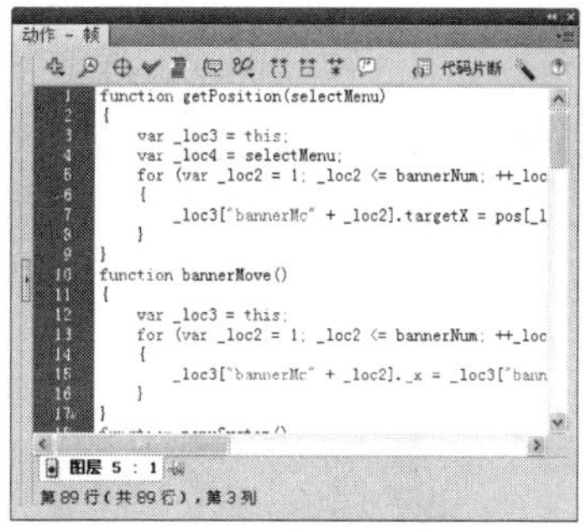

图13-191　输入脚本语言

提 示

由于篇幅的原因，本步骤中输入的脚本语言没有全部显示，详细脚本语言读者可以参考源文件。

9 完成公园展示菜单动画的制作，执行“文件>保存”命令，将文件保存为“13-15.fla”，测试动画效果如图13-192所示。

图13-192 测试动画效果

实例小结

通过本实例的学习，读者要对展示菜单动画的制作有更进一步地了解，在制作公园展示菜单动画时不必将动画制作得多么绚丽，最主要的是突出所要展示的主题与所要表达的内容。

13.16 插画展示菜单

案例文件 光盘\源文件\第13章\13-16.fla

视频文件 光盘\视频\第13章\13-16.swf

学习时间 45分钟

难易程度 ★★☆☆☆

制作要点

1.新建元件，将图像导入到场景中，制作图像的淡入淡出动画。

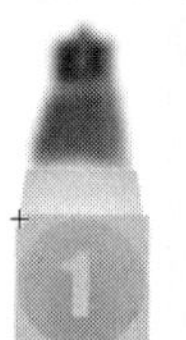

2.新建元件，制作灯光的闪烁动画。

3.新建元件，将背景图像拖入到场景中，制作背景的逐帧动画。

4.完成动画的制作，测试动画效果。

13.17　食品展示菜单

案例文件	光盘\源文件\第13章\13-17.fla
视频文件	光盘\视频\第13章\13-17.swf
学习时间	20分钟

★★☆☆☆

制作要点

首先创建影片剪辑元件，在元件中将图像导入到场景中，将反应区元件拖入到场景中，添加鼠标事件与控制脚本，然后将先前制作好的影片剪辑元件嵌套在整体的影片剪辑中。

思路分析

本实例主要通过简单的脚本语言控制影片剪辑元件的播放。本实例利用脚本语言来控制元件播放的位置以及播放元件的顺序，制作出的食品展示菜单动画的测试效果如图13-193所示。

图13-193 测试动画效果

制作步骤

1 执行“文件>新建”命令，新建一个Flash文档，如图13-194所示，新建文档后，单击“属性”面板上的“编辑”按钮，在弹出的“文档设置”对话框中进行设置，如图13-195所示，单击“确定”按钮。

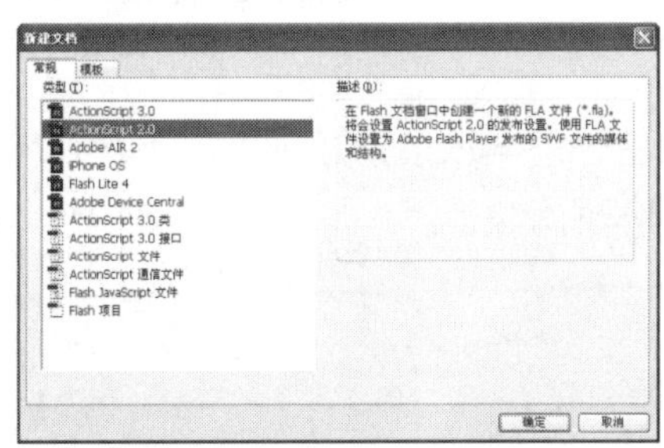

图13-194 “新建文档”对话框

#FFFFFF

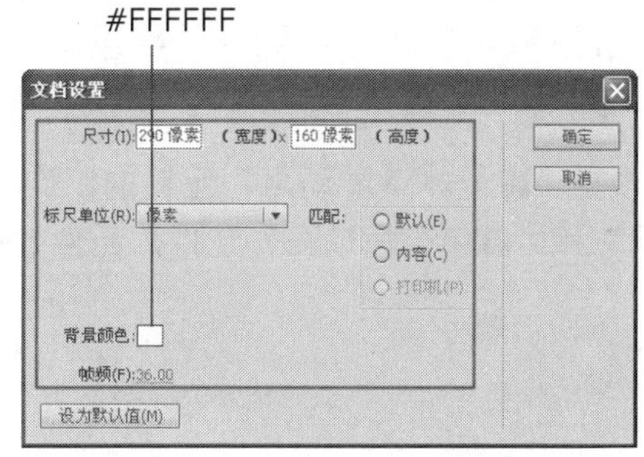

图13-195 “文档设置”对话框

2 新建“名称”为“反应区”的“按钮”元件，在“点击”帧插入关键帧，使用“矩形工具”，在场景中绘制矩形，如图13-196所示，完成后的“时间轴”面板如图13-197所示。

图13-196 绘制矩形

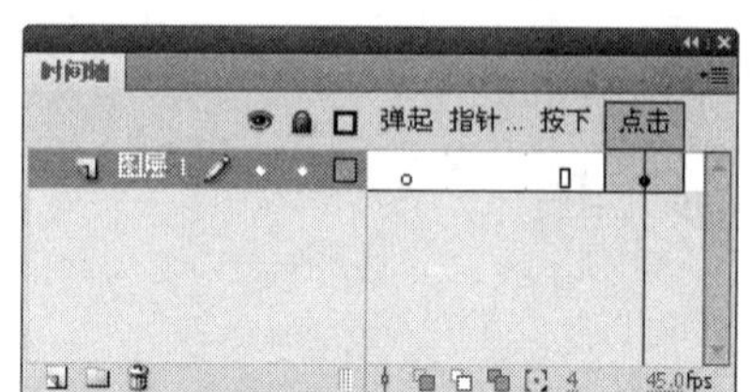

图13-197 “时间轴”面板

3 新建“名称”为“鑫乐冰淇淋动画”的“影片剪辑”元件，将图像“光盘\源文件\第13章\素材\132501.png”导入到场景中，如图13-198所示，新建“图层2”，将“反应区”元件从“库”面板中拖入到场景中，并调整大小，如图13-199所示。

图13-198 导入图像

图13-199 拖入元件并调整大小

4 在“动作-按钮”面板中输入如图13-200所示的脚本语言，完成后的“时间轴”面板如图13-201所示。

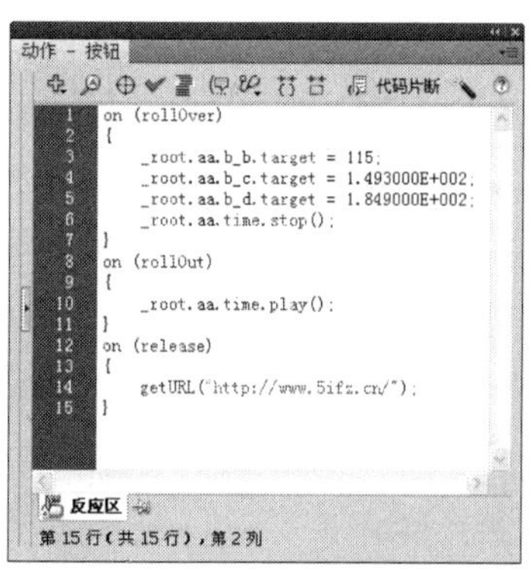


```
on (rollOver)
{
    _root.aa.b_b.target = 115;
    _root.aa.b_c.target = 1.493000E+002;
    _root.aa.b_d.target = 1.849000E+002;
    _root.aa.time.stop();
}
on (rollOut)
{
    _root.aa.time.play();
}
on (release)
{
    getURL("http://www.5ifz.cn/");
}
```

图13-200 输入脚本语言

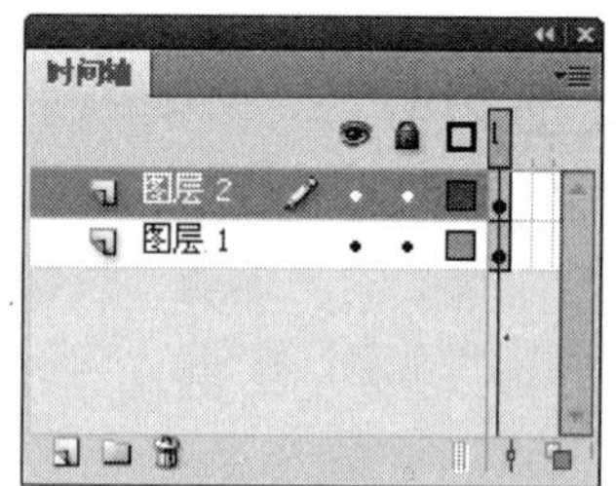

图13-201 “时间轴”面板

5 根据“鑫乐冰淇淋动画”元件的制作方法，制作出“宏宇冰淇淋动画”、“鑫乐小甜筒动画”和“鑫宇公司动画”元件，元件效果如图13-202所示。

图13-202 元件效果

提 示

由于篇幅的原因，本步骤中所制作的元件，与前面制作的元件基本上是相同的，只是“图层1”中的图像不同，并且输入的脚本语言也不同，因此步骤不再详述。

6 新建“名称”为“菜单组”的“影片剪辑”元件，将“鑫乐冰淇淋动画”元件从“库”面板中拖入到场景中，如图13-203所示，并设置“实例名称”为b_a，如图13-204所示。

图13-203 拖入元件

图13-204 设置“属性”面板

7 在“动作-影片剪辑”面板中输入如图13-205所示的脚本语言，根据“图层1”的制作方法，制作出“图层2”到“图层4”，并为相应的元件添加实例名称与脚本语言，完成后的场景效果，如图13-206所示。

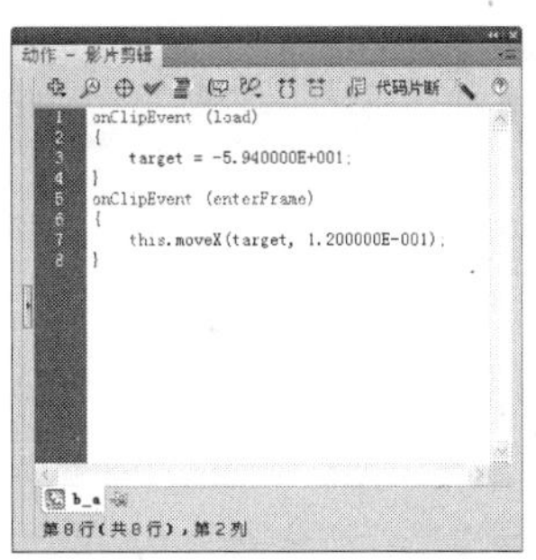

图13-205 输入脚本语言

图13-206 完成后的场景效果

8 新建“图层5”，在“动作-帧”面板中输入如图13-207所示的脚本语言，完成后的“时间轴”面板如图13-208所示。

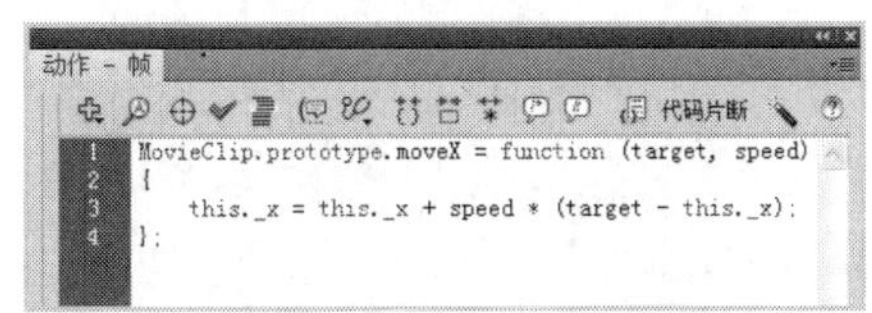

图13-207 输入脚本语言

图13-208 “时间轴”面板

9 返回到“场景1”的编辑状态，将“菜单组”元件从“库”面板中拖入到场景中，如图13-209所示，在“属性”面板上设置“实例名称”为aa，如图13-210所示。

图13-209 元件效果

图13-210 “属性”面板

10 完成食品展示动画的制作，执行“文件>保存”命令，将文件保存为“13-17.fla”，测试动画效果如图13-211所示。

图13-211 测试动画效果

实例小结

通过本实例的学习，读者需要掌握本实例中所应用的脚本，读者在制作动画时也可以根据自己的需要，输入不同的脚本语言，以控制动画的播放效果。

13.18 化妆品展示菜单

案例文件 光盘\源文件\第13章\13-18.fla
视频文件 光盘\视频\第13章\13-18.swf
学习时间 45分钟

★★★★☆

制作要点

1.新建元件，导入图像，制作淡入动画。

2.返回到主场景，将元件拖入到场景中。

3.新建图层，将制作好的元件依次拖入到场景中，并输入相应的脚本语言。

4.完成动画的制作，测试动画效果。

13.19　电子商务类展示菜单

案例文件　光盘\源文件\第13章\13-19.fla
视频文件　光盘\视频\第13章\13-19.swf
学习时间　25分钟

★★☆☆☆

制作要点

首先创建影片剪辑元件，制作图像的淡入动画，再制作按钮元件，最后制作主场景中的动画。

思路分析

本实例主要利用脚本语言控制元件的播放，从而制作出展示菜单动画效果，测试动画效果如图13-212所示。

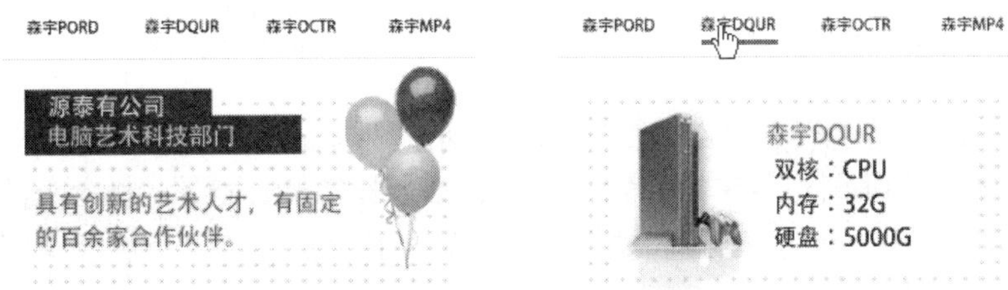

图13-212 测试动画效果

制作步骤

1 执行“文件>新建”命令，新建一个Flash文档，如图13-213所示，新建文档后，单击“属性”面板上的“编辑”按钮，在弹出的“文档设置”对话框中进行设置，如图13-214所示，单击“确定”按钮。

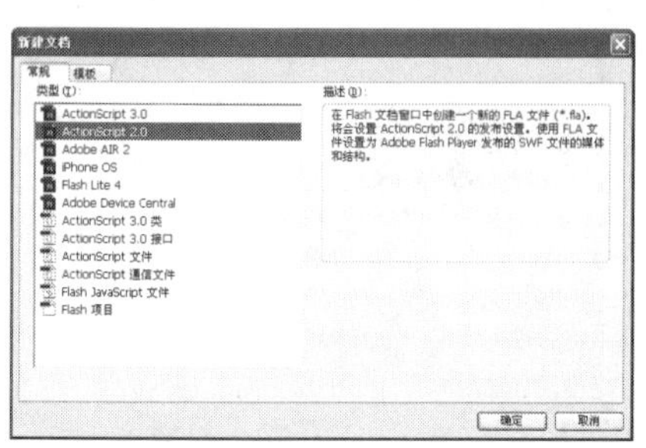

图13-213 “新建文档”对话框

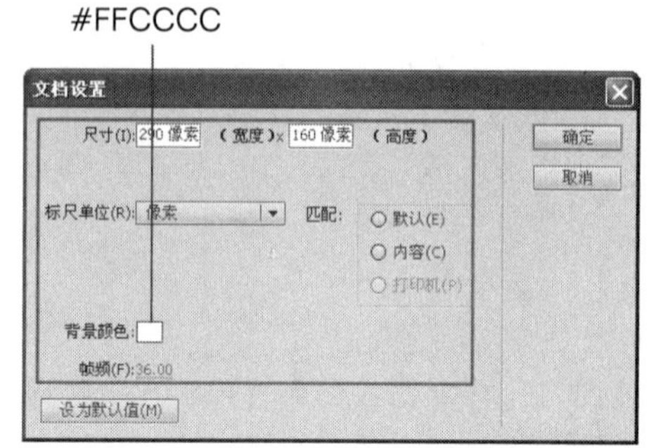

图13-214 “文档设置”对话框

2 新建“名称”为“反应区”的“按钮”元件，在“点击”帧插入关键帧，使用“矩形工具”，在场景中绘制矩形，如图13-215所示，新建“名称”为“森宇PORD动画”的“影片剪辑”元件，在第5帧插入关键帧，将图像“光盘\源文件\第13章\素材\132802.png”导入到场景中，如图13-216所示。

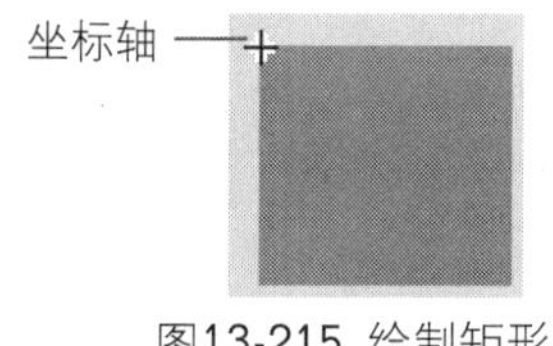

图13-215 绘制矩形

图13-216 导入图像

3 将图像转换成“名称”为“图像1”的“图形”元件，在第40帧插入关键帧，设置第5帧上元件的Alpha值为0%，元件效果如图13-217所示，并为第5帧添加“传统补间”，新建“图层2”，在第5帧插入关键帧，将“反应区”元件从“库”面板中拖入到场景中，并调整大小，如图13-218所示。

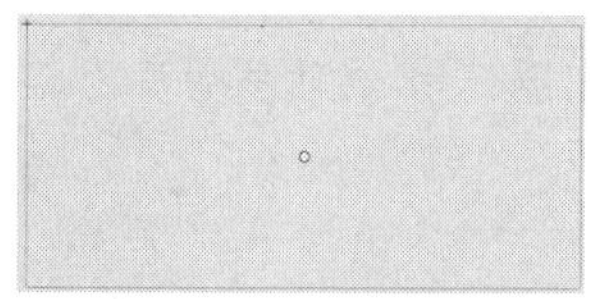

图13-217 元件效果

图13-218 拖入元件并调整大小

4 在“动作-按钮”面板中输入如图13-219所示的脚本语言，新建“图层3”，在“动作-帧”面板中输入“stop();”脚本语言，在第2帧插入关键帧，设置“帧标签”为on，“时间轴”面板如图13-220所示，在第40帧插入关键帧，在“动作-帧”面板中输入“stop();”脚本语言。

图13-219 输入脚本语言

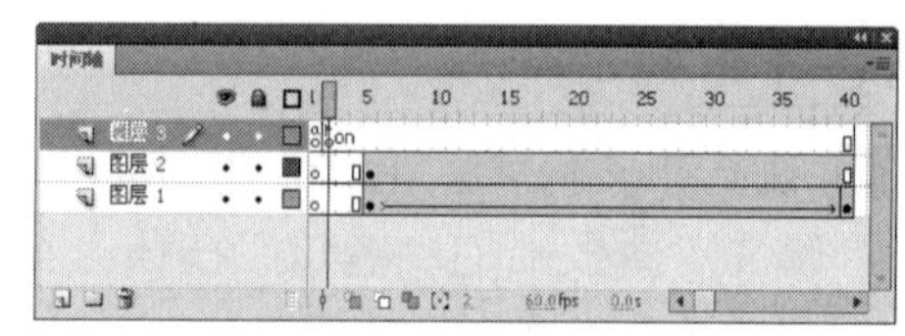

图13-220 “时间轴”面板

提 示

在本步骤中输入的脚本语言的意思是：当释放鼠标后，跳转到链接的网站。

5 根据“森宇PORD动画”元件的制作方法，制作出“森宇DQUR动画”、“森宇OCTR动画”和“森宇MP4动画”元件，元件效果如图13-221所示。

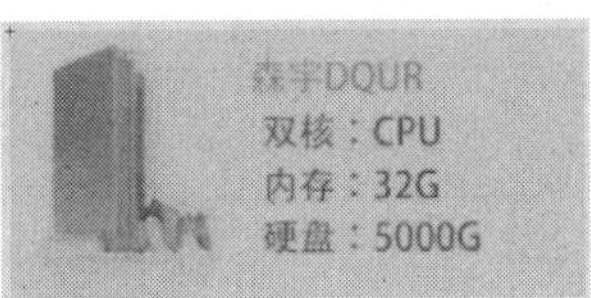

图13-221元件效果

6 新建“名称”为“森宇PORD按钮”的“按钮”元件，使用“文本工具”，设置“属性”面板如图13-222所示，在场景中输入文本，如图13-223所示，并将文本分离成图形。

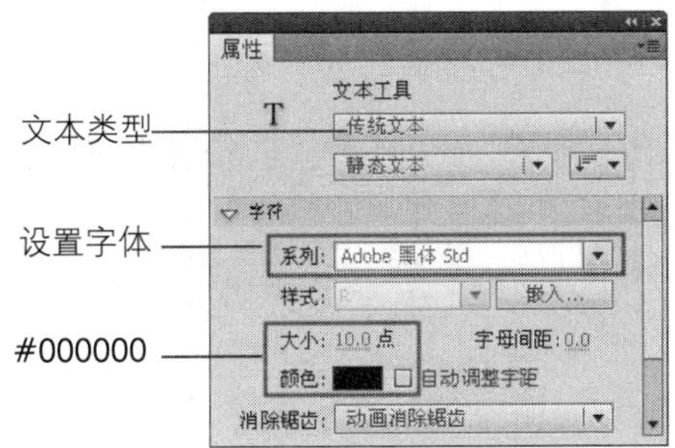

图13-222 设置“属性”面板

森宇PORD

图13-223 输入文本

7 在“点击”帧插入关键帧，使用“矩形工具”在场景中绘制矩形，如图13-224所示，完成后的“时间轴”面板如图13-225所示。

图13-224 绘制矩形

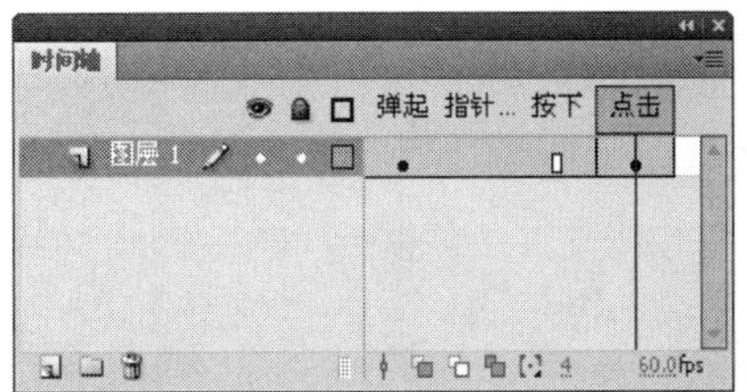

图13-225 “时间轴”面板

8 根据“森宇PORD按钮”元件的制作方法，制作出“森宇DQUR按钮”、“森宇OCTR按钮”和“森宇MP4按钮”元件，元件效果如图13-226所示。

森宇OCTR

森宇MP4

图13-226 元件效果

9 新建“名称”为“矩形动画”的“影片剪辑”元件，使用“矩形工具”，设置“笔触颜色”为无，“填充颜色”为#FFFFFF，在场景中绘制矩形，将其转换成“名称”为“矩形”的“影片剪辑”元件，如图13-227所示，分别在第2帧和第40帧插入关键帧，将第1帧和第40帧上的元件垂直向下移动，如图13-228所示，并为第2帧添加“传统补间”。

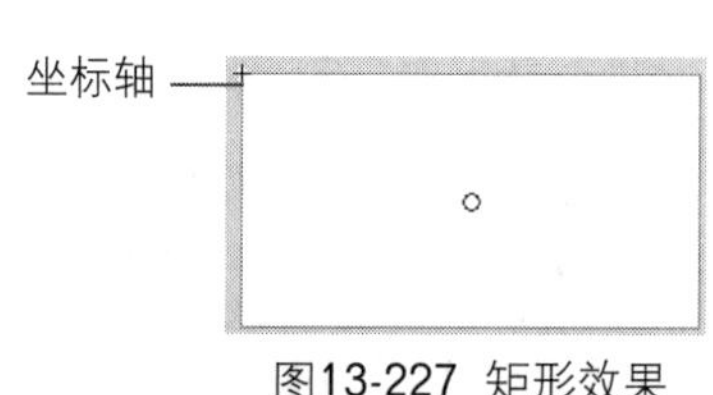

图13-227 矩形效果

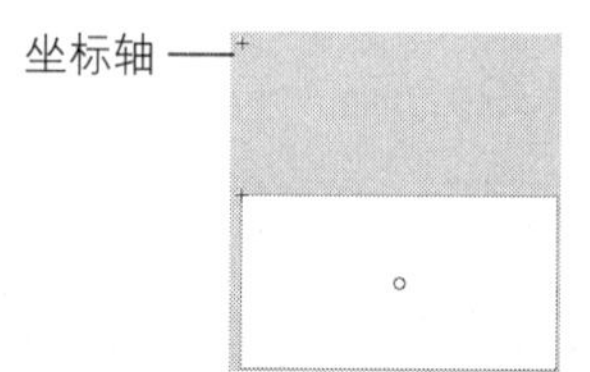

图13-228 垂直向下移动元件

10 新建“图层2”，在“动作-帧”面板中输入“stop();”脚本语言，在第2帧插入关键帧，在“属性”面板上设置“帧标签”为on，“时间轴”面板如图13-229所示，在第40帧插入关键帧，在“动作-帧”面板中输入“stop();”脚本语言，完成后的“时间轴”面板如图13-230所示。

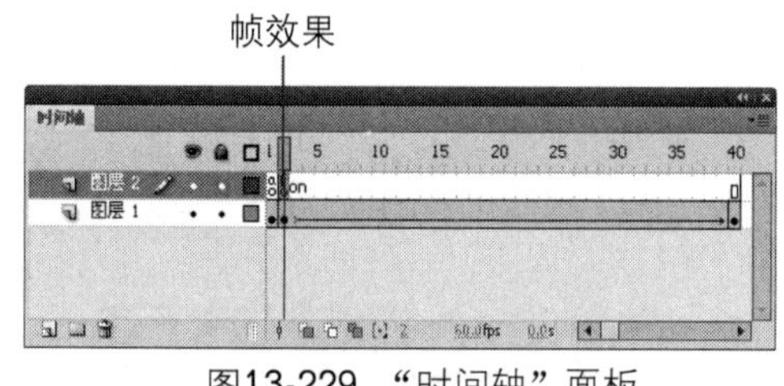

图13-229 “时间轴”面板

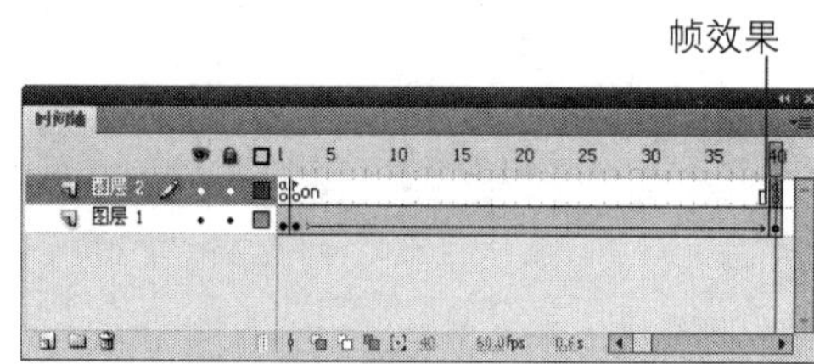

图13-230 “时间轴”面板

11 返回到“场景1”的编辑状态，将“矩形”元件从“库”面板中拖入到场景中，并调整大小，如图13-231所示，新建“图层2”，将图像132806.png导入到场景中，如图13-232所示。

图13-231 元件效果

图13-232 导入图像

提 示

除了导入的png格式可以支持透底效果外，GIF格式也同样可以支持透底。

12 新建“图层3”，将“森宇PORD动画”元件从“库”面板中拖入到场景中，如图13-233所示，并设置“实例名称”为ITEM1，如图13-234所示。根据“图层3”的制作方法，制作出“图层4”～“图层6”。

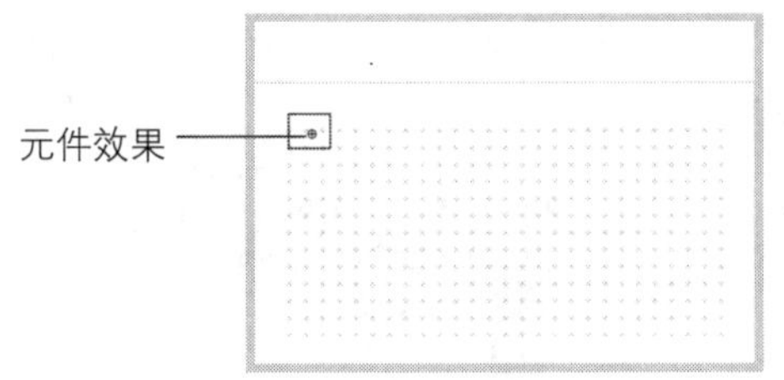

图13-233　拖入元件

图13-234　设置“实例名称”

13 新建“图层7”，将图像132801.png导入到场景中，如图13-235所示，并将其转换成“名称”为“图像”的“影片剪辑”元件，并设置“实例名称”为ITEM0，如图13-236所示。

图13-235　导入图像

图13-236　设置“实例名称”

14 新建“图层8”，将“矩形动画”元件从“库”面板中拖入到场景中，如图13-237所示，并设置“实例名称”为cutton，新建“图层9”，将“矩形”元件从“库”面板中拖入到场景中，并调整大小，如图13-238所示，并设置“实例名称”为bottone1。

图13-237　拖入元件

图13-238　元件效果

15 在“属性”面板上进行如图13-239所示的设置，元件效果如图13-240所示。

图13-239　拖入元件

图13-240　元件效果

16 新建“图层10”，将“森宇PORD按钮”元件从“库”面板中拖入到场景中，如图13-241所示，并在“动作-按钮”面板中输入如图13-242所示的脚本语言。

图13-241 拖入元件

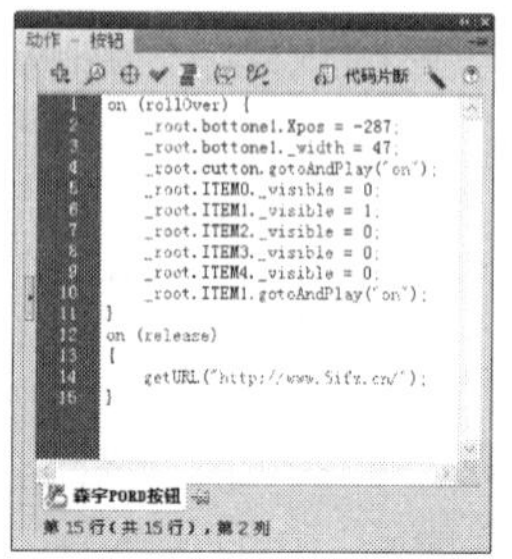

图13-242 输入脚本语言

17 根据“图层10”的制作方法，制作出“图层11”～“图层13”，完成后的场景效果如图13-243所示，新建“图层14”，在“动作-帧”面板中输入如图13-244所示的脚本语言。

图13-243 场景效果

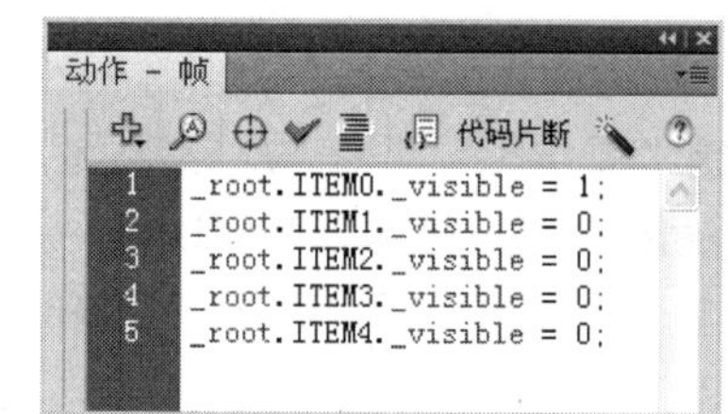

图13-244 输入脚本语言

18 完成电子商务展示动画的制作，执行“文件>保存”命令，将文件保存为“13-19.fla”，测试动画效果如图13-245所示。

图13-245 测试动画效果

实例小结

通过本实例的学习，读者要掌握如何制作电子商务类展示动画的方法与技巧，在实例的制作中主要应用添加脚本的方法来控制鼠标的事件，通过本实例的学习，希望读者对脚本控制鼠标事件有更多地理解，并能熟练应用到实际的操作中。

13.20 古典展示菜单

案例文件 光盘\源文件\第13章\13-20.fla
视频文件 光盘\视频\第13章\13-20.swf
学习时间 20分钟

★☆☆☆☆

制作要点

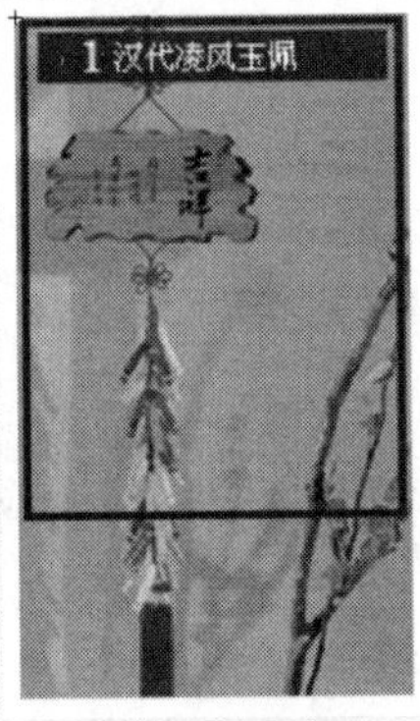

1.新建元件，将图像导入到场景中。

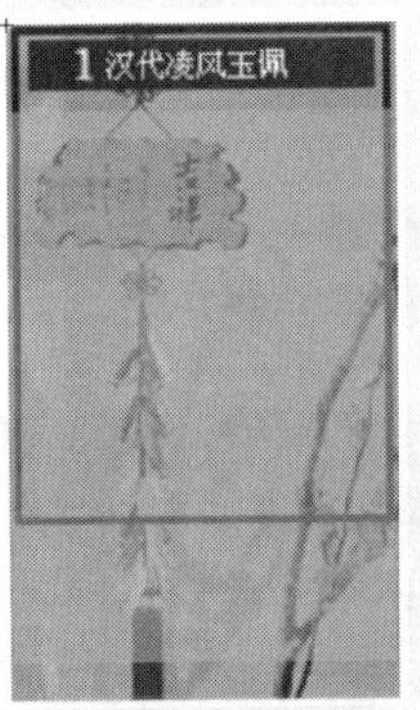

2.新建图层，将反应区元件拖入到场景中，并输入相应的脚本语言。

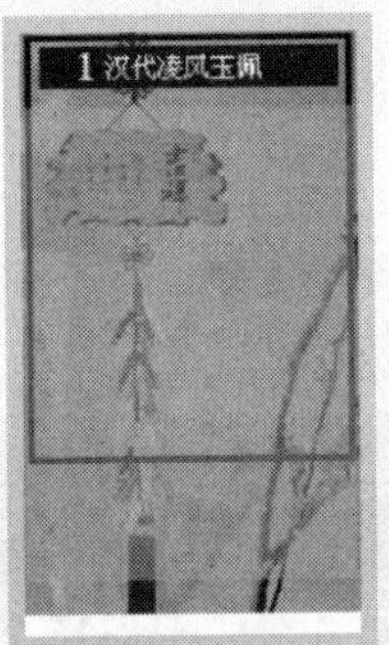

3.返回到主场景，将制作好的元件拖入到场景中，并设置实例名称。

4.完成动画的制作，测试动画效果。

第 14 章

开场和片头动画

无论是开场动画还是片头动画，在日常生活中都是随处可见的，例如互联网上制作的企业网站常常都会制作一种开场动画，通过片头动画来展示更多的信息，一个好的片头动画可以直接提升企业的形象，所以本章将针对Flash动画中不同种类的片头动画进行学习。

14.1 简单开场动画

案例文件 光盘\源文件\第14章\14-1.fla
视频文件 光盘\视频\第14章\14-1.swf
学习时间 10分钟

★☆☆☆☆

制作要点

首先创建相应的元件，并将相应的图像素材导入到场景，完成元件的制作，返回场景，新建图层，将制作好的元件拖入到场景，完成动画的制作。

思路分析

本章主要向读者讲述一种片头动画的制作方法和技巧，在制作片头动画时能凸显主题让浏览者能看懂动画表达的是什么即可，测试动画效果如图14-1所示。

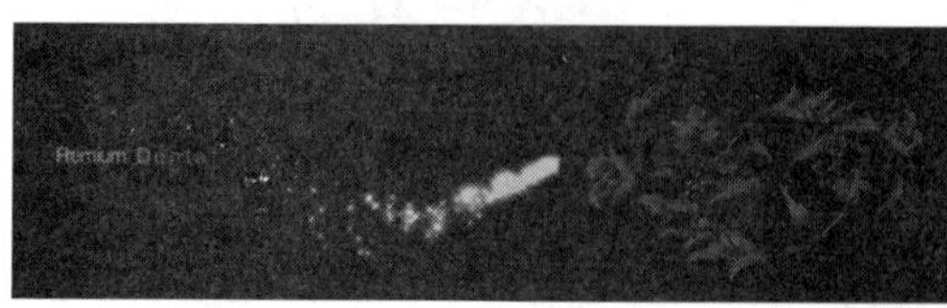

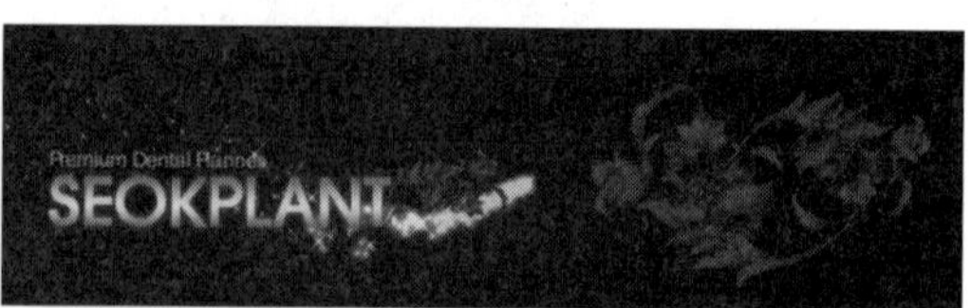

图14-1 测试动画效果

制作步骤

1 执行“文件>新建”命令，新建一个Flash文档，如图14-2所示。新建文档后，单击“属性”面板上的“编辑”按钮 编辑... ，在弹出的“文档设置”对话框中进行设置，如图14-3所示。

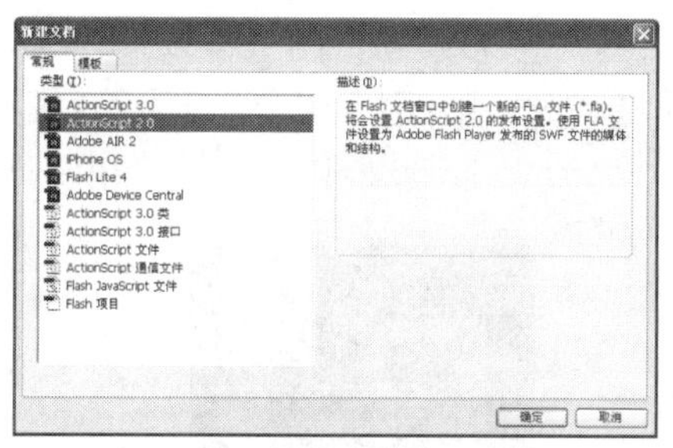

图14-2 “新建文档”对话框

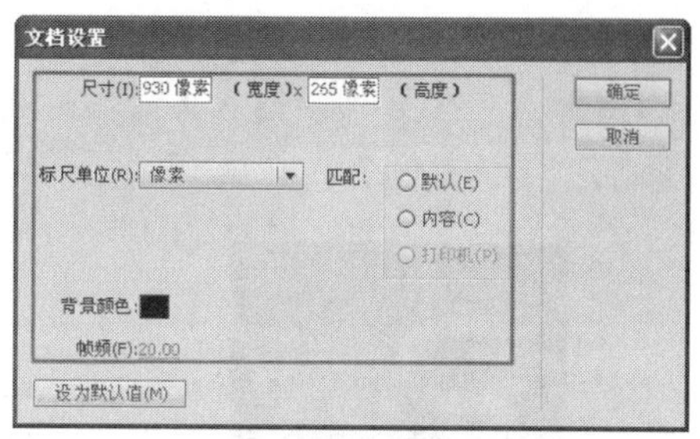

图14-3 “文档设置”对话框

2 新建“名称”为“光动画”的“影片剪辑”元件，执行“文件>导入>导入到舞台”命令，在弹出的“导入”对话框中，选择图像“光盘\源文件\第14章\素材\z141001.jpg”，单击“打开”按钮，在弹出的对话框中单击“确定”按钮，将图像的所有序列图像全部导入到场景中，完成后的场景效果如图14-4所示，“时间轴”面板如图14-5所示，在第195帧插入帧。

图14-4 场景效果

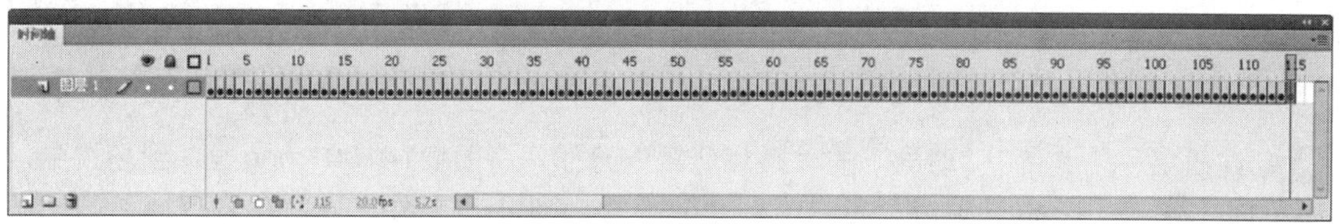

图14-5 “时间轴”面板

3 新建“名称”为“文字动画2”的“影片剪辑”元件，使用“文本工具”，设置“属性”面板如图14-6所示，在场景中输入文字，如图14-7所示，并将图像转换成“名称”为“p”的“图形”元件，设置其Alpha值为0%。

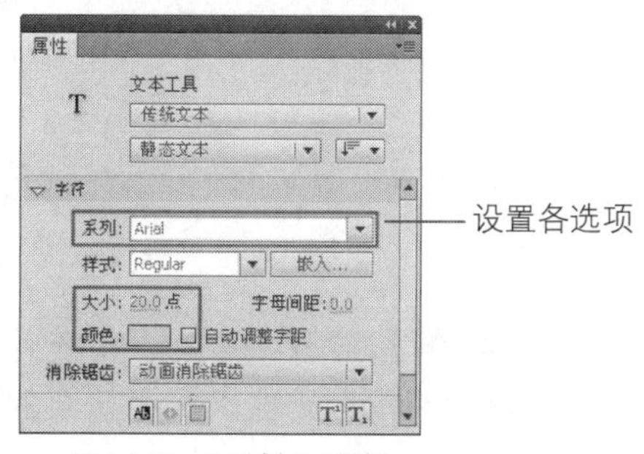

图14-6 “属性”面板

图14-7 输入文字

4 在第23帧插入关键帧，将元件水平向左移动，并设置“色彩效果”的“样式”为无，，如图14-8所示，在第40帧插入关键帧，将元件水平向右移动，如图14-9所示，为第1帧和第23帧添加“传统补间”，在第85帧插入帧。

图14-8 移动元件

图14-9 移动元件

5 根据“图层1”的制作方法，完成“图层2”～“图层20”的制作，完成后的“时间轴”面板如图14-10所示，场景效果如图14-11所示。新建“图层21”，在第85帧插入关键帧，在“动作-帧”面板输入“stop();”脚本语言。

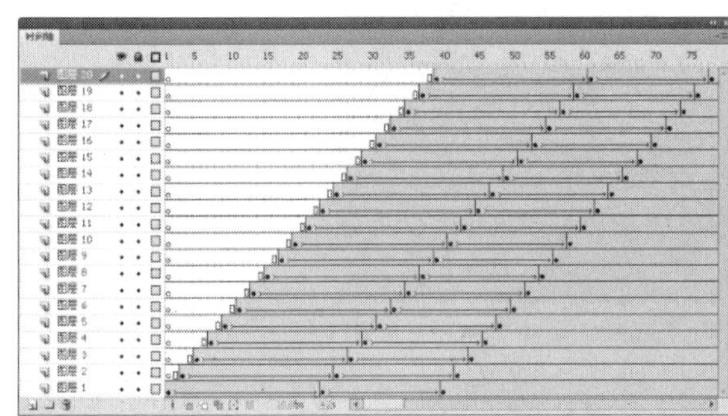

图14-10 “时间轴”面板

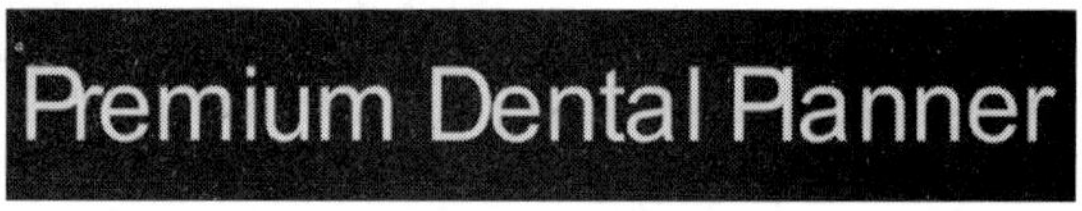

Premium Dental Planner

图14-11 场景效果

6 新建“名称”为“花1动画”的“影片剪辑”元件，将图像141001.png导入到场景中，如图14-12所示，将其转换成“名称”为“花1”的“图形”元件，分别在第27帧和第58帧插入关键帧，选择第27帧上的元件，在“属性”面板中进行设置，如图14-13所示。

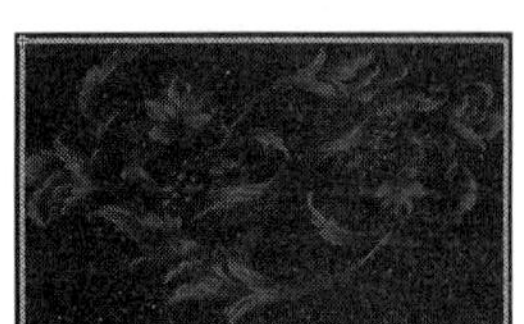

图14-12 导入图像

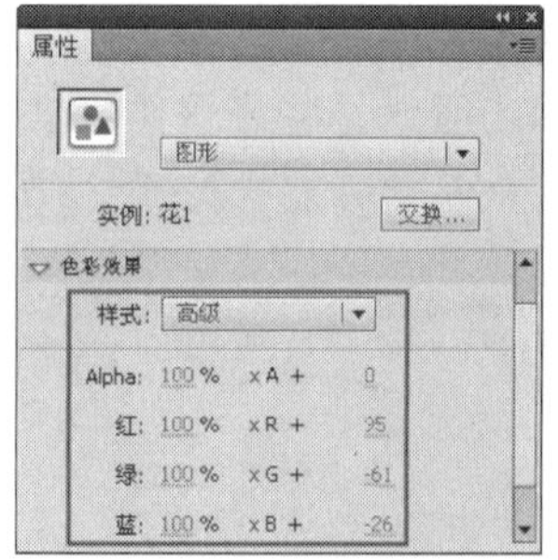

图14-13 “属性”面板

7 设置完成后的元件效果如图14-14所示，分别为第1帧和第27帧添加“传统补间”，在第60帧插入帧。新建“名称”为“文字动画1”的“影片剪辑”元件，根据前面的制作方法，完成“图层1”～“图层10”的制作，场景效果如图14-15所示。

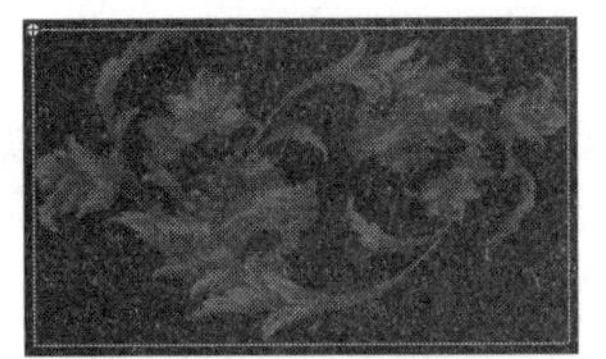
图14-14 元件效果

图14-15 场景效果

8 新建“图层11”，将“文字动画2”从“库”面板拖入到场景，如图14-16所示，新建“图层12”，在第268帧插入关键帧，在“动作-帧”面板中输入“gotoAndPlay(130);”脚本语言。返回到“场景1”的编辑状态，将“光动画”元件从“库”面板中拖入到场景中，如图14-17所示，在第155帧插入帧。

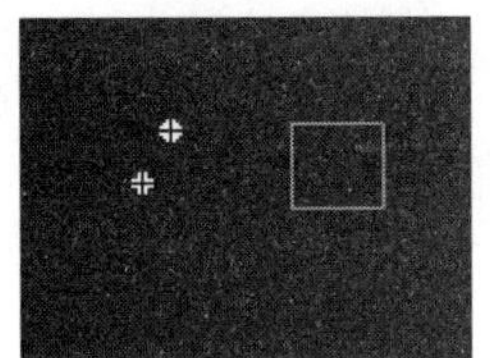
图14-16 拖入元件

图14-17 拖入元件

提 示

将元件拖入到场景中后，要尽量一次定好位置，不要调来调去，避免由于过多地调整影响整体动画。

9 根据场景“图层1”的制作方法，完成“图层2”和“图层3”的制作，场景效果如图14-18所示，新建“图层4”，在第155帧插入关键帧，在“动作-帧”面板中输入如图14-19所示的脚本语言。

图14-18 场景效果

图14-19 输入脚本语言

10 完成光影片头动画的制作，执行“文件>保存”命令，将动画保存为“14-1.fla”，测试动画效果如图14-20所示。

图14-20 测试动画效果

实例小结 ››››››››››

本实例主要是通过创建多个影片剪辑元件，再综合应用到场景中完成片头动画的制作。通过对本实例的学习，读者要掌握制作片头动画的基本要素，以便可以独立完成制作。

14.2 电子商务开场动画

案例文件 光盘\源文件\第14章\14-2.fla
视频文件 光盘\视频\第14章\14-2.swf
学习时间 35分钟

★★☆☆☆

制作要点 ››››››››››

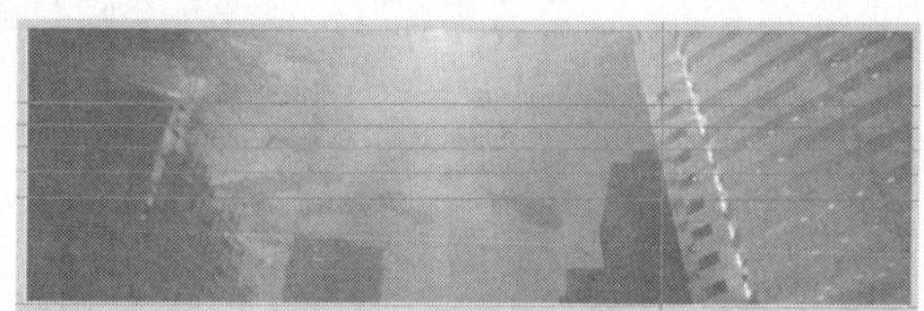

1.新建文件，首先导入位图作为动画的背景。将其转换为元件，并调整透明度。拖出辅助线帮助定位。

2.分别制作动画中需要的动画元件，并分别命名为便于查找的名称。

3.将制作的元件拖入到场景中，分别用来制作时间轴动画效果。由于参与制作的元件很多，所以要注意辅助线的对齐。

4.测试动画，可以看到一个漂亮的科技公司的开场动画效果。

14.3　商业片头开场动画

案例文件　光盘\源文件\第14章\14-3.fla

视频文件　光盘\视频\第14章\14-3.swf

学习时间　10分钟

难易程度 ★☆☆☆☆

制作要点

首先创建所需的元件并使用相应的素材完成对元件的制作，设置元件的实例名称，输入相应的脚本语言完成烟花效果的制作，最后返回场景完成场景的制作。

思路分析

本章主要向读者讲述一种商业宣传片头动画的制作方法和技巧，首先完成所需元件的制作，并利用相应的脚本语言完成烟花爆破的效果，然后返回到主场景，将相应的元件和图像素材依次拖入到场景，利用基本的动画效果完成制作，测试动画效果如图14-21所示。

图14-21　测试动画效果

制作步骤

1 执行“文件>新建”命令，新建一个Flash文档，如图14-22所示。新建文档后，单击“属性”面板上的“编辑”按钮 编辑... ，在弹出的“文档设置”对话框中进行设置，如图14-23所示。

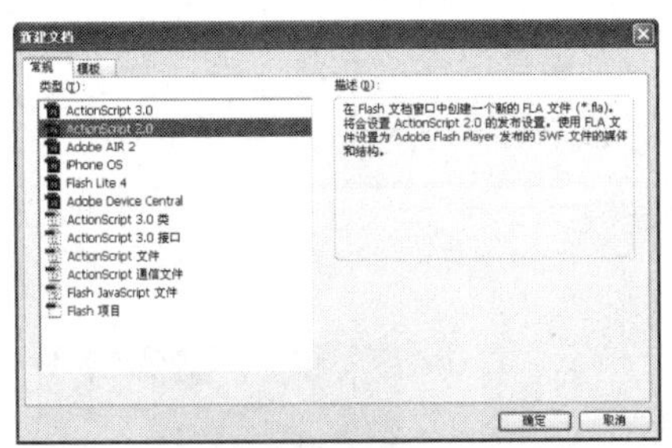

图14-22　“新建文档”对话框

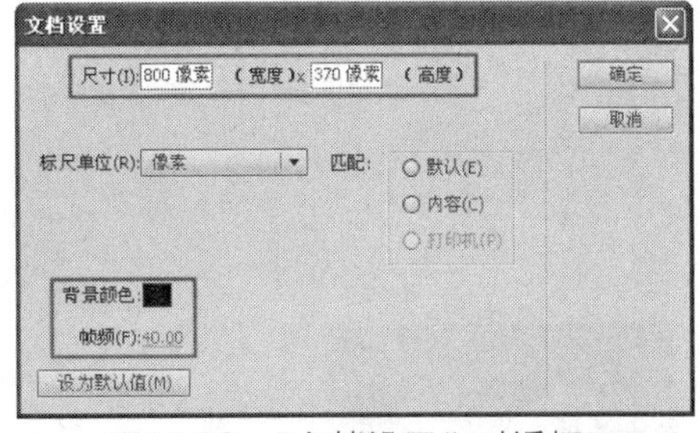

图14-23　“文档设置”对话框

2 新建“名称”为“烟花3动画”的“影片剪辑”元件，使用“钢笔工具”，设置“笔触颜色”值为无，“填充颜色”值为#FFFFFF，在场景中绘制图形，并填充颜色，将笔触删除，如图14-24所示，在第8帧插入关键帧，移动图形的位置，并使用“部分选取工具”，选择图形的部分锚点进行调整，更改其“填充颜色”值为#65FF00，如图14-25所示，为第1帧添加“补间形状”。

图14-24 绘制图形

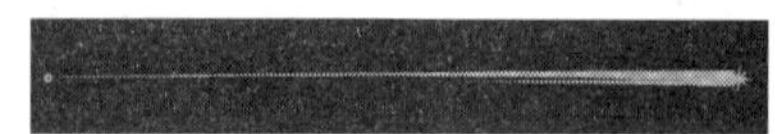
图14-25 调整图形

3 根据前两帧的制作方法，完成后面帧的制作，“时间轴”面板如图14-26所示，在第45帧插入空白关键帧。新建“图层2”，在第45帧插入关键帧，在“动作-帧”面板输入中“stop ();”脚本语言。

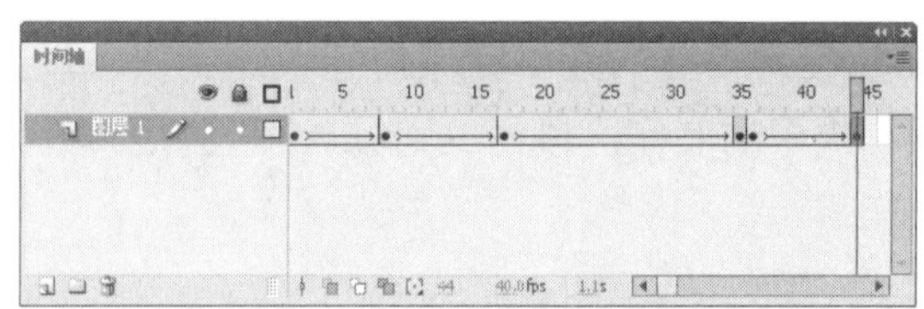
图14-26 “时间轴”面板

4 新建“名称”为“烟花3组合”的“影片剪辑”元件，将“烟花3动画”元件从“库”面板中拖入到场景中，如图14-27所示，并设置“实例名称”为part。新建“图层2”，在“动作-帧”面板中输入如图14-28所示的脚本语言。

图14-27 拖入元件

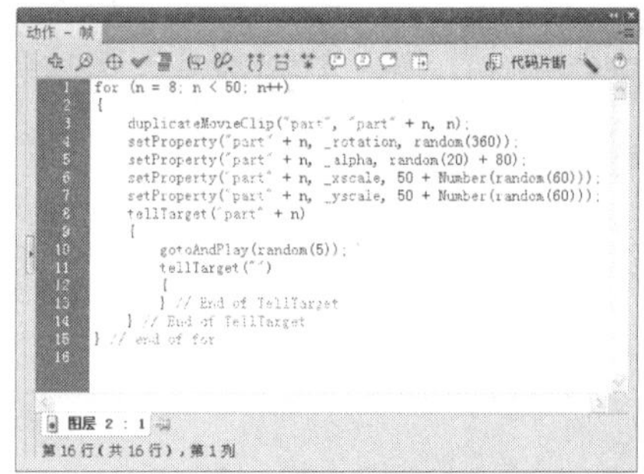

图14-28 输入脚本语言

提 示

此处的脚本语言是用来控制烟花散开效果的。

5 新建“名称”为“烟花组合动画”的“影片剪辑”元件，将图像“光盘\源文件\第14章\素材\14405.png”导入到场景中，如图14-29所示，将其转换成“名称”为“烟花1”的“图形”元件，在“属性”面板中进行设置，如图14-30所示，元件效果如图14-31所示。

图14-29 导入图像

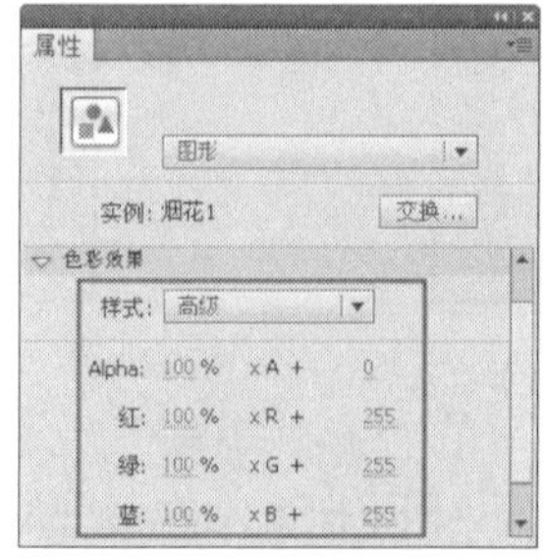

图14-30 “属性”面板

图14-31 元件效果

6 在第5帧插入关键帧，相应的移动元件的位置，并将元件等比例放大，修改其“高级”为无，如图14-32所示，根据前两帧的制作方法，完成后面帧的制作，场景效果如图14-33所示，“时间轴”面板如图14-34所示。

图14-32 元件效果

图14-33 场景效果

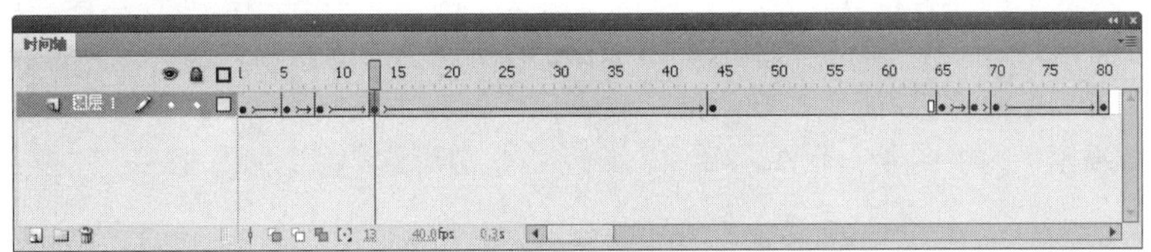
图14-34 “时间轴”面板

7 根据前面元件的制作方法，完成其他元件的制作，元件效果如图14-35所示。

图14-35 元件效果

8 返回到“场景1”的编辑状态，将图像14401.jpg导入到场景中，如图14-36所示，并将其转换成“名称”为“背景”的“影片剪辑”元件，在“属性”面板上进行设置，如图14-37所示，元件效果如图14-38所示。

图14-36 导入图像

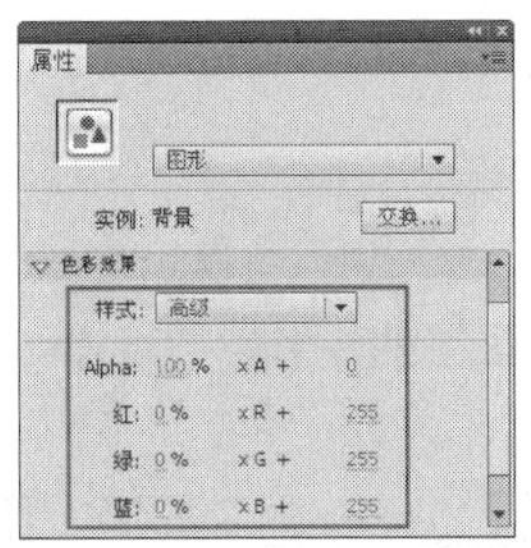

图14-37 “属性”面板

图14-38元件效果

9 分别在第15帧和第60帧插入关键帧，选择第15帧上的元件，修改其“属性”面板如图14-39所示，元件效果如图14-40所示。

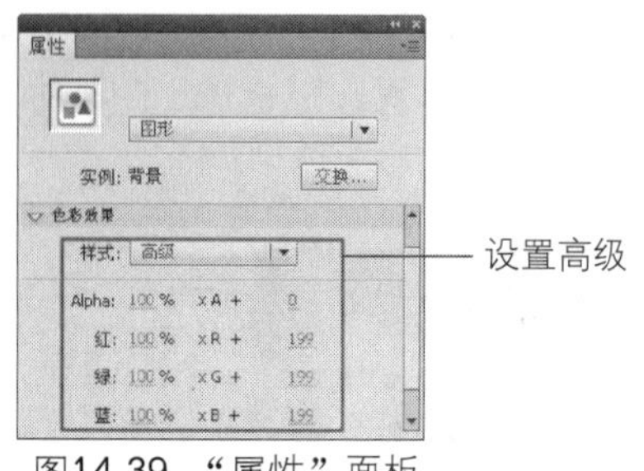

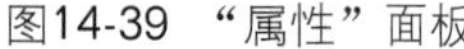
图14-39 “属性”面板

图14-40 元件效果

提 示

此处设置为“高级”选项后得到的效果，还可以利用设置亮度来完成。

10 选择第60帧上的元件，在“属性”面板上修改“高级”值为无，元件效果如图14-41所示，在第415帧插入帧。新建“图层2”，在第15帧插入关键帧，使用“文本工具”，设置“属性”面板如图14-42所示，在场景中输入文字，如图14-43所示，并将其转换成“名称”为“2006年”的“图形”元件。

图14-41 元件效果

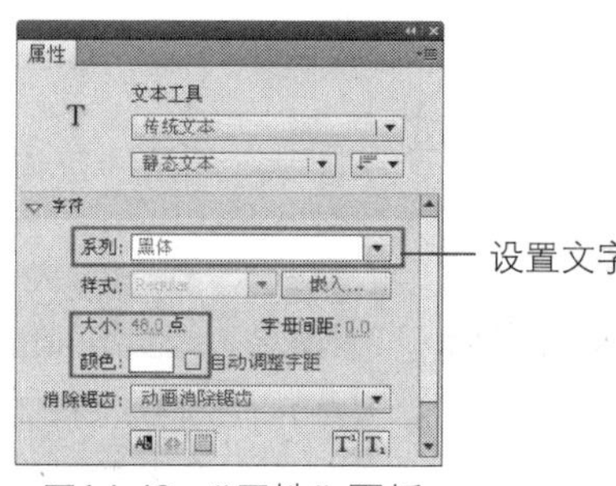

图14-42 “属性”面板

图14-43 输入文字

11 在第20帧插入关键帧，移动元件到如图14-44所示的位置，在第77帧插入关键帧，将元件等比例放大，如图14-45所示，在第87帧插入关键帧，将元件等比例扩大，使其大小超过背景即可，并设置其Alpha值为0%。

图14-44 移动元件

图14-45 放大元件

12 根据前面的制作方法，完成其他图层的制作，“时间轴”面板如图14-46所示，场景效果如图14-47所示。

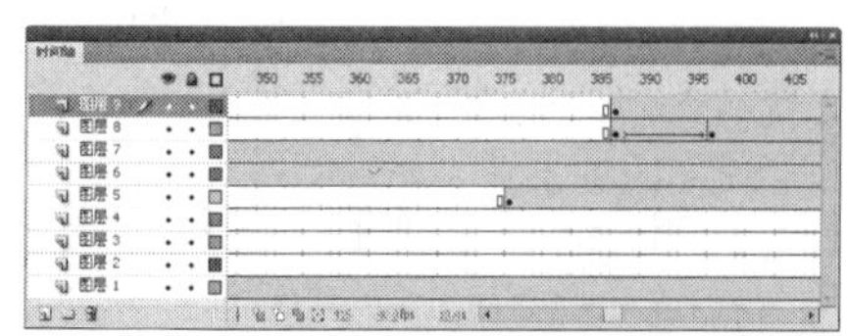
图14-46 “时间轴”面板

图14-47 场景效果

13 完成商业片头动画的制作，执行“文件>保存”命令，将动画保存为“14-3.fla”，测试动画效果如图14-48所示。

图14-48　测试动画效果

实例小结

本实例通过分别制作影片剪辑元件后再为影片剪辑添加脚本，然后利用基本动画效果完成场景的制作。通过学习，读者要掌握此类片头动画的制作方法，并要了解判断动画播放情况脚本的变形规则，能够独立完成动画的制作。

14.4　化工公司开场动画

案例文件	光盘\源文件\第14章\14-4.fla
视频文件	光盘\视频\第14章\14-4.swf
学习时间	15分钟

★★☆☆☆

制作要点

1.新建文件，首先通过脚本制作loading动画。

2.使用光晕元件制作阳光的光芒动画效果。

3.制作鸽子和背景的动画效果，并分别制作立交桥图片的闪光效果。

4.完成动画制作后，测试动画，可以看到效果蓬勃的网站动画。

14.5 古典片头动画

案例文件	光盘\源文件\第14章\14-5.fla
视频文件	光盘\视频\第14章\14-5.swf
学习时间	10分钟

难易程度 ★☆☆☆☆

制作要点

首先利用遮罩完成元件的制作，然后返回场景，导入相应的素材，利用传统补间完成基本动画的制作，再将前面完成的元件依次导入到场景。

思路分析

本实例首先利用遮罩完成了对元件的制作，然后返回到场景将所需的图像素材导入到场景，利用简单的动画效果完成场景的制作，再将前面制作好的元件依次拖入到场景，放置在相应的位置，完成最终的制作，测试动画效果如图14-49所示。

图14-49 测试动画效果

制作步骤

1 执行“文件>新建”命令，新建一个Flash文档，如图14-50所示。新建文档后，单击“属性”面板上的“编辑”按钮，在弹出的“文档设置”对话框中进行设置，如图14-51所示。

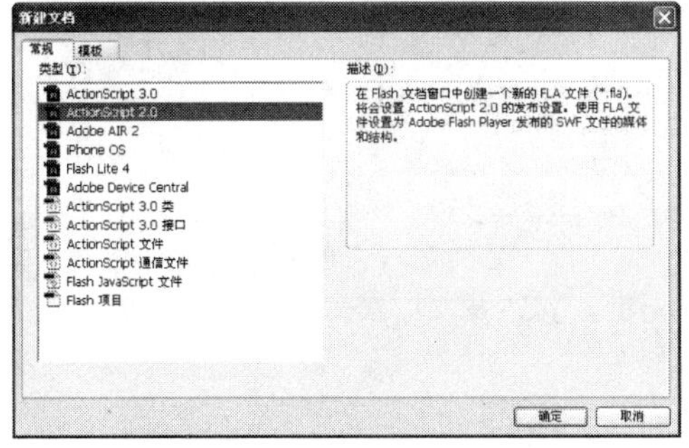

图14-50 “新建文档”对话框

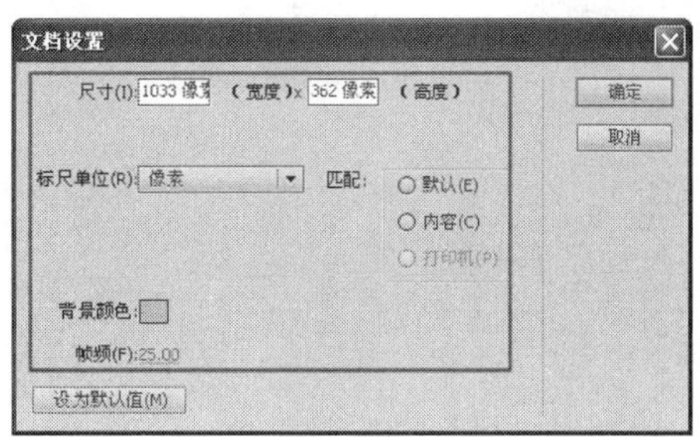

图14-51 “文档设置”对话框

2 新建“名称”为“文字1遮罩动画”的“影片剪辑”元件，将图像“光盘\源文件\第14章\素材\14701.png”导入到场景中，如图14-52所示，在第80帧插入关键帧。新建“图层2”，使用“钢笔工具”，在场景中绘制路径，使用“颜料桶工具”，填充#FF6600颜色，并将笔触删除，如图14-53所示。

图14-52 导入图像

图14-53 图形效果

3 在第8帧插入关键帧，使用“任意变形工具”，对图形进行单方向拖曳，如图14-54所示，为第1帧添加“补间形状”。新建“图层3”，在第9帧插入关键帧，利用相同的方法在场景中绘制图形，如图14-55所示。

图14-54 绘制图形

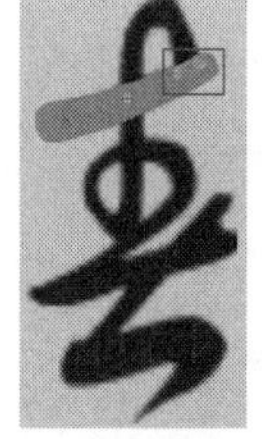

图14-55 绘制图形

4 在第13帧插入关键帧，使用“任意变形工具”对图形进行相应的拖曳，如图14-56所示，并为第8帧添加“补间形状”。根据“图层2”和“图层3”的制作方法，完成后面图层的制作，“时间轴”面板如图14-57所示，场景效果如图14-58所示。新建“图层17”，在第80帧插入关键帧，在“动作-帧”面板输入中“stop ();”脚本语言，并将图层1删除。

图14-56 场景效果

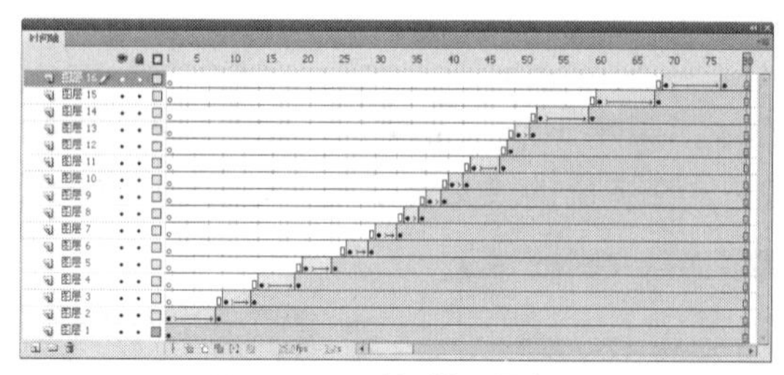
图14-57 “时间轴”面板

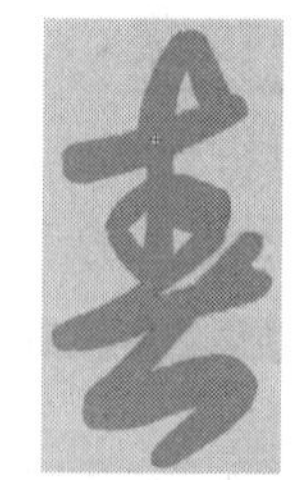
图14-58 场景效果

提 示

这里将“图层1”删除的原因是：前面将图像14701.png导入到场景，只是为了在制作动画时方便对照。

5 新建“名称”为“文字2遮罩”的“影片剪辑”元件，使用“椭圆工具”，设置“颜色”面板如图14-59所示，在场景中绘制正圆如图14-60所示，并将其转换成“名称”为“圆”的“图形”元件。

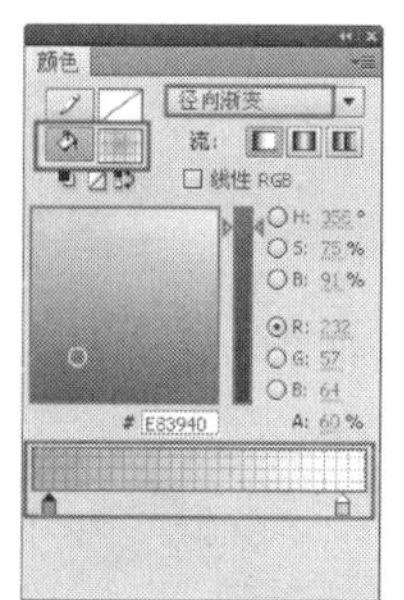
图14-59 “颜色”面板

图14-60 绘制图形

6 分别在第10帧和第45帧插入关键帧，依次选择第1帧和第45帧上的元件，设置其Alpha值为0%，选择第10帧上的元件，使用“任意变形工具”将元件等比例扩大，如图14-61所示，并为第1帧和第10帧添加“传统补间”，在第58帧插入帧。如图14-62所示。

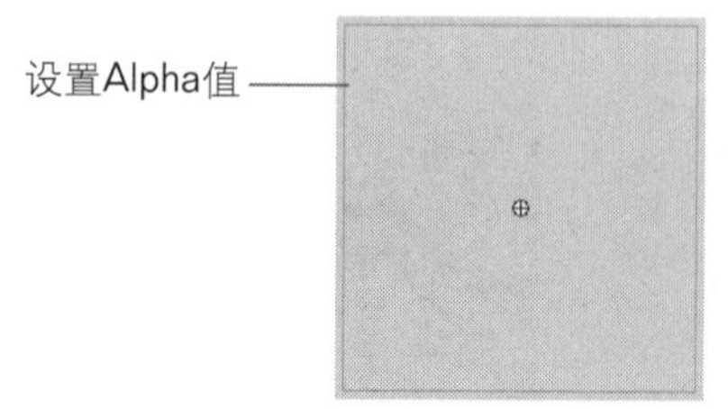

图14-61 元件效果

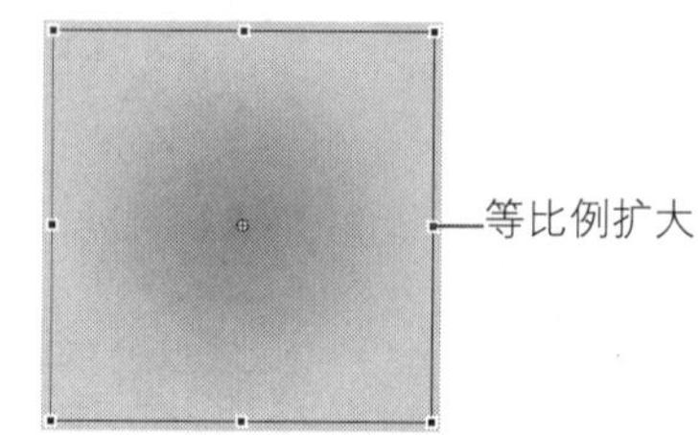

图14-62 元件效果

7 根据“图层1”的制作方法，完成“图层2”的制作，如图14-63所示，新建“图层3”，在第58帧插入关键帧，在“动作-帧”面板中输入“stop ();”脚本语言。新建“名称”为“文字组合”的“影片剪辑”元件，将图像14701.png从“库”面板中拖入到场景中，如图14-64所示，在第105帧插入帧。

图14-63 场景效果

图14-64 拖入图像

8 新建“图层2”，将“文字1遮罩动画”元件从“库”面板中拖入到场景中，如图14-65所示，并设置该层为遮罩层。新建“图层3”，在84帧插入关键帧，将“文字2遮罩”元件从“库”面板中拖入到场景中，如图14-66所示，新建“图层4”，在第105帧插入关键帧，在“动作-帧”面板中输入“stop ();”脚本语言。

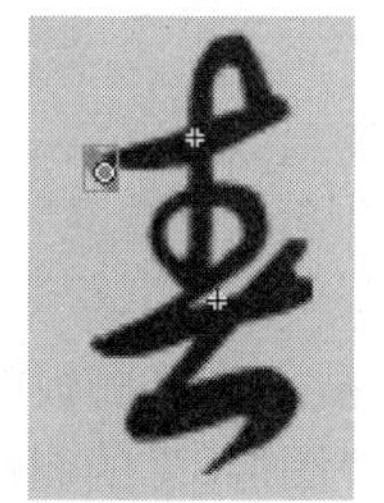

图14-65 拖入元件

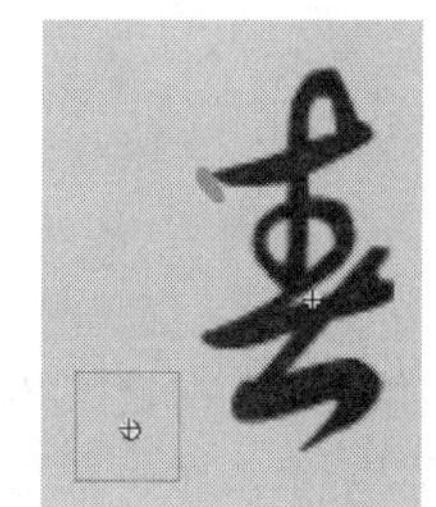

图14-66 拖入元件

9 根据前面元件的制作方法，完成“船遮罩1动画”、“船遮罩2动画”、“船组合遮罩动画”、“花瓣动画1”、“花瓣动画2”、“花瓣动画3”、“花遮罩动画”和“遮罩3动画”的制作。返回到“场景1”的编辑状态，在第2帧插入关键帧，将图像14703.jpg导入到场景中，如图14-67所示，并将其转换成“名称”为“背景”的“图形”元件。

图14-67 导入图像

10 分别在第9帧和第77帧插入关键帧，选择第2帧上的元件，在“属性”面板中进行设置，如图14-68所示。选择第9帧上的元件，在“属性”面板中进行设置，如图14-69所示，并为第1帧和第9帧添加“传统补间”，在第508帧插入帧。

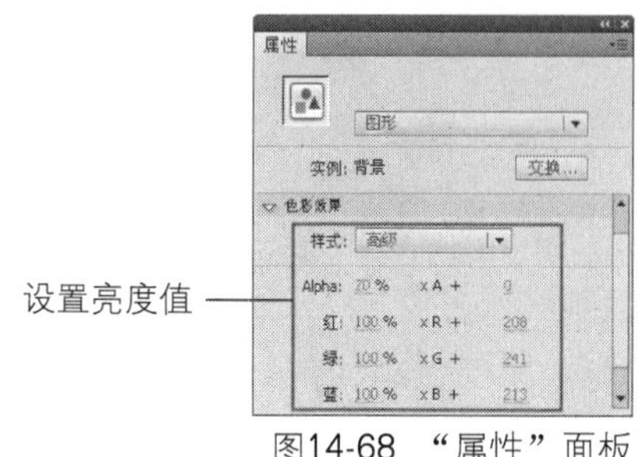

图14-68 “属性”面板

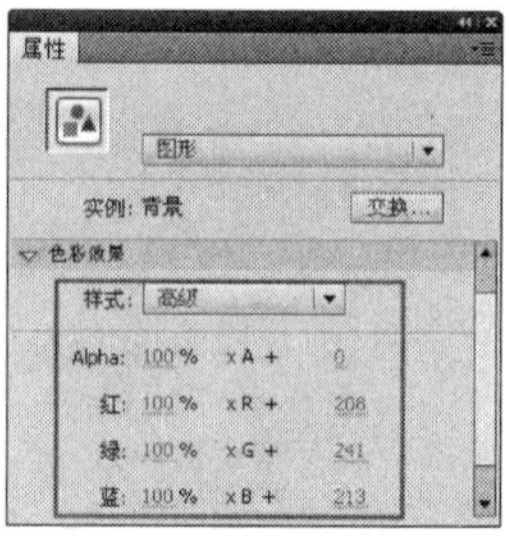

图14-69 “属性”面板

11 新建“图层2”，在第2帧插入关键帧，使用“矩形工具”在场景中绘制矩形，如图14-70所示，并将其转换成“名称”为“遮罩1”的“图形”元件。在第9帧插入关键帧，将元件扩大，如图14-71所示，为第2帧添加“传统补间”，并将该层设置为遮罩层。

图14-70 矩形效果

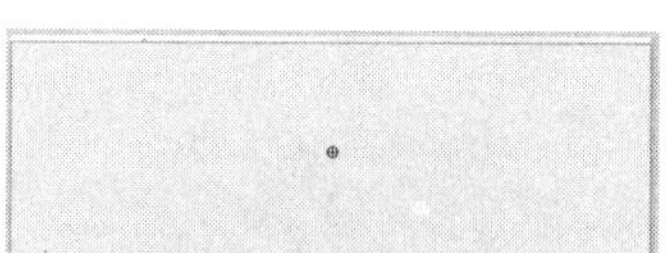

图14-71 元件效果

12 新建“图层3”，在第203帧插入关键帧，将“文字组合”从“库”面板中拖入到场景中，如图14-72所示，根据前面的制作方法，完成“图层4”~“图层8”的制作，场景效果如图14-73所示，新建“图层9”，在第508帧插入关键帧，在“动作-帧”面板输入“stop();”脚本语言。

图14-72 拖入元件

图14-73 场景效果

提 示

此处为了能让读者更清楚地看到元件的摆放位置，所以将遮罩层全部隐藏了。

13 完成艺术片头动画的制作，执行“文件>保存”命令，将动画保存为“14-5.fla”，测试动画效果如图14-74所示。

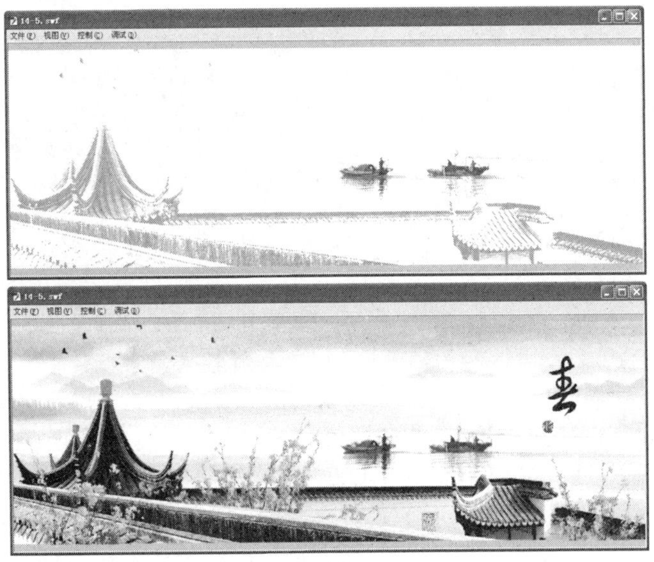

图14-74 测试动画效果

实例小结

本实例利用基本动画类型制作了一个丰富的风景片头动画。通过学习，读者要掌握动画制作的基本流程，了解在制作风景类片头动画时的要点，并能根据要求独立完成此类动画的制作。

14.6 展览公司开场动画

案例文件	光盘\源文件\第14章\14-6.fla
视频文件	光盘\视频\第14章\14-6.swf
学习时间	15分钟

★★☆☆☆

制作要点

1.新建文件，使用矩形制作背景，导入云彩效果和Logo图案并制作动画。

2.分别导入外部素材图像，并制作动画效果，不同元件制作的动画频率不同。

3.继续多层次的制作云层效果。分别导入云彩图像，并分别制作云层消散效果。

4.制作完成后，测试动画，可以看到一个非常大气的展览公司开场动画。需要掌握如何利用图片制作出类似于视频的云层效果。

14.7 艺术片头动画

★☆☆☆☆

案例文件	光盘\源文件\第14章\14-7.fla
视频文件	光盘\视频\第14章\14-7.swf
学习时间	10分钟

制作要点

首先完成对元件的制作，返回场景，将相应的素材图像导入到场景，完成背景的制作，再将制作完成的元件拖入到场景并完成遮罩层的制作，输入文字制作简单的动画。

思路分析

本实例主要向读者讲述一种利用遮罩完成的片头动画的制作方法和技巧，在制作的过程中，读者要注意遮罩的变化和间隔的时间，其实片头动画可以利用很多不同的方式来实现，测试动画效果如图14-75所示。

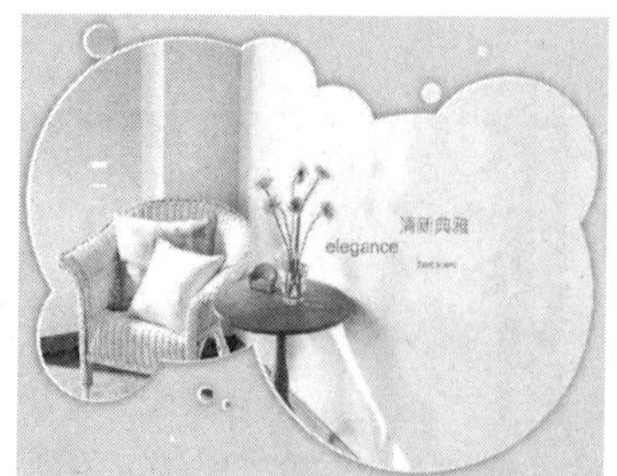

图14-75 测试动画效果

制作步骤

1 执行“文件>新建”命令，新建一个Flash文档，如图14-76所示。单击“属性”面板上的“编辑”按钮，在弹出的“文档设置”对话框中进行设置，如图14-77所示。

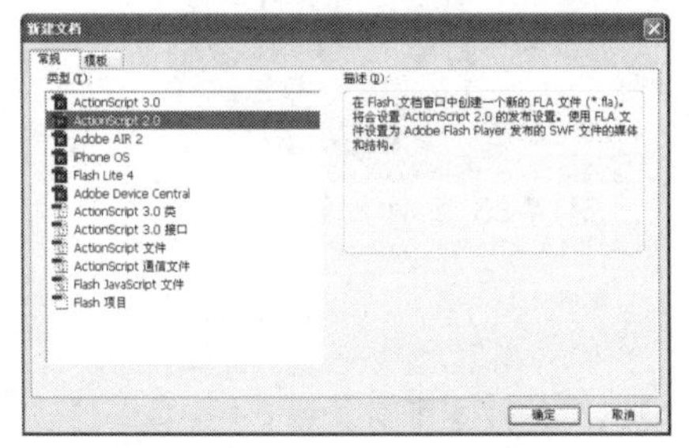

图14-76　“新建文档”对话框

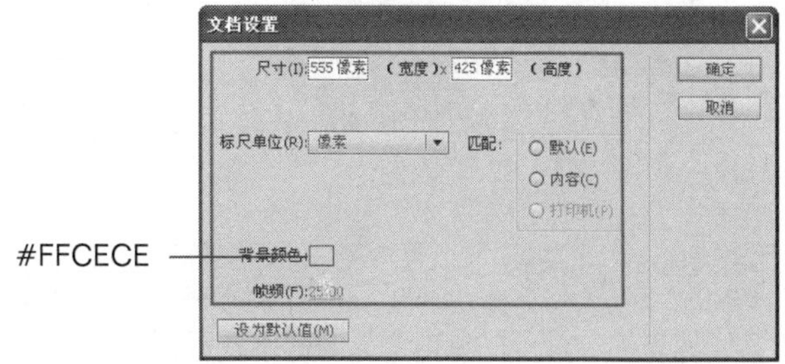

图14-77　“文档设置”对话框

2 在第30帧插入关键帧，将图像“光盘\源文件\第14章\素材\1410001.png”导入到场景中，如图14-78所示，并将其转换成“名称”为“框”的“图形”元件，设置其Alpha值为0%。在第40帧插入关键帧，使用“任意变形工具”将元件等比例放大，并修改其Alpha值为70%，如图14-79所示。

图14-78　导入图像

图14-79　元件效果

3 在第45帧插入关键帧，使用“任意变形工具”将元件等比例缩小，并修改其“颜色”样式为无，如图14-80所示，为第30帧和第40帧添加“传统补间”，在第1050帧插入帧。新建“图层2”，打开外部库“光盘\源文件\第14章\素材14-10.fla”，将“圆动画”元件从“库-素材14-10.fla”面板中拖入到场景中，如图14-81所示，在第47帧插入空白关键帧。

图14-80　元件效果

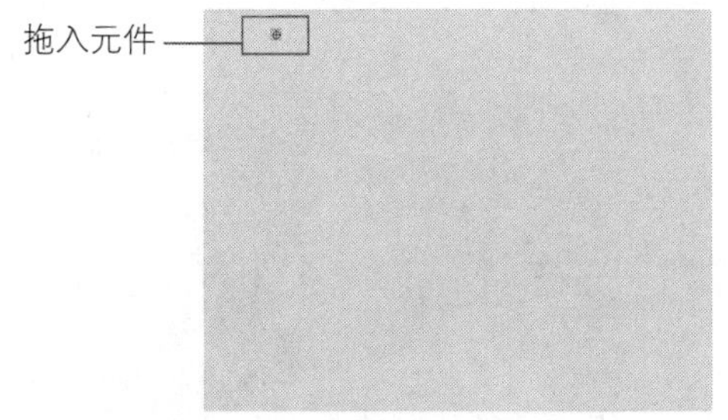

图14-81　拖入元件

4 新建“图层3”，在第97帧插入关键帧，将图像1410002.png导入到场景中，如图14-82所示，在第256帧插入空白关键帧。新建“图层4”，在第97帧插入关键帧，使用“椭圆工具”在场景中绘制正圆，并将其转换成“名称”为“圆”的“图形”元件，如图14-83所示。

图14-82 导入图像

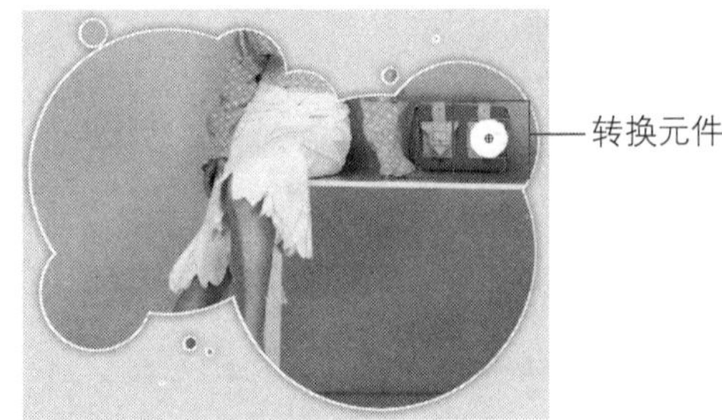

图14-83 元件效果

提 示

其实遮罩的位置可以根据个人的需求任意摆放，只要可以实现遮罩的效果即可。

5 分别在第130帧和第145帧插入关键帧，选择第130帧上的元件，将元件移动到如图14-84所示位置，选择第145帧上的元件，使用“任意变形工具”将元件扩大，如图14-85所示，为第97帧和第130帧添加“传统补间”，在第256帧插入空白关键帧，并将该层设置为遮罩层。

图14-84 元件效果

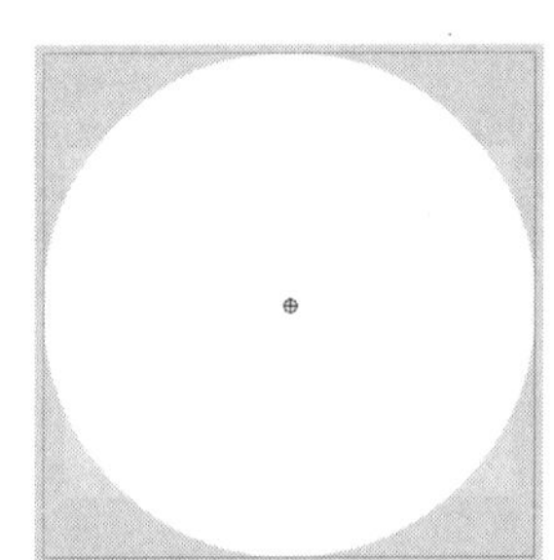
图14-85 元件效果

6 根据“图层3”和“图层4”的制作方法，完成“图层5”和“图层6”的制作，如图14-86所示，新建“图层7”，在第250帧插入关键帧，使用“文本工具”在场景中输入文字，并将其转换成“名称”为“文字4”的“图形”元件，如图14-87所示。

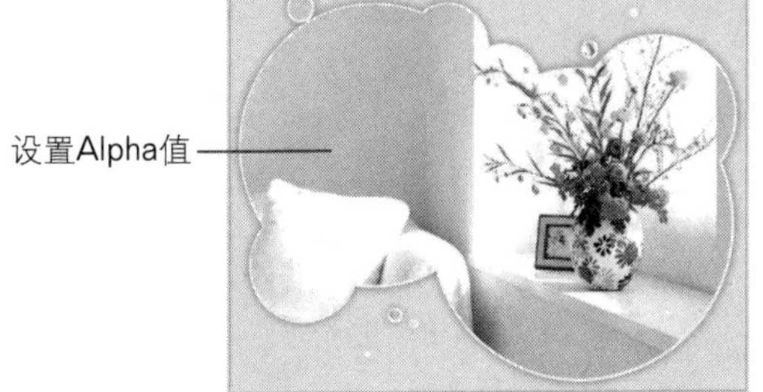

图14-86 场景效果

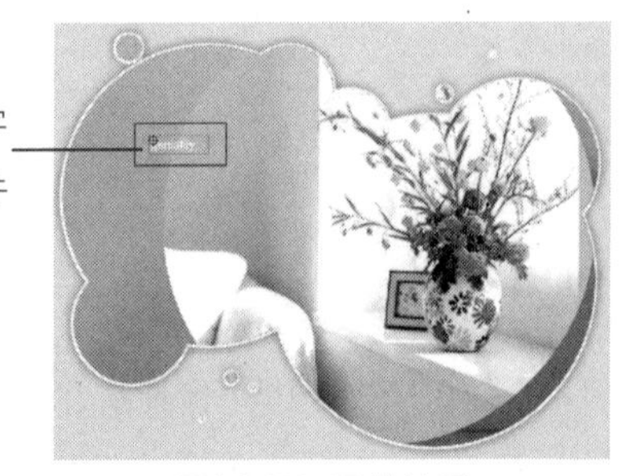

图14-87 元件效果

7 在第274帧插入关键帧，将元件水平向左移动，如图14-88所示，选择第250帧上的元件，设置其Alpha值为0%，并为第250帧添加“传统补间”，在第395帧插入空白关键帧。新建“图层8”，在第264帧插入关键帧，使用“文本工具”在场景中输入文字，并将其转换成“名称”为“文字6”的“图形”元件，如图14-89所示。

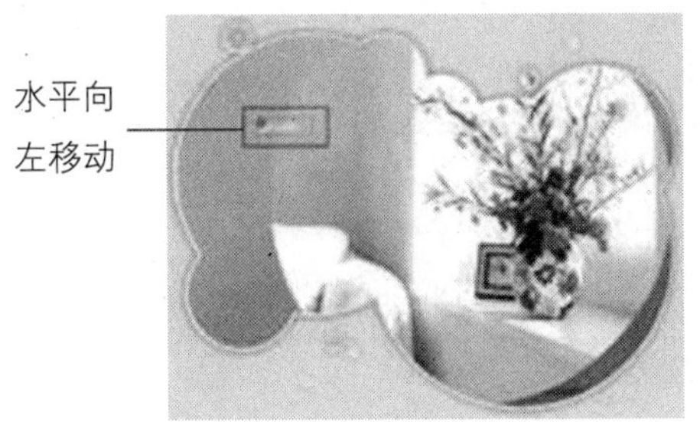

图14-88　移动元件

图14-89　元件效果

提 示

在制作本实例时应用到了很多淡入动画效果，主要目的是使得动画效果更加丰富。

8 在第285帧插入关键帧，将元件水平向右移动，如图14-90所示，选择第264帧上的元件，设置其Alpha值为0%，并为其添加“传统补间”，在第395帧插入空白关键帧。利用相同的制作方法，完成“图层9”和“图层10”的制作，如图14-91所示。

图14-90　元件效果

图14-91　场景效果

9 根据前面的制作方法，完成“图层11”～“图层41”的制作，场景效果如图14-92所示。新建“图层42”，在第1050帧插入关键帧，在“动作-帧”面板输入如图14-93所示的脚本语言。

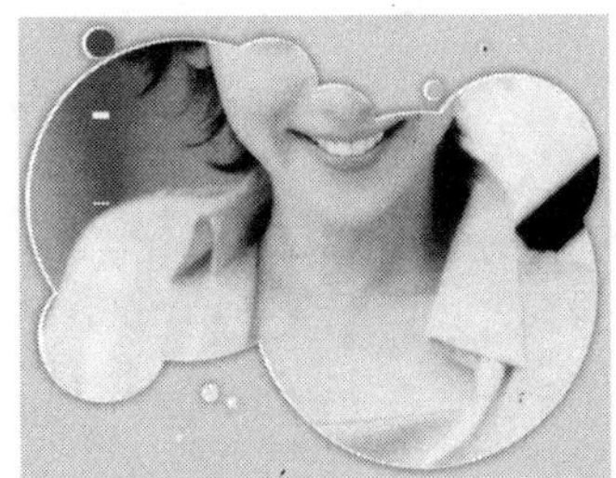

图14-92　场景效果

图14-93　输入脚本语言

10 完成片头动画的制作，执行“文件>保存”命令，将动画保存为“14-7.fla”，测试动画效果如图14-94所示。

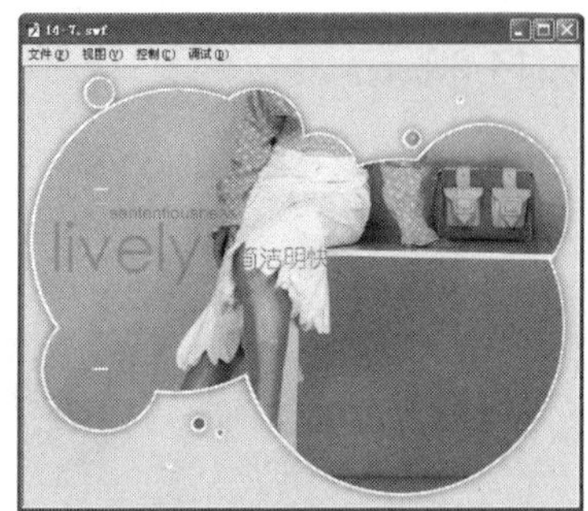

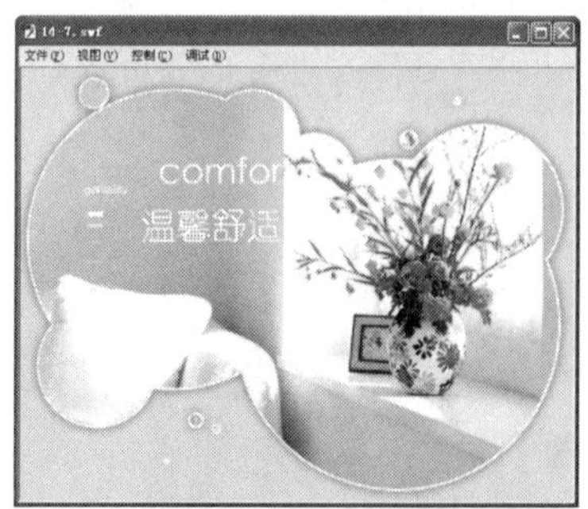

图14-94 测试动画效果

实例小结

本实例通过使用遮罩和文字的淡入效果，实现了一个简单又漂亮的片头动画。通过学习，读者要掌握如何利用不同的方法来完成片头动画的制作。

14.8 休闲网站开场动画

案例文件	光盘\源文件\第14章\14-8.fla
视频文件	光盘\视频\第14章\14-8.swf
学习时间	15分钟

★★☆☆☆

制作要点

1.新建文件，导入标志图形，并制作淡入动画效果。

2.导入位图，绘制图形，制作淡入效果，并设置为遮罩图层。

3.将标志元件拖入，并制作遮罩动画，实现滑入动画效果。

4.测试动画，可以看到动画效果。

14.9 时尚片头动画

案例文件 光盘\源文件\第14章\14-9.fla
视频文件 光盘\视频\第14章\14-9.swf
学习时间 45分钟

★★★☆☆

制作要点

利用“传统补间”制作各种动画的入场景和出场景动画，利用遮罩层制作文本的渐入效果。

思路分析

本实例主要利用Flash的基本功能制作出时尚片头动画，在实例的制作中主要应用了传统补间制作大量的动画效果，测试动画效果如图14-95所示。

图14-95 测试动画效果

制作步骤

1 执行“文件>新建”命令，新建一个Flash文档，如图14-96所示。新建文档后，单击“属性”面板上的“编辑”按钮，在弹出的“文档设置”对话框中进行设置，如图14-97所示。

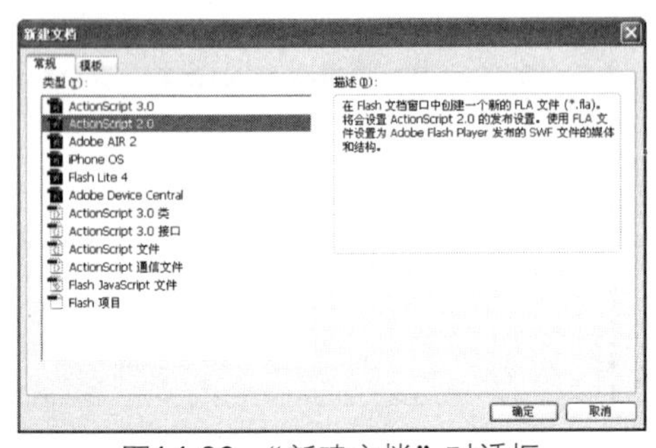
图14-96 “新建文档”对话框

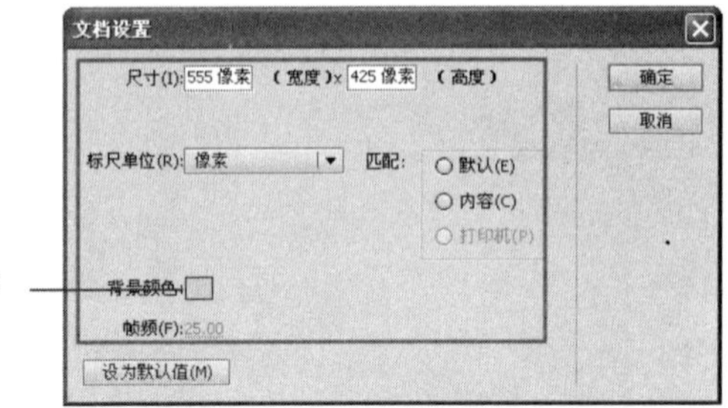

图14-97 “文档设置”对话框

2 打开外部库“光盘\源文件\第14章\素材\素材14-13.fla”，如图14-98所示，将“背景矩形”元件从“库-素材14-13.fla”面板中拖入到场景中，如图14-99所示，在第330帧插入帧。

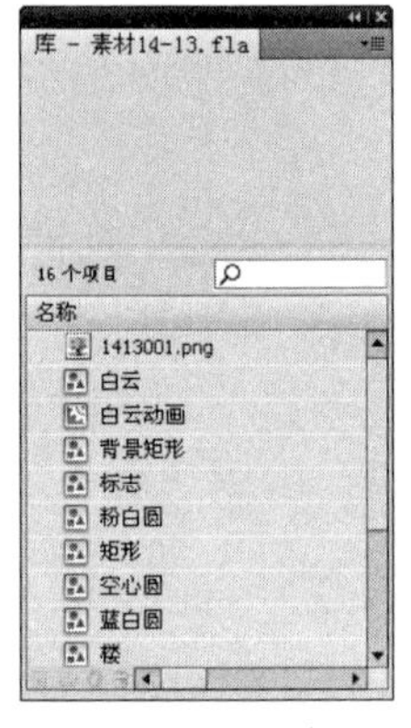
图14-98 打开外部库

图14-99 拖入元件

提 示

由于篇幅的原因，本步骤中的矩形没有直接绘制，而是从外部库中拖入到场景中的，读者在绘制动画时可以自己绘制。

3 新建“图层2”，将“矩形”元件从“库-素材14-13.fla”面板中拖入到场景中，并调整大小，如图14-100所示，在第15帧插入关键帧，将第15帧上的元件水平向右移动，如图14-101所示，为第1帧添加“传统补间”，在第161帧插入空白关键帧。

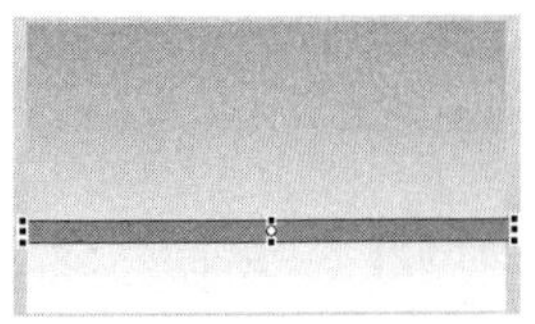
图14-100 元件效果

图14-101 水平向左移动元件

4 根据“图层2”的制作方法，制作出“图层3”～“图层7”，完成后的场景效果如图14-102所示，“时间轴”面板如图14-103所示。

图14-102 场景效果

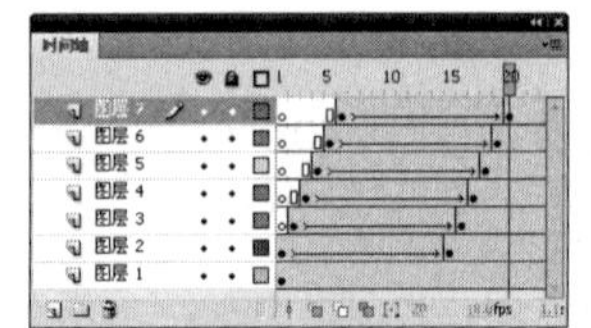
图14-103 “时间轴”面板

5 新建“图层8”，在第25帧插入关键帧，将“男人”元件从“库-素材14-13.fla”面板中拖入到场景中，并将元件等比例扩大，如图14-104所示，分别在第35、37、39、41和43帧插入关键帧，将第25帧上的元件水平向左移动，如图14-105所示。

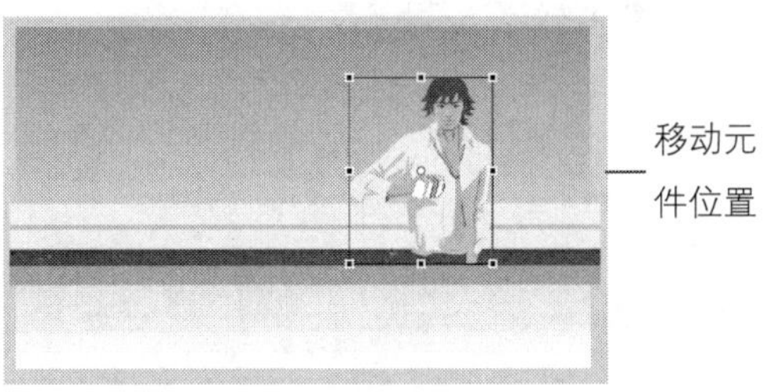

图14-104 元件效果

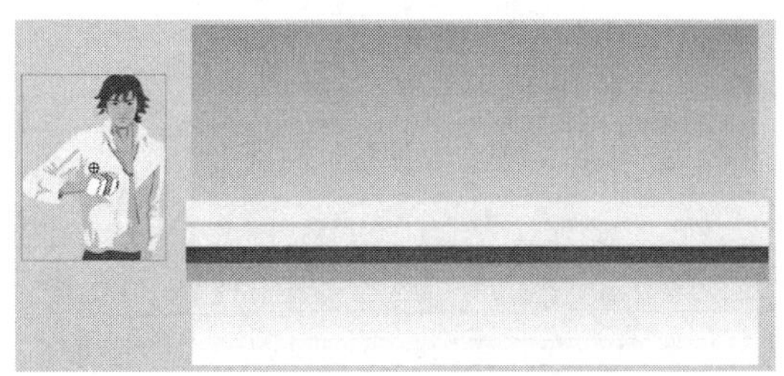

图14-105 水平向左移动元件

6 分别选择第37帧和第41帧上的元件，依次设置“属性”面板如图14-106所示，元件效果如图14-107所示，为第25帧添加“传统补间”，利用相同的制作方法，完成本图层中其他帧的制作。

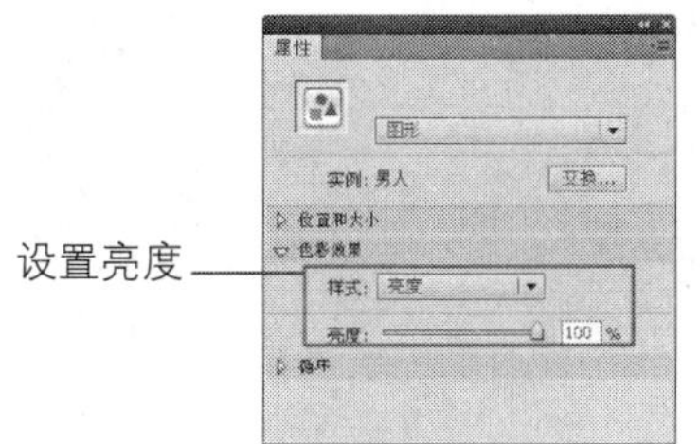

图14-106 设置“属性”面板

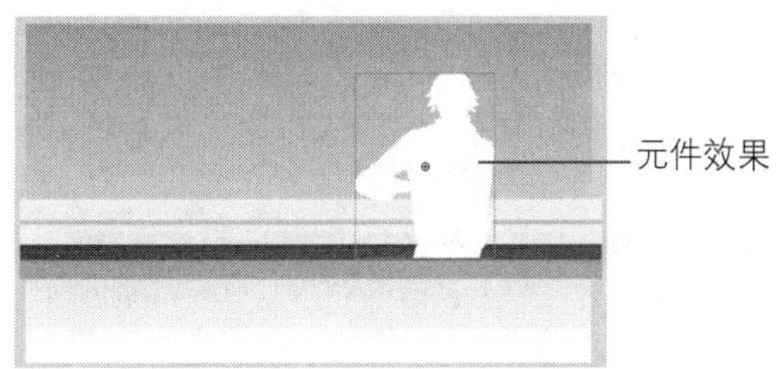

图14-107 元件效果

7 新建“图层9”，在第45帧插入关键帧，将“空心圆”元件从“库-素材14-13.fla”面板中拖入到场景中，如图14-108所示，分别在第48、50、155和160帧插入关键帧，将第160帧上的元件水平向右移动，如图14-109所示。

图14-108 拖入元件

图14-109 水平向右移动元件

8 选择第48帧上的元件，设置“属性”面板如图14-110所示，元件效果如图14-111所示，设置第155帧上的“补间”类型为“传统补间”。

图14-110 设置“属性”面板

图14-111 元件效果

提 示

将元件的色调变亮变白，不仅可以设置“亮度”值，也可以设置“高级”选项中的各个参数。

9 根据前面的制作方法，完成“图层10”～“图层13”的制作，并调整图层的顺序，场景效果如图14-112所示，“时间轴”面板如图14-113所示。

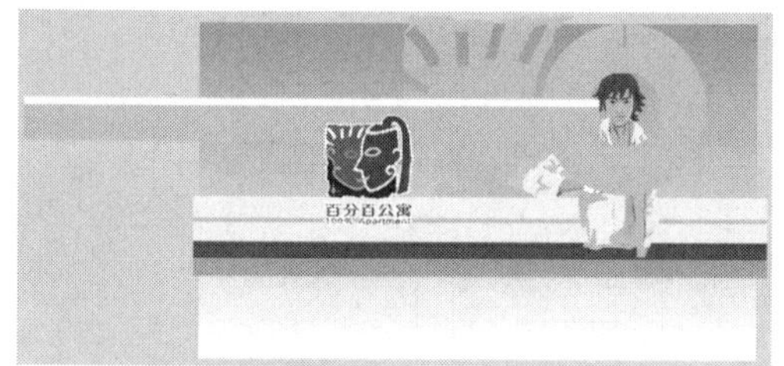
图14-112 场景效果

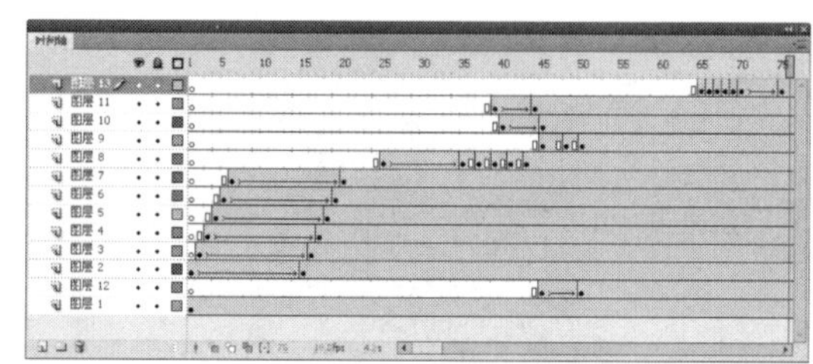
图14-113 “时间轴”面板

10 在“图层13”上新建“图层14”，在第160帧插入关键帧，将“矩形”元件从“库”面板中拖入到场景中，并调整大小和中心点的位置，如图14-114所示，分别在第170、175、185、268和278帧插入关键帧，将第175帧上的元件进行调整，如图14-115所示，为第160帧添加“传统补间”，利用同样的制作方法，完成本图层中其他帧的制作。

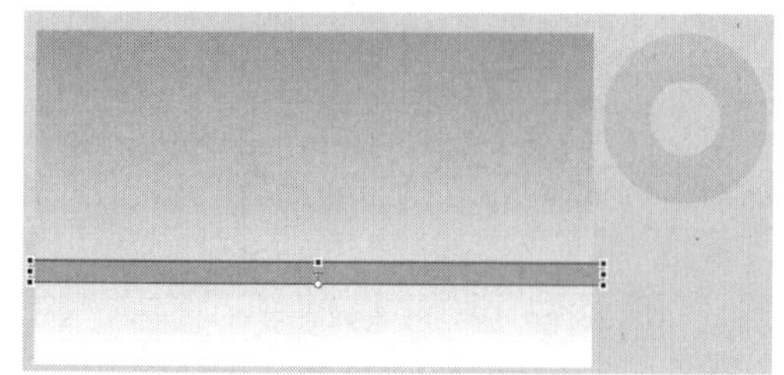
图14-114 元件效果

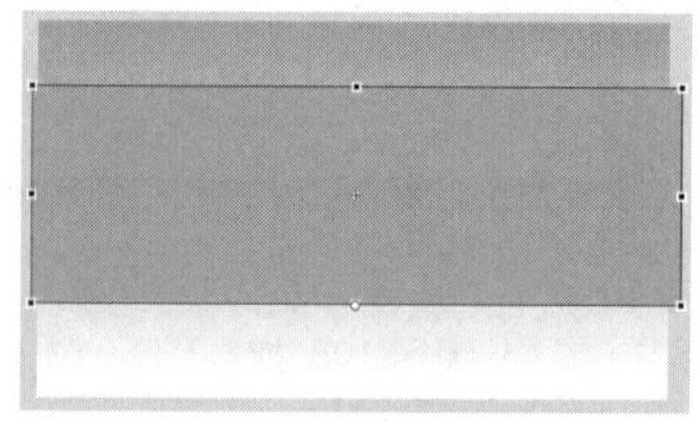
图14-115 元件效果

11 新建“图层15”，在第185帧插入关键帧，将“情侣”元件从“库-素材14-13.fla”面板中拖入到场景中，如图14-116所示，分别在第187、189、191、193和250帧插入关键帧，选择第487帧上的元件，设置“亮度”值为100%，元件效果如图14-117所示。根据前面的制作方法，制作出本图层中的其他帧。

图14-116 拖入元件

图14-117 元件效果

12 新建“图层16”，在第200帧插入关键帧，将“绿黄白圆1”元件从“库-素材14-13.fla”面板中拖入到场景中，如图14-118所示，分别在第217、219、221、262和270帧插入关键帧，将第200帧上的元件等比例缩小，如图14-119所示，为第200帧添加“传统补间”，利用同样的制作方法，制作出本图层的其他帧。

图14-118 拖入元件

图14-119 将元件等比例缩小

13 根据前面的制作方法，制作出“图层17”～“图层26”，并调整图层顺序，完成后的场景效果如图14-120所示，“时间轴”面板如图14-121所示。

图14-120 场景效果

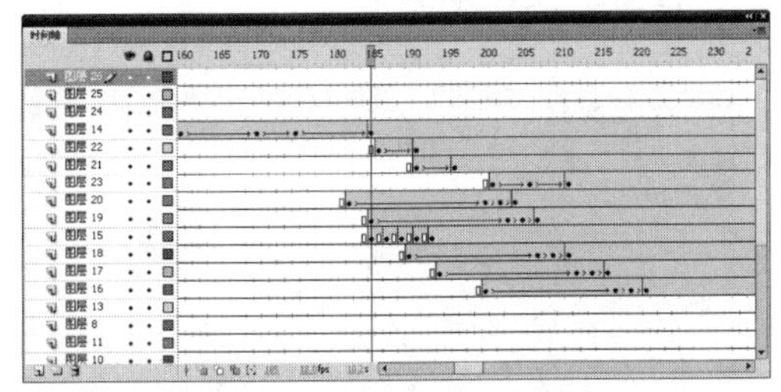
图14-121 “时间轴”面板

提 示

由于篇幅的原因，本步骤中制作的动画效果没有详细的书写，详细的说明读者可以参考源文件。

14 新建“图层27”，在第310帧插入关键帧，使用“文本工具”，在“属性”面板上进行设置，如图14-122所示，在场景中绘制文本，如图14-123所示。

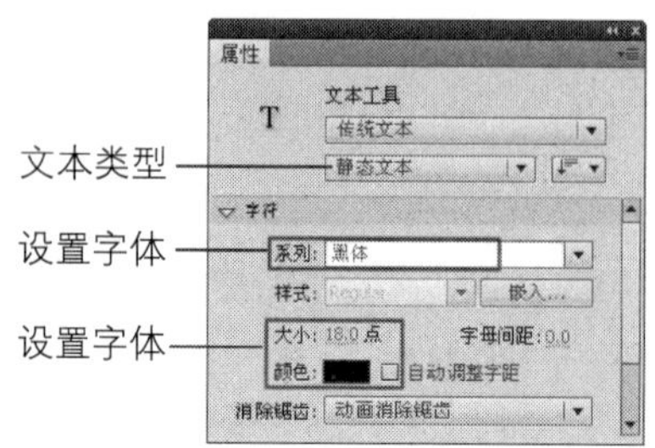

图14-122 设置“属性”面板

图14-123 输入文本

15 新建“图层28”，在第310帧插入关键帧，将“矩形”元件从“库”面板中拖入到场景中，并调整大小，如图14-124所示，在第330帧插入关键帧，将元件水平向右移动，如图14-125所示，为第310帧添加“传统补间”，设置“图层28”为遮罩层。新建“图层29”，在第330帧插入关键帧，在“动作-帧”面板中输入“stop();”脚本语言。

图14-124 元件效果

图14-125 水平向右移动元件

16 完成时尚片头动画的制作，执行“文件>保存”命令，将动画保存为“14-9.fla”，测试动画效果如图14-126所示。

图14-126 测试动画效果

实例小结

在实例的制作中没有应用复杂的脚本语言来控制动画，只是应用到了停止脚本语言，通过本实例的学习，读者可以掌握利用Flash的基本功能制作片头动画。

14.10 汽车网站开场动画

案例文件 光盘\源文件\第14章\14-10.fla

视频文件 光盘\视频\第14章\14-10.swf

学习时间 40分钟

★★★★☆

制作要点

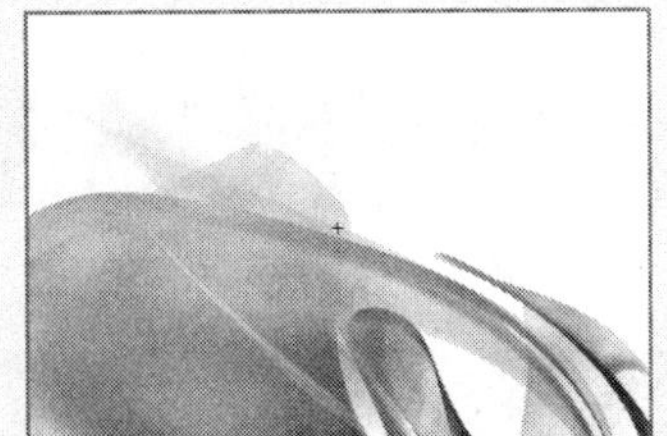

1.导入相应的素材图像并将其转换为相应的图形元件。

2.返回到主场景中，将制作好的元件拖入到场景中并制作场景动画。

3.继续制作主场景中的动画效果。

4.完成汽车网站开场动画的制作，测试动画效果。

第 15 章 制作贺卡

做Flash贺卡最重要的是创意而不是技术，由于贺卡的特殊性，情节非常简单，影片也很简短，一般仅仅只有几秒钟，不像动画短片有一条很完整的故事线，设计者一定要在很短的时间内表达出主题，并且要给人留下深刻的印象，并把气氛烘托起来。

15.1 清新贺卡

案例文件 光盘\源文件\第15章\15-1.fla
视频文件 光盘\视频\第15章\15-1.swf
学习时间 35分钟

★★★☆☆

制作要点

使用传统补间动画制作淡入淡出效果，并配合使用外部库文件和优美的声音效果。

思路分析

本实例中使用了Flash制作动画的最基本功能：传统补间动画制作。通过不同元件的淡入和淡出制作出贺卡所需要的浪漫温馨感觉，并使用背景音乐增加贺卡的气氛，再通过文本动画将贺卡的用意表达，从而制作出完美的贺卡效果，测试动画效果如图15-1所示。

图15-1 测试动画效果

制作步骤

1 执行“文件>新建”命令，新建一个Flash文档，如图15-2所示。新建文档后，单击“属性”面板上的“编辑”按钮，在弹出的“文档设置”对话框中进行设置，如图15-3所示，单击“确定”按钮。

ActionScript 2.0

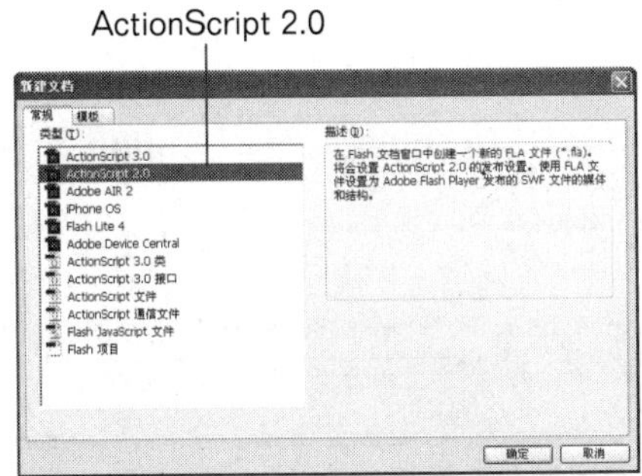

图15-2 “新建文档”对话框

400像素*300像素

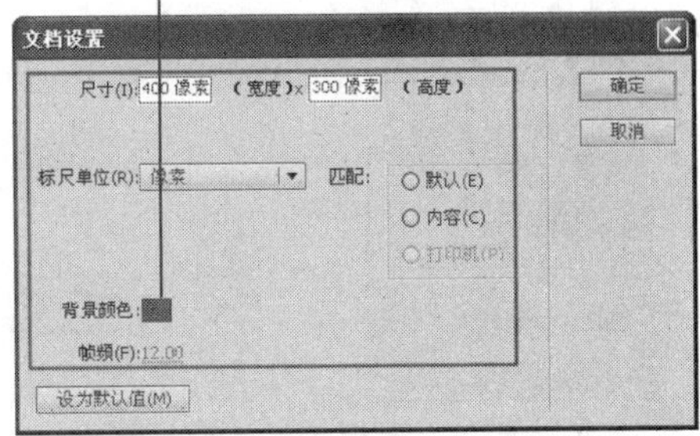

图15-3 “文档设置”对话框

2 新建“名称”为“背景1”的“图形”元件，如图15-4所示。将图形“光盘\源文件\第15章\素材\1511.jpg”导入到场景中，并对齐中心位置，如图15-5所示。

图形元件

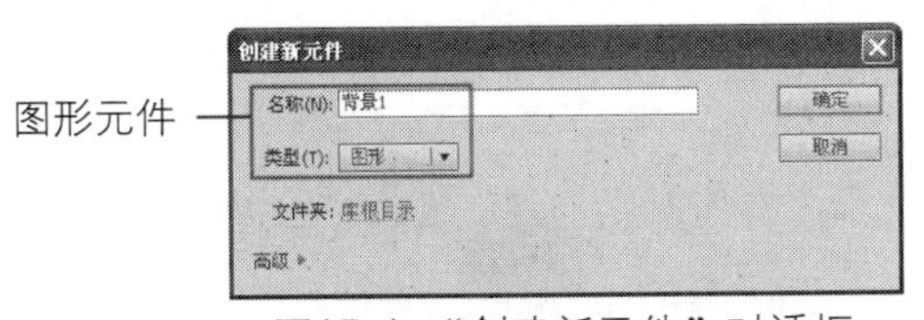

图15-4 “创建新元件”对话框

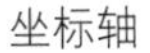

图15-5 导入位图

3 利用同样的方法依次制作“图形”元件，并导入需要的图片，完成后的效果如图15-6所示。

图15-6 制作其他元件

4 返回到“场景1”的编辑状态，将元件“背景1”拖入到场景中如图15-7所示的位置，在第120帧插入帧。新建“图层2”，设置“填充颜色”为白色，使用“矩形工具”绘制如图15-8所示图形。

坐标轴

图15-7 拖入元件

图15-8 绘制图形

5 分别在第7帧和第60帧插入关键帧，设置第60帧上图形的Alpha值为0%，“颜色”面板如图15-9所示。并设置第7帧上“补间”类型为“补间形状”，将多余帧删除，“时间轴”面板如图15-10所示。

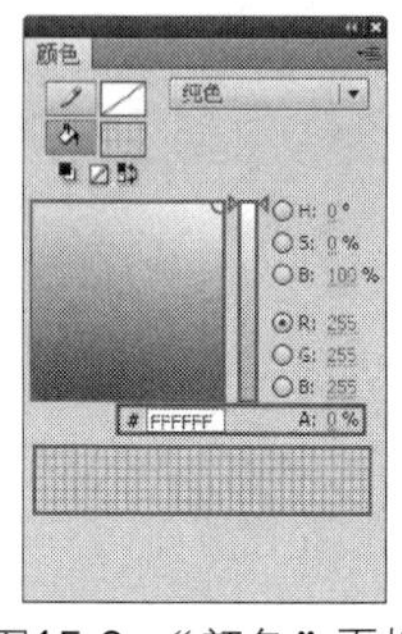

图15-9 “颜色”面板

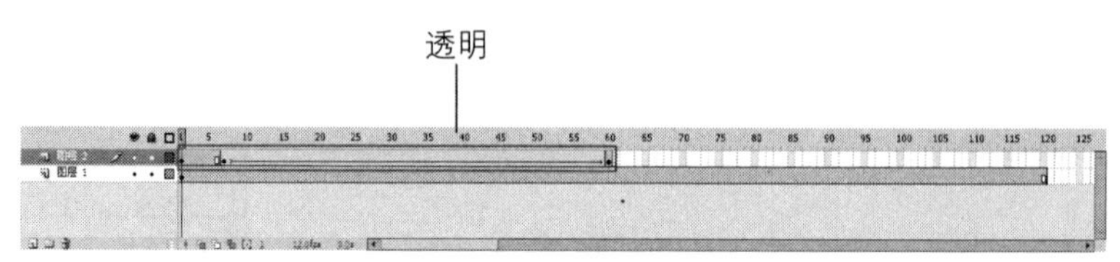

图15-10 “时间轴”面板

6 新建“图层3”，在第8帧插入关键帧，绘制一个矩形，并设置其“填充颜色”为从透明到白色的“径向渐变”，“颜色”面板如图15-11所示，绘制效果如图15-12所示。

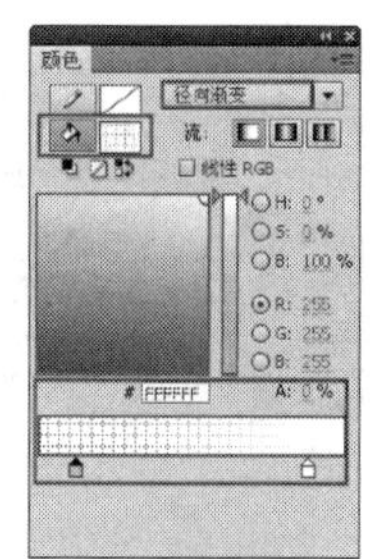

图15-11 “颜色”面板

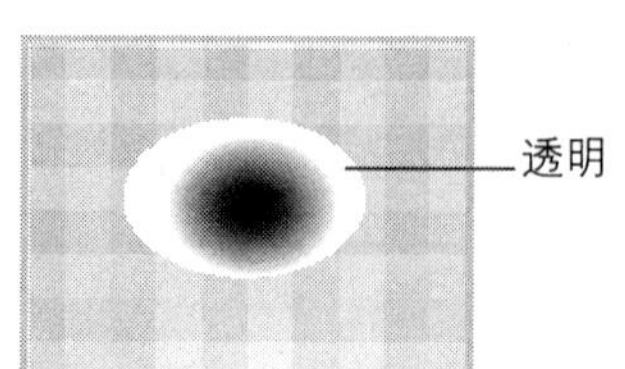

图15-12 绘制图形

7 在第60帧插入关键帧，将图形扩大，并修改图形的Alpha值为0%，如图15-13所示。设置第8帧上“补间”类型为“补间形状”，“时间轴”如图15-14所示。

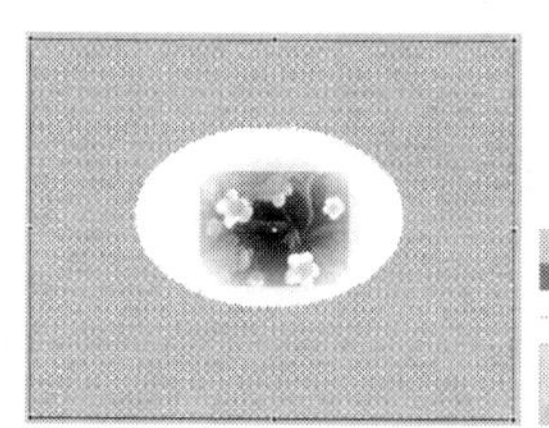

图15-13 图形效果

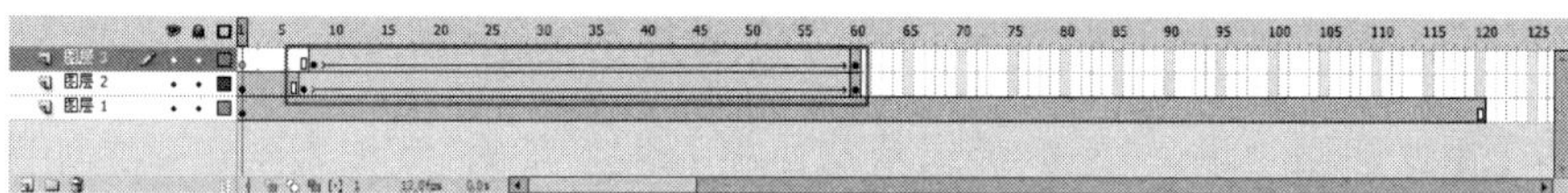

图15-14 “时间轴”效果

提 示

制作图形的淡入淡出效果时要考虑到每个图层的开始结束时间，尽量安排的较为紧凑，使效果比较自然。

8 新建“图层4”，在第105帧插入关键帧，将“背景2”元件从“库”面板中拖入到场景中，并调整其大小位置，如图15-15所示。分别在第120帧和第150帧插入关键帧，依次将元件向左移动，设置第1帧上元件的Alpha值为0%，并添加“传统补间”，“时间轴”面板如图15-16所示。

图15-15 拖入元件

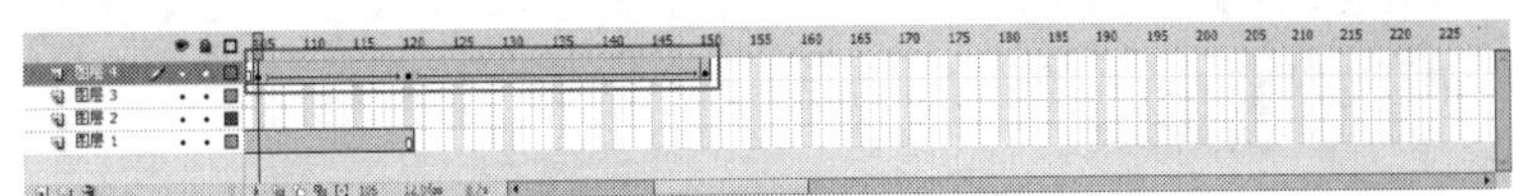
图15-16 “时间轴”面板

9 新建“图层5”，利用制作“图层4”的方法再次制作元件“背景2”的淡入效果，“时间轴”面板如图15-17所示。执行“文件>导入>打开外部库”命令，将“光盘\源文件\第15章\素材\素材.fla”文件导入，新建“图层6”，在第105帧插入关键帧，将外部库中的“光芒动画”元件拖入到场景中，调整大小位置如图15-18所示。

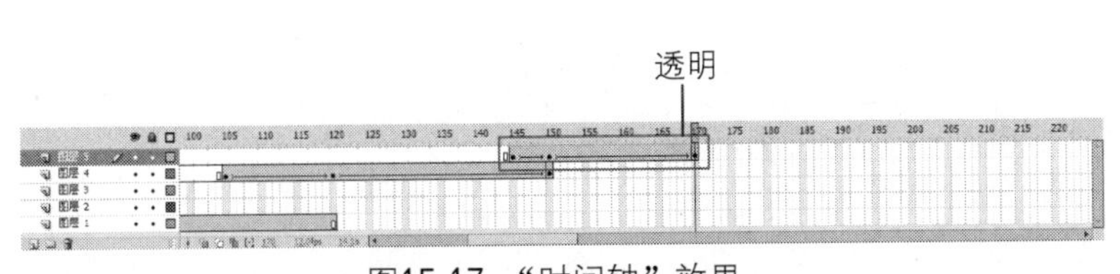

图15-17 “时间轴”效果

图15-18 拖入元件

提 示

在制作动画时，除了可以使用Flash自带的“公共库”外，还可以使用其他文件的库文件。

10 拖动选中“图层5”和“图层6”第270帧插入帧，并在“图层6”第105~120帧中创建传统补间动画。新建“图层7”，在第240帧插入关键帧，将元件“背景3”从“库”面板中拖入到场景中，并调整位置大小，如图15-19所示。利用制作“背景2”的方法制作背景淡入效果，“时间轴”面板如图15-20所示。

图15-19 拖入元件

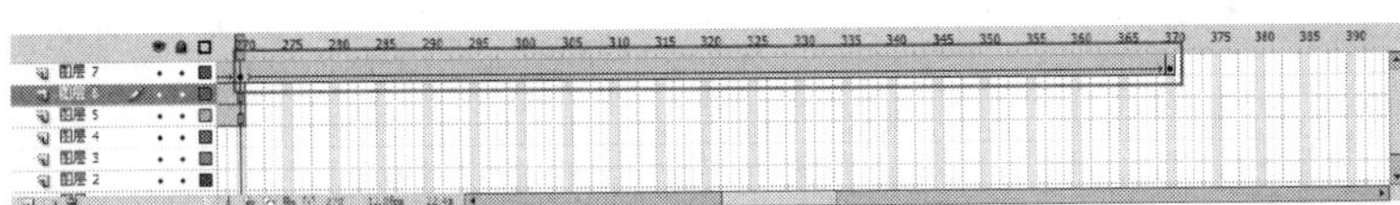
图15-20 “时间轴”面板

11 在“图层7”的第400帧插入帧，新建“图层8”，在370帧插入关键帧，将元件“背景4”拖入到场景中并调整位置，如图15-21所示。在第390帧插入关键帧，设置第370帧上元件的Alpha值为0%，并添加“传统补间”，在第480帧插入帧，“时间轴”面板如图15-22所示。

图15-21 拖入元件

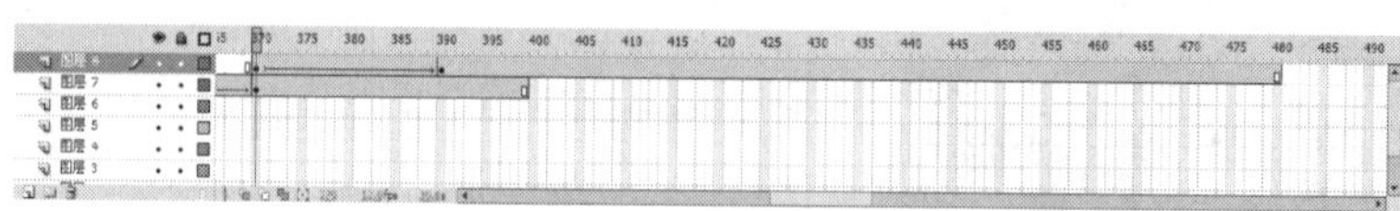
图15-22 “时间轴”面板

12 将“光盘\源文件\第15章\素材\sound.mp3”导入到库中，单击“图层2”的第7帧，在“属性”面板中选择音乐文件，如图15-23所示，“时间轴”面板如图15-24所示。

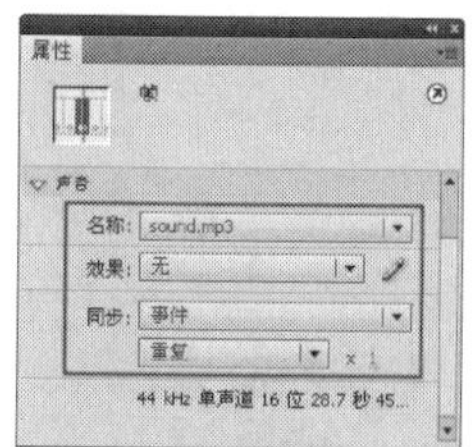
图15-23 “属性”面板

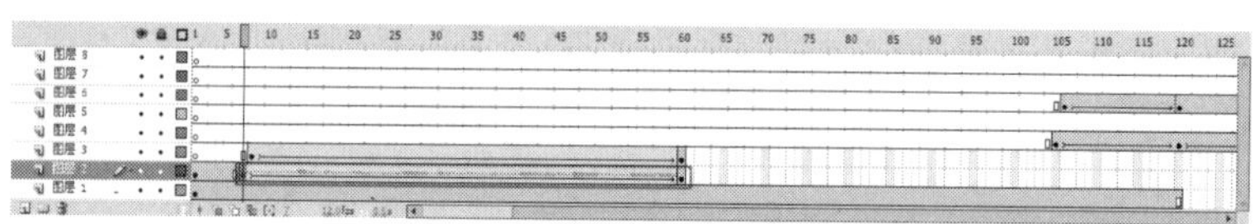
图15-24 “时间轴”面板

提 示

Flash动画中经常使用mp3格式和wav格式的音频，本实例中使用的是mp3格式的背景音乐文件。

13 新建“图层9”，在第7帧插入关键帧。多次将外部库中的“流星”元件拖入到场景中，调整大小位置，如图15-25所示。依次新建图层，并将素材文件中的“文本1”、“文本2”和“文本3”元件分别拖入场景中，“时间轴”面板如图15-26所示。

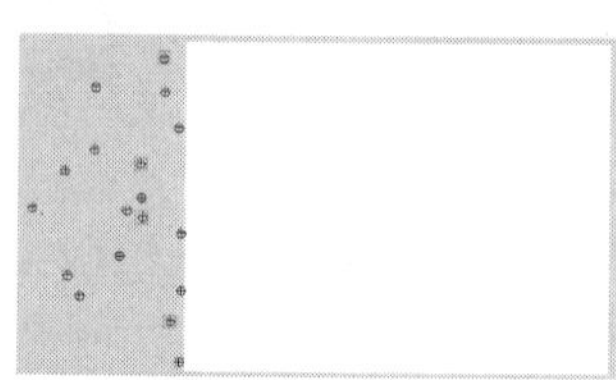
图15-25 拖入元件

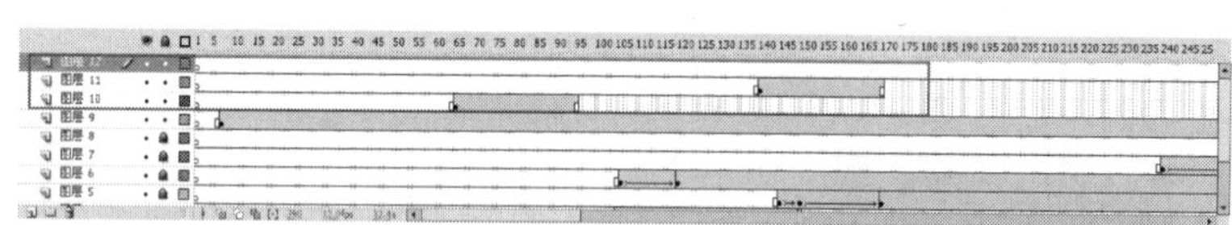
图15-26 “时间轴”面板

提 示

动画制作中如果使用了其他的文本字体，要在发布前将文本分离成为图形，以保证完整的动画效果。

14 完成清新贺卡的制作，将动画保存为“15-1.fla”，按快捷键Ctrl+Enter测试动画，效果如图15-27所示。

图15-27 测试贺卡效果

实例小结 >>>>>>>>>>

本实例通过制作一个清新的贺卡效果，使得读者对贺卡中常见的制作方法有所了解，并能够处理时间较长的动画效果，还要掌握使用外部元件的方法，理解在动画中使用音频的方法和技巧。

15.2 祝福贺卡

案例文件	光盘\源文件\第15章\15-2.fla
视频文件	光盘\视频\第15章\15-2.swf
学习时间	45分钟

★★★☆☆

制作要点 >>>>>>>>>>

1.导入相应的场景素材，并分别将其转换为元件。

2.在主场景中制作场景转换过程动画效果。

3.继续制作主场景中的动画效果，并为主场景添加文字动画和声音。

4.完成祝福贺卡的制作，测试动画效果。

15.3 专用贺卡

案例文件 光盘\源文件\第15章\15-3.fla
视频文件 光盘\视频\第15章\15-3.swf
学习时间 30分钟

难易程度 ★★★☆☆

制作要点

使用图形元件和影片剪辑元件制作丰富的贺卡场景，并配合优美的背景音乐烘托气氛。

思路分析

本实例将制作一款专用的贺卡效果，此类贺卡常常用在特定的环境中，例如结婚、寿辰等。制作此类贺卡不必太过花哨，只需要通过适当的动画效果将需要表达的意境表达出来即可。实例中充分使用了各种元件来制作动画，从而使动画的制作过程更为清晰，测试动画效果如图15-28所示。

图15-28 测试动画效果

制作要点

1 执行“文件>新建”命令，新建一个Flash文档，如图15-29所示。新建文档后，单击“属性”面板上的“编辑”按钮，在弹出的“文档设置”对话框中进行设置，如图15-30所示，单击“确定”按钮。

ActionScript 2.0

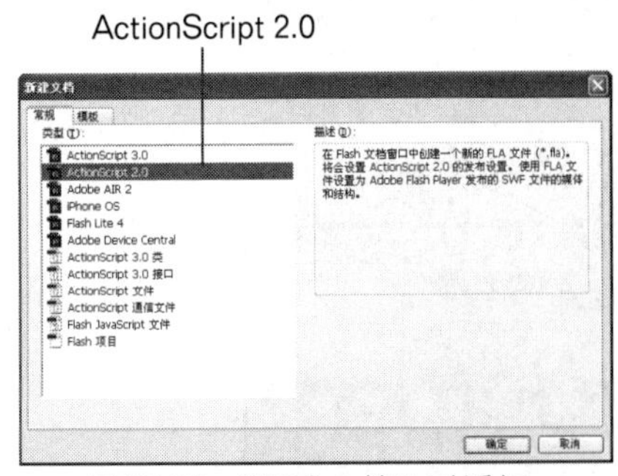

图15-29 “新建文档”对话框

401像素*301像素

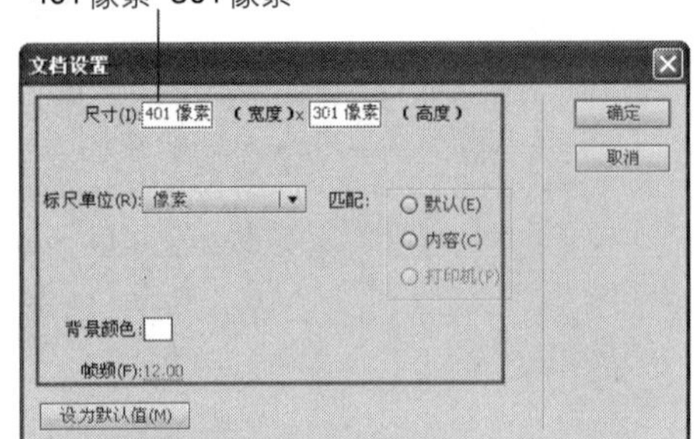

图15-30 “文档设置”对话框

提 示

制作贺卡时没有固定的尺寸，制作时完全根据用户的需要自行设置。为了增加效果，帧频一般较慢。

2 将“光盘\源文件\第15章\素材\素材.fla”文件以外部库的形式打开，将“库”中的1504元件拖入到场景中并设置元件的Alpha值为78%，如图15-31所示。在第190帧插入关键帧，调整元件大小，如图15-32所示。

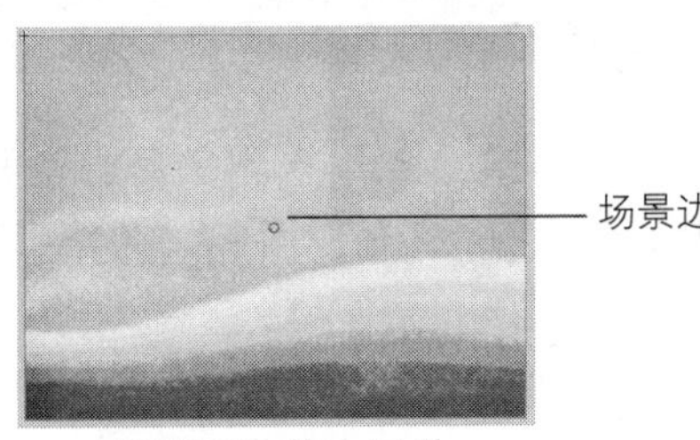

图15-31 拖入元件

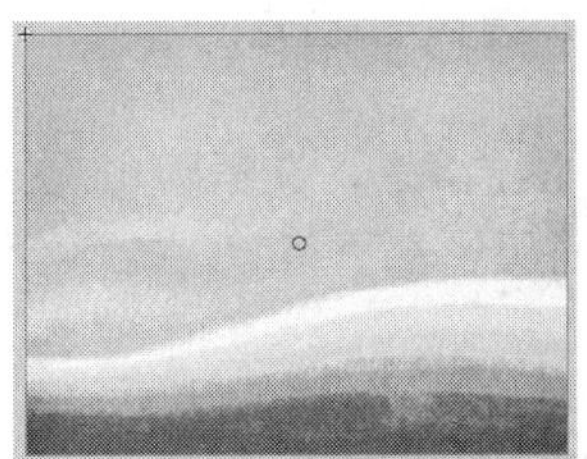

图15-32 调整元件大小

3 在第1帧上创建“传统补间”，在第575帧插入帧，“时间轴”面板如图15-33所示。

图15-33 “时间轴”面板

提 示

也可以使用补间动画进行制作，制作补间动画时需要分别指定不同时间的元件状态。

4 新建“图层2”，在第7帧插入关键帧，将“云”元件拖入到场景中，调整大小位置，并设置其Alpha值为35%，效果如图15-34所示。新建“图层3”，在第7帧插入关键帧，将“云1”元件拖入到场景中，如图15-35所示。

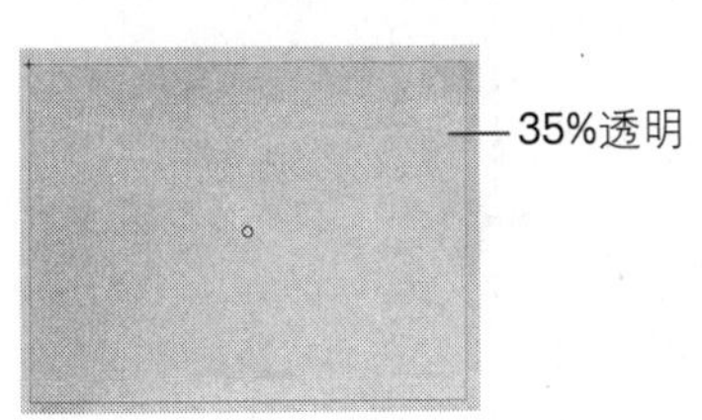

图15-34 拖入元件

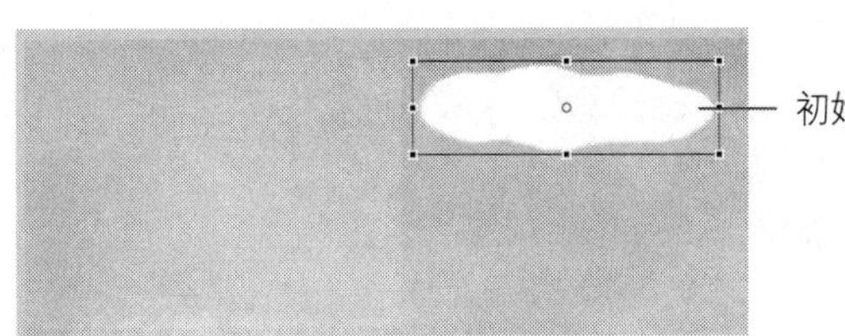

图15-35 拖入元件

5 在第140帧插入关键帧，将元件向左移动，并调整元件大小，如图15-36所示。在第7帧上创建“传统补间”。利用同样的方法依次制作其他云彩飘动的动画效果，“时间轴”面板如图15-37所示。

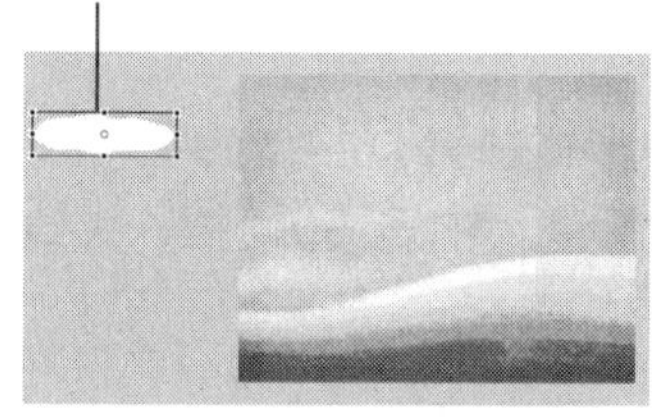

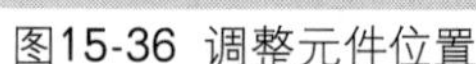
图15-36 调整元件位置

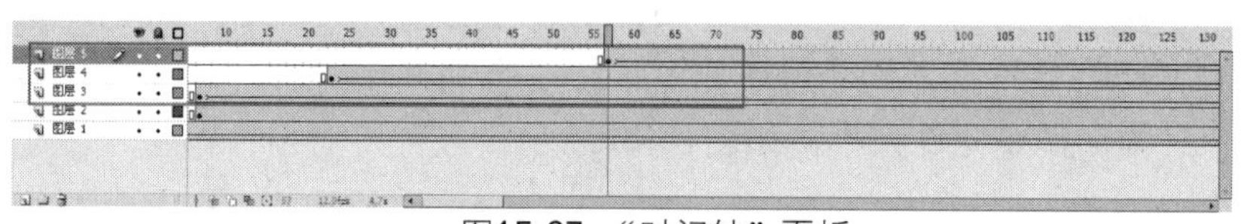
图15-37 “时间轴”面板

6 单击“图层5”，在第57帧插入关键帧，将“马蹄”声音文件拖入到场景中，并设置其“属性”面板上的“重复”次数为100，如图15-38所示，“时间轴”面板如图15-39所示。

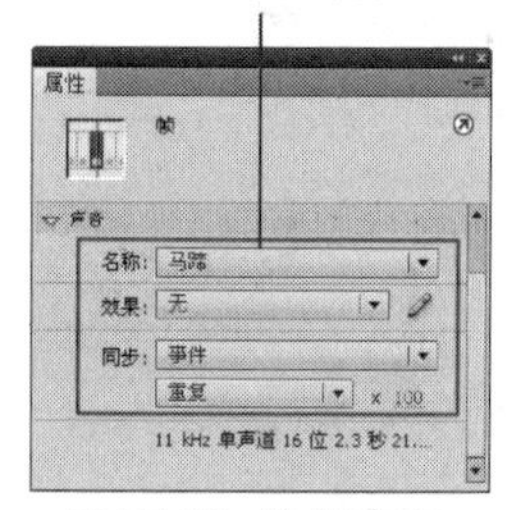

图15-38 使用声音

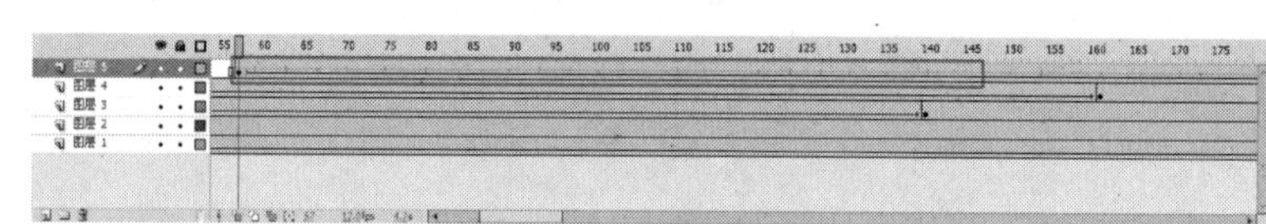
图15-39 “时间轴”面板

提 示

在使用声音时，为了保证动画播放时一直都有声音，可以将声音的重复次数设置多一些。

7 新建“图层6”，在第30帧插入关键帧，将“人物”元件拖入到场景中，并调整大小和位置，如图15-40所示。在第193帧插入关键帧，调整元件到如图15-41所示位置。

图15-40 使用元件

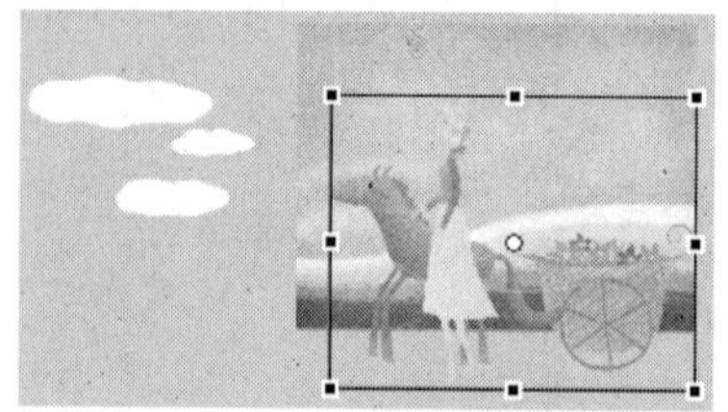
图15-41 调整元件位置

8 在第30帧的位置创建“传统补间”，“时间轴”面板如图15-42所示。

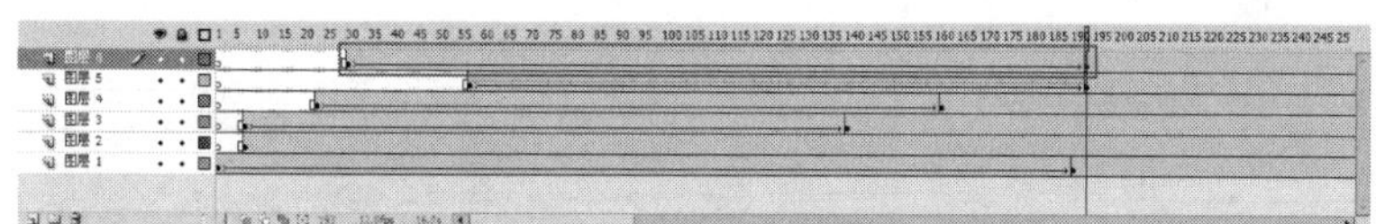
图15-42 “时间轴”面板

9 新建“图层7”，在第8帧插入关键帧，将“背景”声音元件拖入到场景中，并设置其“属性”面板上的“重复”次数为100，如图15-43所示，“时间轴”面板如图15-44所示。

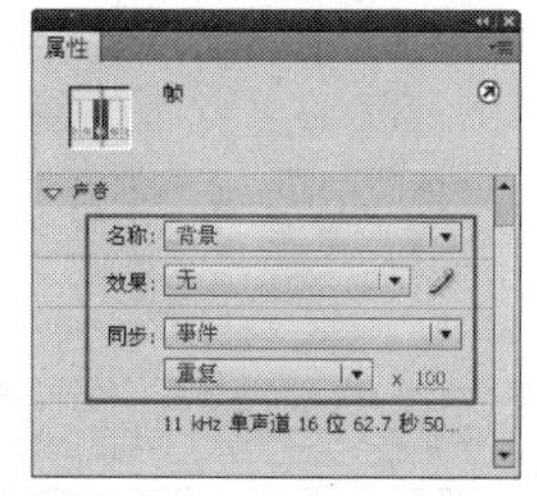

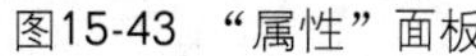
图15-43 “属性”面板

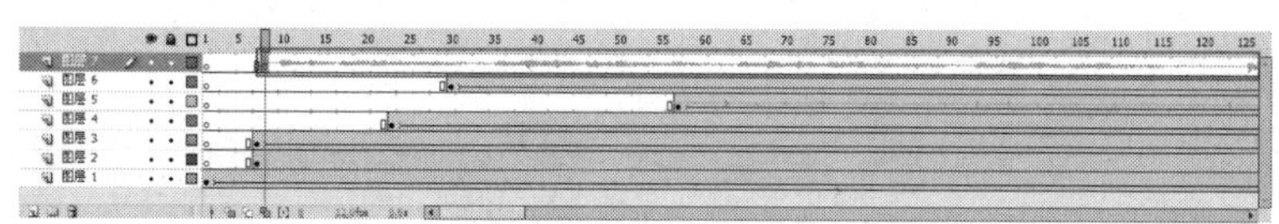
图15-44 “时间轴”面板

10 新建“图层8”，在第7帧插入关键帧，设置“填充颜色”为#D0D0D0，使用“矩形工具”和“选择工具”绘制如图15-45所示矩形。新建“图层9”，使用“文本工具”在场景中输入如图15-46所示文本。

图15-45 绘制图形

图15-46 输入文本

提 示

绘制图形的主要目的是保证动画在播放时的整齐化，不会由于场景外部的多余元素影响动画播放。

11 选择文本，将其转换为“图形”元件，分别在第28帧、第35帧和第55帧插入关键帧。设置第7帧和第55帧上元件的Alpha值为0%，并在第7帧、第28帧和第35帧创建“传统补间”，“时间轴”面板如图15-47所示。在第56帧插入空白关键帧，“时间轴”面板如图15-48所示。

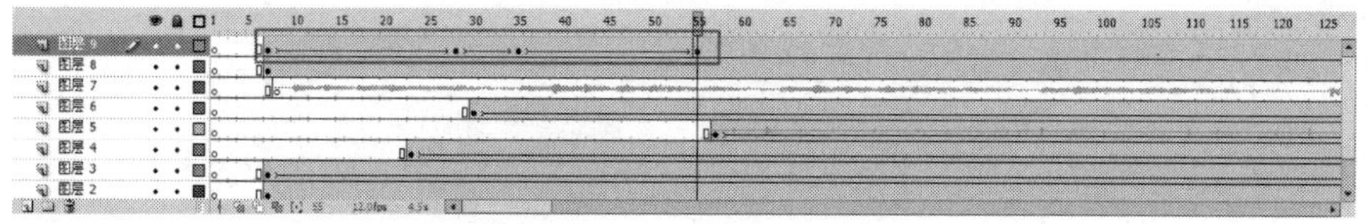
图15-47 “时间轴”效果

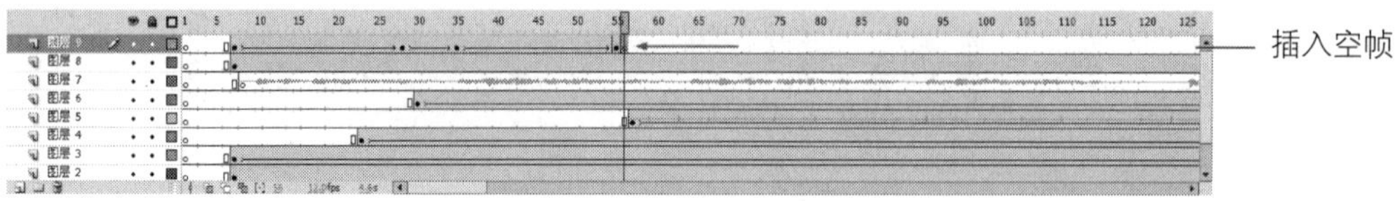

图15-48 “时间轴”面板

12 在第95帧插入关键帧，使用“文本工具”输入如图15-49所示文字。将文本转换为元件，并分别在第140帧、第150帧和第190帧插入关键帧。分别设置第95帧和第190帧上元件的Alpha值为0%，并为除第190帧以外的其他关键帧创建“传统补间”，“时间轴”面板如图15-50所示。

图15-49 输入文本

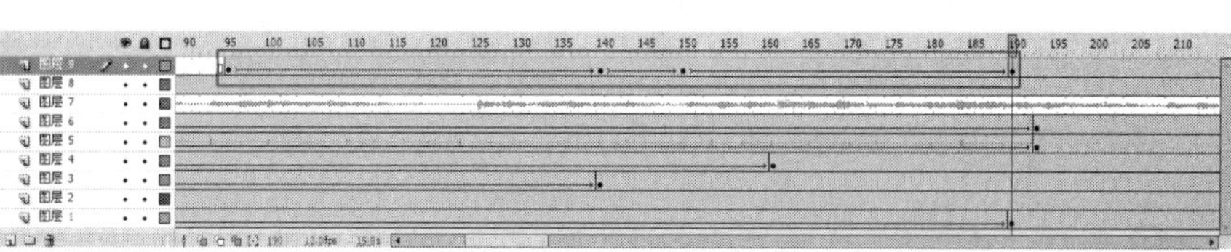

图15-50 “时间轴”面板

13 利用同样的方法制作其他文本动画效果，场景效果如图15-51所示，“时间轴”面板如图15-52所示。

图15-51 场景效果

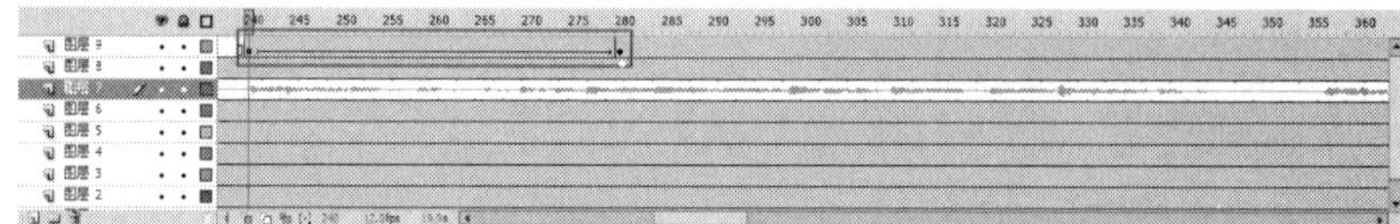

图15-52 “时间轴”面板

提 示

在时间轴中插入空白关键帧可以使关键帧之间为空，其目的是可以使得不同的动画片段存在于同一图层中。

14 完成贺卡的制作，将动画保存为“15-3.fla”，按快捷键Ctrl+Enter，测试动画效果如图15-53所示。

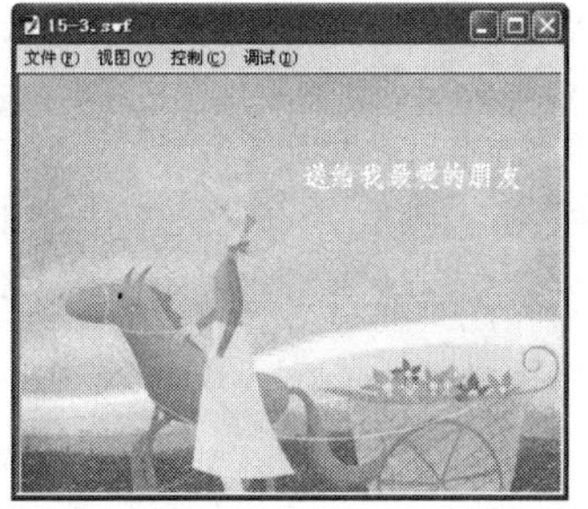

图15-53 测试动画效果

实例小结

本实例通过制作一个专用的贺卡效果，使得读者掌握制作此类贺卡的流程、掌握利用不同元件类型制作动画的技巧、使用图形元件制作动画的方法、使用影片剪辑来丰富动画效果，并且学习如何利用音频为贺卡动画增加温馨气氛的方法。

15.4 春天贺卡

案例文件 光盘\源文件\第15章\15-4.fla

视频文件 光盘\视频\第15章\15-4.swf

学习时间 40分钟

★★★★☆

制作要点

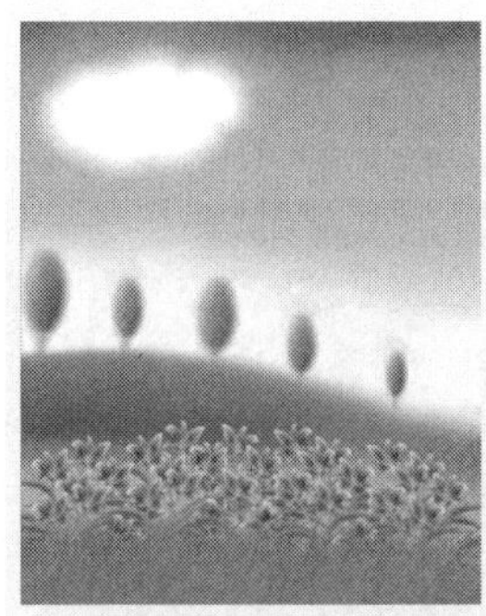

1.导入相应的素材图像，并且制作出相应的元件动画效果。

2.返回主场景中，将制作好的元件拖入主场景，制作开始场景动画。

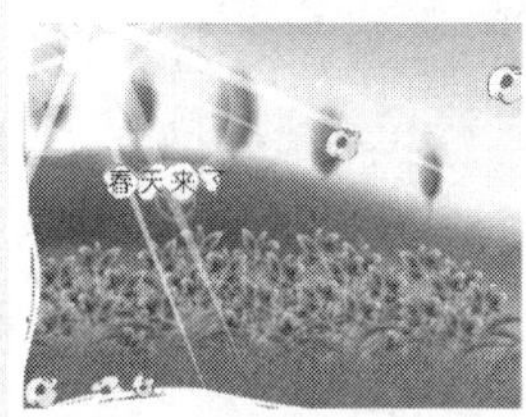

3.接着制作主场景动画效果，并为贺卡添加音乐。

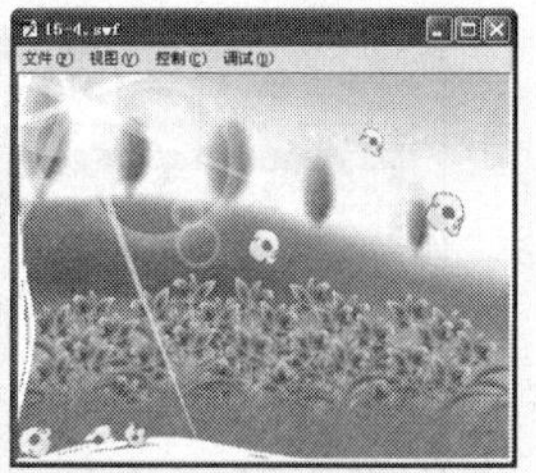

4.完成春天贺卡的制作，测试贺卡效果。

15.5 静帖贺卡

案例文件 光盘\源文件\第15章\15-5.fla
视频文件 光盘\视频\第15章\15-5.swf
学习时间 20分钟

难易程度 ★★★☆☆

制作要点

在本实例中主要使用Flash中的动态文本框调用外部文本，以及为动态文本框赋值，还有如何通过Flash中的组件实现滚动条的效果。

思路分析

本实例主要讲解静帖贺卡的制作，首先需要将贺卡中的小动画分为不同的影片剪辑元件，并分别进行制作，然后返回到主场景中制作贺卡动画的主体效果，通过动态文本框的形式，获取不同部分的文本内容，使用组件实现文本滚动条，最终完成贺卡的制作，测试动画效果如图15-54所示。

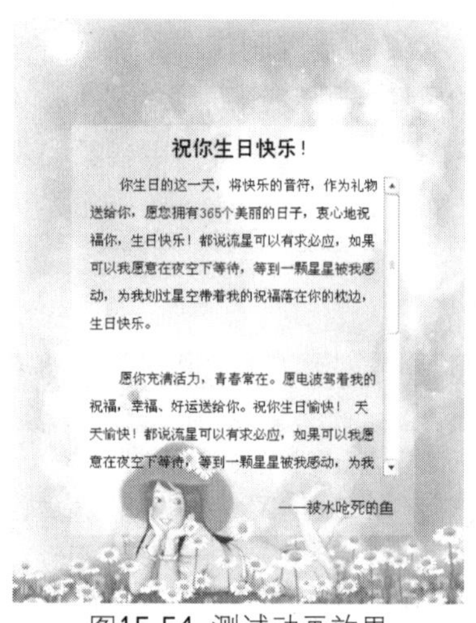

图15-54 测试动画效果

制作步骤

1 执行“文件>新建”命令，新建一个Flash文档，如图15-55所示。新建文档后，单击“属性”面板上的“编辑”按钮 编辑... ，在弹出的“文档设置”对话框中进行设置，如图15-56所示，单击“确定”按钮。

ActionScript 2.0

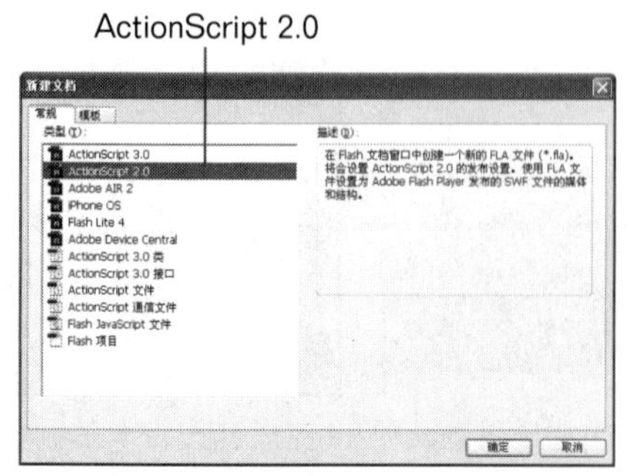

图15-55 “新建文档”对话框

设置文档相关属性

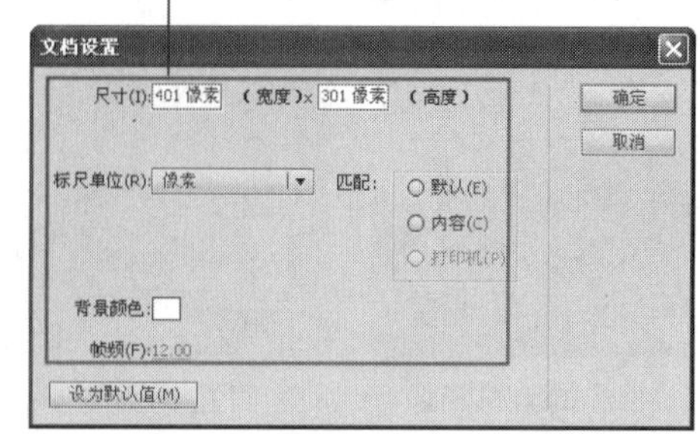

图15-56 “文档设置”对话框

2 执行“文件>导入>导入到库”命令，弹出“导入到库”对话框，选中需要导入的外部素材图像，如图15-57所示。单击“打开”按钮，将素材图像导入到“库”中，如图15-58所示。

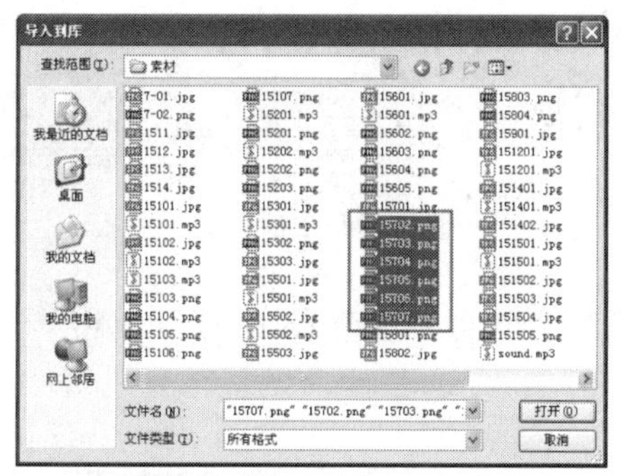

图15-57 “导入到库”对话框

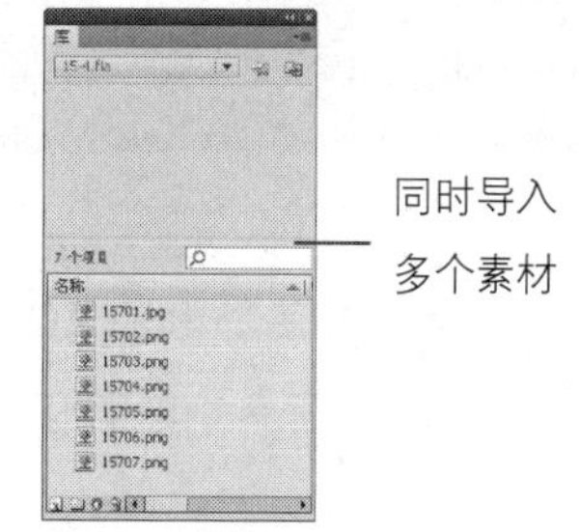

图15-58 “库”面板

技巧 通过使用“导入到库”命令，可以同时将多个素材导入到“库”面板中，如果导入的素材图像为.png格式，则导入到“库”面板中会自动创建该图像的图形元件。

3 新建“名称”为“花飘动”的“影片剪辑”元件，如图15-59所示，将“元件3”从“库”面板中拖入到场景中，如图15-60所示。

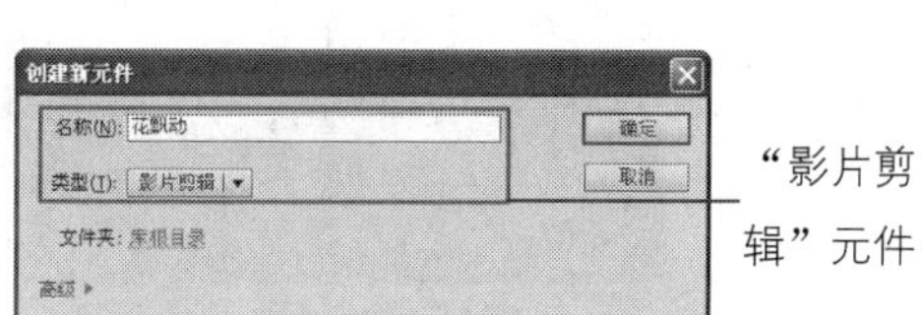

图15-59 “创建新元件”对话框

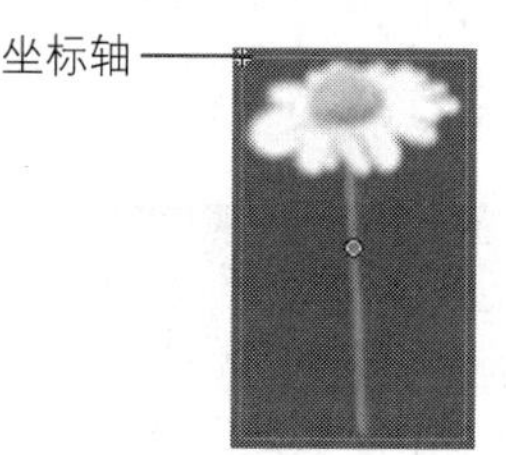

图15-60 拖入元件

4 分别在第28帧和第55帧插入关键帧，分别调整各关键帧上元件中心点的位置，选中第28帧上的元件，并将元件顺时针旋转，如图15-61所示。分别在第1帧和第28帧创建“传统补间”，如图15-62所示。

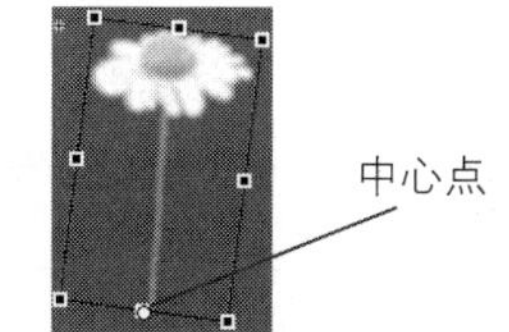

图15-61 调整元件

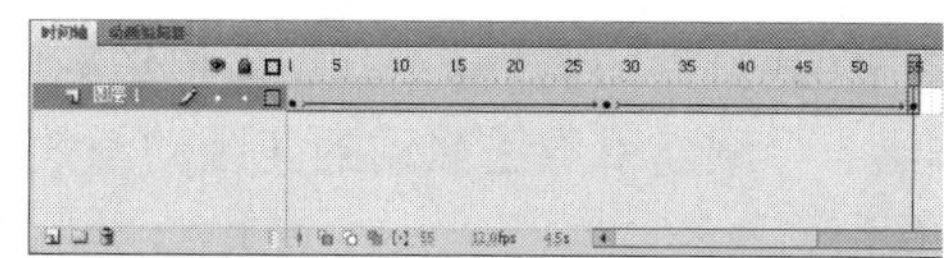

图15-62 创建“传统补间”

提 示

元件默认的中心点为中间位置，可以通过调整元件的中心点，使元件基于该中心点进行旋转等操作。

5 新建图层，利用相同的制作方法，可以完成其他花朵飘动动画效果的制作，场景效果如图15-63所示，“时间轴”面板如图15-64所示。

图15-63 场景效果

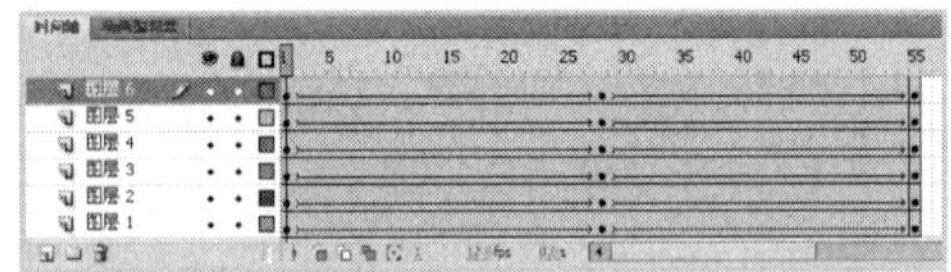
图15-64 “时间轴”面板

6 新建“名称”为“花朵引导动画”的“影片剪辑”元件，如图15-65所示。将“元件6”从“库”面板中拖入到场景中，如图15-66所示。

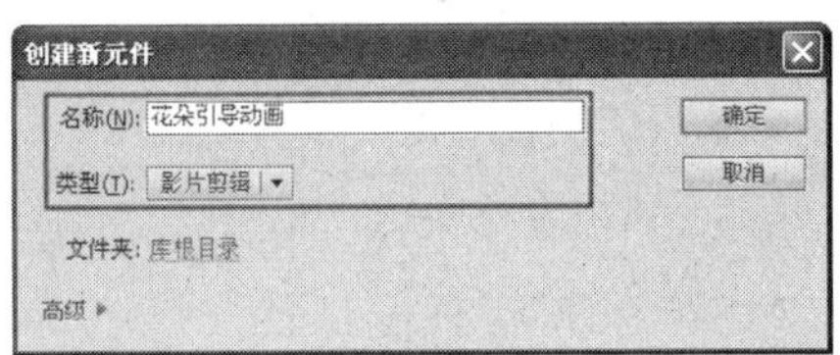

图15-65 “创建新元件”对话框

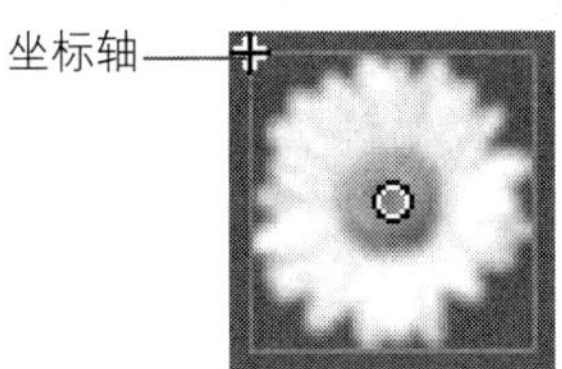

图15-66 拖入元件

7 在“图层1”上单击右键，在弹出的快捷菜单中选择“添加传统运动引导层”命令，创建“引导层: 图层 1”图层，在该层上绘制一条曲线，如图15-67所示。选中“引导层: 图层1”，在第95帧位置插入帧，选中“图层1”，在第95帧位置插入关键帧，调整该帧上元件的位置，如图15-68所示。

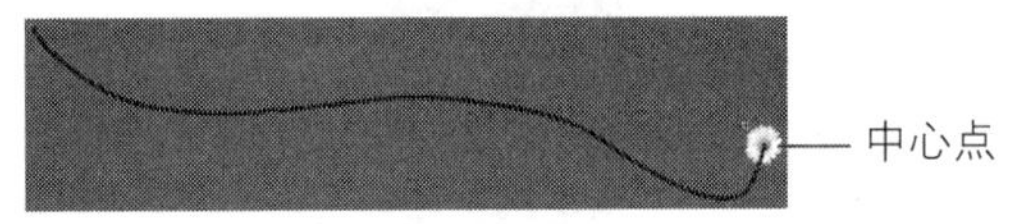

图15-67 绘制曲线路径

图15-68 调整元件位置

提 示

在制作引导线动画效果时，必须使元件的中心点与引导线路径的端点相重叠，这样该元件才会沿着引导线的路径运动。

8 在“图层1”的第1帧上“创建传统补间”。新建图层，利用相同的制作方法，可以再制作出一个跟随引导线飘动的花朵动画效果，场景如图15-69所示，“时间轴”面板如图15-70所示。

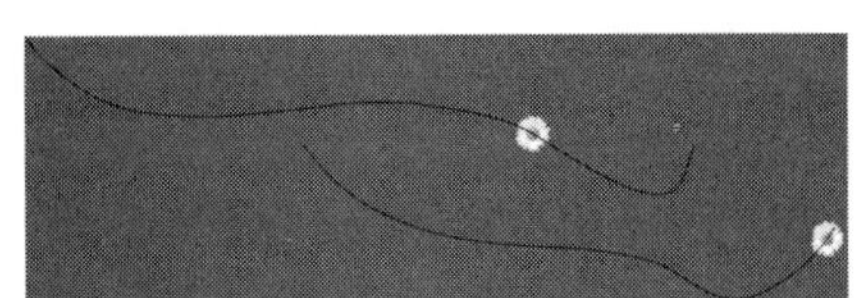
图15-69 场景效果

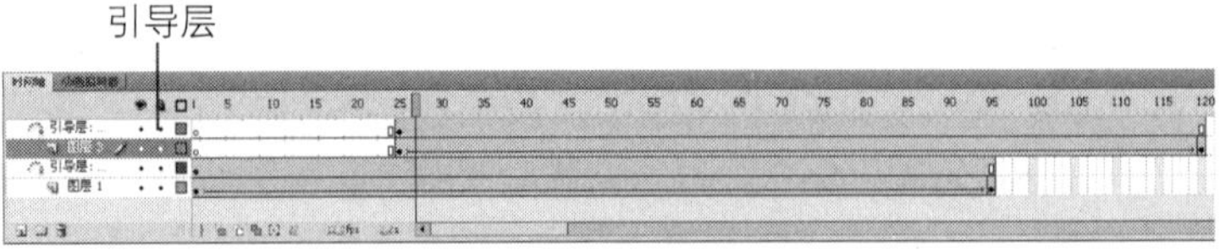

图15-70 “时间轴”面板

9 利用相同的制作方法，分别新建名称为“阳光动画”和“人物眼睛动画”的“影片剪辑”元件，并分别完成这两个影片剪辑元件中动画效果的制作，如图15-71所示。

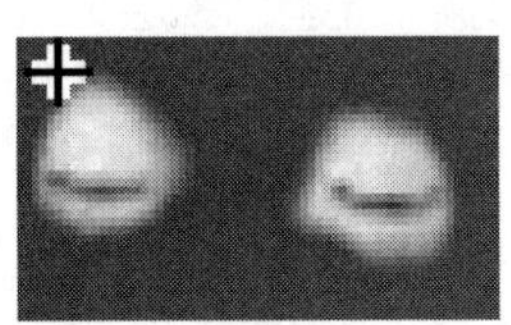

图15-71 两个影片剪辑元件的效果

10 返回到“场景1”的编辑状态，将15701.jpg图像拖入到场景中，并调整到合适的位置，如图15-72所示，在第140帧插入帧。新建“图层2”，将“人物眼睛动画”元件从“库”面板中拖入到场景中，并调整到合适的位置，如图15-73所示。

图15-72 拖入图像

图15-73 拖入元件

> **技巧** 拖入到场景中的“人物眼睛动画”元件很难对准其位置，可以将该元件拖入到场景中后，双击进入该元件，查看元件的位置是否正确，如果不正确再返回上一级场景进行调整，如此反复进行调整即可。

11 新建“图层3”，将“花飘动”元件从“库”面板中拖入到场景中，并调整到合适的位置，如图15-74所示。新建“图层4”，将“阳光动画”元件从“库”面板中拖入到场景中，并调整到合适的位置，如图15-75所示。

图15-74 拖入元件

图15-75 拖入元件

12 新建“图层5”，将“花朵引导动画”元件从“库”面板中拖入到场景中，并调整到合适的位置，如图15-76所示。新建“图层6”，使用“矩形工具”，在场景中绘制一个Alpha值为40%的白色矩形，如图15-77所示。

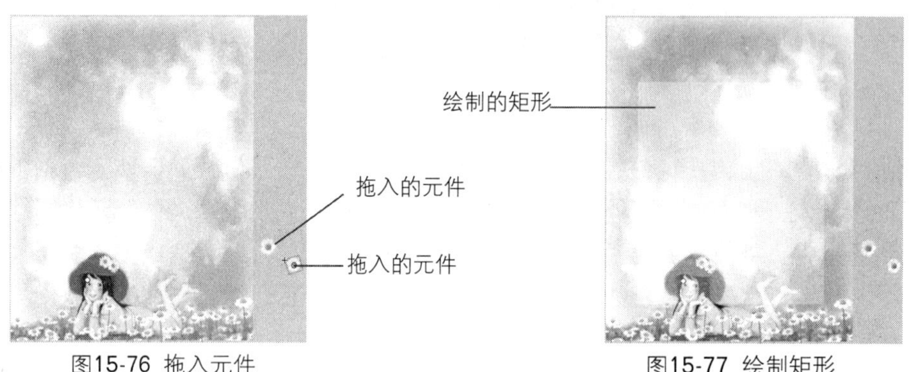

图15-76 拖入元件

图15-77 绘制矩形

13 新建“图层7”，使用“文本工具”在场景中创建文本框，如图15-78所示，并在“属性”面板中进行相应的设置，如图15-79所示。

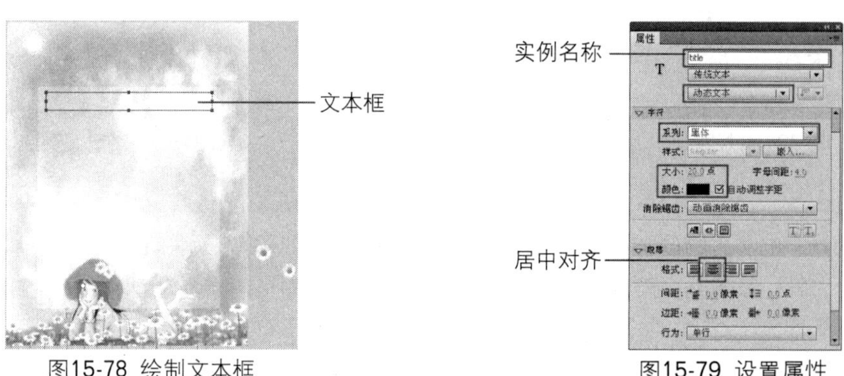

图15-78 绘制文本框

图15-79 设置属性

提 示

本实例中使用的是动态文本。要创建一个动态文本非常简单，只需要选中文本工具，选择动态文本类型，然后在场景中拖曳出所需要的动态文本框就可以了。使用文本“实例名称”进行赋值时，必须使用的格式是：动态文本实例的名字.text=“需要赋值的内容”。内容过多需要换行时，可使用回车符“\r”分隔。

14 选中“图层7”的第1帧，打开“动作-帧”面板，输入如图15-80所示的脚本语言。在桌面新建一个文本文档，在文档内输入文字，并将文本保存为“text.txt”，将文本编码设置为UTF-8，如图15-81所示。

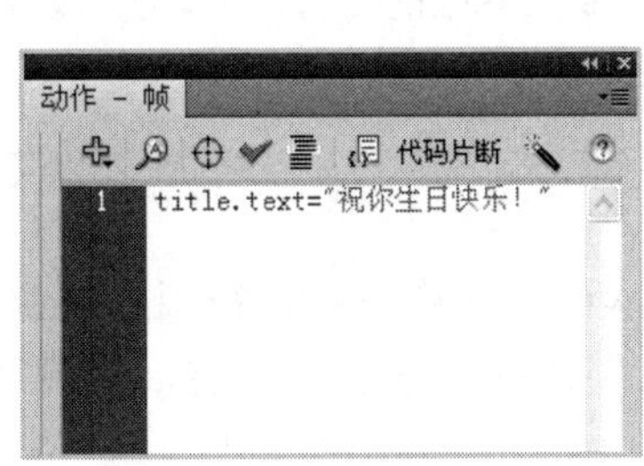

图15-80 输入脚本代码

图15-81 创建外部文本文件

15 新建"图层8"，使用"文本工具"在场景中创建文本框，如图15-82所示，并在"属性"面板中进行相应的设置，如图15-83所示。

图15-82 绘制文本框

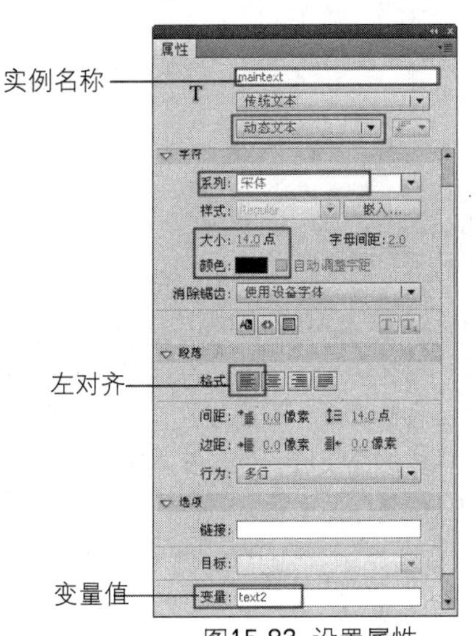

图15-83 设置属性

16 选中"图层8"的第1帧，打开"动作-帧"面板，输入如图15-84所示的脚本语言。执行"窗口>组件"命令，打开"组件"面板，在该面板中找到UIScorllBar组件，如图15-85所示。

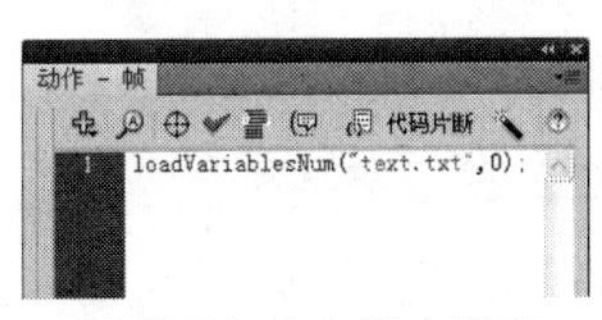

图15-84 输入脚本语言

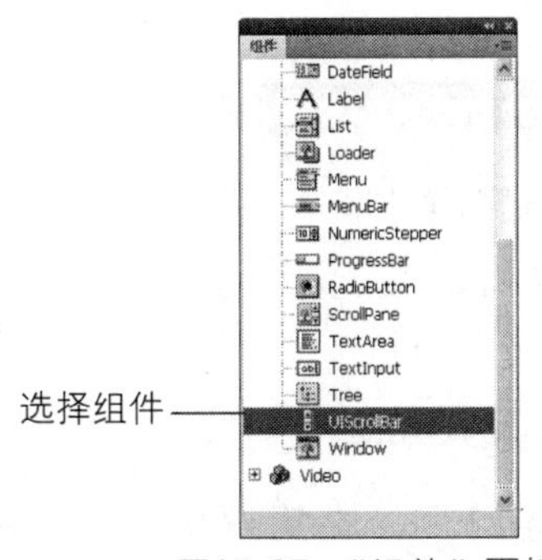

图15-85 "组件"面板

提 示

UIScrollBar组件的功能与浏览器中的滚动条相似，它可以附加到文本框的任何一边，既可以垂直使用，也可以水平使用，或者使用ActionScript脚本代码进行控制。

17 新建“图层9”，将UIScorllBar从“组件”面板中拖入到场景中，并进行相应的调整，如图15-86所示。选中刚刚拖入场景中的组件，在“属性”面板中设置属性值，如图15-87所示。

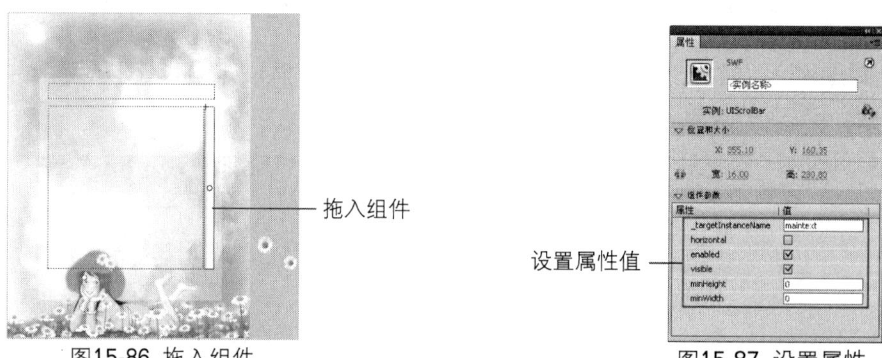

图15-86 拖入组件　　图15-87 设置属性

提 示

此处在“组件检查器”面板中为“名称”为_targetInstanceName的属性赋予的值必须与其相对应的动态文本框的变量值一致，在本实例中，即该处的属性值必须与“实例名称”为maintext的动态文本框的“变量”值一致。

18 选中“图层9”的第1帧，打开“动作-帧”面板，输入如图15-88所示的脚本语言。新建“图层10”，根据“图层8”的制作方法，可以完成该图层内容的制作，场景效果如图15-89所示。

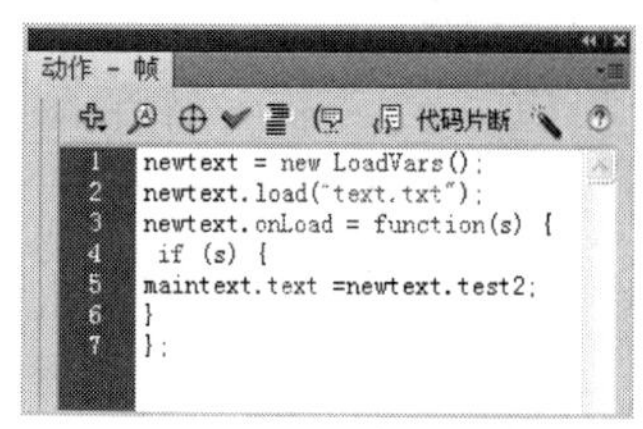

```
newtext = new LoadVars();
newtext.load("text.txt");
newtext.onLoad = function(s) {
 if (s) {
maintext.text =newtext.test2;
}
};
```

图15-88 输入脚本语言

图15-89 场景效果

19 新建“图层11”，在第140帧插入关键帧，打开“动作-帧”面板，输入脚本语言“stop();”，完成贺卡的制作，将动画保存为“15-5.fla”，按快捷键Ctrl+Enter，测试动画效果如图15-90所示。

实例小结

本实例主要通过静帧贺卡的制作，向读者介绍了静帧贺卡的制作方法和流程，以及在贺卡制作中经常使用动态文本框调用外部文本的方法，以及使用Flash中自带的组件实现文本滚动条的方法。

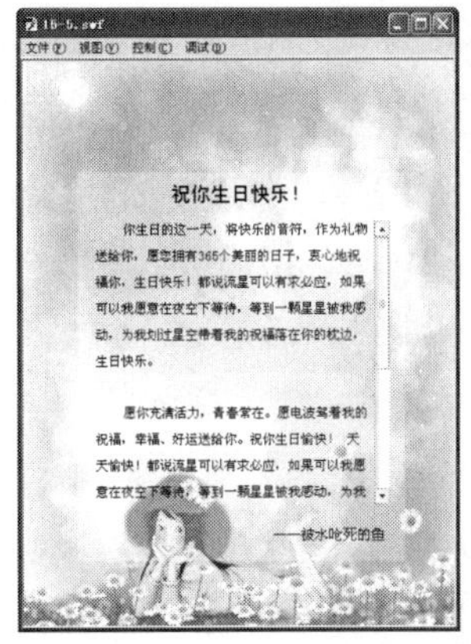

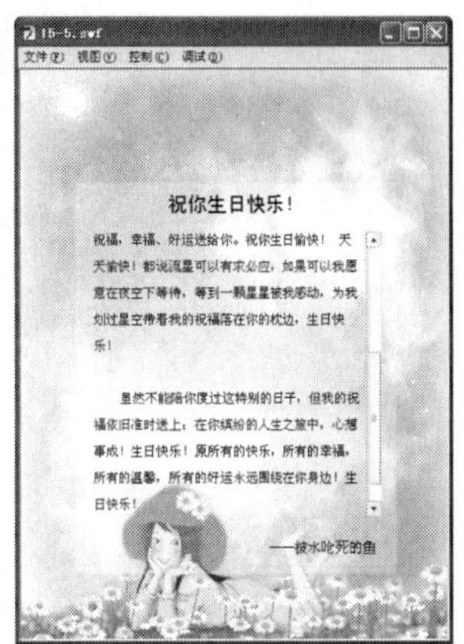

图15-90 测试动画效果

15.6 冬季贺卡

案例文件 光盘\源文件\第15章\15-6.fla

视频文件 光盘\视频\第15章\15-6.swf

学习时间 20分钟

★★★☆☆

制作要点

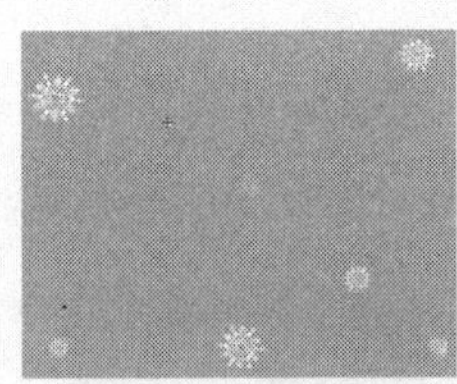

1.使用Flash中的绘图工具绘制出雪花图形效果，并且制作出雪花的动画效果。

2.返回到主场景的编辑状态，将贺卡的背景素材导入场景中。

3.制作主场景中的其他动画效果，并绘制文本框，添加相应的脚本代码。

4.完成贺卡动画效果的制作，测试动画效果。

15.7 思念贺卡

案例文件	光盘\源文件\第15章\15-7.fla
视频文件	光盘\视频\第15章\15-7.swf
学习时间	45分钟

★★★★☆

制作要点

本实例通过多个场景的转换制作出唯美的思念贺卡，在贺卡的制作过程中注意学习场景转换的方法。

思路分析

本实例主要讲解如何制作思念贺卡，在此类贺卡的制作过程中，最重要的是场景的美观性以及场景的转换过渡要自然，在本实例的制作过程中，首先制作出局部的影片剪辑元件的动画效果，然后返回场景中制作各个场景的动画以及文字和过渡的效果，最后为贺卡添加相应的音乐，完成整个思念贺卡的制作，测试动画效果如图15-91所示。

图15-91 测试动画效果

制作步骤

1 执行“文件>新建”命令，新建一个Flash文档，如图15-92所示。新建文档后，单击“属性”面板上的“编辑”按钮，在弹出的“文档设置”对话框中进行设置，如图15-93所示，单击“确定”按钮。

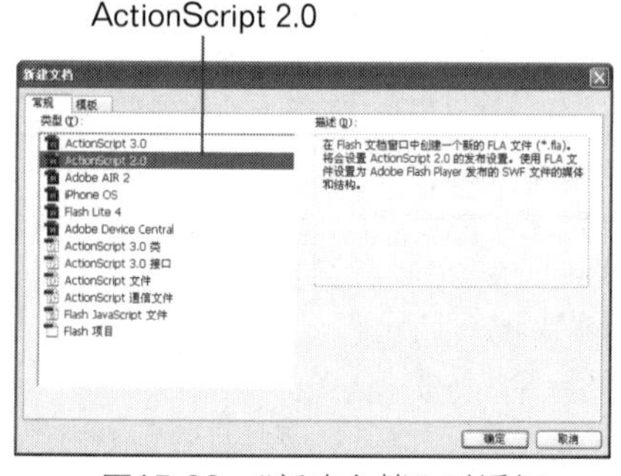

图15-92 “新建文档”对话框

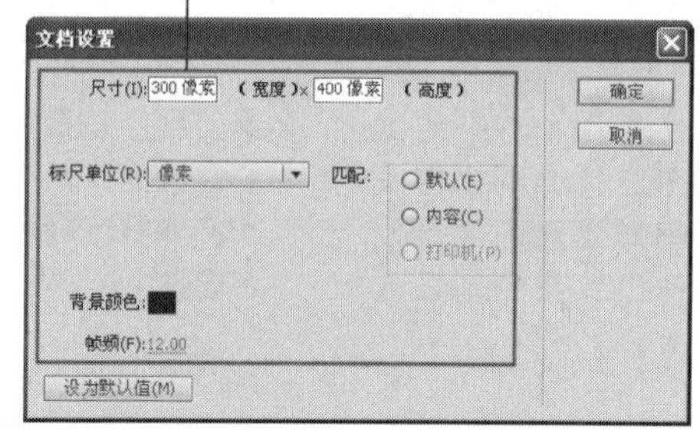

图15-93 “文档设置”对话框

提 示

动画类的贺卡应根据不同的应用选择不同的尺寸设置。帧频尽量放慢，不需要有太大的视觉冲击力。

2 执行“文件>导入>导入到库”命令，弹出“导入到库”对话框，选中需要导入的外部素材图像和声音，如图15-94所示。单击“打开”按钮，将素材图像和声音导入到“库”中，如图15-95所示。

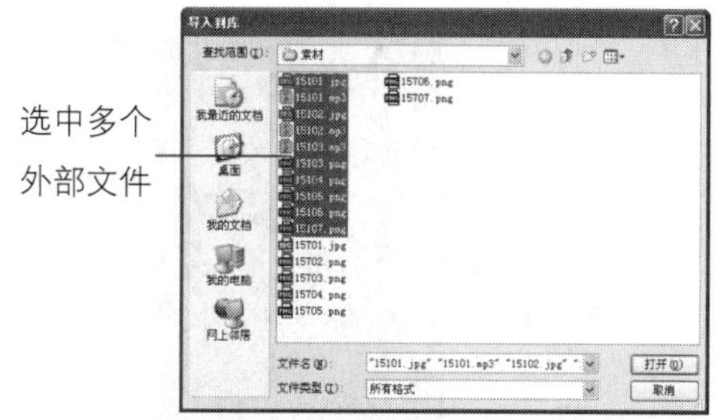

图15-94 “导入到库”对话框

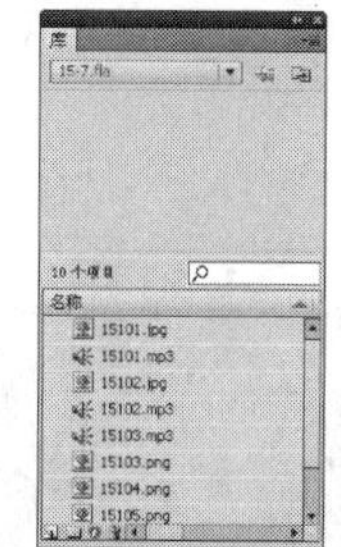

图15-95 “库”面板

3 新建“名称”为“人物眨眼”的“影片剪辑”元件，如图15-96所示。将“元件6”从“库”面板中拖入到场景中，如图15-97所示。

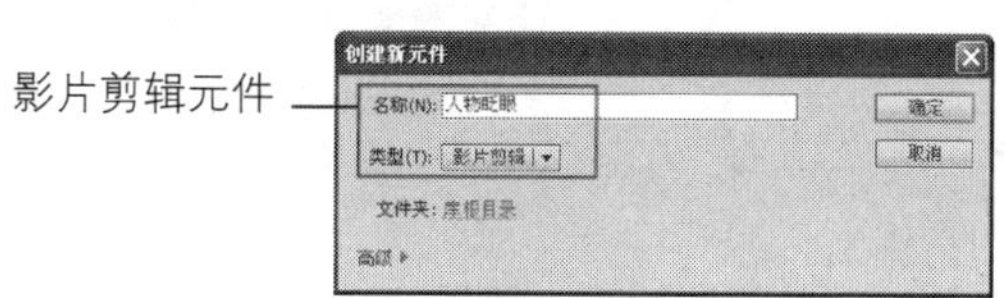

图15-96 “创建新元件”对话框

图15-97 拖入元件

4 在第25帧插入帧，新建“图层2”，在第20帧插入关键帧，将“元件10”从“库”面板中拖入到场景中，如图15-98所示。在第25帧插入关键帧，设置第20帧上元件的Alpha值为0%，为第20帧创建“传统补间”，“时间轴”面板如图15-99所示。

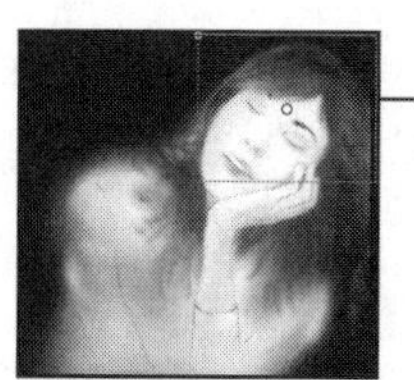

图15-98拖入元件

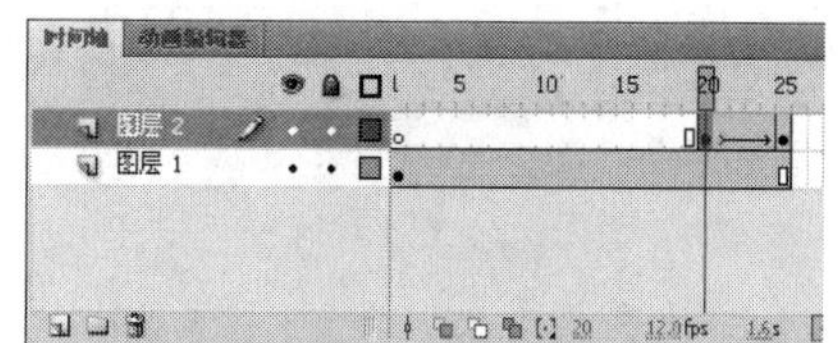

图15-99“时间轴”面板

5 新建“名称”为“阳光”的“影片剪辑”元件，如图15-100所示。将“元件9”从“库”面板中拖入到场景中，如图15-101所示。

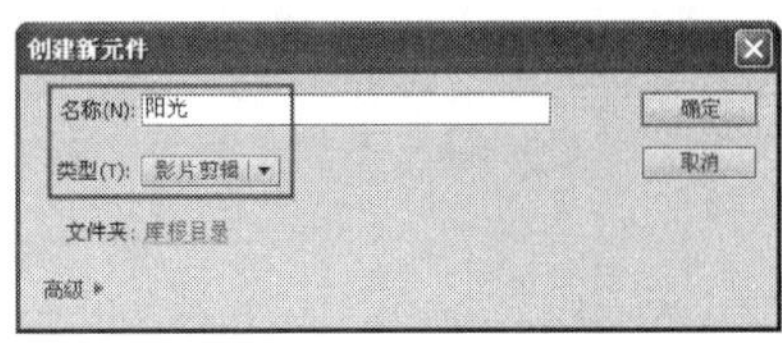

图15-100 “创建新元件”对话框

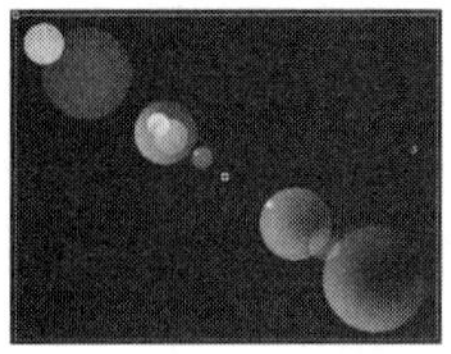

图15-101 拖入元件

6 分别在第30帧和第60帧插入关键帧，将第30帧上的元件向左上方移动，如图15-102所示。分别为第1帧和第30帧添加“传统补间”，利用相同的制作方法，新建“阳光动画”的“影片剪辑”元件，并完成该元件动画效果的制作，如图15-103所示。利用相同的制作方法，制作“名称”为“重放”的“按钮”元件。

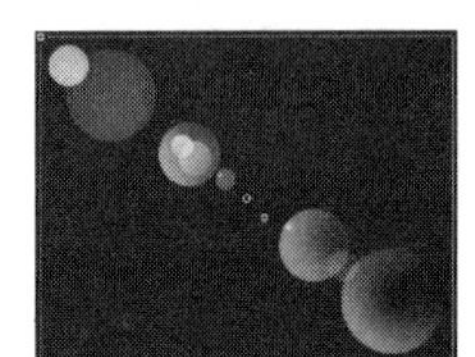

图15-102 调整元件位置

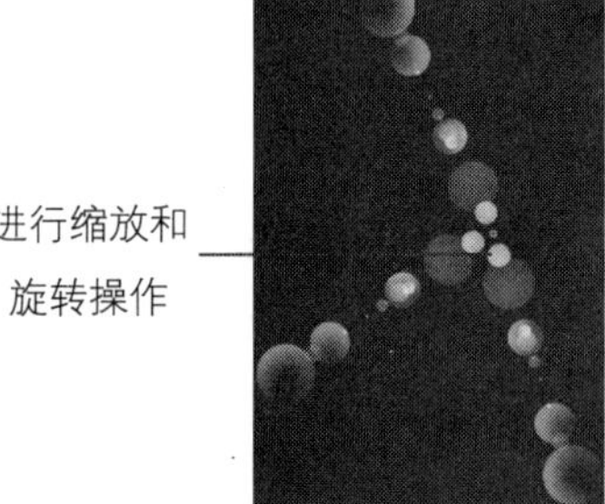

图15-103 元件效果

7 返回“场景1”的编辑状态，将15101.jpg从“库”面板中拖入到场景中，将其转换成“名称”为“背景”的“图形”元件，如图15-104所示。调整元件到合适的大小，如图15-105所示，在第375帧插入帧。

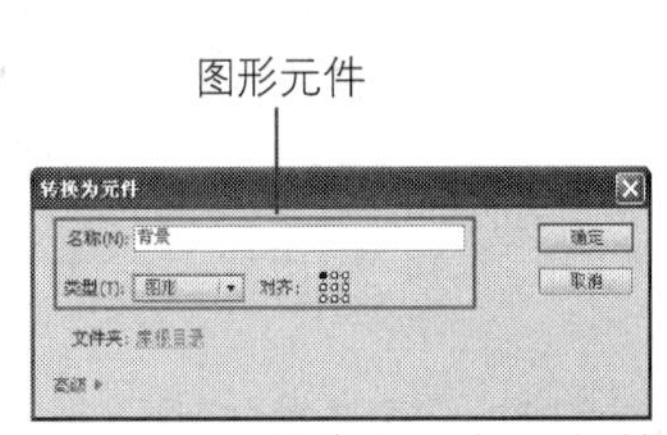

图15-104 “转换为元件”对话框

图15-105 元件效果

8 新建“图层2”，执行“文件>导入>打开外部库”命令，打开外部库文件“光盘\源文件\第15章\素材\15-10-1.fla”，如图15-106所示，将“星光点点1”元件从“库-15-10-1.fla”面板拖入场景中，如图15-107所示。

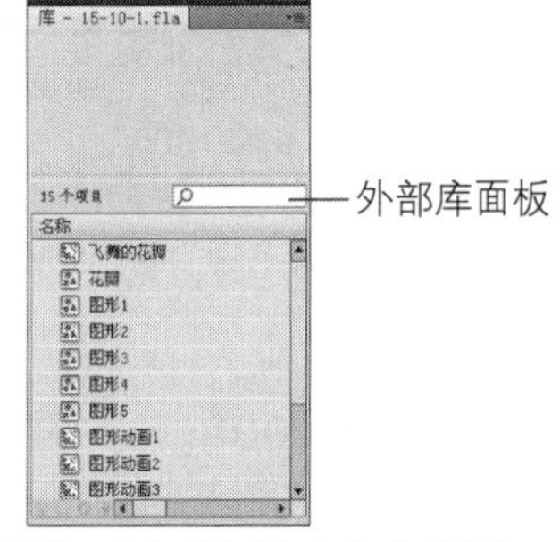

图15-106 “库-15-10-1.fla”面板

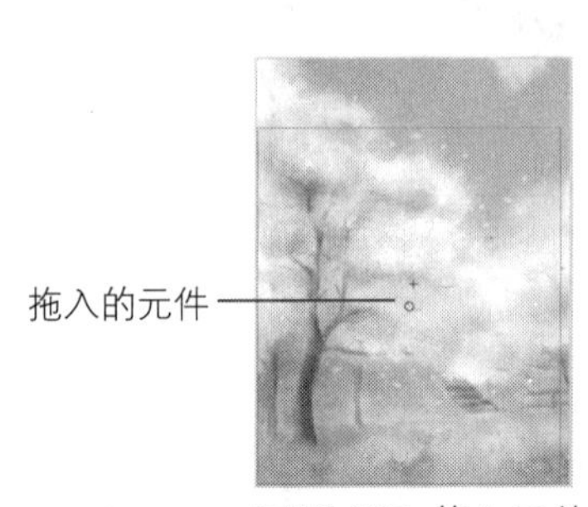

图15-107 拖入元件

技巧 不仅可以通过执行“文件>导入>打开外部库”命令，也可以通过按快捷Ctrl+Shift+O打开“外部库”面板。

9 新建“图层3”，将“飞舞的花瓣”元件从“库-15-10-1.fla”面板中拖入到场景中，如图15-108所示。新建“图层4”，在第5帧插入关键帧，在场景中合适的位置输入文字，如图15-109所示。

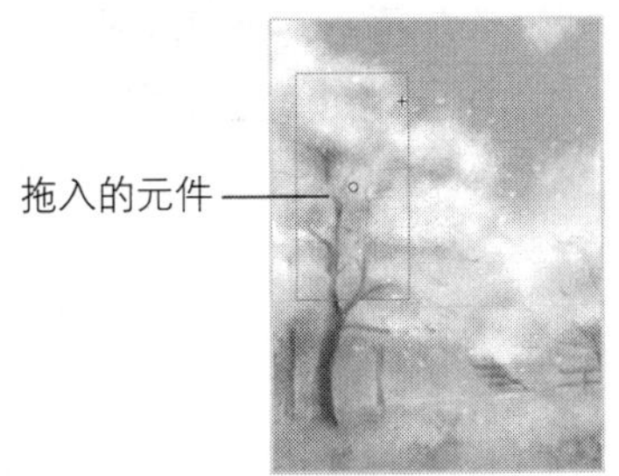

图15-108 拖入元件

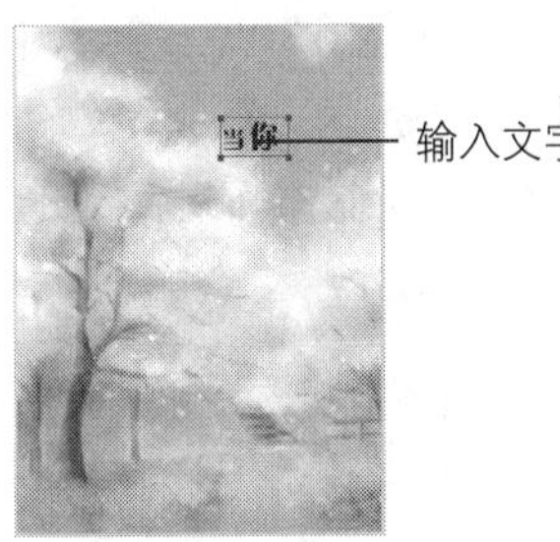

图15-109 输入文字

10 将文字分离为图形，并将其转换成“名称”为“文字1”的“图形”元件，在第60帧插入关键帧，并将该帧上的元件向上移动，如图15-110所示。选中第75帧插入关键帧，分别设置第5帧和第75帧上的元件的Alpha值为0%，分别为第5帧和第60帧添加“传统补间”，“时间轴”面板如图15-111所示。

图15-110 移动元件

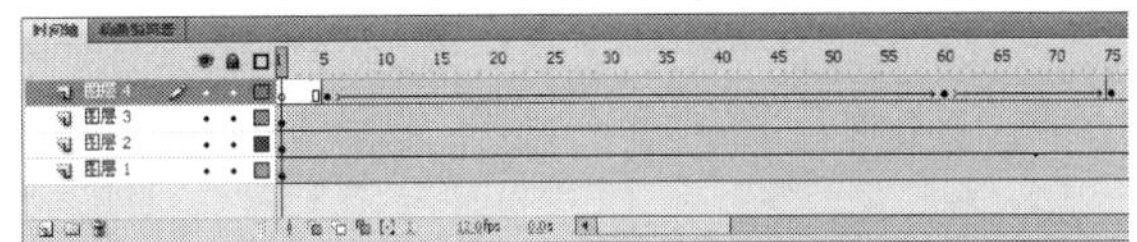
图15-111 “时间轴”面板

提 示

本实例中使用了外部字库，为了保证动画播放时完全保留文字外形，所以要将文字分离成为图形。

11 新建“图层5”，利用相同的制作方法，可以完成该图层上文字动画的制作，场景效果如图15-112所示，“时间轴”面板如图15-113所示。

图15-112 场景效果

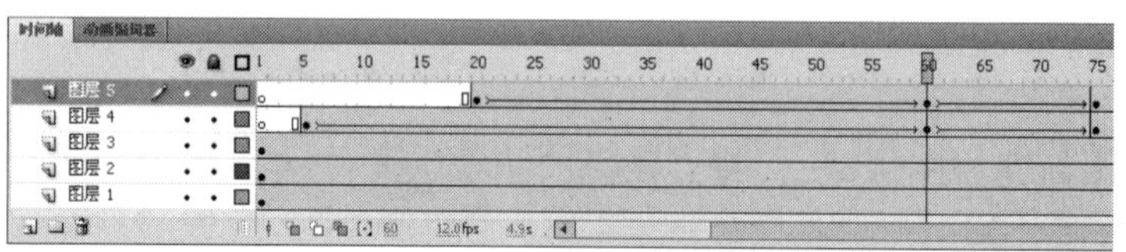

图15-113 “时间轴”面板

12 新建“图层6”，在第70帧插入关键帧，将“背景”元件从“库”面板中拖入场景中，如图15-114所示。在第85帧插入关键帧，选择第70帧上的元件，设置Alpha值为0%，为第70帧创建“传统补间”，“时间轴”面板如图15-115所示。

图15-114 拖入元件

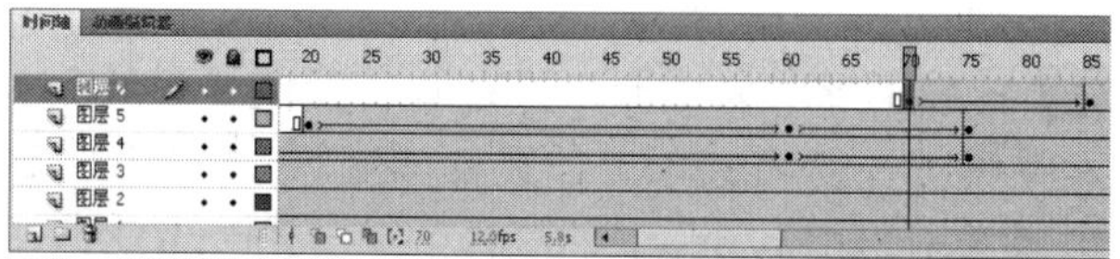

图15-115 “时间轴”面板

13 新建“图层7”，在第70帧插入关键帧，将“星光点点2”元件从“库-15-10-1.fla”面板中拖入场景中，如图15-116所示。新建“图层8”，将“飞舞的花瓣”元件分别从“库-15-10-1.fla”面板中拖入场景中，并调整到合适的位置，如图15-117所示。

图15-116 拖入元件

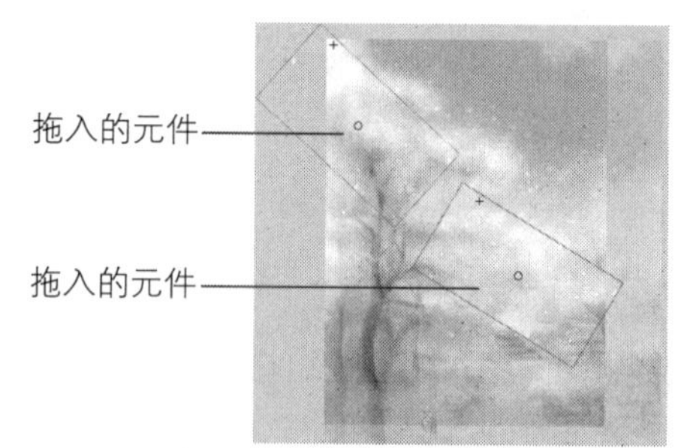

图15-117 拖入元件

提 示

使用外部库元件制作动画是Flash动画制作中比较常见的操作，所以可以将比较常用的元件组成一个公共库。

14 新建“图层9”，在第130帧插入关键帧，将15102.jpg从“库”面板中拖入到场景中，并将其转换成“名称”为“天空”的“图形”元件，如图15-118所示。将该帧上的元件等比例放大，如图15-119所示。

图15-118 拖入元件

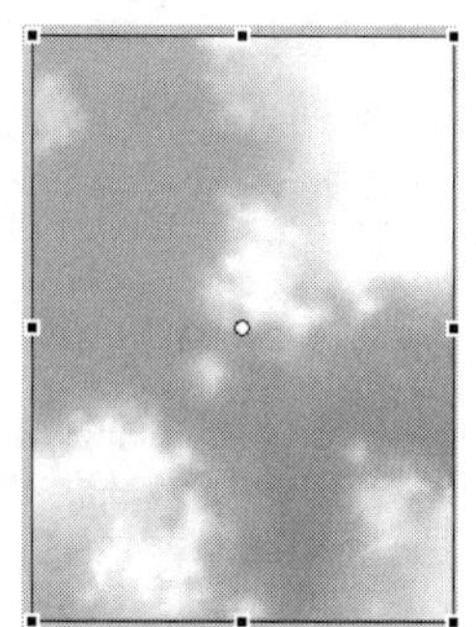

图15-119 放大元件

15 在第170帧插入关键帧，选择第130帧上的元件，设置Alpha值为0%，并将该元件进行旋转，如图15-120所示。为第130帧创建“传统补间”，新建“图层10”和“图层11”，利用相同的方法，可以完成两个图层动画的制作，场景效果如图15-121所示。

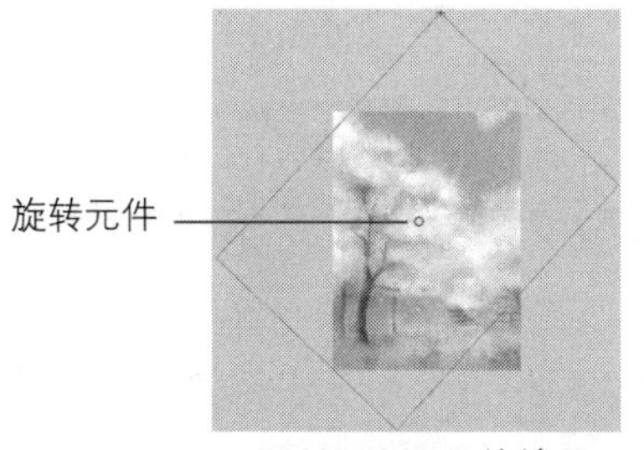

图15-120 元件效果

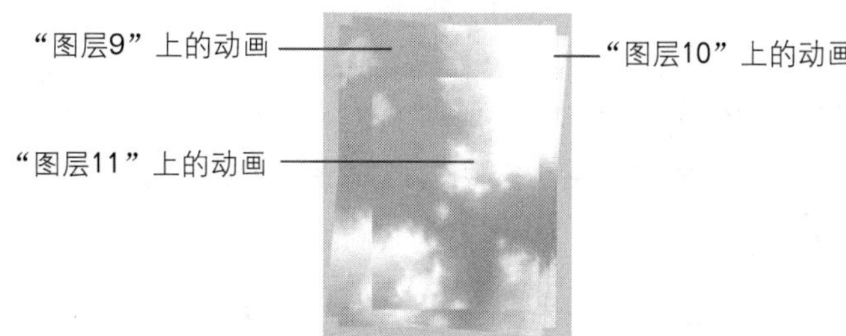

图15-121 场景效果

16 新建“图层12”，在第170帧插入关键帧，将“人物眨眼”元件分别从“库”面板中拖入到场景中，如图15-122所示，分别在第200帧、240帧和265帧插入关键帧，将第170帧上的元件向右移动并设置其Alpha值为0%，如图15-123所示。

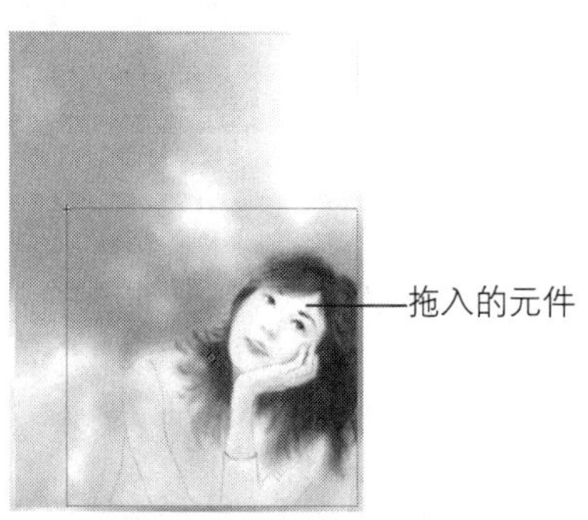

图15-122 拖入元件

图15-123 元件效果

17 选择第265帧上的元件，设置Alpha值为0%，分别为第170帧和240帧创建“传统补间”，“时间轴”面板如图15-124所示。

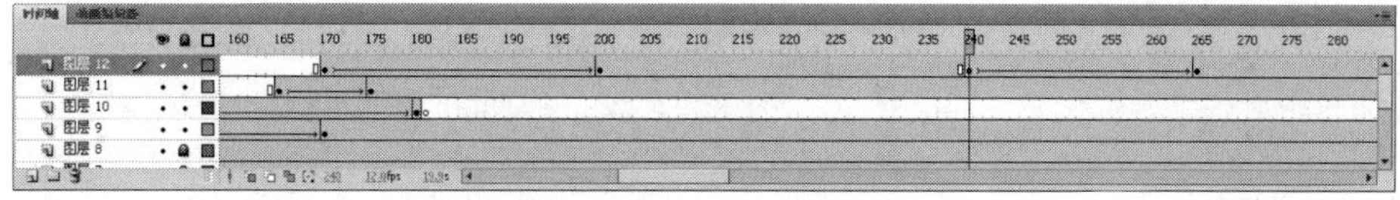

图15-124 “时间轴”面板

18 新建“图层13”，在第130帧插入关键帧，将“阳光动画”元件分别从“库”面板中拖入场景中，调整到合适的大小和位置，如图15-125所示。在第140帧插入关键帧，将第130帧上的元件等比例缩小，并设置其Alpha值为0%，如图15-126所示，为第130帧创建“传统补间”。

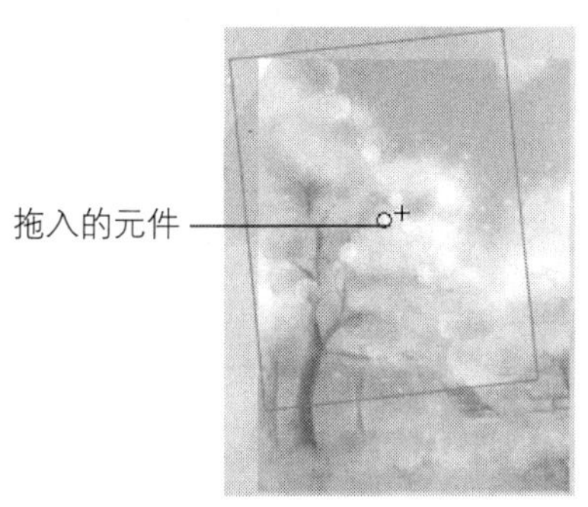

图15-125 拖入元件

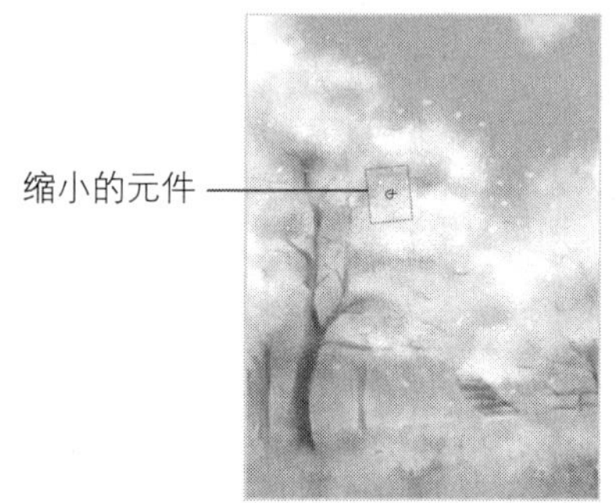

图15-126 元件效果

19 新建“图层14”和“图层15”，根据“图层4”和“图层5”上文字动画的制作方法，可以完成这两个图层上文字动画效果的制作，场景如图15-127所示，“时间轴”面板如图15-128所示。

图15-127 场景效果

提 示

类似于这种文本的淡入效果，常常会应用在动画制作中，最为常见的是制作动画的字幕。

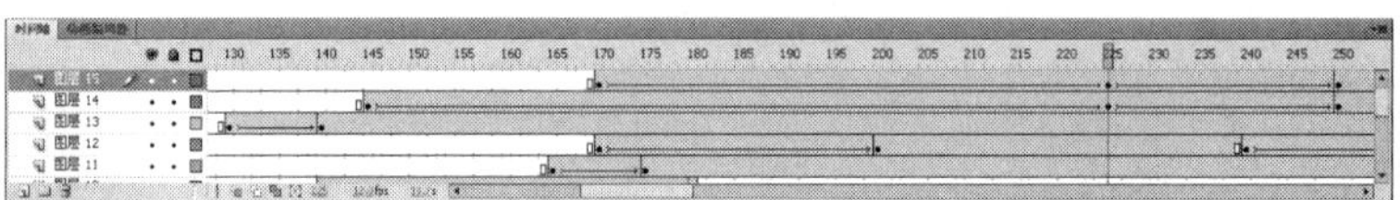

图15-128 “时间轴”面板

20 新建“图层16”和“图层17”，根据“图层10”和“图层11”上动画的制作方法，可以完成这两个图层上动画的制作，场景如图15-129所示，“时间轴”面板如图15-130所示。

图15-129 场景效果

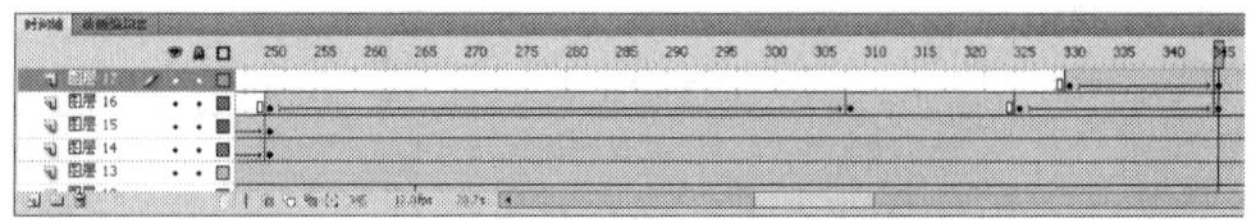

图15-130 “时间轴”面板

21 新建“图层18”和“图层19”，根据“图层4”和“图层5”上文字动画的制作方法，可以完成这两个图层上文字动画的制作，场景效果如图15-131所示，“时间轴”面板如图15-132所示。

图15-131 场景效果

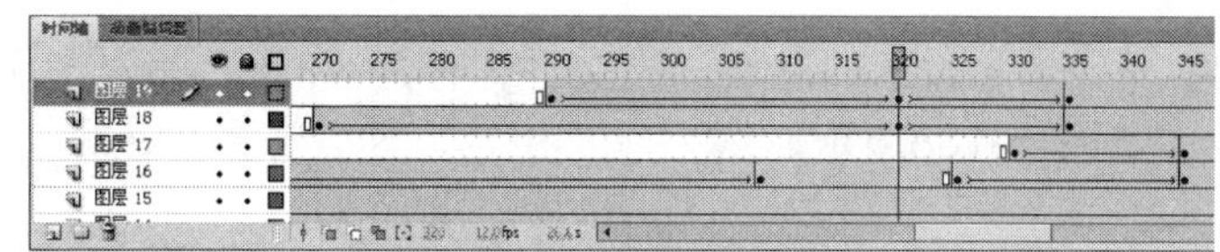

图15-132 “时间轴”面板

22 利用相同的制作方法，可以完成其他动画效果的制作，场景效果如图15-133所示，“时间轴”面板如图15-134所示。

“图层22”上的动画

图15-133 场景效果

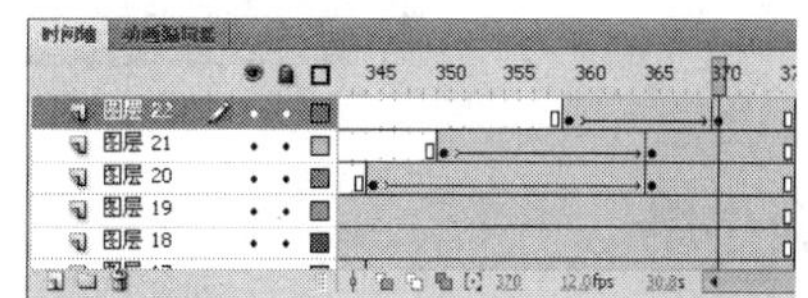

图15-134 “时间轴”面板

23 选中场景中的again按钮元件，打开“动作-按钮”面板，输入如图15-135所示的脚本语言。新建“图层23”，在第3帧插入关键帧，将15102.mp3声音元件从“库”面板中拖入到场景中，在第140帧插入关键帧，将15103.mp3声音元件从“库”面板中拖入到场景中，“时间轴”面板如图15-136所示。

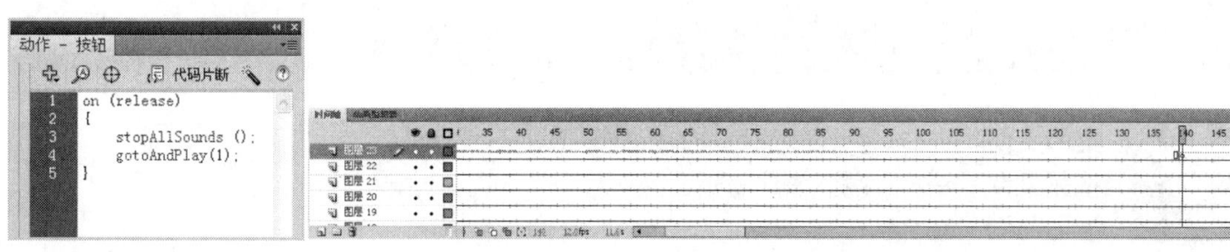

图15-135 输入脚本语言

图15-136 “时间轴”面板

提 示

本脚本的作用是当鼠标点击该按钮时，动画静音并跳转到第1帧的位置。

24 新建“图层24”，将15101.mp3声音元件从“库”面板中拖入到场景中，在第375帧插入关键帧，打开“动作-帧”面板，输入脚本语言“stop();”，“时间轴”面板如图15-137所示。

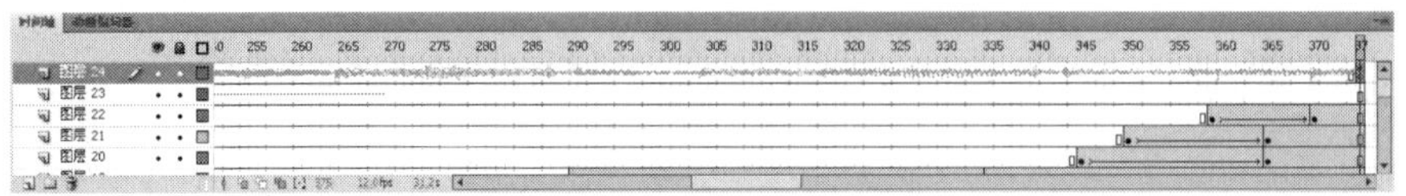

图15-137 “时间轴”面板

25 完成思念贺卡的制作，将文件保存为“15-7.fla”，按快捷键Ctrl+Enter，测试动画效果，如图15-138所示。

图15-138 测试动画效果

实例小结

本实例主要讲解思念贺卡的制作方法，在贺卡的制作过程中通过使用一些细小的或者是简单的动画效果配合唯美场景的转换，带给浏览者一种亲切、自然的感觉，在实例的制作过程中，读者需要注意细节的表现方法和场景转换的方法。

15.8 生日贺卡

案例文件 光盘\源文件\第15章\15-8.fla
视频文件 光盘\视频\第15章\15-8.swf
学习时间 45分钟

★★★☆☆

制作要点

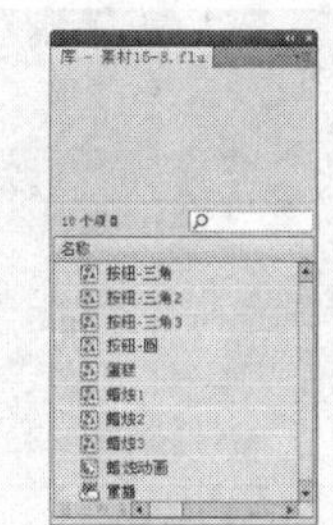

1.新建文档并打开外部库。

2.将外部库中的元件拖入到主场景中。

3.继续制作主场景中的其他动画元件。

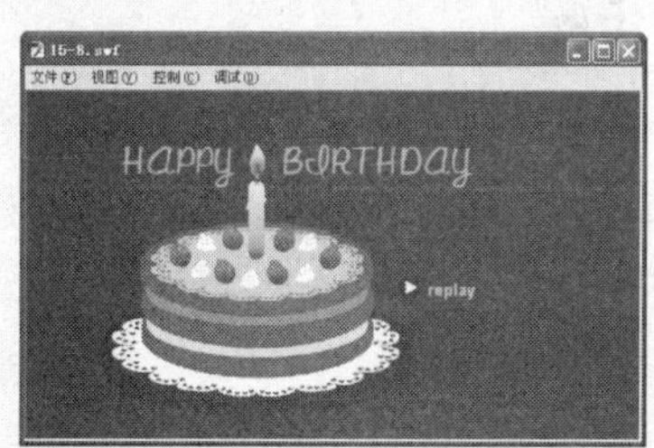

4.完成生日贺卡的制作，测试动画效果。

15.9 节日贺卡

案例文件	光盘\源文件\第15章\15-9.fla
视频文件	光盘\视频\第15章\15-9.swf
学习时间	25分钟

★★★☆☆

制作要点

使用连续的图像系列制作出焰火的逐帧动画效果。

思路分析

本实例主要讲解节日贺卡的制作，本实例的节日贺卡相对而言比较简单，通过导入连续的图像系列制作出焰火的逐帧动画效果，接着再制作出字幕出现的效果，最后为贺卡添加声音，最终完成整个贺卡的制作，测试动画效果如图15-139所示。

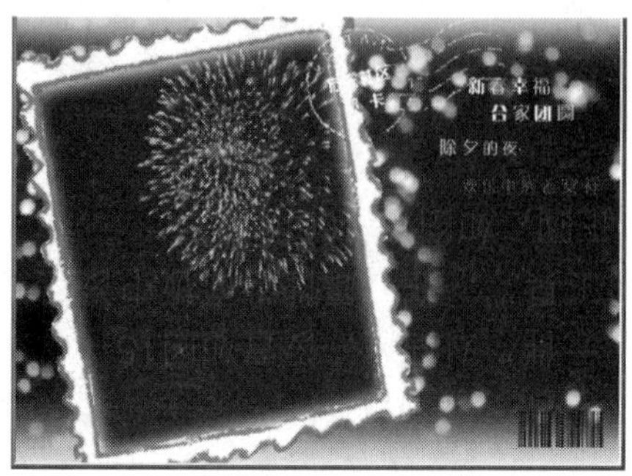

图15-139 测试动画效果

制作步骤

1 执行“文件>新建”命令，新建一个Flash文档，如图15-140所示。单击“属性”面板上的“编辑”按钮，在弹出的“文档设置”对话框中进行设置，如图15-141所示，单击“确定”按钮。

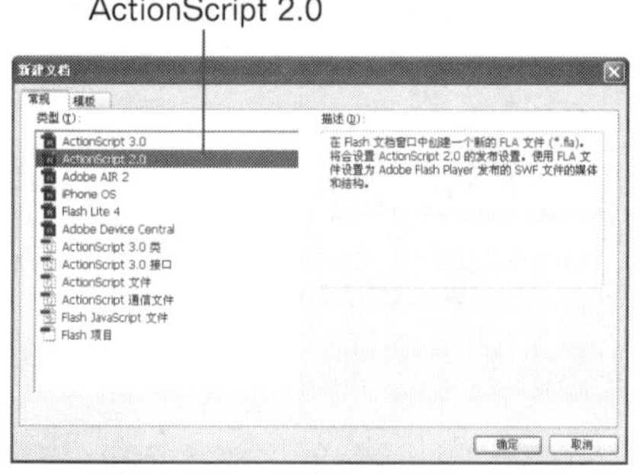

图15-140 “新建文档”对话框

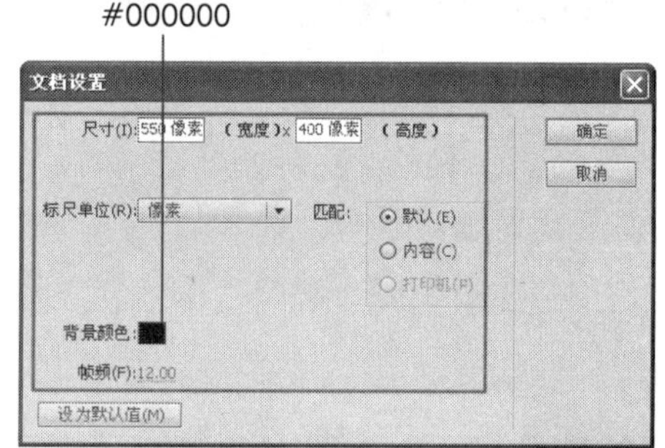

图15-141 “文档设置”对话框

提 示

此类贺卡在设置帧频时要根据动画想表现的风格而定，播放速度太快或者太慢都会影响动画效果。

2 新建“名称”为“焰火动画”的“影片剪辑”元件，如图15-142所示。执行“文件>导入>导入到舞台”命令，弹出“导入”对话框，选择“光盘\源文件\第15章\151301.jpg”图像，单击“打开”按钮，弹出提示对话框，如图15-143所示。

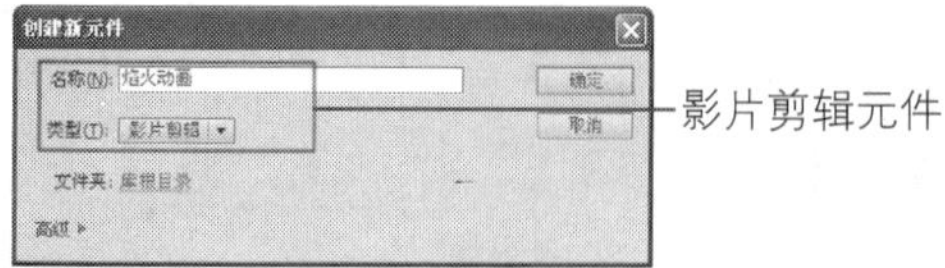

图15-142 “创建新元件”对话框

图15-143 提示对话框

3 在弹出的对话框中单击“是”按钮，将所有的序列图像全部导入到场景中，场景效果如图15-144所示，“时间轴”面板如图15-145所示。

图15-144 场景效果

导入到场景中的系列图片分别占据独立的帧

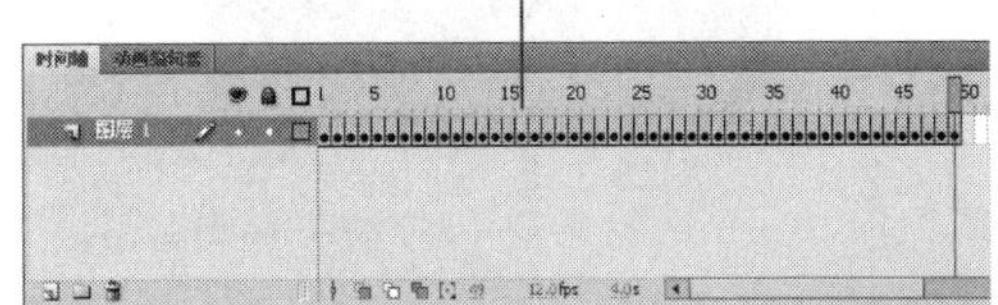
图15-145 “时间轴”面板

4 新建“名称”为“文字动画”的“影片剪辑”元件，如图15-146所示。在场景中合适的位置输入文字，如图15-147所示。将文字分离为图形，并将其转换成“名称”为“文字1”的“图形”元件。

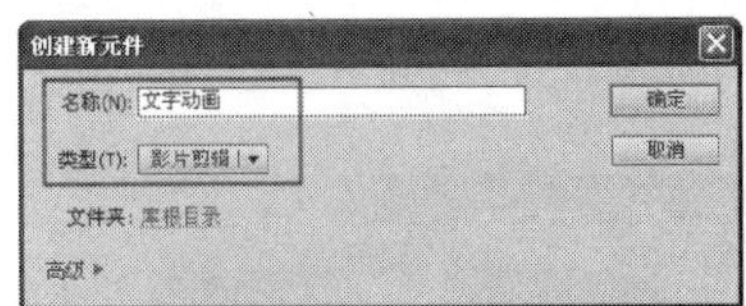

图15-146 “创建新元件”对话框

图15-147 输入文字

5 分别在第20帧、40帧和第60帧插入关键帧，选中第1帧上的元件，设置其Alpha值为0%，选中第60帧上的元件，设置其Alpha值为0%，如图15-148所示。分别为第1帧和第40帧创建“传统补间”，在第70帧插入帧，“时间轴”面板如图15-149所示。

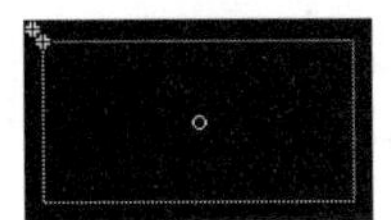
图15-148 元件效果

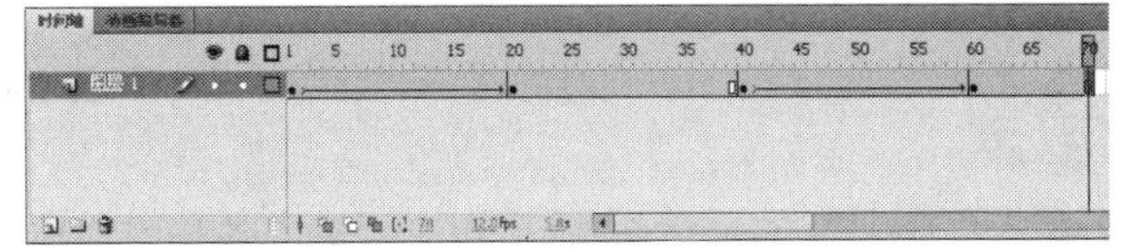
图15-149 “时间轴”面板

6 新建“图层2”，利用相同的制作方法，可以完成“图层2”上文字动画的制作，场景如图15-150所示，“时间轴”面板如图15-151所示。

图15-150 场景效果

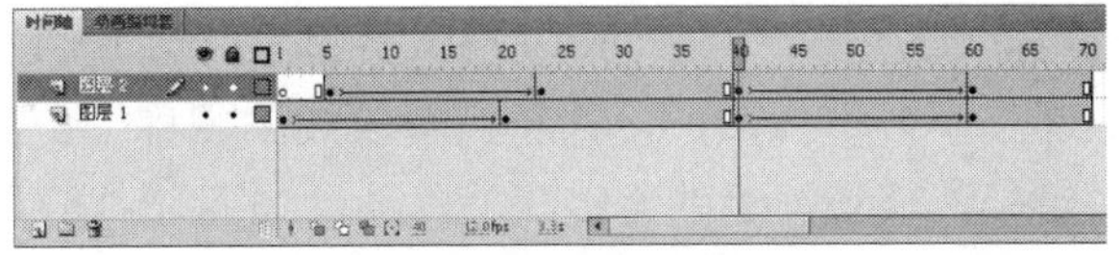
图15-151 “时间轴”面板

7 返回到“场景1”的编辑状态，将“焰火动画”元件从“库”面板中拖入到场景中，如图15-152所示，在第100帧插入帧。新建“图层2”，将外部素材图像“光盘\源文件\第15章\素材\image151350.png”导入到场景中，并转换成“名称”为“背景”的“图形”元件，如图15-153所示。

图15-152 拖入元件

图15-153 导入图像

技巧 在元件中进行编辑时，单击“编辑栏”上的“场景1”文字、执行“编辑>编辑文档”命令、按快捷键Ctrl+E，同样都可以返回到“场景1”的编辑状态。

8 新建“图层3”，导入相应的素材图像并调整到合适的位置，如图15-154所示。新建“图层4”，将“文字动画”元件从“库”面板中拖入到场景中，如图15-155所示。

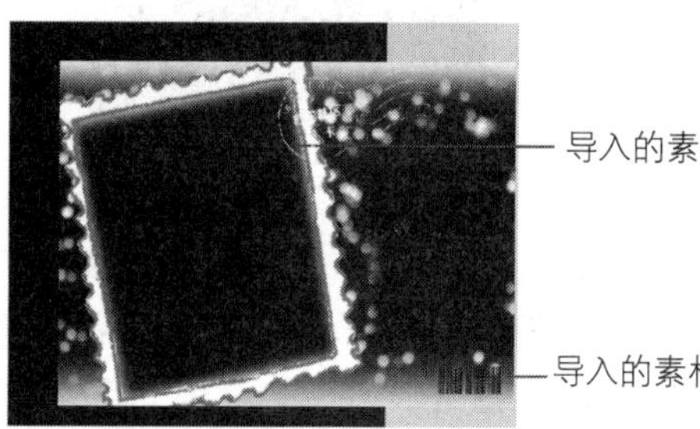

图15-154 场景效果

图15-155 拖入元件

提 示

“库”面板是存储和组织在Flash中创建的各种元件的地方，它还用于存储和组织导入的文件，包括位图图形、声音文件和视频剪辑。“库”面板使操作者可以组织文件夹中的“库”项目，查看项目在文档中使用的频率，并按类型对项目进行排序。

9 新建“图层5”，在第5帧插入关键帧，在场景中合适的位置输入文字，如图15-156所示。将文字分离为图形，并将其转换成“名称”为“文字3”的“图形”元件。在第25帧插入关键帧，将该帧上的元件向上移动，如图15-157所示。

图15-156 输入文字

图15-157 向上移动元件

10 选中第5帧上的元件，设置其Alpha值为0%，为第5帧创建“传统补间”。新建图层，利用相同的制作方法，完成其他文字动画的制作，如图15-158所示，“时间轴”面板如图15-159所示。

图15-158 场景效果

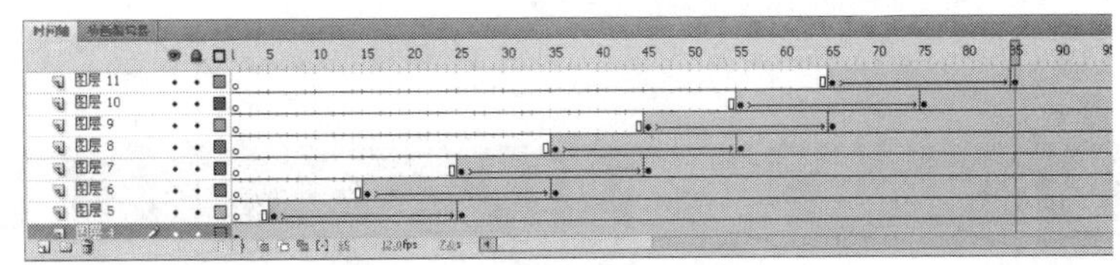

图15-159 “时间轴”面板

11 执行“文件>导入>导入到库”命令，将外部的声音文件“光盘\源文件\第15章\素材\151301.mp3和151302.mp3”导入到“库”面板中。新建“图层12”，将151301.mp3声音元件从“库”面板中拖入到场景中，在第15帧插入关键帧，将151302.mp3声音元件从“库”面板中拖入到场景中，“时间轴”面板如图15-160所示。

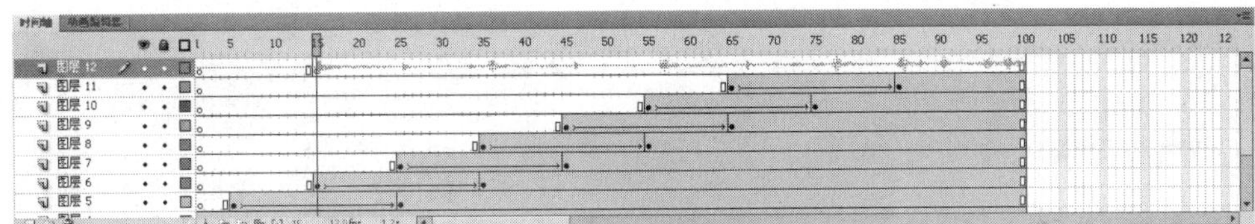

图15-160 “时间轴”面板

提 示

Flash中除了可以导入视频、图像以外，还可以插入声音。将声音放在时间轴上时，应将声音置于一个单独的图层上，如果要向Flash中添加声音效果，最好导入16位声音。

12 在“图层12”的第100帧中插入关键帧，打开“动作-帧”面板，输入脚本语言“stop();”，完成节日贺卡的制作，将文件保存为“15-9.fla”，按快捷键Ctrl+Enter，测试动画效果，如图15-161所示。

图15-161 测试动画效果

实例小结

本实例主要讲解节日贺卡的制作，在节日贺卡的制作过程中，重点是要能够突出节日的气氛，在本实例的制作过程中，主要是通过逐帧动画的形式来表现焰火的效果、烘托节日的气氛，再配合简单的文字动画和美妙的音乐，即可完成一个节日贺卡的制作。

15.10 情感贺卡

案例文件 光盘\源文件\第15章\15-10.fla
视频文件 光盘\视频\第15章\15-10.swf
学习时间 45分钟

★★★☆☆

制作步骤

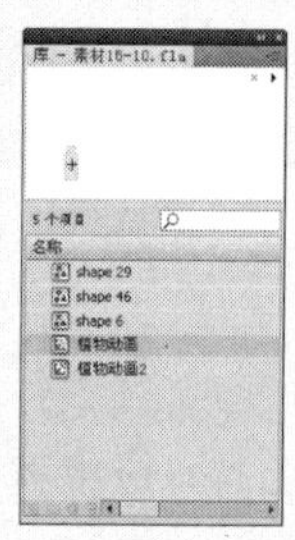

1.新建文档并打开外部库。

2.将外部库中的元件拖入到主场景中。

3.继续制作主场景中的其他动画元件。

4.完成情感贺卡的制作，测试动画效果。

15.11 中秋贺卡

案例文件 光盘\源文件\第15章\15-11.fla

视频文件 光盘\视频\第15章\15-11.swf

学习时间 15分钟

★★★☆☆

制作步骤

本实例通过连续的文字动画制作出具有温馨、浪漫感觉的中秋效果。

思路分析

本实例通过连续的文字动画制作出文字逐渐出现的效果，背景比较复杂的部分通过导入外部库的方式制作出来，最后为贺卡添加按钮元件来完成整个贺卡的制作，测试动画效果如图15-162所示。

图15-162 测试动画效果

制作步骤

1 执行“文件>新建”命令，新建一个Flash文档，如图15-163所示。新建文档后，单击“属性”面板上的“编辑”按钮，在弹出的“文档设置”对话框中进行设置，如图15-164所示，单击“确定”按钮。

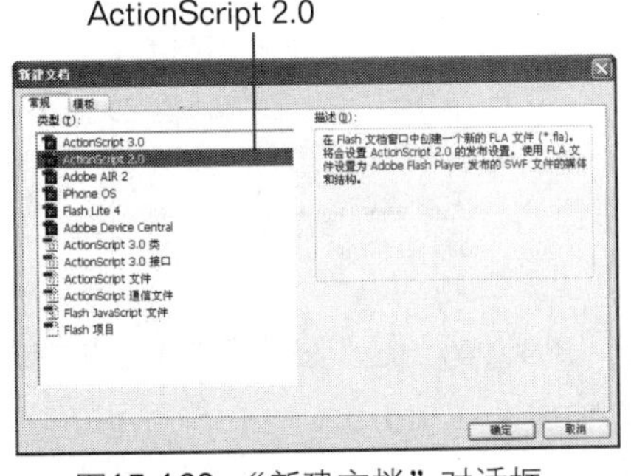

图15-163 “新建文档”对话框

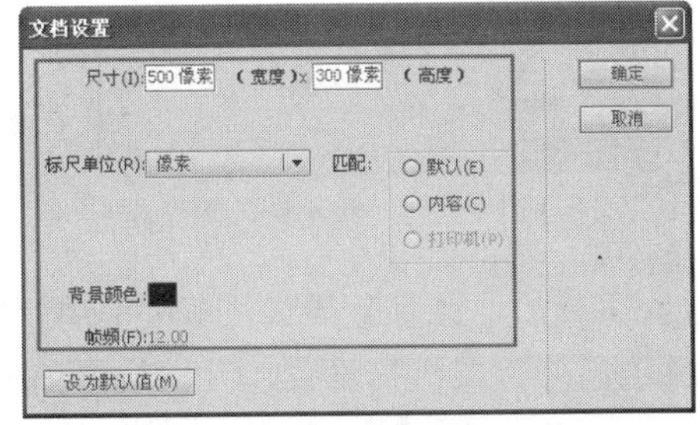

图15-164 “文档设置”对话框

2 执行“插入>新建元件”命令，弹出“创建新元件”对话框，设置如图15-165所示，单击“确定”按钮新建影片剪辑元件。使用“椭圆工具”，在“属性”面板中设置“填充颜色”为#FFF5B9，“描边”为无，在画布中绘制正圆，如图15-166所示。

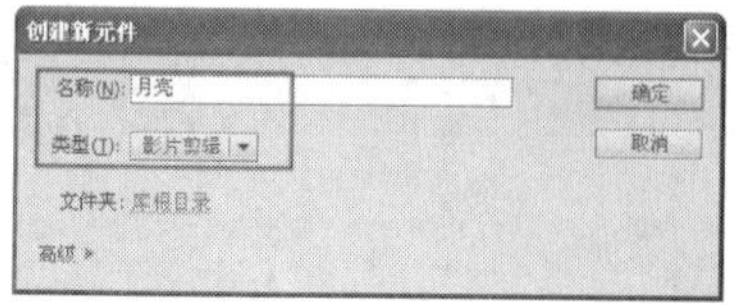
图15-165 “创建新元件”对话框

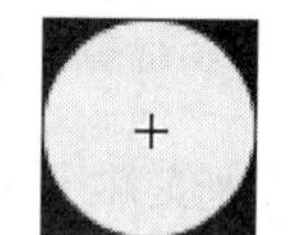
图15-166 绘制正圆

3 分别在第30、60、90帧的位置插入关键帧，设置30帧上图形的颜色为#FFFFFF、60帧上图形的颜色为#FFE42B，如图15-167所示，分别在第1~30、30~60、60~90帧之间创建补间形状动画，如图15-168所示。

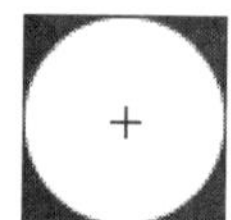
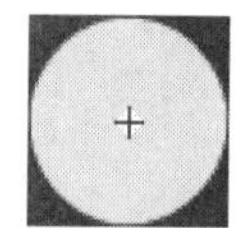
图15-167 调整图形颜色

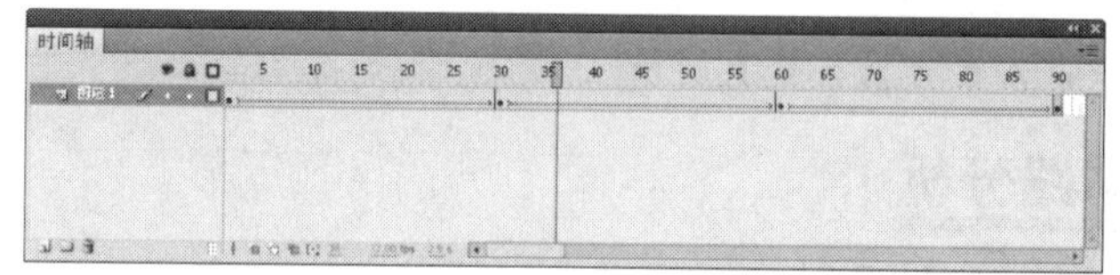
图15-168 “时间轴”面板

4 新建“重播按钮”按钮元件，如图15-169所示。使用“文本工具”，设置“填充颜色”为#FFFF00，在画布中输入文字，如图15-170所示。

图15-169 “创建新元件”对话框

图15-170 输入文字

5 执行“修改>转换为元件”命令，弹出“转换为元件”对话框，设置如图15-171所示，单击“确定”按钮将文字转换为图形元件。在“指针经过”处插入关键帧并选择当前帧上的元件，在“属性”面板中设置如图15-172所示。

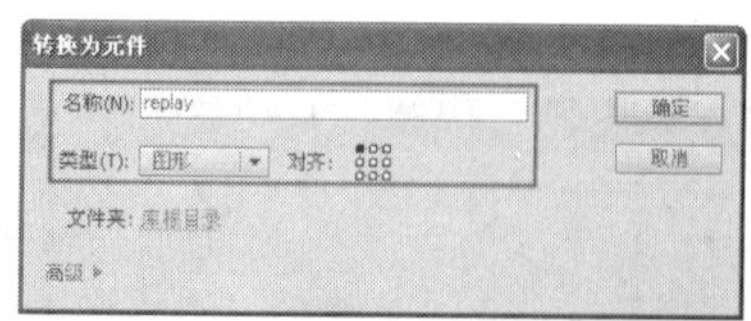
图15-171 “创建新元件”对话框

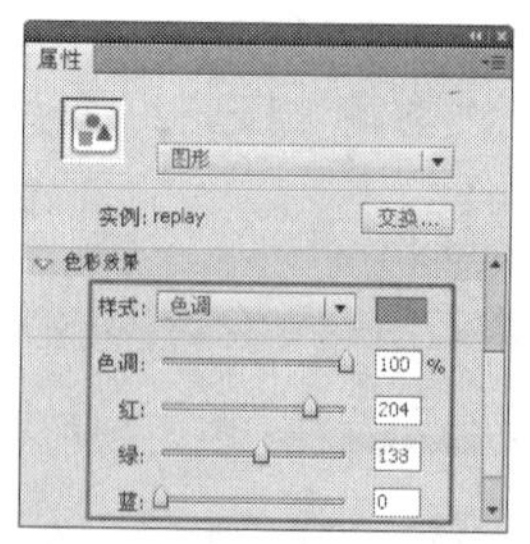
图15-172 “属性”面板

6 设置完成后，元件效果如图15-173所示。利用相同的方法，在“按下”处插入关键帧并对元件的色彩效果进行设置，元件效果如图15-174所示。

图15-173 元件效果

图15-174 元件效果

7 在“点击”处插入空白关键帧，使用矩形工具绘制一个矩形，如图15-175所示。完成“重播按钮”元件的制作，“时间轴”面板的显示如图15-176所示。

图15-175 绘制矩形

图15-176 “时间轴”面板

提 示

在“点击”位置绘制图形只是用来确定按钮的范围，在动画播放时是不会显示的，所以不会对使用颜色有任何要求。

8 返回主场景，使用“矩形工具”，在“颜色”面板中设置“填充颜色”，如图15-177所示。在画布中绘制矩形并使用“渐变变形工具”调整渐变方向，如图15-178所示。在第250帧插入帧，完成“图层1”中效果的制作。

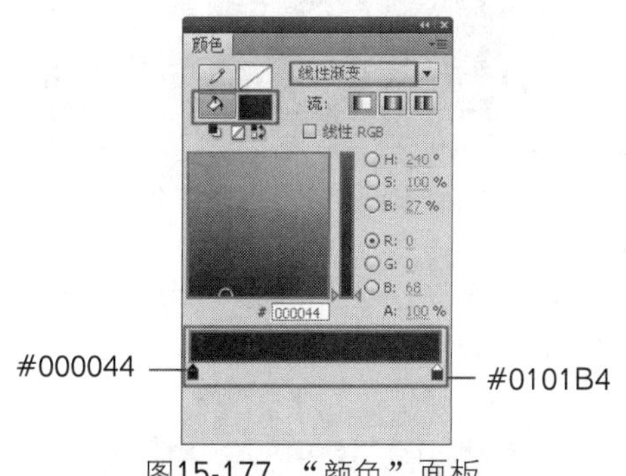

图15-177 “颜色”面板

图15-178 渐变效果

9 新建“图层2”，将“月亮”元件拖入到场景中并使用“任意变形工具”对元件进行放大，如图15-179所示。在第55帧插入关键帧，移动元件位置并对元件进行缩小，如图15-180所示。在第1~55帧之间创建传统补间动画，完成“图层2”的制作。

图15-179 拖入元件

图15-180 元件效果

10 执行“文件>导入>打开外部库”命令，打开外部库文件“光盘\源文件\第15章\素材\素材15-11.fla”，如图15-181所示。新建“图层3”，将“人物”元件从外部库中拖入到场景中并进行放大，如图15-182所示。

图15-181 打开外部库

图15-182 拖入元件

11 在第55帧插入关键帧并对元件进行缩小操作，如图15-183所示。在第1～55帧之间创建传统补间动画，完成“图层3”的制作。新建“图层4”，将“星星动画”元件拖入到场景中，如图15-184所示。

图15-183 元件效果

图15-184 拖入元件

12 新建“图层5”，在第55帧插入关键帧，使用“文本工具”，在“属性”面板中进行设置，如图15-185所示。设置完成后，在画布中输入文字，如图15-186所示。

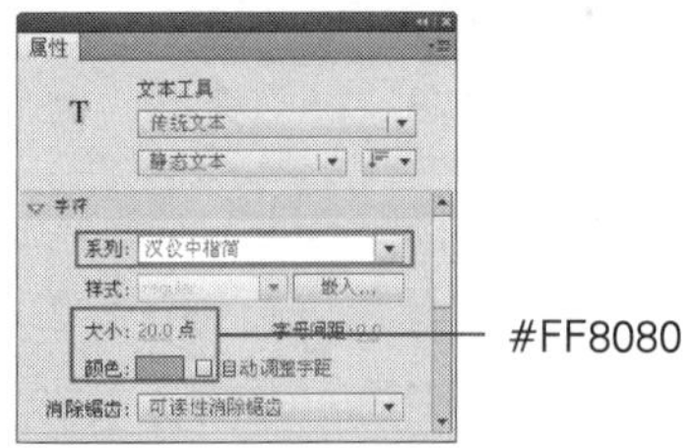

图15-185 “属性”面板

图15-186 输入文字

13 执行“修改>转换为元件”命令，将文字转换为text 1图形元件，如图15-187所示。在“属性”面板中进行相应设置，如图15-188所示。

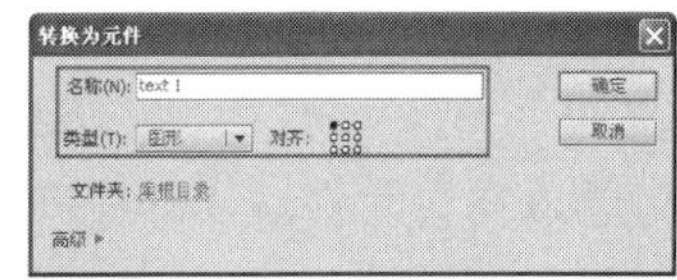
图15-187 “转换为元件”对话框

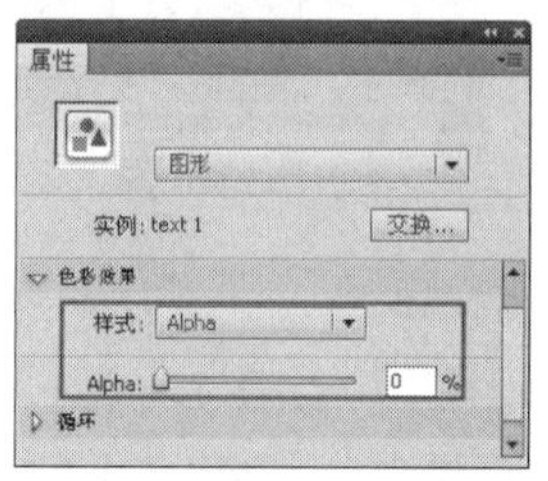
图15-188 “属性”面板

14 设置完成后，元件效果如图15-189所示。在第79帧插入关键帧，在“属性”面板中设置元件的“样式”为无，在第55~79帧之间创建传统补间动画，如图15-190所示。

图15-189 元件效果

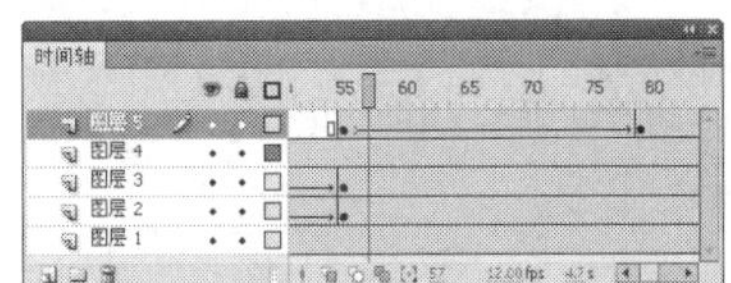

图15-190 “时间轴”面板

15 利用相同的方法，完成“图层6”~“图层11”的制作，效果如图15-191所示。新建“图层12”，在第250帧插入关键帧，将“重播按钮”从库中拖入到场景中，如图15-192所示。

图15-191 元件效果

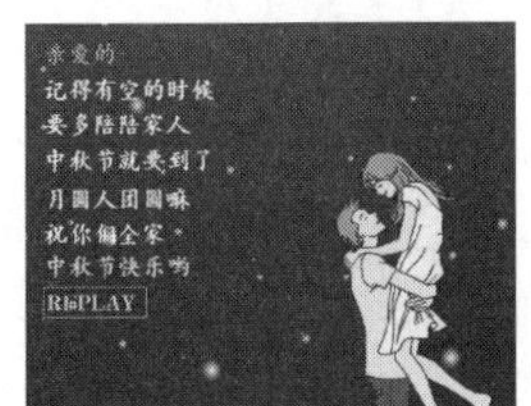

图15-192 元件效果

16 选择拖入到的元件，在“动作-按钮”面板输入脚本语言，如图15-193所示。新建“图层13”，在第250帧插入关键帧并输入“stop();”脚本语言，“时间轴”面板显示如图15-194所示。

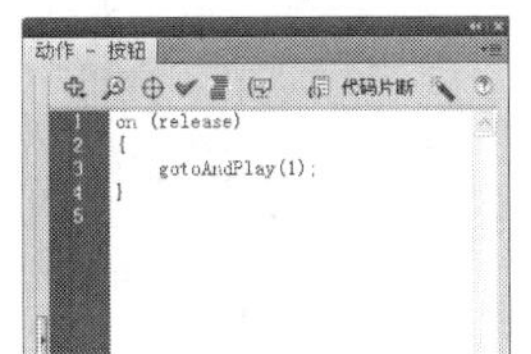

图15-193 “动作-按钮”面板

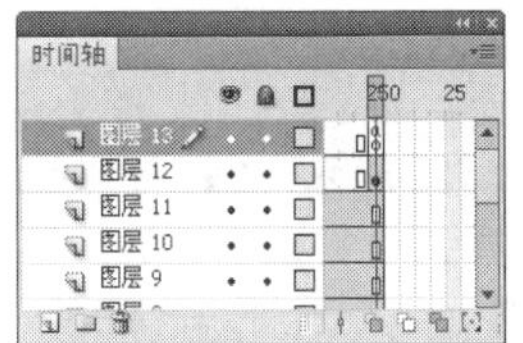

图15-194 “时间轴”面板

17 完成中秋贺卡的制作，将文件保存为“15-11.fla”，按快捷键Ctrl+Enter，测试动画效果，如图15-195所示。

图15-195 测试动画效果

实例小结

本实例主要讲解中秋贺卡的制作方法，在贺卡的制作过程中通过一些简单的文字配合温馨的场景可以带给浏览者思念的感觉，在制作过程中注意文字颜色及背景的搭配效果。

15.12 浪漫贺卡

案例文件 光盘\源文件\第15章\15-12.fla
视频文件 光盘\视频\第15章\15-12.swf
学习时间 45分钟

难易程度 ★★★☆☆

制作步骤

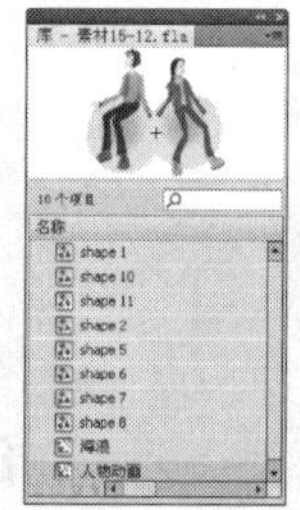

1.新建文档并打开外部库。

2.将外部库中的元件拖入到主场景中。

3.继续制作主场景中的其他动画元件。

4.完成浪漫贺卡的制作，测试动画效果。

第 16 章

ActionScript 3.0的应用

ActionScript 3.0脚本是一种面向对象的编程语言，使用ActionScript 3.0可以创建丰富的交互效果，它由两部分组成：核心语言和Flash Player API。核心语言定义编程语言的基本构建块；Flash Player API是由代表Flash Player特定功能、提供对Flash Player特定功能访问的类组成。本章中通过典型实例针对ActionScript 3.0的基本功能进行详细讲解。

16.1 控制放大与缩小

案例文件	光盘\源文件\第16章\16-1.fla
视频文件	光盘\视频\第16章\16-1.swf
学习时间	20分钟

难易程度 ★☆☆☆☆

制作要点 〉〉〉〉〉〉〉〉〉〉

通过设置“实例名称”和在“动作-帧”面板中输入脚本来实现动画效果。

思路分析 〉〉〉〉〉〉〉〉〉〉

本实例首先设置元件的实例名称，然后将脚本写在时间轴上实现动画效果，通过脚本控制元件来实现动画效果，测试动画效果如图16-1所示。

图16-1 测试动画效果

制作步骤 〉〉〉〉〉〉〉〉〉〉

1 执行“文件>新建”命令，新建一个Flash文档，如图16-2所示。新建文档后，单击“属性”面板上的“编辑”按钮，在弹出的“文档设置”对话框中进行设置，如图16-3所示，单击“确定”按钮。

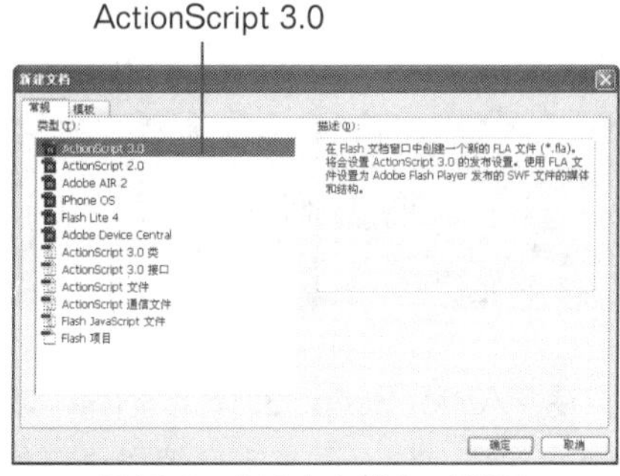

图16-2 “新建文档”对话框

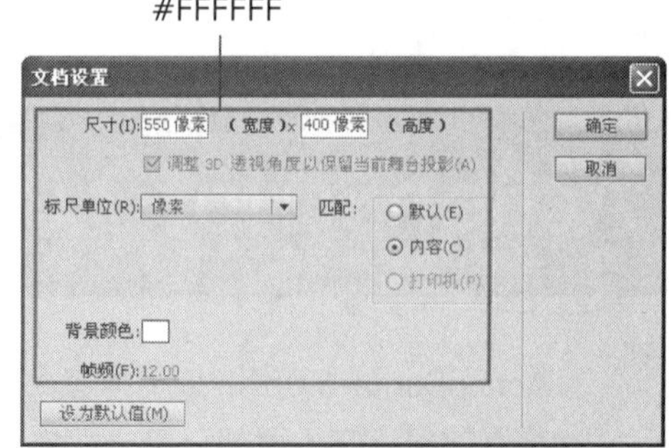

图16-3 “文档设置”对话框

提 示

Flash CS5中有两种写入脚本的方法：一种是在时间轴的关键帧中写入代码；另一种是在外面写成单独的ActionScript3.0类文件再和Flash库元件进行绑定，或者直接和fla文件绑定（后面小节中有详细讲解）。本实例是将脚本直接写在时间轴上的。

2 将图像“光盘\源文件\第16章\16-1\素材\16102.png”导入到场景中，如图16-4所示。新建“图层2”，将图像17101.png导入到场景中，如图16-5所示。

图16-4 导入图像

图16-5 导入图像

3 将图像转换成“名称”为happy的“影片剪辑”元件，如图16-6所示，并设置“属性”面板上的“实例名称”为map_mc，如图16-7所示。

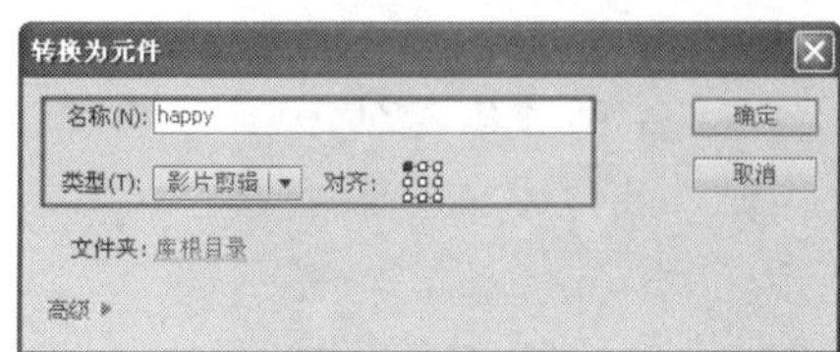

图16-6 “转换为元件”对话框

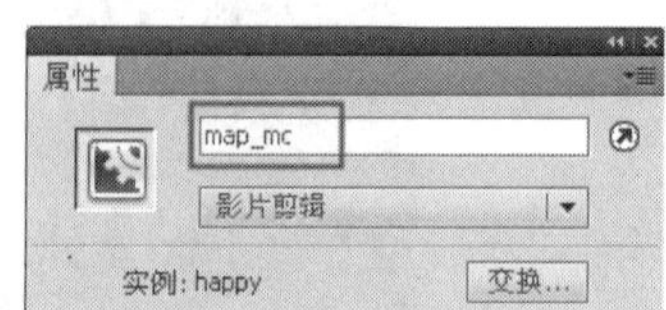

图16-7 设置“实例名称”

4 新建“图层3”，打开外部库“光盘\源文件\第16章\16-1\素材\素材16-1.fla”，如图16-8所示。将“放大”元件和“缩小”元件从“库-素材16-1.fla”面板中拖入到场景中，如图16-9所示，并依次设置元件的“实例名称”为btnd和btnx。

图16-8 打开外部素材库

图16-9 拖入元件

5 新建“图层4”，在“动作-帧”面板中输入如图16-10所示的脚本语言，完成后的“时间轴”面板如图16-11所示。

图16-10 输入脚本语言

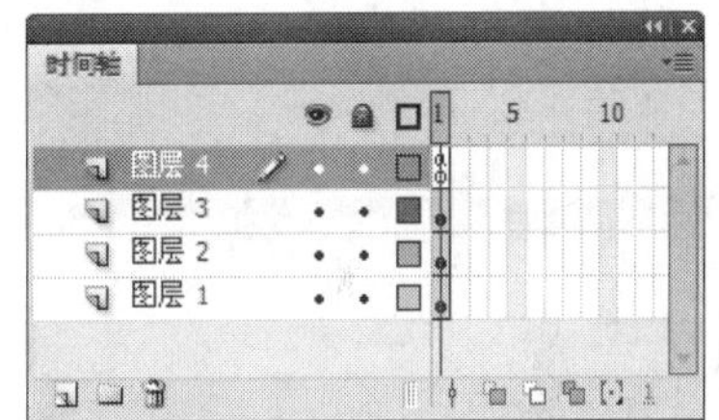

图16-11 “时间轴”面板

6 完成as控制放大缩小的制作，执行“文件>保存”命令，将动画保存为“16-1.fla”，测试动画效果如图16-12所示。

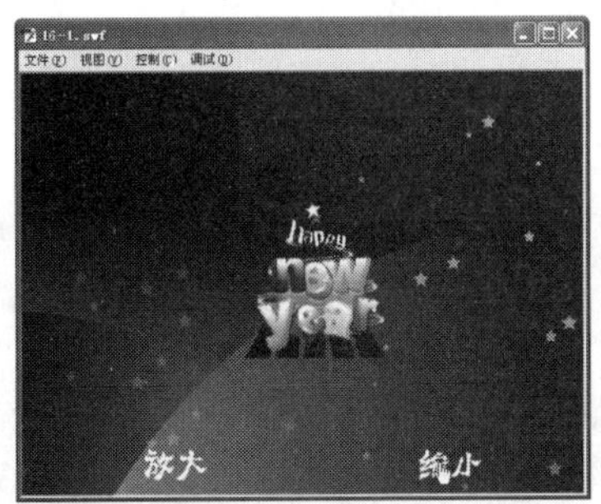

图16-12 测试动画效果

实例小结 ››››››››››

本实例主要讲解了将脚本写在“时间轴”面板上控制元件的方法，通过学习，读者要掌握ActionScript 3.0的基本编写规则。

16.2 制作声音循环动画

案例文件 光盘\源文件\第16章\16-2.fla
视频文件 光盘\视频\第16章\16-2.swf
学习时间 15分钟

难易程度 ★★☆☆☆

制作步骤

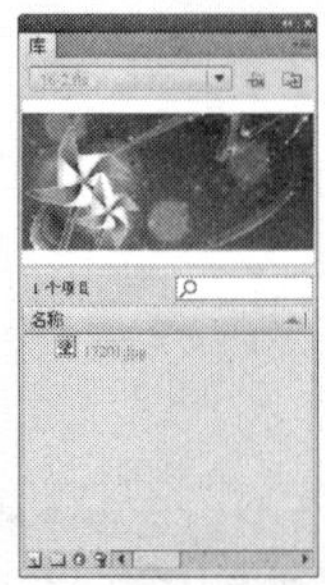

1.首先将外部素材图片导入到场景中作为动画背景。

2.调整背景图像的位置。

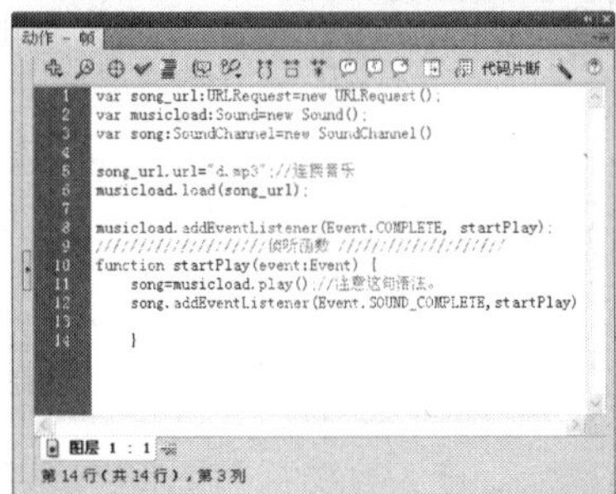

3.在第1帧上添加动作脚本，调整脚本实现循环播放音频的效果。

4.测试动画，实现音频循环播放。

16.3 控制鼠标跟随动画

案例文件 光盘\源文件\第16章\16-3.fla
视频文件 光盘\视频\第16章\16-3.swf
学习时间 20分钟

难易程度 ★☆☆☆☆

制作步骤

通过为元件设置“实例名称”和在“动作-帧”面板中输入脚本来实现动画效果。

思路分析

本实例首先通过外部元素将元件拖入到场景中，设置“实例名称”，在“动作-帧”面板中输入脚本控制，实现鼠标随行效果，测试动画效果如图16-13所示。

图16-13 测试动画效果

制作步骤

1 执行“文件>新建”命令，新建一个Flash文档，如图16-14所示。单击“属性”面板上的“编辑”按钮 编辑...，在弹出的“文档设置”对话框中进行设置，如图16-15所示，单击“确定”按钮。

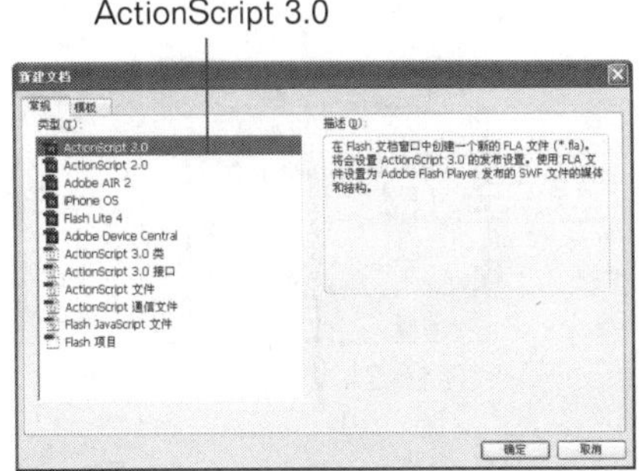

图16-14 “新建文档”对话框

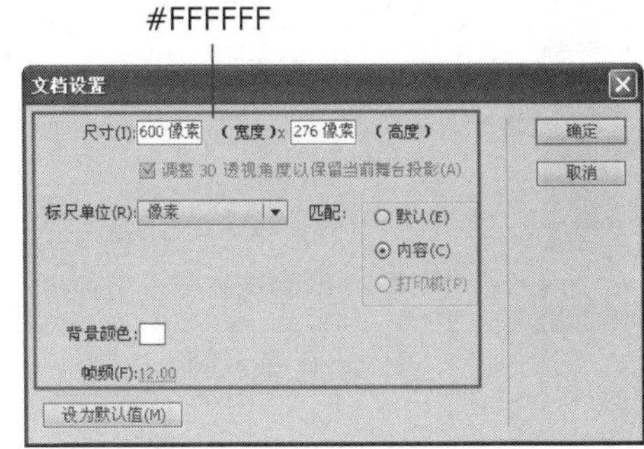

图16-15 “文档设置”对话框

2 将图像“光盘\源文件\第16章\16-3\素材\17401.jpg”导入到场景中，如图16-16所示。新建“图层2”，打开外部库“素材16-4.fla”，如图16-17所示。

图16-16 导入图像

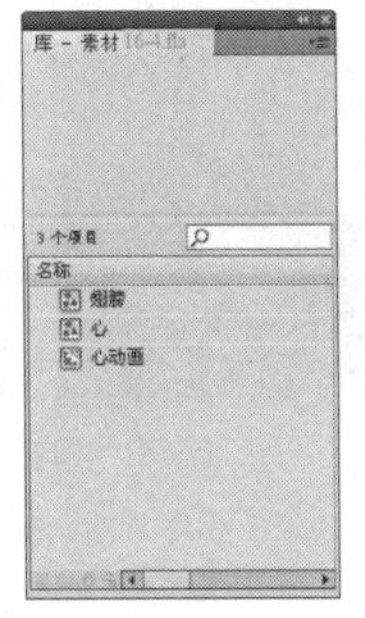

图16-17 打开外部素材库

提 示

为元件绑定类可以使得元件不用到场景中参与动画就可以实现动画效果。

3 将“心动画”元件从“库-素材16-4.fla”面板中拖入到场景中，如图16-18所示。设置“属性”面板上的“实例名称”为enemy_mc，如图16-19所示。

图16-18 拖入元件

图16-19 设置“实例名称”

提 示

为元件命名实例名称，方便对后面脚本的控制。

4 新建“图层3”，在“动作-帧”面板中输入如图16-20所示的脚本语言，完成后的“时间轴”面板如图16-21所示。

```
enemy_mc.addEventListener(Event.ENTER_FRAME, do_stuff);
function do_stuff(event:Event):void {
var myRadians:Number = Math.atan2(mouseY-enemy_mc.y, mouseX-enemy_mc.x);
var myDegrees:Number = Math.round((myRadians*180/Math.PI));
var yChange:Number = Math.round(mouseY-enemy_mc.y);
var xChange:Number = Math.round(mouseX-enemy_mc.x);
var yMove:Number = Math.round(yChange/10);
var xMove:Number = Math.round(xChange/10);
enemy_mc.y += yMove;
enemy_mc.x += xMove;
enemy_mc.rotation = myDegrees+90;
}
```

图16-20 输入脚本语言

图16-21 “时间轴”面板

5 完成控制鼠标跟随动画的制作，执行“文件>保存”命令，将动画保存为“16-3.fla”，测试动画效果如图16-22所示。

图16-22 测试动画效果

实例小结

本实例中通过脚本控制“影片剪辑”元件实现动画效果。通过本节的学习读者要了解通过脚本控制元件的方法，并要对在ActionScript 3.0中的书写方式熟练掌握，并能够运用在实际操作中。

16.4 制作幻灯片动画效果

案例文件 光盘\源文件\第16章\16-4.fla
视频文件 光盘\视频\第16章\16-4.swf
学习时间 15分钟

难易程度 ★★☆☆☆

制作步骤

1.新建影片剪辑元件，导入素材图像，制作动画效果。

2.利用相同的方法，制作出其他元件。

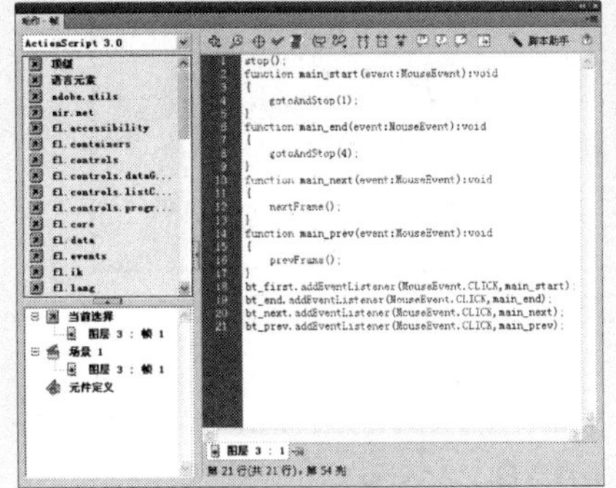

3.制作出主场景动画。

4.完成动画的制作，测试动画效果。

16.5 控制移动拖曳元件

案例文件 光盘\源文件\第16章\16-5.fla
视频文件 光盘\视频\第16章\16-5.swf
学习时间 30分钟

难易程度 ★★☆☆☆

制作步骤

通过为多个元件设置“实例名称”以及脚本控制实现动画效果。

思路分析

本实例中首先将设置元件的“实例名称”，然后再新建一个“监听”元件，最后将脚本写在时间轴上，实现动画效果，测试动画效果如图16-23所示。

图16-23 测试动画效果

制作步骤

1 执行“文件>新建”命令，新建一个Flash文档，如图16-24所示。新建文档后，单击“属性”面板上的“编辑”按钮，在弹出的“文档设置”对话框中进行设置，如图16-25所示，单击“确定”按钮。

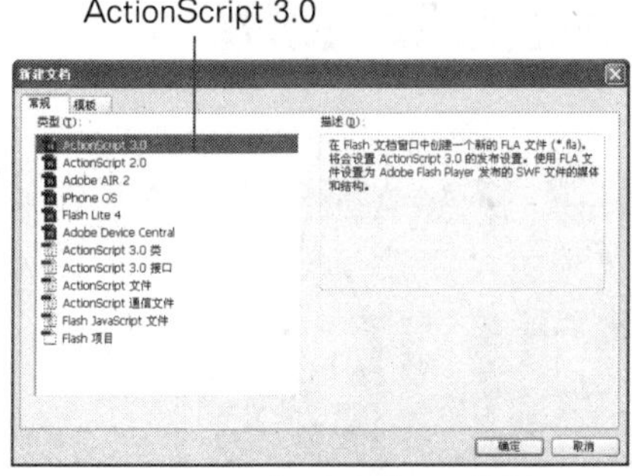

图16-24 “新建文档”对话框

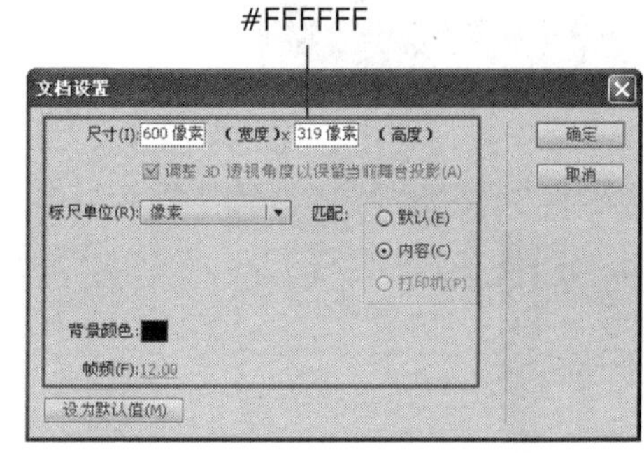

图16-25 “文档设置”对话框

2 将图像“光盘\源文件\第16章\16-5\素材\17701.jpg”导入到场景中，如图16-26所示。新建“图层2”，将图像17702.png导入到场景中，如图16-27所示。

图16-26 导入图像

图16-27 导入图像

3 将图像转换成“名称”为“生肖”的“影片剪辑”元件，并设置“属性”面板上的“实例名称”为boarder_mc，如图16-28所示。新建“图层3”，打开外部库“素材16-7.fla”，如图16-29所示。

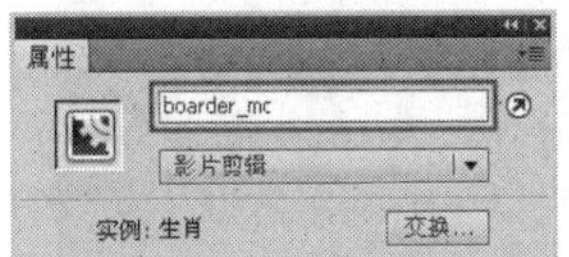

图16-28 设置“实例名称”

图16-29 打开外部素材库

4 将“泡泡”元件从“库-素材16-7.fla”面板中拖入到场景中，如图16-30所示，并设置“属性”面板上的“实例名称”为blue_mc，新建“图层4”，新建“名称”为“监控”的“影片剪辑”元件，并将其拖入到场景中，如图16-31所示。设置“属性”面板上的“实例名称”为red_mc。

图16-30 拖入元件

图16-31 拖入元件

提 示

将图像转换为元件后，要注意将图像对齐场景中心点的位置，以方便脚本控制。

5 新建“图层5”，在“动作-帧”面板中输入如图16-32所示的脚本语言，完成后的“时间轴”面板如图16-33所示。

```
boarder_mc.addEventListener(MouseEvent.MOUSE_DOWN, drag);
boarder_mc.addEventListener(MouseEvent.MOUSE_UP, drop);
red_mc.addEventListener(MouseEvent.MOUSE_DOWN, drag);
red_mc.addEventListener(MouseEvent.MOUSE_UP, drop);
blue_mc.addEventListener(MouseEvent.MOUSE_DOWN, drag);
blue_mc.addEventListener(MouseEvent.MOUSE_UP, drop);
function drop(event:MouseEvent):void
{
    event.target.stopDrag();
    if(boarder_mc.hitTestObject(red_mc))
    {
        red_mc.addChild(boarder_mc);
        boarder_mc.x = 0;
        boarder_mc.y = 0;
    }
    else if(boarder_mc.hitTestObject(blue_mc))
    {
        blue_mc.addChild(boarder_mc);
        boarder_mc.x = 0;
        boarder_mc.y = 0;
    }
}
function drag(event:MouseEvent):void
{
    if(event.target.name == 'boarder_mc')
    {
        addChild(boarder_mc);
        event.target.startDrag(true);
        boarder_mc.x = mouseX;
        boarder_mc.y = mouseY;
    }
    else
    {
    event.target.startDrag();
    }
}
```


图16-32 输入脚本

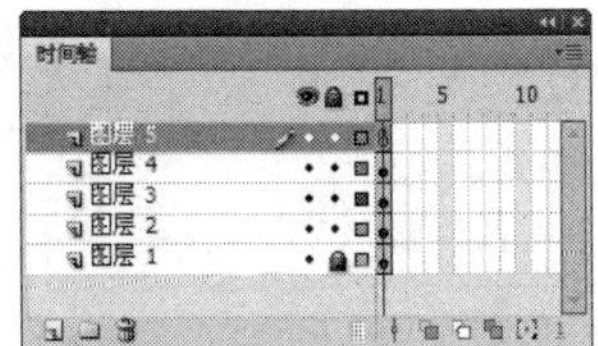

图16-33 “时间轴”面板

6 完成控制移动拖曳元件的制作，将文件另存为“16-5.fla”，测试动画效果如图16-34所示。

图16-34 测试动画效果

实例小结

本实例中通过使用脚本控制多个“影片剪辑”元件来实现动画效果。通过本节的学习，读者要熟练脚本控制元件的方法，并对ActionScript 3.0有进一步地了解。

16.6 绘制图形

案例文件 光盘\源文件\第16章\16-6.fla

视频文件 光盘\视频\第16章\16-6.swf

学习时间 15分钟

★★☆☆☆

制作步骤

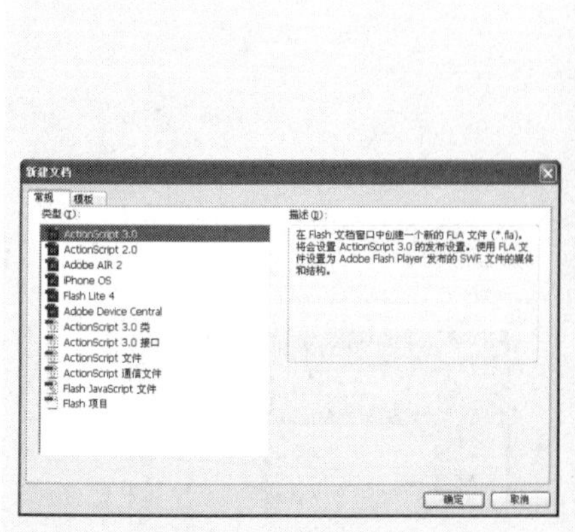

1.创建一个AS 3.0的Flash文件。

2.创建脚本，实现15个正方形的绘制，并为其填充蓝色。设置其排列方式。在每个正方形上出现相应的文本内容，并实现对图形的拖曳效果，并且拖曳的图形自动到最顶层。

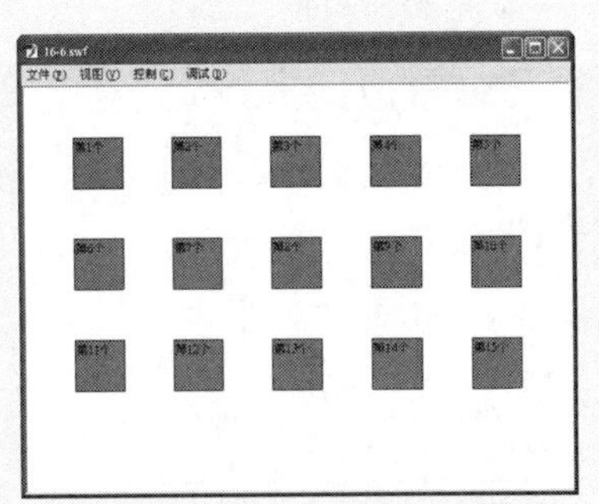

3.完成后测试动画，可以看到一行5个正方形，共3行的排列方式。

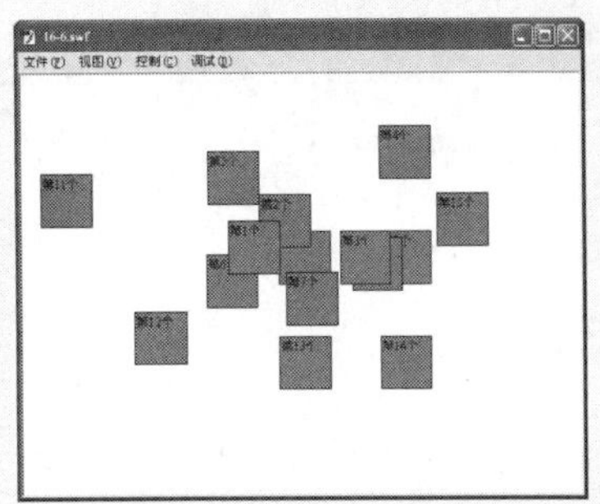

4.测试拖曳图形效果，拖曳的图形自动位于最上层。

16.7　控制下雪动画

案例文件	光盘\源文件\第16章\16-7.fla
视频文件	光盘\视频\第16章\16-7.swf
学习时间	15分钟

★☆☆☆☆

制作步骤

通过为元件“命名类”和在“动作-帧”面板中输入脚本来实现动画效果。

思路分析

本实例首先通过外部元素将元件拖入到“库”面板中，然后为“库”面板中的元件命名类，再创建脚本调用类元件，实现雪花的飞舞效果，测试动画效果如图16-35所示。

图16-35 测试动画效果

制作步骤

1 执行“文件>新建”命令，新建一个Flash文档，如图16-36所示。单击“属性”面板上的“编辑”按钮，在弹出的“文档设置”对话框中进行设置，如图16-37所示。单击“确定”按钮。

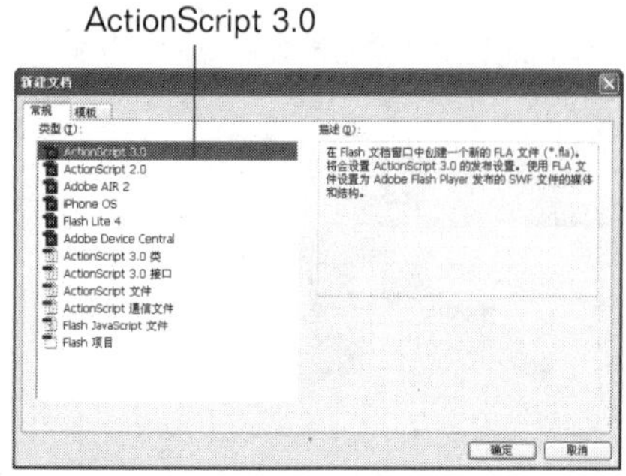

图16-36 “新建文档”对话框

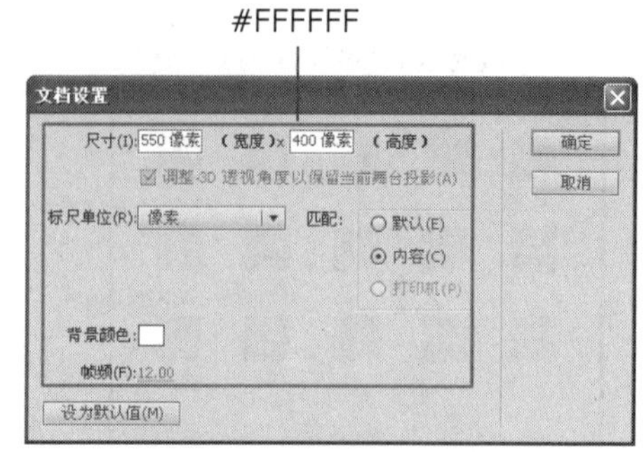

图16-37 “文档设置”对话框

2 打开外部库“光盘\源文件\第16章\16-7\素材\素材16-10.fla”，如图16-38所示。将“雪花飘动”元件拖入到“库”面板中，在“库”面板中的“雪花飘动”元件上单击鼠标右键，在弹出的快捷菜单中选择“属性”命令，弹出“元件属性”对话框，单击“高级”按钮 高级 ，在弹出的高级选项中设置“连接”选项，如图16-39所示。

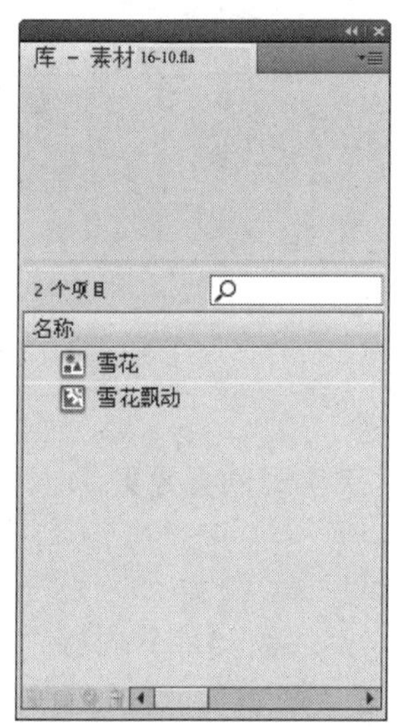
图16-38 打开外部素材库

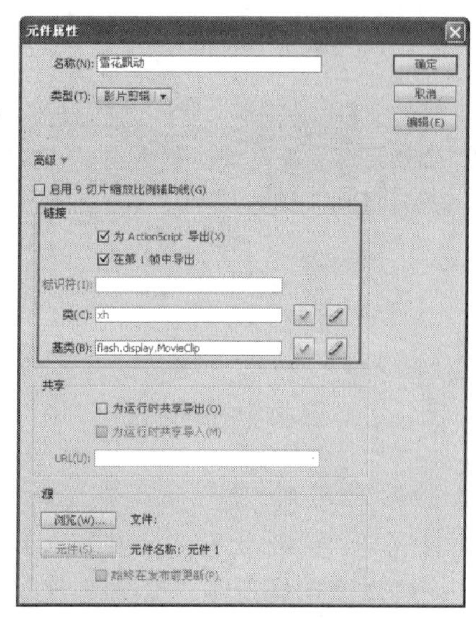
图16-39 设置“连接”选项

提 示

为元件绑定类可以使得元件不用到场景中参与动画就可以实现动画效果。

3 将图像“光盘\源文件\第16章\16-7\素材\171001.jpg”导入到场景中，如图16-40所示。新建“图层2”，在“动作-帧”面板中输入如图16-41所示的脚本语言。

图16-40 导入图像

图16-41 输入脚本语言

提 示

此脚本的含义是通过循环语句创建出200个雪花元件效果，并且控制元件的范围、透明度和大小。

4 完成下雪动画的制作，执行“文件>保存”命令，将动画保存为“16-7.fla”，测试动画效果如图16-42所示。

图16-42 测试动画效果

实例小结

通过本节的学习读者要了解，元件通过绑定的方式与脚本结合在一起实现效果的方法，并要对在ActionScript 3.0中复制元件的方法能够熟练掌握，并运用在实际操作中。

16.8 调用外部SWF

难易程度 ★★☆☆☆

案例文件 光盘\源文件\第16章\16-8.fla
视频文件 光盘\视频\第16章\16-8.swf
学习时间 15分钟

制作步骤

1.新建一个文件，制作动画人物的奔跑效果，并保存发布的SWF文件。

2.制作主场景，导入背景图像。

```
var url:String = "main.swf";
var ldr:Loader = new Loader();
addChild(ldr);
var urlReq:URLRequest = new URLRequest(url);
ldr.load(urlReq);
```

3.输入脚本，调入外部SWF文件。

4.测试动画，可以看到外部的动画效果导入到主场景动画中。

16.9 控制拖曳元件

难易程度 ★★☆☆☆

案例文件 光盘\源文件\第16章\16-9.fla
视频文件 光盘\视频\第16章\16-9.swf
学习时间 30分钟

制作步骤

主要利用“include命令”、将脚本封包并和文件绑定来实现动画效果。

思路分析

本实例中首先将脚本写在时间轴上，再使用include命令实现动画效果，然后将脚本封包并与文件绑定，实现动画效果，测试动画效果如图16-43所示。

图16-43 测试动画效果

制作步骤

1 执行“文件>新建”命令，新建一个Flash文档，如图16-44所示。新建文档后，单击“属性”面板上的“编辑”按钮，在弹出的“文档设置”对话框中进行设置，如图16-45所示，单击“确定”按钮。将文件保存为“16-13-1.fla”。

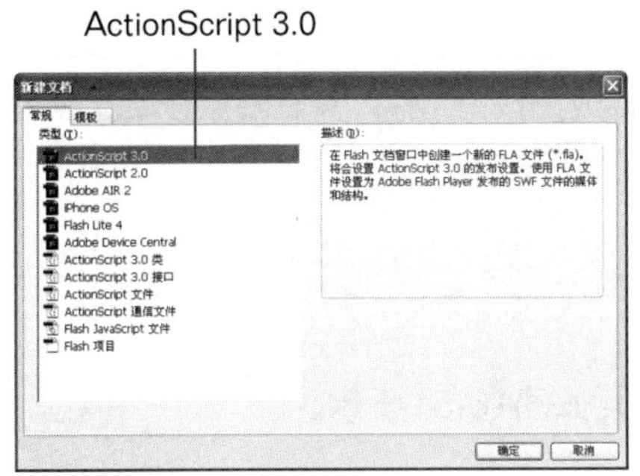

图16-44 “新建文档”对话框

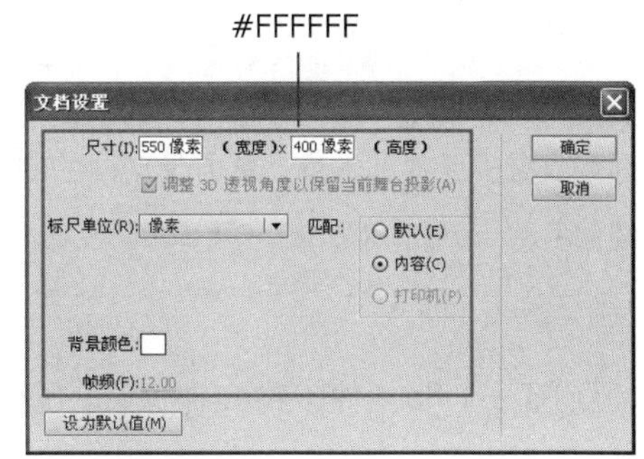

图16-45 “文档设置”对话框

2 新建“名称”为“背景”的“图形”元件，使用“矩形工具”，制作出背景元件，并将其拖入到场景中，如图16-46所示。新建“图层2”，将图像“光盘\源文件\第16章\16-9\素材\171301.png”导入到场景中，如图16-47所示。

图16-46 拖入元件

图16-47 导入图像

3 将图像转换成“名称”为“人物”的“影片剪辑”元件，如图16-48所示，并设置“属性”面板上的“实例名称”为people_mc，如图16-49所示。

图16-48 转换元件

图16-49 设置“实例名称”

4 新建“图层3”，在“动作-帧”面板中输入include"16-9.as"脚本语言。新建一个ActionScript文件，在场景中输入如图16-50所示的脚本语言。将其保存名为16-9.as，并保存在与16-9-1.fla同一目录下。

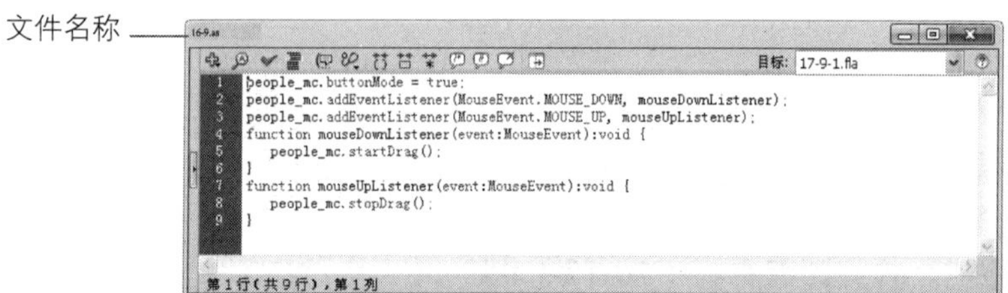


```
people_mc.buttonMode = true;
people_mc.addEventListener(MouseEvent.MOUSE_DOWN, mouseDownListener);
people_mc.addEventListener(MouseEvent.MOUSE_UP, mouseUpListener);
function mouseDownListener(event:MouseEvent):void {
    people_mc.startDrag();
}
function mouseUpListener(event:MouseEvent):void {
    people_mc.stopDrag();
}
```

图16-50 新建ActionScript文件

> **技巧**
>
> 使用ActionScript 3.0可以将一个普通的影片剪辑转换成为按钮元件，具有鼠标移动反应。这样可以减少元件的数量，更方便动画的制作，具体的代码如下：
>
> 实例名称.buttonMode = true;

5 返回到16-9-1.fla文件，将文件保存，测试动画效果如图16-51所示。

图16-51 测试动画效果

提示

下面介绍元件类，实际是指Flash影片中的元件指定的一个连接类名。与上面的inclue不同的是，它使用的是严格的类结构，而不是时间线编写方式。

6 再次新建一个ActionScript文件，在场景中输入如图16-52所示的脚本语言，将其保存为people_mc.as，并保存在与16-9-1.fla同一目录下。

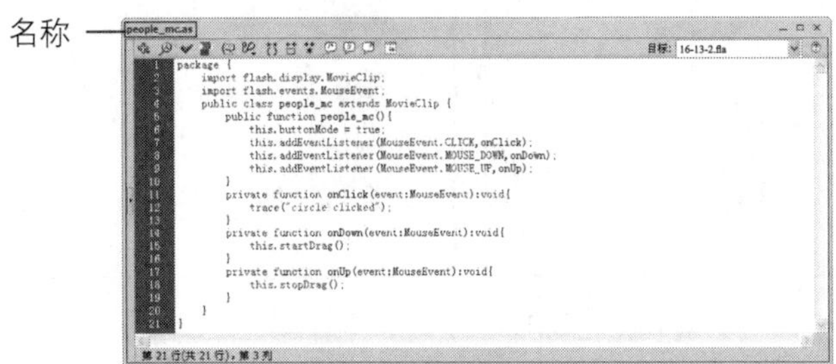

图16-52 新建ActionScript文件

提 示

将拖动元件功能封装起来，这样无论创建多少可以拖动的人物，都会变得很轻松，只需要创建它的实例并显示出来即可。

7 返回到16-9-1.fla文件，删除“动作-帧”面板上的脚本，在“库”面板中的“人物”元件上单击鼠标右键，在弹出的快捷菜单中选择“属性”选项，弹出“元件属性”对话框，如图16-53所示，单击“高级”按钮，在高级选项中设置“连接”，如图16-54所示。

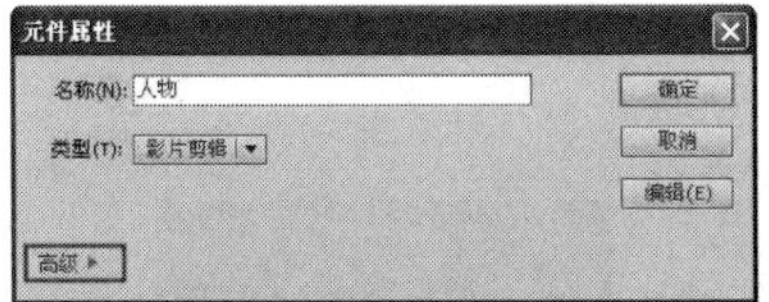

图16-53 “元件属性”对话框

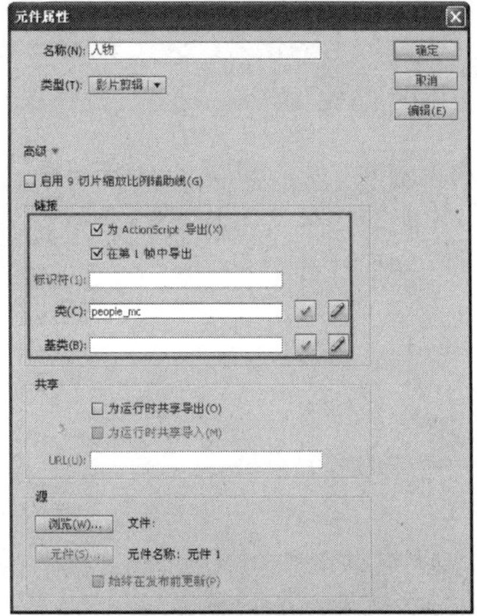

图16-54 设置“连接”

提 示

为了保证文件的正常运行，要将FLA文件中“图层3”上的脚本语言删除，否则将会报错。

8 单击“确定”按钮，将文件另存为 “16-9-2.fla”，测试动画效果如图16-55所示。

图16-55 测试动画效果

实例小结

本实例中通过使用多种方式实现对动画元件的拖曳效果。在ActionScript 3.0中package是划分访问控制的一个重要的分界线。同时，package也是实现模块化的一个重要手段。在逻辑上，package是一个逻辑单元，包含多个具有逻辑联系的类，共同对外提供一个或多个服务。通过学习，读者要掌握使用ActionScript 3.0的不同方法和技巧，并对封包绑定操作具有一定了解。

16.10 实现鼠标跟随

案例文件 光盘\源文件\第16章\16-10.fla

视频文件 光盘\视频\第16章\16-10.swf

学习时间 15分钟

难易程度 ★★☆☆☆

制作步骤

1.新建文件，导入图像作为动画背景。

2.创建一个影片剪辑元件，制作不同颜色的星星效果，并在“库”面板中添加链接。

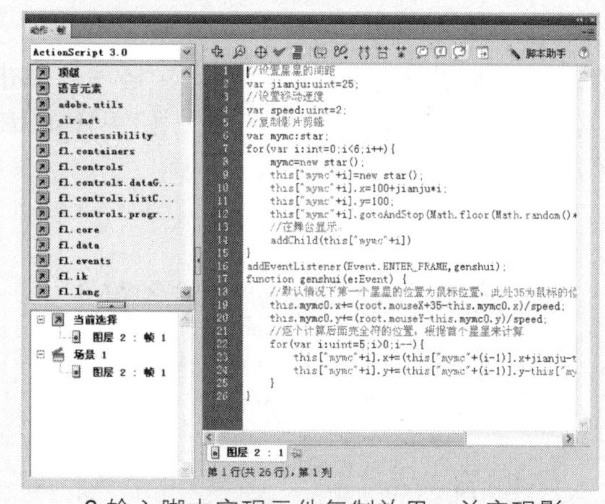

3.输入脚本实现元件复制效果，并实现影片剪辑跟随鼠标移动。

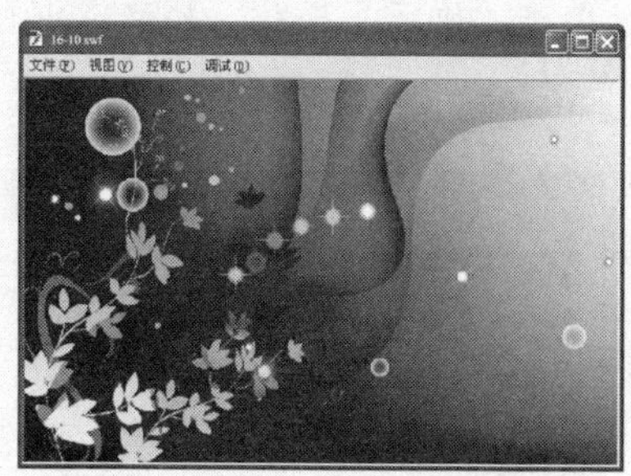

4.测试动画，可以看到漂亮的鼠标跟随动画效果。

16.11　控制元件坐标

案例文件　光盘\源文件\第16章\16-11.fla

视频文件　光盘\视频\第16章\16-11.swf

学习时间　30分钟

★★☆☆☆

制作要点

通过设置元件的“实例名称”和新建ActionScript文件实现脚本的调用，完成动画的制作。

思路分析

本实例首先设置元件的“实例名称”，然后再通过脚本调用函数实现动画效果，测试动画效果如图16-56所示。

图16-56 测试动画效果

制作步骤

1 执行“文件>新建”命令，新建一个Flash文档，如图16-57所示。新建文档后，单击“属性”面板上的“编辑”按钮，在弹出的“文档设置”对话框中进行设置，如图16-58所示。单击“确定”按钮。将文件保存为“16-11.fla”。

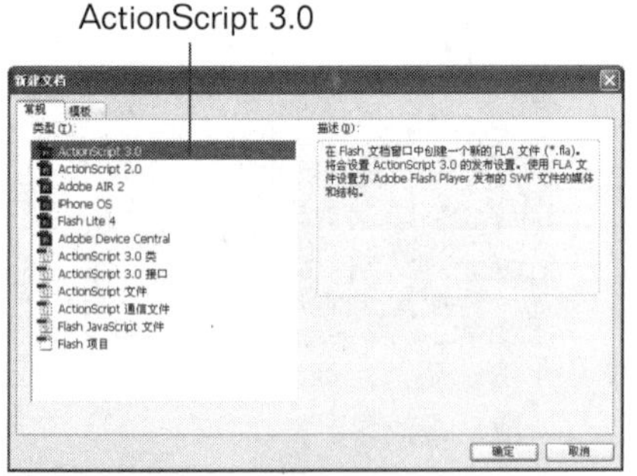

图16-57 “新建文档”对话框

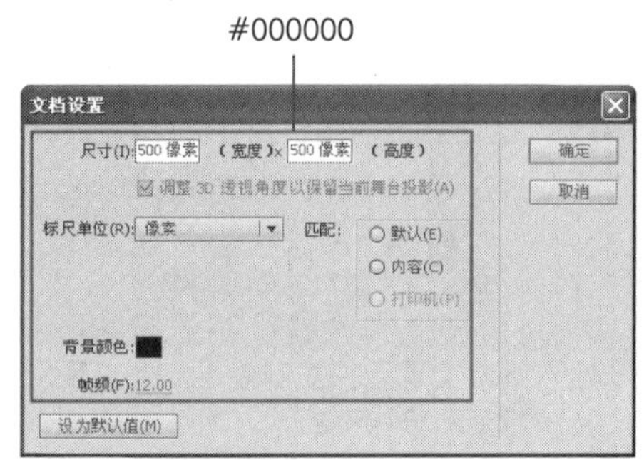

图16-58 “文档设置”对话框

2 将图像“光盘\源文件\第16章\16-11\素材\171601.png”导入到场景中，如图16-59所示。在第500帧插入帧。新建“图层2”，将图像171602.png导入到场景中，并将其转换成“名称”为“人物”的“影片剪辑”元件，如图16-60所示。

图16-59 导入图像

图16-60 导入图像

3 在“属性”面板上设置“实例名称”为mc，如图16-61所示。在“图层2”的“图层名称”上单击右键，在弹出的快捷菜单中选择“添加传统运动引导层”，使用“椭圆工具”，设置“填充”颜色为无，在场景中绘制圆圈，并使用“橡皮擦工具”擦除圆圈的一部分，如图16-62所示。

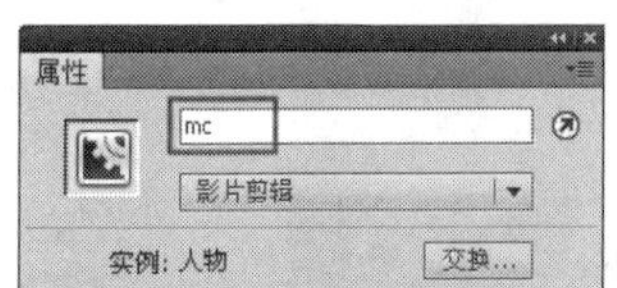

图16-61 设置“实例名称”

图16-62 场景效果

4 选择“图层2”的第1帧上场景中的元件，将元件的中心点与圆圈的端点对齐，如图16-63所示。在第500帧插入关键帧，将元件的中心点与圆圈的另一个点对齐，如图16-64所示，并设置第1帧上的“补间”类型为“传统补间”。

图16-63 对齐中心点

图16-64 对齐中心点

提 示

在创建引导线动画时，注意中心的位置一定要和线段的端点、起点对齐，否则将不能实现引导效果。

5 新建“图层4”，新建“名称”为“开始”的“按钮”元件，使用“文本工具”和“矩形工具”制作出“开始”元件，并将其拖入到场景中，如图16-65所示。设置“属性”面板上的“实例名称”为btn1，如图16-66所示。

图16-65 拖入元件

图16-66 设置“实例名称”

6 新建“图层5”，新建“名称”为“暂停”的“按钮”元件，使用“文本工具”和“矩形工具”，制作出“暂停”元件，并将其拖入到场景中，如图16-67所示。设置“属性”面板上的“实例名称”为btn2，如图16-68所示。

图16-67 拖入元件

图16-68 设置“实例名称”

提 示

制作按钮元件时，首先使用文本工具在“按下”、“指针经过”和“弹出”帧输入文字，然后在使用“矩形工具”在“点击”帧绘制感应区的范围。

7 新建“图层6”，使用“文本工具”，设置“属性”面板如图16-69所示，在场景中拖曳出文本框，如图16-70所示，并设置“属性”面板上的“实例名称”为t_txt。

图16-69 “属性”面板

图16-70 绘制文本框

8 在未选择任何元素的情况下，在“属性”面板上的“类”文本框中输入MainTimeline，如图16-71所示。新建一个ActionScript文件，在场景中输入如图16-72所示的脚本语言，将其保存在与16-11.fla同一目录下。

图16-71 “属性”面板

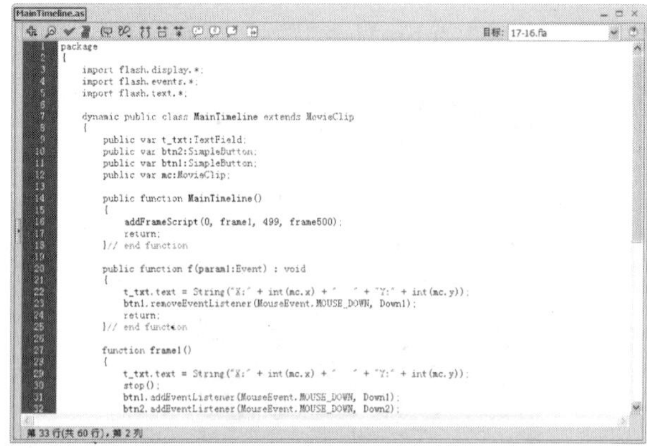
图16-72 新建文件

提 示

由于MainTimeline.as文件脚本过多，详细的代码请参考源文件。

9 完成控制元件坐标动画的制作后，执行“文件>保存”命令，测试动画效果如图16-73所示。

图16-73 测试动画效果

实例小结

本实例主要使用了ActionScript 3.0中常用的脚本参数来实现控制场景元件动画的效果。通过学习，读者要掌握这些在实际工作中常用功能的表现方法，并要充分理解与运用。

16.12 调用外部文件

案例文件 光盘\源文件\第16章\16-12.fla

视频文件 光盘\视频\第16章\16-12.swf

学习时间 15分钟

★★☆☆☆

制作步骤

1.新建文件，并制作影片剪辑元件和动态文本框。

2.创建一个AS文件，并输入脚本来控制调用外部元件。

3.新建主文件，并通过脚本实现对调入文件元件的控制，且为文本变量赋值。

4.测试动画，可以看到在主动画中显示外部文件中的元件。

16.13 控制满天星动画

案例文件	光盘\源文件\第16章\16-13.fla
视频文件	光盘\视频\第16章\16-13.swf
学习时间	20分钟

★★☆☆☆

制作要点

通过调用外部素材库制作和新建ActionScript文件实现脚本的调用，完成动画的制作。

思路分析

实例首先通过外部元素创建了动画场景，然后再通过调用函数实现动画效果，测试动画效果如图16-74所示。

图16-74 测试动画效果

制作步骤

1 执行“文件>新建”命令，新建一个Flash文档，如图16-75所示。单击“属性”面板上的“编辑”按钮，在弹出的“文档设置”对话框中进行设置，如图16-76所示。单击“确定”按钮，将文件保存为“16-13.fla”。

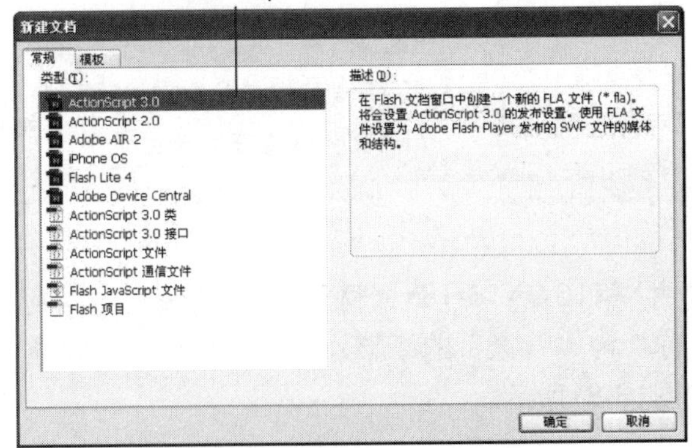

图16-75 “新建文档”对话框

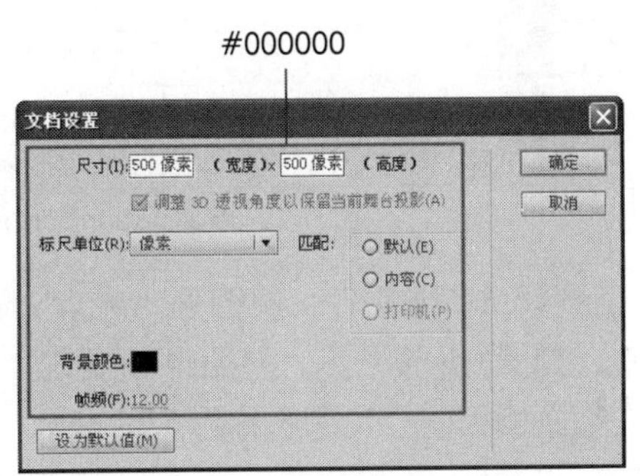

图16-76 “文档设置”对话框

2 打开外部库“光盘\源文件\第16章\16-13\素材\素材16-13.fla”，如图16-77所示。将“星星动画”元件从“库-素材16-13.fla”面板中拖入到“库”面板中，在“星星动画”元件上单击右键，在弹出的快捷菜单中选择“属性”命令，弹出“元件属性”对话框，单击“高级”按钮，在弹出的高级选项中设置“连接”，如图16-78所示。

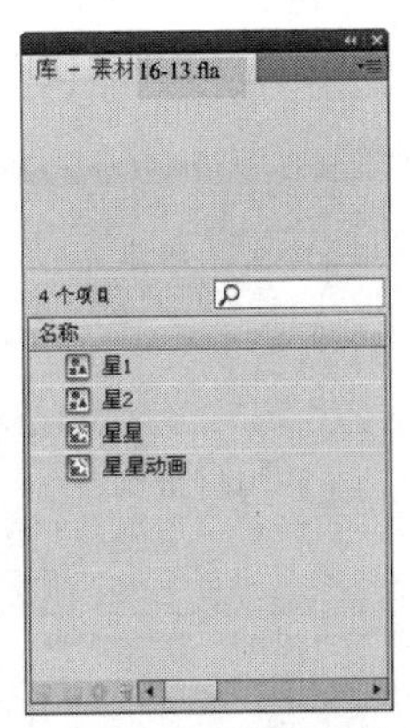

图16-77 打开外部素材库

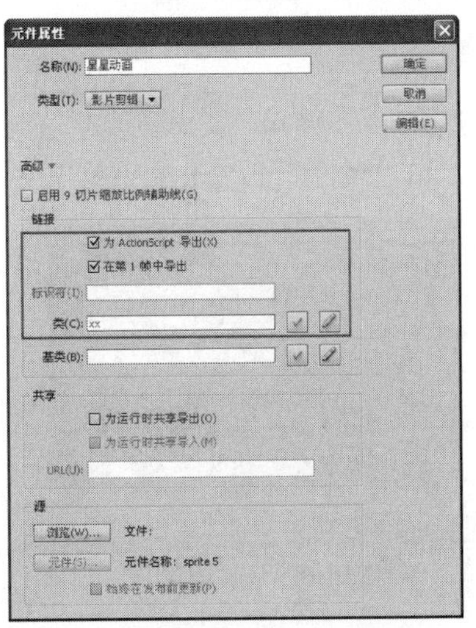

图16-78 设置“连接”

提 示

在ActionScript 3.0中为元件命名实例名称是非常必要的，因为脚本中基本都是通过调用名称来实现控制的。

3 新建一个ActionScript文件，在场景中输入如图16-79所示的脚本语言，将其保存为xx.as，并保存在与16-13.fla同一目录下。

名称

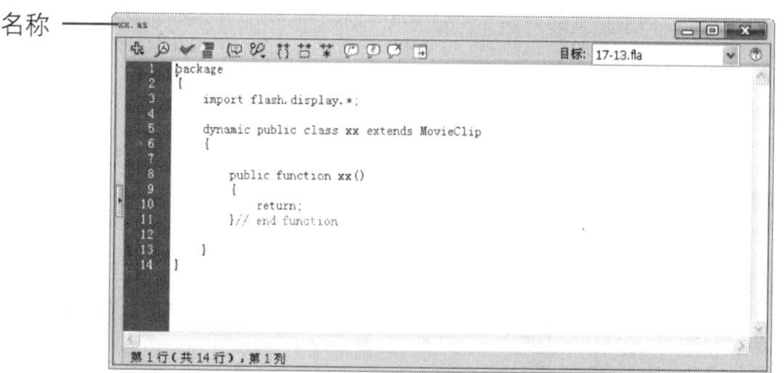

图16-79 新建ActionScript文件

> **提 示**
>
> 所有调用的AS文件都要与FLA文件保存在同一目录下。

4 返回到16-13.fla文件，将图像“光盘\源文件\第16章\16-13\素材\171801.jpg”导入到场景中，如图16-80所示。将图像转换成“名称”为“背景”的“影片剪辑”元件，并设置“属性”面板上的“实例名称”为bj_mc， 如图16-81所示。

图16-80 导入图像

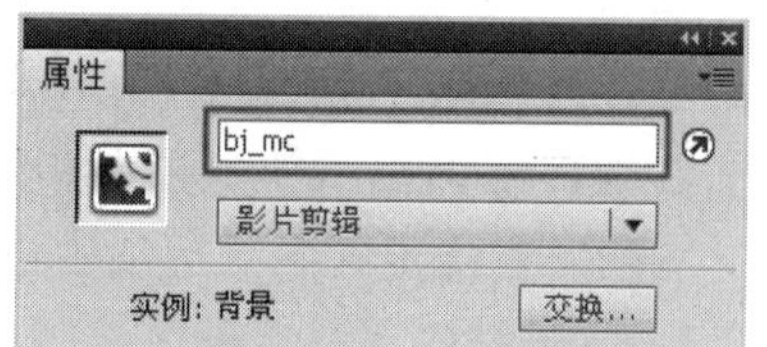

图16-81 设置“实例名称”

5 新建“图层2”，使用“文本工具”在场景中输入相应文本，并将文字分离成图形，如图16-82所示。在“属性”面板上的“类”文本框中输入fla.MainTimeline，如图16-83所示。

文字效果

图16-82 场景效果

图16-83 设置文档“类”

6 新建一个ActionScript文件，在场景中输入如图16-84所示的脚本语言。将其保存名为MainTimelines.as，保存在与16-13.fla同一目录中的“fla”文件夹下。

名称

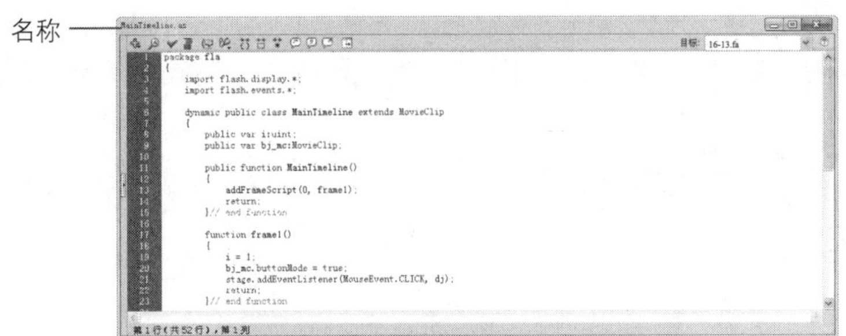

图16-84 新建ActionScript文件

技巧 为脚本中的变量命名时，命名规则不仅仅是为了让编写的代码符合语法，更重要的是增强自己代码的可读性。在团队开发时，规范命名关系着整体的工作效率：首先要使用英文单词命名变量；其次采用首字母小写、第二词的首字母大写的形容词+名词的命名方法。第三变量名越短越好，还有尽量避免变量名中出现数字编号。

提 示

由于脚本过长，详细请参看源文件。在保存名为MainTimeline.as文件时，将文件保存在与16-13.fla同一目录下的fla文件中，这样做的目的是为了防止在读取脚本时路径出现错误。

7 完成控制满天星动画的制作，执行“文件>保存”命令，测试动画效果如图16-85所示。

图16-85 测试动画效果

实例小结 〉〉〉〉〉〉〉〉〉〉

本实例主要利用脚本将主类和辅类与动画绑定，实现控制场景元件的动画效果。通过本例的学习，读者需要掌握封装脚本的方法，以及主类和辅类的使用方法，并综合使用在实际工作中。

16.14 实现时钟制作

案例文件	光盘\源文件\第16章\16-14.fla
视频文件	光盘\视频\第16章\16-14.swf
学习时间	15分钟

★★☆☆☆

制作要点

1.新建文件，导入图片制作动画背景。

2.绘制钟表效果，并制作3个指针影片剪辑元件，并分别命名实例名称，制作动态文本框。

3.输入脚本，实现系统时间的调用。

4.测试动画，实现时钟动画效果。

16.15 控制风车旋转

案例文件	光盘\源文件\第16章\16-15.fla
视频文件	光盘\视频\第16章\16-15.swf
学习时间	30分钟

★★☆☆☆

制作要点

通过新建AS文件，然后将类绑定，通过脚本实现对元件的控制。

思路分析

本实例中首先制作了动画场景，然后为文件做了类的绑定，再通过脚本实现对元件的控制效果，测试动画效果如图16-86所示。

图16-86 测试动画效果

制作步骤

1 执行“文件>新建”命令，新建一个Flash文档，如图16-87所示。单击“属性”面板上的“编辑”按钮，在弹出的“文档设置”对话框中进行设置，如图16-88所示，单击“确定”按钮，将文件保存为“16-15.fla”。

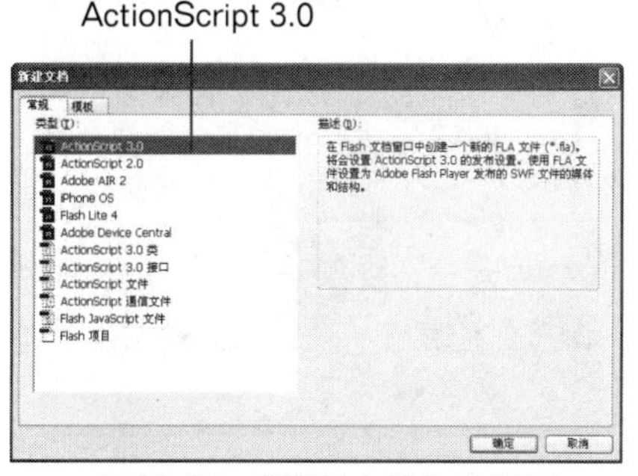

图16-87 “新建文档”对话框

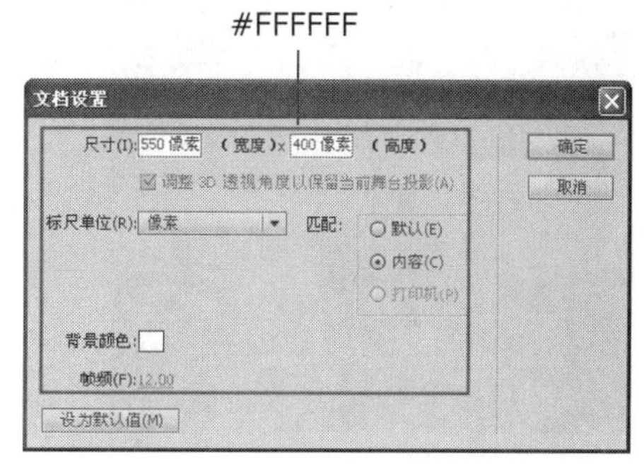

图16-88 “文档设置”对话框

2 新建“名称”为“风车”的“影片剪辑”元件。将图像“光盘\源文件\第16章\16-15\素材\172002.png”导入到场景中，如图16-89所示。在“库”面板中的“风车”元件上单击右键，在弹出的快捷菜单中选择“属性”命令，弹出“元件属性”对话框，单击“高级”按钮，在弹出的高级选项中设置“连接”，如图16-90所示。

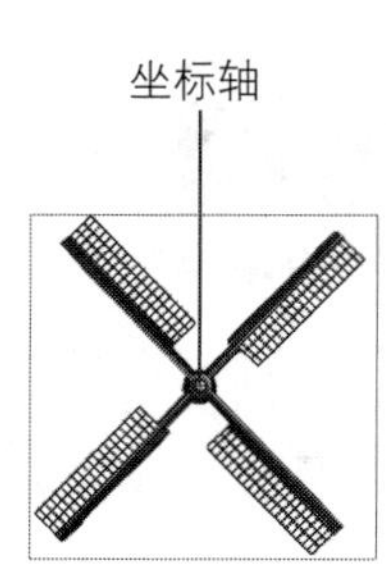

图16-89 导入图像

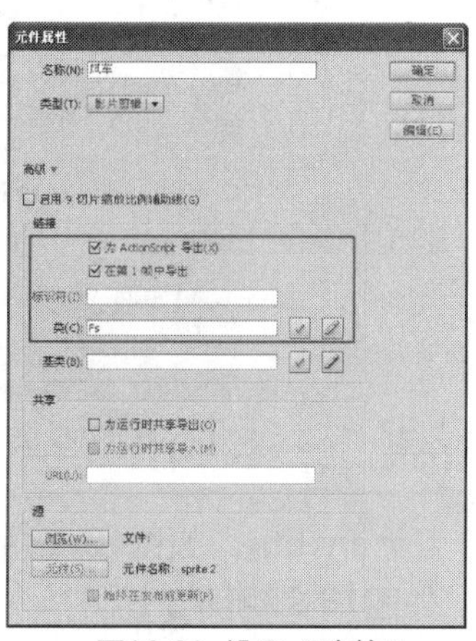

图16-90 设置“连接”

提 示

在AS文件中的辅助类，必须定义在类包以外，并且只针对此文件中的主类和其他辅助类可见。

3 新建一个ActionScript文件，在场景中输入如图16-91所示的脚本语言，将其保存名为Fs.as，并保存在与16-15.fla同一目录下。

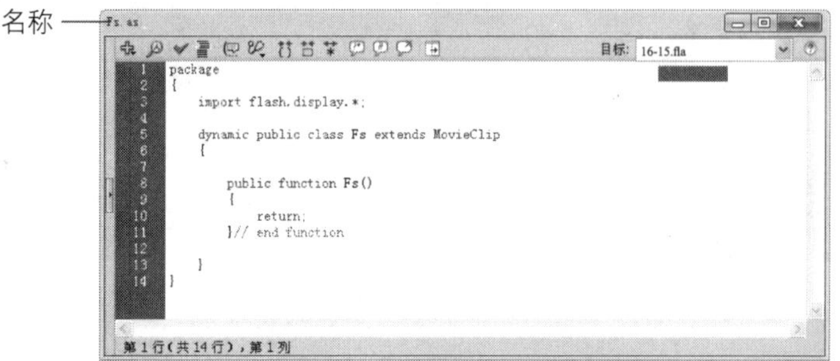

图16-91 新建ActionScript文件

4 返回到16-15.fla文件，将图像172001.jpg导入到场景中，如图16-92所示。新建“图层2”，使用“文本工具”在场景中输入文字，如图16-93所示。

图16-92 导入图像

图16-93 输入文字

5 新建“图层3”，打开外部库“光盘\源文件\第16章\16-15\素材\素材16-15.fla”，如图16-94所示，将“按钮”元件从“库-素材16-19.fla”面板中拖入到场景中，如图16-95所示。

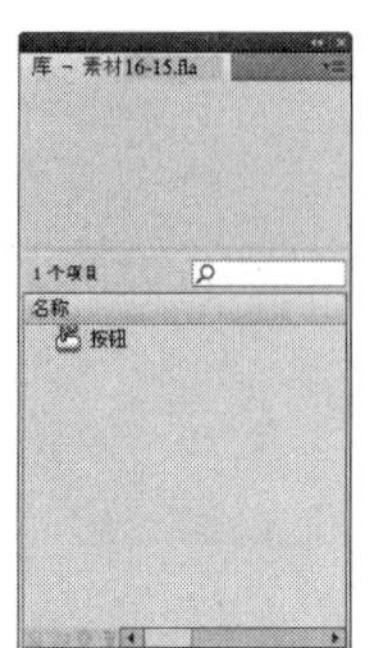

图16-94 打开外部库

图16-95 拖入元件

6 设置“属性”面板上的“实例名称”为an_btn，如图16-96所示。在“属性”面板上的“类”文本框中输入fla.MainTimeline，如图16-97所示。

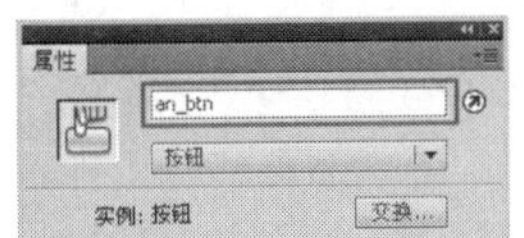

图16-96 设置“实例名称”

图16-97 设置文档“类”

7 新建一个ActionScript文件，在场景中输入如图16-98所示的脚本语言，将其保存名为MainTimeline.as，保存在与16-15.fla同一目录下的“fla”文件夹下。

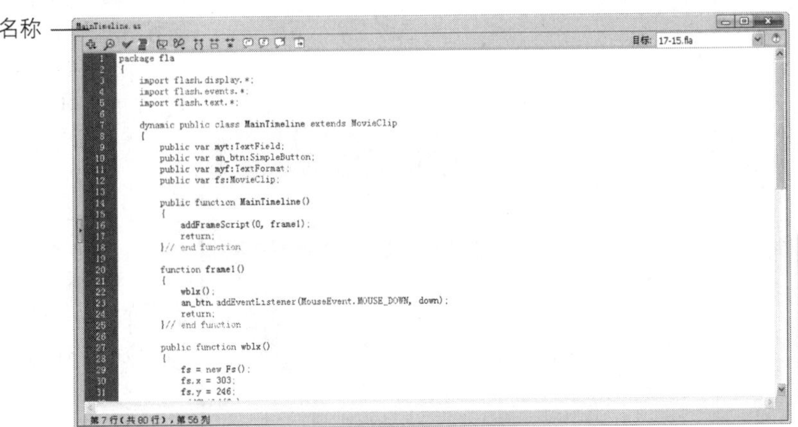

图16-98 新建ActionScript文件

提 示

此处脚本过多，详细的代码请参考源文件。

8 完成AS控制风车旋转动画的制作，执行“文件>保存”命令，测试动画效果如图16-99所示。

图16-99 测试动画效果

实例小结 ››››››››››

本实例主要利用脚本将主类和辅类与文件绑定，实现控制场景元件的动画效果。通过本例的学习，读者需要掌握主类和辅类的使用方法。

16.16 实现超链接

案例文件 光盘\源文件\第16章\16-16.fla
视频文件 光盘\视频\第16章\16-16.swf
学习时间 15分钟

难易程度 ★★☆☆☆

制作要点

1.新建文件，导入位图制作动画背景。

2.创建按钮元件，制作一个只有反应区的按钮元件，并为按钮元件命名实例名称为my_btn。

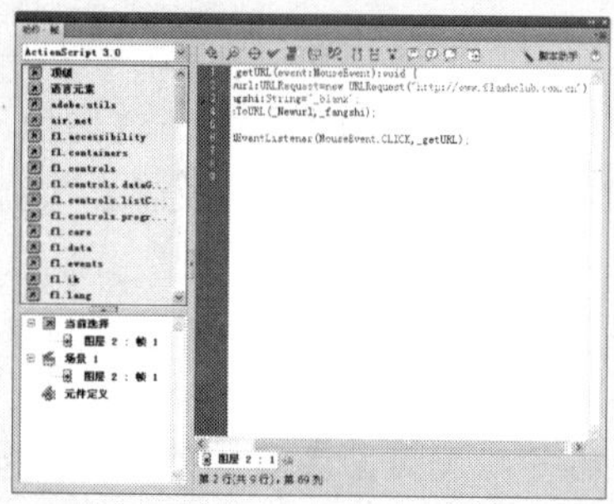

3.输入脚本，当鼠标点击按钮时实现超链接。

4.测试动画，单击反应区实现超链接的效果。

16.17 使用方向键控制元件播放

案例文件 光盘\源文件\第16章\16-17.fla
视频文件 光盘\视频\第16章\16-17.swf
学习时间 20分钟

难易程度 ★★☆☆☆

制作要点

通过将主类和辅类与文件进行绑定，利用脚本实现对元件的控制。

思路分析

本实例首先将元件与辅类文件绑定，然后再将主类动画绑定，通过脚本的控制完成动画的制作，测试动画效果如图16-100所示。

图16-100 测试动画效果

制作步骤

1 执行“文件>新建”命令，新建一个Flash文档，如图16-101所示。新建文档后，单击“属性”面板上的“编辑”按钮，在弹出的“文档设置”对话框中进行设置，如图16-102所示，单击“确定”按钮，将文件保存为“16-17.fla”。

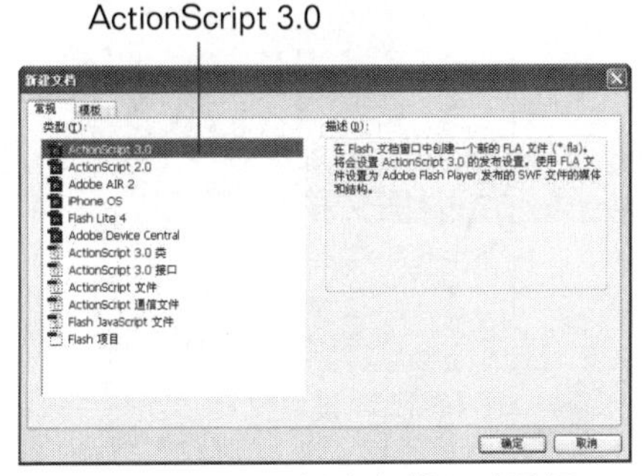

图16-101 “新建文档”对话框

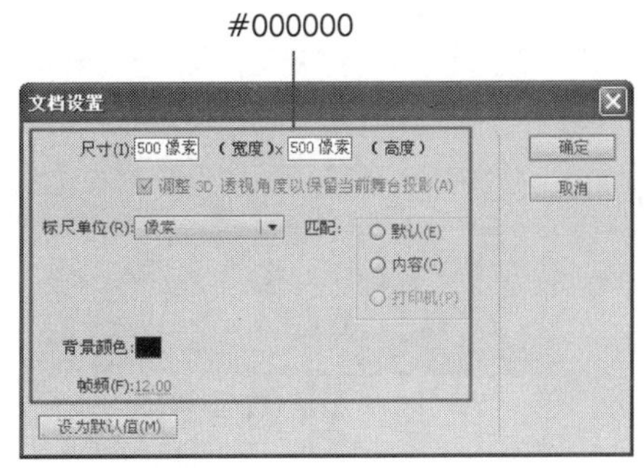

图16-102 “文档设置”对话框

2 新建“名称”为“花”的“影片剪辑”元件，使用“钢笔工具”和“椭圆工具”制作出“花”元件，如图16-103所示。在“库”面板中的“花”元件上单击右键，在弹出的快捷菜单中选择“属性”命令，弹出“元件属性”对话框，单击“高级”按钮，在弹出的高级选项中设置“连接”，如图16-104所示。

图16-103 元件效果

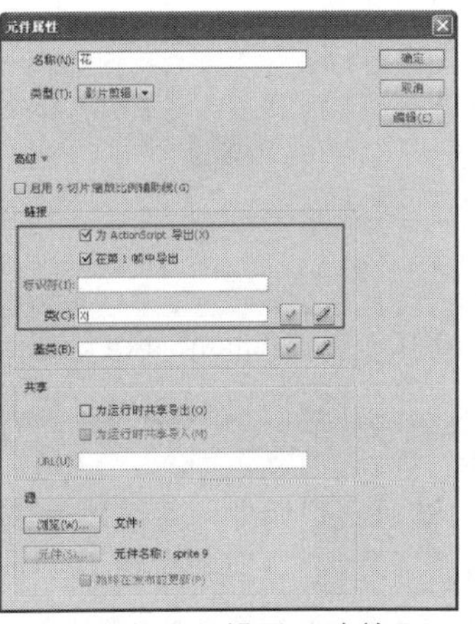

图16-104 设置“连接”

> **提 示**
>
> 一般来说，一个AS文件中只有一个类，但是在AS3.0中，允许在一个文件中定义多个类，用来辅助主类。

3 新建一个ActionScript文件，在场景中输入如图16-105所示的脚本语言，将其保存在与16-17.fla同一目录下。

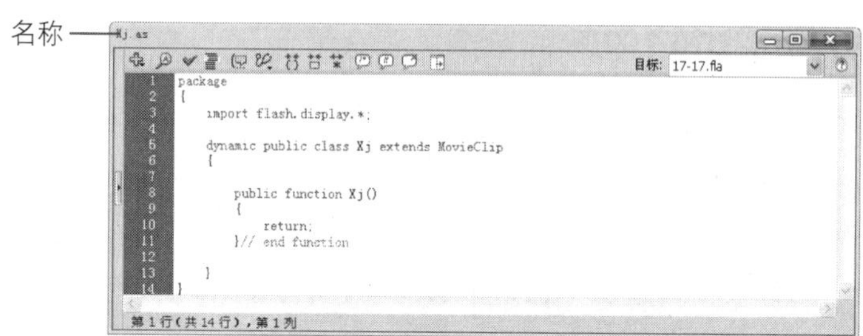

图16-105 新建ActionScript文件

4 返回到16-17.fla文件，将图像“光盘\源文件\第16章\16-17\素材\172201.jpg”导入到场景中，如图16-106所示。在“属性”面板上的“类”文本框中输入fla.MainTimeline，如图16-107所示。

图16-106 导入图像

图16-107 设置文档“类”

5 新建一个ActionScript文件，在场景中输入如图16-108所示的脚本语言，将其保存在与16-17.fla同一目录下的fla文件夹下。

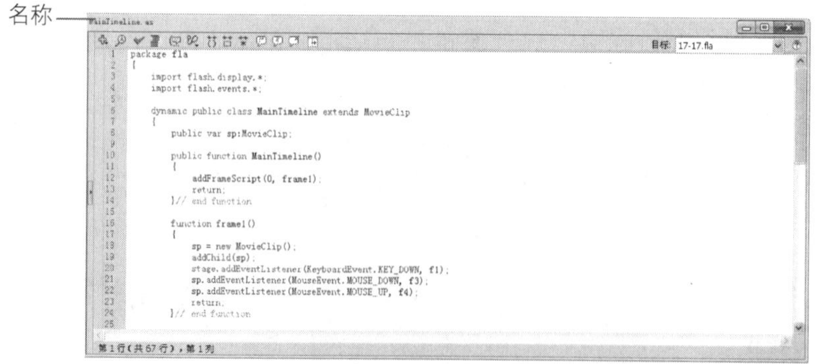

图16-108 新建ActionScript文件

提 示

此处定义的代码为：当按键盘上的方向键时出现元件，并可以对该元件进行拖曳（由于脚本过多，详细请参看源文件）。

6 完成使用方向键控制元件播放的制作，执行“文件>保存”命令，测试动画效果如图16-109所示。

图16-109 测试动画效果

实例小结

本实例中使用ActionScript 3.0将动画脚本封装在外部文件中，并通过类绑定在一起。通过学习，读者要掌握脚本编写的基本规则。

16.18 制作文本框滚动

案例文件 光盘\源文件\第16章\16-18.fla

视频文件 光盘\视频\第16章\16-18.swf

学习时间 15分钟

★★☆☆☆

制作要点

1.导入位图，使用绘图工具制作动画场景。

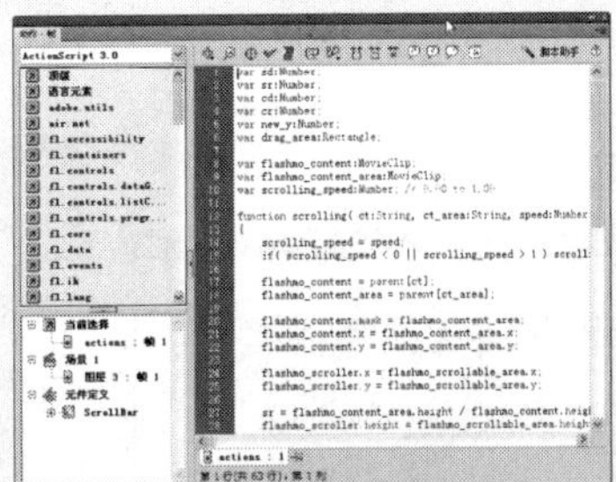

2.为滚动条输入控制脚本。实现控制影片剪辑元件和遮罩效果。

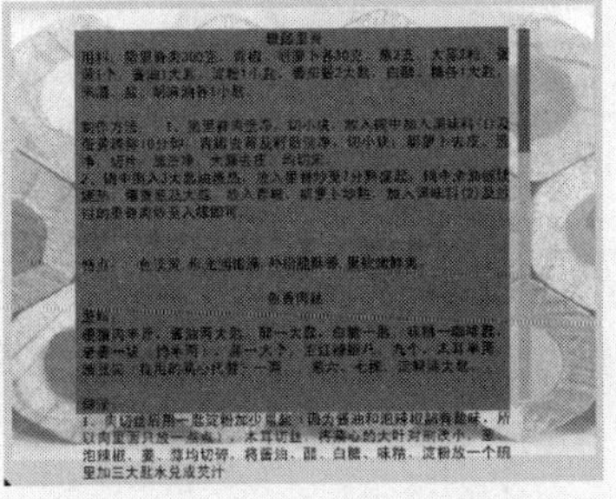

3.制作文本元件，并排列各个元件位置，输入脚本实现遮罩效果。

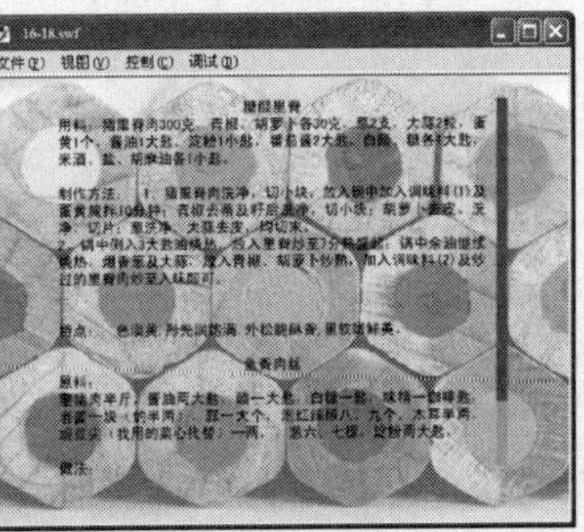

4.测试动画，滚动文本效果制作完成。

16.19 使用主类和辅类

案例文件 光盘\源文件\第16章\16-19.fla

视频文件 光盘\视频\第16章\16-19.swf

学习时间 50分钟

难易程度 ★★★★☆

制作要点

为元件添加“实例名称”，并创建AS文件，通过脚本将文件和类绑定，完成动画的制作。

思路分析

本实例中首先创建动画中需要的元件，并分别命名实例名称，然后创建主类和辅类，再通过脚本语言将文件和类绑定，测试动画效果如图16-110所示。

图16-110 测试动画效果

制作步骤

1 执行“文件>新建”命令，新建一个Flash文档，如图16-111所示。单击“属性”面板上的“编辑”按钮，在弹出的“文档设置”对话框中进行设置，如图16-112所示。

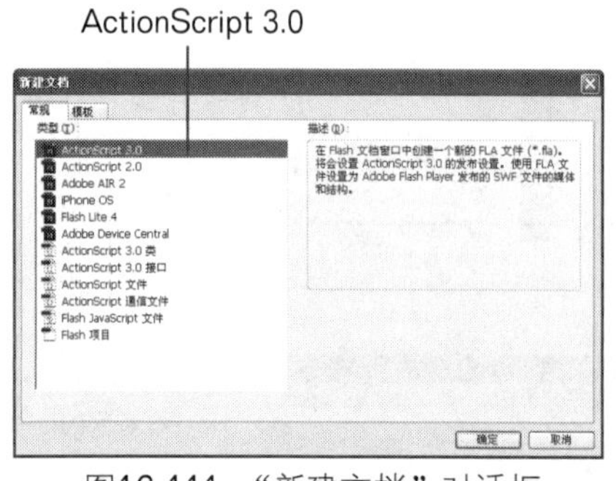

图16-111 “新建文档”对话框

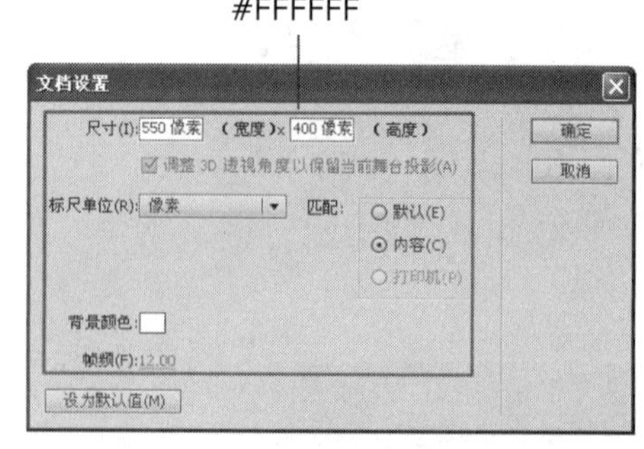

图16-112 “文档设置”对话框

2 将图像“光盘\源文件\第16章\16-19\素材\172401.png”导入到场景中，如图16-113所示。新建“图层2”，使用“文本工具”，在场景中的合适位置处输入相应文本，如图16-114所示，并将文本分离成图形。

图16-113 导入图像

图16-114 输入文字

3 将文本转换成“名称”为“种花”的“影片剪辑”元件，如图16-115所示，在“属性”面板上设置“实例名称”为zhonghua，如图16-116所示。

图16-115 转换元件

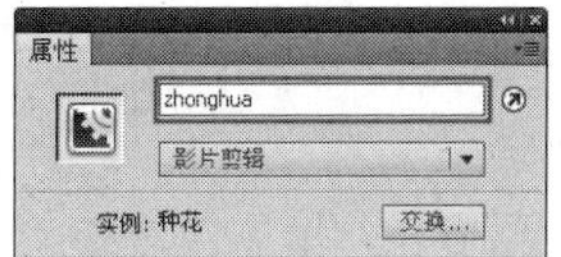
图16-116 设置“实例名称”

4 根据“图层2”的制作方法，制作出“图层3”和“图层4”，并设置“图层3”和“图层4”场景中的元件，实例名称依次为paopao和qingchu，场景效果如图16-117所示。新建“名称”为“花”的“影片剪辑”元件，将图像172402.png导入到场景中，如图16-118所示。

图16-117 场景效果

图16-118 导入图像

提 示

根据“种花”元件的制作方法，制作出“泡泡”和“清除”元件。并依次在“图层3”和“图层4”。

5 在“库”面板中的“花”元件上单击右键，在弹出的快捷菜单中选择“属性”命令，弹出“元件属性”对话框，单击“高级”按钮，在弹出的高级选项中设置“连接”，如图16-119所示，根据“花”元件的制作方法，制作出“泡”元件，并为“泡”元件设置“连接”，如图16-120所示。

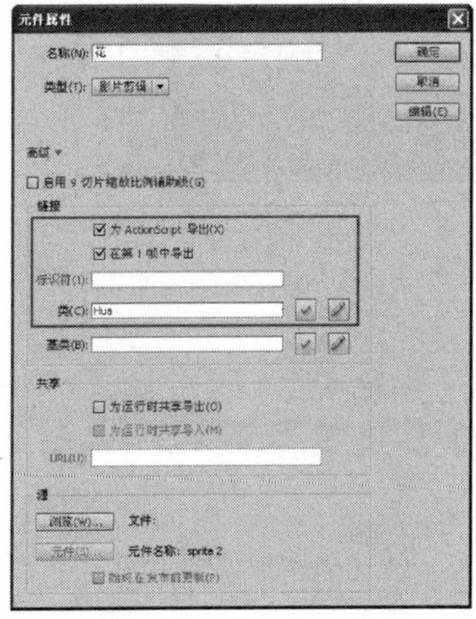
图16-119 设置“连接”

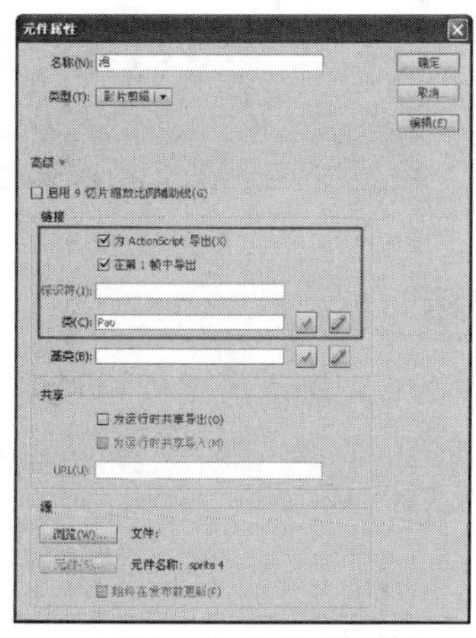
图16-120 设置“连接”

6 新建名为Hua.as和Pao.as的文件，并在场景中输入如图16-121所示的脚本语言，并保存在与16-19.fla同一目录下。

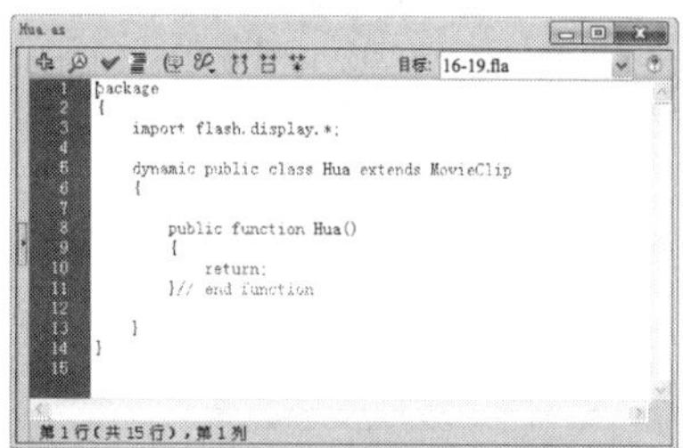

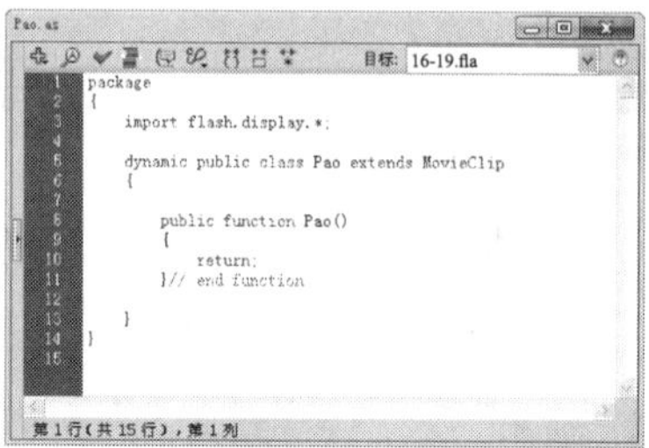

图16-121 新建ActionScript文件

提 示

为两个元件分别创建类文件并与场景绑定。

7 返回到16-19.fla文件，在“属性”面板上的“类”文本框中输入fla.MainTimeline，如图16-122所示。新建一个ActionScript文件，在场景中输入如图16-123所示的脚本语言，将其保存在与16-19.fla同一目录下的fla文件夹下。

图16-122 设置文档“类”

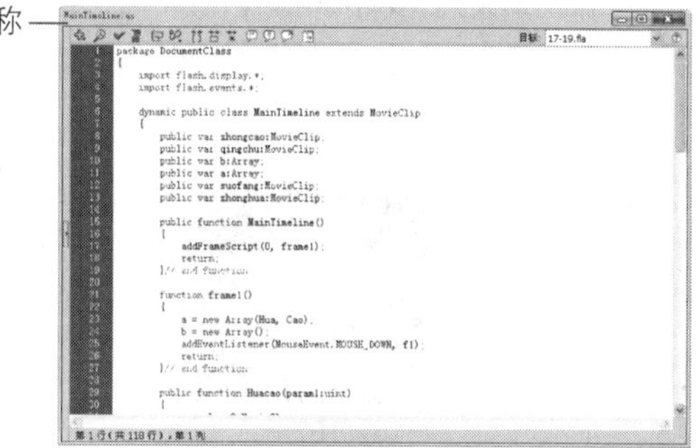

图16-123 新建ActionScript文件

提 示

由于主类脚本过多，详细代码请参考MainTimeline.as文件中的脚本。

8 完成控制范围动画的制作，执行“文件>保存”命令，测试动画效果如图16-124所示。

图16-124 测试动画效果

实例小结

本实例通过脚本将主类和辅类与动画绑定，实现控制场景元件的动画效果。通过学习，读者要掌握复制元件的方法，还要掌握封装脚本的方法，以及主类和辅类的使用方法，并综合使用在实际工作中。

16.20　实现元件旋转

案例文件　光盘\源文件\第16章\16-20.fla

视频文件　光盘\视频\第16章\16-20.swf

学习时间　15分钟

★★☆☆☆

制作要点

1.新建文件，导入位图制作动画背景效果。

2.输入文本，并将其转换为影片剪辑元件，为其命名实例名称为mc，注意调整其中心位置。

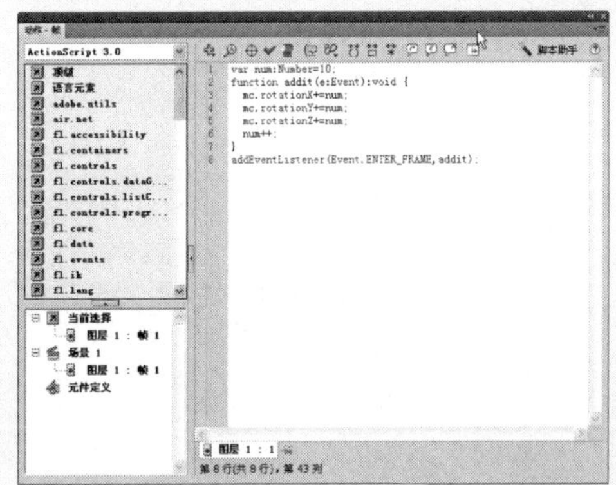

3.输入文本，设置对元件实现旋转效果。

4.测试动画，可以看到文字元件围绕中心旋转效果。

www.hzbook.com

填写读者调查表　加入华章书友会
获赠精彩技术书　参与活动和抽奖

尊敬的读者：

感谢您选择华章图书。为了聆听您的意见，以便我们能够为您提供更优秀的图书产品，敬请您抽出宝贵的时间填写本表，并按底部的地址邮寄给我们（您也可通过www.hzbook.com填写本表）。您将加入我们的"华章书友会"，及时获得新书资讯，免费参加书友会活动。我们将定期选出若干名热心读者，免费赠送我们出版的图书。请一定填写书名书号并留全您的联系信息，以便我们联络您，谢谢！

书名：　　　　　　　　　　　　书号：7-111-(　　　　　　　)

姓名：	性别：□男　□女	年龄：	职业：
通信地址：		E-mail：	
电话：	手机：	邮编：	

1. 您是如何获知本书的：

□朋友推荐　□书店　□图书目录　□杂志、报纸、网络等　□其他

2. 您从哪里购买本书：

□新华书店　□计算机专业书店　□网上书店　□其他

3. 您对本书的评价是：

技术内容	□很好	□一般	□较差	□理由______
文字质量	□很好	□一般	□较差	□理由______
版式封面	□很好	□一般	□较差	□理由______
印装质量	□很好	□一般	□较差	□理由______
图书定价	□太高	□合适	□较低	□理由______

4. 您希望我们的图书在哪些方面进行改进？

______

5. 您最希望我们出版哪方面的图书？如果有英文版请写出书名。

______

6. 您有没有写作或翻译技术图书的想法？

□是，我的计划是______　□否

7. 您希望获取图书信息的形式：

□邮件　□信函　□短信　□其他______

请寄：北京市西城区百万庄南街1号　机械工业出版社　华章公司　计算机图书策划部收

邮编：100037　电话：(010) 88379512　传真：(010) 68311602　E-mail: hzjsj@hzbook.com